Springer-Lehrbuch

Waldemar Steinhilper · Bernd Sauer (Hrsg.)

Konstruktionselemente des Maschinenbaus 1

Grundlagen der Berechnung und Gestaltung von Maschinenelementen

7. Auflage

Autoren:
Prof. Dr.-Ing. Dr. h.c. Albert Albers, Universität Karlsruhe (TH)
Prof. Dr.-Ing. Ludger Deters, Universität Magdeburg
Prof. Dr.-Ing. Jörg Feldhusen, RWTH Aachen
Prof. Dr.-Ing. Erhard Leidich, TU Chemnitz
Prof. Dr.-Ing. habil. Heinz Linke, TU Dresden
Prof. Dr.-Ing. Gerhard Poll, Leibniz Universität Hannover
Prof. Dr.-Ing. Bernd Sauer, TU Kaiserslautern
Prof. Dr.-Ing. habil. Jörg Wallaschek, Leibniz Universität Hannover

 Springer

Professor Dr.-Ing. Dr.h.c. Waldemar Steinhilper[†]
Universität Kaiserslautern
Lehrstuhl für Maschinenelemente und Getriebetechnik

Professor Dr.-Ing. Bernd Sauer (Hrsg.)
Technische Universität Kaiserslautern
Fachbereich Maschinenbau und Verfahrenstechnik
Lehrstuhl für Maschinenelemente und Getriebetechnik
Gebäude 42
Gottlieb-Daimler-Straße
67653 Kaiserslautern
e-mail: sauer@mv.uni-kl.de

Ursprünglich erschienen als 3-bändiges Werk von Steinhilper/Röper:
Maschinen- und Konstruktionselemente 1–3

ISBN 978-3-540-76646-9   eISBN 978-3-540-76647-6

DOI 10.1007/978-3-540-76647-6

Springer Lehrbuch ISSN 0937-7433

Bibliografische Information der Deutschen Nationalbibliothek
Die Deutsche Bibliothek verzeichnet diese Publikation in der Deutschen Nationalbibliografie;
detaillierte bibliografische Daten sind im Internet über http://dnb.d-nb.de abrufbar.

Herstellung: LE-TEX Jelonek, Schmidt & Vöckler GbR, Leipzig
Einbandgestaltung: WMX Design GmbH, Heidelberg

Gedruckt auf säurefreiem Papier

9 8 7 6 5 4 3 2   SPIN 12601721

springer.com

Vorwort zur siebenten Auflage

Seit dem Erscheinen der 6. Auflage konnten auch aufgrund von Leserrückmeldungen aus dem Kreis der Studierenden und Professoren viele kleine Fehler entdeckt werden. Die Berichtigung und Überarbeitung erfolgte zum Teil schon im Nachdruck der 6. Auflage. Die nun vorliegende 7. Auflage liefert eine aktualisierte, berichtigte Fassung.

Allen, die uns bei der Fehlersuche behilflich waren, sei an dieser Stelle herzlich gedankt!

Kaiserslautern, im Oktober 2007   B. Sauer

Vorwort zur sechsten Auflage

Die nun vorliegende 6. Auflage stellt gegenüber den bisherigen Auflagen eine völlige Neubearbeitung dar, auch wenn natürlich viele Abschnitte der vorliegenden Bücher „Steinhilper/Röper" grundsätzlich übernommen wurden und nun auf den aktuellen Stand gebracht worden sind. Nach dem Ausscheiden aus dem universitären Berufsleben sind die beiden ursprünglichen Autoren der Maschinen- und Konstruktionselemente Bücher bedauerlicher Weise in kurzer Folge und viel zu früh verstorben. In Würdigung der außerordentlichen Verdienste der Herren Professoren Röper und Steinhilper und wegen des Wertes der Bücher für die universitäre Ausbildung wurde am Standort Kaiserslautern der Entschluss gefasst, diese Konstruktionselementebücher „weiterleben" zu lassen.

Der Charakter der Bücher als Ausbildungswerkzeug und auch als Nachschlagewerk für den Praktiker sollte erhalten bleiben. Die von Prof. Steinhilper geplanten, aber leider nicht mehr fertig gestellten Kapitel zu Zahnradgetrieben, Antrieben, Umschlingungsgetrieben und Kupplungen sollten für eine vollständige Neuauflage ergänzt werden.

Für die Neubearbeitung wurde ein neuer Weg eingeschlagen: Die Bücher werden fortan von einem Autorenteam betreut und weitergepflegt. Der Grundgedanke dabei ist, dass durch die Mitwirkung von weiteren Autoren noch mehr Kompetenz in die Abfassung der Inhalte fließen kann. Weiterhin hat sich gezeigt, dass das Autorenteam hinsichtlich der Inhalte ein hervorragendes Diskussionsforum bietet, das auch dazu dient, die Lehrinhalte über mehrere Universitätsstandorte zu harmonisieren. So entstand ein Team, das nun mit viel Engagement und Einsatz den vorliegenden ersten Band erarbeitet hat und am zweiten Band derzeit arbeitet. Gegenüber dem bisherigen Konzept mit drei Bänden, bei denen noch wichtige Kapitel, wie Zahnradgetriebe und Kupplungen, fehlten, wird nun der gesamte Stoff der Konstruktions- und Maschinenelemente in zwei Bänden angeboten. Neben dem Autorenteam haben an allen Standorten fleißige Helferinnen und Helfer mitgewirkt, um dieses Buch entstehen zu lassen. So haben z. B. in Karlsruhe die Herren Dipl.-Ingenieure Jochen Kinzig und Matthias Behrendt bei den Kapiteln 5, 13 und 14 tatkräftig mitgewirkt. In Magdeburg wurden die Arbeiten am Kapitel 16 durch Herr Dr. Wolfgang Mücke maßgeblich unterstützt. In Kaiserslautern haben Herr Prof. Brockmann und Herr Junior Prof. Geiß einen Textbeitrag zum Themengebiet „Kleben" beigesteuert, der ins Kapitel 8 aufgenommen worden ist. Beim Kapitel Schrauben hat sich dankenswerterweise Herr Dr.-Ing. Wolfgang Thomala (Fa. Richard Bergner Verbindungstechnik, Schwabach) durch seine Diskussionsbeiträge und auch durch die kritische Durchsicht des Kapitels sehr verdient gemacht. Allen genannten und auch allen nicht genannten Helfern möchte ich, auch im Namen des Autorenteams, meinen herzlichen Dank für die Unterstützung ausdrücken!

Einen Hinweis an alle Leser: Die hier vorgesellten Inhalte sind sorgfältig recherchiert und erarbeitet worden. Dennoch ist es nicht möglich für die Richtigkeit der Inhalte in irgendeiner Form eine Gewähr zu übernehmen. Insbesondere bei Anwendung von Normen und Vorschriften obliegt es dem Anwender sich über die Aktualität von Normen und Vorschriften Klarheit zu verschaffen und immer aktuelle und gültige Unterlagen als Grundlage für die eigenen Arbeiten zu verwenden.

Einen weiteren Hinweis, insbesondere an die weiblichen Leser: Bei der Abfassung des Textes ist zur Vereinfachung und aus Platzgründen darauf verzichtet worden jeweils beide Geschlechter zu nennen. Gemeint ist z. B. mit einer Formulierung „der Konstrukteur" natürlich „die Konstrukteurin und der Konstrukteur"! Alle Autoren bitten um Verständnis für diese verkürzte Schreibweise.

Kaiserslautern, im August 2004   B. Sauer

Aus dem Vorwort zur ersten Auflage

Unter Technik verstehen wir jene Vorrichtungen und Maßnahmen, mit denen der Mensch die Naturkräfte auf Grund der Kenntnis ihrer Gesetzmäßigkeiten in seinen Dienst stellt, um menschliches leben und in der Folge Zivilisation und Kultur zu ermöglichen und zu sichern. Das Tätigkeitsfeld der Technik umfasst global die Erzeugung und Umformung von Energie, Stoff und Information sowie die Orts- und Lagewandlung. Solche Vorgänge erfolgen durch den Einsatz technischer Systeme (Maschinen, Apparate und Geräte), in denen physikalische und chemische Abläufe unter der Beachtung besonderer technischer Begriffe wie Funktion, Funktionssicherheit, Herstellbarkeit und Aufwand-Nutzen-Relation nutzbar gemacht werden. Mit der Ingenieurtätigkeit verbindet sich daher primär die schöpferische Gestaltung technischer Systeme, und sie wird maßgebend gekennzeichnet durch das Konstruieren, d.h. das Auffinden von Zielvorgaben und deren Verwirklichung durch logische, physikalische und konstruktive Wirkzusammenhänge.

Hochtechnisierte Länder, insbesondere die mit nur geringen natürlichen Reichtümern an Bodenschätzen und Energie, sind darauf angewiesen, technische Produkte und Verfahren höchster Qualität zu schaffen und unterliegen damit einem besonderen Zwang zu außerordentlichen Ingenieurleistungen. Ferner ist die Entwicklung der Technik gekennzeichnet durch immer kürzere Innovationszeiten für technische Produkte, einen wachsenden Grad an Komplexität der Strukturen und eine immer engere Verknüpfung technischer, ökonomischer, sozialer und ökologischer Systeme. Dies bewirkt eine zunehmend schnellere Veralterung von - z.B. im Studium erworbenen - Kenntnissen und den frühen Verlust von zeitlich begrenzten Vorteilen einer Spezialisierung. Die sich abzeichnende Entwicklung verlangt eine stärkere Gewichtung der Grundlagen und eine gegenüber dem heutigen Stand weiter auszubauende Methodenlehre. Da eine speziellere Kenntnisvermittlung nur noch exemplarisch erfolgen kann, ist eine verstärkte Ausbildung in den Grundlagenfächern unerlässlich.

Gerade aus dieser Sicht kommt den Maschinen- und Konstruktionselementen als Basis für das Konstruieren eine herausragende Rolle zu. Dem widerspricht nicht die sicher zu pauschale Ansicht, dass „die Elemente nur in der Lehre für Dimensionierungsaufgaben nützlich sind, in der Praxis aber aus den Katalogen der Herstellerfirmen entnommen werden". Tatsächlich sind Maschinen- und Konstruktionselemente die technische Realisierung physikalischer Effekte und weiterer Wirkzusammenhänge im Einzelelement oder im technischen Teilsystem mit noch überschaubarer Komplexität. Sie fördern das Verständnis für die wesentlichen Merkmale höherer technischer Strukturen, lassen erkennen, auf welcher physikalischen (Funktion, Festigkeit, energetische Wirkung), logischen (Anordnung, Verknüpfung) und technischen (Werkstoff, Technologie) Systematik sie beruhen, die zum Gesamtverhalten führt, und schaffen somit überhaupt erst die Voraussetzungen zum Konstruieren.

Aus diesen Überlegungen heraus entstand das Konzept dieses Buches, die Maschinen- und Konstruktionselemente prinziporientiert darzustellen. Hierdurch werden die Elemente in der Vielzahl ihrer Erscheinungen geläufig und die Basis geschaffen, neue Techniken, verbesserte Werkstoffe und moderne Technologien einsichtig anzuwenden. Dem didaktisch getragenen Vorhaben, kein Rezeptbuch oder gar einen Katalog für Maschinenteile, sondern ein Lehrbuch zu schaffen, entspricht es auch, dass den jeweiligen Kapiteln Beispiele nachgefügt sind, die den Lernprozess durch Übung fördern und den Lernerfolg durch eine richtige und selbständig erbrachte Lösung überprüfen helfen.

Kaiserslautern, Dortmund, Januar 1982   W.Steinhilper   R. Röper

Inhaltsverzeichnis

Band 1

Band 2

10   Reibung, Verschleiß und Schmierung

11   Lagerungen, Gleitlager, Wälzlager

12   Dichtungen

13   Einführung in Antriebssysteme

14   Kupplungen und Bremsen

15   Zahnräder und Zahnradgetriebe

16   Zugmittelgetriebe

17   Reibradgetriebe

18   Sensoren und Aktoren

Autorenverzeichnis

Die Kapitel der beiden Bände „Konstruktionselemente des Maschinenbaus" wurden von folgenden Autoren verfasst und betreut:

Band 1

Kapitel		Autor(en)
1	Einführung	Jörg Feldhusen und Bernd Sauer
2	Normen, Toleranzen, Passungen u. techn. Oberflächen	Erhard Leidich 2.1 bis 2.3 Ludger Deters 2.4
3	Grundlagen der Festigkeitsberechnung	Bernd Sauer
4	Gestaltung von Elementen und Systemen	Jörg Feldhusen
5	Elastische Elemente, Federn	Albert Albers
6	Schrauben und Schraubenverbindungen	Bernd Sauer
7	Achsen und Wellen	Erhard Leidich
8	Verbindungselemente und Verfahren	Jörg Feldhusen
9	Welle-Nabe-Verbindungen	Erhard Leidich

Band 2

Kapitel		Autor(en)
10	Reibung, Verschleiß und Schmierung	Ludger Deters
11	Lagerungen, Gleitlager, Wälzlager	Gerhard Poll 11.1 Ludger Deters 11.2 Gerhard Poll 11.3
12	Dichtungen	Gerhard Poll
13	Einführung in Antriebssysteme	Albert Albers
14	Kupplungen und Bremsen	Albert Albers
15	Zahnräder und Zahnradgetriebe	Heinz Linke
16	Zugmittelgetriebe	Ludger Deters
17	Reibradgetriebe	Gerhard Poll
18	Sensoren und Aktoren	Jörg Wallaschek

Acknowledgements

Kapitel 1

Jörg Feldhusen
Bernd Sauer

1 Einleitung

1.1 Einführung zur Konstruktionslehre

Der Begriff „Konstruktion" wird im alltäglichen Sprachgebrauch, auch von Ingenieuren und Konstrukteuren, in verschiedenster Weise verwendet. Es kann die Art der konstruktiven Ausführung gemeint sein, eine Gusskonstruktion, eine Schweißkonstruktion aber auch das betrachtete Produkt oder Teile von diesem: „Bei dieser Konstruktion gibt es keine Probleme." Ferner wird mit „die Konstruktion" häufig auch die entsprechende Abteilung im Unternehmen gemeint. Welche Bedeutung der Begriff „Konstruktion" hat, lässt sich also nur aus dem Zusammenhang ersehen.

Ein technisches Produkt bzw. technisches System dient dazu, eine genau definierte Funktion zu erfüllen. Das bedeutet, zwischen den Eingangsgrößen des Systems und seinen Ausgangsgrößen besteht ein eindeutig beschreibbarer Zusammenhang. Bei den Eingangs- und Ausgangsgrößen kann es sich um Stoffe, Energie oder Signale/Informationen handeln. Man spricht dann von Stoff-, Energie- oder Signal-/Informationsfluss, siehe Abschnitt 4.1.1. im vierten Kapitel. Wichtig ist es, den Zweck des Produkts zu betrachten, um im Sinne einer effizienten Konstruktion, nur die Funktionen mit Hilfe des Produkts zu realisieren, die vom Kunden gefordert sind, siehe Abschnitt 4.1.2.

Die Arbeit eines Ingenieurs bzw. Konstrukteurs beginnt mit der genauen Spezifikation des zu konstruierenden Produkts bzw. der zu konstruierenden Teile. Auf Basis dieser Festlegungen, die als Anforderungsliste dokumentiert werden, werden die Hauptaufgaben, man spricht auch von Hauptfunktionen, und die zusätzlich erforderlichen Nebenfunktionen festgelegt. Durch die logische Verbindung der Teilfunktionen untereinander entsteht die Funktionsstruktur. Im nächsten Schritt wird dann jeweils die prinzipielle Lösung für die betrachtete Teilfunktion des Produkts erstellt. Dazu werden physikalische Effekte benötigt, die die geforderte Funktion umsetzen können. Zusätzlich muss eine erste, grobe Werkstoffauswahl erfolgen und die Wirkflächen, also die Flächen, mit deren Hilfe die Umsetzung des physikalischen Effekts erzwungen wird, werden ebenfalls grob gestaltet. Daran schließt sich der eigentliche Gestaltungsprozess an, in dem zuerst die qualitative Gestalt, also die erforderlichen Bauräume für Baugruppen und Bauteile und deren grobe Gestalt, festgelegt werden. In der folgenden Feingestaltungsphase wird dann die gesamte restliche Geometrie, also die quantitative Gestaltung, ausgeführt, indem z.B. Ausrundungsradien, Oberflächenrauheiten usw. genau beschrieben werden. Der Konstruktionsprozess endet mit der Erstellung der Produktdokumentation wie Zeichnungen, Stücklisten, Prüfanweisungen usw.

1.2   Konstruktionsabteilung und Konstruktionsprozess

„Gibt es das perfekte Produkt?" Diese Frage stellen sich insbesondere Studierende und Berufsanfänger immer wieder. Die Frage muss, und darin liegt natürlich auch ein gewisser Trost für kommende Generationen von Konstrukteuren, mit „NEIN" beantwortet werden. Wie „perfekt" ein Produkt ist, lässt sich daran messen, wie gut es an die gegebenen Randbedingungen angepasst ist. Randbedingungen sind beispielsweise:

- Nutzen für den Anwender/Gebrauchseigenschaften
- Zuverlässigkeit des Produktes
- Entwicklungs-/Konstruktionsbudget
- Fertigungs- und Herstellmöglichkeiten
- erzielbarer Verkaufspreis
- geforderte Nutzungsdauer des Produkts usw.

Die Randbedingungen sind für ein Produkt auf Dauer nicht konstant, sondern wechseln mit der Zeit, also mit den technischen, gesellschaftlichen, wirtschaftlichen und politischen Strömungen. Häufig sind diese Randbedingungen widersprüchlich. Beispielsweise erfordert der Umweltschutz langlebige und damit meistens kostenintensive Produkte, wegen der wirtschaftlichen Gegebenheiten können aber nur geringe Preise am Markt durchgesetzt werden. Diese ständig wechselnden Rand- und Rahmenbedingungen führen deshalb zu immer neuen Produktimpulsen und damit zu neuen Entwicklungs- und Konstruktionsaufgaben. Mit Produktimpulsen ist gemeint, dass sich ständig neue Aufgaben für die Entwicklungs- und Konstruktionsabteilung stellen. Dies sind neben der völligen Neuentwicklung eines Produkts auch Aufgaben zur Verbesserung vorhandener Produkte. Beispielsweise die Reduzierung des Energieverbrauchs oder der Herstellkosten stellen solche Aufgabenstellungen dar. Des Weiteren stellt sich häufig die Frage nach einer Erweiterung des Leistungs- und/oder Funktionsumfangs eines Produkts, damit es am Markt attraktiv bleibt. Abb. 1.1. zeigt Quellen für Produktimpulse, also woher die Ideen für neue Produkte kommen können.

Damit der Konstrukteur die an ihn gestellten Anforderungen erfüllen kann, benötigt er ein breites Wissen. Besonders in kleinen und mittelständischen Unternehmen sind Konstrukteure auch an Marketing-Prozessen beteiligt. Deshalb ist es durchaus wichtig, dass ein Konstrukteur in der Lage ist, aus wirtschaftlichen und gesellschaftlichen Gegebenheiten und Strömungen Anforderungen für die Produktkonstruktion abzuleiten. Er benötigt deshalb, neben dem klassischen Ingenieurwissen, auch Kompetenz auf geisteswissenschaftlichen und wirtschaftswissenschaftlichen Gebieten. In Abb. 1.2. ist der notwendige Kompetenzkreis eines Konstrukteurs wiedergegeben.

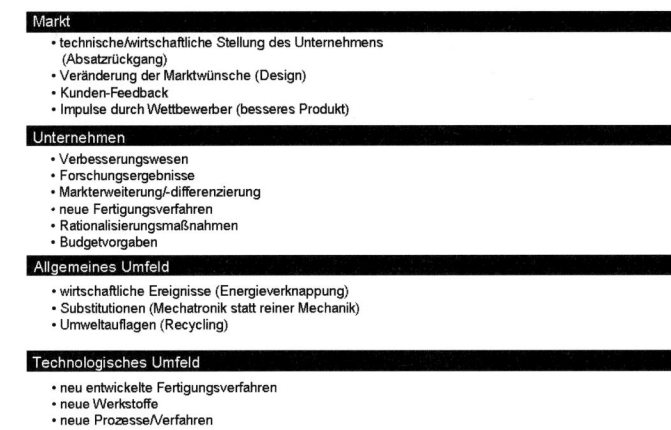

Abb. 1.1. Quellen für neue Produktideen und -verbesserungen

Abb. 1.2. Notwendiges Wissensumfeld eines Entwicklers/Konstrukteurs [PaBe03]

Da wesentliche Impulse für neue Produkte aus neuen Technologien resultieren, ist außerdem eine ständige Weiterbildung, insbesondere auf den Gebieten der Werkstoff- und Fertigungstechnik, erforderlich.

Der Konstrukteur muss letztlich die Produktideen oder Produktverbesserungen in fertigungsgerechte Zeichnungen, Stücklisten usw. umsetzen. Er hat einen sehr großen Einfluss auf den späteren Erfolg des Produkts und damit auch eine entsprechende Verantwortung im Unternehmen. Dies wird deutlich, wenn das Konstruieren als Tätigkeit betrachtet wird. In der VDI-Richtlinie 2221 [VDI2221] wird Konstruieren folgendermaßen definiert:

„Gesamtheit aller Tätigkeiten, mit denen - ausgehend von einer Aufgabenstellung - die zur Herstellung und Nutzung eines Produkts notwendigen Informationen erarbeitet werden und die in der Festlegung der Produktdokumentation enden".

Die wesentlichen Tätigkeiten eines Konstrukteurs sind also:

- Die *Beschaffung von Informationen*, beispielsweise Einsatzbedingungen für das Produkt, geltende Gesetze und Vorschriften, Normen für Maschinen- bzw. Konstruktionselemente usw.
- Die *Bewertung von Informationen*, beispielsweise ob gesetzliche Vorschriften für das zu Konstruierende anzuwenden sind oder wie zuverlässig Angaben über die zu erwartenden Belastungen des Produkts sind.
- Die *Verarbeitung von Informationen*, beispielsweise die Berechnung eines Wellendurchmessers mit Hilfe der in die Berechnungsvorschriften eingesetzten Belastungen, die sich aus den geplanten Einsatzbedingungen des Produkts ergeben.
- Die *Dokumentation der Ergebnisse*, beispielsweise durch Fertigungszeichnungen und -stücklisten, durch Dokumentation angewendeter Normen, Gesetzte usw. oder durch Speicherung der Berechnungsergebnisse inkl. der angenommenen Nutzungsbedingungen.

Bei Betrachtung dieser Tätigkeiten wird die oben erwähnte Verantwortung eines Konstrukteurs leicht nachvollziehbar. Jeder Fehler oder jede Fehlinformation kann große Folgen für das Unternehmen haben. Außerdem wird einsichtig, dass durch den Konstrukteur die Produktkosten zu ca. 70% bereits in der Konstruktionsphase festlegt werden [Ehrl98]. Die Fertigung wählt dann beispielsweise das optimale Fertigungsverfahren zur Herstellung einer Bohrung mit 30 mm Durchmesser und der Toleranz H7 aus, der Einkauf verhandelt über Preise für die von der Konstruktion ausgewählten Schrauben.

Der Konstrukteur ist verantwortlich für die sichere Funktions- und Leistungserfüllung des Produkts und legt die Produktkosten im Wesentlichen fest. Deshalb kommt der Konstruktion im Unternehmen eine zentrale Bedeutung zu. Sie ist fest in die Prozesse des Unternehmens eingebunden. Um ein unter den gegebenen Randbedingungen optimales Produkt konstruieren zu können benötigt die Konstruktionsabteilung eine Reihe von Informationen aus anderen Bereichen des Unternehmens. Vom Einkauf werden Liefertermine und Preise benötigt, damit nur solche Halbzeuge, Norm- oder Katalogteile usw. eingesetzt werden, die das Einhalten des Termin- und Kostenplans ermöglichen. Die Fertigung muss Informationen zu herstellbaren Toleranzen, Passungen und Bauteilgrößen bereitstellen. Natürlich muss auch die Konstruktionsabteilung Informationen an die anderen Unternehmensbereiche liefern. Neben den Zeichnungen, Stücklisten usw., die das eigentliche Arbeitsergebnis darstellen, werden auch vorher schon Informationen benötigt. Der Einkauf möchte Informationen über die zur Fertigung des Produkts notwendigen Halbzeuge, damit er termingerecht bestellen kann. Die Fertigung muss über evtl. neu einzuführende Verfahren rechtzeitig informiert werden, damit notwendige Maschinen angeschafft und erforderliche Schulungen der Mitarbeiter rechtzeitig durchgeführt werden können. In Abb. 1.3. sind der Informationsfluss im Produktentstehungsprozess und die Einbindung der Konstruktion im Unternehmen wiedergegeben.

Um diese verantwortungsvolle Aufgabe erfüllen zu können, benötigt der Konstrukteur fundierte Kenntnisse über Maschinen- bzw. Konstruktionselemente. Dies zu vermitteln und zu unterstützen ist das Anliegen dieses Buches.

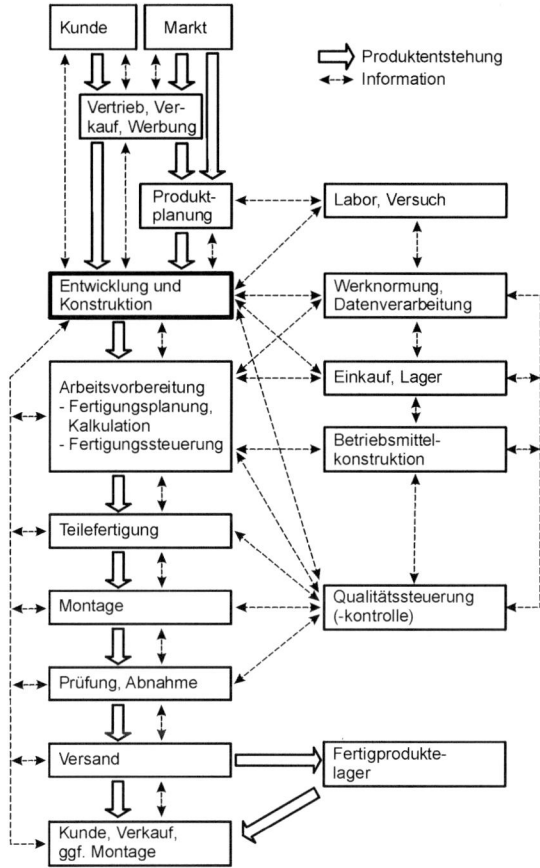

Abb. 1.3. Informationsfluss im Produktentstehungsprozess [PaBe03]

1.3 Der allgemeine Lösungsprozess

Konstruieren bedeutet neben der Bewältigung der oben beschriebenen Arbeitsinhalte auch, eine Aufgabe oder ein Problem zu lösen. Dabei unterscheiden sich die beiden Begriffe dadurch, dass bei einem Problem die Lösung nicht bekannt ist und auch nicht direkt mit bekannten Mitteln erreicht werden kann. Dementsprechend ergibt sich das in Abb. 1.4. dargestellte allgemeine Vorgehen bei der Lösung einer Aufgabe bzw. Problems.

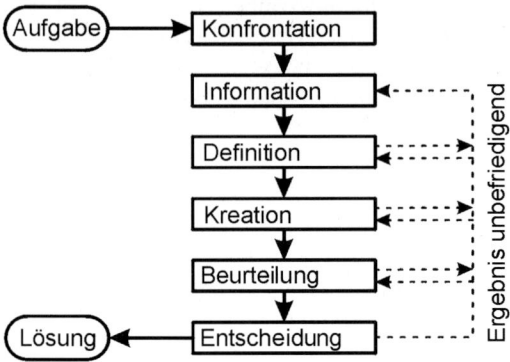

Abb. 1.4. Allgemeiner Lösungsprozess [PaBe03]

Wie stark die Konfrontation bei der zu lösenden Aufgabe empfunden wird hängt natürlich sehr stark von der Erfahrung des Konstrukteurs mit gleichen oder ähnlichen Aufgaben ab. Im Laufe der sich dann anschließenden Informations-Phase geht es um die Ermittlung der zu beachtenden Randbedingungen sowie geltenden Vorschriften, Richtlinien, Normen usw. Alle Erkenntnisse müssen, z.B. in Form einer Anforderungsliste an das Produkt, festgehalten werden, womit dann die Definitionsphase abgeschlossen ist. Der eigentliche Konstruktionsprozess, das heißt die Festlegung der Produktgeometrie einschließlich der Oberflächengestaltung sowie das Erstellen der Zeichnungen, Stücklisten und Nutzungsunterlagen fällt in die in Abb. 1.4. dargestellte Kreationsphase. Die anschließende Beurteilung der Ergebnisse, insbesondere bei mehreren erarbeiteten Lösungen, erfolgt im Vergleich zu den in der Definitionsphase festgelegten Anforderungen. Dazu müssen möglichst eindeutige und messbare Beurteilungskriterien erarbeitet werden. Auf Basis dieser Beurteilung kann dann eine Entscheidung getroffen werden, welche Lösung verwirklicht werden soll bzw. wo an einer Lösung Verbesserungen erforderlich sind. Der Konstruktionsprozess stellt also einen Kreislauf (siehe Abb. 1.5.) mit den einzelnen Hauptschritten dar:

- Analyse: zum Prüfen und Abgleichen mit Randbedingungen der Aufgabenstellung
- Synthese: zum Erzeugen, bzw. Verbessern von Lösungen
- Selektieren: durch Bewertung und der Auswahl von Lösungen

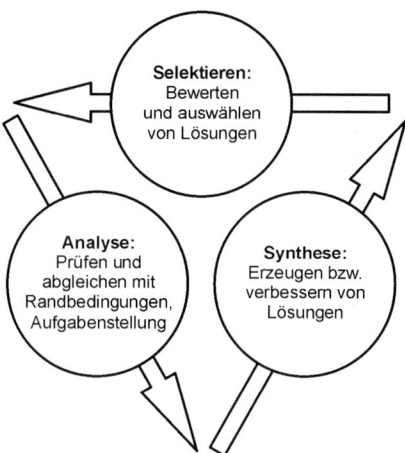

Abb. 1.5. Grundschritte des Entwicklungs-/Konstruktionsprozesses

Bezogen auf den Inhalt dieses Buches bedeutet das oben geschilderte Vorgehen zur Lösung von konstruktiven Aufgaben, gezielt bewährte Komponenten, nämlich Maschinen- bzw. Konstruktionselemente, einzusetzen. Dementsprechend reduziert sich die Konfrontationsphase. Während der Informationsphase müssen dann insbesondere die von außen wirkenden Belastungen geklärt werden. Sie haben ganz entscheidenden Einfluss auf die Auslegung der Konstruktions- bzw. Maschinenelemente. Häufig gestaltet sich aber gerade dieser Punkt in der Praxis sehr schwierig, wenn beispielsweise mögliche Stoßbelastungen oder die Dauer von Belastungen nur schwer ermittelt werden können. In manchen Fällen kann nur mit Abschätzungen gearbeitet werden. Dies ist insofern problematisch, weil eine zu geringe Annahme der wirkenden Belastungen zu einer Unterdimensionierung und damit zu einem vorzeitigen Ausfall der Elemente führen kann. Eine zu hohe Abschätzung führt zu einer Überdimensionierung und damit zu unnötigem Bauraum und Gewicht. Die Definition der Anforderungen an Konstruktions- bzw. Maschinenelemente muss also entsprechend gewissenhaft erfolgen.

1.4 Definition der Konstruktionselemente

Zur Realisierung der geforderten Funktionen werden als wichtige Elemente die Maschinen- bzw. Konstruktionselemente benötigt. Obwohl der Begriff Maschinenelemente in der einschlägigen Literatur und auch in der Lehre eingeführt ist, wird in diesem Buch stattdessen die Bezeichnung Konstruktionselemente in den Vordergrund gestellt und verwendet. Grund dafür ist, dass die meisten Maschinenelemente selbst als reines Kaufteil nicht unmittelbar zur Funktionserfüllung eingesetzt werden können. Es bedarf einer entsprechenden Gestaltung der Umgebung und/oder der Festlegung geometrischer Größen auf Basis der äußeren Anforderungen.

Treffende Beispiele dafür sind die Schraubenverbindung und der Pressverband. Das Wirkprinzip und damit der physikalische Effekt der Schraubenverbindung wird erst durch die Gestaltung der Verbindung festgelegt. Bei der Befestigung eines Deckels (z.B. im Kesselbau) wirkt sie formschlüssig, dagegen liegt ein Reibschluss bei der Verbindung zweier auf Längszug belasteter Platten vor. Der physikalische Effekt beim Pressverband ist dagegen immer reibschlüssig, die Dimensionierung (Festlegung des Durchmessers und der Nabenbreite) und die Gestaltung obliegen aber auch hier dem Konstrukteur, der dabei zweckmäßigerweise auf die geltenden Normen zurückgreift. Ein weiteres Beispiel stellt die Welle dar. Gemäß Definition überträgt die Welle immer ein Drehmoment. Dazu bedarf es einer Drehmomentein- und ausleitung, die mittels gestalteter Maschinenelemente (z.B. Passfederverbindung und Zahnrad) realisiert werden können (Abb. 1.6.).

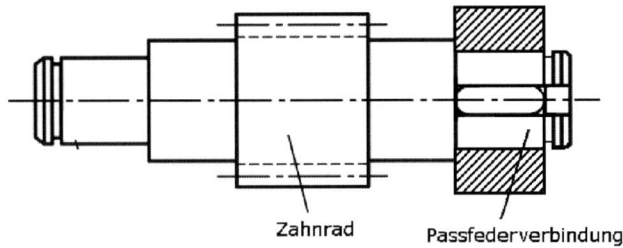

Zahnrad   Passfederverbindung

Abb. 1.6. Getriebewelle aus Konstruktionselementen zusammengesetzt

Die Beispiele lassen sich weiter fortsetzen, wodurch deutlich wird, dass selbst bei gegebenem physikalischen Effekt die geometrischen Merkmale gemäß den vorliegenden Anforderungen vom Konstrukteur festgelegt werden müssen. Das bisher so genannte Maschinenelement erfüllt erst durch die gestalterische Arbeit des Konstrukteurs die gewünschte Funktion vollständig, so dass der übergeordnete Begriff 'Konstruktionselement' im Sinne der in diesem Buch gewählten Vorgehensweise treffender erscheint.

1.5   Ziele des Buches

Das vorliegende Buch „Konstruktionselemente des Maschinenbaus" wendet sich an die Studierenden des Maschinenbaus an Technischen Hochschulen und Universitäten. Gleichsam soll das Buch dem Praktiker als Nachschlagewerk dienen und zum Selbststudium anregen. Ziel des Autorenteams ist es auf der einen Seite die Grundlagen für Konstruktionselemente darzulegen und einen Überblick zu geben. Auf der anderen Seite soll neben dieser Präsentation das Verständnis für die Funktion, Anwendung und Gestaltung von Maschinen- bzw. Konstruktionselementen vermittelt und gefördert werden. Dazu wurden eine möglichst geschlossene Darstellung der einzelnen Themen und eine gleich aufgebaute Systematik der Präsentation über beide Bände gewählt. Vorkommende Abweichungen von der Systematik liegen in den Besonderheiten der betroffenen Elemente begründet.

Der Student soll nach dem Studium des Werks in der Lage sein, ausgehend von der geforderten Funktion ein passendes Konstruktionselement *auszuwählen*, zu *berechnen* und zu *gestalten*. Dazu muss er den Zusammenhang des betrachteten Elements mit dem restlichen technischen System beachten. Aus diesem Grund werden zu Beginn die Toleranzen und technischen Oberflächen behandelt. Aus demselben Grund folgen dann die Grundlagen der Festigkeitsberechnung. Die in diesem Buch betrachteten Konstruktionselemente sind Bestandteil eines Produkts oder allgemeiner eines technischen Systems. Auf dieses System und die darin befindlichen Bauteile wirken von außen Kräfte und Momente, die wiederum Schnittkräfte und -momente an den einzelnen Bauteilen hervorrufen. Die Schnittlasten bewirken in den Bauteilen Beanspruchungen, die es zu ermitteln gilt, um dann die Beanspruchungen mit den zulässigen Werten des Werkstoffes zu vergleichen. Sind die im Element wirkenden Beanspruchungen bekannt, kann es auch entsprechend gestaltet werden. Deshalb schließt sich ein Kapitel zur Gestaltung an. Als weitere, übergeordnete Kapitel seien noch die Thematik „Reibung und Schmierung" sowie „Sensoren und Aktoren" genannt. Beide Themen sind heute im Sinne der Wirkungsgradoptimierung bzw. der Mechatronik Bestandteil des Konstrukteursalltags.

1.6   Literatur

[Ehrl98]   Ehrlenspiel, K.; Kiewert, A.; Lindemann, U.: Kostengünstig Entwickeln und Konstruieren. 2. Aufl. Berlin: Springer 1998

[PaBe03]   Pahl, G.; Beitz, W.: Konstruktionslehre. 5. Aufl. Berlin: Springer 2003

[VDI2221]   VDI 2221: Methodik zum Entwickeln und Konstruieren technischer Systeme und Produkte. Berlin: Beuth 1993

Kapitel 2

Erhard Leidich (2.1 bis 2.3)
Ludger Deters (2.4)

2 Normen, Toleranzen, Passungen und Technische Oberflächen

Normen, Toleranzen und Technische Oberflächen haben eine grundlegende Bedeutung für die Beschreibung und Definition von technischen Gegenständen. Daher ist es notwendig sich mit diesem Inhalten vertraut zu machen, bevor einzelne Konstruktionselemente betrachtet werden.

2.1 Normung

Die Normung hat das Ziel, Begriffe, Erzeugnisse, Vorschriften, Verfahren usw. im Bereich der Wissenschaft, Technik, Wirtschaft und Verwaltung festzulegen, zu ordnen und zu standardisieren. Die durch die Normung erzielte Häufung von gleichartigen Erzeugnissen gestattet deren wirtschaftliche Herstellung (Vorrichtungen, Werkzeuge und Maschinen!) und Kontrolle (Lehren, Messwerkzeuge!). Die Normung garantiert ferner den Austauschbau ohne spezielles Anpassen der Teile, der die Grundlage für die rationelle Fertigung von Massengütern ist. Grundlage der Normungsarbeit ist [DIN820].

Die Normung ist ganz allgemein gesprochen ein Mittel zur zweckgerichteten Ordnung in der Technik. Sie fördert die sinnvolle Standardisierung von Objekten, indem sie für wiederkehrende Aufgaben bewährte Lösungen bereitstellt. Es gibt z.B. folgende Normenarten:

- *Verständigungsnormen* (Begriffe, Bezeichnungen, Benennungen, Symbole, Formelzeichen...);
- *Typnormen* (Typenbeschreibung von Erzeugnissen nach Art, Form, Größe...);
- *Planungsnormen* (Grundsätze für Entwicklung, Berechnung, Ausführung);
- *Konstruktionsnormen* (konstruktive Gesichtspunkte für die Gestaltung technischer Gegenstände);
- *Abmessungsnormen* (Abmessungen und Maßtoleranzen für Bauelemente, Profile....);
- *Stoffnormen* (Stoffe, Einteilung, Eigenschaften, Richtlinien für Verwendung...);
- *Gütenormen* (Anforderungen an die Qualität von Erzeugnissen);
- *Verfahrensnormen* (Arbeitsverfahren für die Herstellung und Behandlung);
- *Prüfnormen* (Untersuchungs- und Messverfahren);
- *Liefer- und Dienstleistungsnormen* (technische Grundsätze - Lieferbedingungen für die Vereinbarung von Lieferungen);
- *Sicherheitsnormen* (Schutz von Leben und Gesundheit, Schutz von Sachwerten).

Historischer Überblick über die Entwicklung der Normen

Im Prinzip unterscheidet man nationale und internationale Normen.

a) Deutsche Normen (nationale Normen)

1869, Verein Deutscher Ingenieure (VDI), „Normalprofil-Buch für Walzeisen",

1881, Verein Deutscher Ingenieure (VDI), „Lieferbedingungen für Eisen und Stahl";

1900, Verein Deutscher Elektroingenieure (VDE), „VDE-Vorschriftenbuch";

1917, Gründung „Normenausschuss der Deutschen Industrie" als eingetragener Verein (e.V.), Sitz Berlin. Herausgeber von: Deutsche Industrie Normen (=DIN);

1926, Umwandlung in „Deutscher Normenausschuss e.V." (DNA); Sitz Berlin;

1975, Umbenennung des DNA in „DIN Deutsches Institut für Normung e.V.", Sitz Berlin.

Ordentliche Mitglieder des DIN:

- Firmen
- Interessierte Körperschaften
- Organisationen
- Behörden...

Das Deutsche Institut für Normung (DIN) der Bundesrepublik Deutschland gibt die DIN-Normen heraus. Der Vertrieb erfolgt ausschließlich über den Beuth Verlag GmbH Berlin. Die DIN-Normen haben keine Gesetzeskraft, werden aber - soweit zutreffend - als „Regeln der Technik" anerkannt. Eine Anwendungspflicht kann sich z.B. aus Rechtsvorschriften, Verträgen oder sonstigen Rechtsgrundlagen ergeben. In der früheren Deutschen Demokratischen Republik (DDR) gab es analog die Technischen Normen, Gütevorschriften und Lieferbedingungen oder in Abkürzung TGL, deren Herausgeber das Amt für Standardisierung (AfS) war. Diese DDR - Standards TGL hatten Gesetzeskraft!

b) Internationale Normen

1926, Gründung der „International Federation of the National Standardizing Associations" (ISA). Wichtigstes Ergebnis der Anfangsarbeit: ISA- Toleranzsystem (heute: ISO-Toleranzsystem, siehe Abschnitt 2.2 ff);

1946, Neugründung unter dem Namen „International Organization for Standardization" (ISO), Generalsekretariat in Genf;

1952, Wiederaufnahme der Bundesrepublik Deutschland in die ISO.

1961 erfolgte im Zusammenhang mit der Gründung der Europäischen Wirtschaftsgemeinschaft die Gründung der Normungsorganisationen CEN/CENELEC. Sie sind keine staatlichen Körperschaften sondern privatrechtliche und gemeinnützige Vereinigungen mit Sitz in Brüssel.

Mitglieder sind die nationalen Normungsinstitute der Mitgliedsländer der Europäischen Union (EU) und der Europäischen Freihandelszone (EFTA) sowie solcher Länder, deren Beitritt zur EU zu erwarten ist. Letztere haben kein Stimmrecht, nehmen aber an den technischen Beratungen teil.

2.1.1 Erstellen von Normen

a) Die Normungsarbeit beim DIN wird geleistet

- für weite Fachgebiete (z.B. Bauwesen) in Fachnormenausschüssen (FNA),
- für eng begrenzte Fachgebiete innerhalb eines FNA in Arbeitsausschüssen (z.B. FNA Nichteisenmetalle),
- für übergeordnete Gebiete, die viele oder alle Fachgebiete berühren, in selbstständigen Ausschüssen (A), z.B. für Gewinde, Zeichnungen.

Die Mitarbeit in den Ausschüssen ist ehrenamtlich. Die Mitarbeiter werden aus den interessierten Fachkreisen (Industrie, Universitäten, Fachhochschulen, Behörden, Verbänden, TÜV, ...) herangezogen; dabei ist die Mitgliedschaft im DIN nicht erforderlich. Die Erstellung einer Norm kann von jedermann beim DIN angeregt werden. Das erste Ergebnis der Normungsarbeit in den Ausschüssen ist der *Norm-Entwurf.* Nach dessen Prüfung durch die Normenprüfstelle des DIN wird er zur Kritik in den DIN-Mitteilungen, dem Zentralorgan der Deutschen Normung, veröffentlicht. Im Entwurfsstadium wird der Norm-Nummer das Kürzel „E" vorangestellt (z.B. E DIN 7190). Einsprüche und Änderungswünsche sind bis zum Ablauf der Einspruchsfrist möglich. Die Anregungen werden geprüft und in die endgültige Fassung eingearbeitet, oder es wird ein neuer Norm-Entwurf geschaffen. Unter Umständen wird auch der erste Norm-Entwurf zurückgezogen. Die endgültige Fassung wird von der Prüfstelle des DIN verabschiedet und veröffentlicht.

Das Urheberrecht an den DIN-Normen steht dem Deutschen Institut für Normung e.V. zu. Der Schutzanspruch sichert eine einwandfreie, stets dem neuesten Stand entsprechende Veröffentlichung der Normen und verhindert eine missbräuchliche Vervielfältigung. Die Übersetzung von DIN-Normen in fremde Sprachen ist nur im Einvernehmen mit dem DIN zulässig. Werknormen zum internen Gebrauch dürfen jedoch aus den DIN-Normen abgeleitet werden.

b) Das Deutsche Institut für Normung vertritt bei internationaler Normungsarbeit die deutschen Interessen. Technische Komitees (TC), nach Fachgebieten zusammengesetzt, leisten die Normungsarbeit. Bedingt durch die zunehmende Globalisierung gewinnt die internationale Normungsarbeit zunehmend an Bedeutung. Die Übernahme von internationalen Normen der ISO ist in [DIN820] geregelt. Unverändert übernommene internationale Normen werden als DIN-ISO-Normen gekennzeichnet.

2.1.2 Stufung genormter Erzeugnisse, Normzahlen

Genormte Erzeugnisse, die in mehreren Größen benötigt werden, sind unter dem Gesichtspunkt der Teilebeschränkung sowie der Häufigkeit der Anwendung bestimmter Größen zu stufen. Im Sinne des Normungsgedankens ist eine systematische Stufung der Glieder untereinander, z.B. mit Hilfe von Normzahlen, anzustreben. Normzahlen (NZ) sind durch die internationalen Normen [ISO3], [ISO17] sowie [ISO497] und die nationale Norm [DIN323] festgelegt.

Die zahlenmäßige Reihung bzw. Ordnung von physikalischen Größen kann durch eine additive oder eine multiplikative Gesetzmäßigkeit erfolgen. Im ersten Fall hat man die Abstufung in der Art einer arithmetischen Reihe und im zweiten Fall in der Art einer geometrischen Reihe.

1. Stufung nach einer arithmetischen Reihe

Sie wird in der Technik nur in wenigen Ausnahmefällen angewendet (z.B. Abstufung von Schraubenlängen!) und hat einen konstanten Stufenschritt. Ihr Bildungsgesetz ist additiv, z.B.

$$a_i \, , \quad a_{i+1} \, , \quad a_{i+2}$$

mit Stufenschritt Δ = Differenz von zwei aufeinanderfolgenden Gliedern

$$\Delta = a_{i+1} - a_i = const \tag{2.1}$$

$$z.B. \, \Delta = 2 : 1, 3, 5, 7$$

2. Stufung nach einer geometrischen Reihe

Sie wird in der Technik sehr häufig angewendet und hat sich sehr gut bewährt. Sie hat einen konstanten Stufensprung. Ihr Bildungsgesetz ist multiplikativ (vgl. DIN 323). Dies ist auch der Hauptgrund für ihre Anwendung zum Aufbau einer Ordnung für physikalische Größen. Fast alle physikalischen technischen Gesetze sind nämlich multiplikativ aufgebaut. Bei Vergrößerungen oder Verkleinerungen von physikalischen Größen im Rahmen der Entwicklung einer Typenreihe ergeben sich durch die Division der aufeinander folgenden Zahlenwerte der betrachteten physikalischen Größe immer konstante Faktoren. Für die geometrische Reihe gilt allgemein die Beziehung

$$a_{i+1} = a_i \cdot q \tag{2.2}$$

mit q = Stufensprung = konstant.

Ist das Anfangsglied einer geometrischen Reihe a_1, so lautet das i-te Glied bei bekanntem Stufensprung q

$$a_i = a_1 \cdot q^{i-1} \tag{2.3}$$

$a_1 = 1; \quad q = 2;$ $a_1 = 2; \quad q = 3;$

$1, 2, 4, 8, 16, ...$ $2, 6, 18, 54, 162, ...$

Normzahlen (NZ)

Zweck der Normzahlen (= Vorzugszahlen) ist die sinnvolle Beschränkung von Typen und/oder Abmessungen. Sie sind die Basis vieler Normen und können in unterschiedlicher Größe abgestuft sein. Ihre Abstufung basiert wie bei den geometrischen Reihen auf einem konstanten Stufensprung, der aber keine ganze Zahl ist. Für die Normzahlen gelten folgende Beziehungen:

1. Sie schließen an den bekannten dezimalen Bereich an, d.h., sie enthalten alle ganzzahligen Potenzen von 10 (z.B. 0,01; 0,1;1; 10; 100; 1000;...).
2. Sie bilden eine geometrische Reihe mit konstantem Stufensprung.
3. Die Glieder größerer Reihen sind wieder als Glieder in den feiner abgestuften Reihen enthalten.
4. Produkte und Quotienten von Normzahlen sind wieder Normzahlen.

Daraus lässt sich folgendes Bildungsgesetz ableiten:

a) Geometrische n_i - Teilung einer Dekade (Verwirklichung der Punkte 1, 2, 4).

b) Dualteilung des n_i - Wertes (Verwirklichung von Punkt 3).

Die Zahlen 1 und 10 werden als Normzahlen gesetzt und die Zwischenwerte nach einer geometrischen Reihe gestuft [Kle97]. Ist n die Zahl der Zwischenräume zwischen den Zahlen 1 und 10, so gilt für den Stufensprung die Beziehung:

$$q = \sqrt[n]{10} \qquad (2.4)$$

Für z.B. n = 5 wird q = 1,5849... Daraus ergibt sich die *Genauwertreihe* für n = 5.

Sie lautet vollständig:

    1   1,5849   2,5119   3,9811   6,3096   10

Diese Genauwerte sind unhandlich. Durch eine schwache Rundung erhält man aus ihnen die eigentlichen Normzahlen (= Hauptwerte), die dann die *Grundreihen* bilden.

Beispiel: n = 5:

Grundreihe R 5:   1   1,6   2,5   4   6,3   10

Damit ergibt sich folgende *Definition* für die Normzahlen:

> Normzahlen sind vereinbarte, gerundete Glieder einer dezimalgeometrischen Reihe.

Neben n = 5 sind auch genormt: n = 10, 20, 40, (80).

Daraus ergeben sich die in Tabelle 2.1 angegebenen *Grundreihen* R 5, R 10, R 20, R 40, (R80) (vgl. [DIN323]). Im Maschinenbau werden am häufigsten die Grundreihen R 10 und R 20 angewendet (R 5 ist meist zu grob und R 40 ist meist zu fein!).

Normzahlen NZ > 10 erhält man durch Multiplikation der Grundreihen mit 10^1, 10^2,...., Normzahlen NZ < 10 erhält man durch Multiplikation der Grundreihen mit 10^{-1},...., 10^{-2},..... .

Tabelle 2.1. Grundreihen R 5, R 10, R 20 und R 40; Hinweis: Die Schreibweise der Normzahlen ohne Endnullen ist international ebenfalls gebräuchlich

Hauptwerte				Ordungs-nummem N	Mantissen	Genauwerte	Abweichung der Haupt-werte von den Genauwerten
R 5	R 10	R 20	R 40				%
1,00	1,00	1,00	1,00	0	000	1,0000	0
			1,06	1	025	1,0593	+ 0,07
		1,12	1,12	2	050	1,1220	- 0,18
			1,18	3	075	1,1885	- 0,71
	1,25	1,25	1,25	4	100	1,2589	- 0,71
			1,32	5	125	1,3353	- 1,01
		1,40	1,40	6	150	1,4125	- 0,88
			1,50	7	175	1,4962	+ 0,25
1,60	1,60	1,60	1,60	8	200	1,5849	+ 0,95
			1,70	9	225	1,6788	+ 1,26
		1,80	1,80	10	250	1,7783	+ 1,22
			1,90	11	275	1,8836	+ 0,87
	2,00	2,00	2,00	12	300	1,9953	+ 0,24
			2,12	13	325	2,1135	+ 0,31
		2,24	2,24	14	350	2,2387	+ 0,06
			2,36	15	375	2,3714	- 0,48
2,50	2,50	2,50	2,50	16	400	2,5119	- 0,47
			2,65	17	425	2,6607	- 0,40
		2,80	2,80	18	450	2,8184	- 0,65
			3,00	19	475	2,9854	+ 0,49
	3,15	3,15	3,15	20	500	3,1623	- 0,39
			3,35	21	525	3,3497	+ 0,01
		3,55	3,55	22	550	3,5481	+ 0,05
			3,75	23	575	3,7584	- 0,22
4,00	4,00	4,00	4,00	24	600	3,9811	+ 0,47
			4,25	25	625	4,2170	+ 0,78
		4,50	4,50	26	650	4,4668	+ 0,74
			4,75	27	675	4,7315	+ 0,39
	5,00	5,00	5,00	28	700	5,0119	- 0,24
			5,30	29	725	5,3088	- 0,17
		5,60	5,60	30	750	5,6234	- 0,42
			6,00	31	775	5,9566	+ 0,73
6,30	6,30	6,30	6,30	32	800	6,3096	- 0,15
			6,70	33	825	6,6834	+ 0,25
		7,10	7,10	34	850	7,0795	+ 0,29
			7,50	35	875	7,4989	+ 0,01
	8,00	8,00	8,00	36	900	7,9433	+ 0,71
			8,50	37	925	8,4140	+ 1,02
		9,00	9,00	38	950	8,9125	+ 0,98
			9,50	39	975	9,4406	+ 0,63
1,00	10,00	10,00	10,00	40	000	10,0000	0

Beispiele für Anwendung von Normzahlen

Nennweiten nach DIN 2402 bzw. DIN 28002 bei Rohrleitungssystemen als kennzeichnendes Merkmal zueinander passender Teile, z.B. Rohre, Rohrverbindungen, Formstücke und Armaturen.

- Leistung von Kraft- und Arbeitsmaschinen
- Gewindedurchmesser
- Nenndurchmesser der Wälzlager
- Währung (1.-, 2.-, 5.-, 10.- EUR → Auszug aus R 10)

2.1.3 Normen für rechnerunterstützte Konstruktion

Die *Informationsverarbeitung* durchdringt zunehmend alle Bereiche der Wirtschaft, der Wissenschaft sowie des öffentlichen und privaten Lebens. Neue sehr effiziente Anwendungen wie elektronischer Zahlungsverkehr, elektronischer Datenaustausch und multimediale Rechnerarbeitsplätze werden durch den Einsatz der Informationstechnik ermöglicht. Um eine globale Informations-Infrastruktur zu erreichen, ist die Fähigkeit der Anwendungen zur grenz- und branchenübergreifenden Zusammenarbeit zwingend erforderlich. Vorrangige Aufgabe der Normung ist daher im internationalen Konsens technische Regeln zu entwickeln, die die Portabilität von Programmen und die Interoperabilität der Anwendungen gewährleisteten. Wichtige Teilbereiche der Normung auf diesen Gebieten sind z.B. Begriffe (DIN 44300-1 bis 9), Programmiersprachen und Softwareentwicklung (DIN 66268, [DIN66001] sowie Datenträger und Datenspeicherung (DIN EN 28860-1/2) [Kle97]. Zuständig für die Normung auf dem Gebiet der Informationsverarbeitung im DIN ist der Normenausschuss Informationstechnik (NI).

Ziel der Normen für die *rechnerunterstützte Konstruktion* und Fertigung sind Erfassung, Verarbeitung, Bereitstellung und Austausch von technischen Daten über den gesamten Produktlebenszyklus. Zuständig für die diesbezüglichen Normen ist der Normenausschuss Maschinenbau. Zum Austausch produktdefinierender Daten für verschiedene Anwendungsbereiche wie Maschinenbau, Elektrotechnik, Anlagenbau etc. wurden die STEP-Normen (Standard for the Exange of Product Model Data) für die rechnerunterstützte Konstruktion (CAD) entwickelt. DIN ISO 10303-1 enthält einen Überblick und grundlegende Prinzipien für die Produktdatenerstellung und den Produktdatenaustausch.

Die Vornormen [DIN4000-100] und [DIN4000-101] enthalten Regeln für die Speicherung geometriebezogener Daten von CAD-relevanten Normteilen auf der Basis von Sachmerkmalen in Merkmalsdateien. Die Datensätze enthalten u.a. Identifikationsangaben, Stücklistenangaben, Zuordnungshinweise, Visualisierungsangaben und Referenzen. Im Zuge der weiteren Entwicklung ist eine übergeordnete Merkmalverwaltung zur umfassenden Produktbeschreibung anhand von Merkmalen vorgesehen (Merkmals-Lexikon).

2.2   Toleranzen, Passungen und Passtoleranzfelder

Zur Gewährleistung ihrer Funktion über die vorgesehene Lebensdauer hinweg müssen Bauteile oder Komponenten eines technischen Systems zueinander passen, d.h. sie dürfen in ihrer Form, ihrer Lage und ihren Abmessungen keinen unzulässig großen Abweichungen unterliegen. Alle diese Größen sind für sich zu tolerieren, d.h. mit einer Toleranz zu versehen und bei der Fertigung und Zuordnung oder Montage zu berücksichtigen ([DIN406], [DINISO286], [DINISO1101], [DINISO1132], [DINISO2768] und [DINISO3040]). Eine Welle, die z.B. in einer Führung oder Buchse laufen soll, muss im Durchmesser kleiner sein als der Durchmesser der gepaarten Bohrung. Soll eine Riemenscheibe z.B. fest auf einer Welle sitzen, so muss der Durchmesser der Welle größer sein als der der Nabenbohrung der Riemenscheibe.

Da die meisten Bauteile nicht mehr einzeln hergestellt und in das Gegenstück eingepasst werden, sondern zur Erhöhung der Wirtschaftlichkeit in größeren Serien und ohne Abstimmung auf ein spezielles Gegenstück (wahllose Paarung der Teile) gefertigt werden, sind zur Vermeidung von Nacharbeit und zur Gewährleistung der Austauschbarkeit von Teilen folgende Bedingungen zu erfüllen:

1. Vorgabe von tolerierten Maßen (Nennmaß und Grenzabmaße oder Nennmaß und Toleranzklasse) oder Passungen für die zu paarenden Formteile;
2. Maßgerechte Fertigung der Einzelteile, d.h. Einhaltung der vorgegebenen Toleranzen (Istmaß im Toleranzbereich).

2.2.1 Maß- und Toleranzbegriffe

Die wichtigsten und gebräuchlichsten Toleranzen sind die für die Abmessungen der Bauteile. Man nennt sie daher auch *Maßtoleranzen*. Daneben gibt es auch Toleranzen zur Festlegung der Form und der Lage eines Formteiles, die so genannten *Form- und Lagetoleranzen*, die in Abschnitt 2.2.5 behandelt werden.

Die Grundbegriffe der Längenmaße und deren Toleranzen sowie die Passungen für flache (ebene) und zylindrische Werkstücke sind in [DINISO286] T1 und T2 zusammengefasst. Sie gelten sinngemäß auch für die Maßtoleranzen und Passungen an Kegeln [DINISO3040], Prismen und Gewinden.

Die wirtschaftliche Fertigung eines Werkstückes erfordert zusätzlich zum *Nennmaß N* (i.d.R. ein runder Zahlenwert) die Angabe einer *Toleranz* bzw. *Maßtoleranz T*. Sie hat kein Vorzeichen und wird immer als positiver Zahlenwert verstanden. Die Toleranz darf vom Konstrukteur nicht willkürlich gewählt werden, da grundsätzlich gilt: *je kleiner die Toleranz, desto teurer die Fertigung*. Sie leitet sich i.Allg. aus der Funktion ab, wobei aber im Bereich des Ur- und Umformens durchaus auch das Fertigungsverfahren die Toleranz maßgeblich bestimmen kann. Das *Istmaß I* (gemessene Größe) darf wegen der zu erfüllenden Funktion bestimmte Grenzmaße nicht überschreiten. Die Grenzen für das Istmaß sind das *Höchstmaß G_o* und das *Mindestmaß G_u*. Die Differenz zwischen Höchst- und Mindestmaß ist die bereits oben behandelte Toleranz bzw. Maßtoleranz:

$$T = G_0 - G_u \tag{2.5}$$

Das *Mittenmaß C* ist der arithmetische Mittelwert zwischen Höchst- und Mindestmaß:

$$C = \frac{G_0 + G_u}{2} \tag{2.6}$$

Es wird beim statistischen Tolerieren benötigt.

Das Nennmaß ist eine ideal gedachte Bezugsgröße ohne Abweichungen. Die Bezeichnungsdarstellung erfolgt auf Basis des Nennmaßes, ebenso die rechnerinterne Darstellung von Geometriemodellen. Das Nennmaß N dient zur Festlegung der *Grenzmaße* mittels der Grenzabmaße:

- *Oberes Abmaß*
  ES bei Bohrungen, *es* bei Wellen (ES, es - ecart superieur):

$$G_0 = N + ES$$
$$G_0 = N + es \tag{2.7}$$

- *Unteres Abmaß*
  EI bei Bohrungen, *ei* bei Wellen (EI, ei - ecart inferieur):

$$G_u = N + EI$$
$$G_u = N + ei \tag{2.8}$$

Nach Gl (2.5) folgt für die Toleranz T

$$T = ES - EI \quad bzw. \quad T = es - ei \tag{2.9}$$

Zu beachten ist, dass die Abmaße vorzeichenbehaftet sind und entsprechend in Gl. (2.9) berücksichtigt werden müssen.

Die Angabe der Toleranz erfolgt in Verbindung mit dem Nennmaß N durch oberes und unteres Abmaß oder indirekt durch ISO-Kurzzeichen

z.B. $40^{-0,1}_{-0,3}$ oder Ø 20H7 (vgl. Abschn. 2.2.2.)

$\rightarrow T = -0,1 - (-0,3) = 0,2$

Abb. 2.1. zeigt am Beispiel eines Außenmaßes (Wellendurchmesser) die wesentlichen Maßarten und Toleranzbegriffe. Zwei weitere Maßarten haben besondere Bedeutung für die Paarung von Bauteilen:

Das *Maximum-Material-Grenzmaß MML* (maximum material limit) ist dasjenige der beiden Grenzmaße, das die maximal zulässige Materialmenge begrenzt. Das Element besitzt demnach bei diesem Grenzmaß seine größte Masse.
Es ist
- bei Wellen das Höchstmaß
- bei Bohrungen das Mindestmaß

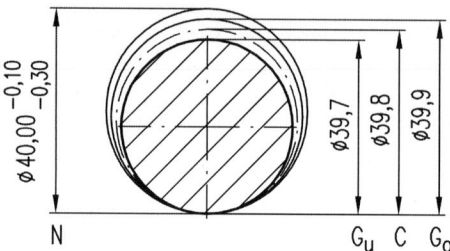

Abb. 2.1. Maß- und Toleranzbegriffe am Beispiel eines Wellendurchmessers

In der Praxis entspricht MML der „Gutseite" der Prüflehre. Falls es überschritten wird, kann das Werkstück durch Materialabnahme nachgearbeitet werden.

Das *Minimum-Material-Grenzmaß LML* (least material limit) ist dasjenige (das andere) der beiden Grenzmaße, das die minimal zulässige Materialmenge begrenzt. Es ist

- bei Wellen das Mindestmaß
- bei Bohrungen das Höchstmaß

LML entspricht der „Ausschussseite" der Prüflehre, weil eine Nacharbeit des Werkstücks nicht möglich, d.h. das Werkstück Ausschuss ist.

2.2.2 Toleranzfeldlagen

In [DINISO286] T1 sind 28 Toleranzfeldlagen festgelegt und mit Buchstaben bezeichnet. Die Buchstaben kennzeichnen nach Abb. 2.2. den kleinsten Abstand der Toleranzfelder von der Nulllinie. Liegt das Toleranzfeld unterhalb der Nulllinie, dann wird durch die Buchstaben der Abstand des oberen Abmaßes ES oder es von der Nulllinie festgelegt. Bei einem Toleranzfeld oberhalb der Nulllinie wird durch die Buchstaben der Abstand des unteren Abmaßes EI oder ei von der Nulllinie bestimmt. Diese Kleinstabstände von der Nulllinie, d.h. die Lage der Toleranzfelder, sind durch die ISO-Grundabmaße der Toleranzfeldlagen vorgegeben, die in [DINISO286T1] für die unterschiedlichen Nennmaßbereiche und für die unterschiedlichen *Grundtoleranzgrade* zusammengestellt sind.

Die Toleranzfelder H und h nehmen eine Sonderstellung ein, weil sie an der Nulllinie liegen (vgl. auch Abschn. 2.2.3).

$$
\begin{array}{lll}
\text{H} \succ & \text{EI} & = 0 \\
& \text{ES} & = \text{T (Grundtoleranz)} \\
\text{h} \succ & \text{es} & = 0 \\
& \text{ei} & = \text{T (Grundtoleranz)}
\end{array}
$$

Für jeden der Nennmaßbereiche gibt es mehrere - höchstens 20 - verschieden große Grundtoleranzgrade. Diese Grundtoleranzgrade werden mit den Buchstaben IT und den nachfolgenden Zahlen 01, 0, 1, 2 bis 18 gekennzeichnet. Der Grundtoleranzgrad charakterisiert die Größe der Grundtoleranz IT (Maßtoleranz). Jedem einzelnen Grundtoleranzgrad sind mit steigendem Nennmaßbereich größere Grundtoleranzen (Maßtoleranzen) zugeordnet. Die Gesamtheit der Grundtoleranzen innerhalb eines Grundtoleranzgrades für alle Nennmaßbereiche wird dem gleichen Genauigkeitsniveau zugerechnet.

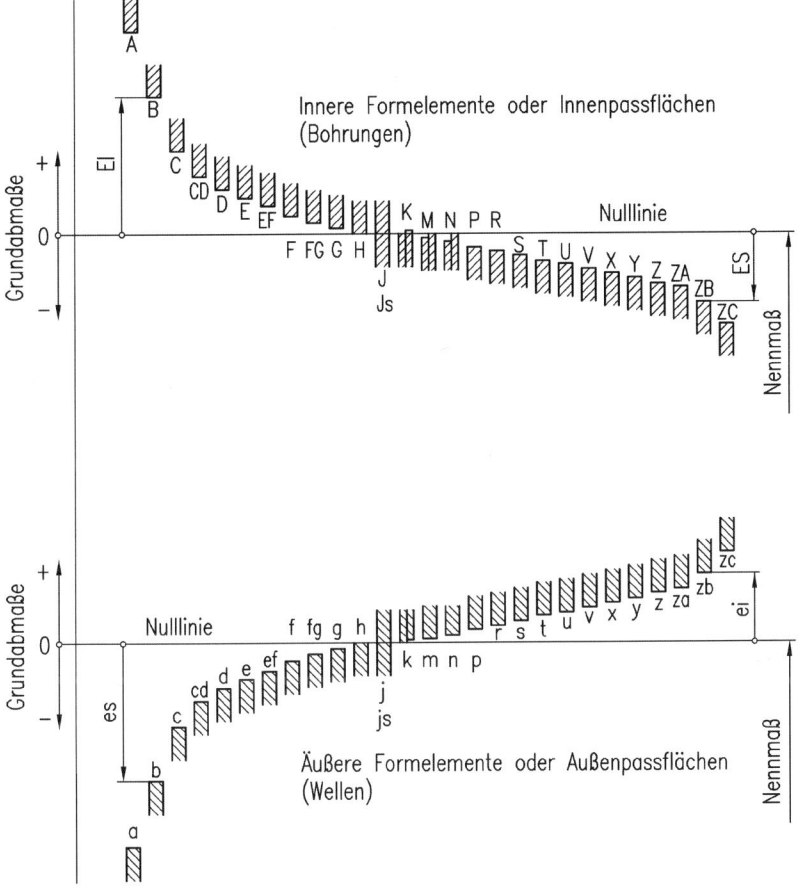

Abb. 2.2. Lage der Toleranzfelder bzw. schematische Darstellung der Lage von Grundabmaßen für Bohrungen und Wellen nach [DINISO286]

Die Größe aller Grundtoleranzen wird in $\mu m = 10^{-6}$ m ausgedrückt und ist für die Grundtoleranzgrade IT 2 bis IT 18 aus dem Toleranzfaktor i bzw. I durch Multiplikation mit einem Faktor entstanden, der aus Tabelle 2.2. zu ersehen ist.

Der Toleranzfaktor i hat die Größe:

$$i = 0,45 \cdot \sqrt[3]{D} + 0,001 \cdot D \qquad (\textit{für } N \leq 500 \, mm) \qquad (2.10)$$

Tabelle 2.2. Zahlenwerte der Grundtoleranzen IT für Nennmaße bis 3150 mm[1])

Nennmaß in mm		Grundtoleranzgrade																		
		Grundtoleranzen																		
		μm											mm							
über	bis	IT1[1])	IT2[1])	IT3[1])	IT4[1])	IT5[1])	IT6	IT7	IT8	IT9	IT10	IT11	IT12	IT13	IT14[2])	IT15[2])	IT16[2])	IT17[2])	IT18[2])
-	3[2])	0,8	1,2	2	3	4	6	10	14	25	40	60	0,1	0,14	0,25	0,4	0,6	1	1,4
3	6	1	1,5	2,5	4	5	8	12	18	30	48	75	0,12	0,18	0,3	0,48	0,75	1,2	1,8
6	10	1	1,5	2,5	4	6	9	15	22	36	58	90	0,15	0,22	0,36	0,58	0,9	1,5	2,2
10	18	1,2	2	3	5	8	11	18	27	43	70	110	0,18	0,27	0,43	0,7	1,1	1,8	2,7
18	30	1,5	2,5	4	6	9	13	21	33	52	84	130	0,21	0,33	0,52	0,84	1,3	2,1	3,3
30	50	1,5	2,5	4	7	11	16	25	39	62	100	160	0,25	0,39	0,62	1	1,6	2,5	3,9
50	80	2	3	5	8	13	19	30	46	74	120	190	0,3	0,46	0,74	1,2	1,9	3	4,6
80	120	2,5	4	6	10	15	22	35	54	87	140	220	0,35	0,54	0,87	1,4	2,2	3,5	5,4
120	180	3,5	5	8	12	18	25	40	63	100	160	250	0,4	0,63	1	1,6	2,5	4	6,3
180	250	4,5	7	10	14	20	29	46	72	115	185	290	0,46	0,72	1,15	1,85	2,9	4,6	7,2
250	315	6	8	12	16	23	32	52	81	130	210	320	0,52	0,81	1,3	2,1	3,2	5,2	8,1
315	400	7	9	13	18	25	36	57	89	140	230	360	0,57	0,89	1,4	2,3	3,6	5,7	8,9
400	500	8	10	15	20	27	40	63	97	155	250	400	0,63	0,97	1,55	2,5	4	6,3	9,7
500	630[1])	9	11	16	22	32	44	70	110	175	280	440	0,7	1,1	1,75	2,8	4,4	7	11
630	800[1])	10	13	18	25	36	50	80	125	200	320	500	0,8	1,25	2	3,2	5	8	12,5
800	1000[1])	11	15	21	28	40	56	90	140	230	360	560	0,9	1,4	2,3	3,6	5,6	9	14
1000	1250[1])	13	18	24	33	47	66	105	165	260	420	660	1,05	1,65	2,6	4,2	6,6	10,5	16,5
1250	1600[1])	15	21	29	39	55	78	125	195	310	500	780	1,25	1,95	3,1	5	7,8	12,5	19,5
1600	2000[1])	18	25	35	46	65	92	150	230	370	600	920	1,5	2,3	3,7	6	9,2	15	23
2000	2500[1])	22	30	41	55	78	110	175	280	440	700	1100	1,75	2,8	4,4	7	11	17,5	28
2500	3150[1])	26	36	50	68	96	135	210	330	540	860	1350	2,1	3,3	5,4	8,6	13,5	21	33

[1]) Die Werte für die Grundtoleranzgrade IT1 bis einschließlich IT5 für Nennmaße über 500 mm sind für experimentelle Zwecke enthalten.
[2]) Die Grundtoleranzgrade IT14 bis einschließlich IT18 sind für Nennmaße bis einschließlich 1 mm nicht anzuwenden.

In dieser Zahlenwertgleichung ist D in mm das geometrische Mittel der beiden Grenzmaße eines Nennmaßbereiches und i der Toleranzfaktor in μm. Gl (2.10) wurde empirisch ermittelt unter Berücksichtigung der Tatsache, dass unter gleichen Fertigungsbedingungen die Beziehung zwischen dem Fertigungsfehler und dem Nennmaß eine parabolische Funktion ist. Mit zunehmender Größe lassen sich nämlich die Teile mit einer relativ größeren Genauigkeit herstellen. Das additive Glied 0,001·D berücksichtigt die mit wachsendem Nennmaß linear größer werdende Messunsicherheit.

Ist $500\,mm < N \leq 3150\,mm$, so gilt nach [DINISO286] T1 für den Toleranzfaktor I in μm die Beziehung:

$$I = 0,004 \cdot D + 2,1 \qquad (\textit{für } 500\,mm < N \leq 3150\,mm) \qquad (2.11)$$

Für die Grundtoleranzgrade IT 01 bis IT 1 sind die Toleranzfaktoren i für Nennmaße $\leq$ 500 mm nach folgenden Formeln zu berechnen:

$$
\begin{aligned}
\text{IT 01:} \qquad & i = 0,3 + 0,008 \cdot D \\
\text{IT 0:} \qquad & i = 0,5 + 0,012 \cdot D \\
\text{IT 1:} \qquad & i = 0,8 + 0,020 \cdot D
\end{aligned}
\qquad (2.12)
$$

2.2.3 Passungen und Passungssysteme

Unter einer Passung versteht man die maßliche Zuordnung zwischen den zu fügenden oder zu paarenden Teilen, die sich aus dem Maßunterschied dieser Teile vor dem Fügen ergibt. Sie kennzeichnet somit die Beziehung zwischen den Toleranzfeldern der zu paarenden Teile. Sie ist erreichbar durch die zweckdienliche Wahl der Toleranzfeldlage und der Maßtoleranz oder Grundtoleranz des Innen- und des Außenmaßes der zu paarenden Formelemente bzw. Geometrieelemente [DINH07]. Die häufigsten Passungen sind die Rundpassungen (kreiszylindrische Passflächen, z.B. Welle und Bohrung) und die Flachpassungen (planparallele Passflächen). Eine Passung wird nach [DINISO286] durch folgende Angaben bestimmt:
1. Gemeinsames Nennmaß der zu paarenden Geometrieelemente
2. Kurzzeichen der Toleranzklasse für das Innenmaß z.B. H7
3. Kurzzeichen der Toleranzklasse für das Außenmaß z.B. f6

Die Toleranzklasse kennzeichnet durch einen oder zwei Buchstaben das Grundabmaß (Toleranzfeldlage) und durch ein oder zwei Zahlen den Grundtoleranzgrad (Größe der Maßtoleranz oder Grundtoleranz).

Beispiel: $\qquad\qquad$ Ø30H7, Ø30f6

Passungsarten

Die Art der Passung ist durch die beabsichtigte Funktion bestimmt. Es gibt drei Arten von Passungen, die sich durch ihr Spiel bzw. Übermaß (im gefügten Zustand) unterscheiden (Abb. 2.3.).

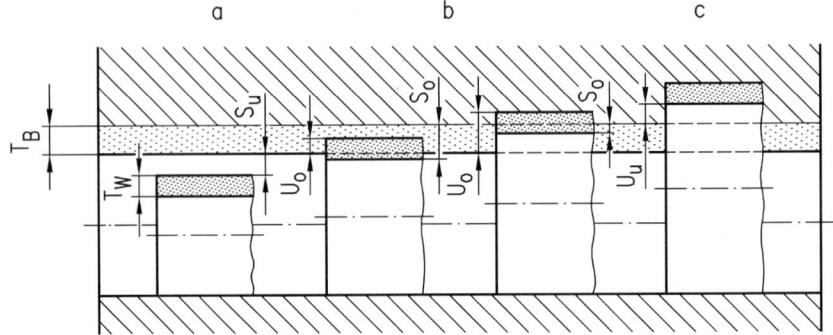

Abb. 2.3. Spiel-, Übergangs- und Übermaßpassung
(T_W: Toleranz Welle, T_B: Toleranz Bohrung)

a) *Spielpassung*
Beim Fügen des inneren (Bohrung) und äußeren (Welle) Formelementes entsteht *immer Spiel (S)*,

$$\text{Höchstspiel} \quad S_0 = ES - ei$$

$$\text{Mindestspiel} \quad S_u = EI - es$$

(2.13)

b) *Übergangspassung*
Je nach den Istmaßen der Formelemente entsteht beim Fügen *entweder Spiel oder Übermaß.*

$$\text{Höchstspiel} \quad S_0 = ES - ei$$

$$\text{Höchstübermaß} \quad U_0 = EI - es$$

(2.14)

(Hinweis: Die Bezeichnungen S_0 und S_u sowie U_0 und U_u sind nicht genormt.)

c) *Übermaßpassung*
Beim Fügen der Formelemente entsteht *immer Übermaß (U)*

$$\text{Höchstübermaß} \quad U_0 = EI - es$$

$$\text{Mindestübermaß} \quad U_u = ES - ei$$

(2.15)

Passungssysteme sollen helfen, die mögliche Vielfalt der Toleranzfelder bzw. Toleranzklassen einzuschränken und damit die Anzahl der Werkzeuge sowie der Prüf- und Messgeräte auf eine Mindestzahl zu beschränken. Ein Passungssystem bedeutet z.B., dass entweder alle Bohrungen oder aber Wellen dieselbe Toleranz-feldlage bekommen, zweckmäßigerweise diejenige mit dem „Grundabmaß 0". Diese ausgezeichnete Lage bezüglich der Nulllinie - d.h. bezüglich des Nennma-ßes - nehmen die Toleranzfeldlagen H (Bohrung) und h (Wellen) ein, da das untere Abmaß bei der Bohrung bzw. das obere Abmaß bei der Welle Null ist. Deshalb wurden diese Toleranzfeldlagen auch dem ISO-Passungssystem Einheits-bohrung bzw. dem ISO-Passungssystem Einheitswelle zugrunde gelegt.

ISO-Passungssystem Einheitsbohrung ([DINISO286] und [DIN7154])

Für alle Bohrungen wird die Toleranzfeldlage H, für die Wellen dagegen werden beliebige Toleranzfeldlagen gewählt. Zur Herstellung und Kontrolle der Bohrun-gen, die aufwändiger in der Fertigung und teurer in der Messung sind als Wellen, sind dann nur wenige Werkzeuge (z.B. Reibahlen) und Messwerkzeuge (z.B. Lehrdorne) erforderlich (für ein Nennmaß z.B. nur H5, H6, H7). Das Passungssys-tem Einheitsbohrung wird überwiegend im Maschinen- und Apparatebau ange-wendet.

ISO-Passungssystem Einheitswelle ([DINISO286] und [DIN7155])

Für alle Wellen wird die Toleranzfeldlage h, für die Bohrungen dagegen werden beliebige Toleranzfeldlagen gewählt. Das Passungssystem Einheitswelle wird bei Maschinen mit vielen langen, glatten Wellen (z.B. aus gezogenem, kalibriertem Rundmaterial) angewendet, auf denen Hebel, Räder und dgl. befestigt werden sollen (Land- und Textilmaschinenbau). Das ISO-Passungssystem Einheitswelle kommt seltener zur Anwendung als das ISO-Passungssystem Einheitsbohrung. Durch die Einführung der unterschiedlichen ISO-Passungssysteme hat man eine ganz wesentliche Einschränkung der Auswahlmöglichkeiten erreicht. Eine weitere Einschränkung ergibt sich durch die Anwendung empfohlener (d.h. in der Praxis häufig benötigter) Toleranzen gemäß [DIN7157].

2.2.4 Tolerierungsgrundsatz

Die den Maßtoleranzen überlagerten Formabweichungen führen dazu, dass das Mindestspiel bei Maximum-Material-Grenzmaßen nicht mehr vorhanden ist. Taylor erkannte diesen Zusammenhang und begründete 1905 mit seiner Patent-anmeldung den Taylorschen Prüfgrundsatz.

   Die *Gut*prüfung (Einhaltung der Maximum-Material-Grenze) ist eine Paa-rungsprüfung mit einem geometrischen Gegenstück (Lehre); die *Ausschuss*prü-fung (Einhaltung der Minimum-Material-Grenze) ist eine Einzelprüfung der örtlichen Istmaße (Zweipunktverfahren).

Der Tolerierungsgrundsatz bestimmt, ob an kreiszylindrischen und planparallelen Passflächen die Formabweichungen von den Maßtoleranzen abhängen oder nicht. Es gibt zwei Grundsätze:

- Unabhängigkeitsprinzip
- Hüllprinzip

Beide Prinzipien werden im Folgenden behandelt.

2.2.4.1 Unabhängigkeitsprinzip

Das Unabhängigkeitsprinzip ist in [DINISO8015] genormt und besagt, dass ein toleriertes Maß als eingehalten gilt, wenn alle örtlichen Istmaße die Grenzmaße nicht über- bzw. unterschreiten. Jede Maß-, Form- und Lagetoleranz muss unabhängig voneinander eingehalten werden. Es erfolgt also keine Paarungsprüfung. Soll das Unabhängigkeitsprinzip gelten, muss auf der Zeichnung im oder am Schriftfeld die Bezeichnung *Tolerierung ISO 8015* oder einfach *ISO 8015* stehen (Abb. 2.4.b); ansonsten gilt das Hüllprinzip (s. Abschnitt 2.2.4.2). Bei der heute üblichen rechnergestützten Konstruktion empfiehlt sich eine entsprechende Voreinstellung im Schriftfeld, da das Unabhängigkeitsprinzip die ungerechtfertigten Anforderungen bezüglich der Form- und Lageabweichungen, die mit dem Hüllprinzip verbunden sind, aufhebt. Der Fertigungsaufwand und damit die Fertigungskosten werden reduziert. Durch das Unabhängigkeitsprinzip werden Tonnenform, Sattelform, Kegelform und die geradzahligen Vielecke (Ovalität) begrenzt (vgl. Abb. 2.5.). Krümmungen und ungeradzahlige Vielecke werden nicht begrenzt.

Bei Gültigkeit des Unabhängigkeitsprinzips kann mit Hilfe der Maximum-Material-Bedingung eine Vergrößerung der Formtoleranzen erreicht werden. Dazu sind die Formabweichungen auf der Zeichnung mit einem eingekreisten M zu kennzeichnen, (Abb. 2.4.a).

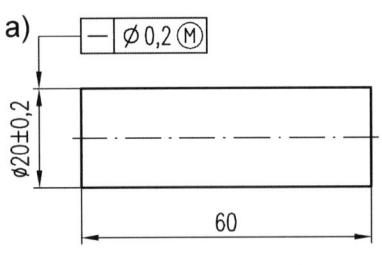

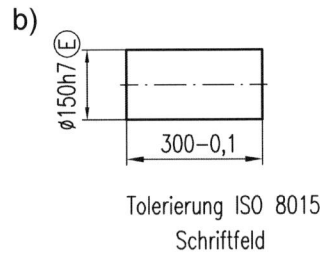

Abb. 2.4. Sonderfälle bei den Tolerierungsgrundsätzen
a)   Anwendung der Maximum-Material-Bedingung
b)   Partielle Gültigkeit des Hüllprinzips

Die Maximum-Material-Bedingung erlaubt eine Überschreitung einer mit Ⓜ gekennzeichneten Formtoleranz um den Betrag, um den das Istmaß vom Maximum-Material-Grenz-Maß (MML) abweicht. Soll dagegen trotz Hinweis auf ISO 8015 für ein toleriertes Maß die Hüllbedingung[1] gelten, so ist dieses mit einem eingekreisten E zu kennzeichnen, (Abb. 2.4.b). Zur Vertiefung dieser Thematik wird auf [Jor98] oder [DINH07] verwiesen.

2.2.4.2 Hüllprinzip

Das Hüllprinzip gilt für alle tolerierten Maße auf allen Bezeichnungen, die keinen Hinweis auf DIN ISO 8015 enthalten. Der Klarheit halber sollte man jedoch eintragen: *Tolerierung DIN 7167*. Das Hüllprinzip fordert, dass das Geometrieelement (Kreiszylinder, Parallelebenenpaar) die geometrisch ideale Hülle mit Maximum-Material-Grenzmaß (MML) nicht durchbricht und kein örtliches Istmaß das Minimum-Material-Grenzmaß (LML) überschreitet (Bohrungen) bzw. unterschreitet (Wellen). Es werden nur die Formabweichungen, dagegen außer der Parallelität keine Lageabweichungen beschränkt. Das Hüllprinzip kann durch Einzeleintragung partiell aufgehoben werden (vgl. Abschn. 2.2.4.1). Die Prüfung der Hüllbedingung ist nur mit einer Paarungslehre, die die Gestalt der Hülle hat oder mit einer Messmaschine und entsprechenden Auswerteprogrammen möglich. Die Begrenzung der Formabweichungen und der Parallelität wird in den Abb. 2.5. und Abb. 2.6. an einigen Grenzfällen gezeigt. (I: ist das örtliche Istmaß).

EFL: Kurzzeichen für die Abweichung bei Geradheit nach [Tru97]
EFK: Kurzzeichen für die Abweichung bei Rundheit nach [Tru97]

Tonnenform
(Ursachen: Werkstück zwischen Spitzen eingespannt; gekrümmte Führungsbahn)

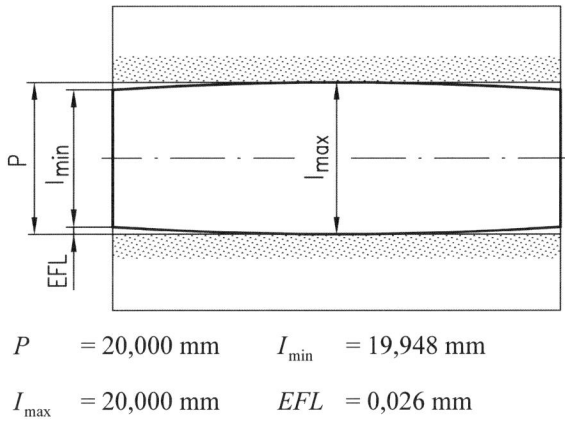

P = 20,000 mm I_{min} = 19,948 mm

I_{max} = 20,000 mm EFL = 0,026 mm

---

[1] Hinweis: In Anlehnung an [Jor98] wird der Begriff Hüllbedingung immer im Zusammenhang mit Ⓔ verwendet.

Sattelform
(Ursachen: Werkzeugbahn und Werkstückachse windschief zueinander - kürzester Abstand
liegt innerhalb des Werkstücks; gekrümmte Führungsbahn)

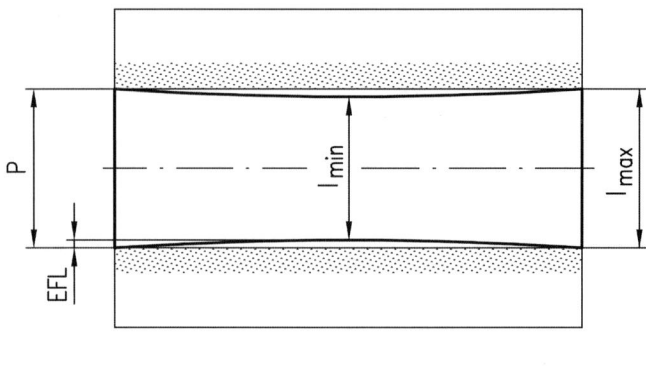

P = 20,000 mm I_{min} = 19,948 mm

I_{max} = 20,000 mm EFL = 0,026 mm

Krümmung
(Ursachen: Verzug durch freiwerdende innere Spannungen bei spanloser oder spangebender
Formung, bei Wärmebehandlung und Alterung)

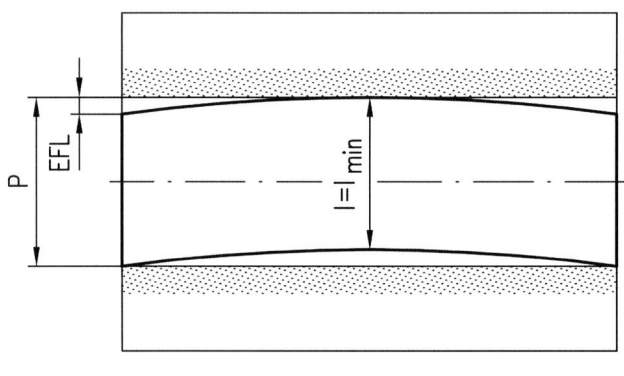

P = 20,000 mm

I_{min} = 19,948 mm EFL = 0,052 mm

Abb. 2.5. Zulässige Formabweichungen bei Gültigkeit des Hüllprinzips für eine Welle mit
⌀20h9 (Axialschnitte)

geradzahlige Vielecke / Ovalität

(Ursachen: Lagerluft der Hauptspindel; unrunde Form des Rohlings; Unwucht des Werkstücks)

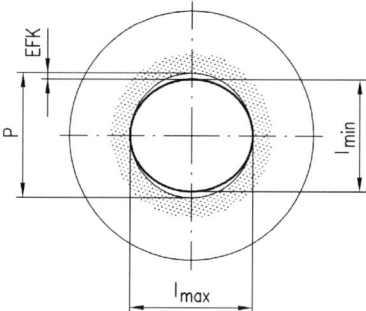

P $= 20,000$ mm
I_{max} $= 20,000$ mm
I_{min} $= 19,948$ mm
EFK $= 0,026$ mm

ungeradzahlige Vielecke / Gleichdick (Radialschnitt)

(Ursachen: zweischneidige Werkzeuge - z.B. falsche Abstützung des Werkstücks bei spitzenlosem Schleifen)

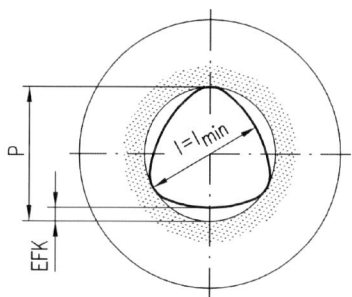

P $= 20,000$ mm
I_{min} $= 19,948$ mm
EFK $= 0,052$ mm

Abb. 2.6. Zulässige Formabweichungen bei Gültigkeit des Hüllprinzips für eine Welle mit Ø 20h9 (Radialschnitte)

Hinweis: In vielen Betrieben werden die Tolerierungsgrundsätze unsachgemäß angewendet. Aus Kostengründen ist die generelle Anwendung des Hüllprinzips nicht zu empfehlen. Vielmehr sollte das *Unabhängigkeitsprinzip* eingeführt und wo notwendig durch Ⓔ die *Hüllbedingung* eingetragen werden.

2.2.4.3 Allgemeintoleranzen

Die Notwendigkeit, die Gestalt eines Bauteils eindeutig zu bemaßen und zu tolerieren, wird durch die Festlegung von Allgemeintoleranzen nach [DIN-ISO2768] T_1 und T_2 vereinfacht (Tabelle 2.3.). T_1 gilt für alle Längen- und Winkelmaße ohne Toleranzangabe, jedoch nicht für Hilfsmaße und theoretische Maße. Es werden vier Toleranzklassen unterschieden: f (fein), m (mittel), c (grob) und v (sehr grob). T_2 gilt für die Formelemente, die nicht mit einzeln eingetragenen Form- und Lagetoleranzen versehen sind. Es werden drei Toleranzklassen unterschieden: H, K, L.

Tabelle 2.3. oben - Grenzabmaße für Längenmaße nach [DINISO2768] T1, unten - Allgemeintoleranzen für Geradheit und Ebenheit nach [DINISO2768] T1

Toleranzklassen		Grenzabmaße für Nennmaßbereiche [mm]						
Kurz-zeichen	Benennung	von 0,5 bis 3	über 3 bis 6	über 6 bis 30	über 30 bis 120	über 120 bis 400	über 400 bis 1000	über 1000 bis 2000
f	fein	± 0,05	± 0,05	± 0,1	± 0,15	± 0,2	± 0,3	± 0,5
m	mittel	± 0,1	± 0,1	± 0,2	± 0,3	± 0,5	± 0,8	± 1,2
c	grob	± 0,2	± 0,3	± 0,5	± 0,8	± 1,2	± 2	± 3
v	sehr grob	—	± 1,5	± 1	± 1,5	± 2,5	± 4	± 6

Toleranzklasse	Nennmaßbereich [mm]					
	bis 10	über 10 bis 30	über 30 bis 100	über 100 bis 300	über 300 bis 1000	über 1000 bis 3000
H	0,02	0,05	0,1	0,2	0,3	0,4
K	0,05	0,1	0,2	0,4	0,6	0,8
L	0,1	0,2	0,4	0,8	1,2	1,6

Die Toleranzklassen sind so zu wählen, dass die Allgemeintoleranzen ohne besondere Maßnahmen und Sorgfalt, d.h. mit werkstattüblicher Genauigkeit zu halten sind. Deshalb müssen sie je nach der Art des Fertigungsverfahrens unterschiedlich groß sein. DIN ISO 2768 gilt vorwiegend für metallische Werkstoffe und Geometrieelemente, die durch Spanen erzeugt wurden. Für die Verfahrensgruppen Schweißen, Schmieden, Gießen z.B. gibt es eigene Allgemeintoleranzen, die entsprechend in den Zeichnungen anzugeben sind (vgl. [Jor98]).

2.2.5 Form- und Lagetoleranzen

Sowohl Studenten als auch Praktiker finden häufig schwer Zugang zur Form- und Lagetolerierung, weil sie kompliziert und insbesondere für den Neuling unübersichtlich erscheint. Im folgenden werden deshalb die wichtigsten Grundlagen und Zusammenhänge der Tolerierung erläutert. Für ein weiterführendes Studium wird auf die zugehörige [DINISO1101] und auf die Fachliteratur (z.B. [Jor98], [DINH07]) verwiesen.

Die Form- und Lagetolerierung geht von so genannten Formelementen [Jor98] bzw. sichtbaren und unsichtbaren Geometrieelementen [DINH07] aus. Die Tolerierung basiert auf der Festlegung von Toleranzzonen (Raum oder Fläche) innerhalb der sich das gesamte tolerierte Geometrieelement (z.B. Kreis, Gerade, Zylinder, Ebene) befinden muss. Die Toleranzzone wird begrenzt von zwei Grenzebenen bzw. Grenzlinien, die der idealen Gestalt der Geometrieelemente entsprechen. Ihr Abstand wird als Toleranz bezeichnet. Zwei Arten von Toleranzzonen kommen in der Praxis besonders häufig vor: *geradlinige* Toleranzzonen und *ringförmige* Toleranzzonen. Diese können sowohl eben als auch räumlich sein.

In Tabelle 2.4. sind Zeichnungssymbole für tolerierbare Eigenschaften enthalten. In Abb. 2.7. werden Beispiele für die Formtoleranzen Ebenheit und Parallelität sowie für die Lagetoleranz Rundlauf gezeigt.

Tabelle 2.4. Symbole für Form- und Lagetoleranzen

Toleranzart			Symbole	Eigenschaften
Formtoleranzen			—	Geradheit
			⌷	Ebenheit
			○	Rundheit (Kreisform)
			⌀	Zylinderform
Lagetoleranzen	Richtungstoleranzen		//	Parallelität
			⊥	Rechtwinkligkeit
			∠	Neigung
	Ortstoleranzen		⊕	Position
			◎	Koaxialität (Konzentrizität)
			≡	Symmetrie
Komb. Form -u. Lagetoleranzen	Lauftoleranzen		↗	Rundlauf
			↗	Planlauf
			↗	Lauf in beliebige Richtung
			↗↗	Gesamtrundlauf
			↗↗	Gesamtplanlauf

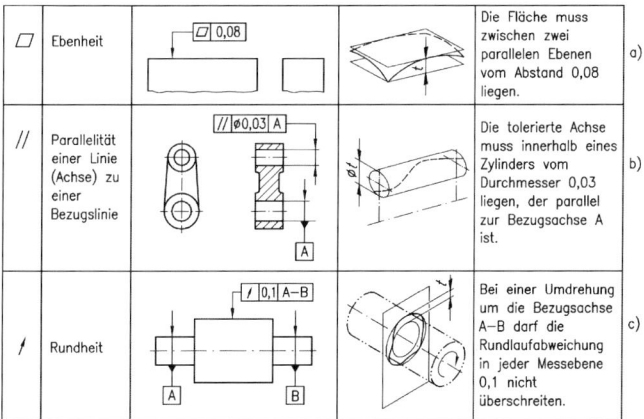

⌷	Ebenheit	⌷ 0,08		Die Fläche muss zwischen zwei parallelen Ebenen vom Abstand 0,08 liegen.	a)
//	Parallelität einer Linie (Achse) zu einer Bezugslinie	// ⌀0,03 A ... A		Die tolerierte Achse muss innerhalb eines Zylinders vom Durchmesser 0,03 liegen, der parallel zur Bezugsachse A ist.	b)
↗	Rundheit	↗ 0,1 A–B ... A ... B		Bei einer Umdrehung um die Bezugsachse A–B darf die Rundlaufabweichung in jeder Messebene 0,1 nicht überschreiten.	c)

Abb. 2.7. Beispiele für Formtoleranzen a), c) und Lagetoleranz b)

Für die eindeutige Interpretation von Form- und Lagetoleranzen ist eine korrekte Zeichnungseintragung unerlässlich. Gemäß [DINISO1101] werden Form- und Lagetoleranzen durch einen Toleranzrahmen gekennzeichnet, der aus mindestens zwei aber höchstens fünf Feldern besteht (vgl. Abb. 2.8.). Das *erste Feld* kennzeichnet die *Toleranzart*, im *zweiten* wird die *Toleranz* in mm eingetragen. Die restlichen Felder enthalten bei Lagetoleranzen *Kennbuchstaben für Bezüge*.

Der Toleranz- bzw. Bezugspfeil steht senkrecht (wichtig!) auf dem tolerierten Formelement. Er zeigt an, in welcher Richtung die Abweichung gemessen wird. Der eindeutigen Zuordnung wegen sollte der Toleranzpfeil in der Nähe der Maßlinie, die das Geometrieelement bemaßt, stehen. Zwei Fälle sind hier zu unterscheiden:

1. Bei der Tolerierung eines sichtbaren Geometrieelementes (Fläche, Kante) steht der Toleranzpfeil mindestens 4 mm vom entsprechenden Maßpfeil entfernt (Abb. 2.8.a).
2. Wird dagegen ein unsichtbares Geometrieelement (Achse, Symmetrieebene etc.) toleriert, steht der Toleranzpfeil unmittelbar in der Verlängerung der Maßlinie, die das Formelement bemaßt (Abb. 2.8.b, c).

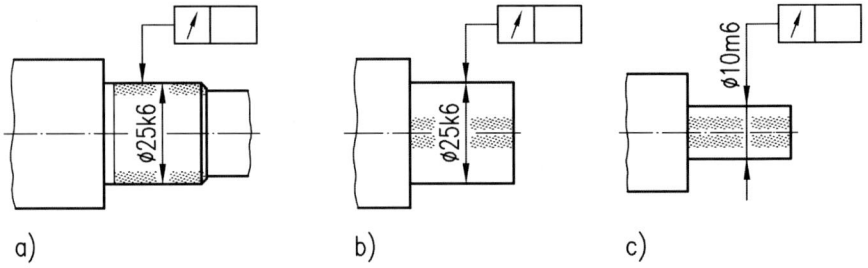

Abb. 2.8. Bedeutung der Stellung des Toleranzpfeils.
a)   sichtbares Geometrieelement toleriert (Rundlauf)
b), c)   unsichtbares Geometrieelement (Achse) toleriert (Koaxialität)

Bezugselemente (nach [ISO5459])

Bezugselemente dienen bei Lagetoleranzen zur Festlegung der Toleranzzone. Die für die tolerierten Geometrieelemente erläuterten Regeln gelten sinngemäß auch für die Bezugselemente.

Das Bezugselement wird durch einen Bezugsbuchstaben (Großbuchstaben A, B, ...) im oben geschilderten Bezugsrahmen sowie durch ein i.Allg. schwarz gefärbtes Bezugsdreieck gekennzeichnet. Die Bezugslinie steht senkrecht auf dem Bezugselement. In Abb. 2.9. werden Beispiele für Bezüge mit einem und zwei (gleichberechtigten) Bezugselement(en) gezeigt. Im Beispiel d) ist der Bezug die gemeinsame Achse der beiden Lagersitze.

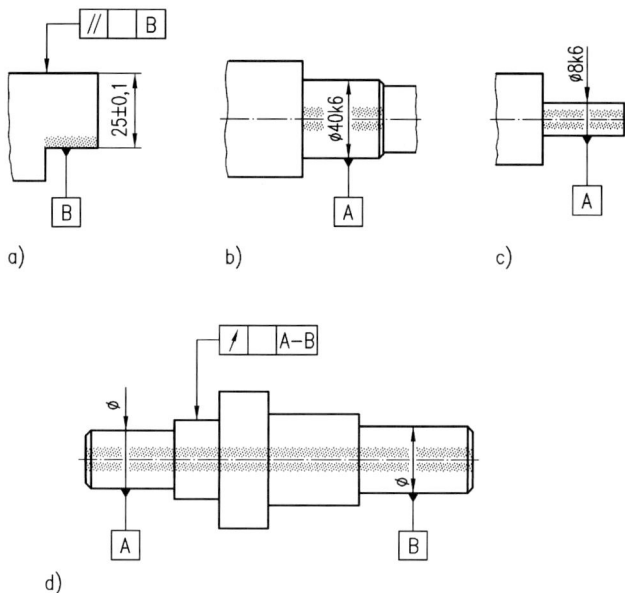

Abb. 2.9. Angabe von Bezügen. b) und c) Achse als Bezug, a) untere Fläche als Bezugs-element, d) gemeinsame Achse von zwei Wellenabsätzen (Lagersitze) als Bezug

2.2.6 Beispiele

Die folgenden Bilder zeigen Beispiele zur (zeichnerischen) Darstellung von Form- und Lagetoleranzen. Dabei wird unter dem Begriff „Abweichung" die Differenz zwischen (realer) Istform bzw. -lage und (theoretisch fehlerfreier) Sollform bzw. -lage des betrachteten Funktionselementes verstanden. In jedem Fall muss die vorhandene Abweichung innerhalb des vorgeschriebenen Toleranzbereiches liegen, anderenfalls liegt eine Toleranzüberschreitung vor. Die dargestellten Beispiele tragen exemplarischen Charakter.

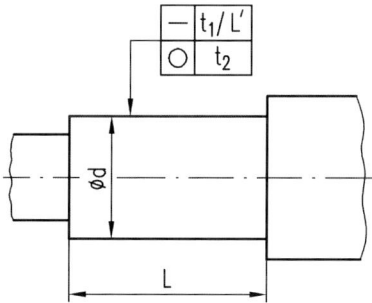

Abb. 2.10. Geradheitsabweichung, -toleranz; Rundheitsabweichung, -toleranz

Die Geradheitsabweichung (Abb. 2.10.) aller Mantellinien des Zylinders mit dem Durchmesser d muss bezogen auf die Länge L' (L' < L, an beliebiger Stelle) innerhalb des Toleranzbereiches t_1 liegen. t_1 wird durch zwei parallele Geraden dargestellt, die das Istprofil umschließen und in der Zeichenebene liegen.

Die Rundheitsabweichung aller Radialschnitte des Zylinders bezogen auf die Länge L muss innerhalb des Toleranzbereiches t_2 liegen, der durch zwei konzentrische Kreise mit dem Abstand t_2 dargestellt wird.

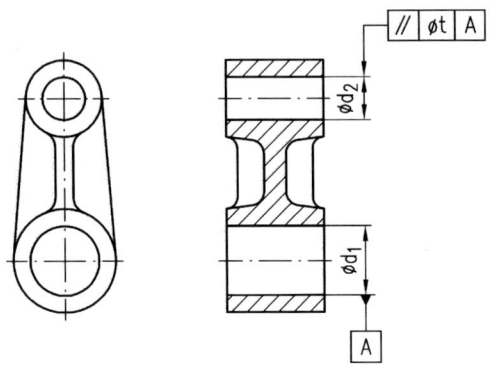

Abb. 2.11. Parallelitätsabweichung, -toleranz

Die Parallelitätsabweichung (Abb. 2.11.) der Achse der Bohrung mit dem Durchmesser d_2 muss bezüglich der Achse der Bohrung mit dem Durchmesser d_1 innerhalb des Toleranzbereiches t liegen. Der Toleranzbereich wird durch zwei parallele Geraden mit dem Abstand t dargestellt, die parallel zur Achse von d_1 liegen.

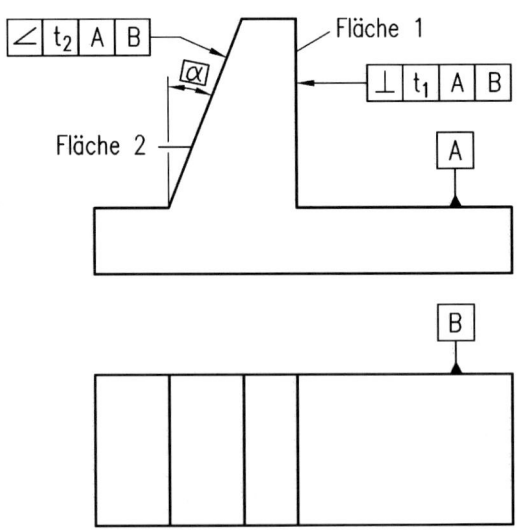

Abb. 2.12. Rechtwinkligkeitsabweichung, -toleranz; Neigungsabweichung, -toleranz

Die Rechtwinkligkeitsabweichung (Abb. 2.12.) der Fläche 1 muss bezogen auf A und B innerhalb des Toleranzbereiches t_1 liegen. Der Toleranzbereich wird durch zwei parallele Geraden mit dem Abstand t_1 dargestellt, die jeweils senkrecht zu A bzw. B verlaufen.

Die Neigungsabweichung (Abb. 2.12.) der Fläche 2 muss bezogen auf A innerhalb des Toleranzbereiches t_2 liegen. Der Toleranzbereich wird durch zwei parallele Geraden mit dem Abstand t_2 dargestellt, die gegenüber A um den Winkel α geneigt sind.

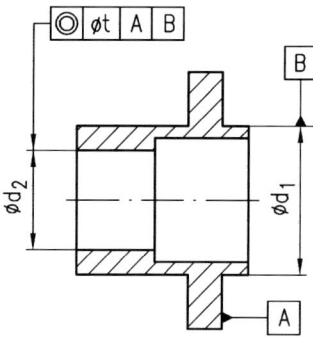

Abb. 2.13. Konzentrizitätsabweichung, -toleranz

Die Konzentrizitätsabweichung (Abb. 2.13.) der Achse der Bohrung mit dem Durchmesser d_2 muss bezogen auf B innerhalb des Toleranzbereiches t liegen. Der Toleranzbereich wird dargestellt durch einen zur Achse der Bohrung mit dem Durchmesser d_1 konzentrisch liegenden Zylinder mit dem Durchmesser t. Der Primärbezug A dient der Kontrolle der vorhandenen Konzentrizitätsabweichungen.

Anmerkung:

Analog zur Konzentrizität ist die Koaxialität (Abb. 2.14.) zu betrachten:

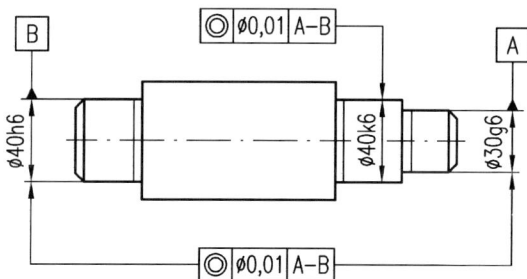

Abb. 2.14. Koaxialitätsabweichung, -toleranz

Zylinderabschnitt ⌀40h6 und Zylinderabschnitt ⌀30g6 sind koaxial zur gemeinsamen Achse A-B, Zylinderabschnitt ⌀40k6 ist konzentrisch zur gemeinsamen Achse A-B, jeweils im angegebenen Toleranzbereich.

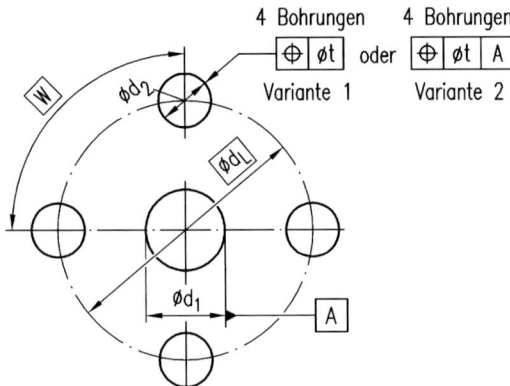

Abb. 2.15. Positionsabweichung, -toleranz Variante 1 und 2 wie im Text beschrieben

Variante 1:
Die Positionsabweichung (Abb. 2.15.) der Achsen der vier Bohrungen mit dem Durchmesser d_2 muss auf dem Lochkreis innerhalb des Toleranzbereiches liegen. Der Toleranzbereich wird dargestellt durch zur Bohrungsachse konzentrisch liegende Zylinder vom Durchmesser t, deren Position durch die theoretischen Maße d_L und W definiert ist.

Variante 2:
Zusätzlich ist hier die Position des Lochkreises festgelegt (Bezug A zur Bohrung mit dem Durchmesser d_1).

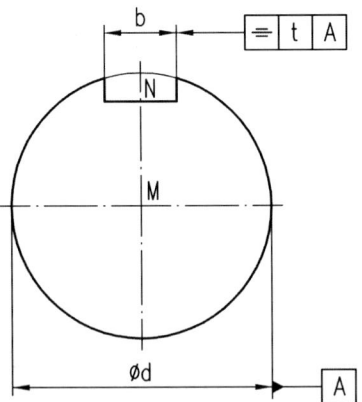

Abb. 2.16. Symmetrieabweichung, -toleranz

Die Symmetrieabweichung (Abb. 2.16.) der Mittelebene der Nut mit der Breite b muss bezogen auf die Achse des Zylinders mit dem Durchmesser d innerhalb des Toleranzbereiches t liegen. Der Toleranzbereich wird dargestellt durch zwei parallele Geraden mit dem Abstand t, die symmetrisch zur Verbindungslinie MN angeordnet sind.

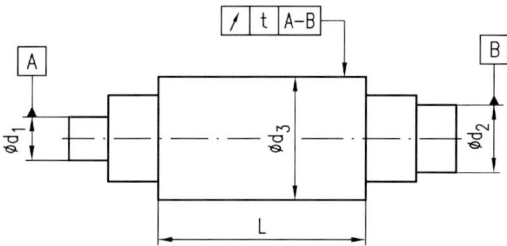

Abb. 2.17. Rundlaufabweichung, -toleranz

Die Rundlaufabweichung (Abb. 2.17.) des Zylinders mit dem Durchmesser d_3 muss bezogen auf die gemeinsame Achse A-B, gebildet von den Zylindern mit d_1 und d_2, innerhalb des Toleranzbereiches t liegen. Dies gilt auf der gesamten Länge L des Zylinders für alle Radialschnitte des Zylinders.

Der Toleranzbereich wird dargestellt durch zwei zu A-B konzentrische Kreise mit dem Abstand t, die das Istprofil einschließen.

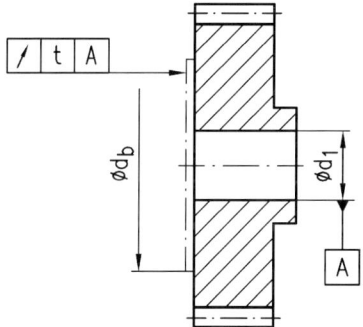

Abb. 2.18. Planlaufabweichung, -toleranz

Die Planlaufabweichung (Abb. 2.18.) der Stirnfläche bezogen auf die Achse des Zylinders mit dem Durchmesser d_1 muss im Bereich des Bezugsdurchmessers d_b innerhalb des Toleranzbereiches t liegen. Der Toleranzbereich wird dargestellt durch zwei parallele Geraden im Abstand t, senkrecht angeordnet zum Bezug A.

Die Funktionsbaugruppe in Abb. 2.19. besteht aus den Komponenten Kolbenstange, Kolben und Zylinder. Es sind nur die für die Funktion unmittelbar wichtigen Maße eingetragen. Für die Paarung Kolbenstange - Kolben (Nennmaß $\varnothing$ 30) bzw. Kolben - Zylinder ist die Hüllbedingung vorgeschrieben, für die restlichen Maße wird das Unabhängigkeitsprinzip angenommen. Der Konstrukteur muss entscheiden, ob bei einer Passungsangabe zusätzlich Form- bzw. Lagetoleranzen angegeben werden müssen (bei $\varnothing$30H7/k6 können diese entfallen, während sie bei $\varnothing$125H7/g6 wegen der relativ großen Führungslänge angebracht sind). Die angegebenen Werte für die Form- und Lagetoleranzen sowie für die Rauheit sind in Abhängigkeit des jeweiligen (Maß-)Toleranzfeldes gewählt.

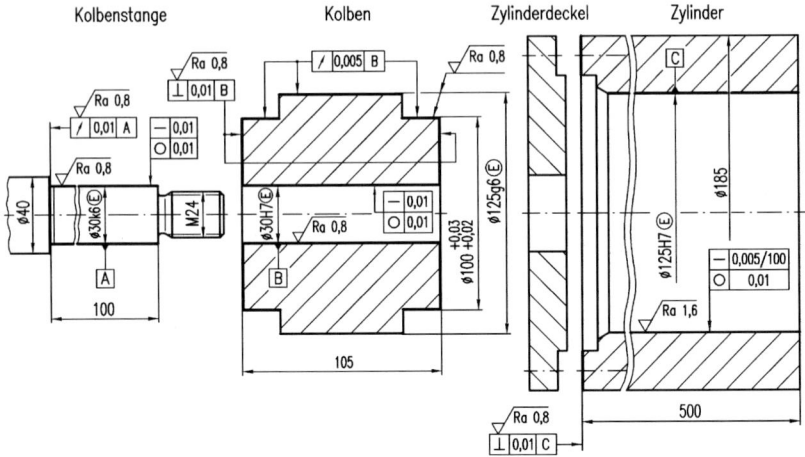

Abb. 2.19. Beispiel einer Funktionsbaugruppe in Explosivdarstellung

2.3   Tolerierung von Maßketten

2.3.1 Grundlagen

Die meisten Erzeugnisse der metallverarbeitenden Industrie des Maschinenbaus und der Elektrotechnik/Elektronik sind aus Baugruppen und Einzelteilen zusammengesetzt. Dabei bildet sich zwangsläufig eine Kette von tolerierten geometrischen Eigenschaften (z.B. Maß, Form, Lage). Auch am Einzelteil sind Maßketten unvermeidlich, weil stets mehrere geometrische Eigenschaften verknüpft werden.

Unter einer *Maßkette* versteht man die fortlaufende Aneinanderreihung von funktionsbedingten unabhängigen tolerierten *Einzelmaßen* M_i und dem von ihnen abhängigen *Schlussmaß* M_0. Die Maße M_i und M_0 bilden bei ihrer schematischen Darstellung einen geschlossenen Linienzug (vgl. Abb. 2.20.).

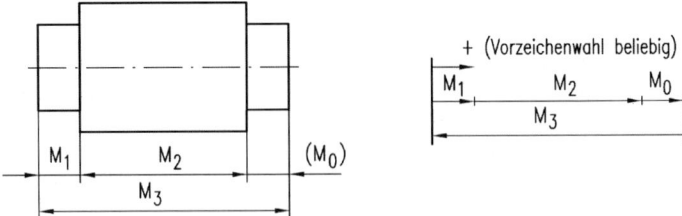

Abb. 2.20. Maßkette an einem Bauteil

Die allgemeine mathematische Beschreibung des funktionalen Zusammenhangs zwischen den unabhängig veränderlichen Einzelmaßen M_i und dem abhängig veränderlichen Schlussmaß einer Maßkette lautet

$$M_0 = f(M_1, M_2, M_3, ..., M_m) \qquad (2.16)$$

Für das oben gezeigte Beispiel lautet demnach die Ausgangsgleichung:

$$M_1 + M_2 + M_0 - M_3 = 0 \qquad (2.17)$$

aus der dann das Schlussmaß M_0 berechnet werden kann.

Weil jedes Maß toleriert ist, wirken sich die Toleranzen der Einzelmaße M_i in der Toleranz des Schlussmaßes M_0 aus. Da nur die Abmaße des Toleranzfeldes JS symmetrisch zur Nulllinie angeordnet sind (vgl. Abb. 2.2.), werden die Abmaße des Schlussmaßes eine stark asymmetrische Lage aufweisen. Dies wirkt sich aber nachteilig in der Fertigung aus, da bei den heute nahezu ausschließlich genutzten NC-Maschinen die programmierbaren Koordinatenmaße zweckmäßigerweise dem Toleranzmittenmaß entsprechen sollten. Es ist daher erforderlich, das so genannte Mittenmaß C (Gl. 2.6) einzuführen und das Schlussmaß wie folgt zu definieren:

$$M_0 = C_0 \pm \frac{T_0}{2} \qquad (2.18)$$

2.3.2 Maßketten bei vollständiger Austauschbarkeit

Um bei technischen Systemen das Funktionsverhalten und die Austauschbarkeit der Teile zu sichern sowie die funktionell-technisch richtig tolerierten Maße unter Berücksichtigung der Fertigungsgegebenheiten in der Teilefertigung und Montage angeben zu können, ist die Anwendung von Maßkettengleichungen unerlässlich. Dabei sind zwei wichtige Aufgaben zu lösen:

– Berechnung des Schlussmaßes und der Schlussmaßtoleranz aus den tolerierten Einzelmaßen der Maßkette.
– Aufteilung der Schlusstoleranz auf die Einzelmaße (Bei mehr als zwei Einzelmaßen ist diese Aufgabe unbestimmt. Es müssen demnach zusätzliche Bedingungen berücksichtigt werden).

Charakteristisch für die vollständige Austauschbarkeit im Zusammenhang mit Maßketten ist, dass alle Teile einer gefertigten Losgröße oder Serie ohne Überschreitung der Schlussmaßtoleranz miteinander paarungsfähig sind. Ein kostenaufwändiges vorheriges Sortieren nach Maßgruppen ist also nicht erforderlich. Zur Berechnung der Maßketten wird die so genannte *Maximum-Minimum-Methode* angewendet.

Nachteil dieser Methode ist allerdings, dass bei einer größeren Anzahl von Einzelmaßen in der Maßkette wegen der additiven Toleranzfortpflanzung die

Sicherstellung einer vorgegebenen Schlusstoleranz zu relativ kleinen, in der Fertigung nur mit großem Aufwand einzuhaltenden Einzeltoleranzen führt. Die Maximum-Minimum-Methode sollte demnach nur bei kurzgliedrigen Maßketten mit großen Funktionstoleranzen angewendet werden.

Sind diese Bedingungen nicht gegeben, müssen die *Methoden der unvollständigen Austauschbarkeit [Tru97]* zugrunde gelegt werden. Die funktionsgerechte Paarung der Teile ist dann nur durch zusätzliche Leistungen (z.B. Sortieren in Gruppen) möglich.

Für die mathematische Behandlung geometrischer Maßketten bietet sich die Taylor-Reihe an. Nach umfangreichen Ableitungen (vgl. [Tru97]) erhält man so unter Vernachlässigung der Glieder höherer Ordnung für das Toleranzmittenmaß des Schlussmaßes:

$$C_0 = \sum_{i=1}^{m} \frac{\partial f}{\partial M_i} C_i \qquad (2.19)$$

Und darüber hinaus das lineare Toleranzfortpflanzungsgesetz:

$$T_0 = \sum_{i=1}^{m} \left| \frac{\partial f}{\partial M_i} \right| T_i \qquad (2.20)$$

Dabei ist *m* Anzahl der unabhängigen Einzelmaße.

Für lineare geometrische Maßketten wird das partielle Differential - in der Literatur wird dafür auch ein sogenannter Richtungskoeffizient k_i - definiert:

$$\frac{\partial f}{\partial M_i} = +1 \ oder -1$$

2.3.2.1   Lineare eindimensionale Maßketten

Bei linearen Maßketten liegen alle Längenmaße in einer Ebene parallel bzw. reihenweise angeordnet, so dass zwischen dem Schlussmaß und den Einzelmaßen gemäß Gl (2.16) mit $k_i = \pm 1$ der einfache Zusammenhang besteht:

$$M_0 = \sum_{i=1}^{m} k_i M_i \qquad (2.21)$$

Die Vorgehensweise bei linearen Maßketten soll nachfolgend an einem einfachen Beispiel gezeigt werden. Für die in Abb. 2.21. dargestellte Baugruppe mit den tolerierten Einzelmaßen M_1 bis M_4 ist das Schlussmaß M_0 gesucht.

Basierend auf der aus Abb. 2.21. abgebildeten Maßkette

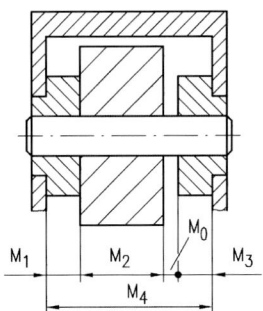

$M_1 = 15\text{-}0{,}1$ mm

$M_2 = 45\text{-}0{,}2$ mm

$M_3 = 15\text{-}0{,}1$ mm

$M_4 = 75\text{+}0{,}4/\text{+}0{,}1$ mm

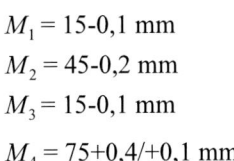

Abb. 2.21. Baugruppe

erhält man die Ausgangsgleichung

$$-M_1 - M_2 - M_0 - M_3 + M_4 = 0$$

und daraus die Schlussmaßgleichung

$$M_0 = -M_1 - M_2 - M_3 + M_4 .$$

Für die Schlussmaßtoleranz gilt (lineares Toleranzfortpflanzungsgesetz)

$$T_0 = \sum_{i=1}^{m} \left| \frac{\partial f}{\partial M_i} \right| T_i$$

bzw.

$$T_0 = T_1 + T_2 + T_3 + T_4 \qquad \text{(Toleranzen sind immer positiv!)}$$

mit

$T_1 = 0{,}1$ mm

$T_2 = 0{,}2$ mm

$T_3 = 0{,}1$ mm

$T_4 = 0{,}3$ mm

folgt

$T_0 = 0{,}7$ mm

Analog zur obigen Schlussmaßgleichung gilt für das Toleranzmittenmaß C_0

$$C_0 = -C_1 - C_2 - C_3 + C_4$$

Mit den aus den Angaben in Abb. 2.21. berechneten Werten

$C_1 = 14{,}95$ mm

$C_2 = 44{,}90$ mm

$C_3 = 14{,}95$ mm

$C_4 = 75{,}25$ mm

erhält man schließlich

$C_0 = 0{,}45$ mm

Das gesuchte Ergebnis lautet demnach

$$M_0 = C_0 \pm \frac{T_0}{2}$$

$$M_0 = 0{,}45 \pm 0{,}35\,mm$$

In analoger Weise ist auch eine Umrechnung der funktionsorientierten Bemassung in eine fertigungsorientierte Bemaßung durchzuführen. In dem in Abb. 2.22. gezeigten Beispiel ist das Maß M_2 funktionsorientiert toleriert. Für die Fertigung des Bauteils wird aber die Toleranz für das Maß M_e benötigt, weil nur dieses in der Drehmaschine messbar ist. Die Aufgabe lautet demnach:

Wie groß darf die Toleranz T_e des sogenannten Ersatzmaßes M_e sein, damit die für die Funktion wichtige Toleranz T_2 eingehalten wird?

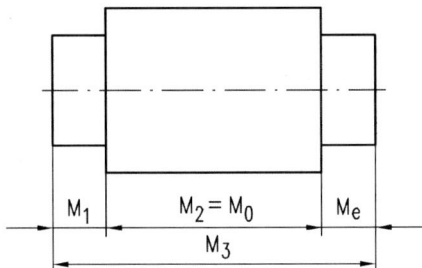

M_2 zu ersetzendes Maß

M_e Ersatzmaß

Abb. 2.22. Funktionsorientierte Bemaßung einer abgesetzten Welle

Aus Abb. 2.22. leitet sich folgende Maßkette ab

Die zugehörige Ausgangsgleichung lautet
$$-M_1 - M_0 - M_e + M_3 = 0$$
die nach M_e und analog für die Toleranzen nach T_e aufzulösen ist.

2.3.2.2   Ebene zweidimensionale Maßketten

Eine zweidimensionale ebene Maßkette liegt dann vor, wenn mehrere (vgl. Gln. (2.20), Gln. (2.21)) unabhängige Einzelmaße und das Schlussmaß der Bemaßung eines Einzelteils oder einer Baugruppe einen geschlossenen Linienzug in Form eines Polygons bildet. In der Maßkette können Längenmaße enthalten sein.

Bei der Berechnung ebener Maßketten ist zu beachten, dass der Richtungskoeffizient k_i nicht wie bei linearen eindimensionalen Maßketten den Wert $+1$ oder -1 annimmt, sondern i.Allg. davon verschieden ist (z.B. $k_i = \cos\alpha_1$).

Nachfolgend soll wieder an einem einfachen Praxisbeispiel die Vorgehenswei-se bei der Berechnung erläutert werden. In Abb. 2.23. ist ein Bauteil dargestellt, in dem die Lage der beiden Bohrungen zueinander durch die Maße M_1 und M_2 im rechtwinkligen Koordinatensystem bestimmt ist.

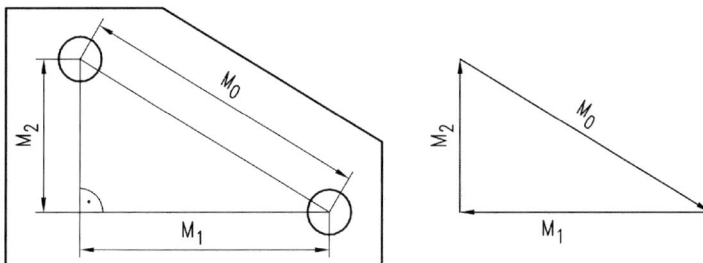

Abb. 2.23. Werkstück mit ebener Maßkette

Eine derartige Bemaßung ist erforderlich, wenn die Bohrungen auf einem Koordi-natenbohrwerk hergestellt werden sollen. Die Funktionseigenschaft wird aber in den meisten Fällen durch das Abstandsmaß M_0 bestimmt. Es besteht deshalb die Aufgabe, unter Beachtung des funktionalen Zusammenhangs das Funktionsmaß (Schlussmaß) zu berechnen. Aus der Maßkette resultiert folgender Zusammen-hang zwischen Schlussmaß und den Einzelmaßen

$$M_0 = f(M_1, M_2) = \sqrt{M_1^2 + M_2^2} \tag{2.22}$$

und analog dazu für das Toleranzmittenmaß

$$C_0 = \sqrt{C_1^2 + C_2^2} \tag{2.23}$$

Die Gleichung für die Schlussmaßtoleranz lautet

$$T_0 = \sum_{i=1}^{2} \left| \frac{\partial f}{\partial M_i} \right| T_i = \left| \frac{\partial f}{\partial M_1} \right| T_1 + \left| \frac{\partial f}{\partial M_2} \right| T_2 \tag{2.24}$$

$$T_0 = \frac{M_1}{\sqrt{M_1^2 + M_2^2}} T_1 + \frac{M_2}{\sqrt{M_1^2 + M_2^2}} T_2$$

so dass schließlich zur Berechnung des Schlussmaßes

$$M_0 = C_0 \pm \frac{T_0}{2}$$

alle Größen bestimmt sind.

2.4 Technische Oberflächen

2.4.1 Aufbau technischer Oberflächen

Keine reale technische Oberfläche besitzt ihre Sollform. Es sind immer Formabweichungen, Welligkeiten und Rauheiten festzustellen. Außerdem unterscheiden sich Gefüge, chemische Zusammensetzung und Festigkeit der oberflächennahen Werkstoffbereiche eines technischen Bauteils häufig erheblich vom Grundwerkstoff.

2.4.1.1   Oberflächennaher Bereich

2.4.1.1.1   Aufbau

Der schichtförmige Aufbau von technischen Oberflächen ist vereinfacht in Abb. 2.24. dargestellt. Von innen nach außen können im Wesentlichen der Grundwerkstoff mit ungestörtem Gefügeaufbau, die innere und die äußere Grenzschicht unterschieden werden.

Die innere Grenzschicht wird stark vom Fertigungsverfahren beeinflusst. Sie weist gegenüber dem Grundwerkstoff infolge von Verformungen durch den Fertigungsprozess unterschiedliche Verfestigungen und Eigenspannungen, ein verändertes Gefüge und eventuell Texturinhomogenitäten zwischen Randzone und Werkstoffinnerem auf.

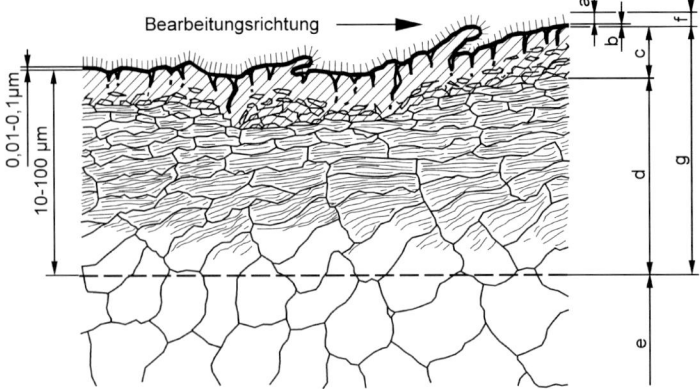

Abb. 2.24. Schematische Darstellung der Grenzschichten eines bearbeiteten Werkstücks aus Stahl nach [WeiAb89] a) Fett- oder Ölfilm, b) Adsorptions- und Reaktionsschicht, c) Übergangszone, d) verformtes Gefüge, e) ungestörtes Metallgefüge, f) äußere Grenzschicht, g) innere Grenzschicht

Die äußere Grenzschicht besitzt durch Wechselwirkungen des Werkstoffs mit dem Umgebungsmedium und dem Schmierstoff meist eine vom Grundwerkstoff abweichende Zusammensetzung und kann aus Oxidschichten, Adsorptions- und Reaktionsschichten, Verunreinigungen und einem Fett- oder Ölfilm aufgebaut sein.

2.4.1.1.2 Chemische Zusammensetzung

Die chemische Zusammensetzung von Oberflächen kann sich durch den Einbau von Bestandteilen des Umgebungsmediums und/oder des Schmierstoffs beträchtlich von der des Grundwerkstoffs unterscheiden. Bei Legierungen kann daneben auch eine Anreicherung von Legierungsbestandteilen aus dem Werkstoffinneren an der Oberfläche erfolgen. In Abb. 2.25. wird die über der Werkstofftiefe variierende chemische Zusammensetzung an einer Kupplungs-Druckscheibe aus Grauguss veranschaulicht.

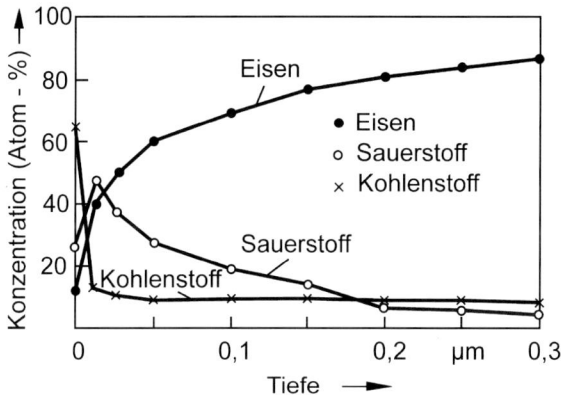

Abb. 2.25. Tiefenprofil (Augerelektronenspektroskopie (AES)) der chemischen Zusammensetzung einer Kupplungsdruckscheibenoberfläche aus Grauguss nach [CziHa92]

2.4.1.1.3 Gefüge

Im oberflächennahen Bereich können im Vergleich zum Grundwerkstoff unterschiedliche Korngrößen auftreten, die sich bevorzugt in Bearbeitungsrichtung ausrichten, wie dies in Abb. 2.24. illustriert ist. Darüber hinaus kann der Oberflächenbereich gegenüber dem Grundwerkstoff eine wesentlich höhere Dichte von Leerstellen und Versetzungen aufweisen, was sich negativ auf die Festigkeitseigenschaften des Oberflächenbereichs auswirkt.

2.4.1.1.4 Härte

Die Härte von oberflächennahen Werkstoffbereichen kann erheblich von der des Grundwerkstoffs differieren, was auf die unterschiedliche chemische Zusammensetzung und Mikrostruktur zurückzuführen ist. Im Allgemeinen besitzen auf der Oberfläche sitzende Metalloxide eine beträchtlich höhere Härte als die dazugehörigen Metalle.

2.4.1.2   Gestaltabweichungen

Neben den physikalisch-chemischen Eigenschaften sind auch die Gestaltabweichungen von technischen, aufeinander einwirkenden Oberflächen für die Funktionsfähigkeit von Baugruppen verantwortlich. Die Gestaltabweichungen können nach [DIN4760] in Formabweichungen, Welligkeiten und Rauheiten unterteilt werden und sind in Abb. 2.26. dargestellt. Der wesentliche Unterschied zwischen den verschiedenen Gestaltabweichungen liegt in ihrer horizontalen Merkmalsausprägung, während die vertikale Abweichungen sich in der gleichen Größenordnung bewegen können.

Die Formabweichung FA ist langwellig und erstreckt sich häufig in einem Zug über die gesamte Funktionsfläche (Länge der Formabweichung > 1000 x Höhe der Formabweichung). Welligkeiten liegen vor, wenn das Verhältnis von mittlerer Wellenlänge WSm zur Gesamthöhe des Welligkeitsprofils Wt zwischen 100 und 1000 beträgt. Wellen sind häufig periodisch auftretende Abweichungen. Bei der Rauheit weisen die mittleren Rillenbreiten der Rauheitsprofilelemente RSm das 5- bis 100-fache der Gesamthöhe des Rauheitsprofils Rt auf. Ein Rauheitsprofilelement beinhaltet eine Rauheitsprofilspitze und das benachbarte Rauheitsprofiltal. Je nach Fertigungsverfahren treten die Abweichungen regelmäßig oder unregelmäßig auf.

2.4.2 Geometrische Oberflächenbeschaffenheit

2.4.2.1   Oberflächenmessung

Zur Erfassung der Gestaltabweichungen steht eine Anzahl verschiedener Mess- und Prüfverfahren zur Verfügung. Im Allgemeinen werden die Gestaltabweichungen aus einem Profilschnitt ermittelt, der senkrecht zur Oberfläche in der Richtung durchgeführt wird, in der die größte vertikale Profilabweichung zu erwarten ist (meist quer zur Bearbeitungsrichtung). Während Formabweichungen über der gesamten Funktionsfläche erfasst werden, werden Welligkeiten und Rauheiten aus kürzeren repräsentativen Teilbereichen der Funktionsfläche ermittelt.

Das Ist-Profil beinhaltet die Summe der Gestaltabweichungen 1. bis 4. Ordnung (Abb. 2.26.). Zur Ermittlung der Oberflächenbeschaffenheit wird zunächst das Ist-Profil der Oberfläche abgetastet. Dabei entsteht das ertastete Profil. Nach [DIN-ENISO3274] stellt das ertastete Profil die Linie des Mittelpunktes der Tastspitze dar, die die Oberfläche in der Schnittebene abtastet. Die Linie auf der der Taster in der Schnittebene entlang der Tasterführung bewegt wird, beschreibt das Referenzprofil. Dabei wird das Messsystem auf einer geometrisch nahezu idealen Bezugsfläche (Messreferenz) im Tastsystem geführt. Nur die Tastspitze berührt die Oberfläche. Es wird die Relativbewegung zwischen Tastspitze und Bezugsfläche gemessen. Die digitale Form des ertasteten Profils aus vertikalen und horizontalen Koordinaten relativ zum Referenzprofil (= geometrisch ideales Profil) im Messprofil) wird Gesamtprofil genannt. Die Anwendung eines Filters für kurze Wellen

Gestaltabweichung (als Profilschnitt überhöht dargestellt)	Beispiele für die Art der Abweichung	Beispiele für die Entstehungsursache
1. Ordnung: Formabweichung 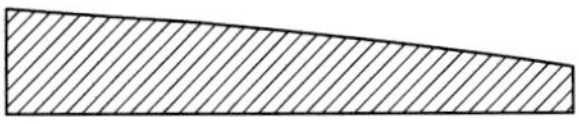	Unebenheit Ungeradheit Unrundheit	Fehler in Führungen von Werkzeugmaschinen, Biegung an Maschinenteilen oder am Werkstück, unsachgemäße Einspannung des Werkstücks, Härteverzug, Verschleiß
2. Ordnung: Welligkeit 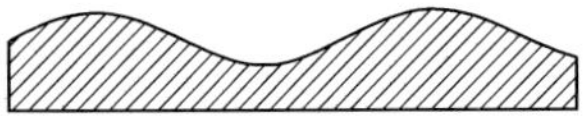	Wellen	außermittige Einspannung, Form- oder Lageabweichungen eines Fräsers, Schwingungen der Werkzeugmaschine oder des Werkzeugs
3. Ordnung: Rauheit 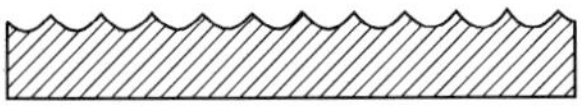	Rillen	Form der Werkzeugschneide, Vorschub oder Zustellung des Werkzeugs
4. Ordnung: Rauheit 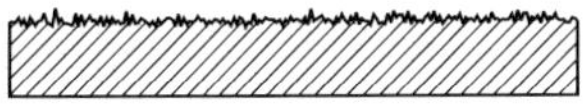	Riefen Schuppen Kuppen	Vorgänge bei Spanbildung (Reißspan, Scherspan, Aufbauschneide), Werkstoffverformung beim Strahlen, Knospenbildung bei galvanischer Behandlung
5. Ordnung: Rauheit Anmerkung: nicht mehr in einfacher Weise bildlich darstellbar	Gefügestruktur	Kristallisationsvorgänge, Veränderung der Oberfläche durch chemische Einwirkung (z.B. Beizen), Korrosionsvorgänge
6. Ordnung: Anmerkung: nicht mehr in einfacher Weise bildlich darstellbar	Gitteraufbau des Werkstoffs	
1. bis 4. Ordnung: Überlagerung 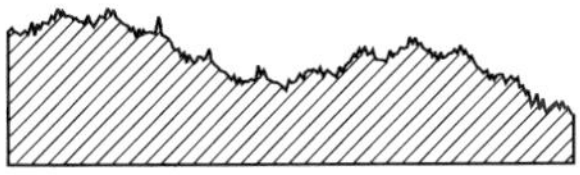		Überlagerung der Gestaltsabweichungen 1. bis 4. Ordnung zur Istoberfläche

Abb. 2.26. Ordnungssystem für Gestaltabweichungen nach [DIN4760]

längen λs auf das Gesamtprofil führt schließlich zum Primärprofil oder P-Profil, welches die Ausgangsbasis für das Welligkeits- und das Rauheitsprofil bildet. Zur Bestimmung von Rauheits-Kennwerten werden aus dem Primärprofil die langwelligen Profilanteile mit dem Profilfilter λc abgetrennt. Es entsteht das gefilterte Rauheitsprofil oder R-Profil. Beim gefilterten Welligkeitsprofil (W-Profil) werden die Profilfilter λf und λc nacheinander angewandt, wobei für $\lambda f \approx 10 \cdot \lambda c$ empfohlen wird. Mit dem λf-Profilfilter werden die langwelligen und mit dem λc-Profilfilter die kurzwelligen Anteile abgespalten. Die Profilfilterung und Zusammenhänge zwischen den im Regelfall anzuwendenden Grenzwellenlängen λs und λc, dem Tastspitzenradius r_{tip} und dem maximalen Digitalisierungsabstand $\Delta X_{\max}$ sind in Abb. 2.27. dargestellt. Als Filterart werden bei der Profilfilterung heute in der Regel Gauß-Filter nach [DINENISO11562] eingesetzt.

Früher war das 2 RC-Filter genormt. Die Filterart kann im Symbol für die Oberflächenbeschaffenheit als " Gauß " oder " 2RC " angegeben werden.

Profilfilter λs	(mm)	0,0025	0,0025	0,0025	0,008	0,025
Profilfilter λc	(mm)	0,08	0,25	0,8	2,5	8
$\lambda c / \lambda s$	(-)	30	100	300	300	300
Tastspitzenradius r_{tip}	(μm)	2	2	2	5	10
max. Digitalisierungsabstand ΔX_{max}	(μm)	0,5	0,5	0,5	1,5	5

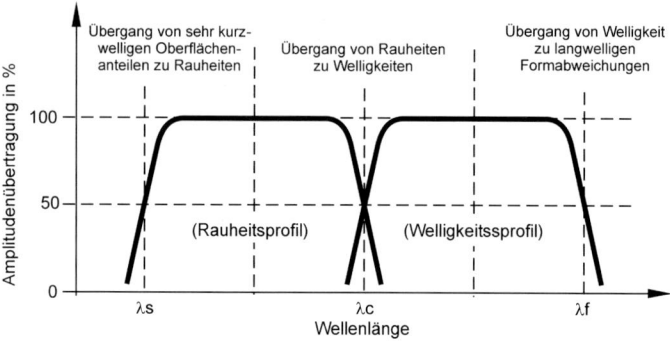

Abb. 2.27. Profilfilterung bei der Tastschnittmessung, Regelwerte für die Profilfilter λs und λc, den Tastspitzenradius und den Digitalisierungsabstand nach [DINENISO3274] und [DINENISO4288]

Die Feingestaltabweichungen Welligkeiten und Rauheiten können durch das berührend arbeitende Tastschnittverfahren oder durch berührungslose optische und pneumatische Messverfahren festgestellt werden. Das Tastschnittverfahren, bei dem eine feine kegelförmige Diamant-Tastspitze (Kegelwinkel in der Regel 60° oder davon abweichend 90°, Spitzenradius 2 μm, 5 μm oder 10 μm) mit Hilfe eines Vorschubgerätes über die Oberfläche geführt wird, wird dabei am häufigsten verwendet. Die Oberflächenmessdaten werden im Allgemeinen als Profilogramm der Oberfläche aufgezeichnet. Um die Oberflächenschriebe auf einem gut handhabbaren Papierformat unterzubringen, ist die Verstärkung in vertikaler Richtung in der Regel sehr viel größer als in horizontaler - typischerweise mehr als 20- bis 200-mal. Diese Verzerrung muss bei der Interpretation der Rauheitsschriebe unbedingt beachtet werden.

Die in Abb. 2.28.a) zu sehenden steilen Steigungen und Neigungen der einzelnen Rauheiten und die engen Profiltäler sind nicht real. In Wirklichkeit sind die Steigungswinkel der Rauheiten meistens relativ flach und das Rauheitsprofil ändert sich nur wenig, wie es in Abb. 2.28.b) zu erkennen ist.

Um vergleichbare und sichere Messergebnisse zu ermöglichen, müssen die erforderlichen Messbedingungen eingehalten werden, wie der für die Messaufgabe geeignete Wellenfilter, die richtige Länge der Messstrecke und das passende Tastsystem. Außerdem sollte bei Vergleichsmessungen das gleiche Bezugsniveau gewählt werden. Die Messergebnisse werden ferner beeinflusst durch die Güteklasse des Tastsystems, den Tastspitzenradius, die Messkraft, die Tastgeschwindigkeit und den Digitalisierungsabstand. Darüber hinaus dürfen während der Messung keine Schwingungen oder Magnetfelder von außen in den Messaufbau gelangen, sollte das Messobjekt fest montiert, das Tastsystem zum Prüfling parallel ausgerichtet und die Oberfläche des Prüflings sauber sein. Zur statistischen Absicherung der Messergebnisse sollte eine ausreichende Anzahl von Wiederholungsmessungen durchgeführt werden.

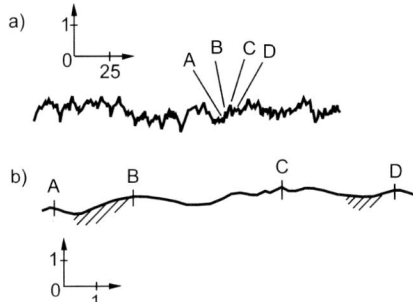

Abb. 2.28. Typischer Profilometerschrieb nach [Will96] a) stark komprimierter horizontaler Maßstab b) gleicher horizontaler und vertikaler Maßstab A, B, C u. D sind korrespondierende Punkte in beiden Schrieben

2.4.2.2 Bezugsgrößen für die Ermittlung der Gestaltabweichungen

2.4.2.2.1 Mittellinie

Eine Voraussetzung für die korrekte Bestimmung der Oberflächenkennwerte ist die Kenntnis bzw. Festlegung einer Bezugslinie. Diese wird auf mathematischem Weg bestimmt. Die Bezugslinie stellt im Allgemeinen die Mittellinie dar. Diese wird für das Primärprofil nach dem Gauß'schen Abweichungsquadratminimum, für das Welligkeits- und das Rauheitsprofil durch die Profilfilter gebildet.

2.4.2.2.2 Einzelmessstrecke und Messstrecke

Die Messstrecke ln begrenzt das Rauheitsprofil, innerhalb der die Oberflächenkennwerte berechnet werden, in horizontaler Richtung. Die Länge der Messstrecke ist in [DINENISO4288] vorgegeben und liegt zwischen 0,4 und 40 mm. Sie hängt davon ab, wie rau die Oberfläche ist, ob ein periodisches oder ein aperiodisches Profil vorliegt und welche Oberflächenkennwerte gemessen werden sollen. Die Messstrecke ln besteht nach [DINENISO4288] in der Regel aus 5 Einzelmessstrecken lr. Die Einzelmessstrecken können, wie in Abb. 2.29. dargestellt, hintereinander liegen, können jedoch auch auf der Oberfläche verteilt werden.

Die Länge der Einzelmessstrecke gleicht dabei der Grenzwellenlänge λc des eingestellten Filters, wobei die Grenzwellenlänge der Wellenlänge einer Sinuswelle entspricht, die vom Wellenfilter noch mit 50% ihrer ursprünglichen Amplitude übertragen wird. Das Filter benötigt für die Mittelwertbildung eine Vorlaufstrecke *l*1 und eine Nachlaufstrecke *l*2 , deren Länge jeweils der halben Grenzwellenlänge des Filters entspricht, so dass die Taststrecke *lt* aus Vorlauf-, Mess- und Nachlaufstrecke besteht. Für die Wahl der Messstrecken und der Filtergrenzwellenlängen können die in Abb. 2.30. aufgeführten Zahlenwerte für periodische und aperiodische Profile verwendet werden, falls keine davon abweichenden Festlegungen gemacht werden.

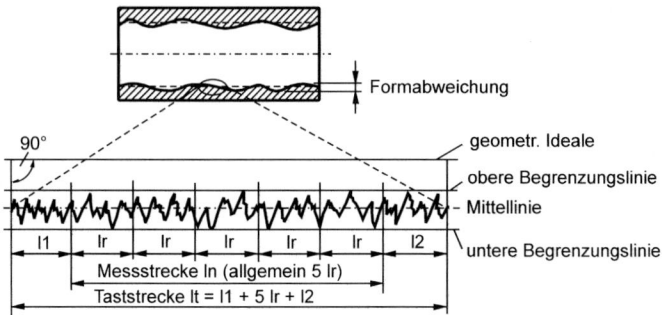

Abb. 2.29. Taststrecke, Messstrecke und Einzelmessstrecken zur Erfassung der Oberflächenkennwerte nach [San93]

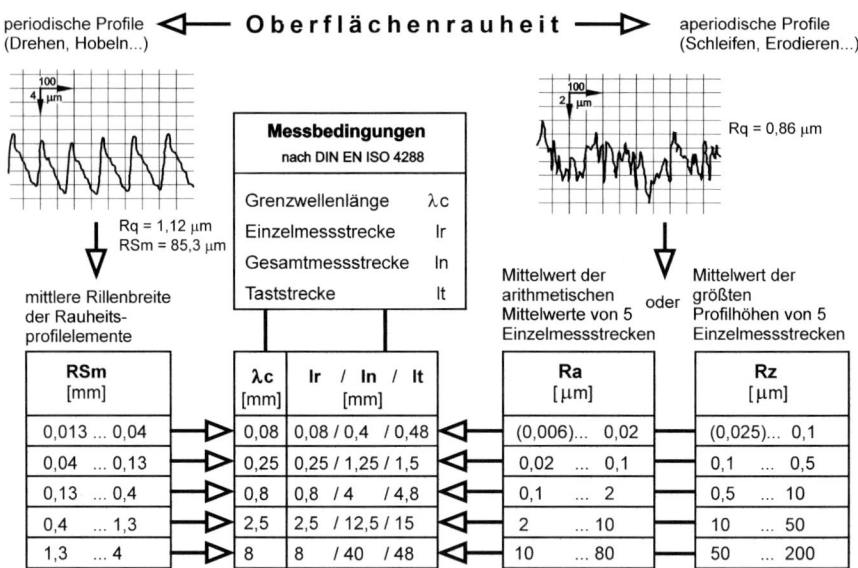

Abb. 2.30. Wahl der Messstrecken und Filtergrenzlängen nach [DINENISO4288]

2.4.2.3   Oberflächenkennwerte

Nach [DINENISO4287] wird bei den Oberflächenkenngrößen zwischen Senk-rechtkenngrößen zur Bestimmung der Spitzenhöhen und Taltiefen, Senkrecht-kenngrößen zur Ermittlung von Mittelwerten von Ordinaten, Waagerecht- bzw. Abstandskenngrößen, gemischten Größen und charakteristischen Kurven und daraus abgeleiteten Kennwerten unterschieden.

Im Regelfall werden für die Berechnungen der Werte der Rauheitskenngrößen 5 Einzelmessstrecken berücksichtigt. Dabei wird aus den 5 Werten, die aus den Einzelmessstrecken ermittelt werden, ein arithmetischer Mittelwert gebildet. In diesem Fall wird den Rauheitskurzzeichen keine Zahl angefügt. Wird jedoch der Wert einer Kenngröße auf der Basis einer anderen Anzahl von Einzelmessstrecken berechnet, dann muss diese Anzahl als Zahl den Rauheitskurzzeichen angehängt werden (z.B. *Rz*1, *Rz*3, *Ra*6).

In Abb. 2.31. ist eine Auswahl relevanter Rauheitskenngrößen mit ihren Defini-tionen und mathematischen Beziehungen zusammengestellt. Der größte Teil der dargestellten Kenngrößen wird von den üblicherweise eingesetzten Profilometern direkt angezeigt. Eine empfohlene Stufung von Zahlenwerten für einige Oberflä-chenkenngrößen ist in Tabelle 2.5. aufgelistet.

Tabelle 2.5. Empfehlungen für die Stufung von Zahlenwerten für *Ra*, *Rz*, *Rmr* und *c*

Ra [μm]	0,025	0,05	0,1	0,2	0,4	0,8	1,6	3,2	6,3	12,5	25,0	50,0
Rz [μm]		0,4	0,6	1,0	1,6	2,5	4	6,3	10	16	25	40	63
Rmr (c) [%]		10	15	20	25	30	40	50	60	70	80	90	95
Schnitttiefe c [μm]	0,1 bei Rt<1μm			0,25 bei Rt=1÷2,5μm			0,6 bei Rt=2,5 bis 6μm			1,6 bei Rt=6 bis 16μm		

Anforderungen an die Oberflächenbeschaffenheit von Oberflächen können als einseitige oder beidseitige Toleranz angegeben werden. Die obere Grenze wird mit einem den Profilkenngrößen vorangestellten U und die untere Grenze mit einem vorangestellten L gekennzeichnet (z.B. U Rz 4 oder L Rt 3,2). Bei einseiti-gen Toleranzen kann bei oberen Grenzen das vorangestellte U entfallen.

Für den Vergleich von gemessenen Kenngrößen mit den festgelegten Toleranz-grenzen können nach [DINENISO4288] zwei unterschiedliche Regeln genutzt werden, und zwar die 16%-Regel und die Höchstwert-Regel (max-Regel). Bei der 16%-Regel liegen Oberflächen innerhalb der Toleranz, wenn die vorgegebenen Anforderungen, die durch einen oberen Grenzwert einer Kenngröße und /oder einen unteren Grenzwert einer Kenngröße festgelegt werden, von nicht mehr als 16% aller gemessenen Werte der gewählten Kenngröße über- und/oder unter-schritten werden. Die 16%-Regel kommt zum Einsatz, wenn dem Rauheitskurz-zeichen kein Anhang "max" nachgestellt wird. Bei Anforderungen, die mit der Höchstwert-Regel geprüft werden sollen, darf keiner der gemessenen Werte der Kenngröße der gesamten zu prüfenden Oberfläche den festgelegten Wert über-schreiten. Der zulässige Höchstwert der Kenngröße wird durch den Anhang "max" am Rauheitskurzzeichen gekennzeichnet (z.B. *Ramax, Rz1max, Rpmax*).

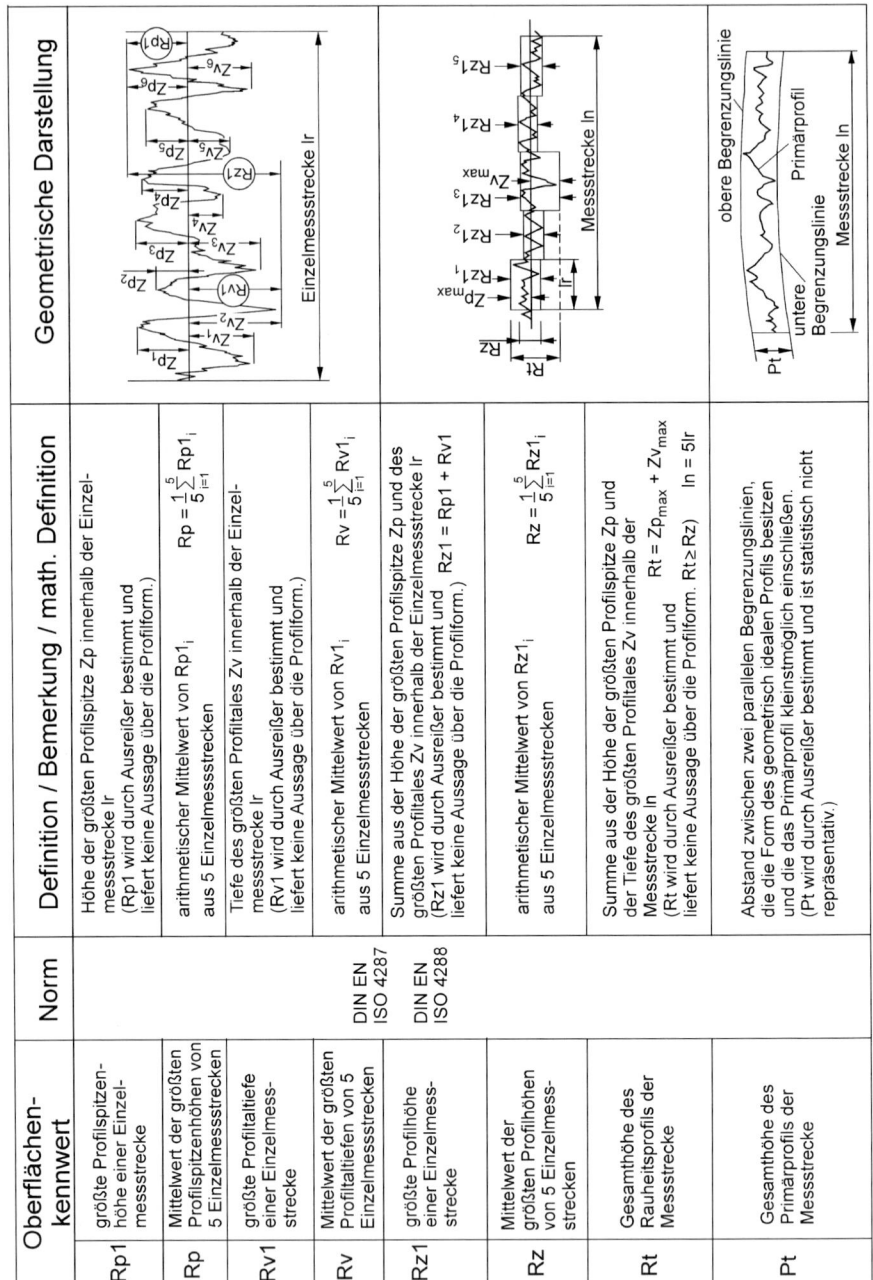

Oberflächen-kennwert		Norm	Definition / Bemerkung / math. Definition	Geometrische Darstellung
Rp1	größte Profilspitzen-höhe einer Einzelmessstrecke		Höhe der größten Profilspitze Zp innerhalb der Einzelmessstrecke lr (Rp1 wird durch Ausreißer bestimmt und liefert keine Aussage über die Profilform.)	
Rp	Mittelwert der größten Profilspitzenhöhen von 5 Einzelmessstrecken		arithmetischer Mittelwert von $Rp1_i$ aus 5 Einzelmessstrecken $Rp = \frac{1}{5}\sum_{i=1}^{5} Rp1_i$	
Rv1	größte Profiltaltiefe einer Einzelmessstrecke		Tiefe des größten Profiltales Zv innerhalb der Einzelmessstrecke lr (Rv1 wird durch Ausreißer bestimmt und liefert keine Aussage über die Profilform.)	
Rv	Mittelwert der größten Profiltaltiefen von 5 Einzelmessstrecken	DIN EN ISO 4287	arithmetischer Mittelwert von $Rv1_i$ aus 5 Einzelmessstrecken $Rv = \frac{1}{5}\sum_{i=1}^{5} Rv1_i$	
Rz1	größte Profilhöhe einer Einzelmessstrecke	DIN EN ISO 4288	Summe aus der Höhe der größten Profilspitze Zp und des größten Profiltales Zv innerhalb der Einzelmessstrecke lr $Rz1 = Rp1 + Rv1$ (Rz1 wird durch Ausreißer bestimmt und liefert keine Aussage über die Profilform.)	
Rz	Mittelwert der größten Profilhöhen von 5 Einzelmessstrecken		arithmetischer Mittelwert von $Rz1_i$ aus 5 Einzelmessstrecken $Rz = \frac{1}{5}\sum_{i=1}^{5} Rz1_i$	
Rt	Gesamthöhe des Rauheitsprofils der Messstrecke		Summe aus der Höhe der größten Profilspitze Zp und der Tiefe des größten Profiltales Zv innerhalb der Messstrecke ln $Rt = Zp_{max} + Zv_{max}$ $ln = 5lr$ (Rt wird durch Ausreißer bestimmt und liefert keine Aussage über die Profilform. $Rt \geq Rz$)	
Pt	Gesamthöhe des Primärprofils der Messstrecke		Abstand zwischen zwei parallelen Begrenzungslinien, die die Form des geometrisch idealen Profils besitzen und die das Primärprofil kleinstmöglich einschließen. (Pt wird durch Ausreißer bestimmt und ist statistisch nicht repräsentativ.)	

Abb. 2.31. Oberflächen-Rauheitskennwerte (Fortsetzung s. nächste Seite)

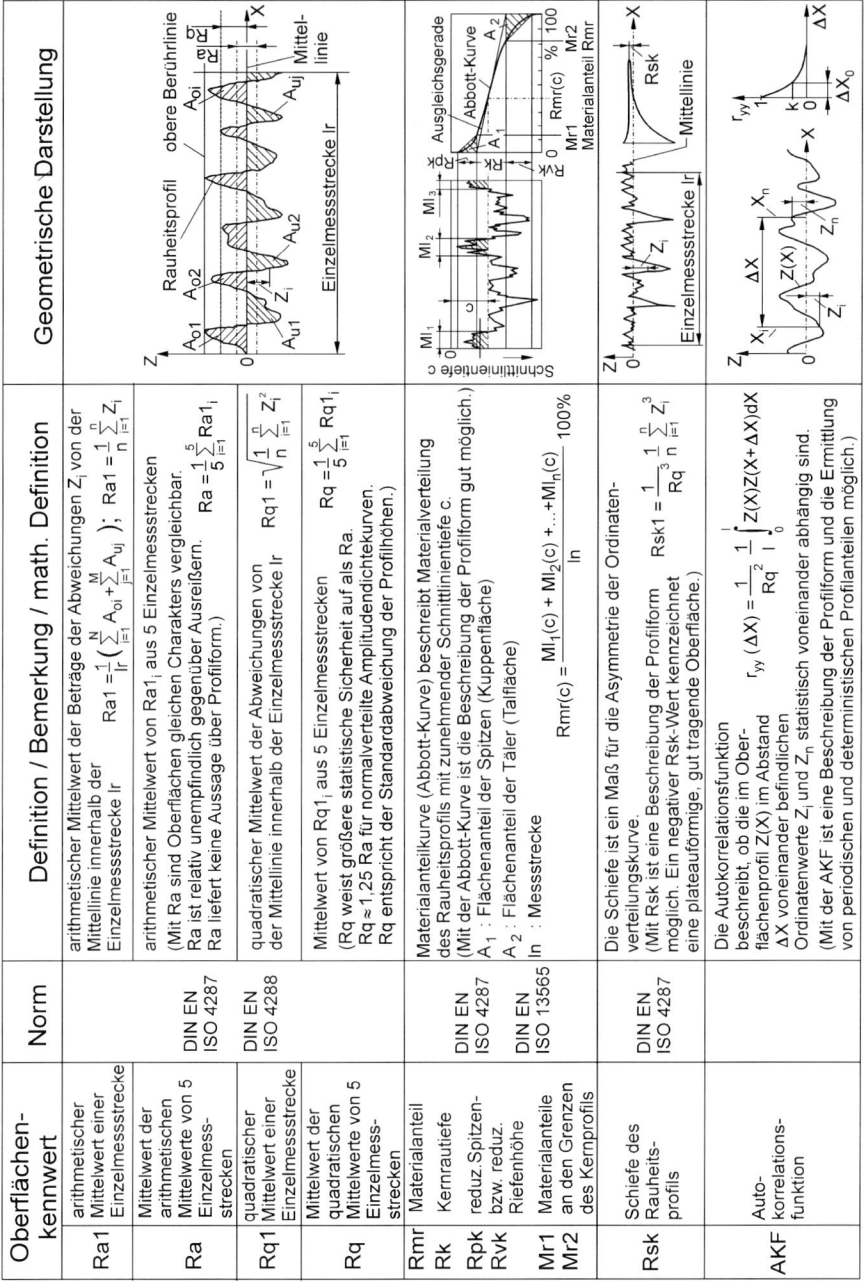

Oberflächen-kennwert	Norm	Definition / Bemerkung / math. Definition	Geometrische Darstellung
Ra1 arithmetischer Mittelwert einer Einzelmessstrecke	DIN EN ISO 4287	arithmetischer Mittelwert der Beträge der Abweichungen Z_i von der Mittellinie innerhalb der Einzelmessstrecke lr $Ra1 = \frac{1}{lr}\left(\sum_{i=1}^{N} A_{oi} + \sum_{j=1}^{M} A_{uj}\right)$; $Ra1 = \frac{1}{n}\sum_{i=1}^{n} Z_i$	
Ra Mittelwert der arithmetischen Mittelwerte von 5 Einzelmessstrecken	DIN EN ISO 4287	arithmetischer Mittelwert von $Ra1_i$ aus 5 Einzelmessstrecken (Mit Ra sind Oberflächen gleichen Charakters vergleichbar. Ra ist relativ unempfindlich gegenüber Ausreißern. Ra liefert keine Aussage über Profilform.) $Ra = \frac{1}{5}\sum_{i=1}^{5} Ra1_i$	
Rq1 quadratischer Mittelwert einer Einzelmessstrecke	DIN EN ISO 4288	quadratischer Mittelwert der Abweichungen von der Mittellinie innerhalb der Einzelmessstrecke lr $Rq1 = \sqrt{\frac{1}{n}\sum_{i=1}^{n} Z_i^2}$	
Rq Mittelwert der quadratischen Mittelwerte von 5 Einzelmessstrecken	DIN EN ISO 4288	Mittelwert von $Rq1_i$ aus 5 Einzelmessstrecken (Rq weist größere statistische Sicherheit auf als Ra. $Rq \approx 1{,}25\ Ra$ für normalverteilte Amplitudendichtekurven. Rq entspricht der Standardabweichung der Profilhöhen.) $Rq = \frac{1}{5}\sum_{i=1}^{5} Rq1_i$	
Rmr Materialanteil Rk Kernrautiefe Rpk reduz. Spitzen- bzw. reduz. Riefenhöhe Rvk	DIN EN ISO 4287	Materialanteilkurve (Abbott-Kurve) beschreibt Materialverteilung des Rauheitsprofils mit zunehmender Schnittlinientiefe c. (Mit der Abbott-Kurve ist die Beschreibung der Profilform gut möglich.) A_1 : Flächenanteil der Spitzen (Kuppenfläche) A_2 : Flächenanteil der Täler (Talfläche) ln : Messstrecke	
Mr1 Mr2 Materialanteile an den Grenzen des Kernprofils	DIN EN ISO 13565	$Rmr(c) = \dfrac{Ml_1(c) + Ml_2(c) + ... + Ml_n(c)}{ln}\cdot 100\%$	
Rsk Schiefe des Rauheits-profils	DIN EN ISO 4287	Die Schiefe ist ein Maß für die Asymmetrie der Ordinaten-verteilungskurve. (Mit Rsk ist eine Beschreibung der Profilform möglich. Ein negativer Rsk-Wert kennzeichnet eine plateauförmige, gut tragende Oberfläche.) $Rsk1 = \dfrac{1}{Rq^3}\dfrac{1}{n}\sum_{i=1}^{n} Z_i^3$	
AKF Auto-korrelations-funktion		Die Autokorrelationsfunktion beschreibt, ob die im Ober-flächenprofil Z(X) im Abstand ΔX voneinander befindlichen Ordinatenwerte Z_i und Z_n statistisch voneinander abhängig sind. $r_{yy}(\Delta X) = \dfrac{1}{Rq^2}\dfrac{1}{ln}\int_0^{ln} Z(X)Z(X+\Delta X)\,dX$ (Mit der AKF ist eine Beschreibung der Profilform und die Ermittlung von periodischen und deterministischen Profilanteilen möglich.)	

Abb. 2.31. Oberflächen-Rauheitskennwerte (Fortsetzung)

2.4.2.3.1   Amplitudendichtekurve (ADK), Schiefe Rsk und Steilheit Rku

Die Amplitudendichtekurve (ADK) zeigt die Verteilung der Profilhöhen an, d.h. die Häufigkeit, mit der die einzelnen Höhen auftreten. Das Aussehen der ADK wird durch das Herstellverfahren der Oberfläche bestimmt. Wenn das Profil völlig aperiodisch ist, wie z.B. bei vielen geschliffenen Oberflächen, sind die Höhen normalverteilt wie die Kurve a in Abb. 2.32. In diesem Fall weist die Schiefe Rsk den Wert 0 auf. Bei gedrehten Oberflächen sind einem periodischen Profil regellose Anteile überlagert. Es entsteht eine rechtsschiefe ADK, die nach links steil abfällt. Die Schiefe *Rsk* ist in diesem Fall positiv. Das Maximum der ADK liegt unterhalb der mittleren Linie. Eine linksschiefe Verteilung, die entsprechend Kurve b in Abb. 2.32. nach rechts steil abfällt und bei der sich das Maximum der ADK oberhalb der mittleren Linie befindet, tritt häufig bei Profilen mit Plateaucharakter und ausgeprägten Profiltaltiefen auf, wie das z.B. bei einer geläppten Oberfläche der Fall sein kann. Die Schiefe *Rsk* nimmt hier negative Werte an.

Wenn eine Oberfläche mit einer ursprünglich normalverteilten oder rechtsschiefen ADK einer Verschleißbeanspruchung (z.B. Einlaufverschleiß) unterworfen ist, kann häufig nach dem Verschleißvorgang ebenfalls eine ADK mit negativer Schiefe festgestellt werden.

Die Kurtoris *Rku*, die auch Exzess genannt wird, charakterisiert die Steilheit der ADK, die von der Form und Anzahl der Profilkuppen und –täler bestimmt wird. Bei normalverteilten Profilordinaten ist $Rku = 3$, bei Werten von Rku kleiner bzw. größer als 3 ist die ADK flacher bzw. steiler als eine Normalverteilung. So liegen bei einer Kurtoris von $Rku > 3$ relativ viele Profilordinatenwerte in der Nähe der Mittellinie (Abb. 2.32., Kurve c).

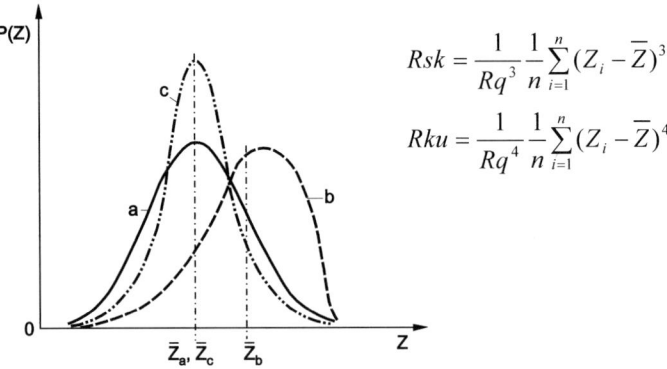

$$Rsk = \frac{1}{Rq^3}\frac{1}{n}\sum_{i=1}^{n}(Z_i - \overline{Z})^3$$

$$Rku = \frac{1}{Rq^4}\frac{1}{n}\sum_{i=1}^{n}(Z_i - \overline{Z})^4$$

Abb. 2.32. Verschiedene Formen von Amplitudendichtekurven nach [WeiAb89] a) Normalverteilung ($Rku = 3$); b) Verteilung mit negativer Schiefe Rsk; c) symmetrische Verteilung mit ausgeprägter Steilheit ($Rku > 3$); $\overline{Z}_a$, $\overline{Z}_b$, $\overline{Z}_c$ mittlere Linien für die Verteilungen a), b) und c); Rq quadratischer Mittelwert

2.4.2.3.2 Materialanteilkurve und daraus abgeleitete Kenngrößen

Die Materialanteil- oder Abbottkurve beschreibt die Materialverteilung eines Oberflächen-Rauheitsprofils von außen in die Tiefe. Sie stellt mathematisch die Summenhäufigkeitskurve der Profilordinaten dar und kann daher auch aus der Integration der Amplitudendichtekurve bestimmt werden. Eine flach abfallende Abbott-Kurve weist auf ein fülliges, eine steil abfallende Kurve auf ein zerklüftetes Profil hin. Zu beachten ist, dass die Abbottkurve den Materialanteil Rmr in Abhängigkeit von der Schnitttiefe c nur geometrisch beschreibt. Beim Kontakt zweier Oberflächen wird sich für eine gegebene Schnitttiefe infolge von elastischen und plastischen Deformationen der Werkstoffe ein anderer Materialanteil (Traganteil) einstellen. Für die praktische Bestimmung des Materialanteils $Rmr(c)$ ist es zweckmäßig, die Schnitttiefe c nicht auf die statistisch sehr unsichere höchste Profilspitze zu beziehen, sondern auf eine Referenzschnitttiefe c0, die durch einen Materialanteil von 3 bis 5% bestimmt wird. Empfohlene Zahlenwerte für den Materialanteil Rmr und die Schnitttiefe c, letztere in Abhängigkeit von der Gesamthöhe des Rauheitsprofils Rt, sind in Tabelle 2.5. zu finden.

Eine Oberflächenangabe bezüglich eines geforderten Materialanteils könnte beispielhaft folgendermaßen lauten: Rmr (0,6) 70% (c0 4%). Diese Angabe bedeutet, dass ein erforderlicher Materialanteil von 70% bei einer Schnitttiefe von 0,6 μm unterhalb der Referenzschnitttiefe c0, bei der ein Materialanteil von 4% vorliegen sollte, vorhanden sein muss.

Die Kernrautiefe Rk gibt Aufschluss über den Profilbereich, der nach dem Einlaufprozess wirksam ist. Mit abnehmendem Rk-Wert steigt die Belastbarkeit einer Oberfläche. Die reduzierte Spitzenhöhe Rpk spiegelt die Höhe der aus dem Kernbereich herausragenden Spitzen wider und entspricht der Höhe des Dreiecks A_1, welches die Materialmenge der Spitzen beinhaltet (siehe Abb. 2.31.). Rpk gibt u.a. Auskunft über das Einlaufverhalten von Gleit- und Wälzflächen. Kleine Werte für Rpk und A_1 versprechen einen schnellen Einlauf mit wenig Verschleiß. Die reduzierte Riefentiefe Rvk, die aus der Höhe der Dreiecksfläche A_2, welche den Flächenanteil der Täler repräsentiert, bestimmt wird (siehe Abb. 2.31.), informiert über das Schmierstoffspeichervolumen einer Oberfläche. Bei geschmierten Oberflächen, die unter Misch- oder Grenzreibungsbedingungen betrieben werden, sind größere Werte für Rvk und A_2 vorteilhaft.

Auch der Völligkeitsgrad k_v und der Leeregrad k_p, die beide in Abb. 2.33. definiert werden, können als weitere Kenngrößen Hinweise über die Oberflächen-Profilform geben. Plateauartige Oberflächen kennzeichnen sich durch einen k_v-Wert > 0,5 und einen k_p-Wert < 0,5 aus. Bei zerklüfteten Oberflächen werden große k_p-Werte ermittelt.

2.4.2.3.3 Autokorrelationsfunktion (AKF)

Die in Abb. 2.31. definierte Autokorrelationsfunktion zeigt den inneren statistischen Zusammenhang eines Rauheitsprofils auf. Die AKF liefert Aussagen darüber, ob Profilhöhen einer Oberfläche, die im Abstand ΔX voneinander entfernt liegen, voneinander abhängig sind oder nicht. Enthält eine Oberfläche beispielsweise eine Periodizität mit der Wellenlänge λ, die durch Fertigungsprozesse, wie Hobeln, Drehen oder Fräsen, verursacht werden kann, dann zeigt die AKF einen periodischen, gedämpften Verlauf. Die Maxima des AKF-Kurvenverlaufes treten dort auf, wo der horizontale Abstand ΔX Werte annimmt, die ein Vielfaches der Wellenlänge λ betragen. Bei völlig regellosen, aperiodischen zufälligen Profilen, wie sie beispielsweise beim Schleifen oder Läppen auftreten, fällt die AKF exponentiell ab. Wenn sich das Profil nur mäßig verändert, sinkt die AKF langsam ab. Ändert sich der Profilverlauf jedoch sehr schnell, nähert sich die AKF schnell der Nulllinie.

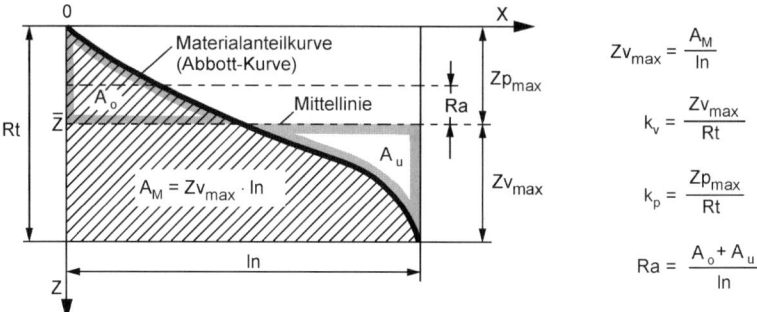

Abb. 2.33. Zusammenhang der Materialanteilkurve (Abbott-Kurve) mit Rauheitsmessgrößen nach [WeiAb89]; k_v Völligkeitsgrad, k_p Leeregrad, A_M unterhalb der Abbott-Kurve liegende Fläche ($A_M = Zv_{max} \cdot \ln$), $\ln$ Messstrecke; A_o oberhalb der Mittellinie $\bar{z}$ liegender Anteil von A_M, A_u Fläche unterhalb der Mittellinie $\bar{z}$ und oberhalb der Abbott-Kurve liegende Fläche ($A_u = A_o$), Zv_{max} größtes Profiltal innerhalb der Messstrecke $\ln$ und Zp_{max} größte Profilspitze innerhalb der Messstrecke $\ln$

2.4.2.3.4 Gegenüberstellung von Oberflächenkennwerten

Zwischen den einzelnen Oberflächenkennwerten existieren keine mathematischen Beziehungen. Es ist daher nicht möglich, von einem Oberflächenkennwert auf einen anderen zu schließen. Die Aussagefähigkeit der Oberflächenkennwerte ist sehr unterschiedlich, wie dies in Abb. 2.34. für verschiedene Oberflächentypen dargestellt ist. Für jeden einzelnen Anwendungsfall ist zunächst zu prüfen, welche Anforderungen an die Oberfläche gestellt werden und welche Eigenschaften von Bedeutung sind. Danach können dann die Oberflächenkennwerte ausgesucht werden, die den Kriterien am besten entsprechen. Empfehlungen zur Auswahl von Kennwerten für verschiedene Anwendungen sind in Tabelle 2.6. aufgelistet.

Bei einer Dichtfläche, bei der einzelne Ausreißer Undichtigkeiten verursachen können, reicht es beispielsweise nicht aus, die Rauheitskontrolle anhand des Ra-Wertes durchzuführen, da der Ra-Wert auf Ausreißer praktisch nicht reagiert. In diesem Fall wäre der Rt-Wert die bessere Wahl. Für Gleit- und Wälzflächen unter Misch- und Grenzreibungsbedingungen ist ein möglichst geringer Verschleiß und eine hohe Tragkraft erwünscht, was mit plateauartigen Oberflächen (z.B. durch Honen oder Läppen) realisiert werden kann. Günstig wären in diesem Fall kleine zulässige Rk - und Rpk -Werte. Ein größerer vorgegebener Rvk -Wert ist vorteilhaft für die Schmiermittelaufnahme. Rt wäre bei diesen Anwendungsfällen ungeeignet, Rz in Kombination mit in mehreren Schnitttiefen gemessenen Rmr -Werten, besser jedoch mit Rk , wäre auch angebracht. Bei porigen Oberflächen ist die Anwendung von Rk und ggf. Ra günstiger als die von Rt oder Rz .

Häufig ist es sinnvoll, zwei voneinander unabhängige Kennwerte zu ermitteln, um eine Oberfläche zu charakterisieren. Weiterhin ist die Erstellung eines Profilogramms zu empfehlen, und zwar sowohl als Rauheitsprofil als auch als Primärprofil.

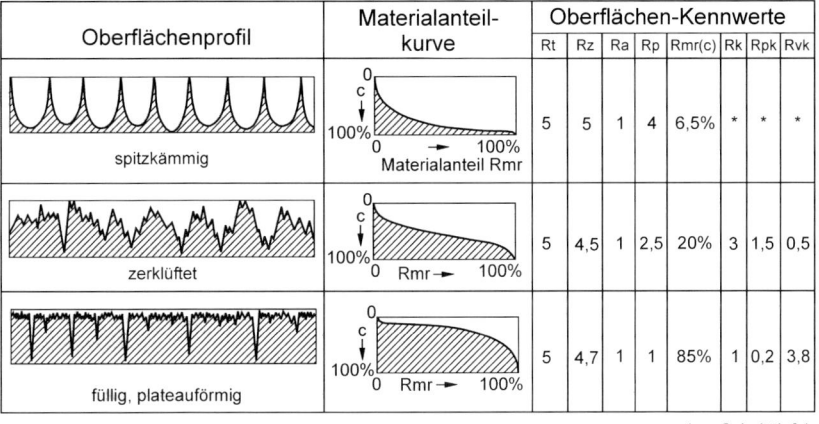

Oberflächenprofil	Materialanteil-kurve	Oberflächen-Kennwerte							
		Rt	Rz	Ra	Rp	Rmr(c)	Rk	Rpk	Rvk
spitzkämmig		5	5	1	4	6,5%	*	*	*
zerklüftet		5	4,5	1	2,5	20%	3	1,5	0,5
füllig, plateauförmig		5	4,7	1	1	85%	1	0,2	3,8

(c = Schnitttiefe)

Abb. 2.34. Oberflächenkennwerte und Materialanteilkurve nach [San93]

2.4.3 Oberflächenangaben in Zeichnungen

Den Abb. 2.35. und Abb. 2.36. ist das Aussehen von Oberflächensymbolen und die Darstellung von Oberflächenstrukturen und Rillenrichtungen in Zeichnungen zu entnehmen.

Ein Beispiel für eine funktions-, fertigungs- und prüfgerechte Oberflächenangabe nach [DINENISO1302] ist in Abb. 2.37. ausgeführt. Um die Messbedingungen schon bei der Toleranzfestlegung zweifelsfrei zu definieren, kann der Oberflächenkenngröße die Filterart und die Filterübertragungscharakteristik, und zwar entweder als Kurzwellen-Filter λs und Langwellen-Filter λc (Beispiel: 0,008 - 0,8) oder nur als Langwellen-Filter λc (Beispiel: -2,5), vorangestellt werden. Das ist erforderlich, wenn andere Grenzwellenlängen (cut off-Werte) bzw. Messstrecken als die in [DINENISO4288] genormten verwendet werden sollen. Wenn keine Angaben zur Filterart und zur Filterübertragungscharakteristik gemacht werden, werden der Regel-Filter (Gauß-Filter) und die Regel-Übertragungscharakteristik nach [DINENISO3274] und [DINENISO4288] zugrunde gelegt.

Tabelle 2.6. Auswahl Oberflächenkenngröße (X = zu bevorzugen, (X) = nur eingeschränkt anzuwenden), *FA* Formabweichung, *LA* Lageabweichung, Gesamthöhe des Welligkeitsprofils *Wt* , Mittlere Wellenlänge *WSm*

Art der Funktionsfläche	Anwendung	Beanspruchung	FA LA	Wt WSm	Pt	Rq	Rz	Rt	Ra	Rmr	Rk, Rpk, Rvk
geschmierte Gleitfläche	Zyl.-Buchsen geschmierte Gleitlager	hohe Belastung Verschleiß Einlaufverhalten Schmierfähigkeit	X	X	(X)	X	X		(X)	X	X
Trocken-Gleitflächen	Trocken-Gleitlager Bremsscheiben Bremstrommeln	hohe Belastung Verschleiß	X	X	X	X	X		(X)	X	X
Wälzflächen, Rollflächen	Wälzlager Zahnflanken Walzen	hohe Belastung Verschleiß	X	X	X	X	X		(X)	X	X
Messflächen	Endmaße Lehren	hohe Belastung Verschleiß	X		X		X		(X)		(X)
Dichtfläche (ruhend) (Dichtring)	Fügefläche, die Gas, Flüssigkeit u.dgl. abschließt	ger. Belastung ger. Verschleiß dichtfähige Fläche	FA	Wt	X			X			
Dichtfläche (dynamisch)	Dichtfläche, die Gas, Flüssigkeit u.dgl. abschließt	hohe Belastung Verschleiß dichtfähige Fläche	X	Wt	X			X			X
Schrumpf- und Presspassfläche		hohe Belastung			X		X				X
elektr. Kontaktflächen	Oberfläche, die zur Gegenfläche elektr. Strom überträgt (Schalter)	Verschleiß				X	X				X
Sichtflächen	Verkleidung Außen-Sichtfläche	Aussehen Glätte		Wt	X		X		(X)		

Erreichbare *Rz* -Werte und deren Variationsbreite bei unterschiedlichen Fertigungsverfahren sind in Abb. 2.38. wiedergegeben. Die Größenordnungen von zulässigen *Rz* -Werten verschiedener Funktionsflächen werden in Abb. 2.39. aufgezeigt. Ein Beispiel, wie und wo Oberflächenangaben an einer Welle angebracht werden können, ist in Abb. 2.40. zu finden.

Symbol	Bedeutung
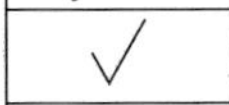 √	Grundsymbol. Es ist allein nicht aussagefähig und muss durch eine zusätzliche Angabe erweitert werden. Jedes Fertigungsverfahren ist zulässig.
 ▽	Materialabtrennende Bearbeitung wird vorgeschrieben, aber ohne nähere Angaben.
 ⊘/	Materialabtrennende Bearbeitung der Oberfläche nicht zulässig. Oberfläche bleibt im Anlieferzustand.
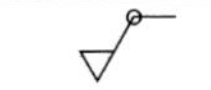 ○─▽	Alle Oberflächen rundum die Kontur eines Werkstückes sollen die gleiche Oberflächenbeschaffenheit aufweisen.
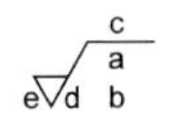 c a e√d b	Oberflächenangaben am Symbol: a = Oberflächenkenngröße, Zahlenwert(e), Grenzwert(e), Übertragungscharakteristik des Filters, Einzelmessstrecken-anforderung kann als einseitige oder beidseitige Toleranz für die Oberflächenkenngröße angegeben werden  b = zweite Oberflächenkenngröße (wie unter a) c = Fertigungsverfahren, Oberflächenbeschichtung oder andere Anforderungen d = Oberflächenmuster (Bearbeitungsstruktur) in Form von graphischen Symbolen e = Bearbeitungszugabe (in mm) drallfrei Rmr(1,6) 80% ⊥ Rt 6,3

Abb. 2.35. Oberflächensymbole nach [DINENISO1302]

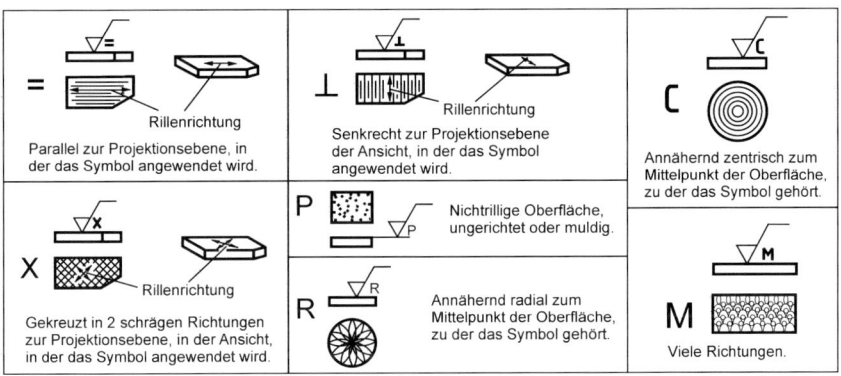

Abb. 2.36. Oberflächenstrukturen und Rillenrichtungen nach [DINENISO1302]

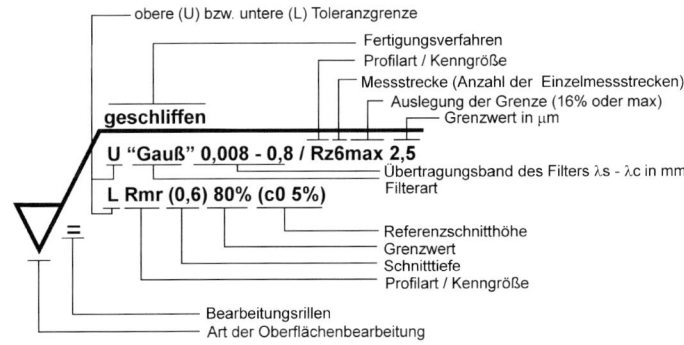

Abb. 2.37. Funktions-, fertigungs- und prüfgerechte Oberflächenangabe nach [DINENISO1302]

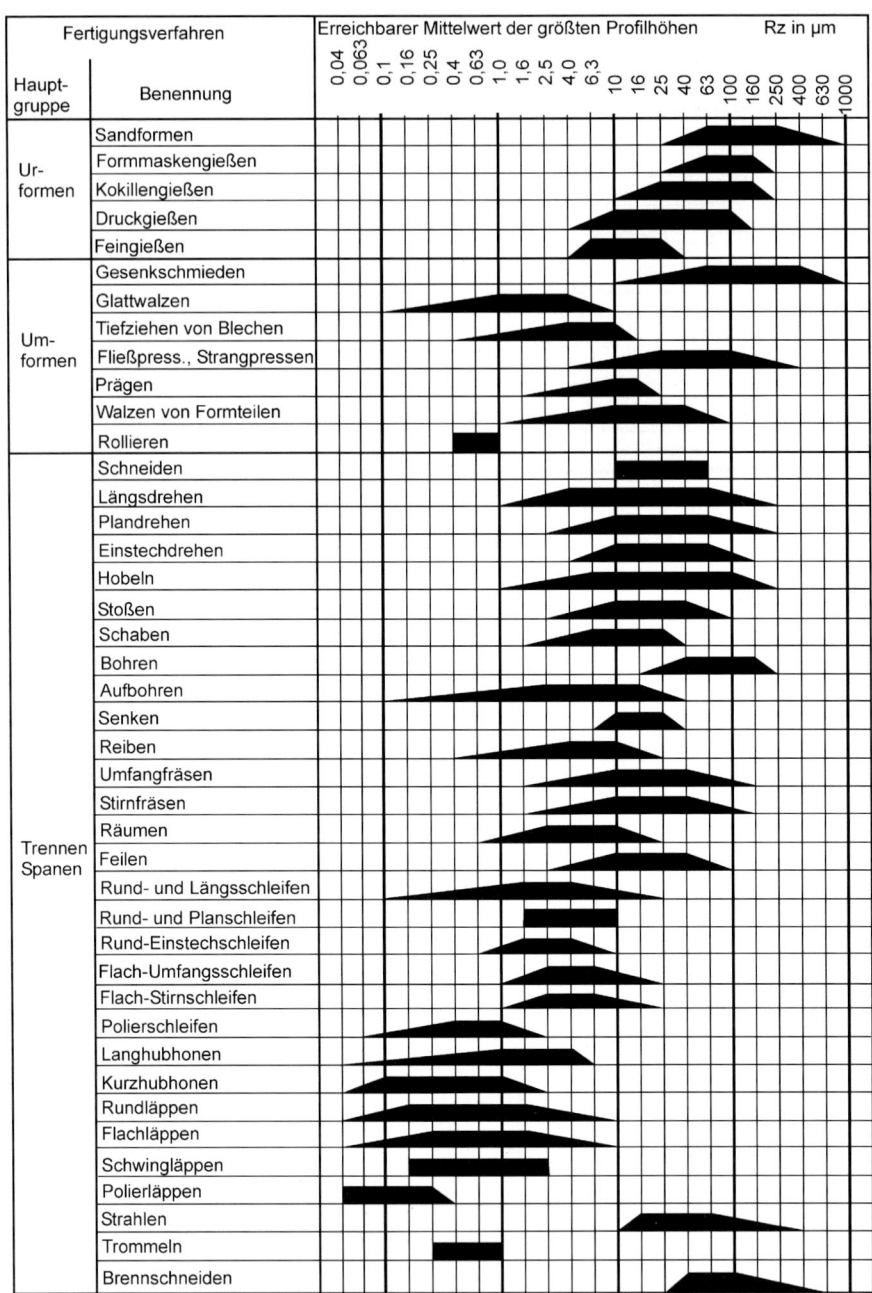

Abb. 2.38. Fertigungsverfahren und erreichbare Mittelwerte der größten Profilhöhen von 5 Einzelmessstrecken *Rz*

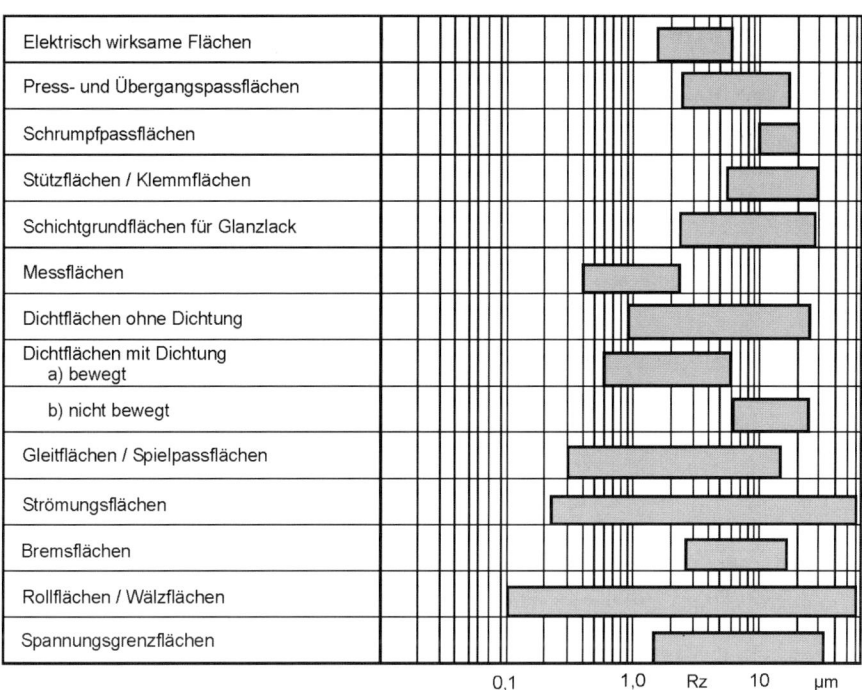

Abb. 2.39. Zuordnung zwischen Funktionsflächen und maximal zulässigen Werten für Rz nach VDI/VDE 2601

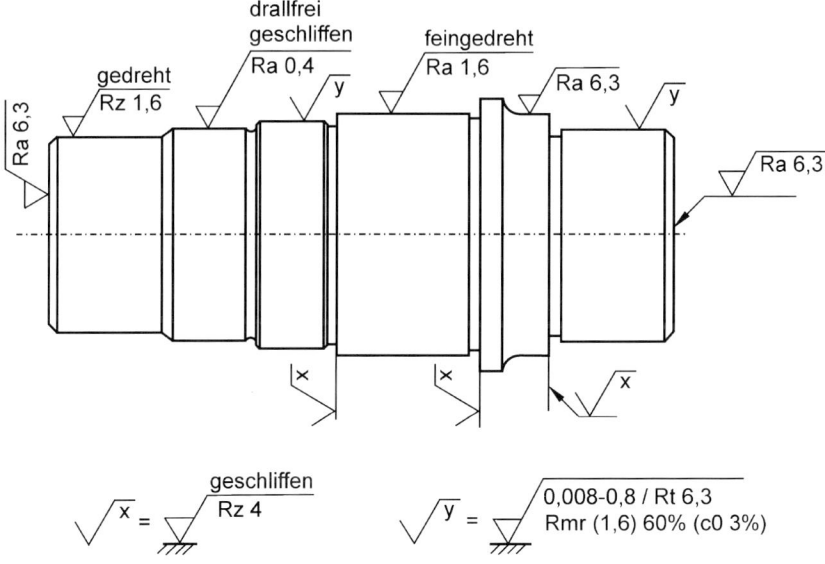

Abb. 2.40. Beispiel für Oberflächenangaben einer Welle nach [San93]

2.5   Literatur, Normen, Richtlinien

[CziHa92]   Czichos, H; Habig, K.-H.: Tribologie-Handbuch, Reibung und Verschleiß. 1. Aufl. Braunschweig, Wiesbaden: Vieweg Verlag 1992

[DIN323]   DIN 323: Teil 1: Normzahlen und Normzahlreihen; Hauptwerte, Genauwerte, Rundwerte. August 1974

                 DIN 323: Teil 2: Normzahlen und Normzahlreihen; Einführung. November 1974

[DIN406]   DIN 406: Teil 10: Technische Zeichnungen; Maßeintragung; Begriffe, allgemeine Grundlagen. Dezember 1992

                 DIN 406: Teil 11: Technische Zeichnungen; Maßeintragung; Grundlagen der Anwendung. Dezember 1992

                 DIN 406: Teil 12: Technische Zeichnungen; Maßeintragung; Eintragung von Toleranzen für Längen- und Winkelmaße. Dezember 1992

[DIN820]   DIN 820: Teil 1: Normungsarbeit; Grundsätze. April 1994

                 DIN 820: Bbl.1: Normungsarbeit; Stichwortverzeichnis. Januar 2000

                 DIN 820: Normungsarbeit; Geschäftsgang. Januar 2000

[DIN4000-100]   DIN 4000-100 V: Sachmerkmal-Leisten Datentechnische Beschreibung von Merkmaldaten. April 1994

[DIN4000-101]   DIN 4000-101 V: dto., Hinweise zur Festlegung von Geometriemerkmalen. April 1994

[DIN4760]   DIN 4760: Gestaltabweichungen; Begriffe, Ordnungssystem. Berlin, Beuth 1982

[DIN4771]   DIN 4771: Messung der Profiltiefe von Oberflächen. Berlin, Beuth 1977

[DIN7154]   DIN 7154: Teil 1: ISO-Passungen für Einheitsbohrung; Toleranzfelder, Abmaße in µm. August 1966

                 DIN 7154: Teil 2: ISO-Passungen für Einheitsbohrung; Passtoleranzen, Spiele und Übermaße in µm. August 1966

[DIN7155]   DIN 7155: Teil 2: ISO-Passungen für Einheitswelle; Passtoleranzen, Spiele und Übermaße in µm. August 1966

[DIN7157]   DIN 7157: Passungsauswahl; Toleranzfelder, Abmaße, Passtoleranzen. Januar 1966

[DIN7167]   DIN 7167: Zusammenhang zwischen Maß-, Form- und Parallelitätstoleranzen; Hüllbedingung ohne Zeichnungseintragung. Januar 1987

[DIN7186]   DIN 7186: Teil 1: Statistische Tolerierung; Begriffe, Anwendungs-
                 richtlinien und Zeichnungsangaben. August 1974

[DIN7190]   DIN 7190: Pressverbände - Berechnungsgrundlagen und Gestal-
                 tungsregeln. Februar 2001

[DIN66001E]   DIN 66001 E: Info-Verarbeitung, Sinnbilder und ihre Anwendung.
                 Dezember 1983

[DINENISO1302]   DIN EN ISO 1302: Geometrische Produktspezifikationen (GPS)-
                 Angabe der Oberflächenbeschaffenheit in der technischen Pro-
                 duktdokumentation. Juni 2002

[DINENISO3274]   DIN EN ISO 3274: Geometrische Produktspezifikationen (GPS)-
                 Oberflächenbeschaffenheit: Tastschnittverfahren; Nenneigenschaf-
                 ten von Tastschnittgeräten. April 1998

[DINENISO4287]   DIN EN ISO 4287: Geometrische Produktspezifikation (GPS) -
                 Oberflächenbeschaffenheit: Tastschnittverfahren; Benennungen,
                 Definitionen und Kenngrößen der Oberflächenbeschaffenheit.
                 Oktober 1998

[DINENISO4288]   DIN EN ISO 4288: Geometrische Produktspezifikation (GPS) -
                 Oberflächenbeschaffenheit: Tastschnittverfahren; Regeln und
                 Verfahren für die Beurteilung der Oberflächenbeschaffenheit. April
                 1998

[DINENISO11562] DIN EN ISO 11562: Geometrische Produktspezifikationen (GPS)-
                 Oberflächenbeschaffenheit: Tastschnittverfahren; Messtechnische
                 Eigenschaften von phasenkorrekten Filtern. September 1998

[DINENISO13565] DIN EN ISO 13565-1: Geometrische Produktspezifikationen
                 (GPS)-Oberflächenbeschaffenheit: Tastschnittverfahren; Oberflä-
                 chen mit plateauartigen funktionsrelevanten Eigenschaften, Teil 1:
                 Filterung und allgemeine Messbedingungen. April 1998

                 DIN EN ISO 13565-2: Geometrische Produktspezifikationen
                 (GPS)-Oberflächenbeschaffenheit: Tastschnittverfahren; Oberflä-
                 chen mit plateauartigen funktionsrelevanten Eigenschaften, Teil 2:
                 Beschreibung der Höhe mittels linearer Darstellung der Materialan-
                 teilkurve. April 1998

                 DIN EN ISO 13565-3: Geometrische Produktspezifikationen
                 (GPS)-Oberflächenbeschaffenheit: Tastschnittverfahren; Oberflä-
                 chen mit plateauartigen funktionsrelevanten Eigenschaften, Teil 3:
                 Beschreibung der Höhe von Oberflächen mit der Wahrscheinlich-
                 keitsdichtekurve. August 2000

[DINEN28860]   DIN EN 28860-1 und 28860-2: Info-Verarbeitung Datenaustausch
                 auf 90 mm Diskette. Dezember 1991

[DINISO286]   DIN ISO 286: Teil 1: ISO-System für Grenzmaße und Passungen;
                 Grundlagen für Toleranzen, Abmaße und Passungen. November
                 1990

DIN ISO 286 (E.): Teil 2: ISO-System für Grenzmaße und Passungen; Tabellen der Grundtoleranzgrade und Grenzabmaße für Bohrungen und Wellen. November 1990

[DINISO1101]   DIN ISO 1101 (E.): Technische Zeichnungen; Form- und Lagetolerierung; Form-, Richtungs-, Orts- und Lauftoleranzen; Allgemeines, Definitionen, Symbole, Zeichnungseintragungen. März 1985

[DINISO1132]   DIN ISO 1132-1 E: Wälzlager; Toleranzen, Definitionen. September 2001

DIN ISO 1302: Bbl.1: Technische Zeichnungen; Angabe der Oberflächenbeschaffenheit in Zeichnungen, Anwendungsbeispiele. Juni 1980

[DINISO2768]   DIN ISO 2768: Teil 1: Allgemeintoleranzen; Toleranzen für Längen- und Winkelmaße ohne einzelne Toleranzeintragung. Juni 1991

DIN ISO 2768: Teil 2: Allgemeintoleranzen; Toleranzen für Form und Lage ohne einzelne Toleranzeintragung. April 1991

[DINISO3040]   DIN ISO 3040: Technische Zeichnungen; Eintragung der Maße und Toleranzen für Kegel. September 1991

[DINISO8015]   DIN ISO 8015: Technische Zeichnungen; Tolerierungsgrundsatz. Juni 1986

[DINISO/IEC66268] DIN ISO/IEC 66268: Info-Verarbeitung, Programmiersprache ADA. September 1996

[DINH07]   DIN-Normenheft 7: Anwendung der Normen über Form- und Lagetoleranzen in der Praxis. Berlin Wien Zürich, Beuth-Verlag GmbH 2000

[Hoi00]   Hoischen, H.: Technisches Zeichnen. Berlin, Cornelsen Verlag 2000

[ISO3]   ISO 3 - 1973 (E.): Preferred numbers - Series of preferred numbers

[ISO17]   ISO 17 - 1973 (E.): Guide to the use of preferred numbers and of series of preferred numbers

ISO 17: Richtlinien für die Anwendung von Normzahlen und Normzahlreihen (entspr. DIN 323-2). April 1973

[ISO497]   ISO 497: Anleitung für die Wahl von Hauptwertreihen und Rundwertreihen von Normzahlen. Mai 1973

[ISO5459]   ISO 5459: Technische Zeichnungen; Form- und Lagetolerierung; Bezüge und Bezugssysteme für geometrische Toleranzen. November 1981

[Jor98]   Jorden, W.: Form- und Lagetoleranzen. Hanser Lehrbuch, München Wien: Carl Hanser Verlag 1998

[Kle97]   Klein: Einführung in die DIN-Normen. 12. Auflage - Stuttgart;
                   Leipzig: Teubner, Berlin, Wien, Zürich: Beuth 1997

[San93]   Sander, M.: Oberflächenmeßtechnik für den Praktiker. 2. Aufl.
                   Göttingen: Feinprüf Perthen GmbH 1993

[Tru97]   Trumpold, H.; Beck, C.; Richter, G.: Toleranzsysteme und
                   Toleranzdesign - Qualität im Austauschbau. München Wien, Carl
                   Hanser Verlag 1997

[VDI/VDE2601]   VDI/VDE-Richtlinie 2601: Anforderungen an die Oberflächenge-
                   stalt zur Sicherung der Funktionstauglichkeit spanend hergestellter
                   Flächen; Zusammenstellung der Kenngrößen. Düsseldorf: VDI-
                   Verlag 1991

[WeiAb89]   von Weingraber, H.; Abou-Aly, M.: Handbuch Technische
                   Oberflächen. 1. Aufl. Braunschweig: Vieweg 1989

[Will96]   Williams, J.A.: Engineering Tribology. 2. Aufl. Oxford: Oxford
                   University Press, 1996

Kapitel 3

Bernd Sauer

3 Grundlagen der Festigkeitsberechnung

3.1 Einführung

Eine wesentliche Ingenieuraufgabe ist es sicherzustellen, dass Bauteile oder Konstruktionen den im Betrieb auftretenden Belastungen zuverlässig standhalten. Grundsätzlich kann ein Nachweis der Tragfähigkeit des Bauteiles durch Prüfstandsversuche oder Feldversuche erfolgen. Dieser Weg ist allerdings zeit- und kostenintensiv, so dass überwiegend rechnerische Nachweise durchgeführt werden. Die erste und unter Umständen wichtigste Frage besteht in der Ermittlung der Belastungen. Während stationäre Lasten, wie z.B. das Heben einer Last, vergleichsweise einfach zu ermitteln sind, sind instationäre oder dynamische Lasten, wie Erschütterungen oder Schwingungen, schwieriger zu ermitteln. Der folgende Schritt besteht in der Berechnung der Spannungen im Bauteil nach den Regeln der Mechanik. Um die berechneten Spannungen mit einem geeigneten Werkstoffkennwert zu vergleichen, sind weitere Einflüsse insbesondere bei dynamischen Belastungen zu berücksichtigen und entweder der Werkstoffkennwert oder die berechneten Spannungen zu korrigieren. Ganz allgemein wird gefordert, dass die aufgrund der Belastung anliegende Spannung kleiner als ein zulässiger Werkstoffkennwert sein soll. Die Berechnung folgt der Abfolge:

- Belastung
- Mechanisches Modell
- Berechnung der Beanspruchungen (Spannungen)
- Vergleich mit Werkstoffkennwert für Beanspruchbarkeit im Bauteil
- Bewertung

Da bei praktisch allen Schritten gewisse Unsicherheiten verbleiben, wird üblicherweise eine Sicherheitszahl $S > 1$ eingeführt, die die vorhandenen Unsicherheiten abdecken soll. Die zulässige Werkstoffbeanspruchung σ_{zul} ergibt sich aus dem Werkstoffkennwert $\sigma_{Werkstofffestigkeit}$ dividiert durch S.

$$\sigma_{zul} = \frac{\sigma_{Werkstofffestigkeit}}{S} \tag{3.1}$$

Die Forderung einer Festigkeitsberechnung lautet somit: Die vorhandene Beanspruchung σ_{vorh} muss kleiner bzw. gleich der zulässigen Beanspruchung sein.

$$\sigma_{vorh} \le \sigma_{zul} = \frac{\sigma_{Werkstofffestigkeit}}{S} \tag{3.2}$$

Neben der Beurteilung der Tragfähigkeit eines Bauteiles spielt die unter Belastung auftretende Verformung in vielen Fällen eine für die einwandfreie Funktion des Bauteiles wichtige Rolle. Daher ist die Ermittlung der Verformungen ebenfalls

Gegenstand der Festigkeitslehre. Im Folgenden wird die Festigkeitsberechnung vorwiegend für Stahl und Aluminium behandelt. Viele Zusammenhänge gelten grundsätzlich auch für andere quasihomogene Werkstoffe. Für Verbundwerkstoffe sind weitere Aspekte zu berücksichtigen, für die sich der Leser aber spezieller Literatur bedienen muss.

3.2   Belastungen, Schnittlasten und Beanspruchungen

Die auf ein Bauteil wirkenden äußeren Belastungen können in die *Grundbelastungsfälle* Zug, Druck, Biegung, Torsion und Scherung eingeteilt werden. In Abb. 3.1. wird dies schematisch gezeigt.

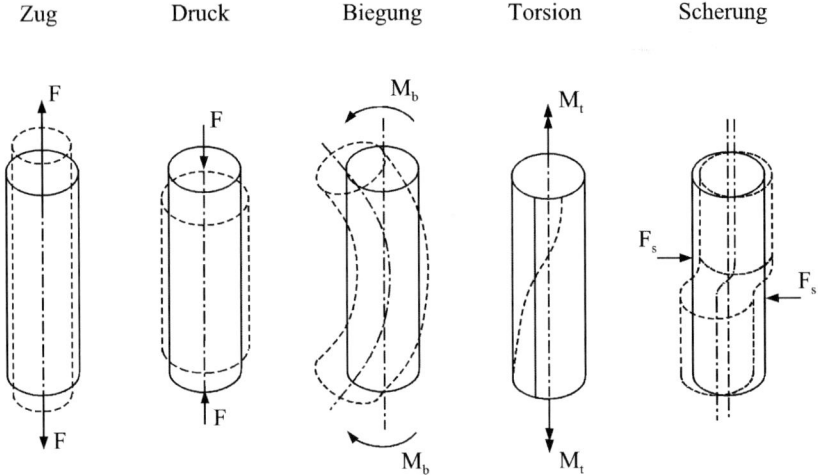

Abb. 3.1. Grundbelastungsfälle bei mechanischer Belastung [Iss97]

Mit den Regeln der Mechanik werden aus den äußeren Lasten Schnittlasten ermittelt, die es gestatten, jeden einzelnen Querschnitt zu analysieren. Üblicherweise werden die am höchsten beanspruchten Querschnitte eingehend untersucht.

Außer der genannten Einordnung in Belastungsarten ist weiterhin sehr wichtig, nach dem *zeitlichen Verlauf der Belastung* zu unterscheiden. Wie später noch gezeigt wird, reagiert der Werkstoff sehr unterschiedlich darauf, ob eine Belastung quasi auf dem Bauteil ruht oder ob die Last das Bauteil periodisch belastet. Periodische, zeitveränderliche Belastungen führen im Allgemeinen auf zeitveränderliche Werkstoffbeanspruchungen. Hinzu kommt, dass z.B. bei rotierenden Wellen auch eine „ruhende" Belastung am Bauteil zu einer periodischen Beanspruchung für den Werkstoff führt. In Abb. 3.2. werden zeitveränderliche Belastungen am Beispiel eines Momentes bzw. einer Kraft gezeigt:

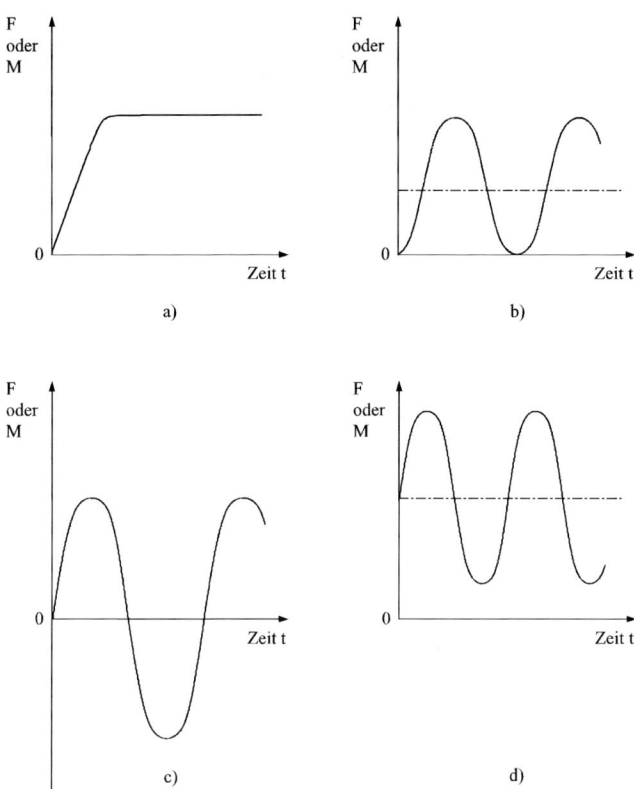

Abb. 3.2. Unterschiedliche Belastungszeitverläufe:
a) statische Belastung, b) rein schwellende Belastung, c) reine Wechselbelastung,
d) kombinierte, schwellende Belastung im Zugbereich

Um aus den Belastungen am Bauteil Beanspruchungen bestimmen zu können, müssen Flächenkennwerte des untersuchten Querschnitts herangezogen werden. Zu den Flächenkennwerten gehören beispielsweise die Querschnittsfläche und das Widerstandsmoment. Im Folgenden werden die Grundbelastungen und die daraus resultierenden Beanspruchungen für den stationären Zustand vorgestellt.

3.2.1 Zugbelastung

Als Beispiel soll ein glatter Stab, der mit einer Zugkraft belastet wird, betrachtet werden. Wenn die Wirklinie der Kräfte mit der Stablängsachse zusammenfallen, kann die Spannung in einem zur Stablängsachse senkrechten Querschnitt, unabhängig von der Form des Querschnitts, als gleichmäßig verteilt angenommen werden. Die Zugspannung lässt sich aus der Normalkraft F und der Querschnittsfläche A nach der Beziehung ermitteln:

$$\sigma_Z = \frac{F}{A} \qquad\qquad (3.3)$$

mit σ_Z Zugspannung, (immer > 0), üblich [N/mm^2]

         F Zugkraft, [N]

         A Querschnittsfläche [mm^2] (normal zum Vektor F)

Für einen kreisrunden Querschnitt mit den Durchmesser d gilt:

$$\sigma_Z = \frac{4 \cdot F}{\pi \cdot d^2} \qquad\qquad (3.4)$$

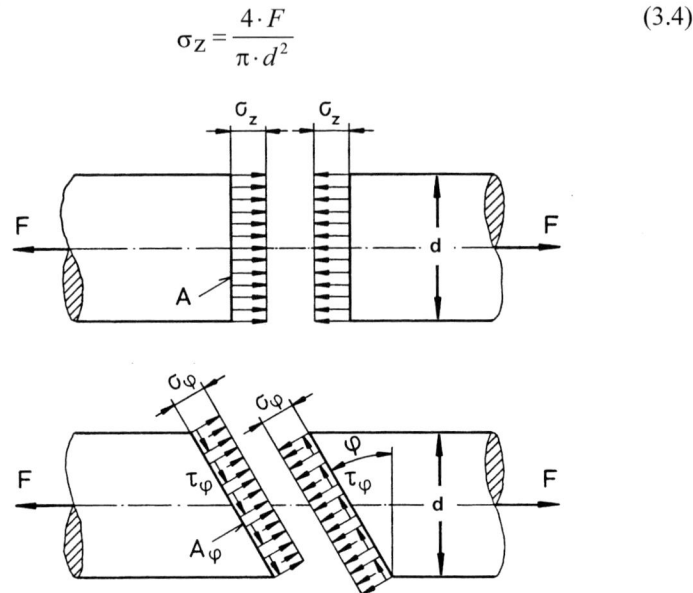

Abb. 3.3. Zugbelastung eines Stabes, Beanspruchung abhängig von der Schnittrichtung

Erfolgt die Schnittführung nicht senkrecht zur Kraftrichtung, sondern wie in Abb. 3.3. unten, so wird die Längskraft in je eine Komponente normal und parallel zur Schnittfläche zerlegt. Außer der Normalspannung tritt zusätzlich noch eine Schubspannung auf. Dies bedeutet, dass die Beanspruchung abhängig von der Schnittrichtung ist, siehe auch nachfolgende Abbildung. Die Spannungskomponenten lassen sich in folgender Weise ermitteln, siehe auch [Hag95]:

Normalspannung

$$\sigma_\varphi = \frac{F_N}{A_\varphi} = \frac{F \cdot \cos\varphi}{\dfrac{A}{\cos\varphi}} = \frac{F}{A} \cdot \cos^2\varphi = \sigma_z \cdot \cos^2\varphi \qquad\qquad (3.5)$$

Schubspannung

$$\tau_{\varphi} = \frac{F_{\mathrm{T}}}{A_{\varphi}} = \frac{F \cdot \sin\varphi}{\dfrac{A}{\cos\varphi}} = \frac{F}{A} \cdot \cos\varphi \cdot \sin\varphi = \sigma_z \cdot \cos\varphi \cdot \sin\varphi \tag{3.6}$$

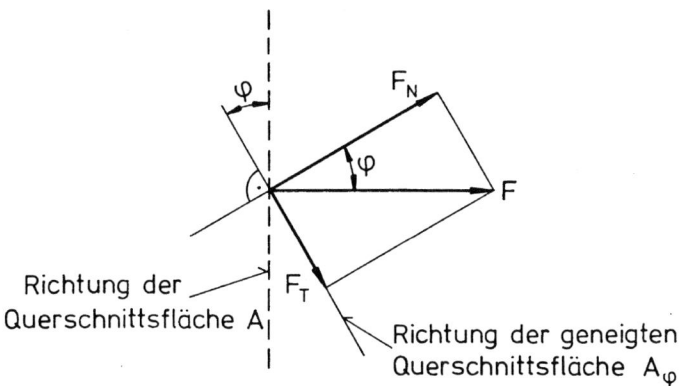

Abb. 3.4. Kraftzerlegung an der Schnittfläche

Dabei bedeuten:

F_{N}	=	$F \cdot \cos\varphi$	Kraft normal zur Schnittfläche A_{φ}
F_{T}	=	$F \cdot \sin\varphi$	Kraft tangential zur Schnittfläche A_{φ}
A_{φ}			Geneigte Querschnittsfläche
φ			Neigungswinkel von A_{φ} gegenüber A
σ_{Z}			Zugspannung im Querschnitt A normal zur Kraft F

Zeichnerisch können die Normalspannung σ_{φ} und die Schubspannung τ_{φ} im geneigten Querschnitt A_{φ} nach Mohr [Hag95], [Schn98] aus dem Mohrschen Spannungskreis ermittelt werden (Abb. 3.5.).

Je nach angenommenem Neigungswinkel φ treten im Querschnitt Normal- und Schubspannungen verschiedener Größe auf. In zwei ausgezeichneten Lagen ($\varphi = 0$) wird die Schubspannung $\tau_{\varphi} = 0$. Die zugehörige Normalspannung σ_{φ} ist dann die Hauptspannung $\sigma_1 = \sigma_z$. Allgemeine Spannungszustände werden ausführlich in der Mechanikliteratur beschrieben [Göl91], [Iss97]. Die Beurteilung oder Dimensionierung eines Bauteiles unter Zugbelastung, wie auch unter den noch folgend beschriebenen Belastungen, erfolgt üblicherweise nach einer Festigkeitsbedingung oder einer Steifigkeitsbedingung. Die allgemeine Festigkeitsbedingung lautet:

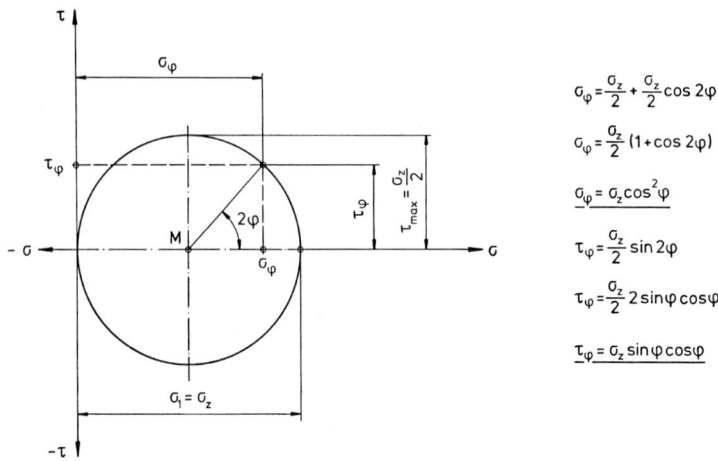

Abb. 3.5. Mohrscher Spannungskreis bei Zugbeanspruchung

Die am Bauteil anliegende Zugspannung σ_z soll kleiner sein als ein Werkstoff-kennwert σ_{Grenz}, der z.B. ein Festigkeitsgrenzwert R_m sein könnte:

$$\sigma_z \leq \sigma_{z,\mathrm{zul}} = \frac{\sigma_{\mathrm{Grenz}}}{S} \tag{3.7}$$

mit $\sigma_{z,\mathrm{zul}}$ Zulässige Zugspannung in N/mm^2

σ_{Grenz} Werkstoffkennwert in N/mm^2 (z. B. R_e oder R_m)

S Sicherheitsfaktor

Wegen verschiedener Unsicherheiten wird der Werkstoffkennwert um einen Sicherheitsfaktor gemindert. Als zulässiger Werkstoffkennwert wird bei ruhender Belastung häufig die Streckgrenze R_e bzw. die Dehngrenze $R_{p0,2}$ [Iss97] gewählt. Dies bedeutet, dass der Werkstoff bei der anliegenden Belastung zu fließen beginnt und eine bleibende Dehnung von $\varepsilon_{\mathrm{zul}} = 0{,}002 = 0{,}2\%$ erfährt; der entsprechende Wert der Beanspruchung wird mit $\sigma_{0,2}$ bezeichnet und wurde in der Vergangenheit auch als Festigkeitskennwert verwendet.

Die Steifigkeitsbedingung bedeutet, dass die Verformung des Bauteiles, bzw. des Werkstoffes unterhalb eines zulässigen Wertes bleiben soll. Wobei sich der zulässige Wert entweder aus den Eigenschaften und Grenzen des Werkstoffes ableitet oder aus der Funktion des Bauteiles. So dürfen beispielsweise Getriebewellen keine großen Durchbiegungen erfahren, da sonst der Zahneingriff nicht mehr exakt erfolgt.

Unter einer Zugkraft F erfährt ein Zugstab eine Verlängerung seiner Länge l_0 auf l_1. Wird die Längenänderung $\Delta l = l_1 - l_0$ auf die ursprüngliche Länge l_0 bezogen, so wird von der Dehnung ε gesprochen.

$$\varepsilon = \frac{\Delta l}{l_0} = \frac{l_1 - l_0}{l_0} \qquad (3.8)$$

In technischen Anwendungen wird der Werkstoff zu meist im linear-elastischen Bereich des Werkstoffverhaltens, in dem das Hooksche Gesetz [Hag95] gilt, beansprucht. Die Verformung, das heißt hier die Verlängerung des Zugstabes ist dann proportional der äußeren Belastung. Die Proportionalitätskonstante E wird als Elastizitätsmodul bezeichnet. Die Dehnung ist dann:

$$\varepsilon = \frac{\Delta l}{l_0} = \frac{F}{E \cdot A} \qquad (3.9)$$

Der Elastizitätsmodul E ist der Proportionalitätsfaktor zwischen Beanspruchung σ_z und Dehnung ε :

$$\sigma_z = E \cdot \varepsilon \qquad (3.10)$$

Die maximal zulässige Dehnung wird häufig, wie oben bei der Festigkeitsbedingung dargelegt, durch die Streckgrenze des Werkstoffes bestimmt. Bei einer Dimensionierung eines Bauteiles nach Steifigkeit, das heißt Begrenzung auf eine für die Funktion des Bauteiles zulässige Verformung, wird die Streckgrenze des Werkstoffes nur in seltenen Fällen erreicht. In den meisten Fällen weisen „steife Bauteile" nur mittlere bis kleine Dehnungen und damit auch nur mittlere Beanspruchungen ($\cong$ Spannungen) auf.

Außer der Dehnung infolge der Krafteinwirkung ist die Dehnung durch Temperaturänderung zu erwähnen. Bei einer Temperaturdifferenz ΔT und dem linearen Wärmeausdehnungskoeffizienten α ist die thermisch verursachte Dehnung ε_t allgemein :

$$\varepsilon_t = \alpha \cdot \Delta T \qquad (3.11)$$

Die Dehnung bei Temperaturdifferenz und äußerer Belastung und damit Beanspruchung σ ist dann:

$$\varepsilon = \frac{\sigma}{E} + \alpha \cdot \Delta T \qquad (3.12)$$

3.2.2 Druckbelastung

Druckbelastungen entstehen an der Berührfläche zweier Körper oder Bauteile, dort wo die Last eingeleitet wird. Aus den Druckbelastungen ergibt sich die sogenannte Flächenpressung an der Oberfläche des Bauteils, während innere Beanspruchungen des Bauteils als Druckbeanspruchung oder Zugbeanspruchung bezeichnet werden. Zunächst soll die Druckbeanspruchung betrachtet werden:

3.2.2.1 Druckbeanspruchung

Am zuvor behandelten Beispiel eines glatten Stabes, der mit Druck in Längsrichtung belastet wird, ergeben sich negative Spannungen, da die einwirkenden Längskräfte zu negativen Schnittlasten führen. Es gilt beispielsweise für einen kreisrunden Querschnitt mit dem Durchmesser d:

$$\sigma_d = \frac{4 \cdot F}{\pi \cdot d^2} < 0 \qquad (3.13)$$

Eine zu Abb. 3.3. entsprechende Abbildung für Druckbelastung kehrt alle Vektorpfeile in ihrer Richtung um, das Bild bleibt sonst völlig identisch. Die Schubspannungen nach Gleichung (3.6) und Normalspannungen nach Gleichung (3.5) sind wie bei der Zugbelastung mit dem einen wichtigen Unterschied, dass $\sigma_d < 0$ einen Zahlenwert kleiner Null besitzt.

Alle anderen Beziehungen, die bei der Zugbelastung und den damit verursachten Zugspannungen gelten, gelten für Druckspannungen analog mit umgekehrten Vorzeichen. Die bei Zug eintretende Dehnung wird hier mit negativem Vorzeichen zur Stauchung; negative Temperaturdifferenzen verkürzen den Stab, haben entsprechende negative Dehnungen (= Stauchungen bzw. Verkürzungen) zur Folge.

Formal betrachtet können Druckspannungen als negative Zugspannung behandelt werden!

Zu beachten ist, dass sich die Beanspruchungen bei Druckbelastung zwar ganz analog zu den Beanspruchungen bei Zugbelastung ergeben, dass aber das Verhalten des Werkstoffes bei Druck häufig ganz anders ist als bei Zug!

3.2.2.2 Flächenpressung

Neben der Druckbeanspruchung in Bauteilen wird der Begriff der *Flächenpressung* verwendet, wenn zwei Bauteile durch eine Kraft F gegeneinander gepresst werden. Abb. 3.6. zeigt ein einfaches Beispiel. Vereinfachend wird angenommen, dass die Pressung in der Berührfläche gleichmäßig sei. Die Flächenpressung ist dann:

$$p = \frac{F}{A_p} \qquad (3.14)$$

mit p Flächenpressung, (physikalisch immer < 0, häufig nur als Betrag ohne Vorzeichen geschrieben!) [N/mm^2]

            F Druckkraft [N]

            A_p Pressfläche [mm^2] $= l \cdot b$

Die Flächenpressung stellt eine (zum Teil grobe) Näherung dar, die aber im Maschinenbau für sehr viele Dimensionierungen verwendet wird. Im Kapitel Dimensionierung und Festigkeitsnachweis wird noch weiter darauf eingegangen.

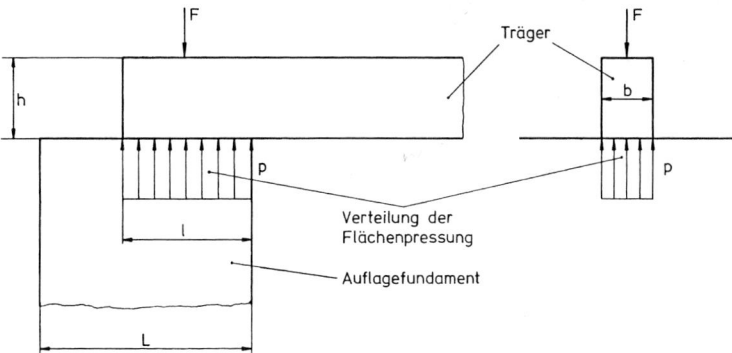

Abb. 3.6. Flächenpressung in der Auflagefläche eines Trägers

Ebenfalls unter dem Begriff Flächenpressung wird die Druckbeanspruchung bezeichnet, die entsteht, wenn zwei gekrümmte Körper bzw. Bauteile aufeinander gepresst werden. Die sich einstellenden Verformungen und Beanspruchungen werden im nachfolgenden Abschnitt „Hertzsche Pressung" behandelt.

3.2.3 Biegebelastung

Die Mechanik unterscheidet bei Biegebelastungen zwischen „gerader Biegung" und „schiefer Biegung". Schiefe Biegung liegt vor, wenn ein balkenförmiges Bauteil in zwei zu einander rechtwinklige Richtungen gebogen wird und der Momentenvektor nicht mit einer Hauptachse zusammenfällt. Dies tritt auf, wenn entweder zwei Belastungen auf das Bauteil wirken oder wenn das Bauteil einen unsymmetrischen Querschnitt hat [Schn98]. Hier wird die gerade Biegung behandelt, bei der die Biegung um eine Hauptachse des Querschnitts erfolgt.

Durch eine Querkraft, ein Biegemoment oder ein Kräftepaar wird die Biegung bei Trägern, Balken, Wellen oder Achsen hervorgerufen.

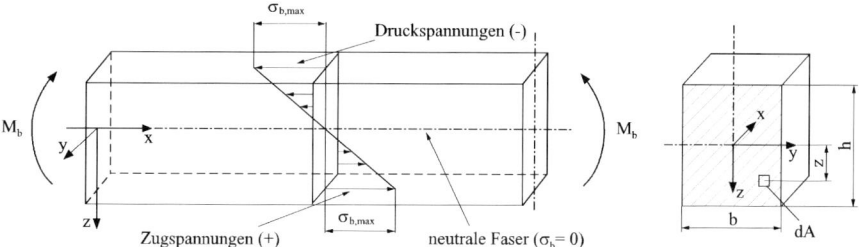

Abb. 3.7. Biegespannungen in einem Träger

Charakteristisch an der Biegebeanspruchung ist, dass sich auf einer Seite des Bauteiles Druckspannungen und auf der anderen Seite Zugspannungen ausbilden. In der Mitte (genauer im Schnittpunkt der Hauptträgheitsachsen) befindet sich die neutrale Faser mit der Biegespannung null. Die Spannungsverteilung ist über dem Querschnitt linear und demzufolge am Rand am größten. Die Randspannung berechnet sich, wie aus der Mechanik bekannt, zu:

$$\sigma_b(z) = \frac{M_b}{I_y} \cdot z \qquad (3.15)$$

Dies gilt an der Stelle x des Balkens, ändert sich $M_b = M_b(x)$ oder $I_y = I_y(x)$ entlang der Balkenachse, so ergeben sich auch entsprechend andere Werte für $\sigma_b(z, x)$. Wird die z-Koordinate, wie in der Mechanik häufig üblich, positiv nach unten zeigend gewählt, so ergibt sich bei Belastung von oben oder bei einem Biegemoment wie in Abb. 3.7. (positive) Zugspannung an der Unterseite des Balkens und Druckspannungen (negative Spannung) an der Oberseite des Balkens.

Da hier die Spannung in x-Richtung, das heißt Längsrichtung des Balkens gemeint ist, wird diese auch häufig mit $\sigma_x(z)$ bezeichnet.

Das axiale Flächenträgheitsmoment I_y zur y – Achse ist wie folgt definiert:

$$I_y = \int_{(A)} z^2 \, dA \qquad (3.16)$$

Wobei dA das Flächenelement ist. Die höchste Spannung tritt am Rand auf, das heißt bei z_{max} und hat den Betrag:

$$|\sigma_{b,max}| = |\sigma_b(z_{max})| = \left| \frac{M_b}{I_y} \cdot z_{max} \right| \qquad (3.17)$$

Da häufig nur die größte Spannung von Interesse ist, wird auch das Widerstandsmoment $W_y = I_y / z_{max}$ zur Berechnung der Biegespannung verwendet. Zu beachten ist, dass bei unsymmetrischen Querschnitten die Beträge der Spannungen in den Randfasern auf der Druck- und Zugseite nicht gleich groß sind. Je nach verwendetem Werkstoff sind aber die zulässigen Spannungswerte für Druck und Zug ggf. verschieden, so dass nicht immer die höchste Spannung die größte Gefährdung darstellt.

Tabelle 3.1. zeigt für elementare Querschnitte die axialen Flächenträgheits- und Widerstandsmomente, weitere Hinweise in [Dub01], [Hag95], [Schn98].

Die neutrale Faser geht durch den Flächenschwerpunkt der Querschnittsfläche, dessen Lage bei zusammengesetzten Querschnitten nach dem Satz von Steiner folgendermaßen ermittelt werden kann (Abb. 3.8.):

$$A \cdot a = A_1 \cdot a_1 + A_2 \cdot a_2 + A_3 \cdot a_3 \qquad (3.18)$$

Tabelle 3.1. Axiale Flächenträgheits- und Widerstandsmomente

Querschnitt	Flächenträgheitsmoment	Widerstandsmoment
	$$I_y = I_z = \frac{\pi \cdot \left(D^4 - d^4\right)}{64}$$	$$W_y = \frac{\pi \cdot \left(D^4 - d^4\right)}{32 \cdot D}$$
	$$I_y = \frac{b \cdot h^3}{12}$$ $$I_{\bar{z}} = \frac{b^3 h}{12}$$	$$W_y = \frac{b \cdot h^2}{6}$$
	$$I_y = \frac{b \cdot h^3}{36}$$ $$I_z = \frac{b^3 \cdot h}{48}$$	$$W_y = \frac{b \cdot h^2}{24}$$ $$W_z = \frac{b^2 \cdot h}{24} \quad \text{für } e = \frac{2}{3} \cdot h$$
	$$I_y = \frac{h^3}{36} \cdot \frac{b_1^{\,2} + 4b_1 \cdot b_2 + b_2^{\,2}}{b_1 + b_2}$$	$$W_y = \frac{h^2}{12} \cdot \frac{b_1^{\,2} + 4b_1 \cdot b_2 + b_2^{\,2}}{2b_1 + b_2}$$ $$für \quad e = \frac{h}{3} \cdot \frac{2b_1 + b_2}{b_1 + b_2}$$

Lage des Schwerpunktes ist dann:

$$a = \frac{A_1 \cdot a_1 + A_2 \cdot a_2 + A_3 \cdot a_3}{A} = \frac{A_1 \cdot a_1 + A_2 \cdot a_2 + A_3 \cdot a_3}{A_1 + A_2 + A_3} \tag{3.19}$$

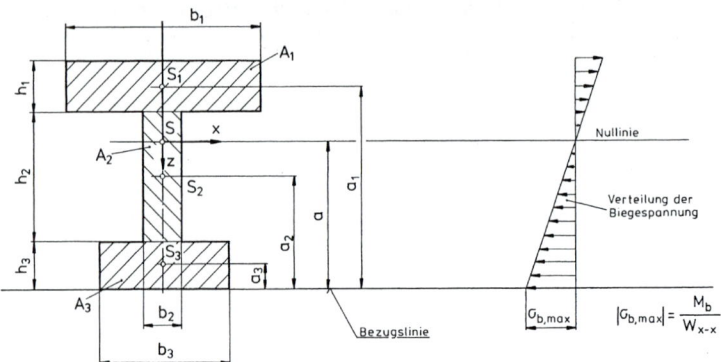

Abb. 3.8. Ermittlung des Schwerpunktes bei zusammengesetzten Querschnitten

Das axiale Flächenträgheitsmoment wird bei Profilen, die sich aus einfachen Querschnitten zusammensetzen, auf die durch den Flächenschwerpunkt gehende neutrale Faser (Nulllinie) bezogen und nach dem Satz von Steiner berechnet. Das Flächenträgheitsmoment eines zusammengesetzten Querschnitts ist gleich:

- Summe der Einzelflächen-Trägheitsmomente

plus   • Summe der Einzelflächen multipliziert mit dem Abstandsquadrat der Einzelschwerpunkte zum Gesamtschwerpunkt

Für das Beispiel in Abb. 3.8.:

$$I_y = I_{y1} + A_1 \cdot \left(a_1 - a\right)^2 + I_{y2} + A_2 \cdot \left(a_2 - a\right)^2 + I_{y3} + A_3 \cdot \left(a_3 - a\right)^2 \qquad (3.20)$$

Das zugehörige Widerstandmoment ergibt sich mit dem größten Randfaserabstand y_{max} in Abb. 3.8. mit $y_{max} = a$.

$$W_y = \frac{I_y}{|y_{max}|} \qquad (3.21)$$

Zu beachten ist, dass Flächenträgheitsmomente addiert werden dürfen, keinesfalls aber Widerstandsmomente!

3.2.4 Schubbelastung

Werden Bolzen, Balken oder Wellen durch eine Querkraft belastet, so liegt eine Schubbeanspruchung vor, die auch als Scherbeanspruchung bezeichnet wird, wenn vernachlässigbare Biegebeanspruchung vorliegt. In Abb. 3.9. wird eine Scherbeanspruchung gezeigt. Bei jedem Biegebalken liegt auch Schubbeanspruchung vor, die aber in vielen Fällen vernachlässigt werden kann, weil die Biegebeanspruchungen bei gestreckten Trägern, wenn z. B. $l/d > 5$ ist, weit überwiegen.

Ist das Bauteil dagegen nicht langgestreckt sondern eher gedrungen, so überwiegt in diesen Fällen die Verformung infolge der Schubbeanspruchung.

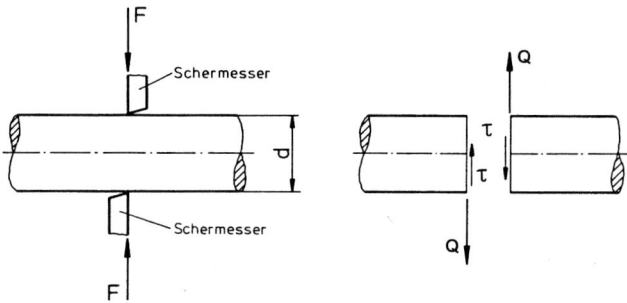

Abb. 3.9. Querkraftbelastung und Schubbeanspruchung eines Bolzens

Die äußere Last F bedingt als Schnittkraft die Querkraft Q, die im Gleichgewicht mit den über die Schnittfläche A summierten Schubspannungen τ steht.

$$Q = \int \tau \, dA \tag{3.22}$$

Die in der Scherfläche wirkenden Schubspannungen haben einen nichtlinearen Verlauf über dem Querschnitt. Nach den Gesetzen der Mechanik (Schn98, Dub01) wird der Schubspannungsverlauf wie folgt ermittelt:

$$\tau(z) = \frac{Q \cdot S_y(z)}{I_y \cdot b(z)} \tag{3.23}$$

In sehr vielen Fällen wird als Näherung eine mittlere Schubspannung, die dann konstant über den Querschnitt verteilt ist, ermittelt.

$$\tau_m = \frac{Q}{A} \tag{3.24}$$

Diese Näherung unterstellt eine Bewertung mit so genannten Nennspannungen, auf die noch im Abschnitt Festigkeitsnachweise eingegangen wird. Bei einem Kreisquerschnitt beträgt die reale Schubbeanspruchung 4/3 der mittleren Schubbeanspruchung.

für Kreisquerschnitt $$\tau_{max\ xz} = \frac{4}{3} \frac{Q}{\pi \cdot r^2} \tag{3.25}$$

Abb. 3.10. zeigt für einen Kreisquerschnitt den realen und den als Näherung angenommen Verlauf. Im realen Fall gibt es keine Schubspannungen am Rand (d.h. an der Oberfläche), bei der Vereinfachung werden auch Schubspannungen an der Oberfläche angenommen, in der Querschnittmitte wird dafür die auftretende Schubspannung unterbewertet.

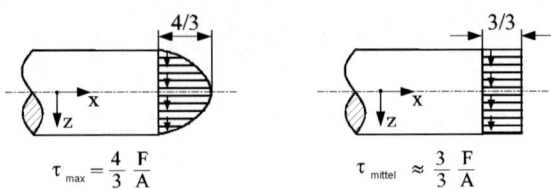

$$\tau_{max} = \frac{4}{3}\frac{F}{A} \qquad\qquad \tau_{mittel} \approx \frac{3}{3}\frac{F}{A}$$

Abb. 3.10. Reale (parabolische)Schubspannungsverteilung (links) und fiktive mittlere Schubspannung bei einem Kreisquerschnitt (rechts)

3.2.5 Torsionsbelastung

Wird ein gerader Stab (z. B. Träger, Balken oder Welle) an den Enden mit zwei entgegengesetzt gerichteten Torsionsmomenten belastet, so wird der Stab mit reiner Torsion beansprucht (Abb. 3.11.).

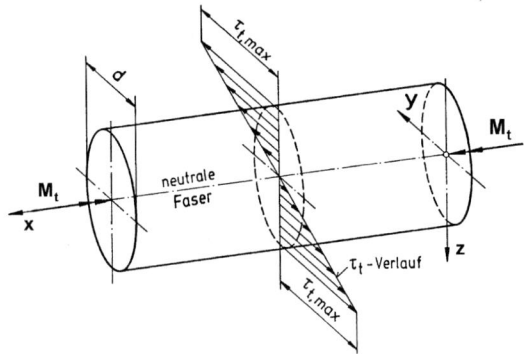

Abb. 3.11. Torsionsbelastetes Wellenstück

Die Torsionsspannung in einem Stab mit kreisförmigen Querschnitt hat einen linearen Verlauf. Im Zentrum des Stabes herrscht die Spannung Null. Am Außenrand ist die größte Spannung. Es gilt:

$$\tau_t = \frac{M_t}{I_t}\cdot z \qquad\qquad (3.26)$$

Mit dem Randfaserabstand $z_{max} = d/2$ wird:

$$\tau_{t,max} = \frac{M_t}{I_t}\cdot\frac{d}{2} = \frac{M_t}{W_t} \qquad\qquad (3.27)$$

mit τ_t Torsionsschubspannung [N/mm^2]

       M_t Drehmoment [Nmm]

I_t $\qquad$ $\int r^2 \cdot dA$ Torsionsträgheitsmoment [mm^4]

W_t $\qquad$ Torsionswiderstandmoment [mm^4]

z $\qquad$ Abstand von der neutralen Faser [mm]

Die Annahme einer linearen Spannungsverteilung gilt nur für kreisförmige Querschnitte. Gleichung (3.27) darf deshalb bei anderen Querschnittformen nicht angewendet werden. Torsionsträgheits- und Widerstandmomente sind in Tabelle 3.2. für einfache Querschnitte gezeigt.

Tabelle 3.2. Flächenträgheits- und Widerstandsmomente gegen Torsion

Querschnitt	Torsionsflächenträgheitsmoment	Torsionswiderstandsmoment
	$I_t = \dfrac{\pi \cdot \left(D^4 - d^4\right)}{32}$ $= \dfrac{\pi}{2} r^2$	$W_t = \dfrac{\pi \cdot \left(D^4 - d^4\right)}{16 \cdot D}$
	$I_t = \dfrac{b^4}{46,19} \approx \dfrac{h^4}{26}$	$W_t = \dfrac{b^3}{20} \approx \dfrac{h^3}{13}$
	* $I_z = \dfrac{4 \cdot \left(b \cdot h\right)^2}{2\left(b/t_1 + h/t_2\right)}$	$W_t = 2 \cdot h \cdot b \cdot t_{\min}$
	$I_t = c_1 \cdot h \cdot b^3 = c_1 \cdot n \cdot b^4$	$W_t = \dfrac{c_1}{c_2} \cdot h \cdot b^2 = \dfrac{c_1}{c_2} \cdot n \cdot b^3$

*mit:

$h/b = n \geq 1$	$N = h/b$	1	1,5	2	3	4	6	8	10	∞
τ_{max} in P_1	c_1	0,141	0,196	0,229	0,263	0,281	0,298	0,307	0,313	0,333
In $P_2 : \tau_2 = c_3 \cdot \tau_{max}$	c_2	0,675	0,852	0,928	0,977	0,990	0,997	0,999	1,000	1,000
In $P_3 : \tau_3 = 0$	c_3	1,000	0,858	0,796	0,753	0,745	0,743	0,743	0,743	0,743

Wie schon bei Zugbelastung gezeigt, hängen auch bei Torsionsbelastung die
Spannungen von der zugrunde gelegten Schnittrichtung ab. Betrachtet man an der
Wellenoberfläche ein Element, bei dem die Seiten parallel und normal zur x-
Achse verlaufen, greifen nur Torsionsspannungen an. Liegt das betrachtete
Element an der Außenfläche der Welle, dann haben diese Torsionsspannungen
ihren Maximalwert. Wird das Element so gedreht, dass seine Seiten unter 45° zur
x-Achse verlaufen, dann wirken an den Schnittflächen nur Normalspannungen,
d.h. die Torsionsspannungen haben den Wert Null. Die Normalspannungen (σ_1
und σ_2) sind dann Hauptspannungen. Diese Beziehungen sind im Mohr'schen
Spannungskreis in Abb. 3.12. dargestellt.

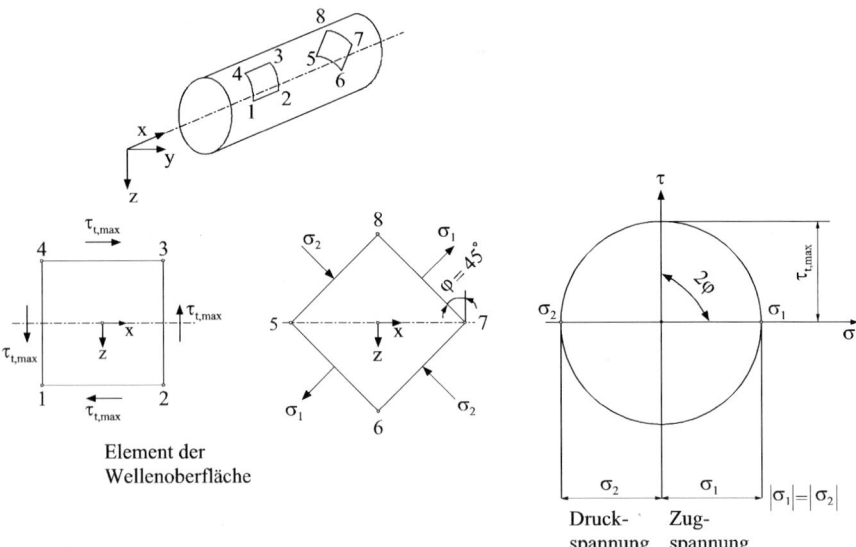

Abb. 3.12. Mohrscher Spannungskreis bei reiner Torsion

Verdrehung oder Verdrillung

Die gegenseitige Verdrehung zweier im Abstand l zueinander liegender Querschnitte eines zylindrische Stabes beträgt:

$$\widehat{\varphi} = \frac{M_t \cdot l}{G \cdot I_t} \tag{3.28}$$

Die Steifigkeit eines zylindrischen Wellenabschnittes ist demzufolge:

$$c_t = \frac{M_t}{\varphi} = \frac{G \cdot I_t}{l} \qquad (3.29)$$

Dieser Zusammenhang ist analog zur Längssteifigkeit $c = (E \cdot A)/l$ eines mit Zug belasteten Stabes. Die zulässige Verdrehung leitet sich aus der Funktion des Bauteiles ab, beispielsweise dürfen Wellen, die Steuerungsfunktionen haben, nur kleine Verdrillungen erfahren.

3.2.6 Zusammengesetzte Beanspruchung

3.2.6.1   Gleichgerichte Spannungskomponenten

Liegen an einem Bauteil Beanspruchungskomponenten vor, die gleichgerichtet sind und liegen die Beanspruchungen im linearen elastischen Bereich des Werkstoffes, so können die Spannungskomponenten, wie aus der Mechanik bekannt, nach dem Superpositionsprinzip summiert werden. Ein Beispiel wäre eine mit Biegung belastete Welle, in der gleichzeitig eine Zugbelastung auftritt. In den Randfasern der Welle treten dann auf:

$$\sigma_{max} = \sigma_z + \sigma_{b,max} \qquad (3.30)$$

$$\sigma_{min} = \sigma_z - \sigma_{b,max} \qquad (3.31)$$

3.2.6.2   Verschiedene Spannungskomponenten

Die Belastung von Bauteilen führt im Allgemeinen zu mehreren Beanspruchungen, die gleichzeitig auf das Bauteil wirken. Werkstoffkennwerte werden an glatten Probestäben unter einem definierten einachsigen Spannungszustand bei Zug- oder Biegebelastung ermittelt. Daher besteht die Notwendigkeit, die am Bauteil auftretenden Beanspruchungen auf eine äquivalente einachsige Beanspruchung zu überführen. Ein häufig auftretender Fall ist die Beanspruchung einer Welle mit Torsions- und Biegespannungen. Es besteht dann die Aufgabe, die am Bauteil auftretenden Überlagerungen von Beanspruchungen (z.B. Torsion und Normalspannungen aus Biegung) sinnvoll „aufzusummieren", um eine der einachsigen Beanspruchung äquivalente Beanspruchung zu ermitteln.

Die Überführung ($\cong$ Umrechnung) auf einen einachsigen Beanspruchungszustand erfolgt mit sog. Festigkeitshypothesen. Festigkeitshypothesen sind aus der Kontinuummechanik abgeleitet und berücksichtigen den Versagensmechanismus des Werkstoffes. Pauschal betrachtet versagen die verschiedenen Werkstoffe entweder durch spröden oder zähen Bruch. Bei sprödem Bruch erfolgt die Materialtrennung senkrecht zur Beanspruchung durch Überschreiten der kritischen Normalspannung, bei zähen Werkstoffen wird das Versagen z.B. durch Überschreiten einer kritischen Schubspannung erreicht, indem der Werkstoff in der Ebene der höchsten Schubspannung zu gleiten beginnt ($\cong$Fließen). Nach einer mehr oder weniger großen Verformung erfolgt der Bruch. Diesen beiden Versagensarten entsprechend gibt es eine Gruppe von Hypothesen, bei denen ein Versagen des Werkstoffes infolge Gleitbeanspruchung beschrieben wird und eine Gruppe von Hypothesen, bei denen ein Versagen durch Erreichen einer kritischen Trennbeanspruchung beschrieben wird. Mit Hilfe der Hypothese wird eine sogenannte Vergleichspannung berechnet, die äquivalent einer einachsigen Beanspruchung für den Werkstoff ist.

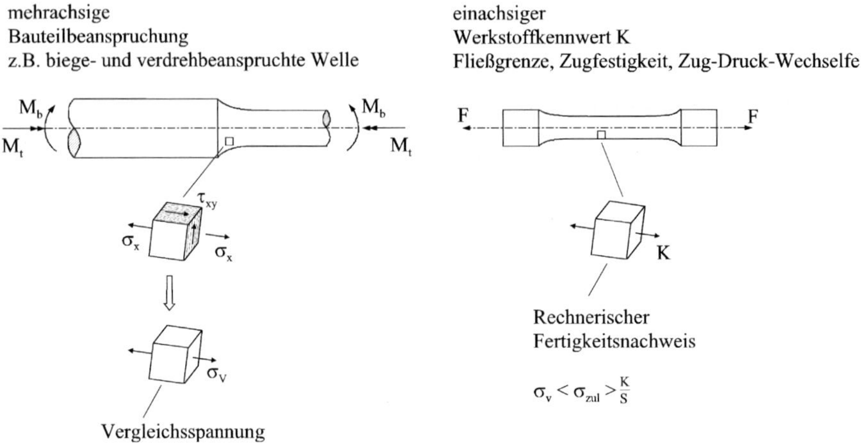

mehrachsige
Bauteilbeanspruchung
z.B. biege- und verdrehbeanspruchte Welle

einachsiger
Werkstoffkennwert K
Fließgrenze, Zugfestigkeit, Zug-Druck-Wechselfe

Rechnerischer
Fertigkeitsnachweis

$$\sigma_v < \sigma_{zul} > \frac{K}{S}$$

Vergleichsspannung

Abb. 3.13. Überführung Spannungskomponenten in Vergleichspannung, angelehnt an [Dub01]

3.2.6.3 Normalspannungshypothese

Die Normalspannungshypothese kommt zur Anwendung, wenn mit einem Trennbruch in einer Ebene senkrecht zur größten Hauptspannung zu rechnen ist. Dies ist zu erwarten wenn:

- Ein spröder Werkstoff vorliegt (z.B. GG 25 ~GJL-200 nach DIN EN 1561) und / oder tiefe Temperaturen zu Brüchen ohne plastische Verformung führen (bei statischer Last).
- Die Verformungsmöglichkeit für den Werkstoff behindert ist, wie es z.B. bei Schweißnähten der Fall sein kann.
- Spröde Werkstoffe dynamisch belastet werden.

Der Formelzusammenhang stellt sich bei der Normalspannungshypothese sehr einfach dar. Die Vergleichspannung ist gleich der größten auftretenden Hauptspannung. Werden die Hauptspannungen $\sigma_1, \sigma_2, \sigma_3$ nach ihrer Größe benannt, so dass σ_1 die größte Hauptspannung ist, so gilt:

$$\sigma_v = |\sigma_1| \tag{3.32}$$

Ein Versagen tritt auf, wenn σ_v die Werkstoffbruchfestigkeit R_m erreicht. Liegt ein zweiachsiger Beanspruchungszustand, gegeben durch die Spannungen σ_x, σ_y und τ_{xy} vor, so kann die Vergleichsspannung entsprechend den Regeln der Mechanik ermittelt werden.

$$\sigma_v = \sigma_1 = \frac{\sigma_x + \sigma_y}{2} + \sqrt{\left(\frac{\sigma_x + \sigma_y}{2}\right)^2 + \tau_{xy}^2} \tag{3.33}$$

3.2.6.4 Schubspannungshypothese

Die Schubspannungshypothese unterstellt das Versagen des Werkstoffes durch Fließen oder durch Schubbruch. Nach der Schubspannungshypothese ist die größte im Bauteil auftretende Schubspannung τ_{max} maßgebend für das Versagen. Die größte Schubspannung ist beim dreiachsigen Spannungszustand:

$$\sigma_v = \sigma_{max} - \sigma_{min} = 2 \cdot \tau_{max} \tag{3.34}$$

wobei σ_{max} und σ_{min} aus $\sigma_1, \sigma_2, \sigma_3$ gewählt werden. Ist dabei $\sigma_1 > \sigma_2 > \sigma_3$ so wird:

$$\sigma_v = \sigma_1 - \sigma_3 = 2 \cdot \tau_{max} \tag{3.35}$$

Die Schubspannungshypothese wird bei verformungsfähigen und spröden Werkstoffen angewendet, bei denen ein Gleitbruch auftreten kann. Bei spröden Werkstoffen tritt ein Gleitbruch nur bei überwiegender Druckbeanspruchung auf. Die Schubspannungshypothese wird im Maschinenbau weniger angewendet, da die folgend beschriebene Gestaltänderungsenergiehypothese vergleichbare Ergebnisse liefert und für duktile Werkstoffe überwiegend genutzt wird [Nie01].

3.2.6.5 Gestaltänderungsenergiehypothese

Die Gestaltänderungsenergiehypothese (GEH) leitet sich aus der Fließbedingung nach von Mises [Mis13] ab, wonach das Fließen des Werkstoffes bei isotropem Verhalten von der Lage des Koordinatensystems unabhängig sein muss und der hydrostatische Spannungszustand keinen Beitrag zum Fließen liefert. Eine ausführliche Darstellung befindet sich in [Iss97]. Die auch als „von Mises" Hypothese bezeichnete Festigkeitshypothese liefert als Vergleichspannung, bei der Versagen (=Fließen) stattfindet:

$$\sigma_v = \sqrt{\frac{1}{2} \cdot \left[(\sigma_1 - \sigma_2)^2 + (\sigma_2 - \sigma_3)^2 + (\sigma_3 - \sigma_1)^2\right]} \tag{3.36}$$

bzw. ausgedrückt in Raumkoordinaten:

$$\sigma_v = \sqrt{\left[\sigma_x^{\,2} + \sigma_y^{\,2} + \sigma_z^{\,2} - \left(\sigma_x \cdot \sigma_y + \sigma_y \cdot \sigma_z + \sigma_x \cdot \sigma_z\right) + \right.}$$
$$\overline{\left. + 3\left(\tau_{xy}^{\,2} + \tau_{yz}^{\,2} + \tau_{zx}^{\,2}\right)\right]}$$

(3.37)

Der zweiachsige und einachsige Spannungszustand lässt sich aus Gleichung (3.37) durch Nullsetzen der entsprechenden Komponenten ableiten. Die GEH gilt für verformbare Werkstoffe, die durch plastische Verformungen versagen, ebenso bei schwingender Beanspruchung mit dem Versagen durch Dauerbruch. Die GEH findet bei entsprechendem Werkstoffverhalten sehr häufige Anwendung im Maschinenbau. Deshalb werden die Spannungszustände einachsig und zweiachsig nochmals explizit gezeigt:

$$\sigma_v = \sqrt{\left[\sigma_x^{\,2} + 3\tau_{xy}^{\,2}\right]}$$

(3.38)

$$\sigma_v = \sqrt{\left[\sigma_x^{\,2} + \sigma_y^{\,2} - \left(\sigma_x \cdot \sigma_y\right) + 3\left(\tau_{xy}^{\,2}\right)\right]}$$

(3.39)

Es existieren noch weitere Hypothesen, auf die hier nicht weiter eingegangen werden soll [Iss97]. Die aus der Kontinuummechanik begründeten Festigkeitshypothesen setzen homogene und isotrope Werkstoffe voraus. Da dies im Normalfall nicht gegeben ist, gibt es auch Modifikationen der Hypothesen, die z.B. Werkstoffkennwerte für Zug und Druck unterschiedlich berücksichtigen. Ein weiterer und sehr wichtiger Punkt ist aber auch folgender:
Die formale Anwendung der Festigkeitshypothesen birgt eine Reihe von Gefahren. So sollten beispielsweise nicht Spannungskomponenten „aufsummiert" werden, die einen zeitlich unterschiedlichen Verlauf haben. Für statische Lasten oder synchrone dynamische Lasten können die genannten Hypothesen verwendet werden, jedoch ist zu bedenken, dass die Spannungskomponenten am gleichen Ort wirken müssen und dass bei Kerben (der Begriff wird folgend noch genauer behandelt) unterschiedliche Spannungserhöhungen auftreten, die in der Festigkeitshypothese mit berücksichtigt werden müssen. Auch müssen die auftretenden Spannungen unterhalb der Streckgrenze, (d.h. die bleibenden Dehnungen müssen sehr klein sein), bleiben, da sonst weitere Einflüsse zu berücksichtigen sind. Da nur in seltenen Fällen homogene Spannungszustände vorliegen, werden in Berechnungsvorschriften häufig Modifikationen der Festigkeitshypothesen vorgenommen, die aus einer Festigkeitshypothese eine Interaktionsformel zur Behandlung der Spannungskomponenten ableiten. Diese Interaktionsformeln ähneln den bekannten Festigkeitshypothesen und sind durch experimentelle Untersuchungen in einem bestimmten Wertebereich verifiziert. Hierzu folgen weitere Erläuterungen im Abschnitt Festigkeitsnachweise.

3.2.7 Knickung und Knickbeanspruchung, Beulen

Das Knicken und/oder Beulen spielt bei druck- und/oder torsionsbelasteten Stäben, die vergleichsweise schlank sind, eine Rolle. Schlank bedeutet, dass der Querschnitt wesentlich kleiner ist als die Stablänge. Knicken ist ein Stabilitätsproblem. Die größte technische Bedeutung hat das Druckknicken. Es wird im Folgenden behandelt. Ein Stab unter Druckbelastung wird bei kleinen Lasten nur Normalspannungen, die konstant über der Querschnitt verteilt sind, erfahren. Wird die Last jedoch über einen kritischen Wert erhöht, so reicht eine winzige Störung aus, um die ursprüngliche (nichtausgeknickte) Gleichgewichtslage zu verlassen und auszuknicken. Die Störung kann eine kleine seitliche Kraft sein oder ein nicht genau zentrischer Lastangriff am Stabende. In der ausgeknickten Lage wird der Stab wegen der seitlichen Auslenkung auch Biegebeanspruchungen erfahren. In Abb. 3.14. wird ein druckbelasteten Stab in gestreckter und geknickter Lage gezeigt. Die gestreckte Lage ist instabil, weil eine entsprechend hohe Kraft F unterstellt wird.

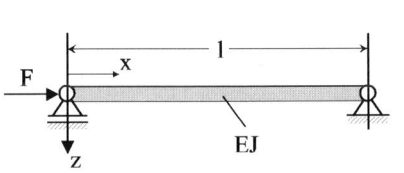
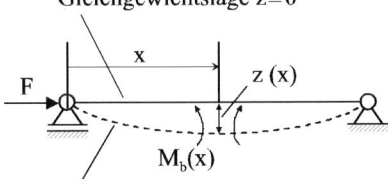

Abb. 3.14. Knickung eines Druckstabes

Über entsprechende Gleichgewichtsbeziehungen am ausgelenkten Stab kann die Differentialgleichung (DGL) abgeleitet werden. [Schn98]. Die Lösung der DGL liefert unter der Annahme eines linear elastischen Werkstoffverhaltens (auch als Eulersche Knickung bezeichnet) eine kritische Knicklast.

$$F_K = \frac{\pi^2 \cdot E \cdot I_y}{l^2} \tag{3.40}$$

Mit dem so genannten Schlankheitsgrad λ

$$\lambda = \frac{l}{\sqrt{\dfrac{I_y}{A}}} \tag{3.41}$$

wird die kritische Knicklast zu:

$$F_K = \frac{\pi^2 \cdot E \cdot A}{\lambda^2} \tag{3.42}$$

Zu beachten ist, dass die Knicklast nicht von der Festigkeit des Werkstoffes, sondern nur vom E-Modul abhängt. Wie später noch gezeigt wird, spielt die Festigkeit dann eine Rolle, wenn der Stab keinen hohen Schlankheitsgrad besitzt. Die berechnete Knicklast gilt für den in Abb. 3.14. gezeigten Stab mit seinen Lagerungsbedingungen. Bei anderen Lagerungsbedingungen ändert sich die Knicklast. Um dies zu beschreiben, soll die „freie Knicklänge" s eingeführt werden, die sich mit der Art der Einspannung ändert, siehe Abb. 3.15. Die kritische Knicklast ist für die sog. Eulerschen Knickfälle entsprechend Gleichung (3.43):

$$F_K = \frac{\pi^2 \cdot E \cdot I_y}{s^2} \qquad (3.43)$$

Und daraus resultierend die zugehörige Knickspannung (dies entspricht der Spannung, die bei der kritischen Last anliegt). Diese muss kleiner als die zulässige Druckspannung sein.

$$\sigma_K = \frac{F_K}{A} = \frac{\pi^2 \cdot E}{\lambda^2} \le \sigma_p \text{ bzw. } R_e \qquad (3.44)$$

Mit den bislang behandelten Größen kann eine Belastung für einen Stab ermittelt werden, die gerade an der Grenze zum Ausknicken liegt. Das Ergebnis Gleichung (3.43), bzw. (3.44) zeigt, dass mit schlanker werdendem Stab nur kleinere Lasten zulässig sind, wobei eine rein elastische Beanspruchung des Werkstoffes unterstellt wird. In Abb. 3.16. wird die Euler-Hyperbel gezeigt, mit der die Gebiete der kritischen Last abgegrenzt werden können, sofern der Stab hinreichend schlank ist und sein Versagen durch Knicken eintritt.

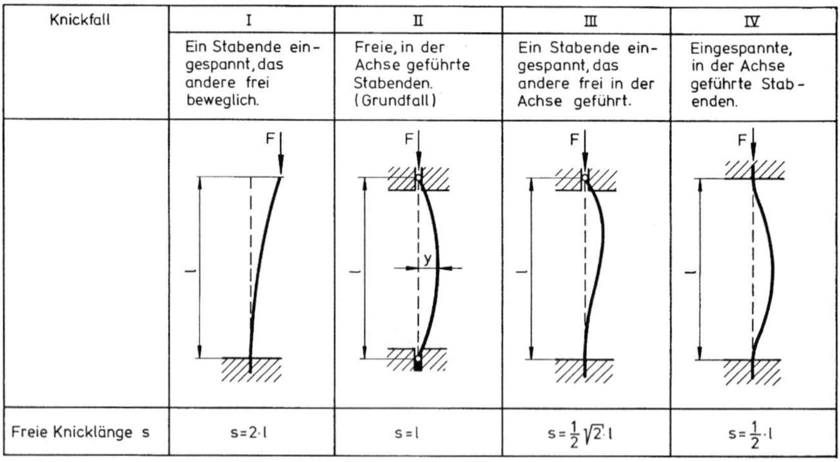

Knickfall	I	II	III	IV
	Ein Stabende eingespannt, das andere frei beweglich.	Freie, in der Achse geführte Stabenden. (Grundfall)	Ein Stabende eingespannt, das andere frei in der Achse geführt.	Eingespannte, in der Achse geführte Stab-enden.
Freie Knicklänge s	$s = 2 \cdot l$	$s = l$	$s = \frac{1}{2}\sqrt{2} \cdot l$	$s = \frac{1}{2} \cdot l$

Abb. 3.15. Knickfälle nach Euler

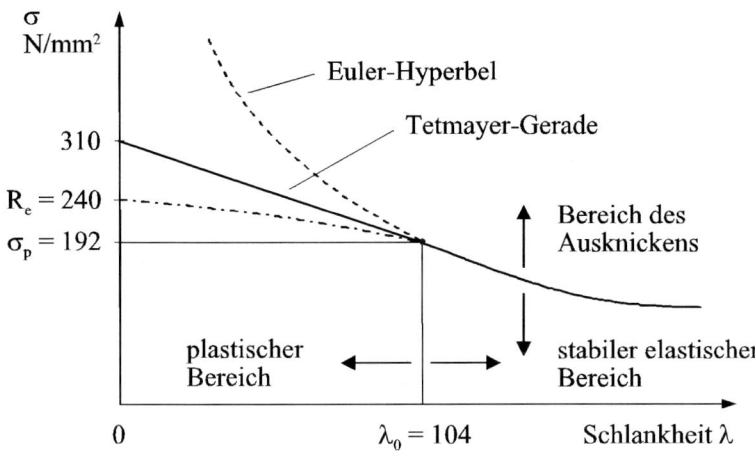

Abb. 3.16. Euler-Hyperbel für den Bereich der elastischen Knickung am Beispiel von Baustahl mit $R_e = 240\,\text{N}/\text{mm}^2$, $\sigma_p \approx$ zulässige Druckspannung bei Grenzschlankheit

Das Versagen des Stabes unter Druckbelastung kann aber eine weitere Ursache haben: Wird ein Stab betrachtet, der gedrungener ist, das heißt dicker im Querschnitt und kürzer, so wird der Stab gar nicht mehr die Tendenz zum Ausknicken haben! Dann tritt das Versagen ein, wenn die zulässige Druckspannung σ_p des Werkstoffes, bestimmt durch R_e oder $R_{p0.2}$, erreicht wird. Der Stab wird dann nicht knicken, er wird zerquetscht werden [Sza75]. Der Übergang vom elastischen Knicken zum plastischen Knicken und Druckfließen geschieht bei der sogenannten Grenzschlankheit λ, bei der im Beispiel Abb. 3.16. eine zulässige Druckbeanspruchung von $\sigma_p = 192\,\text{N}/\text{mm}^2$ vorliegt. Wird in Abb. 3.16. der Wert von R_e als Obergrenze für eine Belastung bzw. Beanspruchung eingetragen, so wird deutlich, dass Stäbe nur unterhalb des dann entstandenen Kurvenzuges nicht versagen. Wobei das Versagen für große Werte λ durch Knicken passiert und für kleine Werte, also kurze dicke Stäbe, durch Zerquetschen (= Druckfließen) des Materials.

Der Übergang vom Knicken zum Druckfließen (Quetschen) geschieht allerdings stetig. Für das Versagen des Stabes durch Fließen des Materials sind für kleine Werte λ Näherungslösungen erarbeitet worden. Eine häufig verwendete Methode wurde von Tetmajer vorgestellt [Dub01]. Tabelle 3.3. gibt Gleichungen für die Tetmajer-Gerade für verschiedene Werkstoffe an.

Der Verlauf der Knickspannung ist unter Einbeziehung der Tetmajer-Geraden in Abb. 3.16. gezeigt. Bei $\lambda = 0$ begrenzt die Fließgrenze R_e die maximal zulässige Druckbelastung; von Knickspannung an diesem Punkt zu sprechen ist eigentlich unpassend, da der Stab nur gequetscht wird. Mit größerer Schlankheit kommt die Tetmajer-Gerade zum Tragen, der Stab knickt aus und erfährt dabei auch plastische Verformungen. Bei der sogenannten Grenzschlankheit (im Beispiel

Abb. 3.16. für Stahl mit $R_e = 240\,\text{N}/\text{mm}^2$ und $R_m = 370$ N/mm^2) mit $\lambda = 104$ kommt die Euler Hyperbel als Begrenzung der zulässigen Knickspannung im elastischen Bereich zum Tragen. Da der Wert bei $\lambda = 0$ auf der Tetmajer-Geraden nicht erreicht werden kann, gibt die in Abb. 3.16. eingezeichnete stichpunktierte Linie in etwa den zu erwartenden Verlauf wieder.

Tabelle 3.3. Grenzschlankheit λ_0, E-Modul und Gleichungen für die Tetmajer-Gerade für unterschiedliche Werkstoffe

Werkstoff	E [N/mm^2]	Grenzschlankheit λ_0	σ_K [N/mm^2] nach Tetmajer
StE 255	210000	104	$310 - 1{,}14\ \lambda$
StE 355	210000	89	$310 - 1{,}14\ \lambda$
Federstahl	210000	60	$335 - 0{,}62\ \lambda$
Grauguß	115000	80	$776 - 12\ \lambda + 0{,}053\ \lambda^2$
Nadelholz	10000	100	$29{,}3 - 0{,}194\ \lambda$

Diese Betrachtungen zum Ausknicken von Stäben zeigen bei praktischen Ingenieuranwendungen allerdings erhebliche Abweichungen zwischen Theorie und Praxis. Die Ursache liegt darin, dass ein Stab nie exakt gerade ist, weiterhin erfolgt die Belastung in der Praxis kaum in der genauen Mitte des Stabes. Diese Umstände führen dazu, dass die wirklichen Knicklasten in vielen Fällen erheblich kleiner sind als die theoretisch berechneten. Aus diesem Grund werden bei rechnerischen Abschätzungen erhebliche Sicherheitsfaktoren eingebracht. Diese betragen im Bereich der Euler-Hyperbel 5 bis 10 (!), im nicht-elastischen Bereich ca. 3 bis 8.

Ein sehr ähnliches Problem wie das Knicken von Stäben stellt das Beulen von Schalen oder Platten dar. Infolge einer kritischen Belastung beult das Bauteil aus und es nimmt eine neue stabile Gleichgewichtslage ein.

Für diesen Fall ist das Gleichgewicht nach den Regeln der Mechanik am verformten (ausgelenkten) System zu behandeln. Als Lasten kommen vor allem Druckbeanspruchungen und Schubbeanspruchungen in Frage. Zum Beispiel ist eine dünnwandige Hohlwelle, wie sie als Gelenkwelle zum Einsatz kommen kann, bei Überlastung mit Drehmoment beulgefährdet. Bei Leichtbaukonstruktionen, die aus Balkenkonstruktionen mit dünnwandigen Blechbeplankungen als Schubfelder ausgeführt werden, können Druck- oder Schubspannungen das Beulen verursachen. Solche Konstruktionen sind im Flugzeugbau, aber auch an anderen Stellen mit Leichtbauanforderungen zu finden. Weitere Informationen sind spezieller Literatur zu entnehmen [Kle89, Dub01].

3.2.8 Hertzsche Pressung

Werden zwei Bauteile mit gekrümmten Oberflächen aufeinandergepresst, so entsteht eine Abplattung und die Berührfläche ist nicht mehr punktförmig sondern kreis- oder ellipsenförmig oder, wie bei Zahnrädern mit exakt geraden Flanken etwa rechteckig. Die dabei auftretenden Formänderungen und Spannungen können mit der Theorie von Hertz [Brä95, Dahl94] berechnet werden. Der Theorie liegen folgende idealisierende Voraussetzungen zugrunde:

1. Der Werkstoff beider Körper ist homogen und isotrop.
2. In der Druckfläche treten nur Normalspannungen auf.
3. Der Werkstoff wird bei beiden Körpern nur rein elastisch verformt.

Obwohl diese drei Voraussetzungen in praktischen Fällen nie gleichzeitig eingehalten werden, liefert die Hertzsche Theorie brauchbare Näherungen für die Verformung und Druckspannung zwischen den Körpern.

3.2.8.1 Krümmungsverhältnisse

Es werden zwei allseitig gekrümmte Körper betrachtet, die mit der Kraft F gegeneinander gepresst werden. In Abb. 3.17. wird die Berührung zweier allseitig gekrümmter Körper unter der Kraft F gezeigt. Die Kontaktellipse wird durch die beiden Halbachsen a und b gekennzeichnet. Weiterhin sind im Bild die sich einstellenden Hauptkrümmungsebenen und die sich einstellenden Radien r_{11}, r_{12}, r_{21} r_{22} gezeigt. Der erste Index kennzeichnet den Körper, der zweite die Krümmungsebene. Der Reziprokwert des Radius wird Krümmung ρ genannt. Das Vorzeichen von ρ ist positiv, wenn der Krümmungsmittelpunkt im Körper liegt (konvexe Krümmung, wie sie z.B. an einer Rolle vorliegt). Die Krümmung ρ wird negativ, wenn der Krümmungsmittelpunkt außerhalb des Körpers liegt, wie es z. B. bei der Innenkontur eines Ringes der Fall ist.

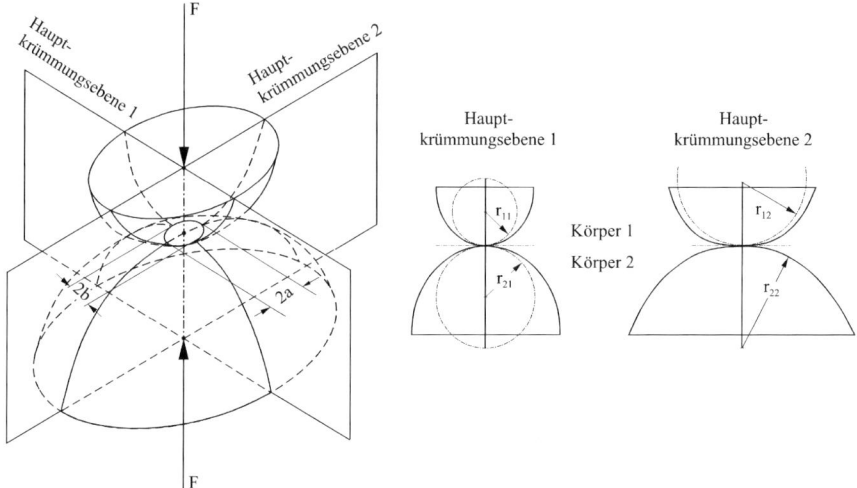

Abb. 3.17. Berührung zweier allseitig gekrümmter Körper mit Hauptkrümmungsebenen und den Krümmungsradien

Für die Berechnung der angenäherten Druckfläche und der Flächenpressung nach der Theorie von Hertz müssen die Hertzschen Beiwerte bestimmt werden.

Eine ausführliche Zahlentafel wird in [Brä95] gezeigt. Die Werte ξ, η und $2k/\pi\xi$ werden in Abhängigkeit des Hilfswertes $\cos(\tau)$ angegeben:

$$\cos(\tau) = \frac{\rho_{11} - \rho_{12} + \rho_{21} - \rho_{22}}{\rho_{11} + \rho_{12} + \rho_{21} + \rho_{22}} \qquad (3.45)$$

Die folgende Tabelle zeigt Werte der Hertzschen Beiwerte [Brä95].

Tabelle 3.4. Hertzsche Beiwerte

$\cos(\tau)$	ξ	η	$2k/\pi\xi$	$\cos(\tau)$	ξ	η	$2k/\pi\xi$
0,9975	13,15	0,220	0,266	0,70	1,91	0,607	0,859
0,9925	8,68	0,271	0,356	0,65	1,77	0,637	0,884
0,9875	7,13	0,299	0,407	0,60	1,66	0,664	0,904
0,9825	6,26	0,319	0,444	0,55	1,57	0,690	0,922
0,9775	5,67	0,336	0,473	0,50	1,48	0,718	0,938
0,9750	5,44	0,343	0,486	0,45	1,41	0,745	0,951
0,9700	5,05	0,357	0,509	0,40	1,35	0,771	0,962
0,9600	4,51	0,378	0,546	0,35	1,29	0,796	0,971
0,9500	4,12	0,396	0,577	0,30	1,24	0,824	0,979
0,9300	3,59	0,426	0,626	0,25	1,19	0,850	0,986
0,9100	3,23	0,450	0,664	0,20	1,15	0,879	0,991
0,8850	2,82	0,485	0,715	0,15	1,11	0,908	0,994
0,8000	2,30	0,544	0,792	0,10	1,07	0,938	0,997
0,7500	2,07	0,577	0,829	0,05	1,03	0,969	0,999

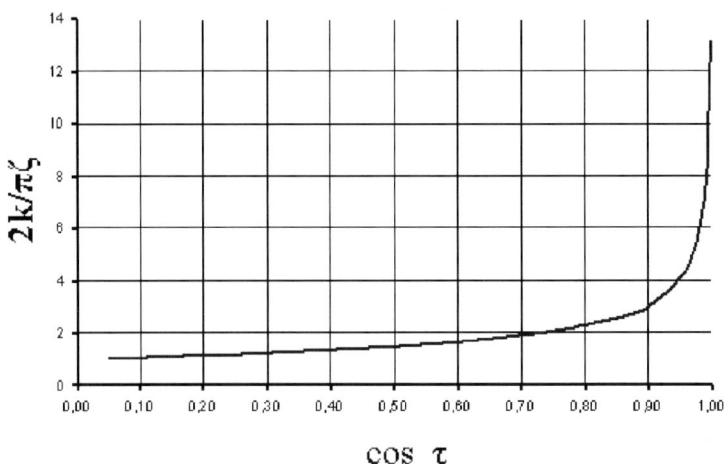

Abb. 3.18. Beiwert $2k/\pi\xi$ als Funktion von $\cos(\tau)$

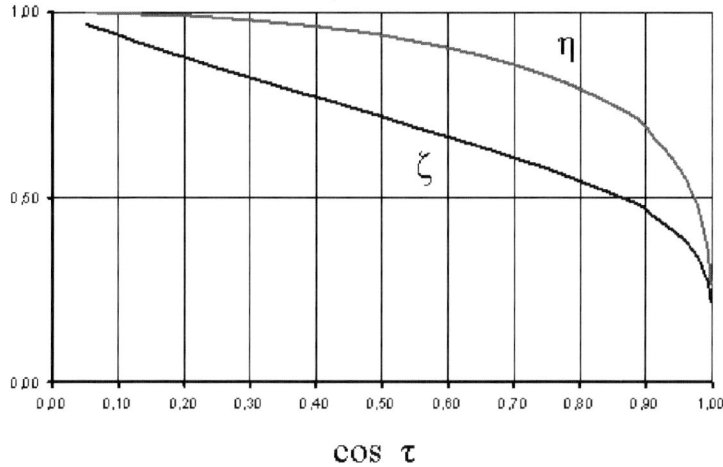

$$\cos \tau$$

Abb. 3.19. Beiwerte ξ, η als Funktion von $\cos(\tau)$

Die folgenden Gleichungen gelten für Körper aus gleichen Werkstoffen. Werden verschiedene Werkstoffe mit unterschiedlichen Materialwerten $E_1,\ \nu_1$ und $E_2,\ \nu_2$ eingesetzt, so ist jeweils der Ausdruck

$$\frac{1-\nu_1^{\;2}}{E_1} \text{ zu ersetzen durch } \frac{1}{2}\left(\frac{1-\nu_1^{\;2}}{E_1}+\frac{1-\nu_2^{\;2}}{E_2}\right) \tag{3.46}$$

3.2.8.2 Kontaktfläche bei „Punktberührung"

Die Kontaktfläche zwischen zwei allseitig gekrümmten Körpern hat die Form einer Ellipse und ist durch ihre große Halbachse a und ihre kurze Halbachse b gekennzeichnet. Die Größe der Ellipse ergibt sich nach Hertz zu:

$$2a = 2\xi \cdot \sqrt[3]{\frac{3F\left(1-\nu^2\right)}{E \cdot \sum \rho}} \tag{3.47}$$

bzw. bei unterschiedlichen E-Moduli:

$$2a = 2\xi \cdot \sqrt[3]{\frac{3F}{2 \cdot \sum \rho}\left(\frac{\left(1-\nu_1^{\;2}\right)}{E_1}+\frac{\left(1-\nu_2^{\;2}\right)}{E_2}\right)} \tag{3.48}$$

und für die kurze Halbachse:

$$2b = 2\eta \cdot \sqrt[3]{\frac{3F}{2 \cdot \sum \rho}\left(\frac{\left(1-\nu_1^2\right)}{E_1}+\frac{\left(1-\nu_2^2\right)}{E_2}\right)} \tag{3.49}$$

Die Fläche der Ellipse ist dann:

$$A_p = \pi\,ab = \pi\,\xi\,\eta \cdot \sqrt[3]{\left[\frac{3F\left(1-\nu^2\right)}{E \cdot \sum \rho}\right]^2} \tag{3.50}$$

3.2.8.3   Kontaktfläche bei „Linienberührung"

Die zugrunde liegende Theorie setzt voraus, dass sich unendlich lange Zylinder berühren. Bei endlichen Körpern liefert die Hertzsche Theorie eine brauchbare Näherung, wenn die effektive Berührlänge l_{eff} der Zylinder eingesetzt wird. Für Linienberührung gilt: $\sum \rho = \rho_{11} + \rho_{21}$ Mit entsprechenden Vorzeichen für konvexe Krümmung (+) und konkave Krümmung (-). Die Breite der Berührfläche ist dann:

$$2b = 2 \cdot \sqrt{\frac{8F\left(1-\nu^2\right)}{l_{\mathrm{eff}} \cdot \pi \cdot E \cdot \sum \rho}} \tag{3.51}$$

und für die Kontaktfläche:

$$A_l = 2 \cdot b \cdot l_{\mathrm{eff}} \tag{3.52}$$

Die Berührflächen zwischen *Kugel und Ebene* bzw. zwischen *Rolle und Ebene* werden ermittelt, indem die Radien des Gegenkörpers nach Unendlich gehen, $r_2 = \rightarrow \infty$ und die Krümmungen zu Null werden, $\rho_2 = \rightarrow 0$.

3.2.8.4   Verformung bei „Punktberührung"

Die Annäherung der beiden Körper zueinander ergibt sich bei allseitig gekrümmten Körpern:

$$\delta = 1,5 \cdot \frac{2k}{\pi \cdot \xi} \cdot \sqrt[3]{\left[\frac{F^2\left(1-\nu^2\right)^2 \cdot \sum \rho}{3E^2}\right]} \tag{3.53}$$

3.2.8.5   Verformung bei „Linienberührung"

Die Verformung bei Linienberührung lässt sich nicht nach Hertz berechnen [Brä95], da das Innere des Körpers (Zylinder) auch wesentlichen Anteil an der

Verformung hat. Mit empirischen Untersuchungen wurde die folgende Zahlen-wertgleichung gefunden:

$$\delta = \frac{4{,}05}{10^5} \cdot \frac{F^{0{,}925}}{l_{\text{eff}}^{0{,}85}} \; [\text{mm}] \tag{3.54}$$

mit l_{eff} in [mm] und F in [N], gütig für die Paarung Stahl/Stahl.

3.2.8.6   Maximale Flächenpressung bei „Punktberührung"

Das Maximum der Pressung liegt in der Mitte der Druckellipse, die die Fläche A_{p} hat und beträgt das 1,5-fache der mittleren Pressung:

$$p_0 = \frac{1{,}5F}{A_{\text{p}}} \tag{3.55}$$

3.2.8.7   Maximale Flächenpressung bei „Linienberührung"

Bei Linienberührung ist die Normalspannung in der Berührfläche über der Breite 2b elliptisch verteilt. Die Druckfläche hat die Größe $A_{\text{l}} = 2 \cdot b \cdot l$ In der Mitte beträgt das Maximum:

$$p_0 = \frac{4 \cdot F}{\pi \cdot A_{\text{l}}} \tag{3.56}$$

3.2.8.8   Werkstoffbeanspruchung durch Hertzsche Pressung

Für viele Anwendungen ist es ausreichend, die maximale Pressung (=Hertzsche Pressung) zu ermitteln, wenn die zulässige Beanspruchung auf Grund von Versu-chen ermittelt wurde. Die Pressung an der Oberfläche verursacht im Werkstoff Schubspannungen, deren Maximum unter der Oberfläche, also im Material liegen. Das bedeutet, dass Schädigungen sich nicht an der Oberfläche zeigen, sondern zum Beispiel in Form von sogenannten Ausbröckelungen, die eine Zermürbung des Werkstoffes unter der Oberfläche bedeuten. Für ausführlichere Studien sei auf weiterführende Literatur, z. B. [Brä95] und [Dahl94] verwiesen. Folgend werden für zwei Fälle die Spannungsverteilungen wiedergegeben:
    Für den Fall Kugel auf Ebene werden folgende Spannungen bei $y=0$ ermittelt:

$$\sigma_z = p_{\max}\left(-\frac{1}{\left(\dfrac{z}{a}\right)^2 + 1} \right), \quad \text{d.\,h. bei } z = 0: \quad |\sigma_{z\max}| = |p_{\max}| \tag{3.57}$$

$$\sigma_r = p_{max} \cdot \left(-(1-v) \cdot \left[1 - \frac{z}{a} \cdot \arctan\left(\frac{z}{a} \right) \right] + \frac{1}{2 \cdot \left[\left(\dfrac{z}{a} \right)^2 + 1 \right]} \right) \qquad (3.58)$$

$$\tau = p_{max} \cdot \left(\frac{(1+v)}{2} \cdot \left[1 - \frac{z}{a} \cdot \arctan\left(\frac{z}{a} \right) \right] - \frac{3}{4} \cdot \frac{1}{\left[\left(\dfrac{z}{a} \right)^2 + 1 \right]} \right) \qquad (3.59)$$

Bemerkenswert ist, dass das Schubspannungsmaximum unterhalb der Kontaktfläche im Abstand $z = 0{,}47a$ auftritt.

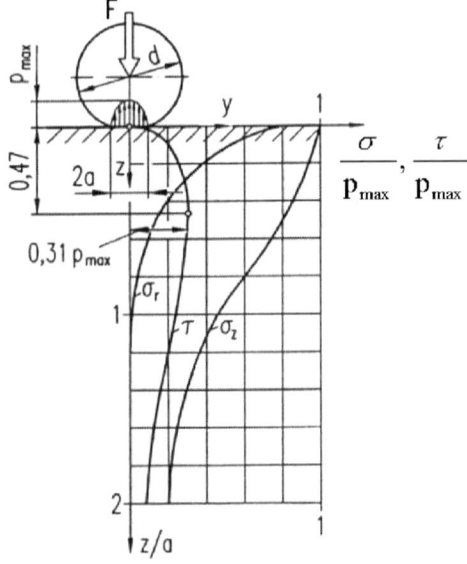

Abb. 3.20. Spannungsverlauf für den Fall Kugel- Ebene

Für den Fall Zylinder auf Ebene zeigt Abb. 3.21. die angenäherte Pressungsverteilung und die Spannungsverteilung. Die Spannungen ergeben sich für $y=0$:

$$\sigma_z = p_{max}\left(-\cfrac{1}{\sqrt{1+\left(\cfrac{z}{a}\right)^2}}\right) \tag{3.60}$$

$$\sigma_y = p_{max} \cdot \left(2\left(\cfrac{z}{a}\right) - \cfrac{1+2\left(\cfrac{z}{a}\right)^2}{\sqrt{1+\left(\cfrac{z}{a}\right)^2}}\right) \tag{3.61}$$

$$\tau = p_{max} \cdot \left(\left(\cfrac{z}{a}\right) - \cfrac{\left(\cfrac{z}{a}\right)^2}{\sqrt{1+\left(\cfrac{z}{a}\right)^2}}\right) \tag{3.62}$$

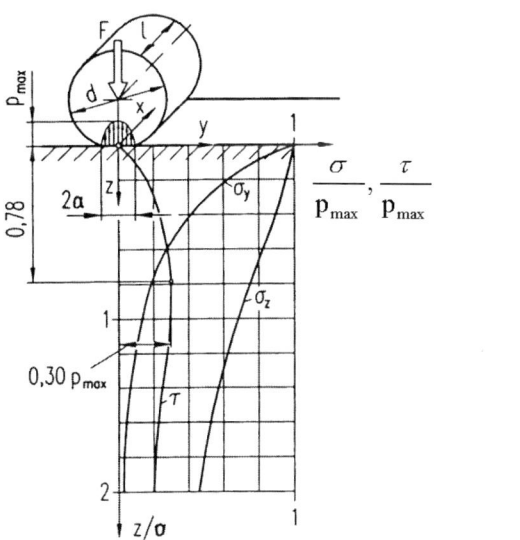

Abb. 3.21. Spannungsverlauf für den Fall Linienberührung Zylinder-Ebene

In diesem Fall tritt das Schubspannungsmaximum unterhalb der Kontaktfläche im Abstand $z = 0,786a$ auf.

Wird als Versagenskriterium plastische Verformung gewählt und die Schub-spannungshypothese für den betrachteten Werkstoff angenommen, so ergibt sich als maximale Vergleichsspannung:

$$\sigma_{v\,max} = 0{,}6 \cdot p_{max} \tag{3.63}$$

Soll die Vergleichsspannung bei einer (statischen) Beanspruchung unterhalb der Dehngrenze bleiben, so gilt für den Fall Rolle gegen Rolle, bzw. im Grenzfall Rolle gegen Ebene:

$$p_{max\,zul} < 1{,}67 \cdot R_{p0{,}2} \tag{3.64}$$

3.3   Werkstoffverhalten und Werkstoffe   *Geometrie +*

Das Verhalten des Werkstoffes ist stark vom zeitlichen Verlauf der Belastung (siehe auch Abb. 3.2.) und damit auch vom zeitlichen Verlauf der Beanspruchung abhängig. Der wichtigste Unterschied besteht in der Tragfähigkeit bei statischer Beanspruchung oder dynamischer Beanspruchung. Bei statischer Belastung kann der Werkstoff im Allgemeinen deutlich höhere Lasten bzw. Beanspruchungen ertragen. Da das dynamische Verhalten grundsätzlich anders als das statische Verhalten der Werkstoffe ist, wird dieses folgend ausführlicher behandelt.

Wenn hier das Werkstoffverhalten behandelt wird, so ist damit zunächst das an einem glatten Probestab im Labor ermittelte Werkstoffverhalten gemeint. Das Verhalten des Werkstoffes in einem Bauteil unterscheidet sich davon aufgrund von Kerben und anderen Einflüssen. Diese Einflüsse werden später behandelt.

3.3.1 Werkstoffverhalten bei statischer Beanspruchung

Eine statische Beanspruchung liegt vor, wenn der zeitliche Verlauf der Belastung oder Spannung wie in Abb. 3.22. erfolgt.

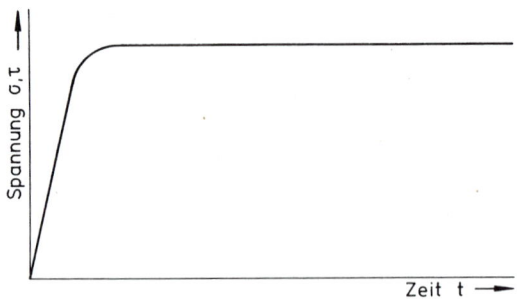

Abb. 3.22. Ansteigende und dann statische Beanspruchung

In Abb. 3.22. wird eine zuerst zügig ansteigende und dann eine ruhende, konstant bleibende Belastung gezeigt. Eine zügige Beanspruchung erlaubt hohe zulässige Werkstoffkennwerte, weil der Werkstoff dabei nicht zerrüttet wird. Treten wiederholte Lastwechsel oder Lastspiele auf, so muss die zulässige Spannung kleiner angesetzt werden als bei einer einmaligen Belastung.

Die zulässigen Spannungen werden unter einachsiger Beanspruchung, z.B. mit einem Zug-Probestab, ermittelt. Im Regelfall wird ein Zerreiß- oder/und ein Druckversuch durchgeführt und das Spannungs-Dehnungs-Diagramm für den zu untersuchenden Werkstoff aufgenommen. Nach Abb. 3.23. werden Werkstoffe mit und Werkstoffe ohne ausgeprägte Streckgrenze R_e bei Zugbelastung bzw. Quetschgrenze $R_{e\,d}$ bei Druckbelastung unterschieden.

Die Streck- oder Quetschgrenze R_e oder $R_{e\,d}$ ist diejenige Grenzspannung, bei deren Überschreitung eine plastische Verformung, d.h. ein Fließen des Werkstoffes beginnt und nach Entlastung eine bleibende Verformung vorliegt.

Die Zugspannung (Bruchspannung) R_m ist höchste auftretende Spannung vor dem Bruch des Probestabes bei Zugbeanspruchung, (Werkstoffkennwert).

Die 0,2% -Dehn- bzw. die 0,2%-Stauchgrenze $R_{p0,2}$ ist die Spannung durch die nach völliger Entlastung eine bleibende plastische Dehnung oder Stauchung von 0,2% zurückbleibt. Am häufigsten werden die Werkstoffwerte bei Raumtemperatur ermittelt. Die Bezeichnungen bzw. Kenngrößen werden in Tabelle 3.5. aufgeführt.

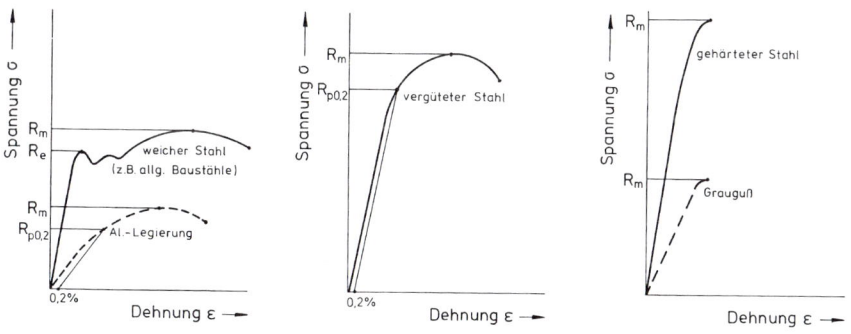

Abb. 3.23. Spannungs-Dehnungs- Diagramme unterschiedlicher Werkstoffe

In den Fällen, in denen keine Torsionsversuche durchgeführt werden, kann ersatzweise eine Abschätzung der Torsions- oder Schubfestigkeit auf Basis einer Vergleichsspannungshypothese erfolgen. Metallische Werkstoffe können grob in zwei Gruppen geteilt werden.

Tabelle 3.5. Werkstoffkennwerte für statische Belastung bei Raumtemperatur

Art der Krafteinwirkung	Bezeichnung	Zeichen	Ersatzwert bei Stahl	bei Berechnung gegen
Zug	Streckgrenze	R_e (σ_S; σ_F)	-	plastische Verformung
	0,2% Dehngrenze	$R_{p\,0,2}$ ($\sigma_{0,2}$)	-	plastische Verformung
	Zugfestigkeit	R_m (σ_B)	-	Bruch
Druck	Druckfließgrenze	$R_{e\,d}$	R_e	plastische Verformung
	0,2% Stauchgrenze	$R_{p\,0,2\,d}$	$R_{p\,0,2}$	plastische Verformung
	Druckfestigkeit	$R_{m\,d}$	-	Bruch
Biegung	Biegefließgrenze	$\sigma_{b\,F}$	R_e	plastische Verformung
	0,2% Biegedehngrenze	$\sigma_{b\,0,2}$	$R_{p\,0,2}$	plastische Verformung
	Biegefestigkeit	$\sigma_{b\,B}$	-	Bruch
Torsion	Torsionsfließgrenze	$\tau_{t\,S}$; $\tau_{t\,F}$	aus GEH ermitteln	plastische Verformung
	Torsionsdehngrenze	$\tau_{t\,0,2}$		
	Torsionsfestigkeit	$\tau_{t\,B}$	"	Bruch
Schub	Schubfestigkeit	$\tau_{a\,B}$	"	Bruch

3.3.1.1 Zähelastische Werkstoffe

Hierzu zählen Baustähle, Einsatzstähle, Vergütungsstähle sowie Cu- und Al-Legierungen. Diese Materialien werden üblicherweise bis zu ihrer Streckgrenze ausgenutzt, d.h. die Dimensionierung erfolgt mit einer der Anwendung entsprechenden Sicherheit gegen die Streckgrenze bzw. Fließgrenze, Druckfließgrenze oder die Torsionsfließgrenze, wenn der Werkstoff eine ausgeprägte Fließgrenze hat. Bei stetig ansteigender Fließkurve im Spannungs- Dehnungsdiagramm wird die 0,2%-Dehngrenze $R_{p\,0,2}$ für die Dimensionierung zugrunde gelegt, d.h. die 0,2%-Dehngrenze, die 0,2%-Stauchgrenze, die 0,2%-Biegedehngrenze bzw. die 0,2%-Torsionsfließgrenze. Die Dimensionierung erfolgt gegen einen Werkstoffkennwert, der einer Grenzdehnung (=Verformung) entspricht, daher wird auch von einer Dimensionierung gegen Verformung gesprochen. Einer Bauteilbemessung gegen eine bestimmte vorgegebene Verformung (zum Beispiel die Durchbiegung einer Welle) liegt als Werkstoffkennwert der Elastizitätsmodul zugrunde, der neben den Abmessungen des Bauteils die Verformung im linearelastischen Bereich (Hooke'scher Bereich) bestimmt. Die dabei auftretenden Beanspruchungen (Spannungen) liegen häufig deutlich unter den zulässigen Spannungen, weil z.B. bei Getriebewellen nur sehr kleine Durchbiegungen zulässig sind.

3.3.1.2 Spröde Werkstoffe

Hierzu zählen z. B. Grauguss (= GJL = Gusseisen mit Lamellengrafit) früher mit GG, heute GJL bezeichnet und gehärtete Stähle. Da sich bei diesen Werkstoffen vor dem Bruch des Bauteiles praktisch keine plastische Verformung einstellt, muss gegen die Bruchgrenze dimensioniert werden. Als Werkstoffkennwert dient die Zugfestigkeit bzw. die Druckfestigkeit. Bei Biegebeanspruchung ist entsprechend die Biegefestigkeit und bei Torsionsbeanspruchung die Torsionsfestigkeit heranzuziehen. Die folgenden Abbildungen zeigen die je nach Eigenschaft des Werkstoffes unterschiedlichen Bruchbilder.

Gewaltbruch durch Torsion

Dauerbruch an Straßenbahnradsatzwelle,
Foto: Wiener Linien

Gewaltbruch durch Zug

Dauerbruch an Kurbelwelle

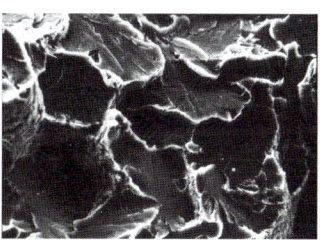

Spröder Gewaltbruch

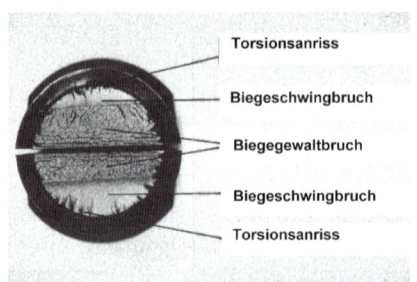
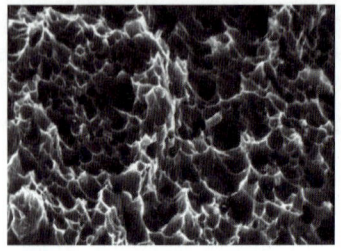

Torsionsanriss mit Biegeschwingbruch   Duktiler Gewaltbruch

Abb. 3.24. Bruchbilder, links Dauerbrüche, rechts Gewaltbrüche

3.3.1.3 *Werkstoffverhalten bei tiefen und hohen Temperaturen*

Bei tiefen oder höheren Temperaturen ändert sich das Werkstoffverhalten und die Tragfähigkeit der Werkstoffe. Bei tiefen Temperaturen spielt vor allem das Bruchverhalten des Werkstoffes eine wichtige Rolle. So werden für den Einsatz bei tiefen Temperaturen z. B. Stähle eingesetzt, die eine hohe Kerbschlagzähigkeit bei tiefen Temperaturen aufweisen. Bei erhöhten Temperaturen spielt die Rekristallisation und das Kornwachstum von Metallen eine wichtige Rolle. Rekristallisationsvorgänge treten oberhalb 400°C auf und bedingen ein Reduzieren der inneren Verspannungen im Werkstoff und eine Reduzierung der Festigkeit. Auch kann bei Werkstoffen zeitabhängig die Festigkeit abnehmen (Zeitstandsfestigkeit). Bei gehärteten Stählen ist schon bei 200°C mit Gefügebeeinflussungen zu rechnen, die eine Minderung der Werkstoffkennwerte verursachen. Bei Metallen ist oberhalb 350°C auch schon bei statischer Belastung mit einer Zeitabhängigkeit der Werkstoffkennwerte zu rechnen. Bei Kunststoffen und Leichtmetallen treten Kriecherscheinungen schon bei Raumtemperatur auf, weiterführende Literatur ist dem [Dub01] zu entnehmen.

Die zulässigen Spannungen für einen Festigkeitsnachweis bei statischer Beanspruchung sind auch von der Art des Nachweises abhängig. Die genannten Kennwerte sind immer Basis zur Bestimmung zulässiger Spannungen, die für Festigkeitsnachweise benötigt werden.

3.3.2 Werkstoffverhalten im Bauteil bei statischer Beanspruchung

In den voranliegenden Abschnitten wurden Beanspruchungen (d.h. mechanische Spannungen) an einfachen Bauteilen (glatte Stäbe, Balken mit einfachen konstanten Querschnitten, Rohren etc.) behandelt. Die gezeigten Spannungsverteilungen im Querschnitt des Bauteils gelten, wenn

– der Werkstoff homogen ist,
– das Bauteil eine einfache Gestalt hat, (d.h. keine großen Querschnittsprünge aufweist),
– und die Lasteinleitung hinreichend vom Betrachtungsort entfernt ist.

Technische Bauteile weisen aber im Allgemeinen Querschnittveränderungen und Unstetigkeiten in der Form auf (z.B. Nuten, Eindrehungen, Einstiche, Querbohrungen, Wellenabsätze etc.). Weiterhin sind Inhomogenitäten im Werkstoff wie z.B. Seigerungen und Lunker zu unterstellen.

An Stellen, wo Lasten und damit Beanspruchungen durch z. B. Absätze umgelenkt werden, kann sich keine gleichmäßige Spannungsverteilung mehr einstellen, siehe Abb. 3.25. An einem Absatz eines Zugstabes stellt sich beim Übergang von einem kleinen Querschnitt auf einen großen Durchmesser in dem großen Querschnitt nicht unmittelbar an dem Übergang eine gleichmäßige Spannungsverteilung ein. Aufgrund der unterschiedlich hohen Spannungen links- und rechtsseitig des Überganges müssten sich entsprechend unterschiedliche Dehnungen einstellen. Dies wird aber zwischen kleinem und großen Querschnitt gegenseitig behindert. Physikalisch darf es keine Dehnungssprünge geben, daher stellen sich in beiden Querschnitten (links- und rechtsseitig) des Überganges, über den Querschnitt betrachtet, ungleichmäßige Spannungsverteilungen ein. Die dabei auftretenden Spannungsspitzen werden als Kerbspannungen bezeichnet und die (geometrischen) Inhomogenitäten als „Kerben“.

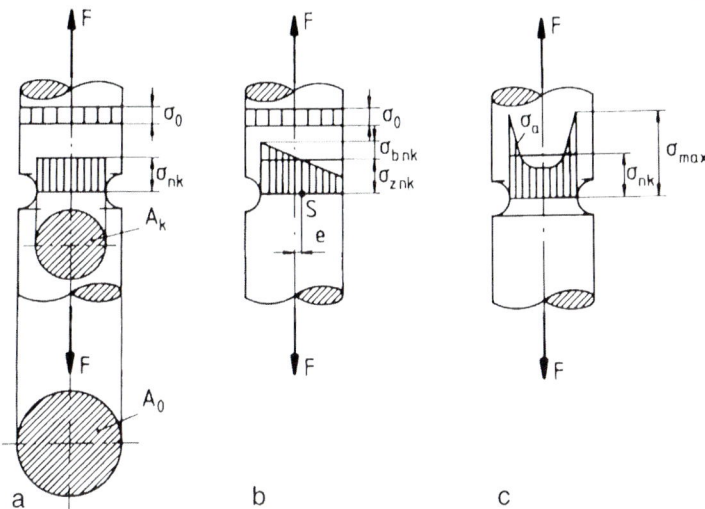

Abb. 3.25. Auswirkung von Kerben am Beispiel des Zugstabes nach [Iss97]
a) zeigt die Nennspannungserhöhung
b) zeigt die Überlagerung von Sekundärspannungen (Biegespannungen)
c) zeigt die infolge der Kerbe entstehenden Spannungsspitzen

Kerben werden durch Werkstoffinhomogenitäten, Lasteinleitungen und geometrische Diskontinuitäten bedingt. Die Berechnung von Kerbspannungen ist bei geometrisch einfachen Kerben elementar möglich, bei komplexen Kerben mit mehr Aufwand verbunden (durch Finite - Element oder Boundary - Element Berechnungen). Für geometrisch einfache Kerben liegen gesicherte Berechnungsmethoden vor, die folgend näher betrachtet werden.

Das Verhalten des Werkstoffes wurde bislang ausgehend von Laboruntersuchungen an Probestäben diskutiert. Unter Berücksichtigung der Einflüsse, die in einem Bauteil vorherrschen, verhält sich der Werkstoff anders als aus den Probestabversuchen bekannt. Die Spannungskonzentration, die sich infolge von Kerben einstellt, wird durch die Kerbformzahl beschrieben. Aus der am Bauteil herrschenden Nennspannung und der für die betrachtete Kerbe geltenden Formzahl α_k (auch als theoretische Formzahl häufig mit K_t bezeichnet) wird die im Kerbgrund anliegende Kerbgrundspannung berechnet.

3.3.2.1 Nennspannung

Unter der Nennspannung wird die Spannung σ_n bzw. τ_n verstanden, die aus der anliegenden Schnittlast und dem Flächenquerschnitt-Kennwert (bei Biegung das Widerstandmoment; bei Zug/Druck die Querschnittfläche etc.) berechnet wird, wie es im Abschnitt, Belastungen, Schnittlasten und Beanspruchungen dargestellt wurde. Wichtig ist dabei, dass der an der betrachteten Stelle wirklich vorhandene Querschnitt zu Grunde gelegt wird. Der Wert der Nennspannung gibt nur dann die wirkende Spannung wieder, wenn keine Kerbwirkung vorhanden ist. Die errechnete Nennspannung ist im Allgemeinen eine fiktive Größe, oder auch Kenngröße, die für weitere Betrachtungen zweckdienlich ist.

Vereinfacht gibt die Nennspannung „Kraft pro Fläche" oder allgemein „Belastung pro Flächenkennwert" wieder.

3.3.2.2 Kerbspannung

Die Kerbspannung oder auch Kerbgrundspannung gibt die in einer Kerbe im Allgemeinen an der Oberfläche wirkende höchste Spannung wieder. Der Spannungsverlauf mit Berücksichtigung der Kerbspannungen ist in Abb. 3.25. für einen Zugstab gezeigt. Die größte Kerbspannung wird mit σ_{max} bzw. τ_{max} bezeichnet. Die Summation der Kerbspannung über den gesamten Querschnitt ergibt aus Gleichgewichtsgründen die äußere Last, wie es bei der Nennspannung ebenfalls der Fall ist.

3.3.2.3 Formzahl

Die Formzahl gibt das Verhältnis zwischen höchster Kerbspannung und Nennspannung am Ort der höchsten Kerbspannung wieder, siehe Abb. 3.26., wobei ein homogener, isotroper Werkstoff vorausgesetzt wird.

$$\alpha_k = \frac{max.\,Kerbspannung}{Nennspannung} = \frac{\sigma_{max}}{\sigma_n} \; bzw. \; \frac{\tau_{max}}{\tau_n} \tag{3.65}$$

Die Kerb- oder Formzahl hat nur Gültigkeit, wenn die Kerbspannung im linearelastischen Bereich des Werkstoffes bleibt. Kerbzahlen können je nach Schärfe der Kerbe zwischen $\alpha_k = 1$ und 5 (!) liegen. Grundsätzlich lässt sich feststellen, dass die Formzahlen mit abnehmendem Kerbradius, d.h. mit zunehmender Querschnittsunstetigkeit oder Kerbschärfe, stark zunehmen. Liegt die Werkstoffbeanspruchung unterhalb der Elastizitätsgrenze, so hängt die Formzahl nur ab von:

- der Geometrie des Bauteils
- und der Beanspruchungsart (Zug/Druck, Biegung, Torsion)

Entsprechend werden die Formzahlen für Zug/Druck, Biegung und Torsion mit den Indizes zd, b, t unterschieden:

$$\alpha_{k\,zd} = \frac{\sigma_{zd\,max}}{\sigma_{zd\,n}} \tag{3.66}$$

$$\alpha_{k\,b} = \frac{\sigma_{b\,max}}{\sigma_{b\,n}} \tag{3.67}$$

$$\alpha_{k\,t} = \frac{\tau_{t\,max}}{\tau_{t\,n}} \tag{3.68}$$

Zu beachten ist, dass bei großer Formzahl schon bei vergleichsweise geringer Nennspannung die Streckgrenze des Werkstoffes örtlich im Kerbgrund erreicht wird.

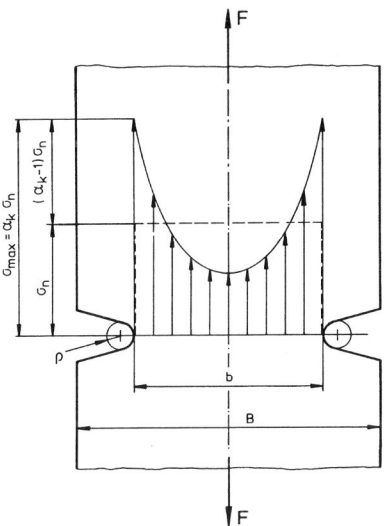

Abb. 3.26. Gekerbter Flachstab, Definition der Formzahl α_k

In Abb. 3.27. wird ein Wellenstück mit eingestochener umlaufender Nut gezeigt. Für die dargestellte Kerbform ergeben sich mit der relativen Nutgeometrie Formzahlen von:

$$\alpha_{k\,zd} = 1,9 \quad \text{Zugbeanspruchung}$$

$$\alpha_{k\,b} = 1,6 \quad \text{Biegebeanspruchung}$$

$$\alpha_{k\,t} = 1,3 \quad \text{Torsionsbeanspruchung}$$

Durch die Kerbe wird im Kerbgrund eine Überhöhung der Spannung bei Zugbeanspruchung von 90% erreicht! Bei Biegebeanspruchung beträgt die Überhöhung
60% und bei Torsion 30%. In Abb. 3.27. sind die Spannungsverläufe qualitativ
über dem Querschnitt dargestellt.

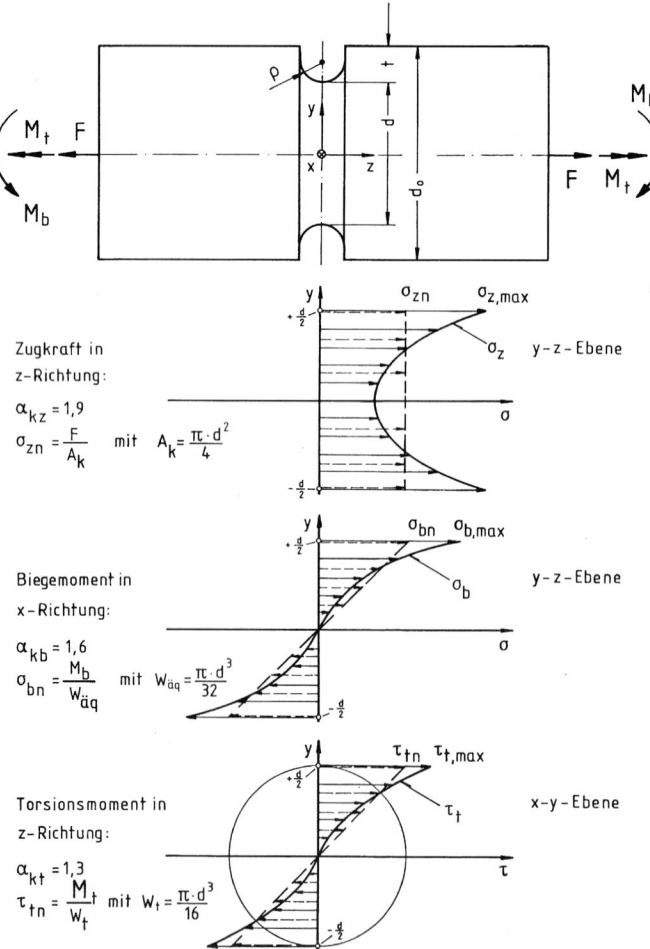

Abb. 3.27. Kerbspannungsverläufe in einer Welle mit umlaufender Nut

Die gestrichelte Darstellung gibt die (fiktive) Nennspannung wieder. Wie zu
erkennen ist, gibt es im Querschnitt auch Bereiche in Querschnittsmitte, in denen
die Nennspannung größer ist als die Kerbspannung. Dies ist dadurch erklärlich,

dass die Summation, oder besser Integration der Spannungen über den gesamten Querschnitt im Gleichgewicht mit der äußeren Last stehen muss. Da durch die Kerbe im Kerbgrund überhöhte Spannungen auftreten, müssen an anderer Stelle „zum Ausgleich" niedrigere Spannungen herrschen.Der Betrag der Formzahl wird häufig in Diagrammen dargestellt. Abb. 3.28. zeigt beispielhaft die Formzahl bei Biegebeanspruchung für einen Rundstab mit Einstich und für einen Rundstab mit Absatz.

Für geometrisch einfache Kerben in Form von Absätzen oder Einstichen können Formzahlen einfach berechnet werden. Gegenüber den grafischen Darstellungen, wie in Abb. 3.28. gibt es die Möglichkeit, eine Formeldarstellung zu nutzen, die in Hinblick auf numerische Weiterverarbeitung günstig handhabbar ist. Eine sehr kompakte Darstellung ist [Dub01] zu entnehmen. Tabelle 3.6. zeigt für Flach- und Rundstäbe mit Absatz und Einstich die Berechnung der Formzahlen.

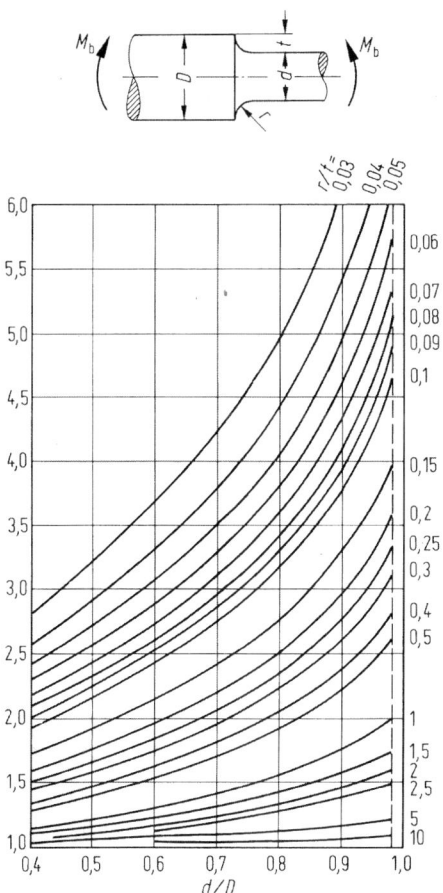

Abb. 3.28. Formzahlen für gekerbten Rundstab bei Biegebeanspruchung, [Nie01]

Tabelle 3.6. Gleichung zum Berechnen von Formzahlen an symmetrischen Rundstäben [Dub01]

$$\alpha_k = 1 + \cfrac{1}{\sqrt{\left(\cfrac{A}{\left(\cfrac{D-d}{2r}\right)^k} + E\cfrac{\left(1+\cfrac{d}{2r}\right)}{\left(\sqrt{\cfrac{d}{2r}}\right)^3} + G\cfrac{d}{D\left(\cfrac{D-d}{2r}\right)^m}\right)^l}} \qquad (3.69)$$

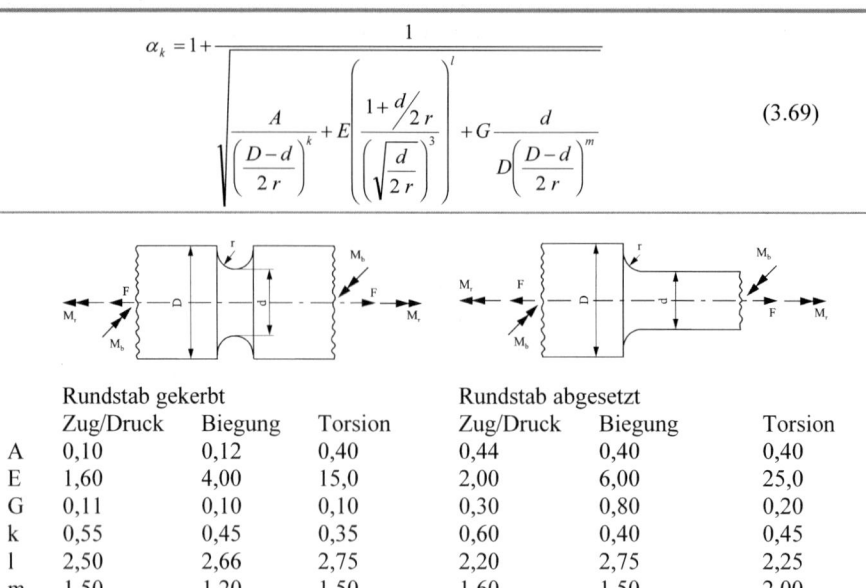

	Rundstab gekerbt			Rundstab abgesetzt		
	Zug/Druck	Biegung	Torsion	Zug/Druck	Biegung	Torsion
A	0,10	0,12	0,40	0,44	0,40	0,40
E	1,60	4,00	15,0	2,00	6,00	25,0
G	0,11	0,10	0,10	0,30	0,80	0,20
k	0,55	0,45	0,35	0,60	0,40	0,45
l	2,50	2,66	2,75	2,20	2,75	2,25
m	1,50	1,20	1,50	1,60	1,50	2,00

Tabelle 3.7. Gleichung zum Berechnen von Formzahlen an symmetrischen Flachstäben [Dub01]

$$\alpha_k = 1 + \cfrac{1}{\sqrt{\left(\cfrac{A}{\left(\cfrac{B-b}{2r}\right)^k} + E\cfrac{\left(1+\cfrac{b}{2r}\right)}{\left(\sqrt{\cfrac{b}{2r}}\right)^3} + G\cfrac{b}{B\left(\cfrac{B-b}{2r}\right)^m}\right)^l}} \qquad (3.70)$$

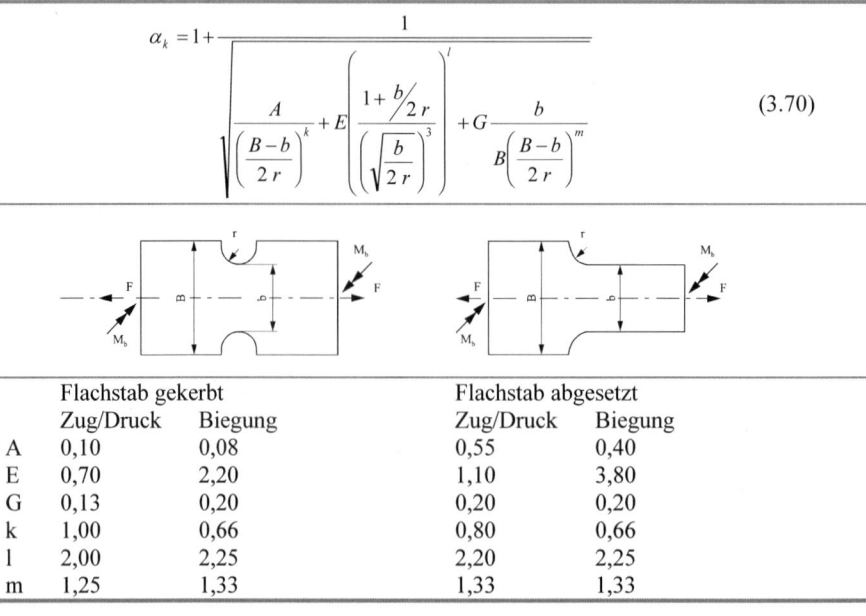

	Flachstab gekerbt		Flachstab abgesetzt	
	Zug/Druck	Biegung	Zug/Druck	Biegung
A	0,10	0,08	0,55	0,40
E	0,70	2,20	1,10	3,80
G	0,13	0,20	0,20	0,20
k	1,00	0,66	0,80	0,66
l	2,00	2,25	2,20	2,25
m	1,25	1,33	1,33	1,33

Mehrachsige statische Beanspruchung

Wird durch die äußere Belastung des Bauteils im Kerbgrund ein mehrachsiger Spannungszustand induziert, so müssen mit den für die unterschiedlichen Belastungsarten und für die Kerbgeometrie gültigen Formzahlen sowie mit den größten Nennspannungen im Restquerschnitt des gekerbten Bauteils die maximalen Kerbspannungen in den unterschiedlichen Richtungen ermittelt werden. Aus diesen maximalen Kerbspannungen wird dann unter Verwendung einer Festigkeitshypothese eine Vergleichsspannung ermittelt, die der Berechnung der Sicherheit zu Grunde gelegt wird, bzw. mit der zulässigen Spannung verglichen werden muss.

3.3.2.4   *Überelastisches Verhalten*

Selbst wenn ein Bauteil nur mit vergleichsweise kleinen Nennspannungen beansprucht wird, führen die auftretenden Kerbspannungen zu Spannungsspitzen, die die Streckgrenze des Werkstoffes erreichen können. Wird diese überschritten, so fließt der Werkstoff im Kerbgrund, allerdings nur in den Querschnittsbereichen, in denen die Streckgrenze überschritten wird. Dies gilt für duktile verformbare Werkstoffe. Bei spröden Werkstoffen kann es zu einem Anriss oder gar zu einem Gewaltbruch kommen. Bei duktilen Werkstoffen kann die sich einstellende Spannung im Kerbgrund dann nicht mehr mit der Formzahl α_k elementar berechnet werden. Um diese Vorgänge näher zu betrachten, muss zunächst auf das Fließen des Werkstoffes am Probestab und auf das Fließen des Werkstoffes im Bauteil eingegangen werden. Abb. 3.29. zeigt ein Spannungs- Dehnungsdiagramm eines ungekerbten Zugstabes, bei dem plastische Dehnungen auftreten. Bis zur Streckgrenze σ_F tritt ein Fließdehnung von ε_F. Bei weiter steifender Last kommt es zur plastischen Dehnung ε_{pl} und zur Gesamtdehnung $\varepsilon_{ges} = \varepsilon_F + \varepsilon_{pl}$. Bei vollständiger Entlastung (Punkt C in Abb. 3.29.) erfolgt eine Rückfederung parallel zur elastischen Geraden um die elastische Dehnung ε_{el}. Die bleibende Dehnung beträgt $\varepsilon_{bl} = \varepsilon_{ges} - \varepsilon_{el}$.

Der Werkstoff kann idealisiert, wie in Abb. 3.30. dargestellt, überelastisch reagieren:

a   linearelastisch – plastisch
b   linearelastisch – plastisch mit linearem Verfestigungsverlauf
c   linearelastisch – plastisch mit nichtlinearem Verfestigungsverlauf

Ermittelt werden vergleichbare Fließkurven an einem Zugprobestab, bei dem das Fließen des Werkstoffes über den gesamten Querschnitt gleichzeitig stattfindet.

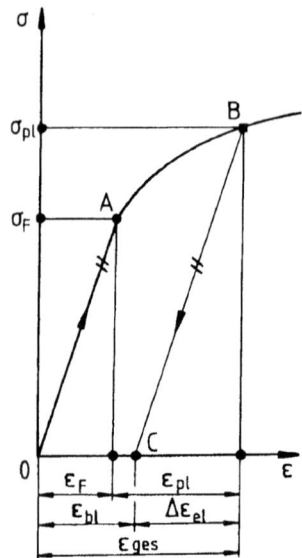

Abb. 3.29. Spannungs- Dehnungsdiagramm eines ungekerbten Zugstabes bei überelastischer Beanspruchung [Iss97]

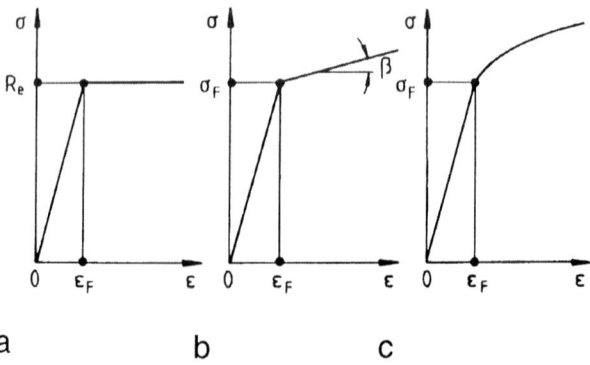

Abb. 3.30. Spannungs-Dehnungsverhalten bei
a) linearelastisch – plastisch,
b) linearelastisch – plastisch mit linearem Verfestigungsverlauf,
c) linearelastisch – plastisch mit nichtlinearem Verfestigungsverlauf, nach [Iss97]

Am Bauteil stellt sich der Fließvorgang im Allgemeinen anders dar, weil Bauteilkerben die hohen Spannungen bedingen und damit das Fließen häufig nur in vergleichsweise kleinen Zonen stattfindet. Die Abb. 3.31. zeigt eine Bauteilfließkurve für ein mit einem Wellenabsatz gekerbtes Wellenstück. Die Bauteilfließkurve stellt den Zusammenhang zwischen äußerer Belastung (= der Nennspannung am betrachteten Kerbgrund) und der auftretenden Dehnung ε dar.

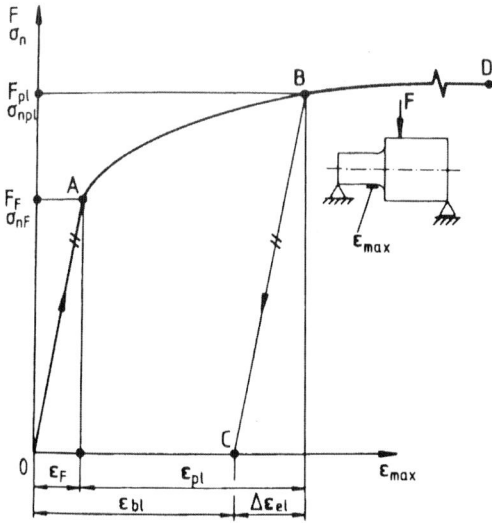

Abb. 3.31. Beispiel für Last- (Nennspannungs-) Maximaldehnungs- Verlauf bei überelastischer Beanspruchung eines Bauteils (Fließkurve), nach [Iss97]

Am Beispiel des gekerbten Zugstabes werden folgend die Werkstofffließkurve und eine Bauteilfließkurve gegenübergestellt, Abb. 3.32.:
Im Punkt A* beginnt die Plastifizierung beim Probestab (über den gesamten Querschnitt). Beim gekerbten Bauteil treten im Kerbgrund Kerbspannungen in der Höhe von $\sigma_{zd\,max} = \alpha_{k\,zd} \cdot \sigma_{zd\,n}$ auf. Erreichen diese den Wert der Fließspannung des Werkstoffes σ_F, so beginnt das Bauteil (Punkt A) zu fließen, allerdings nur in dem kleinen Volumenbereich, in dem die Fließspannung σ_F schon erreicht wird. Aufgrund dieser Zusammenhänge können Bauteile aus duktilen Werkstoffen bei *statischer Belastung* deutlich höher ausgenutzt werden, wenn nicht die Fließgrenze σ_F als maximal zulässige Spannung zugrunde gelegt wird und eine elastisch-plastische Bauteilbemessung vorgenommen wird. Auf diese Art können Bauteile deutlich kleiner und kostengünstiger gestaltet werden. Die Teilplastifizierung an Bauteilen wird auch genutzt, um eine Materialverfestigung zu bewirken und um Druckeigenspannungen einem Bauteil einzuprägen. Dies hat den Vorteil, dass bei Zugbelastung im Betrieb des Bauteiles zunächst die Druckspannung im Material aufgebracht wird und sich dann bei gleicher äußerer Last kleinere Zugspannungen in den kritischen Bereichen des Bauteiles einstellen. Für ausführlichere Studien zum Thema elastisch-plastische Auslegung von Bauteilen wird auf spezielle Literatur verwiesen [Iss97].

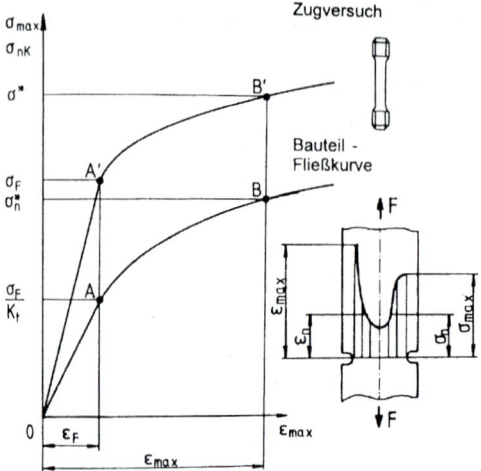

Abb. 3.32. Spannungs-Dehnungs-Diagramm des Zugversuchs und Nennspannungs-Fließkurve für den Kerbquerschnitt des Bauteils, nach [Iss97] (Anmerkung: Im Bild entspricht K_t der Formzahl α_k ; es wird bei A auf die Nennspannung bezogen, dies lässt den Eindruck erscheinen als seien unterschiedliche E-Module wirksam, was nicht der Fall ist)

3.3.3 Werkstoffverhalten bei dynamischer Beanspruchung

Die dynamische Beanspruchung des Werkstoffes wird am Probestab ermittelt und über Kenngrößen beschrieben, die den Beanspruchungszeitverlauf charakterisieren. Während eine wechselnde Belastung im Allgemeinen auch eine wechselnde Beanspruchung im Werkstoff verursacht, ist es aber auch möglich mit einer ruhenden Last, die z.B. auf eine rotierende Welle wirkt, in der Welle eine wechselnde Beanspruchung hervorzurufen. Vereinfachend werden drei Grundbeanspruchungsfälle und ein Überlagerungsfall in der folgenden Abbildung gezeigt. Zur Beschreibung werden als Begriffe verwendet:

σ_m	Mittelspannung	$\sigma_m = \dfrac{\sigma_o + \sigma_u}{2}$	(3.71)
σ_a	Ausschlagspannung oder Spannungsamplitude	$\sigma_a = \dfrac{\sigma_o - \sigma_u}{2}$	(3.72)
σ_o	Oberspannung	$\sigma_o = \sigma_m + \sigma_a$	(3.73)
σ_u	Unterspannung	$\sigma_u = \sigma_m - \sigma_a$	(3.74)
R	Spannungsverhältnis	$R = \dfrac{\sigma_u}{\sigma_o}$	(3.75)

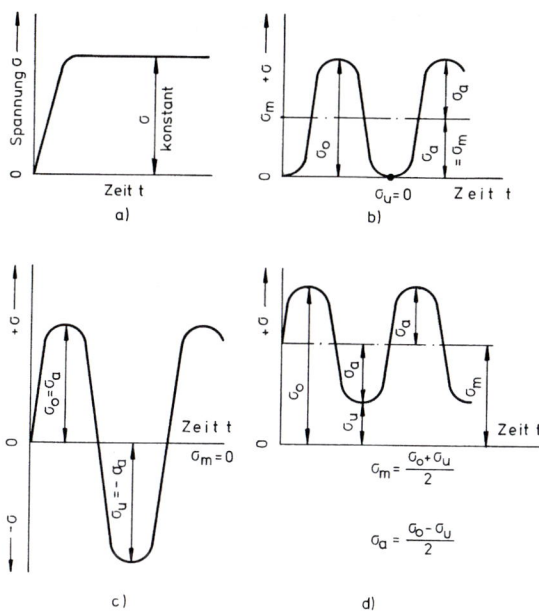

Abb. 3.33. Unterschiedliche Beanspruchungsfälle:
a) ruhende Beanspruchung
b) schwellende Beanspruchung (hier schwellende Zugbeanspruchung)
c) wechselnde Beanspruchung
d) dynamische Beanspruchung mit Ausschlag σ_a und positiver Mittelspannung σ_m (Zug-spannung)

In Abb. 3.33.a) liegt eine ruhende Beanspruchung vor. Die sich einstellende Spannung σ kann auch als Mittelspannung σ_m verstanden werden. Eine Spannungsamplitude liegt nicht vor.

In Abb. 3.33.b) liegt eine reine (Zug-) Schwellbeanspruchung vor. Dabei erreicht die untere Spannung σ_u den Wert Null, die Oberspannung σ_o ist doppelt so groß wie die Mittelspannung.

In Abb. 3.33.c) liegt eine reine Wechselbeanspruchung des Werkstoffes vor. Die Oberspannung σ_o ist identisch mit dem positiven Spannungsausschlag $+\sigma_a$, die Unterspannung ist identisch mit dem negativen Spannungsausschlag $-\sigma_a$, die Mittelspannung σ_m ist Null.

In Abb. 3.33.d) liegt eine mittlere Beanspruchung mit σ_m vor, der eine dynamische Ausschlagspannung σ_a überlagert ist.

Ein Begriff ist die sogenannte Schwellspannung σ_{sch}, die sich aus der Schwingbreite (oder Doppelamplitude) $2\sigma_a$ ergibt, $|\sigma_{sch}| = 2\sigma_a$. Zu beachten ist, dass je nach Literaturstelle der Spannungsausschlag zur Beschreibung der Dauerfestigkeit verwendet wird oder auch die Schwingbreite, (bei Federn z.B. als Hubspannung bezeichnet). Bezüglich der Indizierung der einzelnen Spannungen ist vereinbart, dass als Indizes kleine Buchstaben die am Bauteil bei Belastung auftretenden Spannungen und große Buchstaben die ertragbaren oder zulässigen Spannungen (Festigkeitswerte) kennzeichnen.

Das Werkstoffverhalten bei dynamischer Belastung wird in Dauerschwingversuchen an Probestäben bei Zug-Druck, Biegung oder Torsion ermittelt. Dazu sind viele kostspielige Versuche notwendig. Das Ergebnis der Versuche wird im sogenannten Wöhler-Diagramm dargestellt. Im Wöhler-Diagramm ist die ertragbare Spannungsamplitude σ_A linear über der logarithmisch aufgetragenen Schwingspielzahl N dargestellt. Abb. 3.34. zeigt ein Wöhler-Diagramm.

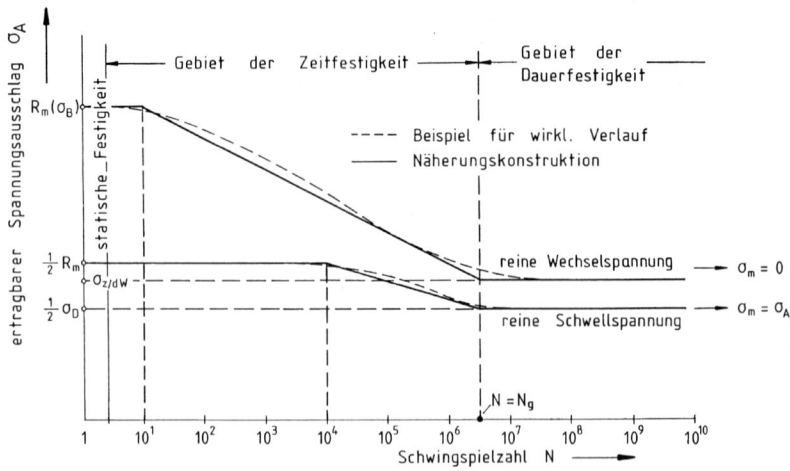

Abb. 3.34. Wöhler-Diagramm für reine Wechsel- und reine Schwellbelastung

Bei reiner Wechselbeanspruchung (d.h. Mittelspannung $\sigma_m = 0$, im oberen Teil des Diagramms) und sehr wenigen Schwingspielen N liegt die ertragbare Amplitude (= Spannungsausschlag) bei der Zugspannung R_m. Mit steigender Anzahl der Schwingspiele N kann nur noch eine kleinere Ausschlagspannung ertragen werden (im Diagramm die fallende Gerade im Gebiet der Zeitfestigkeit), bis schließlich bei hinreichend kleiner Beanspruchung das Gebiet der Dauerfestigkeit folgt, in dem theoretisch unendlich viele Schwingspiele vom Werkstoff ertragen werden können. Die Grenzwerte N_G für den Übergang von Zeitfestigkeit zur Dauerfestigkeit liegen bei:

$$N_G = 2 \cdot 10^6 \text{ bis } 10^7 \qquad\qquad \text{für Stahl}$$

$$N_G = 5 \cdot 10^7 \text{ bis } 10^8 \qquad\qquad \text{für Aluminium}$$

Für Aluminium handelt es sich nicht um eine wirklich „unendlich" oft ertragbare Amplitude, wie es bei Stahl feststellbar ist, es wird ersatzweise mit entsprechend hohen Werten N_G gearbeitet.

Bei Schwellbelastung liegt eine Mittelspannung vor, die die gleiche Größe hat, wie die Ausschlagspannung. Zugmittelspannungen erniedrigen die ertragbaren Spannungen und damit auch den Dauerfestigkeitswert. Im Bereich kleiner Lastwechselzahlen (Lastspiele) erreicht nun die Oberspannung schon den Wert der Bruchfestigkeit, daher liegt die ertragbare Amplitude bei etwa $1/2 \cdot R_m$. Der Bereich niedriger Lastwechsel wird in der Literatur auch als „low cycle fatigue" bezeichnet. Der Niedriglastwechselbereich und der Zeitfestigkeitsbereich sollen hier nicht weiter vertieft werden.

Zum *Zeitfestigkeitsbereich* ist prinzipiell zu sagen: Ein Zeitfestigkeitswert ist diejenige Spannung , die ein glatter polierter kreiszylindrischer Probestab vom Ø 10 mm bei dynamischer Belastung und konstanter Mittelspannung $\sigma_m \neq 0$ eine bestimmte Schwing- oder Lastspielzahl N ohne Bruch oder schädigende Verformung gerade noch ertragen kann. Zeitfestigkeitswerte sind größer als die Dauerfestigkeit des Werkstoffes und immer nur in Verbindung mit einer Lastspielzahl N und deshalb mit einer Zeit- oder Lebensdauer anzugeben. Im Maschinenbau werden Wälzlager überwiegend zeitfest dimensioniert. Im Flugzeugbau sind aufgrund der Gewichtsersparnis zeitfeste Dimensionierungen bei der Flugzeugstruktur und den Triebwerken sehr verbreitet.

Folgend wird der sehr wichtige Bereich der *Dauerfestigkeit* näher betrachtet. Die Dauerfestigkeit eines Werkstoffes ist diejenige Spannung, die ein glatter, polierter und kreiszylindrischer Probestab vom Ø 10 mm bei dynamischer Belastung und konstanter Mittelspannung $\sigma_m \neq 0$ gerade noch beliebig lange ($N > 10^7$ für Stahl) ohne Bruch oder schädigenden Verformungen ertragen kann.

Allerdings zeigen jüngere Forschungsergebnisse, dass durch Einwirkung von aggressiven Medien und/oder Korrosion eine wirkliche Dauerfestigkeit gar nicht gegeben ist. Dennoch wird für viele Ingenieuranwendungen von einer Dauerfestigkeit (näherungsweise) ausgegangen.

Im zuvor gezeigten Wöhler-Diagramm war schon zu erkennen, dass die anliegende Mittelspannung den Dauerfestigkeitswert des Werkstoffes beeinträchtigt. Eine zweckmäßige Darstellung des Mittelspannungseinflusses erfolgt mit einem Dauerfestigkeitsschaubild nach Smith [Smi10] oder nach Haigh [Haig15]. In Abb. 3.32. ist ein Smith-Diagramm gezeigt. Beide Achsen sind linear skaliert, an der Ordinate wird die Dauerfestigkeit σ_D und entsprechende Größen angetragen, an der Abszisse wird die Mittelspannung σ_m angetragen. Charakteristisch ist die Gerade unter einem Winkel von 45°, die die Mittelspannung angibt, von der die ertragbaren (zulässigen) Spannungsausschläge σ_A nach oben und nach unten bis zur Ober- und Unterspannung (σ_O und σ_U) abgelesen werden. Oberhalb der σ_m - Geraden unter 45° wird das Dauerfestigkeitsschaubild durch die Oberspannung σ_O und die Streck- oder Fließgrenze $R_e (\sigma_S$ oder $\sigma_F)$ bzw. die 0,2%-Dehngrenze $R_{p0,2} (\sigma_{0,2})$ begrenzt. Die untere Begrenzung bildet eine Linie der Unterspannung σ_U bis zu der Stelle, die senkrecht unter dem Schnittpunkt der Oberspannung mit der parallel zur σ_m -Achse verlaufenden R_e oder $R_{p0,2} (\sigma_{0,2})$ -Linie liegt, und ab hier eine Linie, die linear bis zum Schnittpunkt der $R_e (\sigma_S)$ oder $R_{p0,2} (\sigma_{0,2})$ -Linie mit der Geraden unter 45° verläuft. Im Diagramm sind die Beträge (Abstände)

zwischen 45°-Linie und Oberspannungslinie immer gleich dem Abstand der 45°-
Linie zur Unterspannungslinie.

Die obere und die untere Randkurve des Dauerfestigkeitsschaubildes verlaufen so,
dass die senkrecht zur Abszisse gemessenen Abstände der beiden Linienzüge von
der Geraden unter 45° gleich groß sind. Diese senkrecht zur Abszisse gemessenen
Abstände der Ober- und der Unterspannung von der σ_m-Geraden unter 45° sind
die Spannungsausschläge σ_A, die für die einzelnen Werte der Mittelspannung
σ_{m1} (betrachtet wird der „Zustand 1") zugelassen werden können. Man sieht, dass
die σ_A-Werte mit zunehmenden Werten von σ_{m1} kleiner werden und bei
$\sigma_{m1} = R_e(\sigma_S)$ oder $\sigma_{m1} = R_{p0,2}(\sigma_{0,2})$ den Wert $\sigma_A = 0$ haben. Bei $\sigma_{m1} = 0$ (reine
Wechselbeanspruchung) hat σ_A den Wert $\sigma_A = \sigma_W = $ Wechselfestigkeit. Bei
$\sigma_{m1} = \sigma_A$ (reine Schwellbeanspruchung) entspricht die ertragbare Oberspannung
σ_O der Schwellfestigkeit σ_{Sch} und die Unterspannung σ_U dem $\sigma_U = 0$. Eine
andere, aber inhaltlich identische Darstellung ist das Dauerfestigkeitsschaubild
nach Haigh, siehe z. B. [Iss97] oder [Dub01].

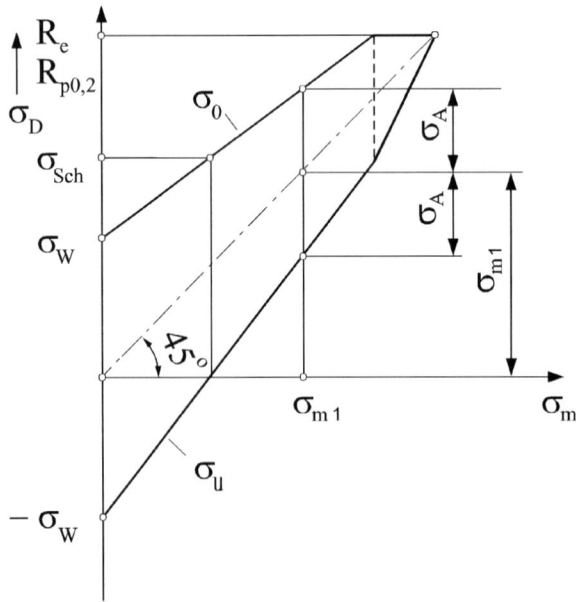

Abb. 3.35. Dauerfestigkeitsschaubild (DFS) oder Smith-Diagramm

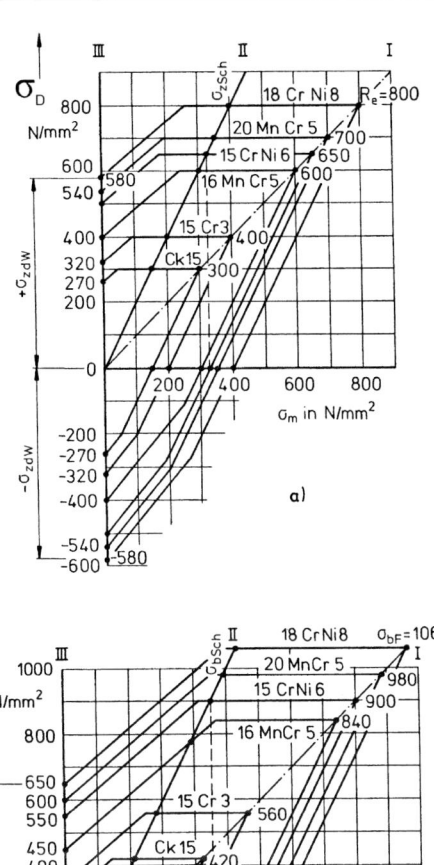

Abb. 3.36. Dauerfestigkeitsschaubilder von Einsatzstählen; a) Zug- und Druckbeanspruchung b) Biegebeanspruchung

Beim Haigh Diagramm ist die 45°-Gerade des Smith- Diagramms auf die Abszisse „gelegt". In diesem Diagramm kann dann die ertragbare Ausschlagspannung direkt an der Ordinate abgelesen werden. Beispiele für Smith-Diagramme sind folgend für Einsatzstähle gezeigt. Abb. 3.37. zeigt Smith-Diagramme für Zug/Druck, Biegung und Torsion im Vergleich am Beispiel für den Werkstoff 42CrMo4, ermittelt nach [DIN743].

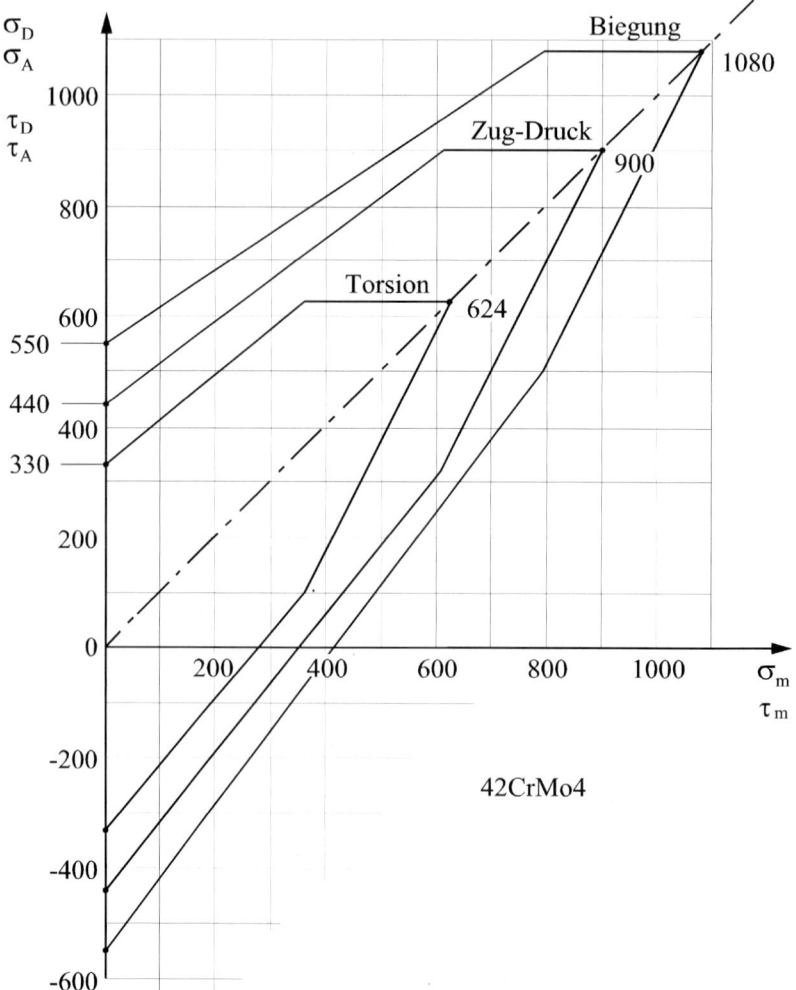

Abb. 3.37. Dauerfestigkeitsschaubild für Zug- Druck, Biegung und Torsion am Beispiel 42CrMo4, Basiswerte nach [DIN743]

Näherungskonstruktion des Dauerfestigkeitsschaubildes

Das Dauerfestigkeitsschaubild (DFS) nach Smith kann näherungsweise aus Werkstoffkennwerten mit Geraden konstruiert werden. Dies ist z.B. zweckmäßig, wenn Versuchsdaten von dem verwendeten Werkstoff vorliegen. Die Konstruktion erfolgt wie in Abb. 3.38. gezeigt.

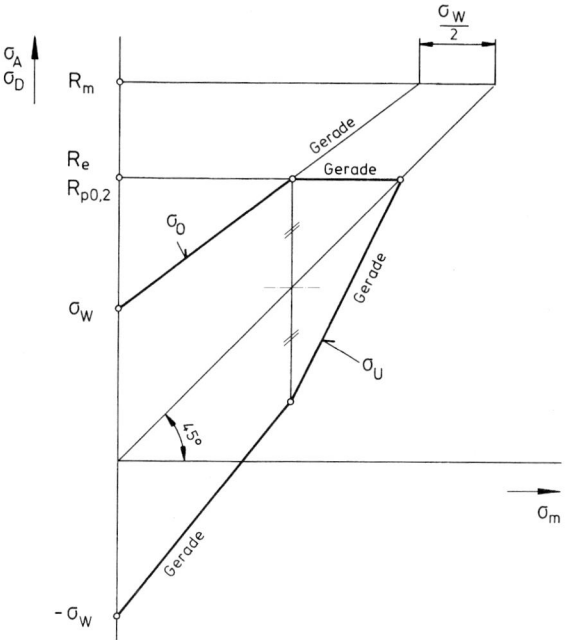

Abb. 3.38. Näherungskonstruktion des Dauerfestigkeitsschaubildes

In die vorgezeichneten Koordinatenachsen wird die 45°-Hilfslinie eingezeichnet. Auf der Ordinate wird der Wert der Wechselfestigkeit σ_w und $-\sigma_w$ eingetragen. Die Bruchfestigkeit R_m und die Streckgrenze $R_{p0,2}$ werden ebenfalls auf der Ordinate eingetragen und es wird je eine horizontale Hilfslinie parallel zur Abszisse gezogen. Am Schnittpunkt der R_m-Hilfslinie mit der 45°-Hilfslinie wird nun nach links der Wert von $\sigma_W/2$ eingetragen, an deren linken Ende kann nun eine Gerade beginnen, die zum Wert σ_W an der Abszisse führt. Diese Gerade liefert die Begrenzung für σ_O, allerdings nur bis zu Werten von maximal $R_{p0,2}$. Die horizontale Hilfslinie von $R_{p0,2}$ liefert ein weiteres Geradenstück des DFS. Nun kann die Gerade der Unterspannung konstruiert werden, einen Punkt liefert $-\sigma_W$, der andere Punkt kann ermittelt werden, wenn die Ausschlagspannung (dies ist die Differenz aus abgelesenem Wert der σ_O-Linie minus der Wert auf der 45°-Hilfslinie) am Geradenschnittpunkt der σ_O-Geraden mit der $R_{p0,2}$-Geraden unterhalb der 45°-Hilfslinie noch einmal abgetragen wird. Damit verbleibt nun noch, den Geradenzug zu schließen. Dazu wird der Schnittpunkt der 45°-Hilfslinie mit der $R_{p0,2}$-Horizontalen mit dem rechten Endpunkt der σ_U-Geraden verbunden. Der Einfluss der Mittelspannung auf die Dauerfestigkeit zeigt sich dadurch, dass die beiden Geraden für σ_O und σ_U nicht parallel zur 45°-Linie verlaufen, sondern sich dieser mit zunehmender Mittelspannung an die 45°-Linie annähern.

3.3.4 Werkstoffverhalten im Bauteil bei dynamischer Beanspruchung

Das Verhalten des Werkstoffes allein wird üblicherweise an Probestäben im Labor unter definierten Bedingungen ermittelt. Wird der Werkstoff in einem Bauteil eingesetzt, so wirken eine Reihe von Einflussgrößen, die im Allgemeinen die am Probestab ermittelten zulässigen Beanspruchungen verringern. Folgend werden die Einflüsse auf die Dauer- und Zeitfestigkeit vorgestellt.

3.3.4.1 *Kerben und Kerbwirkung*

Den größten Einfluss auf die Tragfähigkeit bei dynamischer Beanspruchung ($\cong$ Dauerfestigkeit) haben Kerben. Kerben sind „Störstellen des Kraftflusses". Sie entstehen insbesondere bei Änderung der inneren oder äußeren Bauteilkontur, so dass an Querschnittsübergängen (z.B. großer Wellendurchmesser auf kleinen Wellendurchmesser) Kraftumlenkungen stattfinden. Kerben können aus der Konstruktion begründet sein, wie z. b. bei Absätzen, Nuten, Bohrungen, Gewinden, Querschnittsübergängen usw. Kerben können an Fügestellen entstehen, wie z.B. bei Schweißnähten, an Klebestellen, bei Schraub- und Pressverbindungen. Kerben können auch aus Fehlstellen resultieren, hierzu zählen z. B. Oberflächenfehler, Oberflächenrauheiten, Poren, Risse und Einschlüsse. Kerben wirken insbesondere bei dynamischer Belastung festigkeitsmindernd. Ihre Berücksichtigung in der Berechnung bei dynamischer Beanspruchung erfolgt über die Kerbwirkungszahl β_σ für Zug/Druck , Biegung bzw. β_τ für Torsion. Diese hat folgende Definition:

$$\beta_{\sigma \text{ oder } \tau} = \frac{\text{Wechselfestigkeit des ungekerbten polierten Probestabes d}}{\text{Wechselfestigkeit des Bauteils mit demDurchmesser d im Kerbgrund}}$$

$$\beta_\sigma = \frac{\sigma_{zd,bW}(d)}{\sigma_{zd,bWK}} \tag{3.76}$$

$$\beta_\tau = \frac{\tau_{tW}(d)}{\tau_{tWK}} \tag{3.77}$$

Die Ermittlung der Kerbwirkungszahlen für Zug/Druck, Biegung β_σ oder Torsion β_τ kann rechnerisch oder experimentell erfolgen. Die experimentelle Bestimmung erfolgt an einer bestimmten Bauteilgröße, so dass eine Korrektur auf die vorliegende Bauteilgröße erfolgen muss. Diese Korrektur erfolgt beispielsweise bei der Wellenberechnung nach [DIN743] mit dem Größenfaktor $K_3(d)$. Auf den Einfluss der Bauteilgröße wird folgend noch eingegangen. In Kapitel 9 werden für Welle-Nabe-Verbindungen experimentell ermittelte Kerbwirkungszahlen vorgestellt.

In [DIN743], T 2 sowie der FKM-Richtlinie [FKM02] befinden sich weitere Angaben zu experimentell ermittelten Kerbwirkungszahlen für Welleneinstiche, für Spitzkerben und für Keilwellenverbindungen.

Häufig erfolgt aber eine Berechnung der Kerbwirkungszahl. Dazu wird zunächst die Formzahl $\alpha_{\sigma \text{ oder } \tau}$ ermittelt. Die Formzahl (Kerbformzahl) ist ein dimensionsloser Faktor, welcher die Spannungsüberhöhung im Kerbgrund gegenüber der Nennspannung im Kerbquerschnitt angibt, siehe auch Abb. 3.25. Dabei wird linear-elastisches Verhalten des Werkstoffes vorausgesetzt.

Tritt außer Zug auch Biegung und Torsion auf, so ergibt sich die in Abb. 3.26. gezeigte Spannungsverteilung über dem Querschnitt bzw. Kombinationen aus den Beanspruchungen.

Für die in Abb. 3.26. dargestellte Welle ergeben sich nach [Well76] für eine eingestochene umlaufende Nut von halbkreisförmiger Kontur mit den gewählten Abmessungen im Nutgrund folgende Formzahlen:

$$\alpha_{\sigma\,zd} = 1{,}9 \quad \text{für Zug/Druckbelastung}$$

$$\alpha_{\sigma\,b} = 1{,}6 \quad \text{für Biegebelastung}$$

$$\alpha_{\tau} = 1{,}3 \quad \text{für Torsionsbelastung}$$

Die Formzahlen bedeuten im Kerbgrund (bei $y = \pm d/2$) eine Überhöhung der Zugspannung um 90% gegenüber der Zugnennspannung $\sigma_{zd\,n}$. Für Biegung und Torsion betragen die Überhöhungen 60% bzw. 30%. In Abb. 3.25. wird der qualitative Verlauf der Kerbspannungen über dem Restquerschnitt der Welle mit dem Durchmesser d als Volllinie dargestellt. Gestrichelt eingezeichnet ist der Verlauf der (fiktiven) Nennspannung im gleichen Querschnitt. Aufgrund der Gleichgewichtsbeziehung muss die Fläche unter der Kerbspannungslinie identisch mit der Fläche unter der Nennspannungslinie sein.

Die Spannungsüberhöhungen, ausgedrückt durch die Kerbformzahl, gelten für die entsprechende Geometrie unabhängig vom Werkstoff. Wie folgend noch gezeigt werden wird, treten, abhängig vom Verhalten des Werkstoffes, niedrigere Spannungen auf als sie aus Nennspannung und Formzahl berechnet werden. Die Möglichkeiten zur Formzahlberechnung sind schon zuvor gezeigt worden. Die Tatsache, dass sich insbesondere bei dynamischer Beanspruchung niedrigere Spannungen ergeben, wird durch die sogenannte *Mikrostützwirkung* erklärt.

Anzumerken ist, dass die Kerbtheorie nicht in allen Fällen Aussagen liefern kann. Sind im Werkstoff Fehlstellen vorhanden oder hat sich aufgrund der Beanspruchung oder Herstellung ein Riss gebildet, so ist mit der Kerbspannungstheorie, die hier behandelt wird, keine sinnvolle Aussage mehr möglich. Um solche Fälle weiter zu untersuchen muss z.B. die Rissbruchmechanik angewendet werden, für die auf weitere Literatur [Dub01, Iss97] verwiesen wird.

3.3.4.2 Mikrostützwirkung

Bei den Betrachtungen der Formzahl wird deutlich, dass die höchsten Spannungen im Kerbgrund an der Oberfläche auftreten. Das weiter innen liegende Material kann das am höchsten belastete Volumen im Randbereich „stützen". Daher spricht man von Stützwirkung oder genauer, da sich dies in mikroskopisch kleinen Bereichen abspielt, von Mikrostützwirkung. Die Mikrostützwirkung des Materials hängt einerseits vom Material selbst, aber auch von der Art der Kerbe und der Belastung ab. Eine Möglichkeit der Berechnung der Stützwirkung besteht darin das Spannungsgefälles χ im Kerbgrund zu ermitteln. Spannungsgefälle bedeutet die Änderung des Spannungsniveaus, ausgehend von der Kerboberfläche ins Innere des Bauteiles, ausgedrückt als Gradient:

$$\chi = \left(\frac{d\sigma}{dx}\right)_{max} = \tan\varphi \tag{3.78}$$

Die Längenkoordinate x wird dabei vom Kerbgrund aus in Richtung des maximalen Spannungsgefälles – also in den Körper hinein – gezählt. Als bezogenes Spannungsgefälle χ^* oder nach [DIN743] G' wird der Quotient aus diesem Gradienten und der maximalen Spannung an der Oberfläche bezeichnet:

$$G' \cong \chi^* = \frac{\chi}{\sigma_{max}} = \frac{1}{\sigma_{max}}\left(\frac{d\sigma}{dx}\right)_{max} \tag{3.79}$$

Das bezogene Spannungsgefälle beschreibt den Spannungsgradienten an der höchstbeanspruchten Stelle, d.h. im Kerbgrund, und kann qualitativ zur Beschreibung der genannten strukturbedingten Mikrostützwirkung herangezogen werden.

Je größer das bezogene Spannungsgefälle χ^* bzw. G' wird, desto größer wird die Stützwirkung des Werkstoffes und desto kleiner wird die Kerbwirkungszahl β_σ bzw. β_τ gegenüber der zugehörigen Formzahl.

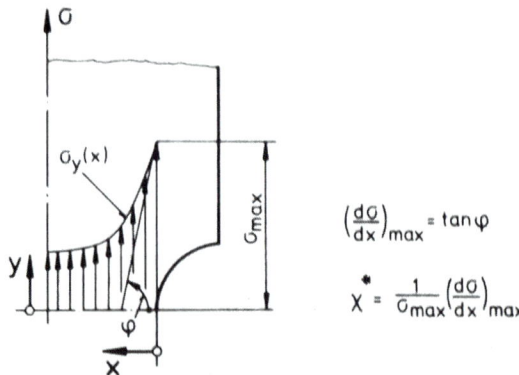

Abb. 3.39. Spannungsgefälle und bezogenes Spannungsgefälle am zugbeanspruchten gekerbten Flachstab

3.3.4.3 Rechnerische Ermittlung der Kerbwirkungszahl

Mit Kenntnis des bezogenen Spannungsgefälles kann die Kerbwirkungszahl berechnet werden. Dies wird folgend beispielhaft an der [DIN743] für die Tragfähigkeitsberechnung von Wellen gezeigt. Die Kerbwirkungszahl wird aus der Formzahl α_σ bzw. α_τ mit Hilfe der Stützzahl n berechnet.

$$\beta_{\sigma,\tau} = \frac{\alpha_{\sigma,\tau}}{n} \tag{3.80}$$

Für übliche Wellenwerkstoffe mit nicht gehärteter Randschicht gilt für die Stütz-zahl n die Zahlenwertgleichung:

$$n = 1 + \sqrt{G' \cdot mm} \cdot 10^{-\left(0,33 + \frac{\sigma_S(d)}{712\,N/mm^2}\right)} \tag{3.81}$$

Für gehärtete Randschichten gilt für n:

$$n = 1 + \sqrt{G' \cdot mm} \cdot 10^{-0,7} \tag{3.82}$$

Das bezogene Spannungsgefälle wird dabei wie in [DIN743] nach der Tabelle 3.8. T 2 ermittelt. Andere Quellen zeigen davon abweichende, aber ähnliche Ergebnisse, in [Well76], [Nie01] und [FKM02] werden auch weitere Kerbformen behandelt. Die für die Stützzahl n angeführte Gleichung (3.82) ist im folgenden Bild dargestellt:

Tabelle 3.8. Bezogenes Spannungsgefälle, Auszug [Nie01] bzw. [DIN743]

Kerbform	G' für Zug/Druck	G' für Biegung	G' für Torsion
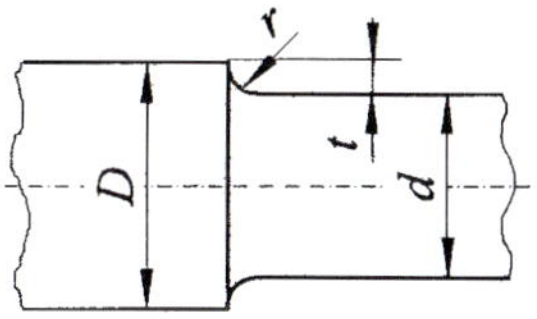	$\dfrac{2,3}{r} \cdot (1+\varphi)$	$\dfrac{2,3}{r} \cdot (1+\varphi)$	$\dfrac{1,15}{r}$
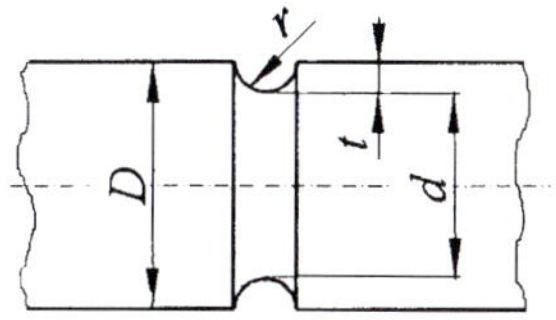	$\dfrac{2}{r} \cdot (1+\varphi)$	$\dfrac{2}{r} \cdot (1+\varphi)$	$\dfrac{1,15}{r}$

für $d > 0,67D$: $\varphi = \dfrac{1}{4 \cdot \sqrt{t/r} + 2}$,   für $d \leq 0,67D$: $\varphi = 0$

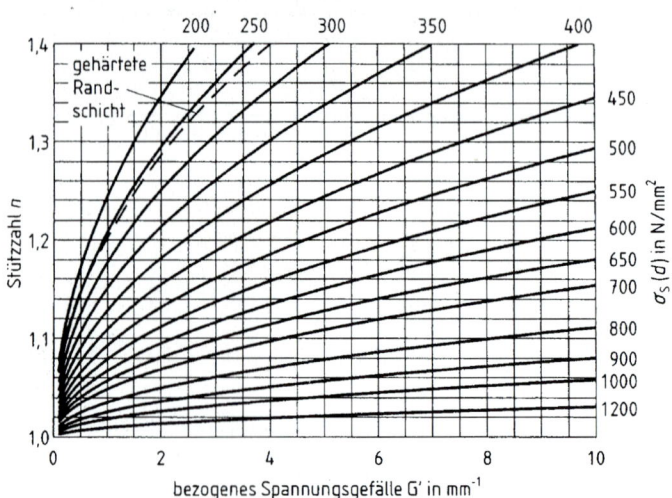

Abb. 3.40. Dynamische Stützzahl nach [DIN743][1]

In [Well76] wird die Stützwirkung mit n_χ bezeichnet und in Abhängigkeit des Materials, bzw. der Festigkeit angegeben, siehe auch Abb. 3.41.

3.3.4.4 Größeneinfluss

Der Vergleich der Schwingfestigkeit von Proben mit Normabmessungen und größeren Bauteilen zeigt, dass sich die Schwingfestigkeit mit zunehmender Bauteilgröße verringert. Die Ursachen für die Größenabhängigkeit liegen in:

- der statistisch größeren Wahrscheinlichkeit in einer größeren Oberfläche auch mehr Fehlstellen vorzufinden, die Ausgangspunkt für einen Dauerbruch sein können.
- dem größeren Spannungsgradienten von kleinen Proben bei gleicher Oberflächenspannung. Damit wird bei großen Proben und entsprechend „flacherem" Spannungsgradienten mehr Werkstoffvolumen hoch belastet und damit tritt der zuvor genannte Effekt der höheren Wahrscheinlichkeit auch hier in Erscheinung.
- den fertigungsbedingten Besonderheiten (Erschmelzen, Gießen, Schmieden, Umformen, Wärmebehandeln), die sich aus der Bauteilgröße ergeben. Ein größeres Gussstück weist andere Gefügezustände durch Seigerungen und unterschiedliche Abkühlgeschwindigkeiten auf als ein kleines Gussstück. Zu den sogenannten technologischen Einflüssen zählt auch die erreichbare Härtetiefe und die Kernhärte, die bei größeren Abmessungen abnehmen.

---

[1] Wiedergabe der Abb. 3.40 mit Genehmigung des DIN (Deutsches Institut für Normung e. V.) Zur Anwendung ist die aktuelle Version der DIN 743, zu beziehen über Beuth Verlag Berlin, heranzuziehen.

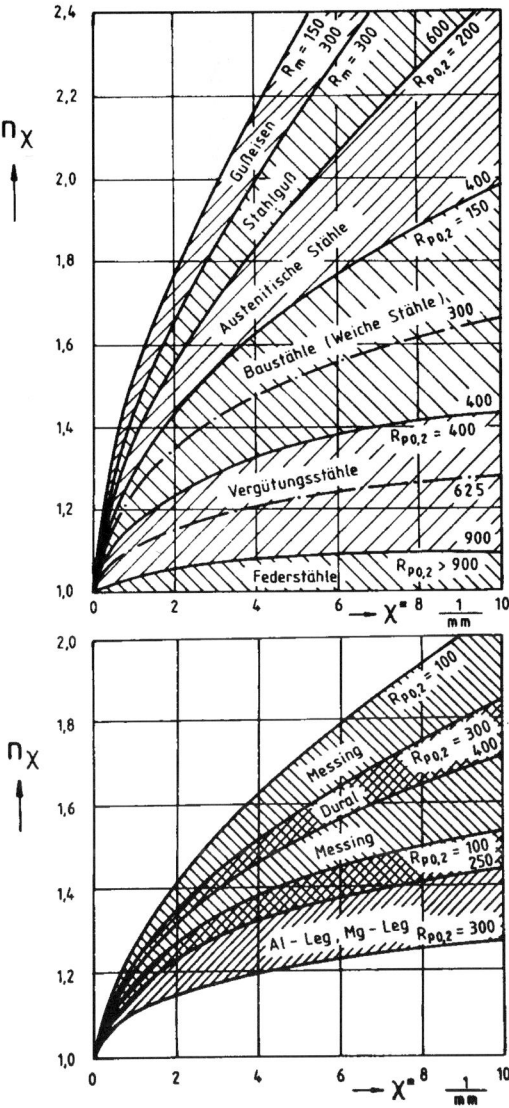

Abb. 3.41. Dynamische Stützzahl n_χ in Abhängigkeit vom bezogenen Spannungs-gefälle nach [Well76], R_m und $R_{p0,2}$ in N/mm^2

Die genannten Ursachen lassen sich nicht exakt voneinander trennen. Näherungs-weise wird versucht, die Einflüsse über Faktoren zu berücksichtigen. Folgend wird die Beschreibung des Größeneinflusses bei der Wellenberechnung nach [DIN743] als Beispiel vorgestellt.

3.3.4.5   *Technologischer Größeneinfluss*

Der technologische Größenfaktor $K_1(d_{eff})$ nach [DIN743] ist anzuwenden, wenn die wirkliche Festigkeit des Bauteils nicht bekannt ist und ein Festigkeitswert den Normen für einen Bezugsdurchmesser (d_B) entnommen wird, der nicht mit dem Durchmesser d_{eff} des Bauteils übereinstimmt. Liegt die wirkliche Festigkeit des Bauteils aus Versuchen vor, so ist $K_1(d_{eff}) = 1$ zu setzen. In Abb. 3.42. ist der Technologische Größeneinfluss über den Abmessungen des Bauteils (Wellendurchmesser) dargestellt.

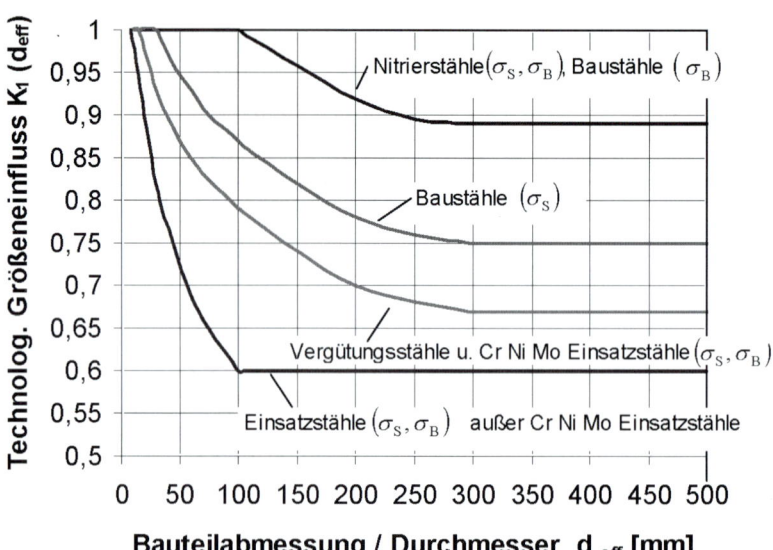

Abb. 3.42. Technologischer Größeneinfluss über dem Wellendurchmesser angelehnt an [DIN743] für verschiedene Stahlwerkstoffe

3.3.4.6   *Geometrischer Größeneinfluss*

Der geometrische Größeneinflussfaktor $K_2(d)$ nach [DIN743] berücksichtigt, dass bei größer werdendem Durchmesser oder Dicken die Biegewechselfestigkeit in die Zug/Druckwechselfestigkeit übergeht und analog auch die Torsionswechselfestigkeit sinkt. Abb. 3.43. zeigt diese Abhängigkeit. Dabei wird noch nicht berücksichtigt, dass sich mit den Bauteilabmessungen auch durch die Kerbwirkung die Spannungsgradienten ändern. Dieser wird in der [DIN743] mit dem geometrischen Größeneinflussfaktor $K_3(d)$ berücksichtigt, sofern die Kerbwirkungszahl experimentell bestimmt wurde. Für rechnerisch mittels des bezogenen Spannungsgefälles bestimmte Kerbwirkungszahlen wird $K_3(d) = 1$.

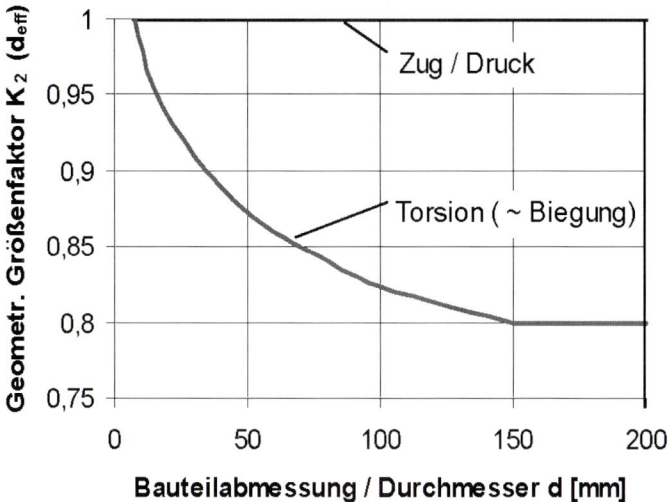

Abb. 3.43. Geometrische Größeneinflussfaktoren $K_2(d)$ über dem Wellendurchmesser, angelehnt an [DIN743]

3.3.4.7   Einfluss der Oberflächenrauheit

Die Oberflächenrauheit hat einen deutlichen Einfluss auf das Bauteilverhalten bei dynamischer Belastung. Die Ursache dürfte in dem Umstand begründet sein, dass im Allgemeinen an der Oberfläche auch die größten mechanischen Spannungen auftreten und dass damit Störungen der Feingeometrie entsprechend negativ rückwirken. Mit Experimenten wurde festgestellt, dass die Festigkeit des betrachteten Werkstoffes eine größere Rolle spielt, wenn „gröbere" Oberflächen vorliegen. In der folgenden Abbildung wird der Abminderungsfaktor der Schwingfestigkeitswerte aus [Sie56] neben der vergleichbaren Darstellung aus [DIN743] T 2 vorgestellt.

Der Faktor wird in der Literatur verschieden bezeichnet, z. B. mit C_O oder häufig mit b_O, in der [DIN743] mit $K_{F\sigma}$. Der Faktor ist grundsätzlich kleiner 1 und mindert den Schwingfestigkeitswert des Bauteiles gegenüber dem Probenfestigkeitswert. Für Wellenberechnungen gibt [DIN743] für $K_{F\sigma}$ eine Bestimmungsgleichung bei Zug/Druck und Biegung an:

$$K_{F\sigma} = 1 - 0,22 \cdot \lg\left(\frac{R_Z}{\mu m}\right) \cdot \left(\lg\left(\frac{\sigma_B(d)}{20\,N/mm^2}\right) - 1\right) \tag{3.83}$$

mit R_Z gemittelte Rautiefe in μm; $\cdot \sigma_B \leq 2000\,N/mm^2$

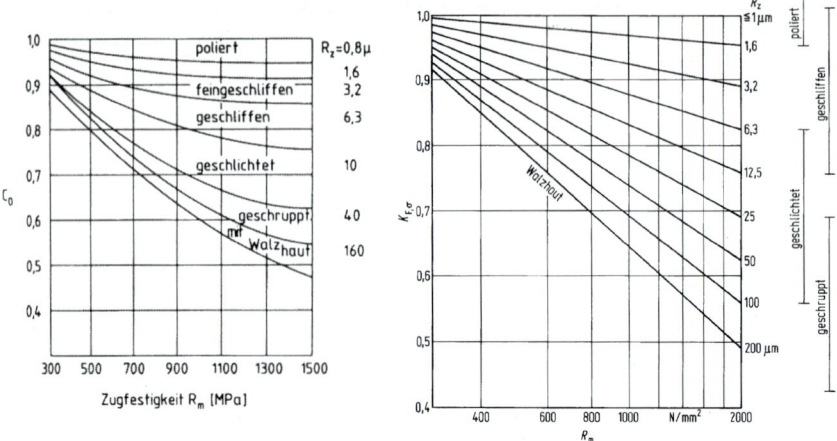

Abb. 3.44. Oberflächenrauheitsfaktor für Stähle in Abhängigkeit von Zugfestigkeit und Oberflächenzustand,
links: nach Siebel und Gaier [Sie56]   rechts: nach [Nie01] bzw. [FKM02]

für Torsion gilt nach [DIN743]:

$$K_{F\tau} = 0{,}575 \cdot K_{F\sigma} + 0{,}425 \qquad (3.84)$$

Aus den gezeigten Abhängigkeiten ist die wichtige Schlussfolgerung zu ziehen, dass es nur dann sinnvoll ist, höher feste Werkstoffe bei Schwingbeanspruchung einzusetzen, wenn gleichzeitig hohe Oberflächenqualitäten realisiert werden!

3.3.4.8 Einfluss der Oberflächenverfestigung

Bei der Wellenberechnung nach [DIN743] wird der Einfluss der Oberflächenverfestigung durch das jeweilige technologische Verfahren auf die Dauerfestigkeit berücksichtigt. Für ungekerbte Wellen wird der Faktor $K_V = 1$. Für Tragfähigkeitsberechnungen wird empfohlen eher kleinere Werte von K_V anzusetzen, solange keine experimentellen Bestätigungen vorliegen. Bei Bauteilabmessungen größer 40 mm und keinen oder schwachen Kerben sollte $K_V = 1$ gesetzt werden. Im Bereich 40 mm$<d<$250 mm kann $K_V = 1{,}1$ angenommen werden, für größer 250 mm $K_V = 1$. Näheres ist der [DIN743] zu entnehmen.

3.4   Dimensionierung und Festigkeitsnachweis

Die in den vorangestellten Abschnitten gezeigten Abhängigkeiten können nun zur Dimensionierung und zum Festigkeitsnachweis von Bauteilen herangezogen werden.

Bezüglich der erforderlichen Nachweise sind ohne Anspruch auf Vollständigkeit und je nach Anwendungsfall folgende Nachweise rechnerisch oder experimentell zu erbringen:

- Nachweis der Sicherheit gegen Überschreiten der Dauerfestigkeit
- Nachweis der Sicherheit gegen Überschreiten der Fließgrenze
- Nachweis der Sicherheit gegen Knicken oder Beulen
- Nachweis der Sicherheit gegen Spannungsrisskorrosion
- und weitere ...

Es gehört zur Ingenieuraufgabe verantwortlich darüber zu entscheiden welche Nachweise erbracht werden müssen und auf welche Nachweise ggf. aufgrund vorhandener Erfahrungen verzichtet werden darf.

Für die Dimensionierung werden im Allgemeinen viele Vereinfachungen getroffen, da noch nicht alle Daten vorliegen und die richtige Größenordnung für Bauteilquerschnitte und Werkstoffanforderungen festgelegt werden soll. Da die Beurteilung der Bauteilfestigkeit immer einen Vergleich mit Werkstoffkenngrößen darstellt, sei hier auf zwei wichtige Konzepte zur Bewertung von berechneten Spannungen hingewiesen. Das *Nennspannungskonzept* nutzt die am Bauteil berechneten Nennspannungen und vergleicht diese mit einem Kennwert, der aus dem Werkstoffkennwert und Korrekturfaktoren gewonnen wird, die die Bauteileinflüsse (Kerben, Oberfläche, Stützwirkung etc.) berücksichtigen. Das *Kerbspannungskonzept* beinhaltet den Ansatz, ausgehend von den berechneten Nennspannungen, über Einflussfaktoren (für Kerbwirkung, Oberfläche, Stützwirkung etc.) die im Kerbgrund wirksamen Spannungen zu ermitteln, um diese dann den Werkstoff(-proben)-werten gegenüberzustellen. Die beiden Bewertungskonzepte werden folgend noch ausführlicher erläutert.

3.4.1 Bewertungskonzepte

Die aus Versuchen ermittelten Werkstoffkennwerte gelten nur für die Geometrie des Probestabes und definierte Belastungen auf der Prüfmaschine. Es gibt nun zwei Wege diesen "Laborwert" für einen Vergleich mit den Beanspruchungen an einem Bauteil heranzuziehen: Entweder wird aus dem Werkstofffestigkeitswert ein Bauteilfestigkeitswert, der einen kleineren Betrag hat, ermittelt, wobei in den Bauteilfestigkeitswert alle sonstigen Einflüsse wie Spannungskonzentrationen an Kerben, Bauteilgröße etc. berücksichtigt werden. Der Vergleich von zulässigen Spannungen (hier: = Bauteilfestigkeitswert) und vorhanden Spannungen findet dann gegenüber den Nennspannungen am Bauteil statt.

Der zweite Weg besteht darin, ausgehend von den im ersten Schritt am Bauteil ermittelten Nennspannungen sukzessive alle Einflussgrößen, wie z.B. Spannungserhöhungen an Kerben, zu berücksichtigen und wirksame Spannungen im Kerbgrund zu berechnen. Der Vergleich von zulässigen Spannungen (hier: =Werkstofffestigkeitswert) erfolgt dann mit den wirksamen Spannungen im Kerbgrund.

Aus diesen beiden Möglichkeiten leiten sich die beiden Bewertungskonzepte Nennspannungskonzept und Kerbgrundspannungskonzept ab, wobei das Kerbspannungskonzept auch als örtliches Spannungskonzept bezeichnet wird. Weiterhin besteht mit Bruchmechanikkonzepten, die den Rissfortschritt in einem Bauteil beschreiben, die Möglichkeit einer Bewertung. Bruchmechanikkonzepte werden hier nicht weiter behandelt.

3.4.1.1 Nennspannungskonzept

Beim Nennspannungskonzept findet eine sehr vereinfachte Spannungsberechnung statt, bei der die am betrachteten Querschnitt vorhandene Schnittlast auf die Querschnittsfläche bzw. den Flächenkennwert bezogen wird, unabhängig davon, ob es lokal an einer Kerbstelle zu Spannungskonzentrationen kommt. Somit stellt eine Nennspannung eine Kenngröße dar, -vereinfachend: Kraft pro Fläche oder Moment pro Widerstandsmoment-, die mit der physikalisch wirksamen Spannung nur in Sonderfällen vergleichbar ist. Im Allgemeinen sind die am Bauteil wirkenden höchsten Spannungen immer größer als die berechneten Nennspannungen. Der Vorteil besteht darin, dass eine Nennspannung immer berechnet werden kann und dies auch für Verbindungsstellen, bei denen die Berechnung von örtlichen Spannungen sehr komplex und aufwändig ist, wie zum Beispiel bei Pressverbänden.

3.4.1.1.1 Anwendung des Nennspannungskonzepts zur Dimensionierung

Die einfache Möglichkeit zur Berechnung von Nennspannungen wird sehr häufig genutzt um Bauteile (vor)-zudimensionieren. Als Beispiel sei die Dimensionierung eines Wellendurchmessers genannt. Eine Vorgehensweise besteht darin, vereinfachend nur nach dem Torsionsmoment der Welle zu dimensionieren. Dies zeigt sich als durchaus brauchbar, da im Allgemeinen die weiterhin auftretenden Beanspruchungen wie Schub und Biegung proportional zur Größe des Drehmomentes der Welle auf diese einwirken. Bei der Dimensionierung muss für den vorgesehenen Werkstoff ein Festigkeitskennwert angesetzt werden und dieser Kennwert wird wegen der nicht explizit berechneten Spannungserhöhungen durch Biegemomente, Kerben, Oberflächen etc. pauschal vergleichsweise niedrig angesetzt. Beispielsweise verwendet man für die Wellendimensionierungsformel

$$d > \sqrt[3]{\frac{16 \cdot M_\mathrm{t}}{\pi \cdot \tau_\mathrm{zul}}} \tag{3.85}$$

Festigkeitswerte für τ_zul, die im Bereich von $1/4 \cdot \tau_\mathrm{tW}$ bis $4/9 \cdot \tau_\mathrm{tW}$ liegen. Die Zahlenwerte liegen dann für Baustähle bis zu hochfesten Stählen im Bereich von $\tau_\mathrm{zul} = 25.......75\, N/mm^2$. Nach der Detailkonstruktion einer Welle kann dann eine genauere Nachberechnung erfolgen, die als Festigkeitsnachweis dient.

3.4.1.1.2 Dimensionierung nach Flächenpressung

Zulässige Flächenpressungen werden im Maschinenbau äußerst häufig zum Dimensionieren verwendet. Dabei werden sehr große Vereinfachungen gemacht. Es wird unterstellt, dass sich die lastübertragenden Bauteile an ihren Berührflächen vollständig berühren und die Belastung gleichmäßig über der Berührfläche erfolgt. Auch gibt es Anwendungen (z.B. den sogenannten Lochleibungsdruck), bei denen nicht die wirkliche Berührfläche sondern die projizierte Fläche angenommen wird. Aufgrund der Bauteilelastizitäten und Bauteiltoleranzen sowie einer angenommenen Berührfläche ist die wirkliche Spannungs- bzw. Pressungsverteilung in der Fläche nicht konstant, es bilden sich Spannungsspitzen aus, die weit über der gemittelten Pressung liegen. Dennoch hat sich die Dimensionierung nach Flächenpressung als praktikabel erwiesen, wenn bestimmte Regeln für das jeweils betrachtete Konstruktionselement dabei eingehalten werden. Da die Dimensionierung nach Flächenpressung von der über der Wirkfläche gemittelten (Druck-) Spannung ausgeht, handelt es sich dabei ebenfalls um ein Nennspannungskonzept. Entgegen der üblichen Konvention, Zugspannungen positiv und Druckspannungen negativ zu bewerten, wird die Flächenpressung immer als positiver Kennwert geschrieben.

Die zu Grunde zu legenden zulässigen Flächenpressungswerte haben zwar eine Korrelation zu den Werkstofffestigkeitswerten, die Beträge der zulässigen Werte sind aber Erfahrungswerte und dürfen nicht als absolut betrachtet werden. Die folgende Tabelle gibt für einige Werkstoffgruppen Werte wieder, wie sie für Bolzenverbindungen verwendet werden.

Tabelle 3.9. Anhaltswerte für zulässige Flächenpressung bei Bolzen- und Stiftverbindungen (Lochleibungsdruck) nach [Dub01]

| | Festsitze | | | Gleitsitze (Gelenke) | |
| | p_{zul} in N/mm^2 | | | Werkstoff- | p_{zul} in |
Werkstoff	ruhend	schwellend	wechselnd	paarung	N/mm^2
Bronze	32	22	16	St / GG	5
GG	70	50	32	St / GS	7
GS	80	56	45	St / Bronze	8
St, R_m=370N/mm^2	90	63	50	St geh. / Bz	10
St, R_m=500N/mm^2	125	90	56	St geh./St geh.	16
St, R_m=600N/mm^2	160	100	63		
St R_m=700N/mm^2, geh. St.	180	110	70		

In jedem Fall ist darauf zu achten, ob bei einer vorliegenden Dimensionierungsaufgabe oder einem Festigkeitsnachweis spezielle Normen für das Bauteil oder die Bauteilverbindung existieren.

3.4.1.1.3 Dimensionierung bei Schub- und Scherbeanspruchung

Schubbeanspruchungen finden bei sehr vielen Bauteilen und Anwendungen statt. Bei balkenförmigen Bauteilen und Biegung darf aber in den meisten Fällen der Schub vernachlässigt werden, wenn die Länge des Balken hinreichend groß gegenüber dem Querschnitt ist. Eine Dimensionierung auf Schub erfolgt z.B. bei einem Bolzengelenk, bei dem der Bolzen durch Scherung beansprucht wird. Weitere Beispiele wären Gummimetall-Elemente, bei denen (wie üblich) der das Elastomer eine Scherbeanspruchung erfährt.

3.4.1.1.4 Festigkeitsnachweise

Der rechnerische Festigkeitsnachweis wird üblicherweise nach den zuvor genannten Konzepten durchgeführt. Aufgrund der einfachen Umrechnungen von Versuchsergebnissen auf Beanspruchungsgrenzwerte hat sich in vielen Bereichen das Nennspannungskonzept in den Vordergrund geschoben. Als Beispiel für einen Festigkeitsnachweis nach dem Nennspannungskonzept soll die Wellenberechnung nach [DIN743] folgend betrachtet werden. Werden an Bauteilen nicht Nennspannungen sondern örtliche Spannungen, z.B. mit der Methode der Finiten Elemente berechnet, so erfolgt der Nachweis mit örtlichen (oder auch Kerbgrund-) Spannungen. Hinweise zur Bewertung und Behandlung sind z.B. in [FKM02] gegeben.

3.4.1.1.5 Wellen

Wellen sollen in diesem Kapitel als Anschauungsbeispiel betrachtet werden. Grundsätzlich gelten die folgenden Berechnungen, je nach Belastungsfall für andere Bauteile ganz entsprechend. Bei Wellen (oder anderen Bauteilen) müssen folgende mögliche Schäden durch entsprechende Gestaltung vermieden werden:

1. Bleibende Verformungen:
   Ein Verbiegen einer Welle muss in jedem Fall vermieden werden, um die Funktion sicherzustellen.
2. Gewaltbruch:
   Der Gewaltbruch muss auf jeden Fall ebenfalls vermieden werden.
3. Dauerbruch (auch Ermüdungs- oder Schwingungsbruch genannt):
   Durch dynamische d.h. zyklische bzw. schwingungsartige Beanspruchungen können Dauerbrüche verursacht werden, die durch Berechnung und entsprechende Dimensionierung zu vermeiden sind.

Für die Berechnung der Fälle 1 und 2 werden die maximal auftretenden Spannungen (Peaks) und die statischen Werkstoffkennwerte als Grundlage verwendet, auch wenn ein Stoß auf das Bauteil durchaus eine hohe Dynamik hat!

Der 3. Fall wird losgelöst von 1 und 2 behandelt, da völlig andere Gesetzmäßigkeiten und Festigkeitswerte gelten.

Wellen - Berechnung gegen Schäden bei maximaler Belastung

Der zuvor erwähnte Gewaltbruch wird in den meisten Fällen nicht berechnet, da schon eine bleibende Verformung zu vermeiden ist und diese mindestens bei duktilen Werkstoffen schon bei geringerer Belastung und Nennspannung auftritt. Für Wellen werden praktisch ausschließlich verformungsfähige Werkstoffe eingesetzt. Werden vergleichsweise spröde Werkstoffe eingesetzt, so erfolgt die Berechnung gegen die Bruchgrenze mit Berücksichtigung der örtlichen Spannung. Für den Nachweis der maximalen (als statisch gedachten) Spannung ist die Sicherheit entsprechend [DIN743]:

$$S = \frac{1}{\sqrt{\left(\dfrac{\sigma_{zdmax}}{\sigma_{zdFK}} + \dfrac{\sigma_{bmax}}{\sigma_{bFK}}\right)^2 + \left(\dfrac{\tau_{tmax}}{\tau_{tFK}}\right)^2}} \qquad (3.86)$$

Für reine Biegung oder reine Torsion vereinfacht sich die Formel entsprechend. Die Werte oberhalb der Bruchstriche sind die maximal vorhandenen Nennspannungen am Bauteil. Diese werden entsprechend Tabelle 3.10. berechnet:

Tabelle 3.10.   Ermittlung der Maximalspannungen als Nennspannungen

Beanspruchungsart	Wirkende Spannung	Querschnittsfläche bzw. Widerstandsmoment
Zug/ Druck	$\sigma_{zdmax} = \frac{F_{zdmax}}{A}$	$A = \frac{\pi}{4}\left(d^2 - d_1^{\,2}\right)$
Biegung	$\sigma_{bmax} = \frac{M_{bmax}}{W_b}$	$W_b = \frac{\pi}{32}\left(\frac{d^4 - d_1^{\,4}}{d}\right)$
Torsion	$\tau_{max} = \frac{M_{tmax}}{W_t}$	$W_t = \frac{\pi}{16}\left(\frac{d^4 - d_1^{\,4}}{d}\right)$

mit Wellen Ø d, Hohlwelleninnen Ø d_1

Im Nenner der Brüche von Gleichung (3.86) steht jeweils die sogenannte *Bauteilfließgrenze* bei Zug/Druck, Biegung bzw. Torsion. Die Bauteilfließgrenze wird aus den Normwerten der Streckgrenze, dem Größenfaktor , einer statischen Stützzahl und einem Erhöhungsfaktor der Fließgrenze ermittelt:

$$\sigma_{zd,bFK} = K_1(d_{eff}) \cdot K_{2F} \cdot \gamma_F \cdot \sigma_S(d_B) \qquad (3.87)$$

$$\tau_{tFK} = K_1(d_{eff}) \cdot K_{2F} \cdot \gamma_F \cdot \sigma_S(d_B)/\sqrt{3} \qquad (3.88)$$

mit :

$\sigma_S(d_B)$ Streckgrenze für den Bezugsdurchmesser d_B nach [DIN743] T 3

$K_1(d_{eff})$ Technologischer Größenfaktor nach [DIN743] T 2

γ_F Erhöhungsfaktor der Fließgrenze durch mehrachsigen Spannungs-
          zustand und örtlicher Verfestigung nach [DIN743] T1, Tabelle 2

K_{2F} statische Stützwirkung nach [DIN743] T 1 Tabelle 3 und 4

Tabelle 3.11. Erhöhungsfaktor der Fließgrenze γ_F bei Umdrehungskerben (α_σ oder β_σ angelehnt an [DIN743] T2)

Beanspruchungsart	α_σ oder β_σ	γ_F
	bis 1,5	1,00
Zug/Druck oder Biegung	1,5 bis 2,0	1,05
	2,0 bis 3,0	1,10
	über 3,0	1,15
Torsion	beliebig	1,00

Tabelle 3.12. Statische Stützwirkung K_{2F} für Werkstoffe mit und ohne harter Randschicht angelehnt an [DIN743]

Beanspruchungsart	K_{2F}			
	Vollwelle		Hohlwelle	
	ohne harte Randschicht	mit harter Randschicht	ohne harte Randschicht	mit harter Randschicht
Zug/Druck	1,0	1,0	1,0	1,0
Biegung	1,2	1,1	1,1	1,0
Torsion	1,2	1,1	1,0	1,0

Zusammenfassend kann der Berechnungsablauf zur Ermittlung der statischen Sicherheit beschrieben werden:

1. Ermittlung der maximalen Nennspannungen für Zug/Druck, Biegung u. Torsion.

2. Ermittlung der Bauteilfließgrenzen mittels statischer Stützzahl und Erhöhungsfaktor der Fließgrenze und Streckgrenze des Werkstoffes für Zug/Druck, Biegung und Torsion.

3. Einsetzen der Größen in Gleichung (3.86) zur Ermittlung der Sicherheit.

Bei Bauteilen mit harter Randschicht muss damit gerechnet werden, dass das Material dicht unterhalb der harten Schicht im Bauteil schon bei niedrigerer Beanspruchung anfängt zu fließen als das Material der Randschicht!

Wellen - Berechnung gegen Schäden bei dynamischer Beanspruchung

Für den Nachweis der Sicherheit gegen Dauerbruch ist, betrachtet am Beispiel der [DIN743], ein ähnliches Vorgehen wie bei der statischen Sicherheit gegeben:

1. Ermitteln der Amplituden der vorhandenen (Nenn)-Spannungen infolge der äußeren Belastung für Zug/Druck, Biegung und Torsion $\sigma_{zda}, \sigma_{ba}, \tau_{ta}$.

2. Ermitteln der am Bauteil ertragbaren Amplituden für Zug/Druck, Biegung und Torsion $\sigma_{zdADK}, \sigma_{bADK}, \tau_{tADK}$.

3. Einsetzen der Größen in folgende Formel zur Bestimmung der Sicherheit:

$$S = \frac{1}{\sqrt{\left(\dfrac{\sigma_{zda}}{\sigma_{zdADK}} + \dfrac{\sigma_{ba}}{\sigma_{bADK}}\right)^2 + \left(\dfrac{\tau_{ta}}{\tau_{tADK}}\right)^2}} \tag{3.89}$$

Dabei ist die Ermittlung der Nennspannungen sehr einfach. Die Ermittlung der ertragbaren Bauteilamplituden, die auch als Gestaltfestigkeit bezeichnet wird, erfordert mehrere Rechenschritte.

Die Gestaltfestigkeit wird aus der Festigkeit des glatten polierten Probestabes ermittelt. Der Werkstofffestigkeitswert, im Bauteil als Bauteilfestigkeitswert bezeichnet, wird durch sehr viele Einflüsse gemindert, die durch Faktoren ausgedrückt werden. Es sind folgende Größen nacheinander zu ermitteln:

1. Größenfaktor $K_1(d_{eff})$, um den Einfluss der Bauteilgröße, u.a. beim Vergüten, genannt technologischer Größeneinfluss, auf die wirkliche Bauteilgröße zu berücksichtigen.

2. Kerbwirkungszahl wie im Abschnitt zuvor gezeigt, (experimentell oder rechnerisch aus Formzahl, bezogenen Spannungsgefälle und Stützziffer).

3. Geometrischer Größeneinfluss $K_2(d)$ (Abfall der Wechselfestigkeit mit steigenden Bauteilabmessungen).

4. Oberflächeneinfluss $K_{F\sigma}$

5. Oberflächenverfestigung K_V

6. Berechnung des Gesamteinflussfaktors für Zug/Druck und Torsion:

$$K_\sigma = \left(\frac{\beta_\sigma}{K_2(d)} + \frac{1}{K_{F\sigma}} - 1\right) \cdot \frac{1}{K_V} \tag{3.90}$$

$$K_\tau = \left(\frac{\beta_\tau}{K_2(d)} + \frac{1}{K_{F\tau}} - 1\right) \cdot \frac{1}{K_V} \tag{3.91}$$

7. Berechnung der Bauteilgestaltfestigkeit (=Wechselfestigkeit) für Zug/Druck, Biegung und Torsion:

$$\sigma_{zdWK} = \frac{\sigma_{zdW} \cdot K_1(d_{eff})}{K_\sigma} \tag{3.92}$$

$$\sigma_{bWK} = \frac{\sigma_{bW} \cdot K_1(d_{eff})}{K_\sigma} \tag{3.93}$$

$$\tau_{tWK} = \frac{\tau_{tW} \cdot K_1(d_{eff})}{K_\tau} \tag{3.94}$$

8. Berücksichtung des Mittelspannungseinflusses auf die Gestaltfestigkeit:

$$\psi_{zd\sigma d} = \frac{\sigma_{zdWK}}{2 \cdot K_1(d_{eff}) \cdot R_m(d_B) - \sigma_{zdWK}} \tag{3.95}$$

$$\psi_{b\sigma\sigma} = \frac{\sigma_{bWK}}{2 \cdot K_1(d_{eff}) \cdot R_m(d_B) - \sigma_{bWK}} \tag{3.96}$$

$$\psi_{\tau K} = \frac{\tau_{tWK}}{2 \cdot K_1(d_{eff}) \cdot R_m(d_B) - \tau_{tWK}} \tag{3.97}$$

9. Ermittlung der Vergleichsmittelspannungen:

$$\sigma_{mv} = \sqrt{\left(\sigma_{zdm} + \sigma_{bm}\right)^2 + 3 \cdot \tau_{tm}^2} \tag{3.98}$$

$$\tau_{mv} = \frac{\sigma_{mv}}{\sqrt{3}} \tag{3.99}$$

10. Der Einflussfaktor der Mittelspannungsempfindlichkeit nach 8. ist abhängig vom Belastungsfall unterschiedlich zu berücksichtigen, siehe [DIN743]. Hier soll beispielhaft der Fall angenommen werden, dass die Mittelspannungen σ_{mv} und τ_{mv} bei Änderung der Betriebsbelastung konstant bleiben, wie es in der folgenden Abbildung gezeigt wird.

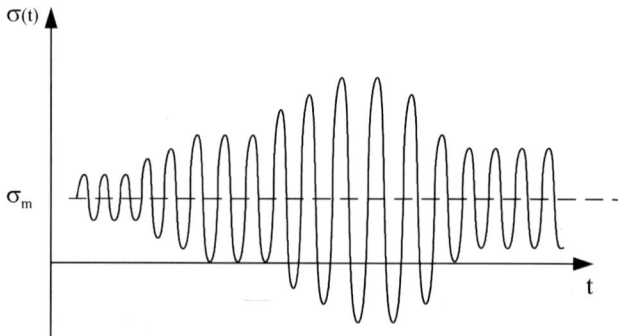

Abb. 3.45. Konstante Mittelspannung bei sich ändernder dynamischer Beanspruchung

Für diesen Fall sind die ertragbaren Bauteilamplituden:

$$\sigma_{zdADK} = \sigma_{zdWK} - \psi_{zd\sigma d} \cdot \sigma_{mv} \tag{3.100}$$

$$\sigma_{\text{bADK}} = \sigma_{\text{bWK}} - \psi_{\text{b}\sigma} \cdot \sigma_{\text{mv}} \qquad (3.101)$$

$$\tau_{\text{tADK}} = \tau_{\text{tWK}} - \psi_{\text{tK}} \cdot \tau_{\text{tmv}} \qquad (3.102)$$

Mit der Auflistung der Arbeitsschritte soll der prinzipielle Rechengang gezeigt werden. In [DIN743] werden noch weitere Fallunterscheidungen getroffen, so dass für konkrete Berechnungen die DIN 743 heranzuziehen ist.

Zur Nachweisführung einer dynamisch beanspruchten Welle gegen Dauerbruch müssen für alle Querschnittübergänge der Welle Berechnungen durchgeführt werden. Aufgrund der unterschiedlichen Kerbwirkung und der im Allgemeinen entlang der Welle unterschiedlichen Nennspannungen kann unter Umständen eine Beschränkung auf die kritischen Querschnitte erfolgen.

Im Anhang ist ein Berechnungsbeispiel ähnlich [DIN743] gezeigt, das den Berechnungsgang darstellt. Die dort angesetzten Beanspruchungen sind in der Praxis so kaum vorzufinden und wurden so gewählt, um den Berechnungsgang umfassend darzustellen. Weiterhin befindet sich im Anhang die Ableitung der Sicherheitsformeln, wie sie in [DIN743] zur Anwendung kommen.

3.4.1.1.6 Schweißkonstruktionen

Für Schweißkonstruktionsberechnungen werden überwiegend Nennspannungskonzepte verwendet. Dies findet seine Ursache darin, dass die Beschreibung der Kerbgeometrie an einer Schweißnaht zwar grundsätzlich möglich ist, aber großen Schwankungen in der Praxis unterliegt. Existieren in einem Aufgabenfeld keine speziellen Vorschriften oder Normen, so wird häufig im Allgemeinen Maschinenbau ersatzweise die [DIN15018], die aus dem Kranbau stammt, angewendet. Zu beachten ist, dass in den verschiedenen Vorschriften die Festigkeitswerte nicht immer wie in einem Smith Diagramm angegeben werden, aus dem die zulässige Ausschlagspannung bei einer anliegenden Mittelspannung abgelesen wird. So existieren auch Darstellungen bei denen zulässige Oberspannungen als Grenzwerte gezeigt werden.

3.4.1.2 Kerbspannungskonzept

Wird an einem gekerbten Bauteil die im Kerbgrund wirkende Spannung rechnerisch ermittelt und werden die wichtigsten weiteren Einflussgrößen, die auf die berechnete Spannung erhöhend wirken, aufgeschlagen, so kann ein Vergleich mit einem Werkstoffkennwert erfolgen, der an einem glatten ungekerbten, oberflächenpolierten Probestab ermittelt wurde. Die mit Berücksichtigung aller sonstigen Einflüsse ermittelte Spannungen entsprechen den physikalisch wirklich wirkenden Beanspruchungen, bzw. stellen eine weitgehende Näherung dieser dar. Im Gegensatz zu Nennspannungskonzepten wird der Werkstofffestigkeitswert beispielsweise nur durch den Größenfaktor korrigiert, es wird kein Bauteilfestigkeitswert ermittelt.

Die Ermittlung von Kerbgrundspannungen kann mit modernen Berechnungs-programmen nach der Finiten Element Methode (FEM) oder der Boundary Element Methode (BEM) erfolgen, solange die Kerbspannungen unterhalb der Streckgrenze bleiben. Bei höheren Beanspruchungen können im FEM - System nichtlineare Effekte des Werkstoffes berücksichtigt werden. Alternativ können auch lineare FEM - Berechnungen genutzt werden, deren berechneten Beanspruchungen mit erfahrungsgestützten Korrekturwerten ergänzt werden, die Stützwirkung und weitere Effekte berücksichtigen.

3.4.1.3   Sicherheitszahlen

Aufgrund von verschiedenen Unwägbarkeiten ist es bei allen Festigkeitsberechnungen üblich eine Sicherheitszahl zu berücksichtigen. Diese soll Streuungen im Werkstoff, Ungenauigkeiten bei der Belastung und Abweichungen vom Berechnungsmodell berücksichtigen und damit zu einem sicheren Betrieb des Bauteiles beitragen. Sind sehr gute Kenntnisse und Erfahrungen vorhanden, so kann die Sicherheitszahl bis auf 1,0 herabgesetzt werden. Handelt es sich um eine Neukonstruktion oder neue Anwendung, so sollte eine größere Sicherheitszahl, z.B. $S > 1,5$ gewählt werden. Für Berechnungen gegen die statischen Werkstoffkennwerte sind Werte von $S = 1,0 \dots 1,5$ üblich. Für Berechnungen gegen dynamische Werkstoffkennwerte sind Sicherheiten von $S = (1,3)\dots1,5 \dots 2,5$ üblich. Bei der Festlegung eines Sicherheitswertes sind viele Einflussgrößen zu berücksichtigen, so dass es keine allgemeine Empfehlung geben kann! So wird beispielsweise auch berücksichtigt, welches Ausmaß ein möglicher Schaden des Bauteiles haben kann. Besteht eine Gefährdung für Menschen, so wird üblicherweise mit größeren Sicherheitszahlen gearbeitet, als wenn der Schaden nur wirtschaftliche Folgen hat. In einigen Anwendungsfällen wird die geforderte Sicherheit von den Klassifikationsgesellschaften festgelegt.

3.4.2 Berechnungsbeispiel

Auf den folgenden Seiten wird ein Wellenberechnungsbeispiele ähnlich [DIN743] gezeigt. Das Beispiel beinhaltet Belastungen, die in dieser Form in der Praxis nicht unbedingt auftreten. Das Beispiel zeigt aber den vollständigen Berechnungsweg. Die Bestimmung der einzelnen Größen erfolgt zweckmäßiger Weise in der Reihenfolge, in der die Größen in der Tabelle aufgeführt werden.

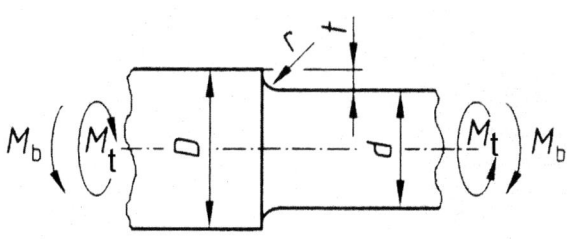

Aufgaben-stellung:	**Abmessungen**	**Beanspruchung im Querschnittübergang**
Sicherheit gegen Dauer-bruch	$D = 60mm$ $d = 48mm$ $r = 5mm$ $t = 6mm$ $R_z = 5\mu m$	$\sigma_b = \sigma_{bm} \pm \sigma_a = (450 \pm 50)\,N/mm^2$ $\tau_t = \tau_{tm} \pm \tau_a = (150 \pm 25)\,N/mm^2$ **Werkstoff: 16MnCr5** $\sigma_B = 900 N/mm^2$; $\sigma_S = 630 N/mm^2$ $\sigma_{zdW} = 360 N/mm^2$; $\sigma_{bW} = 450 N/mm^2$ $\tau_{tW} = 270 N/mm^2$

	Ermittlung von: Quelle	**Daten**	**Ergebnis**
1.	Formzahl Biegung (=B) Bild 9 DIN 743-2	$d/D = 0,8$; $r/t = 0,833$; $r/d = 0,083$	$\alpha_\sigma = 1,723$
2.	Bezogenes Spannungs-gefälle B (DIN 743-2 Tab. 2)	mit $\varphi =$ $\dfrac{1}{4\cdot\sqrt{t/r}+2} = 0,156$	$G' = \dfrac{2,3\cdot(1+\varphi)}{r} = 0,532\,mm^{-1}$
3.	Technologi-scher Größen-einflussfaktor B DIN 743-2 Bild 13	$d_{eff} = 60\,mm$ $d_B = 16\,mm$	$K_1(d_{eff}) = 1-0,26\cdot\lg(d_{eff}/d_B)$ $= 0,851$
4.	Größenabh. Streckgrenze; Stützziffer B DIN 743-2 Bild 4	$\sigma_S(d_B)$ $= 630\,N/mm^2$	$\sigma_S(d) = K_1(d_{eff})\cdot\sigma_S(d_B) = 536\,N/mm^2$ $n = 1+\sqrt{G'\cdot mm}\cdot 10^{-\left(0,33+\frac{\sigma_S(d)}{712\,N/mm^2}\right)}$ $= 1,060$

5.	Kerbwirk.-zahl B DIN 743-2 Gl. (4)	$\beta_\sigma = \alpha_\sigma / n$	$\beta_\sigma = 1{,}557 / 1{,}036 = 1{,}625$
6.	Geometrischer Größenein-fluss B nach DIN 743 Bild 13	$d = 48\,mm$	$K_2(d) = 0{,}876$
7.	Faktor Ober-flächen-rauheit B DIN 743-2 Bild 14	$\sigma_B(d) = K_1(d_{eff}) \cdot \sigma_B$ $R_z = 5\,\mu m$ $\sigma_B(d) = 766\,N/mm^2$	$K_{F\sigma} = 1 - 0{,}22 \cdot \lg\left(\dfrac{R_z}{\mu m}\right)$ $\cdot \left(\lg \dfrac{\sigma_B(d)}{20\,N/mm^2} - 1\right) = 0{,}910$
8.	Faktor Oberflächen-verfestigung B DIN 743-2 Bild 14	gewählt	$K_V = 1$
9.	Gesamtein-flussfaktor Zug/Druck/Biegung	$\beta_\sigma = 1{,}625$ $K_2(d) = 0{,}876$ $K_{F\sigma} = 0{,}91$ $K_V = 1$	$K_\sigma = \left(\dfrac{\beta_\sigma}{K_2(d)} + \dfrac{1}{K_{F\sigma}} - 1\right) \cdot \dfrac{1}{K_V} = 1{,}954$
10.	Formzahl Torsion (=T) (DIN 743-2 Bild 10)	$d/D = 0{,}8$	$\alpha_\tau = 1{,}361$
11.	Bez. Spannungs-gefälle T		$G' = 1{,}15/r = 0{,}23\,mm^{-1}$
12.	Technologi-scher Größen-einfluss-faktor T	$K_1(d_{eff}) = 0{,}851$ $\sigma_S(d) = 536\,N/mm^2$ wie zuvor bei Biegung	
13.	Stützziffer T DIN 743-2 Bild 4		$n = 1 + \sqrt{G' \cdot mm} \cdot 10^{-\left(0{,}33 + \frac{\sigma_S(d)}{712\,N/mm^2}\right)}$ $= 1{,}040$
14.	Kerbwirkungs-zahl T	$\alpha_\tau = 1{,}361$	$\beta_\tau = \alpha_\tau / n = 1{,}283 / 1{,}024 = 1{,}309$

15.	Geometrischer Größeneinfluss T $K_2(d)$	$d = 48\,mm$ wie zuvor bei Biegung	$K_2(d) = 0{,}876$
16.	Faktor Oberflächenrauheit T DIN 743-2 Bild 14	$\sigma_B(d) = K_1(d_{eff}) \cdot \sigma_B$ $R_z = 5\,\mu m$ $\sigma_B(d) = 766\,N/mm^2$	$K_{F\tau} = 0{,}575 \cdot K_{F\sigma} + 0{,}425$ $K_{F\tau} = 0{,}575 \cdot 0{,}91 + 0{,}425 = 0{,}948$
17.	Faktor Oberfl.-verfestigung T DIN 743-2 Bild 14	gewählt	$K_V = 1$
18.	Gesamteinflussfaktor T	$\beta_\tau = 1{,}309$ $K_2(d) = 0{,}876$ $K_{F\tau} = 0{,}948$ $K_V = 1$	$K_\tau = \left(\dfrac{\beta_\tau}{K_2(d)} + \dfrac{1}{K_{F\tau}} - 1 \right) \cdot \dfrac{1}{K_V} = 1{,}549$
19.	Vergleichmittelspannung DIN 743-1 Gl. 23	$\sigma_{bm} = 450\,N/mm^2$ $\tau_{tm} = 150\,N/mm^2$	$\sigma_{mv} = \sqrt{\sigma_{bm}^2 + 3 \cdot \tau_{tm}^2} = 519{,}6\,N/mm^2$
20.	Vergleichsschubspannung DIN 743-1 Gl. 24		$\tau_{mv} = \dfrac{\sigma_{mv}}{\sqrt{3}} = \dfrac{529{,}1\,N/mm^2}{\sqrt{3}}$ $= 300{,}0\,N/mm^2$
21.	Bauteilwechselfestigkeit σ_{WK} DIN 743-1 Gl. 6	$K_\sigma = 1{,}954$ $K_1(d_{eff}) = 0{,}851$ $\sigma_{bw} = 450\,N/mm^2$	$\sigma_{bWK} = \dfrac{\sigma_{bW} \cdot K_1(d_{eff})}{K_\sigma}$ $= 196{,}0\,N/mm^2$
22.	Bauteilwechselfestigkeit τ_{WK} DIN 743-1 Gl. 7	$\tau_{tW} = 270\,N/mm^2$ $K_\tau = 1{,}549$	$\tau_{tWK} = \dfrac{\tau_{tW} \cdot K_1(d_{eff})}{K\tau} = 148{,}3\,N/mm^2$

23.	Einflussfaktor der Mittelspannungsempfindlichkeit $\psi_{b\sigma K}$		$\psi_{b\sigma K} = \dfrac{\sigma_{bWK}}{2 \cdot K_1(d_{eff}) \cdot \sigma_B(d_B) - \sigma_{bWK}}$ $= 0{,}1467$
24.	Einflussfaktor der Mittelspannungsempfindlichkeit $\psi_{\tau K}$		$\psi_{\tau K} = \dfrac{\tau_{tWK}}{2 \cdot K_1(d_{eff}) \cdot \sigma_B(d_B) - \tau_{tWK}}$ $= 0{,}1072$
25.	Spannungsamplitude der Bauteilfestigkeit σ_{ADK}	$\sigma_{mv} = 519{,}6 \ N/mm^2$ $\sigma_{bWK} = 196{,}0 \ N/mm^2$	$\sigma_{bADK} = \sigma_{bWK} - \psi_{b\sigma\sigma} \cdot \sigma_{mv}$ $\sigma_{bADK} = 119{,}8 \ N/mm^2$
26.	Spannungsamplitude der Bauteilfestigkeit τ_{ADK}	$\tau_{mv} = 300{,}0 \ N/mm^2$ $\tau_{tWK} = 148{,}3 \ N/mm^2$	$\tau_{tADK} = \tau_{tWK} - \psi_{\tau K} \cdot \tau_{tmv}$ $\tau_{tADK} = 116{,}1 \ N/mm^2$
27.	Vorhandene Sicherheit gegenüber Dauerbruch	$\sigma_{ba} = 50 \ N/mm^2$ $\tau_{ta} = 25 \ N/mm^2$	$\dfrac{1}{S^2} = \left(\dfrac{\sigma_{ba}}{\sigma_{bADK}}\right)^2 + \left(\dfrac{\tau_{ta}}{\tau_{tADK}}\right)^2$ $S = 2{,}13$

3.5 Anhang

3.5.1 Werkstoffdaten

Die Angabe von Werkstoffkennwerten wird dadurch erschwert, dass in den aktuellen Normen in größerem Umfang auf die jeweiligen Halbzeugzustände eingegangen und damit eine detaillierte Differenzierung vorgenommen wird. Die Eigenschaften eines Werkstoffes hängen in starkem Maße davon ab, in welchen Behandlungszustand, z.b. gewalzt, gegossen, geschmiedet, kaltverformt, vergütet, angelassen etc. der Werkstoff zur Anwendung kommt. Weiterhin kommt die Größenabhängigkeit, die sich z.b. in wanddickenabhängigen Werkstoffwerten bei Gusswerkstücken ausdrückt, hinzu. Daher ist es fast unmöglich, für einen durch seine chemische Zusammensetzung festgelegten Werkstoff eine allgemeingültige Festigkeitsangabe zu machen.

Dem Leser sei angeraten, zur Werkstoffauswahl und Festlegung eines Werkstoffes die einschlägigen Normen und die Beratung durch den Halbzeughersteller in Anspruch zu nehmen.

Folgend werden aus den genannten Gründen nur beispielhaft einige typische Werkstoffe angeführt. Für weitere Werkstoffe und Daten sind die relevanten Normen heranzuziehen.

Tabelle 3.13. Legende zu den folgenden Tabellen

Kurzzeichen	Bedeutung
Wk	Werkstoffkennzeichen
R_m	Zugfestigkeit
$R_{p0,2}$	Dehngrenze
R_e	Streckgrenze
A	Bruchdehnung
σ_{bB}	Biegefestigkeit
E	Zug-E-Modul
HV1	Randschichthärte
HB	Brinell Härte
d	Probendurchmesser
KV	Kerbschlagarbeit
C	Kohlenstoff-Gehalt
+QT	Vergütet
+C	Kaltgezogen
+N	Normalgeglüht
+AT	Lösungsgeglüht
+P	Ausscheidungsgehärtet
Zst. O	Weichgeglüht
Zst. T62	Lösungsgeglüht und warmausgelagert
JR, JO	Gütegruppe Baustähle

Tabelle 3.14. Baustähle nach DIN EN 10025

Wk	Wk alt (DIN 17100)	C[%]	$R_m[N/mm^2]$	$R_e[N/mm^2]$	A[%]
S235JR (d≤16mm)	St37-2	0,21	340 - 470	235	26
S235JR (d≤40mm)	St37-2	0,25	340 - 470	225	26
S355JO (d≤16mm)	St52-3U	-	510 - 680	355	22
E295 (d≤16mm)	St50-2	-	470 - 610	295	20
E295 (d≤40mm)	St50-2	-	470 - 610	285	20
E360 (d≤16mm)	St70-2	-	670 – 830	360	11
E360 (d≤40mm)	St70-2	-	670 - 830	355	11

Tabelle 3.15. Vergütungsstähle nach DIN EN 10083

Wk	+QT			+N		
	$R_e[N/mm^2]$	$R_m[N/mm^2]$	A[%]	$R_e[N/mm^2]$	$R_m[N/mm^2]$	A[%]
C22R*	340	500 - 650	20	240	430	24
C60E*	580	850 - 1000	11	380	710	10
42CrMo4	900	1100 - 1300	10	-	-	-
30CrNiMo8	1050	1250 - 1450	9	-	-	-

*R und E bestimmen den S-Gehalt   Tabellenwerte für Bauteilabmessungen d≤16mm

Tabelle 3.16. Einsatzstähle nach DIN EN 10084

Wk	$R_m[N/mm^2]$	$R_e[N/mm^2]$	A[%]	HB
C15E	Min. 750	Min. 440	12	140
16MnCr5	Min. 900	Min. 635	9	140
20MoCrS4	Min. 900	Min. 785	7	-
17CrNi6-6	Min 1100			156
18CrNiMo7-6	Min 1100			159

Tabellenwerte für Bauteilabmessungen 16mm≤d≤40mm

Tabelle 3.17. Richtwerte für Festigkeit bei dynamischer Beanspruchung aus DIN 743 (Tragfähigkeitsberechnung von Wellen und Achsen), mit berechneten dynamischen Kennwerten, Auswahl

WK	$R_{m\,b}[N/mm^2]$	$R_{p0,2}[N/mm^2]$	$\sigma_{zdW}[N/mm^2]$	$\sigma_{bW}[N/mm^2]$	$\tau_{tW}[N/mm^2]$
S235JR	360	235	140	180	105
S355JO	510	355	205	255	150
C10E	750	430	300	375	225
16MnCr5	900	630	360	450	270
20MnCr5	1100	730	440	550	330
42CrMo4	1100	900	440	550	330
30CrNiMo8	1250	1050	500	625	375

Tabellenwerte für Bauteilabmessungen d ≤ 16mm

Tabelle 3.18. Automatenstähle nach DIN EN 10087

Wk	Unbehandelt		+QT +C		
	HB	$R_m[N/mm^2]$	$R_{p0,2}[N/mm^2]$	$R_m[N/mm^2]$	A[%]
35S20	154 – 201	520 – 680	550	700 – 850	12
38SMn28	166 – 216	560 – 730	650	700 – 900	12
46S20	175 – 225	590 – 760	620	700 – 850	10

Tabellenwerte für Bauteilabmessungen 16mm≤d≤40mm

Tabelle 3.19. Stahldraht für Federn nach DIN EN 10270

Wk	$R_m[N/mm^2]$ für Nennmaß 1mm	$R_m[N/mm^2]$ für Nennmaß 7mm	$R_m[N/mm^2]$ für Nennmaß 10mm	Z[%]
SL	1720 - 1970	1160 - 1340	1060 - 1230	40 / 35 / 30
FDC	1810 - 2010	1400- 1550	1320 - 1470	45 / 35 / 30
VDSiCr	2080 – 2230	1710 – 1810	1670 – 1770	50 / 40 / 35

Tabelle 3.20. Nitrierstähle nach DIN 17211

Wk	$R_m[N/mm^2]$	$R_{p0,2}[N/mm^2]$	A[%]	HB	HV1
31CrMo12	1000 – 1200	800	11	248	800
15CrMoV5 9	900 – 1100	750	10	248	800
34CrAlNi7	850 – 1050	650	12	248	950

Tabellenwerte für Bauteilabmessungen d≤100mm

Tabelle 3.21. Warmfeste Stähle nach DIN EN 10269

Wk	$R_m[N/mm^2]$	$R_{p0,2}[N/mm^2]$	A[%]	KV[J]
C35E (+QT)	500 – 650	300	22	55
34 CrNiMo 6 (+QT)	1040 – 1200	940	14	45
X5CrNiMo 17-12-2 (+AT)	500 – 700	200	40	100

Tabellenwerte für Bauteilabmessungen d≤60mm

Tabelle 3.22. Nichtrostende Stähle nach DIN EN 10088

Wk	$R_m[N/mm^2]$	$R_{p0,2}[N/mm^2]$	A[%]	KV[J]
X12Cr13 (+QT550)	550 – 750	400	15	-
X3CrNiMo13-4 (+QT780)	780 – 980	630	15	70
X5CrNiCuNb16-4 (+P850)	850 – 1050	600	12	-

Tabelle 3.23. Stahlguss nach DIN 1681

Wk	$R_m[N/mm^2]$	$R_{p0,2}[N/mm^2]$	A[%]	KV[J]
GS-38	380	200	25	35
GS-45	450	230	22	27
GS-60	600	300	15	27

Tabellenwerte für Bauteilabmessungen d≤30mm

Tabelle 3.24. Temperguss nach DIN EN 1562

Wk	d[mm]	R_m[N/mm^2]	$R_{p0,2}$[N/mm^2]	A[%]	HB
EN-GJMB-300-6	12 oder 15	300	-	6	150 max.
EN-GJMW-450-7	12	450	260	7	220
EN-GJMB-800-1	12 oder 15	800	600	1	270 - 320

Tabelle 3.25. Gusseisen mit Lamellengraphit DIN EN 1561

Wk	Wk alt (DIN 1691)	d[mm]	R_m[N/mm^2]	A[%]
EN-GJL-250	GG 25	5 - 10	250	0,8 – 0,3
EN-GJL-250	GG 25	20 – 40	210	
EN-GJL-350	GG 35	- 20	350	0,8 – 0,3
EN-GJL-350	GG 35	20 - 40	290	

Tabelle 3.26. Gusseisen mit Kugelgraphit DIN EN 1563

Wk	Wk alt (DIN 1693)	R_m[N/mm^2]	$R_{p0,2}$[N/mm^2]	A[%]	HB
EN-GJS-400-15	GGG 40	400	250	15	140 – 190
EN-GJS-600- 3	GGG 60	600	370	3	210 – 270
EN-GJS-800- 2	GGG 80	800	480	2	

Tabelle 3.27. Magnesiumlegierungen nach DIN 1729, DIN 9715

Wk	d[mm]	R_m[N/mm^2]	$R_{p0,2}$[N/mm^2]	A[%]	HB
MgMn2 F22	bis 2	220	165	2	40
MgAl6 Zn F27	bis 10	270	175	10	55
MgAl8 Zn F31	-	310	215	6	65

Tabelle 3.28. Kupfer und Kupferlegierungen nach DIN EN 12165

Wk	R_m[N/mm^2]	$R_{p0,2}$[N/mm^2]	A[%]	HB
Cu-DHP	200	50	30	40
CuZn38Pb2	350	140	15	80
CuAl11Fe6Ni6	750	450	5	190

Tabellenwerte für Bauteilabmessungen d≤80mm

Tabelle 3.29. Aluminium und Aluminiumlegierungen nach DIN EN 485-2

Wk	Wk alt (DIN 1745-1)	R_m[N/mm^2]	$R_{p0,2}$[N/mm^2]	A[%]
EN AW-1200 (Zst. O)	AL 99,0	Max 105	Min. 25	30
EN AW-2024 (Zst. O)	AlCu4Mg1	Max. 220	Max. 140	11
EN AW-2024 (Zst. T62)	AlCu4Mg1	Min. 435	Min. 345	4

Tabellenwerte für Bauteilabmessungen d≤25mm

Tabelle 3.30. Aluminium und Aluminiumlegierungen nach DIN EN 603-2

Wk	Wk alt (DIN 1745-1)	$R_m[N/mm^2]$	$R_{p0,2}[N/mm^2]$	A[%]
EN AW-6082 (Zst. T62)	AlSi1MgMn	310	260	7
EN AW-7075 (Zst. T62)	AlZn5,5MgCu	510	430	7

Tabellenwerte für Bauteilabmessungen d≤100mm

Tabelle 3.31. Auswahl sonstiger Ingenieur-Werkstoffe [Dub01]

Wk	$R_m[N/mm^2]$	$\sigma_{bB}[N/mm^2]$	$E[N/mm^2]$
Eichenholz	50 – 180	70 – 100	~ 13000
Lineare Polyester (PET)	50 – 75	-	2500 – 3200
Epoxidharze (EP)	60 – 200	-	5000 - 20000
Polytetrafluorethylen (PTFE)	9 – 12	-	450 - 750
Polyvinylchlorid (PVC-U)	50 – 80	-	2900 - 3600
Polyamid (PA)66	70 – 90	-	2000 - 3500
Glas	30 - 90	-	40000 - 95000
Cermets	900	-	400000 - 530000

3.5.2 Biegefälle

Beispiele für Biegemomentenverläufe

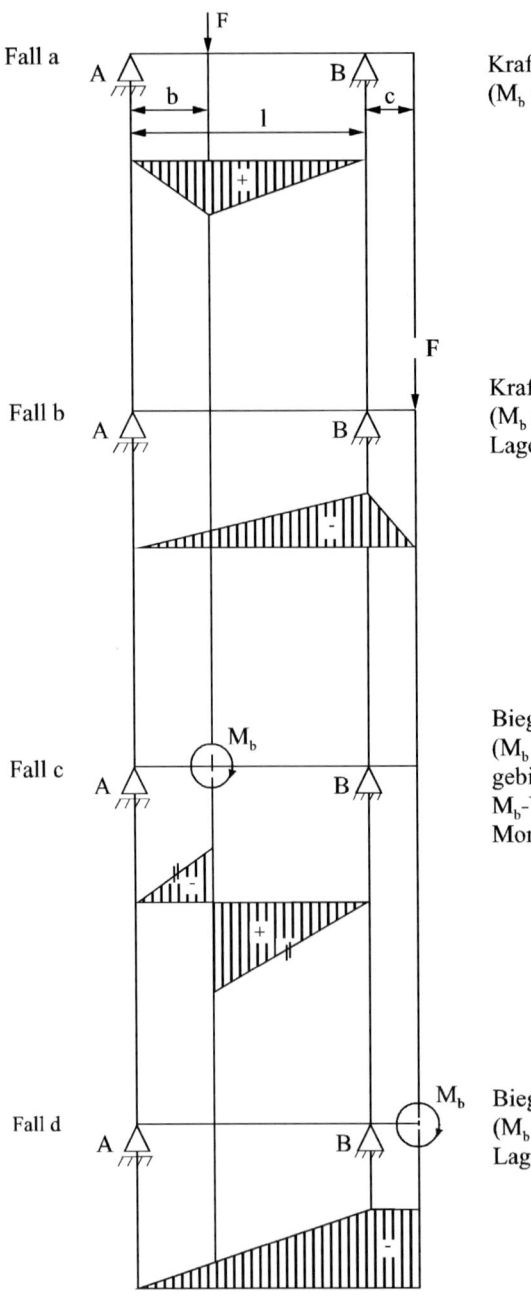

Fall a — Kraft zwischen den Lagern
($M_b = 0$ an den Auflagern)

Fall b — Kraft außerhalb der Lager
(M_b steigt bis zum nächstgelegenen Lager, Abbau zwischen den Lagern)

Fall c — Biegemoment zwischen den Lagern
($M_b = 0$ in den Auflagern, M_b-Fläche gebildet aus Parallelen, Sprung im M_b-Verlauf $\triangle$ Größe des eingeleiteten Momentes)

Fall d — Biegemoment außerhalb der Lager
(M_b konstant bis zum nächstgelegenen Lager, Abbau zwischen den Lagern)

Biegelinien

<table>
<tr>
<td>1.</td>
<td>

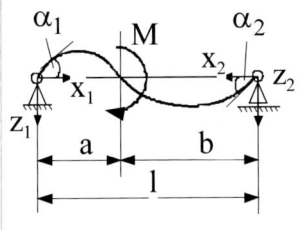

Durchbiegung

$$z_{max} = \frac{M}{3 \, E \cdot I} \cdot \frac{ab}{l}(a-b)$$

</td>
<td>

Biegelinie

$$z_1(x_1) = -\frac{M \cdot x_1}{6 \, E \cdot I \cdot l}(l^2 - 3b^2 - x_1^2)$$

$$z_2(x_2) = +\frac{M \cdot x_2}{6 \, E \cdot I \cdot l}(l^2 - 3a^2 - x_2^2)$$

Neigung

$$\alpha_1 = \frac{-M}{6 \, EI \cdot l}\left(l^2 - 3b^2\right)$$

$$\alpha_2 = \frac{M}{6 \, EI \cdot l}\left(l^2 - 3a^2\right)$$

</td>
</tr>
<tr>
<td>2.</td>
<td>

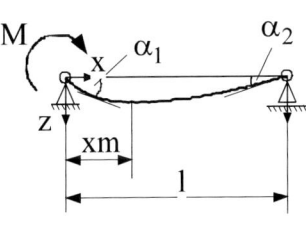

Durchbiegung

$$z_{max} = \frac{Ml^2}{9\sqrt{3} \, E \cdot I}$$

bei $x_m = l - l\sqrt{3}$

</td>
<td>

Biegelinie

$$z(x) = \frac{Ml^2}{6 \, E \cdot I}\left[2\frac{x}{l} - 3\left(\frac{x}{l}\right)^2 + \left(\frac{x}{l}\right)^3\right]$$

Neigung

$$\alpha_1 = \frac{Ml}{3 \, E \cdot I}$$

$$\alpha_2 = \frac{Ml}{6 \, E \cdot I}$$

</td>
</tr>
<tr>
<td>3.</td>
<td>

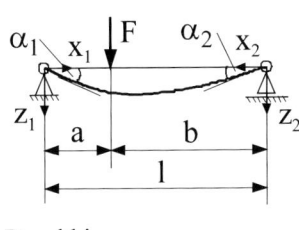

Durchbiegung

$$z(\alpha) = \frac{Fa^2b^2}{3 \, E \cdot I \cdot l}$$

</td>
<td>

Biegelinie

$$z_{(1)}(x_1) = \frac{Fbx_1}{6 \, E \cdot I \cdot l}\left(l^2 - b^2 - x_1^2\right)$$

$$z_2(x_2) = \frac{Fbx_2}{6 \, E \cdot I \cdot l}\left(l^2 - a^2 - x_2^2\right)$$

Neigung

$$\alpha_1 = \frac{Fab\,(l+b)}{6 \, E \cdot I \cdot l}$$

$$\alpha_2 = \frac{Fab\,(l+a)}{6 \, E \cdot I \cdot l}$$

</td>
</tr>
</table>

r.	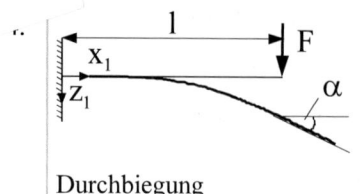 Durchbiegung $z_{max} = \dfrac{Fl^3}{3\,E\cdot I}$	Biegelinie $z_1(x_1) = \dfrac{Fx_1^2}{2\,E\cdot I}\left(l - \dfrac{x_1}{3}\right)$ Neigung $\alpha = \dfrac{Fl^2}{2\,E\cdot I}$
5.	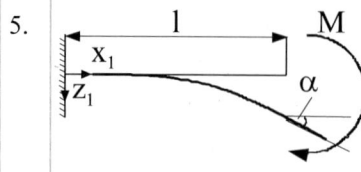 Durchbiegung $z_{max} = \dfrac{Ml^2}{2\,E\cdot I}$	Biegelinie $z_1(x_1) = \dfrac{M}{E\cdot I}\cdot\dfrac{x_1^2}{2}$ Neigung $\alpha = \dfrac{Ml}{E\cdot I}$
6.	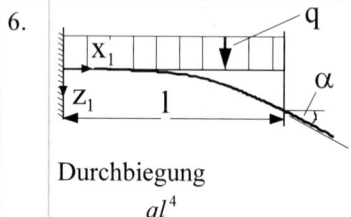 Durchbiegung $z_{max} = \dfrac{ql^4}{8\,E\cdot I}$	Biegelinie $z_1(x_1) = \dfrac{qx_1^2}{2\,E\cdot I}\left(\dfrac{l^2}{2} - \dfrac{lx_1}{3} + \dfrac{x_1^2}{12}\right)$ Neigung $\alpha = \dfrac{ql^3}{6\,E\cdot I}$
7.	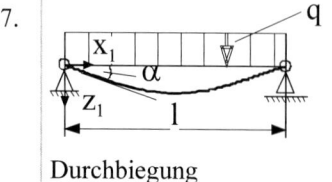 Durchbiegung $z_{max} = \dfrac{5}{384}\dfrac{ql^4}{E\cdot I}$	Biegelinie $z_1(x_1) = \dfrac{q\cdot x_1}{12\,E\cdot I}\left(\dfrac{l^3}{2} - lx_1^2 + \dfrac{x_1^3}{2}\right)$ Neigung $\alpha = \dfrac{ql^3}{24\,E\cdot I}$

8. 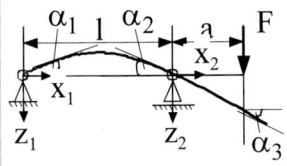 Durchbiegung $$z(x_2 = a)_{max} = \frac{Fa^2(l+a)}{3\,E\cdot I}$$ $$z(x_1 = x_m)_{max} = \frac{Fal^2}{9\sqrt{3}\,E\cdot I}$$ bei $x_m = 1/\sqrt{3}$	Biegelinie $$z_1(x_1) = \frac{Fal^2}{6\,E\cdot I}\left[\frac{x_1}{l} - \left(\frac{x_1}{l}\right)^3\right]$$ $$z_2(x_2) = \frac{Fa^3}{6\,E\cdot I}\left[2\frac{lx_2}{a^2} + 3\left(\frac{x_2}{a}\right)^2 - \left(\frac{x_2}{a}\right)^3\right]$$ Neigung $$\alpha_1 = \frac{Fal}{6\,E\cdot I}$$ $$\alpha_2 = \frac{Fal}{3\,E\cdot I}$$ $$\alpha_3 = \frac{Fa}{6\,E\cdot I}(2l+3a)$$
9. 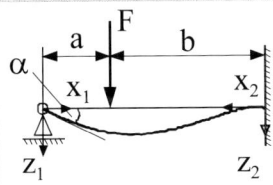 Durchbiegung $z_{max} = z_1(x_m)$ für $a \leq 0{,}414\cdot l$ bei $x_m = \dfrac{b(1+l/a)}{1+\dfrac{3b}{2\cdot a}+\dfrac{b}{2\cdot l}}$ $z_{max} = z_2(x_m)$ für $a \geq 0{,}414\cdot l$ bei $x_m = l\cdot\sqrt{\dfrac{a/2\cdot l}{1+a/2\cdot l}}$	Biegelinie für $0 \leq x_1 \leq a$ $$z_1(x_1) = \frac{Flb^2}{4\,E\cdot I}\left[\frac{ax_1}{l^2} - \frac{2}{3}\left(1+\frac{a}{2l}\right)\cdot\left(\frac{x_1}{l}\right)^3\right]$$ für $0 \leq x_2 \leq b$ $$z_2(x_2) = \frac{Fl^2a}{4\,E\cdot I}\left[\left(1-\frac{a^2}{l^2}\right)\cdot\left(\frac{x_2}{l}\right)^2\right.$$ $$\left. -\left(1-\frac{a^2}{3l^2}\right)\cdot\left(\frac{x_2}{l}\right)^3\right]$$ Neigung $$\alpha = \frac{Fab^2}{4\,E\cdot I\cdot l}$$

10. 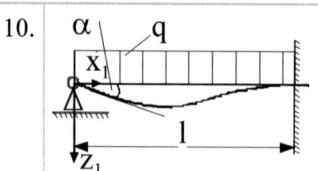 Durchbiegung $$z_{max} = \frac{ql^4}{185\,E\cdot I}$$ bei $x_m = 0{,}4215\cdot l$	Biegelinie $$z_1(x_1) = \frac{ql^4}{48\,E\cdot I}\left[\frac{x_1}{l} - 3\left(\frac{x_1}{l}\right)^3 + 2\left(\frac{x_1}{l}\right)^4\right]$$ Neigung $$\alpha = \frac{ql^3}{48\,E\cdot I}$$
11. 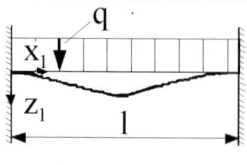 Durchbiegung $$z_{max} = \frac{2}{3}\frac{Fa^3b^2}{EI\cdot l^2}\left(\frac{1}{1+\dfrac{2a}{l}}\right)^2$$ bei $x_m = l\cdot\dfrac{1}{1+l/2a}$ für $a > b$ $$z_{max} = \frac{2}{3}\frac{Fa^2b^3}{E\cdot I\cdot l^2}\left(1\Big/1+\frac{2b}{l}\right)^2$$ bei $x_m = l\cdot\dfrac{1}{1+l/2b}$ für $a < b$	Biegelinie $$z_1(x_1) = \frac{Flb^2}{6\,E\cdot I}\left[3\frac{a}{l}\left(\frac{x_1}{l}\right)^2 - \left(1+\frac{2a}{l}\right)\cdot\left(\frac{x_1}{l}\right)^3\right]$$ für $0 \le x_1 \le a$ $$z_2(x_2) = \frac{Fla^2}{6\,E\cdot I}\left[3\frac{b}{l}\left(\frac{x_2}{l}\right)^2 - \left(1+\frac{2b}{l}\right)\cdot\left(\frac{x_2}{l}\right)^3\right]$$ für $0 \le x_2 \le b$
12. Durchbiegung $$z_{max} = \frac{ql^4}{384\,E\cdot I}$$	Biegelinie $$z_1(x_1) = \frac{ql^4}{24\,E\cdot I}\left[\left(\frac{x_1}{l}\right)^2 - 2\left(\frac{x_1}{l}\right)^3 + \left(\frac{x_1}{l}\right)^4\right]$$

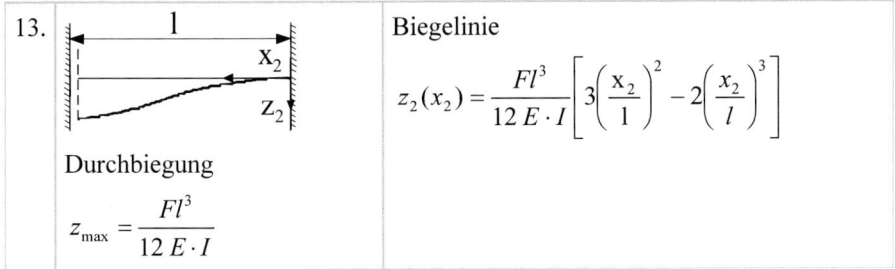

13.	Biegelinie

$$z_2(x_2) = \frac{Fl^3}{12\,E \cdot I}\left[3\left(\frac{x_2}{1}\right)^2 - 2\left(\frac{x_2}{l}\right)^3\right]$$

Durchbiegung

$$z_{max} = \frac{Fl^3}{12\,E \cdot I}$$

3.5.3 Ableitung Sicherheitsformel

Die in DIN 743 verwendeten Formeln zur Berechnung der Sicherheit ergeben sich wie folgend gezeigt. Es wird von der Gestaltänderungsenergiehypothese (GEH), auch Mises –Hypothese genannt, für Biegung (+Zug/Druck) und Torsion ausgegangen:

$$\sigma_v = \sqrt{\sigma_b^{\,2} + 3 \cdot \tau_t^{\,2}} \qquad (3.103)$$

Es werden die Amplituden der Beanspruchung eingesetzt: $\sigma_b = \sigma_{ba}$, $\tau_t = \tau_{ta}$, $\sigma_v = \sigma_{va}$

$$\sigma_{va} = \sqrt{\sigma_{ba}^{\,2} + 3 \cdot \tau_{ta}^{\,2}} \qquad (3.104)$$

Die Gleichung wird durch die ertragbare Amplitude σ_{ADK} (Amplitude = Index A, Dauerfestigkeit = Index D, Gestaltfestigkeit/Kerben = Index K) dividiert.

$$\frac{\sigma_{va}}{\sigma_{ADK}} = \sqrt{\left(\frac{\sigma_{ba}}{\sigma_{ADK}}\right)^2 + 3 \cdot \left(\frac{\tau_{ta}}{\sigma_{ADK}}\right)^2} \qquad (3.105)$$

Wird $\sigma_{ADK} = \sqrt{3} \cdot \tau_{ADK}$ gesetzt, so entsteht:

$$\frac{\sigma_{va}}{\sigma_{ADK}} = \sqrt{\left(\frac{\sigma_{ba}}{\sigma_{ADK}}\right)^2 + \left(\frac{\tau_{ta}}{\tau_{ADK}}\right)^2} \qquad (3.106)$$

Werden die virtuellen Sicherheiten $S_b = \dfrac{\sigma_{ADK}}{\sigma_{ba}}$ und $S_\tau = \dfrac{\tau_{ADK}}{\tau_{ta}}$ eingeführt, so kann für die Sicherheit geschrieben werden:

$$\frac{1}{S^2} = \frac{1}{S_b^{\,2}} + \frac{1}{S_\tau^{\,2}} \qquad (3.107)$$

Hierzu ist anzumerken, dass S_b und S_τ keine wirklichen Sicherheiten sind, sondern Rechengrößen darstellen. Weiterhin ist zu beachten, dass σ_{ADK} und τ_{ADK} im Allgemeinen von der Vergleichsmittelspannung σ_{mv} abhängen.

$$\sigma_{mv} = \sqrt{\sigma_{bm}^{2} + 3 \cdot \tau_{tm}^{2}} \; ; \qquad \tau_{mv} = \frac{\sigma_{mv}}{\sqrt{3}} \qquad\qquad (3.108)$$

3.6 Literatur

[Brän95]   Brändlein, Eschmann, Hasbargen, Weigand: Die Wälzlagerpraxis, Handbuch für die Berechnung und Gestaltung von Lagerungen. 3. Aufl. Vereinigte Fachbuchverlage GmbH, Mainz 1995. ISBN 3-7830-0290-7.

[Dahl94]   Dahlke Hans: Handbuch Wälzlagertechnik, Bauarten, Gestaltung, Betrieb. Vieweg Verlag Braunschweig / Wiesbaden, 1994. ISBN 3-528-06572-9.

[DIN743]   DIN 743-1: Teil 1: Tragfähigkeitsberechnung von Wellen und Achsen. Berlin: Beuth-Verlag Okt. 2000

             DIN 743-2: Teil 2: Formzahlen und Kerbwirkungszahlen. Berlin: Beuth-Verlag Okt. 2000

             DIN 743-3: Teil 3: Werkstatt-Fertigkeitswerte. Berlin: Beuth-Verlag Okt. 2000

             DIN 743, Beiblatt zu: Tragfähigkeitsberechnung von Wellen und Achsen, Anwendungsbeispiele. Berlin: Beuth-Verlag Okt. 2000

[DIN15018]   DIN 15018: Teil 1 bis 3: Krane. Grundsätze für Stahltragwerke. Berlin: Beuth-Verlag Nov. 1984

[DIN18800]   DIN 18800: Teil 1 bis 4: Stahlbauten. Berlin: Beuth-Verlag Nov. 1990

[Dub01]   Dubbel, H.; Beitz, W.; Küttner, K.H. (Hrsg): Dubbel, Taschenbuch für den Maschinenbau. 20. Aufl. Berlin, Heidelberg, New York: Springer-Verlag 2001

[FKM94a]   Festigkeitsnachweis, Vorhaben Nr. 154: Rechnerischer Festigkeitsnachweis für Maschinenbauteile. Abschlußbericht, Forschungsheft 183_1. Frankfurt: Forschungskuratorium Maschinenbau 1994

[FKM02]   FKM-Richtlinie: Festigkeitsnachweis, Rechnerischer Festigkeitsnachweis für Maschinenbauteile. aus Stahl, Eisenguss- und Aluminiumwerkstoffen. 4. Auflage. VDMA Verlag Frankfurt am Main 2002. ISBN 3-8163-0424-9

[Gros98]   Gross, D.; Hauger, W.; Schnell, W.: Statik. Bd. 1, 6. Aufl. Berlin u.a.: Springer-Verlag 1998

[Hag95]   Hagedorn, P.: Technische Mechanik. Bd. 2: Festigkeitslehre, 2. Aufl.
               Frankfurt a.M.: Verlag Harri Deutsch 1995

[Hai89]   Haibach, E.: Betriebsfestigkeit. Verfahren und Daten zur Bauteilbe-
               rechnung. Düsseldorf: VDI-Verlag, 1989

[Haig15]   Haigh, B.P.: Report on Alternating Stress Tests of a Sample of Mild
               Steel. Received from the British Association Stress Committee. 85.
               Rep. Brit. Assoc. Manchester, S. 163-170, 1915

[Iss97]   Issler, L.; Ruoß, H.; Häfele, P.: Festigkeitslehre - Grundlagen, 2.
               Aufl. Berlin u.a.: Springer Verlag, 1997

[Kle89]   Klein, B.: Leichtbau-Konstruktion. Braunschweig, Wiesbaden:
               Friedr. Vieweg & Sohn Verlag 1989

[Neu85]   Neuber, H.: Kerbspannungslehre. Theorie der Spannungskonzentrati-
               on. Genaue Berechnung der Festigkeit. 3. Aufl. Berlin: Springer-
               Verlag 1985

[Nie01]   Niemann, G.; Winter, H.; Höhn, B.-R.: Maschinenelemente, Bd. 1:
               Konstruktion und Berechnung von Verbindungen, Lagern, Wellen. 3.
               Auflage, Berlin, Heidelberg, New York: Springer-Verlag 2001

[Mis13]   Mises, R. v. : Mechanik der festen Körper im plastisch deformablen
               Zustand. Nachr. Königl. Ges. Wiss. Göttingen, Math.-phys. Kl.
               (1913), S. 582-592

[Per74]   Peterson, R.E.: Stress Concentration Factors. New York u.a.: John
               Wiley & Sons 1974

[Rol00]   Roloff, H.; Matek, W.: Maschinenelemente. Normung, Berechnung,
               Gestaltung. 14. Aufl. Braunschweig: Vieweg-Verlag & Sohn 2000

[Schn98]   Schnell, W.; Gross, D.; Hauger, W.: Elastostatik. Bd. 2, 6. Aufl.
               Berlin u.a.: Springer-Verlag 1998

[Sie56]   Siebel, E.; Gaier, M.: Untersuchungen über den Einfluß der Oberflä-
               chenbeschaffenheit auf die Dauerfestigkeit metallischer Bauteile.
               VDI-Z., 98 (1956), S. 1751-1774

[Smi10]   Smith, J.H.: Some Experiments on Fatigue of Metals. J. Iron Steel
               Inst., 82 (1910) 2, S. 246-318

[Sza75]   Szabó, I.: Einführung in die Technische Mechanik. Berlin, Heidel-
               berg, New York: Springer-Verlag 1975

[Sza77]   Szabó, I.: Höhere Technische Mechanik. Berlin, Heidelberg, New
               York: Springer-Verlag 1977

[Vdeh95]   Verein Deutscher Eisenhüttenleute (VDEh) (Hrsg.): Leitfaden für
               eine Betriebsfestigkeitsrechnung. Empfehlung zur Lebensdauerab-
               schätzung von Maschinenbauteilen. 3. Aufl. Düsseldorf: Verlag
               Stahleisen 1995

[Well76]   Wellinger, K.; Dietmann, H.: Festigkeitsberechnung – Grundlagen
               und technische Anwendung. 3. Aufl. Stuttgart: Kröner-Verlag 1976

[Göl91]   Göldner, H.: Lehrbuch Höhere Festigkeitslehre, Bd. 1, 3. Aufl.
                    Leipzig: Fachbuchverlag 1991

Kapitel 4

Jörg Feldhusen

4 Gestaltung von Elementen und Systemen

Die Basis zur Gestaltung eines Produkts bildet das zu Beginn des Produktentstehungsprozesses erarbeitete Konzept. Dabei werden die Wirkflächen und der Wirkzusammenhang mit Hilfe von Prinzipskizzen dargestellt, indem die zur Realisierung der Teilfunktionen gewählten physikalischen Effekte in ihrer geometrischen und stofflichen Ausprägung sowie ihren Verknüpfungen untereinander abgebildet werden. Das Ergebnis ist die Prinziplösung für das Produkt, welche das Konzept repräsentiert [PaBe03]. Art, Umfang und Anzahl der Prinzipskizzen für ein Produkt, also auch der Abstraktionsgrad, hängt von dessen Komplexität und der untersuchten Fragestellung ab. In Abb. 4.1. ist ein Beispiel für eine Darstellung einer Prinziplösung wiedergegeben; in diesem Beispiel ist die Prinziplösung zur Veranschaulichung schon räumlich ausgestaltet.

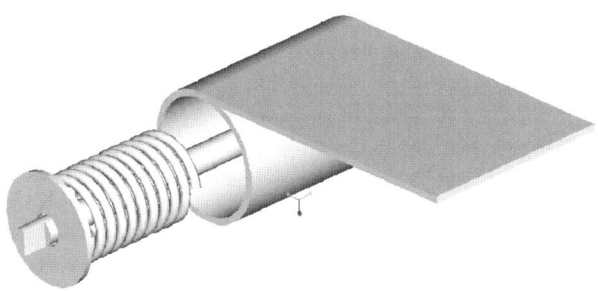

Abb. 4.1. Prinziplösung für eine Rollbahnabdeckung einer Werkzeugmaschine (zur Veranschaulichung hier schon ausgestaltet)

Die Gestaltung eines Produkts auf Basis der Prinziplösung geschieht in zwei Schritten [Koll98]:

1. Der *qualitativen Gestaltung*. Sie dient der Festlegung qualitativer Gestaltparameterwerte, beispielsweise das maßstäbliche Festlegen des Höhen-, Breiten- und Längenverhältnisses eines Getriebegehäuses.
2. Der *quantitativen Gestaltung*. Sie dient der Festlegung quantitativer Gestaltparameterwerte, beispielsweise der genauen Maße des Getriebegehäuses, der Gussschrägen usw.

Grundsätzlich gilt es bei der Gestaltung von Produkten zu beachten, dass i. Allg. eine Reihe von Randbedingungen und die daraus resultierenden Restriktionen beachtet werden müssen. Diese Restriktionen können u.a. herrühren aus

- technischen Randbedingungen, wie z.B. die gegebenen Fertigungsmöglichkeiten oder das vorhandene Konstruktionswissen,
- wirtschaftlichen Randbedingungen wie z.B. die zu produzierende Stückzahl oder Zielkosten für ein Produkt sowie
- weiteren allgemeinen Bedingungen z.B. termingerechte Verfügbarkeit von Fertigungsanlagen oder Halbzeugen.

Die Gestalt eines Produkts und damit die Gestaltungsmöglichkeiten hängen also von den zulässigen nutzbaren Gestaltelementen ab [Koll98]:

Gestalt technischer Gebilde = f (zulässigen nutzbaren Gestaltelementen und dem Zweck des technischen Gebildes)

Gestaltelement, Maschinen-/Konstruktionselemente

Unter Gestaltelement wird das kleinste, vom Konstrukteur noch beeinflussbare Element verstanden. Je nach Aufgabenstellung können Gestaltelemente sehr unterschiedliche Umfänge und Komplexität haben. Werden Einzelteile konstruiert sind die Gestaltelemente z.B. durch genormte Radien usw. vorgegeben. Bei der Projektion von Kraftwerksanlagen stellen u.a. Speisepumpen Gestaltelemente dar, da sie vom Projektingenieur i. Allg. nicht verändert werden können, Abb. 4.2.

Bei den hier behandelten Maschinenelementen liegen die Prinziplösungen, also die Wirkprinzipien und ihr Zusammenwirken in Form der Wirkstruktur, fest. In Bezug auf die Gestaltelemente kann bei Konstruktionselementen zwischen zwei Grundtypen unterschieden werden:

- Es gibt Konstruktionselemente, deren prinzipielle Gestalt festgelegt ist. Ihre prinzipielle Form, also die Form und Anordnung der Flächen bzw. Körper, aus denen das Konstruktionselement besteht, ist in jedem Anwendungsfall grundsätzlich gleich. Die genauen Abmessungen, Toleranzen und Oberflächenbeschaffenheiten werden während des Konstruierens, z.B. durch entsprechende Berechnungen, ermittelt. Zu dieser Art von Konstruktionselementen gehören beispielsweise Querpressverbindungen, bei denen der Wellendurchmesser, inkl. der gewählten Toleranz und Oberfläche, sowie die Gestaltung der Nabe, z.B. durch Wahl ihrer Kontur, von Fall zu Fall variiert.
- Neben dieser ersten Art von Konstruktionselementen gibt es auch diejenigen, deren qualitative und quantitative Gestalt festgelegt ist. Typische Vertreter dieser Art sind Norm- und Katalogteile. Diese gibt es nur in ganz bestimmten Abmessungen und mit vorgegebener Gestaltung. Eine Auswahl erfolgt z.B. aufgrund geforderter Kräfte oder Momente, die übertragen werden müssen. Bei Schrauben beispielsweise ergibt sich der Nenndurchmesser aus der erforderlichen Vorspannkraft. Die Gestaltelemente einer genormten Schraube stellen z.B. das Gewinde auf dem zylindrischen Schraubenteil oder der Schraubenkopf dar. Allerdings können diese im Rahmen der gewählten Norm häufig nur qualitativ variiert werden. Im Fall des Gewindedurchmessers und der Schlüsselweite beim Schraubenkopf sind beide gekoppelt und vorgegeben. Nur die Form des

Schraubenkopfs, Außen- oder Innensechskant usw. können frei gewählt werden.

Da die Gestalt eines Produkts aus der Zweckerfüllung und der Beachtung gegebener Restriktionen resultiert, bedarf es Regeln zur Produktgestaltung, die sowohl die sichere Funktionserfüllung eines Produkts als auch die Beachtung der Restriktionen sicherstellen. Die Konstruktionslehre hat dazu drei Stufen von Gestaltungsregeln entwickelt, die sich in ihrer Anwendbarkeit und Bedeutung

Komplexitätsstufe	Teilsystem Gestaltelemente	Erläuterungen	Beispiel
1	Ecke, Spitze	Schnittpunkt von Bauteilkanten, zu einer Spitze zulaufende Bauteil-Teiloberflächen	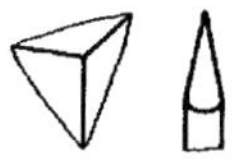 Bauteil-Ecke, Nadelspitze etc.
2	Kante 1. u. 2. Ordnung, Flächenberandung	Berandung einer Fläche, kanten- oder tangentenförmiger Übergang zweier Teiloberflächen (1. oder 2. Ableitung unstetig)	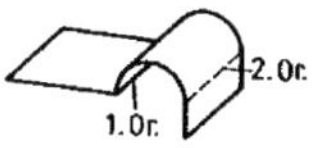 Bauteil-Kanten 1. u. 2. Ordnung
3	Teiloberfläche, Wirkfläche	Teile der Oberfläche eines Bauteils	 Lagerlauffläche, Zylinderlauffläche etc.
4	Wirkflächenpaar	Zusammenwirkende Teiloberflächen zweier Bauteile	 Lagerwellen- und Schalenflächen, Wälzflächenpaar etc.
5	Teilkörper	Teilkörper, aus denen man sich ein Bauteil zusammengesetzt vorstellen kann	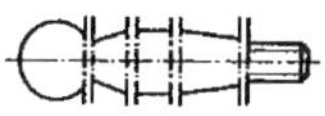 Kegelstumpf, Zylinder etc.
6	Bauteil, Bauelement	Nicht weiter demontierbares Teil eines technisches Gebildes	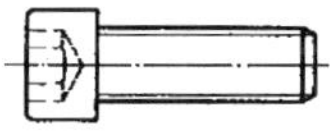 chraube, Bolzen, Feder etc.
7	Baugruppe	Eigenständiges (eigenes Gestell) funktionsfähiges Subsystem, aus wenigstens 2 Bauteilen bestehend	 Wälzlager, Getriebemotor, Führung etc.
8	Maschine, Gerät, Apparat	Technisches System zur Realisierung eines bestimmten Energie-, Stoff- oder Informationsumsetzungsprozesses	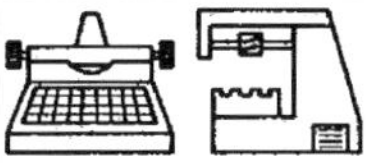 Dampfturbine, Werkzeugmaschine, Datengeräte etc.
9	Anlagen, Einrichtungen, Aggregate	Technisches System, bestehend aus mehreren Maschinen, Geräten und/oder Apparaten	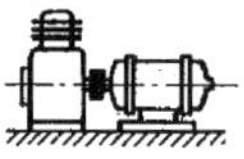 Walzwerkanlage, Notstromaggregat etc.
10	Technisches System	Komplexe technische Systeme, wie z. B. Flugsystem (Flugzeuge, Flugplatz, Flugsicherung), Fahrzeugsysteme (Auto, Straße) etc.	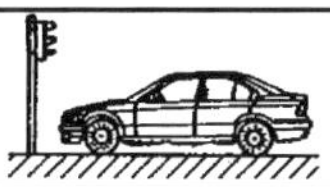 Verkehrssystem, Fernsprechsystem etc.

Abb. 4.2. Komplexitätsstufen von Gestaltelementen nach [Koll98] (Bild 3.1.4)

• Die *Grundregeln der Gestaltung* sind generelle Gestaltungsregeln. Sie sind immer anwendbar und dürfen bei keiner Konstruktion missachtet werden. Ihre

Anwendung führt im günstigsten Fall zur „optimalen" technischen und wirtschaftlichen Gestaltung des Produkts.

- Die *Gestaltungsprinzipien* sind übergeordnete Gestaltungshilfen. Ihre Anwendung sorgt für eine sichere Funktionserfüllung des Produkts. Sie stellen im Wesentlichen eine Ausprägung der Grundregeln zur Gestaltung dar und unterstützen hauptsächlich die zweckmäßige Gestaltung des Produkts in technischer und funktionaler Hinsicht.

- Die *Gestaltungsrichtlinien* helfen dem Konstrukteur das Produkt herstellgerecht zu konstruieren und eine optimale Nutzbarkeit sicherzustellen. Beide Aspekte sind von der aktuell bearbeiteten Aufgabe abhängig. Allerdings muss bei jeder Anwendung geprüft werden, ob diese allgemein gültigen Richtlinien im gegebenen Fall auch sinnvoll sind. Innerbetriebliche Vorgaben können z.B. eine Abweichung erforderlich machen. Liegen keine einschränkenden Angaben vor, ist es sinnvoll, die Gestaltungsrichtlinien anzuwenden.

4.1   Grundlagen technischer Systeme und Elemente

Technische Systeme dienen der Erfüllung eines vorgegebenen Zwecks. Der Zweck, d.h. die Funktion oder Aufgabe des technischen Systems wird durch die technische Umsetzung physikalischer Effekte erreicht. Der Vortrieb eines PKW's z.B. wird durch die Anwendung des Coulomb'schen Reibungsgesetzes bewirkt. Dazu bilden die Elemente Rad mit der aus dem Fahrzeuggewicht resultierenden Aufstandskraft und Straße das technische System Reibradgetriebe. Es werden also Elemente benötigt, die die technische Umsetzung eines physikalischen Effekts und letztlich der geforderten Funktion realisieren. Diese Elemente werden deshalb auch als Funktionsträger und in realen Produkten als Bauteile bezeichnet [Koll98].

An den Wirkflächen der Funktionsträger wird die Umsetzung des physikalischen Effekts erzwungen. Zusätzlich müssen natürlich die unterschiedlichen Wirkflächen eines Bauteils untereinander durch Material verbunden werden, um ihre Aufgabe erfüllen zu können, z.B. Kräfte und Momente zu leiten. Ein einfacher Hebel besteht nicht nur aus den Krafteinleitungs- und evtl. Lagerstellen, sondern diese Wirkflächen sind untereinander durch den „eigentlichen Hebel" verbunden. Die Gestaltung technischer Systeme bezieht sich also auf die Gestaltung der System-Elemente und ihrer Wirkflächen sowie aller anderen, die Wirkflächen verbindenden Bereiche und wird natürlich durch die geforderte Funktion wesentlich beeinflusst [AlMa02]. Bei einer Reibkupplung beispielsweise bilden die Reibflächenpaare die Wirkflächen und stellen die wichtigsten Systemelemente dar. Doch auch das Gehäuse als ein Element zur Kraft- und Momentenleitung muss entsprechend gestaltet werden.

Die Produktstruktur

Zu Erfüllung der geforderten Gesamtfunktion eines technischen Systems werden i. Allg. mehrere Systemelemente benötigt. Diese werden bei realen Produkten nach verschiedenen Gesichtspunkten zu Subsystemen bzw. Baugruppen zusammengefasst. Die funktionale Betrachtung des Produkts führt zu Funktionsbaugruppen. Es werden alle Elemente eines technischen Systems, also die Bauteile, die der Realisierung einer Produktfunktion dienen, zusammengefasst. Beim Beispiel PKW wird die Funktionsbaugruppe Innenausstattung aus allen Bauteilen, die zum Fahrer- und Beifahrersitz, zur kompletten Rückbank, zum Armaturenpult, den Türverkleidungen mit allen Bedienelementen usw. gehören, gebildet. Dieses Beispiel verdeutlicht, dass auch Subsysteme, hier die Innenausstattung eines PKW´s, wiederum aus Untersystemen und Unterbaugruppen gebildet werden können. So entsteht die Struktur des betrachteten Produkts, also die *Produktstruktur*, in dem die Zusammenhänge der Bauteile, Unterbaugruppen und Baugruppen dargestellt werden. Das Beispiel „Innenausstattung eines PKW´s" verdeutlicht auch, dass die Baugruppen der Produktstruktur im realen Produkt physikalisch nicht miteinander verbunden sein müssen. Rückbank und Fahrersitz gehören zwar zur Funktionsbaugruppe „Innenausstattung", sind aber nicht physikalisch miteinander verbunden. Wie oben erwähnt, kann die Gliederung der Produktstruktur nach verschiedenen, durch den Zweck ihrer Verwendung bestimmten Gesichtspunkten erfolgen. Bei einer fertigungstechnischen Gliederung des Produkts würden alle Bauteile zusammengefasst, die beispielsweise mit demselben Fertigungsverfahren hergestellt werden.

Die Produktstruktur wird benötigt, um die Konstruktionsarbeit oder Fertigung eines Produkts zu planen und zu steuern, indem beispielsweise eine Konstruktionsarbeitsgruppe für eine Baugruppe verantwortlich ist. In Abb. 4.3. ist ein ganz einfaches technisches System, ein Bleistiftspitzer, bestehend aus Baugruppen und Elementen, dargestellt. Die Abb. 4.4. oben stellt eine stark vereinfachte Mengenübersicht dar. Hieraus ist ersichtlich, wie viele Bauteile jeden Typs benötigt werden, um das Produkt herzustellen. Im unteren Teil der Abb. 4.4. ist dann die Produktstruktur, gegliedert nach dem Kriterium der Fertigung, wiedergegeben. Hieraus lässt sich erkennen, mit welchen Bauteilen bei der Fertigung bzw. Montage begonnen werden muss, hier die Bauteile der Stufe 3. Nach ihrer Fertigung werden sie mit den Bauteilen der Stufe 2 montiert. So entsteht der „Spitzerdeckel komplett" der Stufe 1. Aus den Baugruppen und Bauteilen der Stufe 1 wird dann das komplette Produkt montiert.

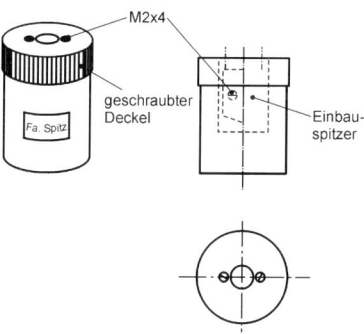

Abb. 4.3. Aufbau des Bleistiftspitzers

Mengenübersichtsstückliste:

1 St. Bleistiftspitzer		
Bezeichnung	**Menge**	**ME**
Gehäuse	1	St
Aufkleber	1	St
Deckel-Rohling	1	St
Einbauspitzer-Rohling	1	St
Einbauspitzer-Messer	1	St
Schraube M2x4	3	St

Strukturstückliste:

1 St. Bleistiftspitzer			
Stufen-Nr.	**Bezeichnung**	**Menge**	**ME**
.1	Gehäuse	1	St
.1	Spitzerdeckel komplett	1	St
..2	Deckel-Rohling	1	St
..2	Einbauspitzer komplett	1	St
...3	Einbauspitzer-Rohling	1	St
...3	Einbauspitzer-Messer	1	St
...3	Schraube M2x4	1	St
..2	Schraube M2x4	2	St
.1	Aufkleber	1	St

Abb. 4.4. Oben vereinfachte Mengenübersicht zum Bleistiftanspitzer aus Abb. 4.3. Unten: nach fertigungstechnischen Gesichtspunkten gegliederte Produktstruktur des Bleistiftanspitzers aus Abb. 4.3.

4.1.1 System, Maschine, Baugruppe, Einzelteil

Trotz vielfacher Bemühungen ist es bis heute nicht gelungen, einen eindeutigen Sprachgebrauch für die Begriffe System, Anlage, Apparat, Maschine, Gerät, Baugruppe und Einzelteil einzuführen. Besonders in der Alltagssprache, auch von Technikern und Ingenieuren, hat sich eine nicht eindeutige Begrifflichkeit eingeführt. Am einfachsten stellt sich noch der Begriff „System" dar. Nach Pahl/Beitz [PaBe03] ist ein „*System*": Gesamtheit geordneter Elemente, z.B. Funktionen oder technische Gebilde, die aufgrund ihrer Eigenschaften durch Relationen verknüpft und durch eine Systemgrenze umgeben sind".

Diese abstrakte Definition wird schnell verständlich, wenn ein Beispiel betrachtet wird. Die Systemgrenze einer Kaffeemaschine wird von außen nach innen passiert vom Kaffeepulver, dem Filter, Wasser und elektrischer Energie. In umgekehrter Richtung vom Kaffeepulver, welches vom heißen Wasser durchströmt wurde, dem Filter und dem Kaffee. Die Kanne, in der der Kaffee aufgefangen wird, ist ein Teilsystem des Systems Kaffeemaschine. Dieses in sich abgeschlossene Teilsystem dient zum Auffangen des Kaffees. Die Kanne ist ein echtes Teilsystem. Wir nutzen sie beim Kaffeekochen separat zum Wasserholen.

In Abb. 4.5. ist am Beispiel einer „Motor-Getriebe-Einheit" ein System S mit seinen Grenzen und den Grenzen seiner Teilsysteme dargestellt. Der Eingang in das System wird von der Größe „E" gebildet, hier elektrischer Strom, der Ausgang von der Größe „A", hier Drehmoment und Drehzahl. Es besteht aus den beiden Teilsystemen „Gleichstrommotor" S1 und „Getriebe" S2. Das Teilsystem „Gleichstrommotor" besteht aus den Systemelementen „Stator" 1.1, Rotor 1.2. sowie der „Ausgangswelle" 2. Das Teilsystem „Getriebe" wird gebildet aus den Systemelementen der „Ersten Stufe" 3, der „Welle" 4, der „Zweiten Stufe" 5 und der „Abtriebswelle" 6.

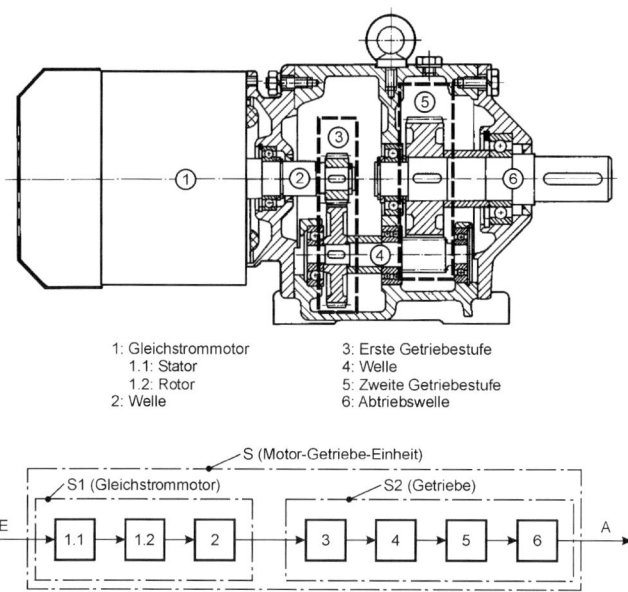

1: Gleichstrommotor   3: Erste Getriebestufe
1.1: Stator   4: Welle
1.2: Rotor   5: Zweite Getriebestufe
2: Welle   6: Abtriebswelle

Abb. 4.5. System „Motor-Getriebe-Einheit"

Im Gegensatz zum Begriff des „Systems" ist der Begriff „Anlage" nicht eindeutig festgelegt. Er wird meistens verwendet, um ein kundenspezifisches System zu kennzeichnen. Eine petrochemische Anlage beispielsweise wird i. Allg. kundenspezifisch zusammengestellt. Mit dem Begriff Anlage verbinden wir meistens außerdem hohen Aufwand, hohe Komplexität und hohe Kosten. Es können unterschieden werden:

• Anlagen der Grundstoffindustrie, z.B. Stahlwerke
• Anlagen der Verarbeitungsindustrie, z.B. Papiermaschinen
• Anlagen der chemischen und petrochemischen Industrie
• Infrastrukturanlagen, z.B. Straßenbahnen

All diese technischen Systeme, Teilsysteme und Anlagen werden gebildet aus Baugruppen und diese wiederum aus Einzel- oder Bauteilen.

Je nachdem, welchen Hauptumsatz das System hat, wird es in der Konstruktionslehre als Apparat (Hauptumsatz Stoff), Maschine (Hauptumsatz Energie) oder Gerät (Hauptumsatz Signal) bezeichnet. Hier wird aber wieder die Uneinheitlichkeit zwischen der Definition aus der Konstruktionslehre und dem Gebrauch der drei Begriffe im Alltag deutlich. Eine Knetmaschine hat als Hauptumsatz Stoff den Teig, ein Stromrichtergerät hat als Hauptumsatz Energie in Form des Stromes.

4.1.2 Betrachtung des Systemumsatzes und der Funktion

Die Funktion im hier benutzten Sinn beschreibt eindeutig und lösungsneutral den Zusammenhang zwischen dem Eingang und dem Ausgang eines Systems. Die Eingangs- und Ausgangsgrößen des Systems werden als Systemumsatz bezeichnet. Wie bereits erwähnt, gibt es drei Arten von Umsätzen in einem System. Es sind dies der Energieumsatz, solche Systeme werden in der Konstruktionslehre als Maschinen bezeichnet, der Stoffumsatz, die entsprechenden Systeme heißen Apparate und der Signalumsatz, der von Geräten realisiert wird. In Abb. 4.6. ist dieser Zusammenhang dargestellt.

Abb. 4.6. Funktion mit möglichen Flussarten

Meistens ist eine zu lösende Aufgabe bzw. die sie beschreibende Gesamtfunktion zu komplex, um sie ohne weiteres lösen zu können. Deshalb wird die Aufgabe, also die Gesamtfunktion, in Teilfunktionen zerlegt. Die geschieht solange, bis die Teilfunktionen eine für den jeweiligen Bearbeiter zu bewältigende Komplexität haben [VDI2221], siehe Abb. 4.7.

Weiterhin ist es sinnvoll zwischen Haupt- und Nebenfunktionen zu unterscheiden. Hauptfunktionen sind Teilfunktionen, die unmittelbar der Gesamtfunktion dienen. Demgegenüber tragen Nebenfunktionen, im Sinne von Hilfsfunktion, nur mittelbar zur Gesamtfunktion bei.

In Abb. 4.8. ist noch einmal die Motor-Getriebe-Einheit aus Abb. 4.5. wiedergegeben. Hier ist aber im unteren Teil der Abbildung die Funktionsstruktur des Systems dargestellt. Dieses einfache Beispiel veranschaulicht die Möglichkeit, mit Hilfe der Funktionsstruktur Variationsmöglichkeiten hinsichtlich der gefundenen Lösungen bzw. deren Reihenfolge innerhalb des Systems zu erkennen. Die Funktion „Vergrößern" des Moments, welche durch die Zahnradpaare realisiert wird, könnte auch durch einen Riementrieb realisiert werden.

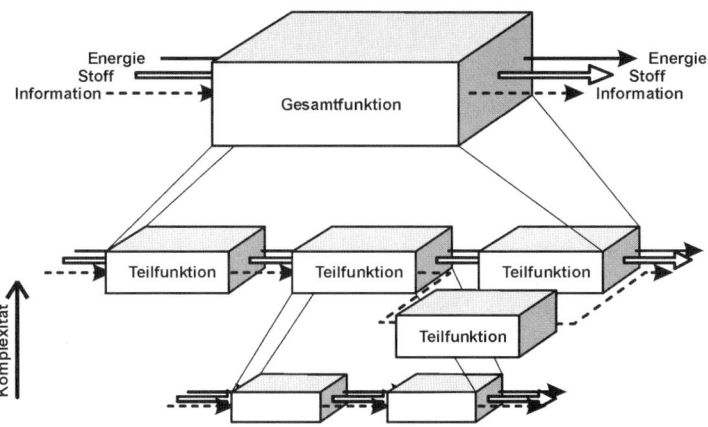

Abb. 4.7. Verringerung der Komplexität einer Aufgabe durch Aufgliedern der Gesamtaufgabe in Teilfunktionen

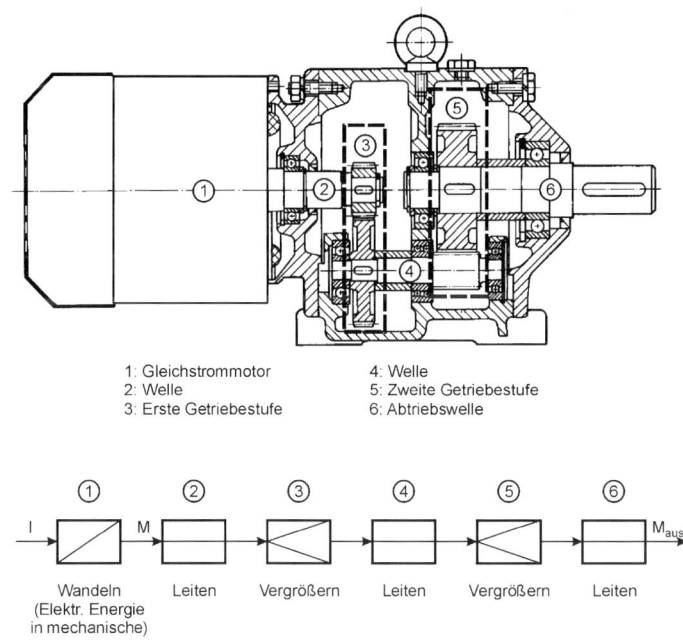

Abb. 4.8. Funktionsstruktur einer Motor-Getriebe-Einheit

In der Konstruktionslehre gibt es verschiedene Vorschläge zur Definition von Funktionen, auf die an dieser Stelle nicht weiter eingegangen werden soll.

Das Ziel dieses Vorgehens ist es, letztlich die komplexe Gesamtaufgabe, die Gesamtfunktion, in überschaubare Teilaufgaben, die Teilfunktionen, zu zerlegen und deren Verknüpfungen untereinander aufgrund des Hauptflusses bzw. logischer Betrachtungen als System darzustellen. Das Ergebnis ist die Funktionsstruktur, wie in Abb. 4.8. dargestellt.

Nachdem die Funktionsstruktur aufgestellt ist, werden für jede Teilfunktion Teillösungen gesucht und diese zu einer Gesamtlösung verknüpft. Dieses Vorgehen hierbei ist Gegenstand der Konstruktionslehre und soll hier nicht weiter behandelt werden.

4.2   Grundregeln der Gestaltung

Die Grundregeln *eindeutig*, *einfach* und *sicher* dienen dazu, die generellen Ziele zu erreichen:

- die technische Funktion zu erfüllen
- das Produkt wirtschaftlich zu realisieren
- Sicherheit für Mensch und Umwelt sicherstellen

Wie eingangs dieses Kapitels erwähnt, gelten diese Ziele immer. Die Beachtung der Eindeutigkeit ist eine wesentliche Voraussetzung für die zuverlässige Funktion des späteren Produkts. Die Beachtung dieser Grundregel erlaubt ebenfalls eine zuverlässige Voraussage über das Verhalten des Produkts in unterschiedlichen Situationen. Wird die Grundregel der Einfachheit beachtet, ist ein wesentlicher Schritt zur kostengünstigen Gestaltung getan. Die Grundregel Sicherheit erfordert eine genaue Betrachtung zur Haltbarkeit, Zuverlässigkeit und Unfallfreiheit mit entsprechender Abwägung der Folgen für Mensch und Umwelt. Ein weiterer entscheidender Punkt in diesem Zusammenhang ist die gemeinsame Behandlung und Betrachtung der Begriffe „eindeutig", „einfach" und „sicher".

4.2.1 Eindeutig

Die Grundregel der Eindeutigkeit lässt sich auf unterschiedliche Aspekte der Produkteigenschaften beziehen. Sie sollen im Folgenden erläutert werden:

- Eindeutige Zuordnung der Teilfunktionen untereinander durch ihre zugehörigen Eingangs- und Ausgangsgrößen.
- Mathematisch eindeutige Zusammenhänge der Eingangs- und Ausgangsgrößen einer Teilfunktion, Funktion und Gesamtfunktion des Produkts. Hierzu zählt auch die Betrachtung der Belastungen und resultierenden Beanspruchungen.
- Eindeutige Gestaltung der Mensch-Maschine-Schnittstelle, sodass eine richtige Bedienung erzwungen wird.
- Vollständige Dokumentation des Produkts ohne Redundanzen, inkl. der Fertigungs- und Nutzungsunterlagen. Insbesondere bei den Fertigungsunterlagen ist u.a. auf eine eindeutige Schnittführung und vollständige Angabe aller Fertigungsangaben auf den Zeichnungen zu achten.

- Bauteile und Baugruppen so gestalten, dass Irrtümer in der Montagereihenfolge ausgeschlossen werden und ein Transport, z.B. durch Kranösen, ermöglicht wird.
- Wartungs- und Inspektionszeitpunkt eindeutig festlegen. Kontrollen durch eindeutige Kennzeichen ermöglichen.
- Für das Produktrecycling die Werkstoffe kennzeichnen und Sollbruch- bzw. Demontagestellen bei nichtverträglichen Werkstoffverbünden vorsehen.

In Abb. 4.9. sind drei Beispiele für eine Welle-Nabe-Verbindung dargestellt, welche jeweils die drei Funktionen „Drehmoment übertragen", „radiale Sicherung" und „axiale Sicherung" erfüllen müssen. Bei der Kegelpressverbindung aus Abb. 4.9. a) werden die Funktionen durch eine einzige Wirkfläche, die Kegelfläche, realisiert. Hier liegt also keine eindeutige Konstruktion vor. Die Position der Nabe in axialer Richtung kann aufgrund der Konstruktion nicht eindeutig vorhergesagt werden. Im Beispiel b der Abb. 4.9. ist zwar die radiale Sicherung der jetzt zylindrischen Wirkfläche eindeutig von den anderen zwei Funktionen getrennt. In Bezug auf die Drehmomentübertragung liegt keine eindeutige Lösung vor. Die axiale Stirnfläche des Wellenabsatzes, die nun zur axialen Sicherung dient, überträgt aufgrund der axialen Anpressung durch die Wellenmutter gleichzeitig Drehmoment, zusätzlich zu der Passfeder. Wie groß der jeweilige Anteil an der Drehmomentübertragung ist lässt sich nicht eindeutig vorhersagen. Eine eindeutige Lösung liegt mit der Konstruktion nach Abb. 4.9.c vor. Hier wird für jede der drei Funktionen eine eigene Wirkfläche genutzt.

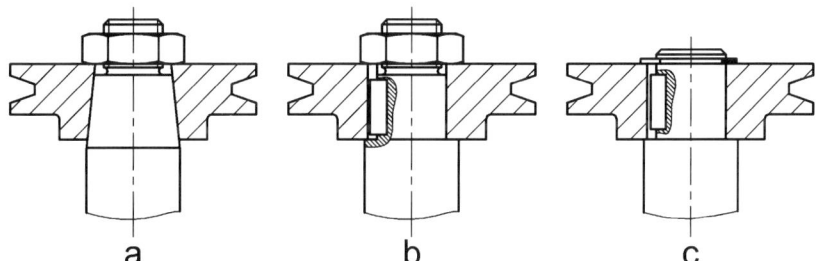

Abb. 4.9. Welle-Nabe-Verbindungen: a) Kegelfläche übernimmt die 3 Funktionen „radiale Zentrierung", „axiale Festlegung" und „Drehmoment leiten"; b) zylindrische Fläche übernimmt die Funktionen „radiale Zentrierung", die Stirnfläche des Wellenabsatzes „axiale Festlegung", aber wegen der Wellenmutter auch ein Teil der Funktion „Drehmoment leiten" und die Passfeder „Drehmoment leiten". c) eindeutige Lösung, zylindrische Fläche übernimmt die Funktionen „radiale Zentrierung", die Stirnfläche des Wellenabsatzes „axiale Festlegung" und die Passfeder „Drehmoment leiten"

4.2.2 Einfach

Eine Lösung soll möglichst übersichtlich und mit geringem Aufwand realisierbar sein, dann wird sie als einfach bezeichnet. Ein einfach aufgebautes Produkt besteht aus wenigen Komponenten oder Teilen, deren Anordnung und geometrische Form ebenfalls einfach ist. Im Folgenden soll der Begriff „einfach" in Bezug auf die Gestaltung weiter beschrieben werden:

- Geringe Anzahl von Bauteilen, Baugruppen sowie Vorgängen zur Realisierung der Funktion
- Einfache geometrische Formen, die sich möglichst mathematisch beschreiben lassen wie Zylinder, Quader, Kugel usw.
- Ausnutzung von Symmetrie, sowohl für die Geometrie von Bauteilen und Baugruppen, als auch für die Kraftleitung
- Sinnfällige Mensch-Maschine-Schnittstelle, wenige, übersichtliche Anzeigen und Bedienelemente unter Beachtung der Richtlinien zur ergonomischen Gestaltung [Lucz93], (siehe auch einschlägige Normen)
- Anwendung möglichst weniger und einfach beherrschbarer Fertigungsverfahren
- Leicht identifizierbare Teile
- Klare und schnell durchschaubare Montagevorgänge
- Einfache Fehlererkennung durch z.B. leichte Erkennbarkeit von Abweichungen. Beispiele sind Anschläge, Symmetrien usw.
- Einfaches Recycling durch Verwendung verträglicher Werkstoffe und einfache Demontagemöglichkeiten

4.2.3 Sicher

Im Zusammenhang mit technischen Produkten hat der Begriff „sicher" zwei wesentliche Aspekte:

- zuverlässige Erfüllung einer technischen Funktion und
- Gefahrenminderung für den Menschen und die Umwelt.

Der Konstrukteur muss sich dabei seiner Verantwortung und den Folgen seines Handelns bewusst sein. In Abb. 4.10. ist der Sicherheitsbegriff in Bezug auf die Auswirkungen einer Konstruktionstätigkeit dargestellt. Wie in Abschnitt 4.1 dargelegt, besteht ein technisches System aus Einzelteilen, Unterbaugruppen und Baugruppen, die im Zusammenspiel die geforderte Gesamtfunktion erfüllen. Versagt ein Bauteil oder eine Baugruppe eines solchen Systems, so kann es zu einer Fehlfunktion des gesamten Systems kommen. Die Folgen können dabei von einer verminderten Leistungsfähigkeit bis zu einer Gefährdung von Mensch und Umwelt reichen. Wegen des oben beschriebenen Zusammenspiels der Bauteile und Baugruppen eines technischen Systems beginnt das sicherheitsgerechte Konstruieren bei der Gestaltung, Auslegung und richtigen Werkstoffwahl der Einzelteile. Ein Konstrukteur muss sich bei seiner Tätigkeit der in Abb. 4.10.

dargestellten Wirkkette bewusst sein. Dies gilt auch, wenn er „nur" ein einfaches Bauteil konstruiert. Er beeinflusst damit direkt die Bauteil- und Funktionszuverlässigkeit und muss deshalb die genauen Belastungen durch Kräfte, Temperaturen usw. des Bauteils kennen. Damit auch die Betriebssicherheit gewährleistet ist, bedarf es zusätzlicher Kenntnisse über die Einsatzbedingungen des Systems. Er muss z.B. klären, ob in der Halle, in der die zu konstruierende Maschine aufgestellt werden soll, andere Maschinen schädliche Schwingungen erzeugen, die entsprechend berücksichtigt werden müssen. Um der Forderung nach Arbeitssicherheit gerecht zu werden, sind u.a. Kenntnisse über Ergonomie und antropometrische Werte erforderlich. Maßnahmen zur Umweltsicherheit können nur sinnvoll ergriffen werden, wenn das Schädigungspotential des technischen Systems und die Schädigungstoleranz der Umwelt bekannt sind. Das führt dazu, dass der Konstrukteur sich neben der Konstruktion des eigentlichen technischen Systems u.U. auch um die Konstruktion von Schutzeinrichtungen kümmern muss.

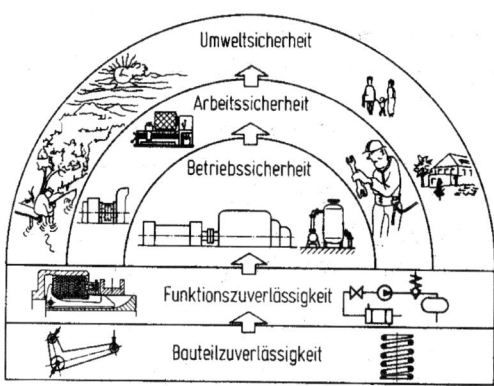

Abb. 4.10. Auswirkung konstruktiven Handelns auf die unterschiedlichen Sicherheitsebenen [PaBe03]

Bei der überwiegenden Anzahl von Maschinen und Anlagen handelt es sich heutzutage um mechatronische Produkte. Eine Maschine oder Teile von ihr sind also eingebunden in einen Steuer- und/oder Regelkreis. Deshalb muss die Steuerung und Regelung mit in das Sicherheitskonzept integriert werden [StVo92].

Sicherheit kann definiert werden als:
Eine Sachlage, bei der das Risiko kleiner als das Grenzrisiko ist.

Das Grenzrisiko ist dabei:
Das größte noch vertretbare anlagenspezifische Risiko eines bestimmten technischen Vorgangs oder Zustands [DIN31000].

Um Sicherheit zu erreichen gibt es drei grundsätzliche Strategien:

1. Die unmittelbare Sicherheitstechnik: hierbei wird die Lösung so gewählt, dass von vornherein und aus sich heraus keine Gefährdung besteht.

2. Die mittelbare Sicherheitstechnik: bei ihrer Umsetzung kommen Schutzsysteme und Schutzeinrichtung zur Gefahrenabwendung zum Einsatz.
3. Die hinweisende Sicherheitstechnik: Sie kann nur vor Gefahren warnen, sie aber nicht abschirmen oder verhindern.

Im Folgenden sollen die Begriffe erläutert werden.

4.2.4 Unmittelbare Sicherheitstechnik

Soll eine Funktion sicher erfüllt werden, so muss mindestens eines der nachfolgenden Prinzipien zur Anwendung kommen:

- Prinzip des „Sicheren Bestehens" (safe-life-Verhalten).
- Prinzip des „beschränkten Versagens" (fail-safe-Verhalten)
- Prinzip der „Redundanten Anordnung"

Grundsätzlich erfordert die Realisierung des *Prinzips des sicheren Bestehens* sehr umfangreiche Untersuchungen oder vorhandene Erfahrungen. Zur Umsetzung ist die genaue Kenntnis aller Belastungen und resultierenden Beanspruchungen sowie aller weiteren, die Sicherheit beeinflussenden Größen hinsichtlich ihrer Quantität und Qualität erforderlich. Deshalb müssen:

- Einwirkende Belastungen und Umwelteinflüsse genau geklärt werden.
- Die Auslegung auf Basis bewährter Hypothesen und Rechenverfahren erfolgen.
- Die Fertigungs- und Montagevorgänge gründlich beschrieben und kontrolliert werden.
- Systematische Bauteiluntersuchungen unter verschärften Bedingungen durchgeführt werden.
- Der Anwendungsbereich genau definiert werden.

Der Konstrukteur, der mit Konstruktionselementen arbeitet, muss also entsprechend diesem Prinzip die Elemente überdimensionieren. In der Praxis bedeutet dies, dass jeweils die ungünstigsten Randbedingungen angenommen werden. Zusätzlich wird der erforderliche Sicherheitsfaktor (siehe Kapitel 3) entsprechend hoch angesetzt. Bei sehr hohen Sicherheitsanforderungen sind gegebenenfalls auch Versuchsreihen erforderlich, um zum einen die maximal wirkenden Beanspruchungen zu ermitteln und zum anderen die aus den Berechungen ermittelten Beanspruchungen nachzuweisen.

Bei Konstruktionen, die nach dem *Prinzip des beschränkten Versagens* ausgelegt wurden, ist eine auftretende Störung zulässig, darf aber keine schwerwiegenden Folgen haben. Entweder bleibt die Funktion in eingeschränktem Umfang erhalten, mindestens kann die Maschine aber gefahrlos außer Betrieb genommen werden. Das Auftreten eines Fehlers muss dabei leicht erkennbar sein [PaBe03]. In Abb. 4.11. ist eine Sicherheitsbremse für einen Kran dargestellt. Im unbetätigten Zustand ist die Bremse eingebremst, die Last kann also nicht bewegt werden. Hierfür sorgt die Feder 1. Erst wenn durch den Pneumatikzylinder 2 die Bremsbacken von der Bremstrommel 3 abgehoben werden wird die Last freigegeben und kann bewegt werden. Um eine „fail-safe-Lösung handelt es sich bei dieser Konstruktion aufgrund der verwendeten Druckfeder zur Erzeugung der Anpresskraft. Bricht diese Feder, so geht zwar ein Teil der Anpresskraft durch Setzen (Verkürzen) der Feder um maximal eine Windung verloren, kann aber nicht Null werden. Die Kranlast kann also im Schadensfall nicht schlagartig herunterfallen.

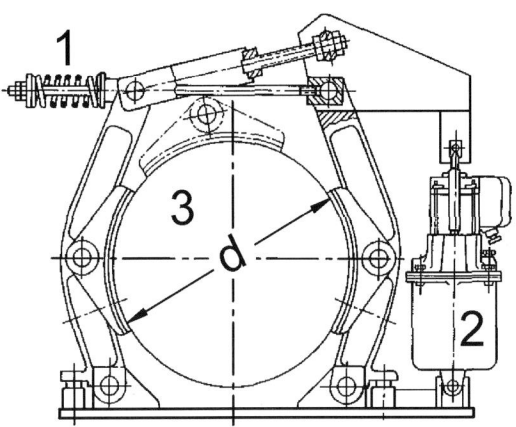

Abb. 4.11. Federspeicherbremse eines Krans

Zur Erhöhung der Sicherheit aber auch der Zuverlässigkeit kommt das *Prinzip der redundanten Anordnung* zum Einsatz. Dabei werden zur Erfüllung einer Funktion Systemelemente mehrfach angeordnet. Sie können entweder während des normalen Betriebs aktiv sein, *aktive Redundanz*, oder werden erst beim Ausfall des aktiven Elements zugeschaltet, *passive Redundanz*. Diese grobe Unterscheidung soll an dieser Stelle genügen.

4.2.5 Mittelbare Sicherheitstechnik

Die Schutzfunktion und damit die angestrebte Sicherheit werden mit Hilfe von Schutzsystemen und Schutzeinrichtungen erreicht.

- *Schutzsysteme* sind aktive Systeme, die bei einer Gefährdung eine Schutzreaktion auslösen. Dazu muss von dem Schutzsystem die Gefahr erfasst und beseitigt werden können. Hierfür sind entsprechende Sensoren und Aktoren erforderlich. Ein Beispiel für ein solches Schutzsystem ist der Wärmesensor eines elektrischen Ofens, der bei Überhitzung ein Schaltsignal an eine Steuereinrichtung sendet, die den Ofen dann stromlos schaltet.
- *Schutzeinrichtungen* sind passive Systeme. Sie haben also eine Schutzfunktion ohne Schutzreaktion, siehe Abb. 4.12.

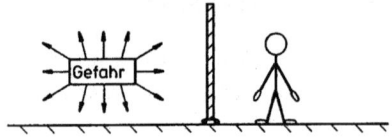

Abb. 4.12. Trennung von Gefahr und Mensch durch eine Schutzeinrichtung [StVo92]

Beispiele für Schutzeinrichtungen sind Abdeckungen für schnell laufende Teile von Maschinen wie ein Kettenschutz oder eine Kupplungsabdeckung.

4.2.6 Hinweisende Sicherheitstechnik

Die hinweisende Sicherheitstechnik stellt die niedrigste Stufe der Sicherheitstechnik dar. Sie ist als ergänzende Maßnahme aufzufassen. Die Aufgabe besteht darin, zum einen auf Gefahren hinzuweisen und sie zum anderen kenntlich zu machen. Dementsprechend müssen Hinweistafeln gut sichtbar angebracht werden und eindeutig interpretierbar sein, siehe Abb. 4.13.

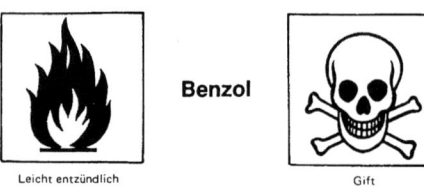

Abb. 4.13. Eindeutig interpretierbares Piktogramm zur Gefahrenkennzeichnung [KiBa86]

4.3   Gestaltungsprinzipien

Bei Gestaltungsprinzipien handelt es sich um eine Reihe von Konstruktionsstrategien. Ob und wie eine dieser Strategien sinnvoll angewendet werden sollte, muss im Einzelfall entschieden werden.

4.3.1 Prinzipien der Kraft- und Energieleitung

Bei der hier vorgestellten Betrachtung ist neben der eigentlichen Kraftleitung auch das Leiten von Biege- und Drehmomenten mit eingeschlossen. Dabei ist zu beachten, dass Kräfte sowie Biege- und Drehmomente immer auch eine Verformung hervorrufen. Zu dem hier behandelten Prinzip können die folgend aufgeführten Untergruppen gezählt werden.

4.3.1.1 Kraftflussgerechte Gestaltung

Stellt man sich die durch den Querschnitt eines Bauteils geleiteten Kräfte als Fluss vor, so können aus dieser Analogie folgende Forderungen für eine kraftflussgerechte Gestaltung abgeleitet werden:

- Der Kraftfluss muss stets geschlossen sein (actio = reactio).
- Scharfe Umlenkungen des Kraftflusses und schroffe Änderung der Kraftflussdichte sind durch entsprechend Gestaltung der Übergänge bei Querschnittsänderungen (Kerben vermeiden) zu verhindern. In Abb. 4.14. ist ein Beispiel zur kraftflussgerechten Gestaltung einer Welle dargestellt. Dabei wird durch die nicht scharfkantige Kerbe rechts vom Einstich (häufig auch als Entlastungskerbe bezeichnet) erreicht, dass am Einstich selbst keine große Spannungserhöhung eintritt.

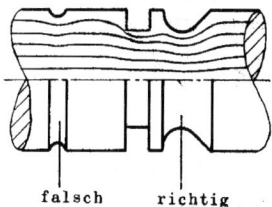

Abb. 4.14. Kraftflussgerechte Gestaltung einer Welle durch Entlastungskerbe an einem Einstich

4.3.1.2 Prinzip der gleichen Gestaltfestigkeit

Durch gleiche Ausnutzung der Festigkeit innerhalb eines Bauteils aufgrund geeigneter Werkstoffe und entsprechender Gestaltung wird die Voraussetzung u.a. für Leichtbau und bis zu einem bestimmten Grad auch für die Wirtschaftlichkeit eines Bauteils geschaffen. Bei Betrachtung der Wirtschaftlichkeit muss beachtet werden, dass sie u.a. aus dem Werkstoffverbrauch und dem Aufwand zur Fertigung eines Bauteils gebildet wird. Das diesbezügliche Optimum wird auch als „Sparbau" bezeichnet. Bei so gestalteten Bauteilen liegt das Gewicht im mittleren Bereich des Möglichen bei geringsten Fertigungskosten.

4.3.1.3 Prinzip der direkten und kurzen Kraftleitung

Die Leitung von Kräften und Momenten von einer Stelle des Produkts zu einer anderen erfolgt am günstigsten auf direkten und kurzen Wegen. Dabei sollten möglichst nur Zug- und Druckkräfte in den beteiligten Bauteilen auftreten. Die Berücksichtigung dieses Prinzips führt zu geringem Werkstoffaufwand einerseits und zu den geringsten Verformungen der Bauteile andererseits. In Abb. 4.15. sind beispielhaft die Optimierungsmöglichkeiten bei der Gestaltung einer Lagerstelle dargestellt. In der verbesserten Ausführung wurden die Kraftwirkungslinien der Schrauben dichter an die Kraftwirkungslinie des Lagers gerückt.

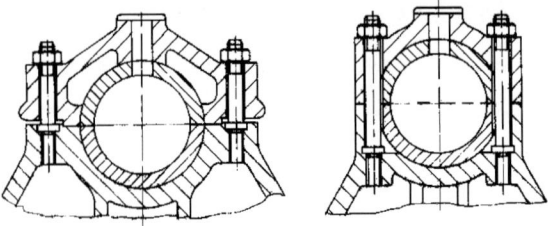

Abb. 4.15. Kurze und direkte Kraftleitung: Links alte Ausführung, rechts verbesserte Ausführung mit kurzen Kraftleitungswegen [StVo92]

4.3.1.4   Prinzip der abgestimmten Verformung

Unter Last sollen die Bauteile des Produkts eine möglichst geringe Relativverformung haben. Neben dieser Forderung wird durch die Anwendung dieses Prinzips auch eine weitgehend gleichgerichtete Verformung der Komponenten erreicht. Durch diese Maßnahme wird eine Spannungsüberhöhung und Reibkorrosion, die durch Mikrorelativbewegungen im Druckkontakt entsteht, vermieden oder zumindest gemildert. Die Abstimmung wird durch entsprechende Wahl der Werkstoffe (E-Modul), Lage, Form und Abmessung der Bauteile erreicht. In Abb. 4.16. wird eine entsprechend gestaltete Welle-Nabe-Verbindung gezeigt.

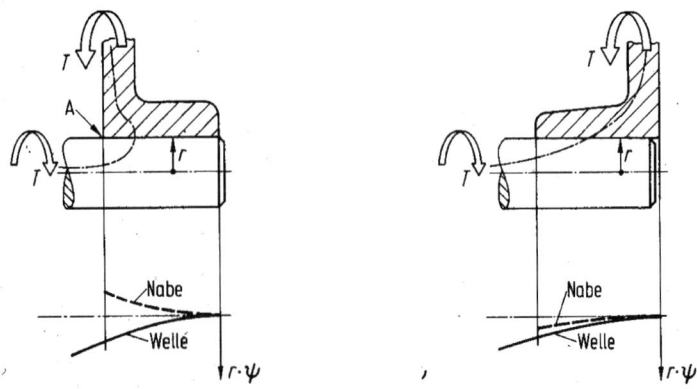

Abb. 4.16. Welle-Nabe-Verbindung. links: Mit starker Kraftflussumlenkung, hier entgegen gerichtete Torsionsverformung bei A zwischen Welle und Nabe; rechts: mit allmählicher Kraftflussumlenkung, hier gleichgerichtete Torsionsverformung über der ganzen Nabenlänge [StVo92]

Auch bei der Verzweigung und dem Zusammenführen von Kräften und Momenten ist das Prinzip der abgestimmten Verformung zu beachten. Ein bekanntes Beispiel hierzu ist das in Abb. 4.17. dargestellte Kranlaufwerk.

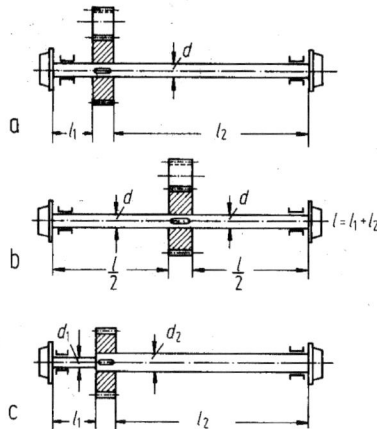

Abb. 4.17. Verschiedenen Ausführungen eines Kranlaufwerks: a) Schieflauf durch ungleiche Torsionsverformungen der Wellenteile l_1 und l_2; b) Gleichlauf aufgrund symmetrischer Anordnung; c) Gleichlauf aufgrund abgestimmter Verformung durch die Durchmesseranpassung der Wellenteile l_1 und l_2

4.3.1.5 Prinzip des Kraftausgleichs

Bei diesem Prinzip wird ein System nach außen kräftefrei durch die Anordnung entsprechender *Ausgleichselemente* oder durch *symmetrische Anordnung*. Ausgleichselemente können bis zu mittleren Kräften eingesetzt werden. Die symmetrische Anordnung der kraftleitenden Elemente kommt bei großen Kräften zur Anwendung. Zu beachten ist, dass die Kräfte im Systeminneren entsprechend aufgefangen werden müssen. Die Abb. 4.18. zeigt am Beispiel einer Zahnradstufe das Prinzip. Im linken Bild a) entsteht aufgrund der Schrägverzahnung eine Axialkraft, die über ein Lager aufgenommen werden muss. Bei der verbesserten Lösung in Bild b) wirkt die Axialkraft nur noch innerhalb des Systems und wird hier von „Anlaufscheiben" gestützt. Das rechte Bild c) stellt die beste Lösung dar. Die durch die Pfeilverzahnung entstehenden entgegen gerichteten Axialkräfte heben sich gegenseitig auf. Sie beanspruchen aber die Wellen auf Zug, bzw. Druck.

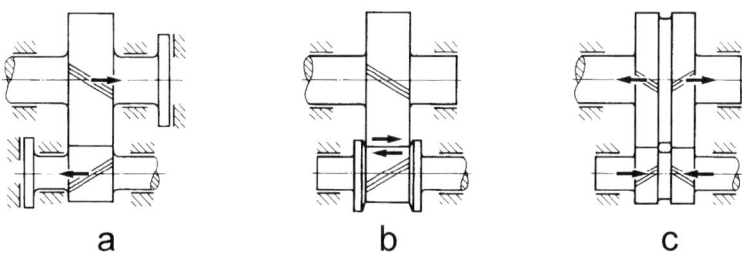

Abb. 4.18. Grundsätzliche Lösungen für Kraftausgleich am Beispiel einer Zahnradstufe

4.3.2 Prinzipien der Aufgabenteilung

Das Prinzip der Aufgabenteilung zielt darauf ab, die Grundregel der „Eindeutig-keit" umzusetzen. Gleichzeitig ist es möglich durch Mehrfachanordnung eines Systemelements die Gesamtleistung zu erhöhen. Grundsätzlich wird angestrebt, Funktionen mit möglichst wenigen Funktionsträgern zu erfüllen. Dementsprechend muss der Konstrukteur zu Beginn verschiedene Fragen klären:

1. Welche Teilfunktionen sollen mit je einem Funktionsträger erfüllt werden?
2. Ist es möglich, mehrere Teilfunktionen mit nur einem Funktionsträger zu erfüllen?
3. Welche Teilfunktionen *müssen*, z.B. aus Sicherheitsgründen, mit je einem oder im Sinne der Redundanz mit mehreren Funktionsträgern erfüllt werden?

4.3.2.1 Aufgabenteilung bei gleicher Funktion

Dieses Prinzip kommt zum einen zur Anwendung, wenn die Funktionsträger bis an ihre Leistungsgrenze ausgenutzt werden sollen. Da sie nur eine Funktion erfüllen sind ihre Belastung und die resultierenden Beanspruchengen i. Allg. eindeutig beschreibbar und berechenbar. Zum anderen wird das Prinzip bei besonderen Sicherheitsforderungen angewendet, siehe auch Punkt 3 oben.

Zu beachten ist aber, dass eine Verdoppelung der Funktionsträger bei gleicher Leistungsfähigkeit derselben i. Allg. keine Verdoppelung der Gesamtleistung des Systems zur Folge hat. Dies liegt unter anderem an Doppelpassungen, hervorgerufen durch entsprechende Toleranzen der Bauteile, siehe Abschnitt 4.3.2. In Abb. 4.19. ist ein aus dem Alltag bekanntes Beispiel für das Prinzip der Aufgabenteilung bei gleicher Funktion dargestellt. Auch hier muss beachtet werden, dass die Achsen bzw. Räder aufgrund der Schwerpunktlage und Toleranzen bei der Federsteifigkeit der Achsfedern nicht gleichmäßig belastet sind.

Abb. 4.19. Dreiachsiger LKW-Auflieger

4.3.2.2 Aufgabenteilung bei unterschiedlicher Funktion

Neben den oben angesprochenen Effekten unterstützt diese Form der Aufgabenteilung auch die wirtschaftliche Konstruktion und Fertigung eines Produkts. Es bildet
in den meisten Fällen die Voraussetzung zur parallelen Bearbeitung von Baugruppen, also Funktionsträgern, in der Konstruktion und Fertigung.

4.3.3 Prinzip der Selbsthilfe

Durch geschickte Wahl der Systemelemente und ihre Anordnung im System selbst
wird nach dem Prinzip der Selbsthilfe eine sich gegenseitig unterstützende Wirkung erzielt, die hilft, die Funktion besser zu erfüllen und bei Überlast Schäden zu
vermeiden. Ein typisches Beispiel ist in Abb. 4.20. wiedergegeben.

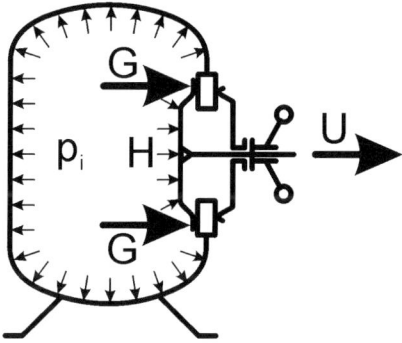

Abb. 4.20. Wartungsdeckel nach dem Prinzip der Selbsthilfe. Mit zunehmendem Druck
wird der innen liegende Deckel stärker an die Dichtung gepresst und gleichzeitig die
Spindel entlastet.

Der ovale Deckel in Abb. 4.20. befindet sich auf der Innenseite des Behälters.
Zur Erzeugung einer Anpresskraft „U" des Deckels im drucklosen Zustand, dient
eine Spindel, die sich auf einer Traverse außen am Kessel abstützt. Mit zunehmendem Kesseldruck p_i erhöht sich auch die Anpresskraft des Deckels G. Die
Dichtkraft G des Deckels setzt sich dabei aus der Spindelkraft U und der Hilfs-
kraft $H = p_i$ * Fläche des Deckels zusammen. Mit zunehmenden Druck p_i wird
gleichzeitig die Spindel entlastet.

4.3.3.1 Selbstverstärkende Lösungen

In Abb. 4.21. wird ein Beispiel für eine selbstverstärkende Lösung, ein Radialwel-
lendichtring, gezeigt. Bei Normallast ergibt sich die Hilfswirkung aus einer festen
Zuordnung aus der Haupt- oder Nebengröße, wobei sich eine *verstärkende Gesamtwirkung* aus Hilfs- und Ursprungswirkung einstellt. Aufgrund der Geometrie
steigt mit zunehmendem Druck auch die Anpresskraft der Dichtlippe.

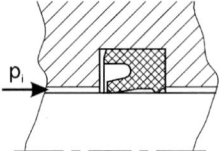

Abb. 4.21. Nutring zur Dichtung von Hydraulikzylindern nach dem Prinzip der selbstver-stärkenden Lösung

4.3.3.2 *Selbstausgleichende Lösungen*

Bei diesem Prinzip wird, im Gegensatz zum vorher beschriebenen, die Gesamt-wirkung nicht verstärkt. Vielmehr ergibt sich bei Normallast die Hilfswirkung aus einer begleitenden Nebengröße in einer festen Zuordnung zu einer Hauptgröße. Die Hilfswirkung wirkt in diesem Fall der Hauptwirkung entgegen und erzielt dadurch einen Ausgleich. Hierdurch kann die Gesamtwirkung erhöht werden. Um einen optimalen Ausgleich zu erreichen, müssen der Arbeitspunkte der Maschinen und die auftretenden Kräfte bzw. Momente bekannt sein.

4.3.3.3 *Selbstschützende Lösungen*

Dieses Prinzip wird sinnvoller Weise bei Produkten angewendet, bei denen eine Überlastung nicht sicher ausgeschlossen werden kann, die aber keine Überlastsi-cherung haben. Bei Überlast kommt ein neuer Kraftleitungsweg zum Einsatz. Dies führt zu einer Umverteilung der Lasten auf die Bauteile und zu einer anderen Beanspruchungsart. In Abb. 4.22. ist eine elastische Kupplung mit entsprechender Gestaltung wiedergegeben. Bei überhöhtem Drehmoment drücken die Bolzen innerhalb der Federn gegeneinander und verhindern, dass die Federn auf „Block" gedrückt werden können und so Schaden nehmen würden.

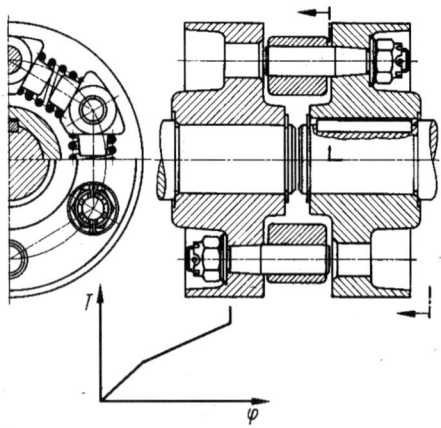

Abb. 4.22. Elastische Kupplung mit Schraubenfedern und besonderen Anschlägen zur Übernahme der Kräfte bei Überlast [PaBe03]

4.3.4 Prinzip der Stabilität und Bistabilität

Aus der Mechanik sind die Begriffe „stabil", „indifferent" und „labil" bekannt. Beim Konstruieren von Produkten strebt man im Sinne der Grundregel „Eindeutigkeit" danach stabile, bzw. bistabile Zustände im Produktverhalten sicher zu stellen.

4.3.4.1   Stabile und labile Systeme

Ein stabiles System kehrt nach einer Störung von selbst in seine alte Lage mit dem vorherigen Gleichgewichtszustand zurück. Beispielsweise hat eine schrägverzahnte Zahnradstufe eines Getriebes, bei entsprechender Lagerung, eine eindeutige und stabile Lage in axialer Richtung. Eine geradverzahnte Zahnradstufe hat demgegenüber in axialer Richtung eine zwar kräftefreie aber labile Lage, wenn die Welle nicht mit einer angestellten Lagerung in axialer Richtung eindeutig fixiert ist.

4.3.4.2   Bistabile Systeme

Das Verhalten eines Systems wird als bistabil bezeichnet, wenn sich aus einem Gleichgewichtszustand heraus, aufgrund einer Störung, eine neue Lage oder ein neuer, deutlich abgesetzter Zustand einstellt und vorher ein Grenzzustand überschritten wurde. Dieses Prinzip wird sehr häufig bei der Gestaltung elektrischer Schalter angewendet, um eindeutig voneinander getrennte Schaltzustände zu haben.

4.4   Gestaltungsrichtlinien

4.4.1 Konstruktionsbezogene Gestaltungsrichtlinien

Die konstruktionsbezogenen Gestaltungsrichtlinien ergeben sich aus der Forderung nach eindeutiger und sicherer Funktionserfüllung eines Produkts. Sie betreffen also die geometrische Gestaltung, insbesondere der Wirkflächen, und die Festigkeitsauslegung eines Produkts, siehe Kapitel 3. Beide Aspekte einer Konstruktion können aber nicht getrennt betrachtet werden, sondern bedingen i. Allg. einander. In Abb. 4.14. wird diese Aussage verdeutlicht. Um die Festigkeit der Welle zu erhöhen, werden Entlastungskerben bestimmter Geometrie in die Oberfläche der Welle eingebracht. Damit eine Welle aus vorgegebenem Werkstoff ein gegebenes Drehmoment leiten kann, muss sie einen Mindestdurchmesser haben. Eine sehr umfangreiche Sammlung von Gestaltungsrichtlinien findet sich beispielsweise in [PaBe03].

4.4.2 Fertigungsbezogene Gestaltungsrichtlinien

Jeder Konstrukteur muss sich bei seiner Arbeit im Klaren sein, dass er durch die Gestaltung der Einzelteile sowie deren Zusammenfügen zu Baugruppen und letztlich zum vollständigen Produkt einen großen Einfluss auf die Fertigungskosten, -zeiten und -qualitäten hat. Durch die Wahl der Form, der Abmessungen, Oberflächenqualitäten, Toleranzen und Passungen beeinflusst der Konstrukteur:

- die einsetzbaren Fertigungsverfahren
- die verwendbaren Werkzeugmaschinen, Werkzeuge und Messmittel
- die Möglichkeiten zur Qualitätssicherung

Zusätzlich können Entscheidungen zur Eigen- oder Fremdfertigung beeinflusst werden, wenn zur Herstellung der gewählten Bauteilform im eigenen Hause keine Maschine verfügbar ist.

Umgekehrt muss sich ein Konstrukteur über die im eigenen Hause gegebenen Fertigungsmöglichkeiten informieren, bzw. die Strategie hinsichtlich Eigen- und Fremdfertigungsteilen des Unternehmens kennen. Es ist durchaus üblich, Werkstücke, die ein bestimmtes Fertigungsverfahren erfordern, grundsätzlich nicht im eigenen Hause zu fertigen. Blechteile sind hierfür ein typisches Beispiel.

Grundsätzlich ist aber das Wissen über die Möglichkeiten der unterschiedlichen Fertigungsverfahren unabdingbar, auch wenn Bauteile fremdgefertigt werden, damit der Zulieferer aufgrund der vorgegebenen Gestaltung hinsichtlich der Qualität und der Kosten optimal arbeiten kann. Deshalb sind im Folgenden Gestaltungsrichtlinien für die unterschiedlichen Fertigungsverfahren aufgeführt. In Abb. 4.23. ist ein Überblick nach [DIN8580] über die Fertigungsverfahren wiedergegeben.

Abb. 4.23. Einteilung der Fertigungsverfahren [DIN8580]

4.4.2.1 Urformgerecht

Bei Bauteilen aus Gusswerkstoffen, also dem Urformen aus dem flüssigen Zustand, muss die Gestaltung modellgerecht (Mo), formgerecht (Fo), gießgerecht (Gi) sowie bearbeitungsgerecht (Be) sein, siehe Abb. 4.24.

Hinweis: In den Abb. 4.24. bis Abb. 4.33.bedeutet in der Spalte „Ziele" ein „A": Gestaltungsrichtlinie dient der Verringerung des Aufwands und ein „Q": Gestaltungsrichtlinie dient der Erhöhung der Qualität.

Bei gesinterten Bauteilen, also dem Urformen aus dem pulverförmigen Zustand, muss die Gestaltung werkzeuggerecht (We) und sintergerecht (Si), bzw. verfahrensgerecht sein, siehe Abb. 4.25.

Verf.	Gestaltungsrichtlinien	Ziel	nicht fertigungsgerecht	fertigungsgerecht
Mo	Bevorzugen einfacher Formen für Modelle und Kerne (geradlinig, rechteckig).	A	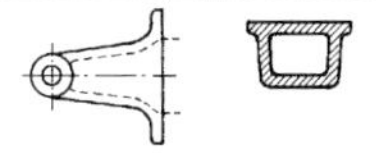	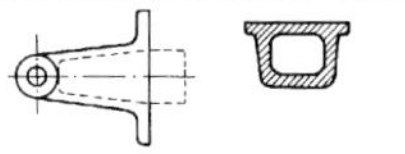
Mo	Anstreben ungeteilter Modelle, möglichst ohne Kerne (z.B. durch offene Querschnitte).	A	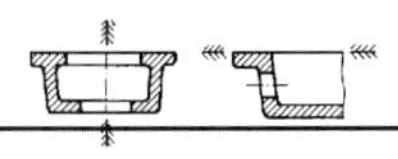	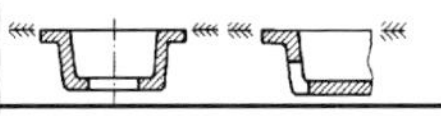
Fo	Vorsehen von Aushebeschrägen von der Teilfuge aus (DIN 1511).	Q	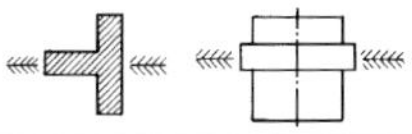	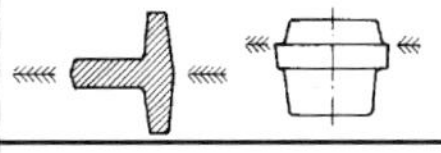
Fo	Anordnen von Rippen, so dass Modell ausgehoben werden kann. Vermeiden von Hinterschneidungen.	Q	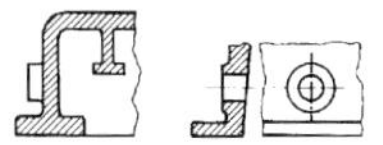	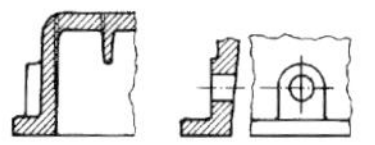
Fo	Lagern der Kerne zuverlässig.	Q	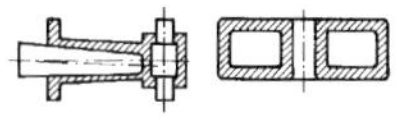	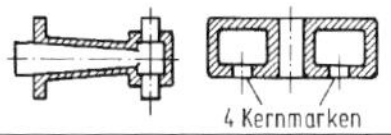
Gi	Vermeiden waagerechter Wandteile (Glasblasen, Lunker) und sich verengender Querschnitte zu den Steigern.	Q	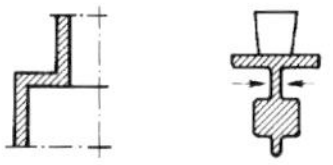	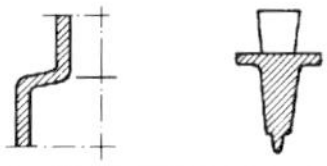
Gi	Anstreben gleichmäßiger Wanddicken und Querschnitte sowie allmählicher Querschnittsübergänge. Beachten der Werkstoffeigenheiten für zul. Wanddicken und Stückgrößen.	Q	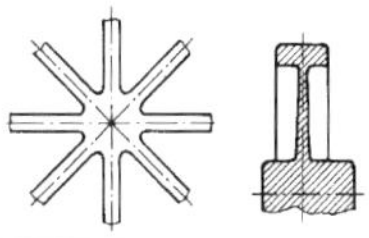	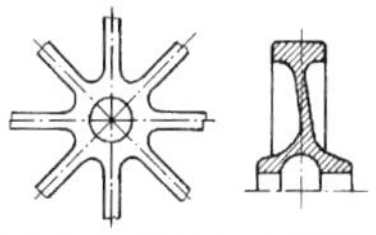
Be	Anordnen der Teilfugen, dass Gussversatz nicht stört, in Bearbeitungszonen liegt oder leichte Gratentfernung möglich ist.	A Q	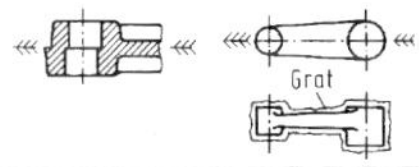	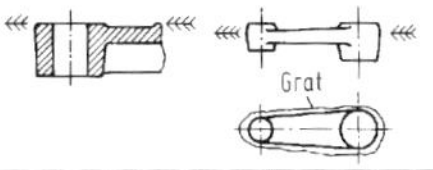
Be	Vorsehen gießgerechter Bearbeitungszugaben mit Werkzeugauslauf.	A Q	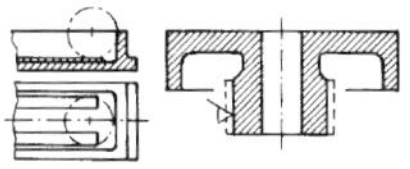	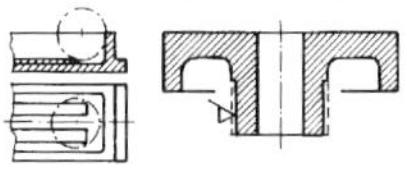
Be	Vorsehen ausreichender Spannflächen.	Q A	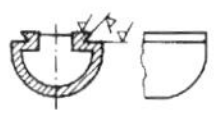	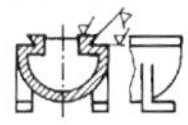
Be	Vermeiden schrägliegender Bearbeitungsflächen und Bohrungsansätze.	A Q	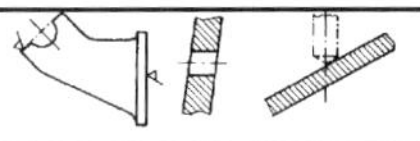	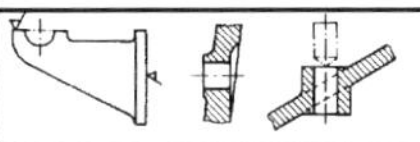
Be	Zusammenfassen von Bearbeitungsgängen durch Zusammenlegen und Angleichen von Bearbeitungsflächen und Bohrungen.	A	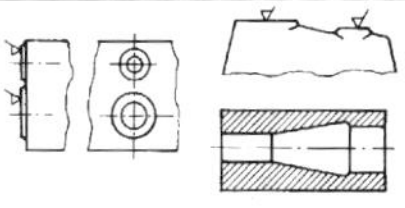	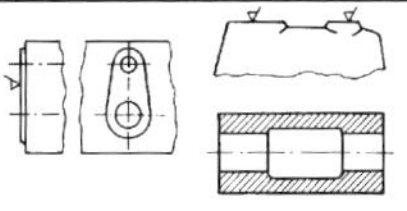
Be	Bearbeiten nur unbedingt notwendiger Flächen durch Aufteilen großer Flächen.	A	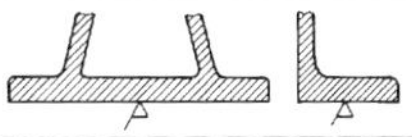	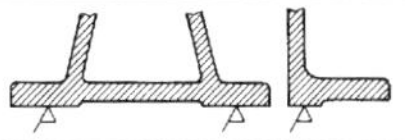

Abb. 4.24. Gestaltungsrichtlinien für Bauteile aus Gusswerkstoffen [PaBe03].
Ziele: A = Aufwandsreduzierung, Q = Qualitätsverbesserung

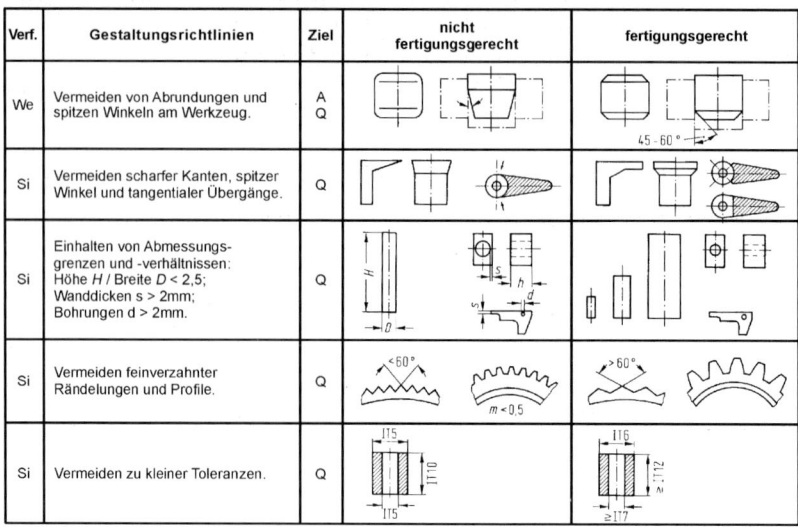

Verf.	Gestaltungsrichtlinien	Ziel	nicht fertigungsgerecht	fertigungsgerecht
We	Vermeiden von Abrundungen und spitzen Winkeln am Werkzeug.	A Q		
Si	Vermeiden scharfer Kanten, spitzer Winkel und tangentialer Übergänge.	Q		
Si	Einhalten von Abmessungs-grenzen und -verhältnissen: Höhe H / Breite D < 2,5; Wanddicken s > 2mm; Bohrungen d > 2mm.	Q		
Si	Vermeiden feinverzahnter Rändelungen und Profile.	Q		
Si	Vermeiden zu kleiner Toleranzen.	Q		

Abb. 4.25. Gestaltungsrichtlinie für Sinterteile [PaBe03]

4.4.2.2   Umformgerecht

Von den in [DIN8580] aufgeführten Verfahren zum Umformen sollen hier das *Freiformen* und das *Gesenkformen*, beide Verfahren zählen zum Druckumformen, das *Kaltfließpressen* und *Ziehen,* diese beiden Verfahren zählen zum Zugdruck-umformen, sowie das *Biegeumformen* betrachtet werden.

Freiformgeschmiedete Werkstücke müssen schmiedegerecht gestaltet sein. Das bedeutet im Einzelnen:

- Möglichst einfache Formen ohne scharfe Kanten. Große Rundungen und möglichst parallele Flächen
- Schmiedestücke nicht zu schwer gestalten, deshalb evtl. Bauteil teilen
- Keine großen Querschnittsunterschiede, zu hohe und dünne Rippen vermeiden
- Einseitig sitzende Augen vorsehen

In Abb. 4.26. sind Hinweise für die Gestaltung von Gesenkschmiedeteilen dar-gestellt. Hier ist eine werkzeuggerechte (We), schmiedegerechte (Sm) und bear-beitungsgerechte (Be) Gestaltung anzustreben.

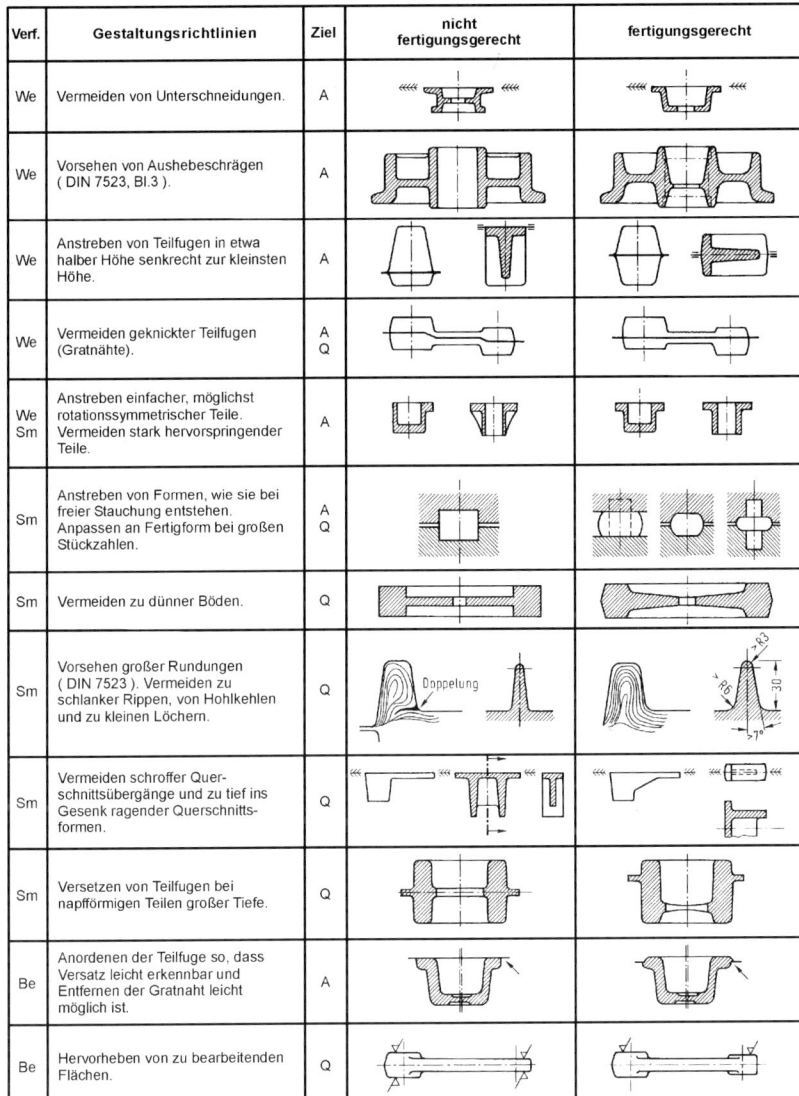

Verf.	Gestaltungsrichtlinien	Ziel	nicht fertigungsgerecht	fertigungsgerecht
We	Vermeiden von Unterschneidungen.	A		
We	Vorsehen von Aushebeschrägen (DIN 7523, Bl.3).	A		
We	Anstreben von Teilfugen in etwa halber Höhe senkrecht zur kleinsten Höhe.	A		
We	Vermeiden geknickter Teilfugen (Gratnähte).	A Q		
We Sm	Anstreben einfacher, möglichst rotationssymmetrischer Teile. Vermeiden stark hervorspringender Teile.	A		
Sm	Anstreben von Formen, wie sie bei freier Stauchung entstehen. Anpassen an Fertigform bei großen Stückzahlen.	A Q		
Sm	Vermeiden zu dünner Böden.	Q		
Sm	Vorsehen großer Rundungen (DIN 7523). Vermeiden zu schlanker Rippen, von Hohlkehlen und zu kleinen Löchern.	Q	Doppelung	
Sm	Vermeiden schroffer Querschnittsübergänge und zu tief ins Gesenk ragender Querschnittsformen.	Q		
Sm	Versetzen von Teilfugen bei napfförmigen Teilen großer Tiefe.	Q		
Be	Anordnen der Teilfuge so, dass Versatz leicht erkennbar und Entfernen der Gratnaht leicht möglich ist.	A		
Be	Hervorheben von zu bearbeitenden Flächen.	Q		

Abb. 4.26. Gestaltungsrichtlinien für Gesenkschmiedeteile [PaBe03]

In Abb. 4.27. sind Aussagen und Beispiele zum *Kaltfließpressen* wiedergegeben. Solche Bauteile müssen werkzeuggerecht (We) und fließgerecht (Fi) gestaltet sein. Zu beachten ist hier besonders die Kaltverfestigung des Werkstoffs und damit eine evtl. Behinderung beim Fertigungsprozess. Werkstoffe zum Kaltfließpressen sind im Wesentlichen Einsatz- und Vergütungsstähle wie beispielsweise Ck10 - Ck45 sowie 20MnCr5 und 41Cr4.

Beim *Ziehen* sind folgende Gesichtspunkte zu beachten:

- Abmessungen so wählen, dass möglichst wenig Ziehstufen erforderlich sind (We)
- möglichst rotationssymmetrische Formen wählen (We/Zi)
- hochzähe Werkstoffe vorsehen (Zi).

Verf.	Gestaltungsrichtlinien	Ziel	nicht fertigungsgerecht	fertigungsgerecht
We FI	Vermeiden von Unterschneidungen.	Q A	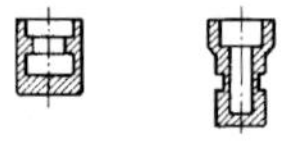	
FI	Vermeiden von Seitenschrägen und kleinen Durchmesserunterschieden.	Q	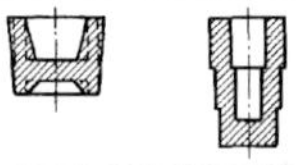	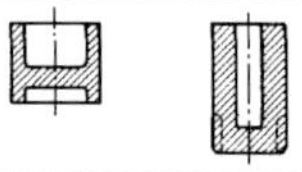
FI	Vorsehen rotationssymmetrischer Körper ohne Werkstoffanhäufung, sonst teilen und fügen.	Q	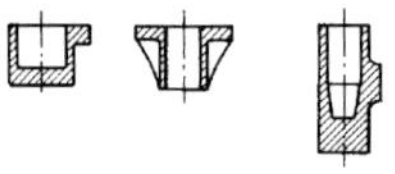	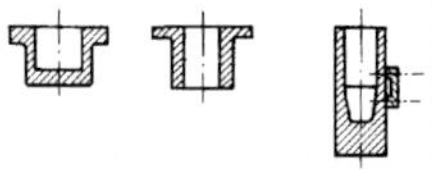
FI	Vermeiden schroffer Querschnittsänderungen, scharfer Kanten und Hohlkehlen.	Q	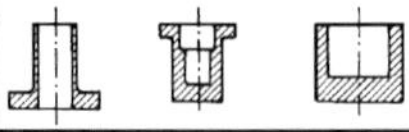	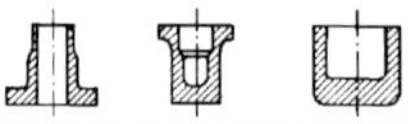
FI	Vermeiden von kleinen, langen oder seitlichen Bohrungen sowie von Gewinden.	Q	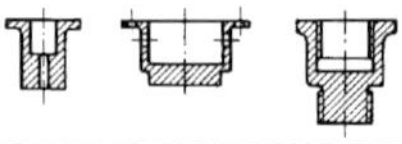	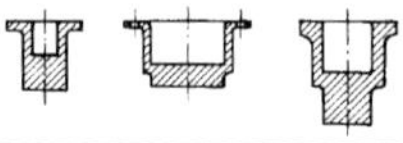

Abb. 4.27. Gestaltungsrichtlinien für Kaltfließpressteile [PaBe03]

Blechteile werden i. Allg. durch *Biegeumformung* (Kaltbiegen) gefertigt. Dazu werden im ersten Schritt die Halbzeuge zugeschnitten und dann weiterverarbeitet, gebogen oder mit anderen Blechhalbzeugen zusammengefügt. Deshalb muss zum einen eine schneidgerechte (Sn) und zum anderen eine biegegerechte (Bi) Gestaltung ausgeführt werden. In Abb. 4.28. sind hierzu Beispiele aufgeführt. Bei der Darstellung von Blechbiegeteilen ist zu beachten, dass die Abwicklung nach Norm zwar für den Konstrukteur zur Kontrolle sehr hilfreich ist, die tatsächlichen Maße der Abwicklung sind aber sehr stark von der verwendeten Biegemaschine und den Biegewerkzeugen abhängig und werden deshalb von der Arbeitsvorbereitung des Unternehmens vorgegeben.

Verf.	Gestaltungsrichtlinien	Ziel	nicht fertigungsgerecht	fertigungsgerecht
Bi	Vermeiden komplexer Biegeteile (Materialverschnitt), dann besser teilen und fügen.	A	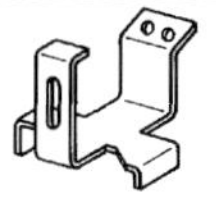	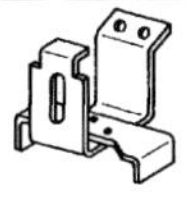
Bi	Beachten von Mindestwerten für Biegeradien (Wulstbildung in der Stauchzone, Überdehnung in der Zugzone), Schenkelhöhe und Toleranzen.	Q	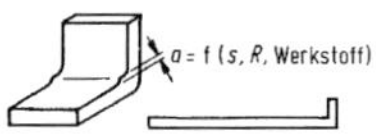 $a = f\,(s, R, \text{Werkstoff})$	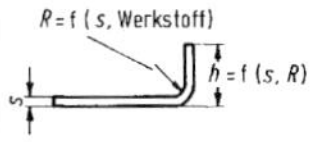 $R = f\,(s, \text{Werkstoff})$ $h = f\,(s, R)$
Bi	Beachten eines Mindestabstandes von der Biegekante für vor dem Biegen eingebrachte Löcher.	Q		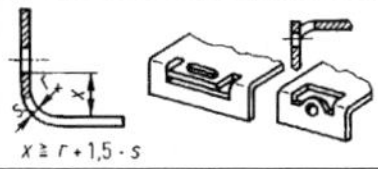 $x \geq r + 1{,}5 \cdot s$
Bi	Anstreben von Durchbrüchen und Ausklinkungen über die Biegekante, wenn Mindestabstand nicht möglich ist.	Q	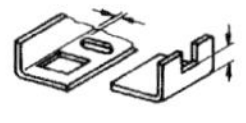	
Bi	Vermeiden von schräg verlaufenden Außenkanten und Verjüngungen im Bereich der Biegekante.	Q	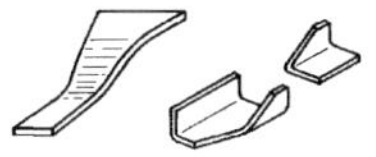	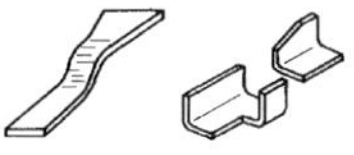
Bi	Vorsehen von Freisparungen an Ecken mit allseitig umgebogenen Schenkeln.	Q	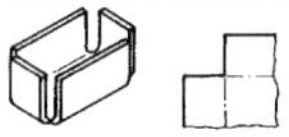	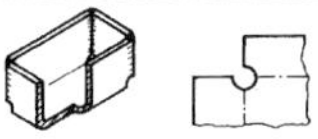
Bi	Vorsehen von Falzstegen mit genügender Breite.	Q		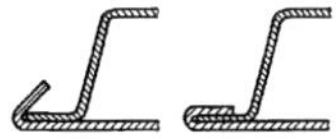
Bi	Anstreben großer bleibender Öffnungen bei Hohlkörpern und hinterschnittenen Biegungen.	Q A	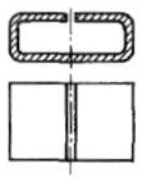	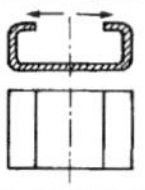
Bi	Vorsehen von Versteifungen an Blechrändern.	A	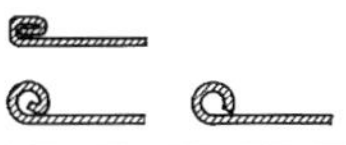	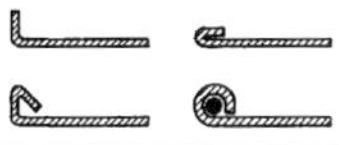
Bi	Anstreben gleicher Sickenformen.	A	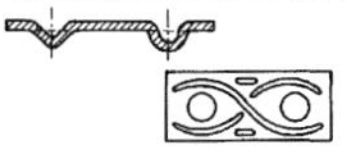	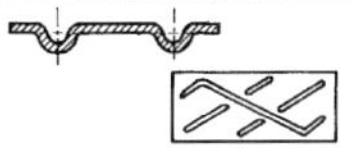

Abb. 4.28. Gestaltungsrichtlinien für Biegeteile [PaBe03]

4.4.2.3 Trenngerecht

Im Rahmen dieses Buches soll nur das Spanen mit geometrisch bestimmter Schneide, also das Drehen, Bohren und Fräsen sowie das Spanen mit geometrisch unbestimmter Schneide, also das Schleifen, und das Zerteilen, also das Schneiden, behandelt werden.

Die Gestaltung der Werkstücke muss sich an den Eigenheiten der Werkzeuge, werkzeuggerecht (We), und des Spanens, spangerecht (Sp), orientieren. Beide Gesichtspunkte erfordern vom Konstrukteur Beachtung und eine gewisse Planung. Das wird deutlich, wenn beide Begriffe näher betrachtet werden.

Werkzeuggerecht heißt:

- Ausreichend Spannmöglichkeiten vorsehen.
- Zu Bearbeitende Flächen so anordnen, dass die gesamte spanende Bearbeitung in einer Aufspannung erfolgen kann, also nicht umgespannt werden braucht.
- Die Werkstückbemaßung so vorsehen, dass zum Messen abhängiger Maße das Werkstück nicht abgespannt werden muss.
- Genügend Werkzeugauslauf vorsehen.

Spangerecht heißt:

- Unnötigen Zerspanaufwand vermeiden. Wenn nicht aus optischen Gründen erforderlich Flächen ohne Passungsfunktion nicht bearbeiten. Dabei muss die Spannungssymmetrie im Bauteil beachtet werden. Insbesondere bei wärmebehandelten, also geschmiedeten, warmgewalzten oder ausgebrannten Bauteilen ist die in den Oberflächen vorhandene Eigenspannung zu beachten. Wird von zwei parallelen Oberflächen solcher Halbzeuge nur eine bearbeitet, kann dies zu Verzug des Bauteils führen. In diesem Fall müssen beide Seiten bearbeitet werden.
- Bearbeitungsflächen möglichst parallel oder senkrecht zur Aufspannfläche vorsehen.
- Die zu bearbeitenden Flächen sollten möglichst durch Drehen oder Bohren herstellbar sein. Fräsen und besonders Hobeln ist aufwändiger.

In Abb. 4.29. sind Gestaltungsrichtlinien mit Beispielen für die Drehbearbeitung wiedergegeben. Die Abb. 4.30. zeigt Gestaltungsrichtlinien für Bohrbearbeitung, Abb. 4.31. für Fräsbearbeitung und Abb. 4.32. für Schleifbearbeitung.

Verf.	Gestaltungsrichtlinien	Ziel	nicht fertigungsgerecht	fertigungsgerecht
We	Beachten des erforderlichen Werkzeugauslaufs.	Q	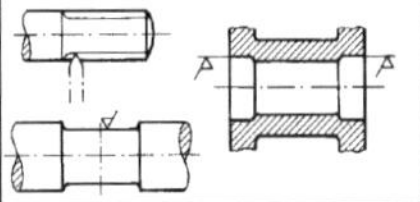	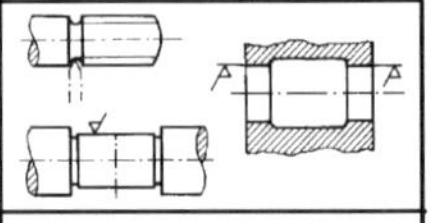
We	Anstreben einfacher Formmeißel.	A	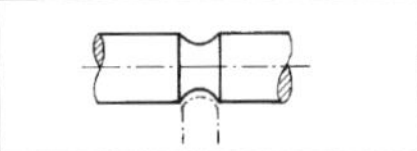	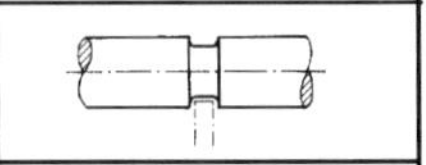
We	Vermeiden von Nuten und engen Toleranzen bei Innenbearbeitung.	A Q	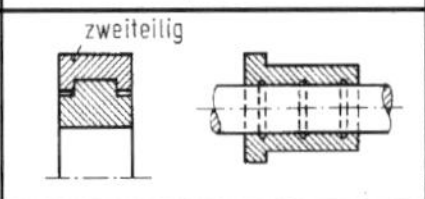 zweiteilig	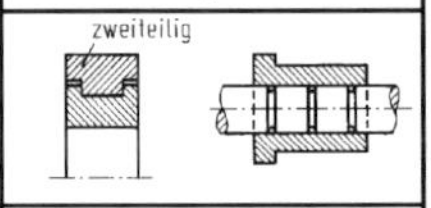 zweiteilig
We	Vorsehen ausreichender Spannmöglichkeiten.	Q	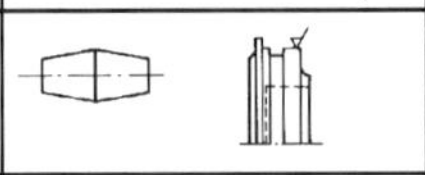	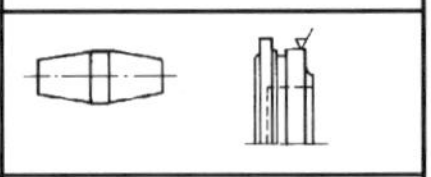
Sp	Vermeiden großer Zerspanarbeiten, z.B. durch hohe Wellenbunde, besser aufgesetzte Buchsen.	A	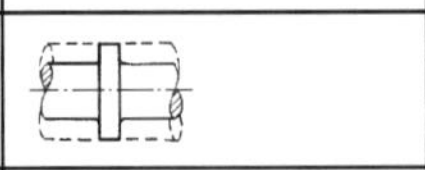	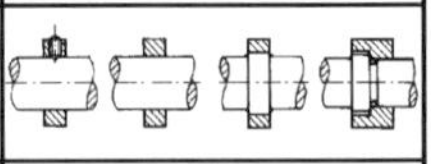
Sp	Anpassen der Bearbeitungslängen und -güten an Funktion.	A	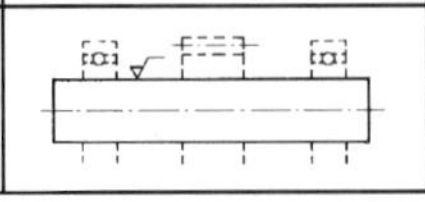	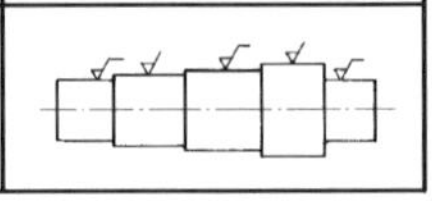

Abb. 4.29. Gestaltungsrichtlinien für Teile mit Drehbearbeitung [PaBe03]

Verf.	Gestaltungsrichtlinien	Ziel	nicht fertigungsgerecht	fertigungsgerecht
We Sp	Zulassen von Sacklöchern möglichst nur mit Bohrspitze.	A Q	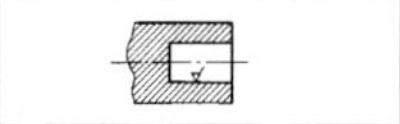	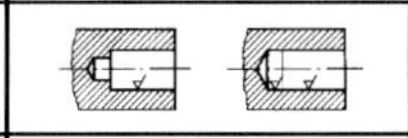
We Sp	Vorsehen von Ansatz- und Auslaufflächen bei Schräglöchern.	Q		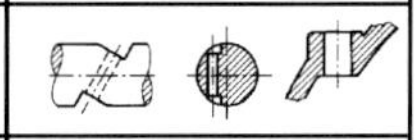
We	Anstreben durchgehender Bohrungen. Vermeiden von Sacklöchern.	A	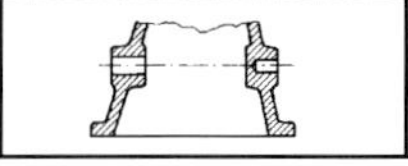	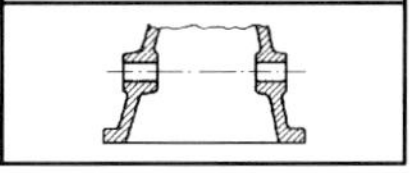

Abb. 4.30. Gestaltungsrichtlinien für Teile mit Bohrbearbeitung [PaBe03]

Verf.	Gestaltungsrichtlinien	Ziel	nicht fertigungsgerecht	fertigungsgerecht
We	Anstreben gerader Fräsflächen. Formfräser teuer; Abmessungen so wählen, dass Satzfräser einsetzbar.	A	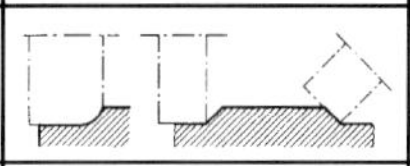	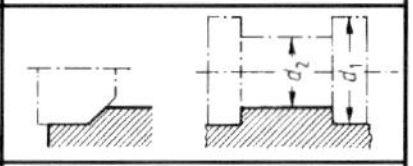
We	Vorsehen auslaufender Nuten bei Scheibenfräsern; Scheibenfräsen billiger als Fingerfräsen.	A Q	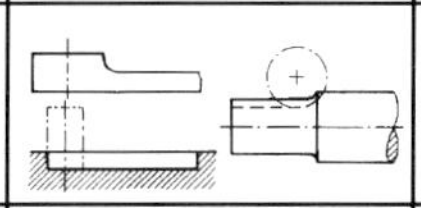	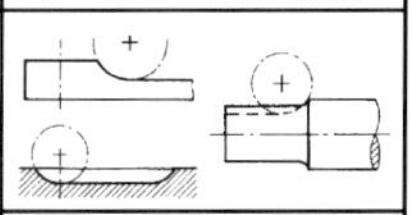
We	Anpassen des Werkzeugauslaufs an Fräsdurchmesser; Vermeiden von langen Fräserwegen durch Zulassen von gewölbten Bearbeitungsflächen (z.B. Schlitzen).	A	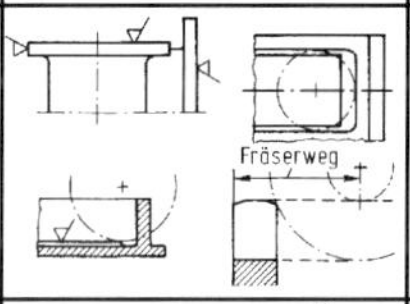	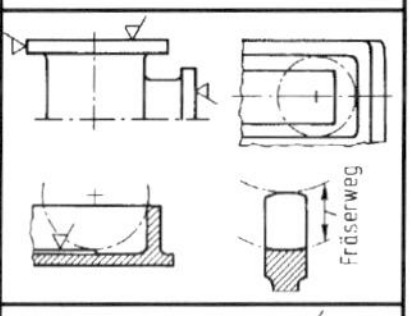
Sp	Anordnen von Flächen in gleicher Höhe und parallel zur Aufspannung.	A Q	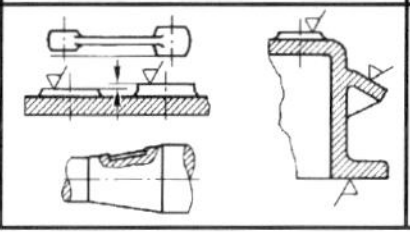	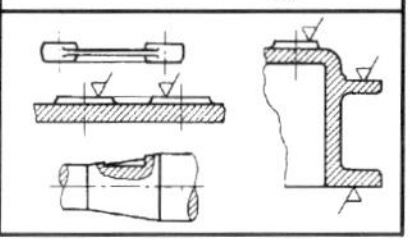

Abb. 4.31. Gestaltungsrichtlinie für Teile mit Fräsbearbeitung [PaBe03]

Verf.	Gestaltungsrichtlinien	Ziel	nicht fertigungsgerecht	fertigungsgerecht
We	Vermeiden von Bundbegrenzungen.	Q A	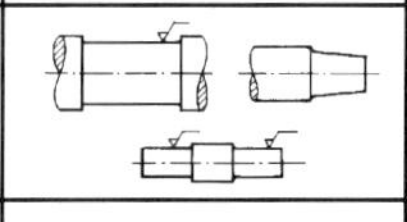	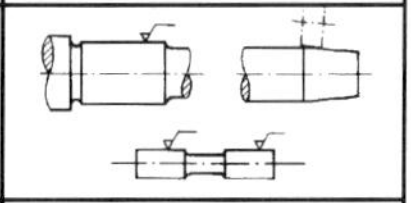
We	Vorsehen von Schleifscheibenauslauf.	Q	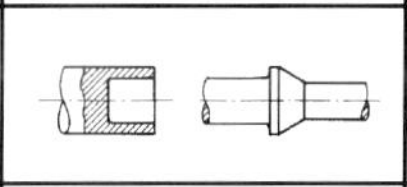	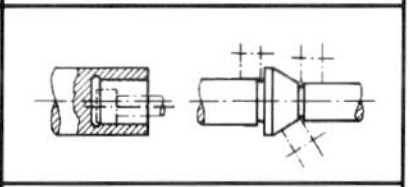
We	Anstreben unbehinderten Schleifens durch zweckmäßigen Anordnung der Bearbeitungsflächen.	A Q	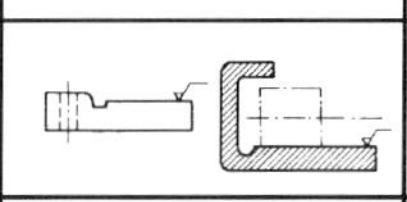	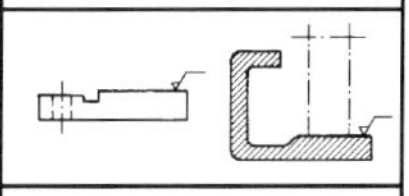
We Sp	Bevorzugen gleicher Ausrundungsradien (wenn kein Auslauf möglich) und Neigungen an einem Werkstück.	A Q	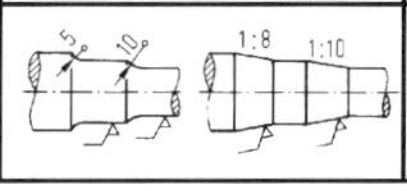	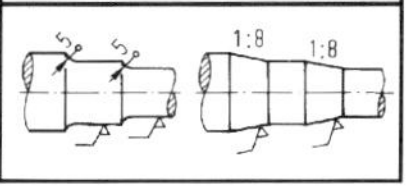

Abb. 4.32. Gestaltungsrichtlinien für Teile mit Schleifbearbeitung [PaBe03]

Bei der Gestaltung von Schnittteilen müssen die Werkzeugformen berücksichtigt werden. Die Bauteile, also im Wesentlichen Blechhalbzeuge, müssen werkzeuggerecht (We) und schneidgerecht (Sn) gestaltet sein. In Abb. 4.33. sind hierzu die Gestaltungsrichtlinien mit Beispielen aufgeführt.

Verf.	Gestaltungsrichtlinien	Ziel	nicht fertigungsgerecht	fertigungsgerecht
We	Anstreben einfacher Schnittformen; Bevorzugen abgeschrägter Ecken, Vermeiden von Rundungen.	A	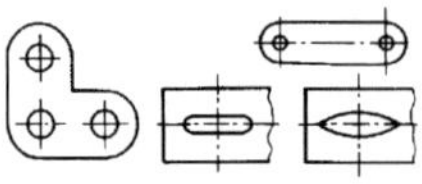	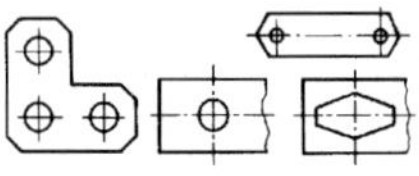
We	Anstreben gleicher Ausstanzungen.	A	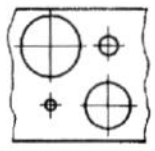	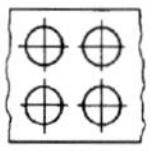
We	Anstreben scharfkantiger Übergänge, um Aufteilung des Schneidstempels in einfache, gut schleifbare Querschnitte zu erleichtern.	A Q	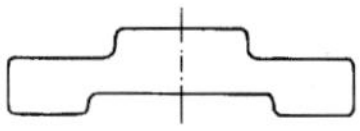	
We	Vermeiden komplizierter Konturen.	A Q	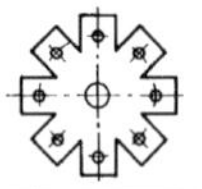	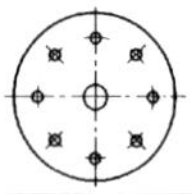
We	Vermeiden zu dünner Stempelausführungen.	A Q	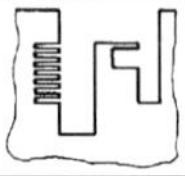	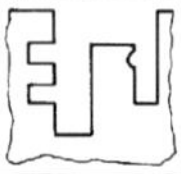
Sn	Vermeiden von Verschnitt (Abfall) durch Verschachteln zu Blechstreifen und Ausnutzen handelsüblicher Blechbreiten.	A	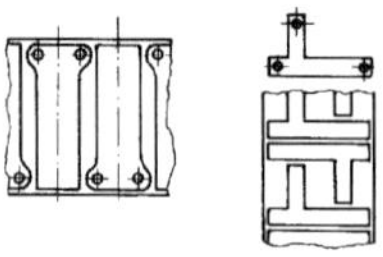	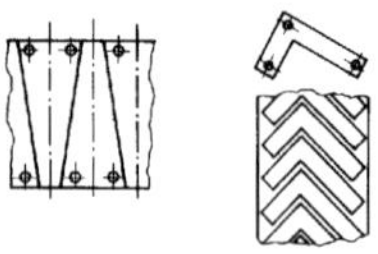
Sn	Vermeiden spitzwinkliger Ausschnittformen und zu enger Toleranzen.	Q		
Sn	Bevorzugen von Werkstückformen, die bei Folgeschnitten gegen Schnittversatz nicht anfällig sind.	Q	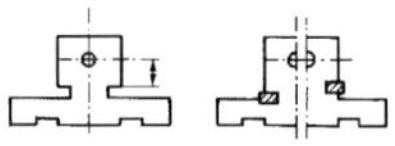	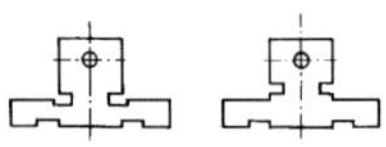
Sn	Vermeiden von zu engen Lochabständen.	Q	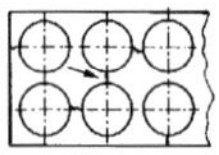	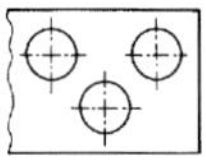

Abb. 4.33. Gestaltungsrichtlinien für Schnittteile [PaBe03]

4.4.3 Gebrauchsbezogene Gestaltungsrichtlinien

Technische Erzeugnisse werden normalerweise von Menschen benutzt. Es besteht also eine Beziehung bzw. Schnittstelle zwischen dem Menschen und dem technischen Erzeugnis. Mit der Gestaltung dieser Mensch-Maschine-Beziehung befasst sich die Ergonomie.

Ergonomiegerechte Gestaltung

Die ergonomiegerechte Gestaltung von Produkten umfasst eine Reihe von Aspekten, von denen hier die wichtigsten erläutert werden sollen. Da im Mittelpunkt der Betrachtung immer der Mensch steht, ist ein erster wichtiger Aspekt bei der ergonomischen Gestaltung die Betrachtung der Gestalt des Menschen. Hierzu gehören beispielsweise Angaben über:

- Körpermaße
- Greifräume
- .....usw.

Nur mit entsprechenden Vorgaben zum Arbeitsraum und zum zukünftigen Bediener lassen sich Produkte ergonomiegerecht gestalten. In Abb. 4.34. ist als Beispiel zum ergonomiegerechten Gestalten die Gestaltung einer Arbeitsfläche wiedergegeben.

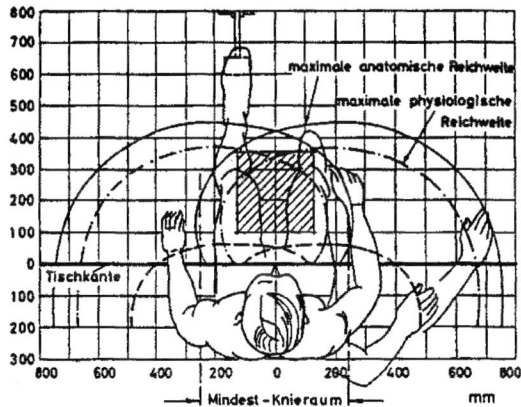

Abb. 4.34. Greifraum eines Menschen mit Angabe der optimalen Arbeitsfläche, schraffierte Fläche [Lucz93]

Neben diesen biomechanischen Aspekten spielen bei der ergonomischen Gestaltung von Produkten auch physiologische, beispielsweise Schallpegel oder Schallpegelunterschiede und psychologische, wie die Wahrnehmbarkeit und Unterscheidbarkeit von Signalen, Aspekte eine Rolle [PaBe03]. Zu den letzt genannten Aspekten zählt auch die Gestaltung oder das Design eines Produkts.

4.5 Literatur

[AlMa02]   Albers, A.; Matthiesen, S.: Konstruktionsmethodisches Grundmodell
              zum Zusammenhang von Gestalt und Funktion technischer Systeme.
              Konstruktion 54 H. 7/8. 2002

[DIN8580]   DIN 8580 (Entwurf): Fertigungsverfahren - Begriffe, Einteilung.
              Berlin: Beuth Verlag 2002

[DIN31000]   DIN 31000: Sicherheitsgerechtes Gestalten technischer Erzeugnisse.
              Allgemeine Leitsätze. Teilweise ersetzt durch DIN EN 292 Teil 1 u.
              2. Sicherheit von Maschinen, Grundbegriffe, allgemeine Gestaltungs-
              leitsätze. Berlin: Beuth Verlag1991

[KiBa86]   Kirchner, J.H.; Baum, E.: Mensch - Maschine - Umwelt. Berlin,
              Köln: Bund-Verlag 1986

[Koll98]   Koller, R.: Konstruktionslehre für den Maschinenbau. 4. Aufl. Berlin:
              Springer 1998

[Lucz93]   Luczak, H.: Arbeitswissenschaft. Berlin: Springer 1993

[PaBe03]   Pahl, G.; Beitz, W.; Feldhusen, J.; Grote, K.-H.: Konstruktionslehre.
              5. Aufl. Berlin: Springer 2003

[StVo92]   Strnad, H.; Vorath, B.-J.: Sicherheitsgerechtes Konstruieren. Köln:
              Verlag TÜV Rheinland 1992

[VDI2221]   Methodik zum Entwickeln und Konstruieren technischer Systeme
              und Produkte. Verein Deutscher Ingenieure, Düsseldorf. Berlin:
              Beuth Verlag

Kapitel 5

Albert Albers

5 Elastische Elemente, Federn

5.1 Allgemeine Grundlagen zu Federn

Unter dem Oberbegriff Federn werden elastische Elemente verstanden, bei welchen die Elastizität des Werkstoffes durch geeignete Gestaltung gezielt ausgenutzt wird. Federn lassen sich sehr stark elastisch verformen und speichern dabei Teile der verrichteten Formänderungsarbeit als potentielle Energie.

Beim speziellen Einsatz als Konstruktionselemente erfüllen Federn unter anderem die in Tabelle 5.1. gezeigten Funktionen. Dabei wird die Qualität der Funktionserfüllung von Gestalt und Anordnung der Struktur sowie Elastizität und Dämpfungsfähigkeit des verwendeten Federwerkstoffes bestimmt. Auf den Einfluss der Dämpfung wird in Abschnitt 5.1.2 eingegangen.

Tabelle 5.1. Funktionen der Konstruktionselemente Federn

Funktion	Beispiel
Speicherung von Energie	Federmotoren, mechanische Uhren
Ausüben von Kräften	Rutschkupplung, Tellerfedern in schaltbarer Kupplung zum Ausgleich von Variationen der Reibbelagsdicke
Dämpfung von Stößen und Schwingungen	Fahrzeugfedern, Puffer, Schwingungsentkopplung von technischen Systemen durch elastische Lagerung

Diese Funktionen können mechanisch, hydraulisch bzw. pneumatisch oder magnetisch realisiert werden. Im Folgenden werden mechanische und pneumatische Federn behandelt.

5.1.1 Wirkprinzipien von Federn

Das der Funktion der Federn zugrundeliegende Wirkprinzip ist die Speicherung von Energie. Dieses Wirkprinzip kann durch unterschiedliche physikalische Effekte verwirklicht werden. Federn sind in der Lage die gespeicherte Energie wieder abzugeben, wodurch unterschiedliche Funktionen ausgeübt werden können. Auf die Energiespeicherung bzw. die Berechnung der Federenergie wird im Detail in Abschnitt 5.1.2 eingegangen.

Wie jedes technische Gebilde besitzen Federn Wirkflächen, die im eingebauten Zustand zusammen mit den Wirkflächen des umgebenden Systems Wirkflächenpaare bilden [Alb02]. Prinzipiell muss die Feder für die Einleitung der Federkraft mindestens zwei Wirkflächen besitzen. Es sind also an jeder beliebigen Feder im Einbauzustand immer mindestens zwei Wirkflächenpaare vorhanden. Darüber hinaus können im Einbauzustand bzw. im Betrieb weitere Wirkflächenpaare entstehen, die nicht hauptsächlich der Einleitung der Federkraft dienen, aber dennoch einen direkten Einfluss auf das Federungsverhalten haben. Wenn Beispielsweise die Windungen einer Bogenfeder am Federkanal anliegen (s. Abschnitt 5.6), so entstehen an den Kontaktstellen Wirkflächenpaare mit Relativbewegung, die einen mehr oder weniger starken Reibungseinfluss mit sich bringen. Auch in den Wirkflächenpaaren zur Krafteinleitung können Relativbewegungen auftreten, wenn aufgrund der Belastung Verformungen der Wirkflächen auftreten oder wenn die Relativbewegungen der Wirkflächen eines Wirkflächenpaares nicht durch entsprechende Gestaltung eingeschränkt wurden.

5.1.2 Eigenschaften

5.1.2.1 *Federkennlinie und Federrate*

Die Federkennlinie ist das Resultat der analytischen Verknüpfung einer Last (Kraft F, Moment M_t) mit der entsprechenden lastspezifischen Auslenkungsdifferenz (Weg s, Winkel φ im Bogenmaß) zwischen den Lastangriffsstellen. Dabei können neben linearem Kennlinienverlauf auch verschiedenartige nichtlineare Verläufe auftreten. Die Abb. 5.1. zeigt drei charakteristische Federkennlinien. Darüber hinaus existieren Kombinationen dieser Kennlinienverläufe.

Der Verlauf der Federkennlinie wird entscheidend durch den Werkstoff und die Gestalt der Feder beeinflusst. Demnach kann selbst unter Verwendung eines Federwerkstoffes mit linear-elastischem Verhalten durch geeignete Gestaltung eine nichtlineare Federkennlinie erzielt werden. Die Steigung der Federkennlinie wird laut [DINEN13906] Federrate genannt und ist ein Maß für die Steifigkeit der Feder. Im Allgemeinen gelten die in den Gleichungen (5.1) und (5.2) dargestellten Zusammenhänge.

$$c = \frac{dF}{ds} = \tan \alpha \qquad\qquad (5.1)$$

$$c_t = \frac{dM_t}{d\varphi} = \tan \alpha \qquad\qquad (5.2)$$

Die Federrate einer Feder mit linearer Kennlinie ist konstant und wird deshalb auch oft als Federkonstante bezeichnet. Sie kann gemäß Gleichungen (5.3) bzw. (5.4) durch den Quotienten aus einer beliebigen Lastdifferenz und der zugehörigen Auslenkungsdifferenz bestimmt werden.

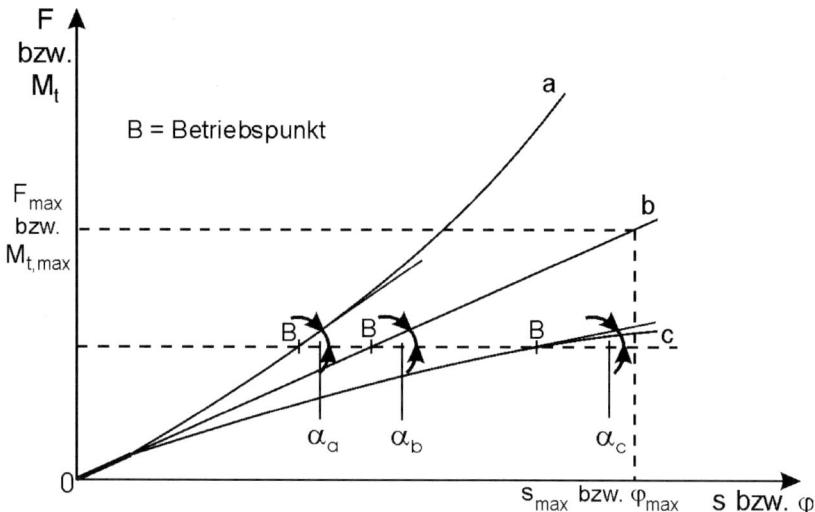

Abb. 5.1. Federkennlinien. a) progressiv b)linear und c) degressiv

$$c = \frac{F_2 - F_1}{s_2 - s_1} \qquad (5.3)$$

$$c_t = \frac{M_{t,2} - M_{t,1}}{\varphi_2 - \varphi_1} \qquad (5.4)$$

Besitzt die Kennlinie einer Feder einen zunehmendem (positiven) Gradienten, so wird sie als progressiv bezeichnet (Abb. 5.1.a). Bei progressivem Kennlinien-verlauf steigt die Federrate mit zunehmender Last. Bei einer degressiven Kennli-nie, also einer Kennlinie mit abnehmendem (positiven) Gradienten (Abb. 5.1.c), nimmt dagegen die Steifigkeit und damit auch Federrate und der Steigungswinkel mit zunehmender Last ab. Prinzipiell lässt sich festhalten, dass steife oder harte Federn eine steile und elastische oder weiche Federn eine flache Kennlinie besitzen.

Die Federnachgiebigkeit δ ist als Reziprokwert der Federrate definiert. Es gelten also Gleichungen (5.5) und (5.6).

$$\delta = \frac{1}{c} = \frac{ds}{dF} \qquad (5.5)$$

$$\delta_t = \frac{1}{c_t} = \frac{d\varphi}{dM_t} \qquad (5.6)$$

5.1.2.2 *Federarbeit*

Die Energie, die in einer Feder beim Einwirken einer äußeren Belastung als potentielle Energie gespeichert wird, heißt elastische Federarbeit W_{el}. Im Federdiagramm ist die elastische Federarbeit die Fläche zwischen der Federkennlinie und dem Abszissenabschnitt von der ursprünglichen bis zur maximalen Federung (s. Abb. 5.2.). Dementsprechend kann für einen allgemeinen Kennlinienverlauf die elastische Federarbeit (Formänderungsarbeit), die ausgehend von einer Anfangsauslenkung der Feder beim weiteren Verformen gespeichert wird, durch die Gleichungen (5.7) und (5.8) ausgedrückt werden.

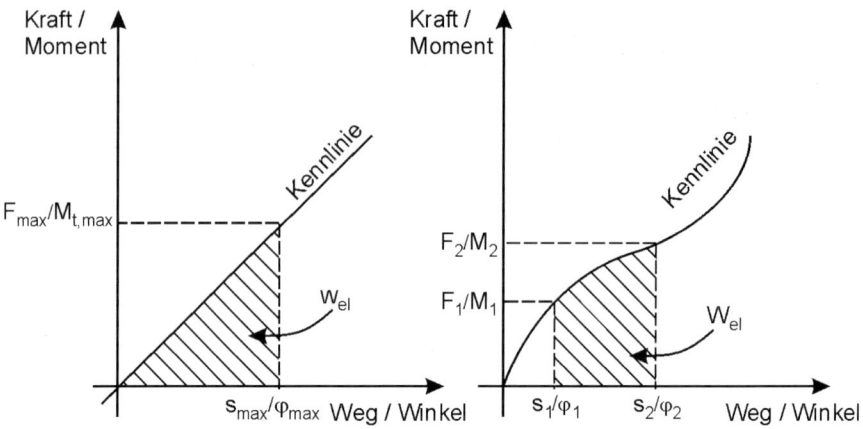

Abb. 5.2. Elastische Federarbeit im Kraft-Weg-Diagramm

$$W = \int_{s_1}^{s_2} F(s) \cdot ds = W_{el} \tag{5.7}$$

$$W = \int_{\varphi_1}^{\varphi_2} M_t(\varphi) \cdot d\varphi = W_{el} \tag{5.8}$$

Für den Spezialfall einer linearen Federkennlinie lassen sich die in Gleichungen (5.9) und (5.10) dargelegten Zusammenhänge aufstellen.

$$W = \frac{1}{2} \cdot F_{max} \cdot s_{max} = \frac{1}{2} \cdot c \cdot s_{max}^2 = \frac{F_{max}^2}{2c} = W_{el} \tag{5.9}$$

$$W = \frac{1}{2} \cdot M_{t,max} \cdot \varphi_{max} = \frac{1}{2} \cdot c \cdot \varphi_{max}^2 = \frac{M_{t,max}^2}{2c} = W_{el} \tag{5.10}$$

5.1.2.3 Nutzungsgrad

Bei strenger Gültigkeit des Hooke'schen Gesetzes und über Federquerschnitt A und Federlänge l gleichmäßig verteilten Normalspannungen gilt für die ideale Arbeitsaufnahmefähigkeit der Feder unter der Voraussetzung $V = A \cdot l$:

$$\int_0^{s_{max}} F \cdot ds = \int_0^{s_{max}} \frac{F}{A} \cdot A \cdot l \cdot \frac{ds}{l} = \int_0^{s_{max}} \sigma \cdot V \cdot \frac{ds}{l} = \int_0^{s_{max}} \sigma \cdot V \cdot d\varepsilon \qquad (5.11)$$

Mit $d\varepsilon = \dfrac{d\sigma}{E}$ (aus Hooke'schem Gesetz) folgt:

$$W = \int_0^{\sigma_{max}} \frac{\sigma \cdot V}{E} \cdot d\sigma = \frac{\sigma_{max}^2 \cdot V}{2E} \qquad (5.12)$$

Entsprechend lautet die Beziehung für gleiche Voraussetzungen, allerdings bei reiner Schub- bzw. Torsionsspannung:

$$W = \int_0^{\tau_{max}} \frac{\tau \cdot V}{G} \cdot d\tau = \frac{\tau_{max}^2 \cdot V}{2G} \qquad (5.13)$$

Die Gleichungen (5.12) und (5.13) beschreiben die ideale Ausnutzung des Federwerkstoffvolumens. Um eine allgemein gültige Beziehung für die elastische Federarbeit W zu erhalten, wird der Nutzungsgrad η_A eingeführt, der sich aus dem Verhältnis der wirklichen zur idealen Arbeitsaufnahmefähigkeit einer Feder ergibt [Dub01, Nie01].

$$W = \eta_A \cdot \frac{\sigma_{max}^2 \cdot V}{2E} \qquad \text{bzw.} \qquad W = \eta_A \cdot \frac{\tau_{max}^2 \cdot V}{2G} \qquad (5.14)$$

Durch den Nutzungsgrad wird die Nutzung des Federwerkstoffvolumens in Abhängigkeit von der Gestalt der Feder und der Belastungsart charakterisiert. Er gibt an, wie gleichmäßig das Werkstoffvolumen durch die inneren Kräfte oder Spannungen beansprucht wird. Da der Nutzungsgrad η_A ein für die Gestalt der Feder charakteristischer Wert ist, wird auch die Bezeichnung Art-Nutzwert oder Artnutzgrad verwendet. Für die Zugstabfeder nimmt der Artnutzgrad genau den Wert 1 an, da bei diesem Federtyp eine ideale Werkstoffausnutzung vorliegt (s. Abb. 5.3.). Auf die Berechnung des Artnutzgrades für bestimmte Federtypen wird noch in den entsprechenden Abschnitten eingegangen. Neben dem Artnutzgrad werden in der Literatur [Nie01] noch der Volumennutzgrad η_V und der Gewichtsnutzgrad η_Q verwendet. Der Volumennutzgrad ergibt sich aus dem Verhältnis der Arbeitsaufnahmefähigkeit zum Federvolumen und ist somit geeignet, das zur Aufnahme einer bestimmten elastischen Arbeit erforderliche Volumen zu bestimmen.

$$\eta_{\mathrm{V}} = \frac{W}{V} = \eta_{\mathrm{A}} \cdot \frac{\sigma^2}{2E} \quad \text{bzw.} \quad \eta_{\mathrm{V}} = \frac{W}{V} = \eta_{\mathrm{A}} \cdot \frac{\tau^2}{2G} \tag{5.15}$$

Dementsprechend wird der Gewichtsnutzgrad aus dem Verhältnis der Arbeitsaufnahmefähigkeit zum Gewicht der Feder berechnet. Er kann also zur Ermittlung des zur Aufnahme einer bestimmten elastischen Arbeit erforderlichen Gewichts genutzt werden.

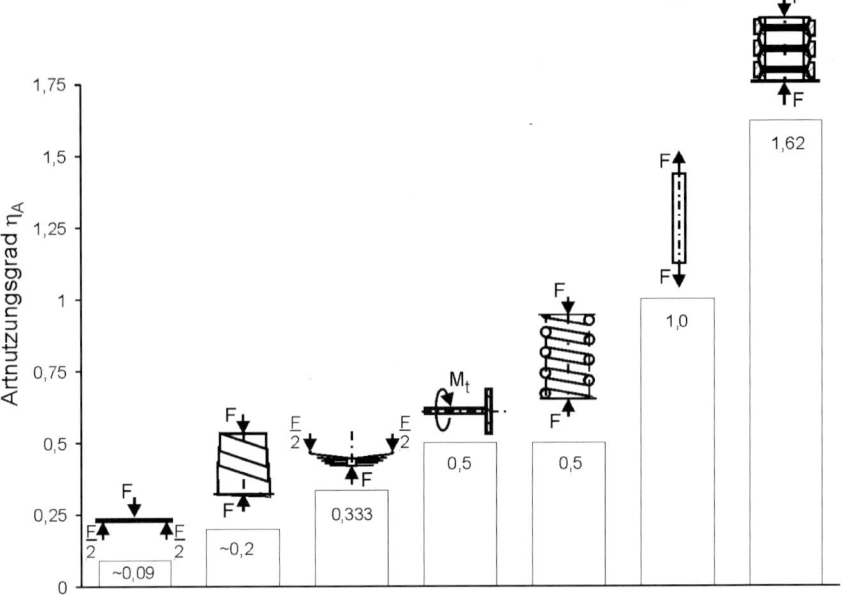

Abb. 5.3. Nutzungsgrade unterschiedlicher Federarten

5.1.2.4 Dämpfung bei dynamischer Belastung

Bei dynamischer Belastung kann sowohl innere Dämpfung als auch äußere Dämpfung auftreten. Die innere Dämpfung hängt von der Dämpfungsfähigkeit des Werkstoffes ab und ist insbesondere bei Elastomeren sehr groß. Ihr Verhalten ist viskoelastisch. Bei diesem Werkstoffverhalten existieren zeitabhängige Dehnungsanteile, wodurch eine Phasenverschiebung zwischen Spannung und Dehnung entsteht. Die Kennlinie bei viskoelastischem Werkstoffverhalten sieht prinzipiell wie die in Abb. 5.4.a) dargestellte Kennlinie aus. Die von der Belastungs- und Entlastungslinie umschlossene Fläche ist hierbei ein Maß für die Dämpfungsarbeit [Hor91, Ils02, Mac85, Hin90]. Der Quotient aus der Dämpfungsarbeit W_{D} und der elastischen Federarbeit W_{el}, die zwischen der Mittellage und der maximalen Auslenkung gespeichert wird, wird als Dämpfungsfaktor ψ bezeichnet.

$$\psi = \frac{W_{\mathrm{D}}}{W_{\mathrm{el}}} \qquad\qquad (5.16)$$

Wichtiger noch als die Werkstoffdämpfung ist die äußere Dämpfung. Sie setzt sich aus den Dämpfungsanteilen zusammen, die auf Gestalt und Anordnung der Feder im System zurückzuführen sind. Bei bestimmten Anordnungen resultieren Wirkflächenpaare mit Relativbewegung, wodurch Reibungskräfte entstehen. Dabei wird aufgrund der äußeren Reibung ein Teil der aufgenommenen Federarbeit in Form von Wärmeenergie abgegeben. Typische Beispiele für Systeme mit starker äußerer Dämpfung sind geschichtete Blattfedern, Ringfedern und Spiralfedern im Federnhaus [Mei97] sowie Bogenfedern [Alb91]. In Abschnitt 5.6 wird anhand eines Beispiels aus der Praxis nochmals auf den Einfluss der äußeren Dämpfung auf das dynamische Verhalten eingegangen.

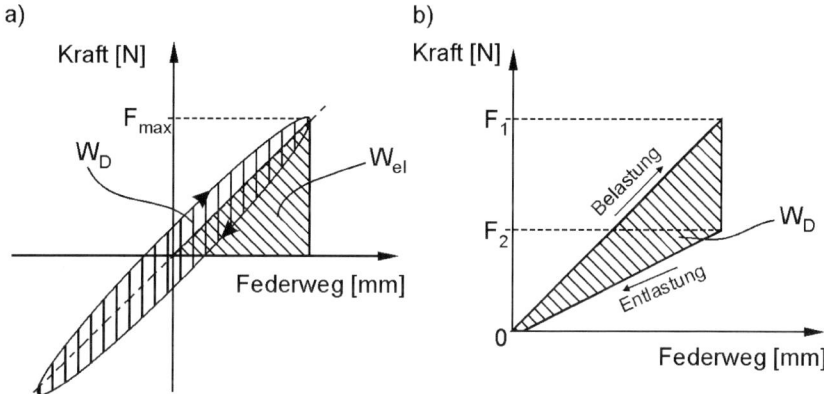

Abb. 5.4. Dämpfung bei dynamischer Belastung a) innere Dämpfung bei viskoelastischem Werkstoffverhalten bei schwingender Beanspruchung, b) äußere Dämpfung durch Reibung bei einmaliger Be- und Entlastung

5.1.3 Zusammenschaltung von Federn

Bei vielen Anwendungen werden Federn kombiniert bzw. zusammengeschaltet. Dabei gibt es die Möglichkeit, die Federn parallel oder hintereinander anzuordnen. Außerdem können diese beiden Anordnungsmöglichkeiten kombiniert werden. Die Federraten der beteiligten Federn können voneinander verschieden sein und werden im folgenden c_i genannt. Es ist zu beachten, dass die Berechnung der Gesamtfederrate von zusammengeschalteten Federn in gleicher Weise erfolgt, wie die Berechnung der Gesamtkapazität von zusammengeschalteten Kondensatoren. Dieser Zusammenhang besteht aufgrund der Analogie der Bauelemente Feder (Speicher für mechanische Energie) und Kondensator (Speicher für elektrische Energie).

5.1.3.1   Parallelschaltung

Bei einer Parallelschaltung sind die Federn so angeordnet, dass sich die äußere Belastung F anteilig auf die einzelnen Federn aufteilt. Als wesentliche Randbedingung dieser Anordnungsform ist festzulegen, dass der Federweg s für alle Federn gleich groß ist. Für eine Parallelschaltung von n Federn sind also folgende Zusammenhänge gültig:

$$s = s_i = s_1 = s_2 = ... = s_n \qquad (5.17)$$

$$F = \sum_1^n F_i \quad \text{mit } F_1 \neq F_2 \neq ... \neq F_n \qquad (5.18)$$

Zur Berechnung der Federrate c_{ges} dieses Systems ist es zweckmäßig, eine Ersatzfeder einzuführen, die eine äußere Belastung F erfährt und um den Weg s ausgelenkt wird. Mit den Einzelbelastungen aus Gleichung (5.18) und der Bedingung aus Gleichung (5.17) lässt sich die Federrate c_{ges} der Ersatzfeder und somit jene des Systems wie folgt berechnen:

$$s \cdot c_{ges} = F = \sum_1^n F_i = s \cdot \sum_1^n c_i \qquad (5.19)$$

$$c_{ges} = \sum_1^n c_i \qquad (5.20)$$

Somit ergibt sich die Federrate eines Systems aus parallel geschalteten Federn aus der Summe der Federraten der Einzelfedern (Analogie: Gesamtkapazität von parallel geschalteten Kondensatoren).

5.1.3.2   Reihenschaltung

Das wichtigste Merkmal dieser Anordnungsform ist, dass jede einzelne Feder die gleiche äußere Belastung F erfährt. Aufgrund der unterschiedlichen Federraten c_i müssen demzufolge auch unterschiedliche Federwege s_i resultieren. Somit gilt für ein System aus n in Reihe geschalteten Federn:

$$F = F_i = F_1 = F_2 = ... = F_n \qquad (5.21)$$

$$s = \sum_1^n s_i \quad \text{mit } s_1 \neq s_2 \neq ... \neq s_n \qquad (5.22)$$

Auch in diesem Fall wird zur Berechnung der Federrate des Gesamtsystems eine um den Federweg s ausgelenkte Ersatzfeder mit der Federrate c_{ges} eingeführt. Unter Berücksichtigung von Gleichung (5.21) ergibt sich c_{ges} aus Gleichung (5.22).

$$\frac{F}{c_{\mathrm{ges}}} = s = \sum_1^n s_i = F \cdot \sum_1^n \frac{1}{c_i} \tag{5.23}$$

$$\frac{1}{c_{\mathrm{ges}}} = \sum_1^n \frac{1}{c_i} \tag{5.24}$$

Aus der Summe der Reziprokwerte der Einzelfederraten ergibt sich demnach der Reziprokwert der Gesamtfederrate eines Systems von in Reihe geschalteten Federn (Analogie: Gesamtkapazität von in Reihe geschalteten Kondensatoren).

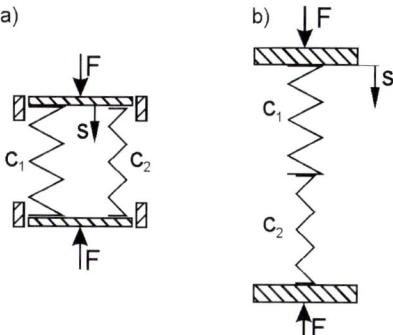

Abb. 5.5. Zusammenschaltung von Federn; a) parallel; b) in Reihe

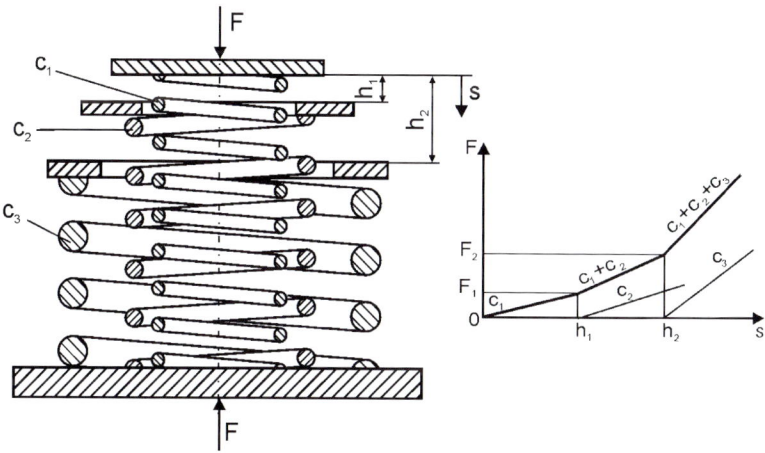

Abb. 5.6. Lastabhängige Parallelschaltung von Schraubendruckfedern

5.1.3.3 Gemischte Zusammenschaltung

Es ist selbstverständlich auch möglich, Parallel- und Reihenschaltung beliebig miteinander zu kombinieren. Zur Berechnung der Gesamtrate eines solchen

Federsystems, sind zuerst Ersatzfederraten für die zusammenhängenden Parallel-bzw. Reihenschaltungen zu ermitteln. Diese Reduzierung auf Ersatzfedern wird so lange fortgeführt, bis schließlich eine einfache Reihen- oder Parallelschaltung von Ersatzfedern resultiert. Anschließend kann die Berechnung der Gesamtfederrate des reduzierten Systems auf herkömmliche Weise erfolgen (s. Abb. 5.7.).

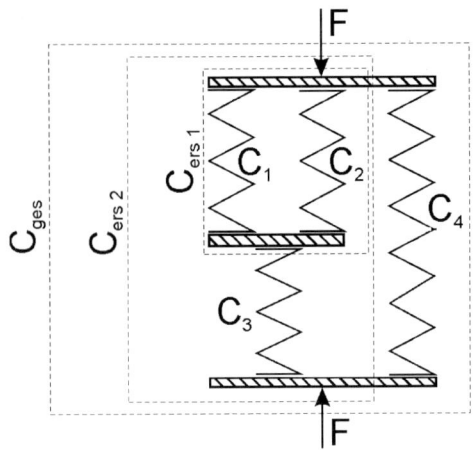

Abb. 5.7. Ermittlung der Gesamtfederrate bei gemischter Zusammenschaltung

5.1.4 Das Feder-Masse-Dämpfer-System

Elastische Elemente können Schwingungen ausführen. Im folgenden Abschnitt sollen periodische Schwingungen am Beispiel des in Abb. 5.8. schematisch dargestellten Feder-Masse-Dämpfer-Systems betrachtet werden. Die äußere Anregung der Schwingung ist durch F(t) bzw. s(t) gegeben. Auf mögliche Dämpfungseinflüsse (äußere Reibung und Werkstoffdämpfung) wurde bereits in Abschnitt 5.1.2 eingegangen. Die Widerstandskraft F_D, die von den zwei schematisch dargestellten Dämpfern ausgeübt wird, ist geschwindigkeitsproportional (vgl. viskoelastisches Materialverhalten). Dagegen ist die Reibungskraft F_R, die beispielsweise an dem Wirkflächenpaar zwischen Schwingmasse und Führungswänden wirkt (s. Abb. 5.8.) unabhängig von der Geschwindigkeit [Mei97].

Für freie ungedämpfte Schwingungen $(F(t) = F_R = F_D = 0)$ ergibt sich folgende homogene Differentialgleichung zweiter Ordnung:

$$\ddot{x} + \frac{c}{m} \cdot x = 0 \tag{5.25}$$

Die Eigenkreisfrequenz des ungedämpften Systems ist:

$$\omega_0 = \sqrt{\frac{c}{m}} \tag{5.26}$$

Für freie gedämpfte Schwingungen mit viskoser, d.h. geschwindigkeitsproportionaler Dämpfung wird die Differentialgleichung wie folgt ergänzt:

$$\ddot{x} + \frac{d}{m} \cdot \dot{x} + \frac{c}{m} \cdot x = 0 \qquad (5.27)$$

Handelt es sich bei der Dämpfungskraft um eine von der Geschwindigkeit unabhängige Widerstandskraft, so kann auch diese in Gleichung (5.25) hinzugefügt werden. Dabei ist allerdings das bei Änderung der Bewegungsrichtung wechselnde Vorzeichen zu berücksichtigen, da die Reibungskraft immer entgegen der Bewegungsrichtung wirkt. Eine solche Dämpfung wird Coulomb'sche Dämpfung genannt [Wit96, Mei97, Alb91].

$$m \cdot \ddot{x} + F_R \cdot sign(\dot{x}) + c \cdot x = 0 \qquad (5.28)$$

Wird die Schwingung periodisch von einer äußeren Kraft angeregt, handelt es sich um eine erzwungene Schwingung. Die äußere Kraft ist dabei eine Funktion der Zeit.

$$F(t) = \hat{F} \cdot \cos(\omega \cdot t) \qquad (5.29)$$

Gleichung (5.29) bildet die rechte Seite der Differentialgleichung zur Beschreibung einer erzwungenen Schwingung. Bei geschwindigkeitsproportionaler Dämpfung ergibt sich die inhomogene Differentialgleichung (5.30).

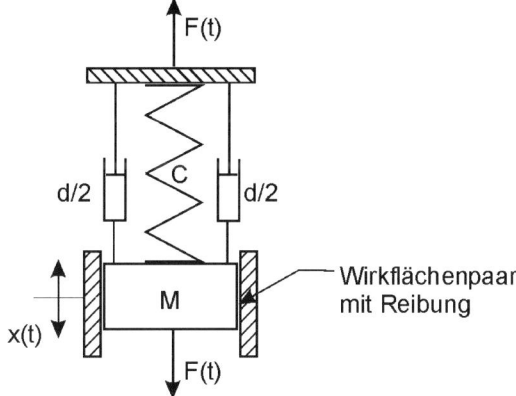

Abb. 5.8. Schematische Darstellung eines Feder-Masse-Dämpfer-Systems

$$\ddot{x} + \frac{d}{m} \cdot \dot{x} + \frac{c}{m} \cdot x = \frac{\hat{F}}{m} \cdot \cos(\omega \cdot t) \qquad (5.30)$$

Die allgemeine stationäre Lösung von Gleichung (5.30) lautet:

$$x(t) = \frac{\hat{F}}{c} \cdot V \cdot \cos(\omega \cdot t - \varphi) \qquad (5.31)$$

Für die Vergrößerungsfunktion V und den Phasenwinkel φ gelten die folgenden Beziehungen [Wit96]:

$$\varphi = \arctan\left(\frac{2 \cdot D \cdot \eta}{1 - \eta^2}\right) \tag{5.32}$$

$$V = \frac{1}{\sqrt{\left(1 - \eta^2\right)^2 + 4 \cdot D^2 \cdot \eta^2}} \tag{5.33}$$

$$\text{mit} \quad \eta = \frac{\omega}{\omega_0} \quad \text{und} \quad D = \frac{d}{2 \cdot \sqrt{m \cdot c}} \tag{5.34}$$

5.1.5 Federwerkstoffe und Werkstoffbehandlung

Federn sind zum Teil höchstbelastete Bauteile, deren Versagen oft mit hohen Folgekosten verbunden ist (Beispiel: Ventilfedern). Der Werkstoffauswahl und -behandlung kommt demnach eine entscheidende Bedeutung im Federentwicklungsprozess zu. Bei hochbelasteten Federn ist eine entsprechend hohe Streckgrenze erforderlich, um rein elastische Verformung zu gewährleisten, wobei in einigen Fällen beim Herstellungsprozess von metallischen Federn durchaus auch gezielt plastische Deformationen erzeugt werden (z.B. Setzen, Kugelstrahlen). Beim Setzen handelt es sich um ein Verfahren dem metallische Druckfedern bei der Herstellung unterzogen werden, um ihr elastisches Formänderungsvermögen zu verbessern. Hierzu wird die Feder so stark belastet, dass der Werkstoff im Randbereich des Drahtes eine Beanspruchung oberhalb der Elastizitätsgrenze erfährt und somit aufgrund plastischer Verformungen ein Eigenspannungszustand im unbelasteten Drahtquerschnitt entsteht (s. Abb. 5.9.). Diese Eigenspannungen erhöhen die Beanspruchbarkeit für die Belastungsrichtung, die beim Setzen gewählt wurde. Es wird zwischen Kalt- und Warmsetzen unterschieden [Mei97].

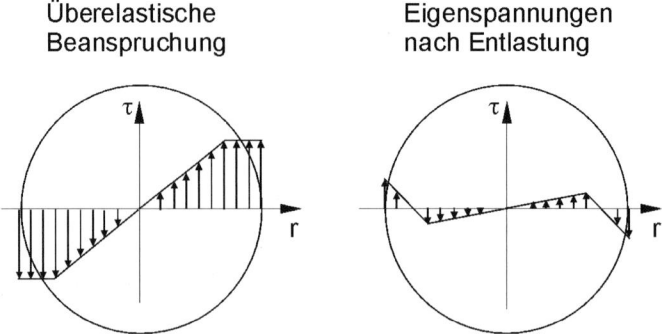

Abb. 5.9. Erzeugung von Eigenspannungen bei einer Drehstabfeder

Des weiteren sind bei der Auswahl eines geeigneten Federwerkstoffes je nach Anwendungsfall die statische bzw. dynamische Festigkeit, Korrosionsbeständigkeit sowie die Warmfestigkeit von Interesse.

In diesem Abschnitt werden einige wichtige Federwerkstoffklassen vorgestellt und wichtige Begriffe abgegrenzt.

5.1.5.1 Metallische Werkstoffe

Unter den metallischen Werkstoffen werden Stähle und Nichteisenmetalle unterschieden. Bei Federstählen kann es sich um Kohlenstoffstähle oder legierte Stähle handeln. Reine Kohlenstoffstähle eignen sich eher für kleine Drahtdurchmesser, da für die Martensitbildung eine Mindest-Abkühlgeschwindigkeit erforderlich ist. Größere Durchmesser können somit nicht mehr durchgehärtet werden. Eine Verbesserung der Durchhärtbarkeit kann durch die Legierungselemente Mangan, Chrom, Molybdän und Nickel erreicht werden.

In Tabelle 5.2. sind die wichtigsten DIN-Normen zusammengefasst, die sich mit der Zusammensetzung unterschiedlicher Federwerkstoffe beschäftigen. Da DIN-Normen ständig weiterentwickelt, überarbeitet und ersetzt werden, dienen die hier aufgeführten Normen lediglich zur Orientierung und erheben keinen Anspruch auf Vollständigkeit.

Tabelle 5.2. Wichtige Normen für Federstähle (Stand: August 2002)

Norm	Bezeichnung	Bemerkungen
DIN 17221	Warmgewalzte Stähle für vergütbare Federn	
DIN 17224	Federdraht und Federband aus nichtrostenden Stählen	
DIN EN 10132 Teil 1 und Teil 4	Kaltband aus Stahl für eine Wärmebehandlung	ersetzt DIN 17222
DIN EN 10270 Teil 1	Stahldraht für Federn – Patentiert-gezogener unlegierter Federstahldraht	ersetzt DIN 17223-1
DIN EN 10270 Teil 2	Stahldraht für Federn – Ölschlussvergüteter Federstahldraht	ersetzt DIN 17223-2
DIN EN 10270 Teil 3	Stahldraht für Federn – Nichtrostender Federstahldraht	

Beim Patentieren handelt es sich gemäß [DINEN10052] um eine Wärmebehandlung, bei der ein dichtstreifiges Perlitgefüge erzeugt wird. Hierzu wird nach dem Austenitisieren schnell auf eine Temperatur oberhalb des Martensitpunktes abgekühlt, wobei die Abkühlung im Warmbad erfolgt. Zur Herstellung von patentiert-gezogenem Draht wird der Draht nach einer solchen Wärmebehandlung durch Kaltziehen weiter verformt, wodurch sich in Längsrichtung des Drahtes ein

Zeilengefüge bildet. Mit dem so erzeugten Gefüge können Festigkeiten bis 3000 N/mm^2 erreicht werden [Schu74].

Bei ölschlussvergütetem Federstahldraht wird der Stahl nach dem Austenitisieren in Öl abgeschreckt. Direkt im Anschluss wird der Stahl durch Erwärmen auf eine geeignete Temperatur angelassen.

Insbesondere bei dynamisch hoch beanspruchten Federn ist ein hoher Reinheitsgrad des verwendeten Werkstoffes speziell im Randbereich zu fordern. Nichtmetallische Einschlüsse führen zu Bruchausgängen unter der Drahtoberfläche. Die Prüfung auf nichtmetallische Einschlüsse ist in [DIN50602] beschrieben. Darüber hinaus ist im Hinblick auf die Dauerfestigkeit ein feinkörniges Gefüge erwünscht [Sik73, Bart94]. Die Ermittlung der Korngrößen wird in [DIN50601] behandelt. Ein weiterer wichtiger Parameter bei dynamisch beanspruchten Federn ist die Oberflächenqualität. So kann beispielsweise ein hohes Maß an Randentkohlung die Dauerfestigkeit deutlich herabsetzen [Sik73]. Außerdem sind Kerben auf der Drahtoberfläche zu vermeiden. Zur Beseitigung von Kerben und Schädigungen auf der Drahtoberfläche stellt das Schälen des Drahtes eine geeignete Maßnahme dar. Im Zusammenhang mit der Forderung nach kerbfreien Oberflächen müssen unter anderem auch Korrosionsnarben durch adäquate Werkstoffauswahl (z.B. nichtrostende Stähle) oder durch Verwendung von beschichtetem Federdraht verhindert werden [Nie01, Mei97]. Zur Steigerung der Lebensdauer wird häufig das Kugelstrahlen eingesetzt, bei dem die Drahtoberfläche mit ausreichend harten metallischen oder nichtmetallischen Teilchen beschossen wird. Dadurch entsteht im randnahen Bereich des Drahtes ein günstiger Druckeigenspannungszustand [Horo79, Mac85, Sal02, Beck02].

Siliziumlegierte Stähle besitzen eine bedeutend höhere Streckgrenze und ein besseres Setzverhalten als reine Kohlenstoffstähle. Si-Stähle neigen jedoch sehr stark zur Randentkohlung und zur Grobkornbildung beim Glühen. Unter Randentkohlung wird die Oxidation des Kohlenstoffs im Randbereich des Drahtes durch die umgebende Atmosphäre verstanden. Durch die Oxidation des Kohlenstoffs wird der Zementit zersetzt. Bei höheren Temperaturen kann der Kohlenstoff im Eisen große Wege zurücklegen und somit ist eine Diffusion aus den inneren Bereichen des Drahtes zum Rand hin möglich [Bart94, Blae94, Schu74].

Bei der Federkonstruktion kommen auch Nichteisenmetalle wie z.B. Kupfer- und Nickellegierungen zum Einsatz. Die meisten dieser Legierungen weisen eine hohe Korrosionsbeständigkeit auf. Kupferlegierungen besitzen darüber hinaus eine gute elektrische Leitfähigkeit [Scho88]. Besonders hohe Festigkeiten weisen CuBe-Legierungen (Berylliumbronzen) auf. Nickellegierungen sind sehr gut für den Einsatz bei hohen Temperaturen geeignet [Past85, Mei97]. Einige für die Federherstellung relevanten Normen für Nichteisenmetalle sind in Tabelle 5.3. zusammengestellt.

Tabelle 5.3. DIN-Normen für Nichteisenmetalle (Stand: August 2002)

Norm	Bezeichnung	Bemerkungen
DIN 1787	Kupfer	
DIN 17666	Niedriglegierte Kupfer-Knetlegierungen – Zusammensetzung	
DIN 17741	Niedriglegierte Nickel-Knetlegierungen – Zusammensetzung	
DIN 17753	Drähte aus Nickel und Nickel-Knetlegierungen – Eigenschaften	
DIN EN 1654	Kupfer und Kupfer-Legierungen – Bänder für Federn und Steckverbinder	Ersetzt DIN 1777
DIN EN 12166	Kupfer und Kupferlegierungen – Drähte zur allgemeinen Verwendung	ersetzt DIN 1757, DIN 17682, DIN 17677-1, DIN 17677-2, DIN 17682 und teilweise DIN 2076

5.1.5.2 Nichtmetallische Werkstoffe

Für Federn werden auch eine Reihe nichtmetallischer Werkstoffe eingesetzt. Tabelle 5.4. gibt einen Überblick über einige Materialien und Tabelle 5.5. gibt einen Überblick über einige Eigenschaften von Elastomeren.

Werkstoffe für Elastomerfedern werden aus Naturkautschuk oder Synthesekautschuk hergestellt. Die Moleküle sind knäuelartig angeordnet. Um eine plastische Deformation einzuschränken, werden die Moleküle untereinander vernetzt. Dies wird durch die sogenannte Vulkanisation erreicht. Die so erzeugten Elastomere besitzen eine sehr hohe Elastizität, die auch als Entropie-Elastizität bezeichnet wird. Bei Belastung tritt eine Dehnung der Elastomermolekülknäuel auf, die bei Entlastung wieder verschwindet, da das Molekül wieder in den ungeordneten Zustand geht [Goh91]. Darüber hinaus treten allerdings auch plastische Deformationen aufgrund viskosem Fließens auf, das durch ein Abgleiten der Molekülketten verursacht wird. Durch die dabei entstehende Reibung tritt ein sehr hohes Maß an Dämpfung auf. Weiterhin sind Elastomere nahezu inkompressibel und besitzen somit eine Querkontraktionszahl von fast 0,5.

Tabelle 5.4. Nichtmetallische Federwerkstoffe

Werkstoffgruppe	Beispiele
Elastomere	Kautschuk
Hölzer	Buche, Eiche, Esche, Fichte, Tanne
Faserverstärkte Kunststoffe	Matrix: z.B. Epoxidharze
	Fasern: z.B. Glasfasern
Fluide Stoffe	Luft, Hydrauliköl, Kohlenwasserstoffe, Wasser
Keramik	Siliziumnitrid

Tabelle 5.5. Werkstoffe für Elastomerfedern

Werkstoffname	Shore-Härte A	Ölbeständigkeit	Ozonbeständigkeit
Naturkautschuk	25-98	schlecht	schlecht
Styrol-Butadien-Kautschuk	40-98	schlecht	schlecht
Ethylen-Propylen-Kautschuk	25-90	schlecht	gut
Butyl-Kautschuk	40-85	schlecht	gut
Chloropren-Kautschuk	50-90	bedingt	bedingt
Polyurethan-Kautschuk	50-98	gut	gut
Nitrilkautschuk	25-95	gut	schlecht
Akrylat-Kautschuk	55-90	gut	gut
Silikonkautschuk	25-85	bedingt	gut
Fluorsilikon-Kautschuk	40-80	gut	gut
Fluorkautschuk	60-95	gut	gut

Zur Einteilung der unterschiedlichen Elastomere wird die Shore Härte A nach [DIN53505] benutzt. Sie wird aus dem Widerstand bestimmt, den ein Kegelstumpf (s. Abb. 5.10.) beim Eindringen in den Gummiwerkstoff erfährt. Mit Hilfe der Shore Härte kann der Schubmodul G bestimmt werden, der unabhängig von der Geometrie der Feder ist. Des weiteren hängt der dynamische Überhöhungsfaktor k_d von der Shore Härte A ab. Mit ihm kann die Erhöhung der Federrate bei dynamischer Beanspruchung von Elastomerfedern berücksichtigt werden (s. Abschnitt 5.6).

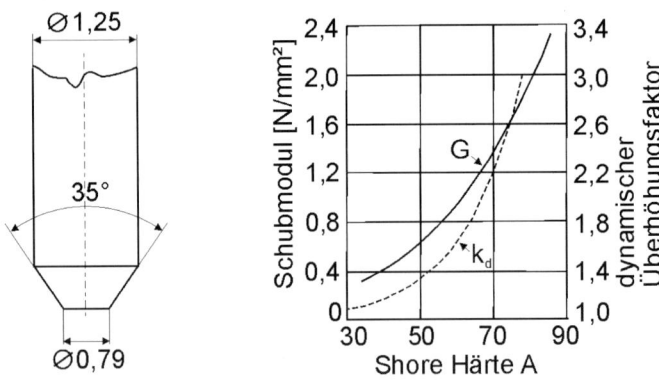

Abb. 5.10. Prüfnadel zur Messung der Härte nach Shore A (DIN 53505) und Abhängigkeit des Schubmoduls und des dynamischen Überhöhungsfaktors von der Shore Härte

Die Eigenschaften von Elastomeren sind stark temperaturabhängig. Bei tiefen Temperaturen steigt die Härte, dabei nimmt die Elastizität ab und die Dämpfung zu.

5.1.6 Klassierung und Bauarten

Um sich bei der Vielzahl der existierenden Bauarten einen Überblick über die einzelnen Federarten verschaffen zu können, muss eine sinnvolle Klassierung eingeführt werden. Prinzipiell bieten sich Klassierungen nach Werkstoff, nach Beanspruchung, nach Funktion oder nach der Gestalt der Feder an. Welche Klassierungsform die günstigste ist, hängt vom verfolgten Ziel ab.

5.1.6.1 Klassierung nach dem Werkstoff

In Abschnitt 5.1.5 wurde bereits auf die große Bedeutung hingewiesen, die der Werkstoffauswahl im Federentwicklungsprozess zukommt. Diesbezüglich wäre eine Einteilung nach Werkstoffen gemäß Abb. 5.11. denkbar. Bei dieser Art der Einteilung bleibt die Gestalt der Feder allerdings völlig unberücksichtigt. Demnach ist sie alleine nicht geeignet für einen Entwicklungsprozess, da dort nicht der verwendete Werkstoff die Ausgangsbasis bildet.

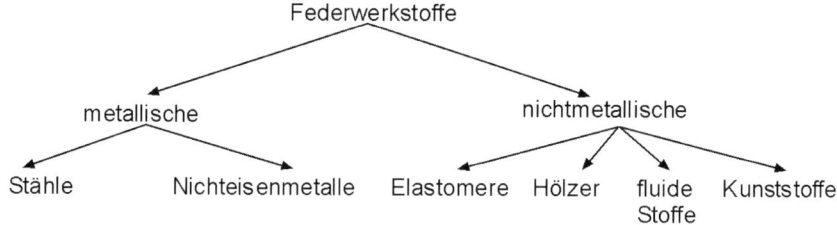

Abb. 5.11. Unterteilung nach Federwerkstoffen

5.1.6.2 Klassierung nach der Gestalt

Die Eigenschaften einer Feder werden maßgeblich durch ihre Gestalt beeinflusst. Dennoch ist es bei gegebenem Entwicklungsziel nicht immer möglich die geeignete Bauform anhand einer solchen Klassierung zu finden.

5.1.7 Klassierung nach der Funktion

Aus Sicht des Kunden ist letztendlich nicht das Produkt selbst, sondern die Erfüllung einer angedachten Funktion wichtig. In der Konzeptionsphase wird deshalb das Produkt abstrakt durch seine Funktion beschrieben, um eine schädliche Vorfixierung auf konkrete Bauteile bewusst zu vermeiden [Alb02]. Für den Produktentwickler erscheint folglich eine Klassierung nach der Funktion als zweckdienlich. Um eine solche Klassierung zu verwirklichen, müssen unterschiedliche technische Systeme analysiert werden, in denen Federn zum Einsatz kommen. Letztendlich wird dann die Funktion dieser Federn im System als einzig interessierende Größe herausgearbeitet. Durch konsequente Untergliederung entsteht am Ende ein umfangreicher Katalog an Funktionen, die in technischen Systemen durch Federn erfüllt werden können. An dieser Stelle wird in Abb. 5.12.

lediglich der Beginn einer solchen Untergliederung gezeigt. Ausgegangen wird hierbei von der Speicherung potentieller Energie, als grundsätzliche Funktion, die von allen Federn erfüllt wird.

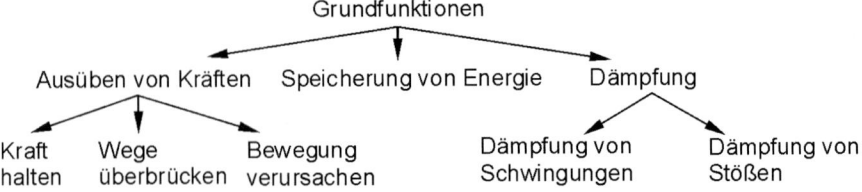

Abb. 5.12. Beispiel für eine Klassierung nach der Funktion

5.1.7.1 Klassierung nach der Beanspruchung

Es besteht auch die Möglichkeit, Federn nach der Hauptbeanspruchungsart zu klassieren, da die Art der Beanspruchung die Grundlage für die Dimensionierung bildet. Tabelle 5.6. zeigt Beispiele für diese Klassierungsform.

Tabelle 5.6. Klassierung nach der Beanspruchung

Beanspruchung	Beispiele
Zug / Druck	Stabfedern, Ringfedern, Gasfedern
Biegung	Blattfedern, Schenkelfedern, (Tellerfedern)
Torsion	Drehstabfedern, Schraubenfedern
Scherung	Einige Elastomerfedern

5.2 Zug-/Druckbeanspruchte Federn

Bei zug- bzw. druckbeanspruchten Federn wird der Werkstoff gleichmäßig durch Normalspannungen beansprucht. Dieser Kategorie gehören Stabfedern und Ringfedern an. Es soll hier auch ein Spezialfall von druckbeanspruchten Federn betrachtet werden, bei dem der „Werkstoff" gasförmig ist. Es handelt sich dabei um die Luftfeder, die in vielen Bereichen der Technik immer mehr an Bedeutung gewinnt (Bsp. Fahrzeugbau).

5.2.1 Stabfedern

5.2.1.1 Eigenschaften

Die Stabfeder besitzt unter allen Federn die wohl einfachste Geometrie. Sie lässt sich alleine durch die Querschnittsfläche A und die Länge l beschreiben. Wird nun ein solcher Stab durch eine Zug- bzw. Druckkraft F belastet, so entsteht eine über dem Querschnitt konstante Spannung.

Bei rein elastischer Beanspruchung des Federwerkstoffes ist das Hooke'sche Gesetz gültig und es ergibt sich für die Dehnung bzw. Stauchung folgender Ausdruck:

$$\varepsilon = \frac{\sigma}{E} \quad \text{mit: } \varepsilon = \frac{\Delta l}{l} = \frac{s}{l} \qquad (5.35)$$

Unter der Voraussetzung einer linearen Federkennlinie kann nun Gleichung (5.3) verwendet werden, um einen Ausdruck für die Federrate zu finden. Durch Auflösen der Gleichung (5.35) kann die Federrate einer Stabfeder wie folgt berechnet werden:

$$c = \frac{A \cdot E}{l} \qquad (5.36)$$

Unter Berücksichtigung von Gleichung (5.9) ergibt sich für die Federarbeit bei Belastung aus dem unbelasteten Zustand heraus:

$$W = \frac{1}{2} \cdot \frac{F^2 \cdot l}{E \cdot A} \qquad (5.37)$$

Die Federarbeit lässt sich auch gemäß Gleichung (5.14) darstellen. Hierfür ist das Federvolumen der Stabfeder direkt durch das Produkt aus Querschnittsfläche und Länge zu berechnen.

Werden die Gleichungen (5.7) und (5.14) gleichgesetzt, so erhält man unter Berücksichtigung von (5.35) folgenden Artnutzgrad:

$$\eta_A = 1 \qquad (5.38)$$

Da das Werkstoffvolumen bei der Zugstabfeder ideal ausgenutzt wird und somit Gleichung (5.12) direkt gültig ist, nimmt der Artnutzgrad bei der Stabfeder den Wert 1 an.

5.2.1.2 Anwendung

Die Stabfeder besitzt eine hohe Steifigkeit. Um bei vorgegebener Kraft einen bestimmten Federweg zu erreichen, muss die Länge der Stabfeder deutlich größer als die Länge einer anderen Federart sein. Die Stabfeder spielt demnach als Zug- und Druckfeder in der Technik keine große Rolle.

5.2.2 Ringfedern

5.2.2.1 Eigenschaften

Ringfedern setzen sich aus mehreren doppelkegelig geformten Innen- und Außenringen zusammen und können Belastungen in Form von Druckkräften in Richtung der Kegelachse aufnehmen. Jede Kegelfläche eines Innenringes berührt die Kegelfläche eines Außenringes, wodurch an den Berührflächen Wirkflächenpaare entstehen. Der halbe Innenring und der halbe Außenring, die gemeinsam ein solches Wirkflächenpaar erzeugen, werden als Ringfederelement bezeichnet [Frie64]. Aufgrund der kegeligen Gestalt der Ringe treten in den Wirkflächenpaaren bei Belastung der Ringfeder zwei Effekte auf, welche die in Abb. 5.13. gezeigte Federcharakteristik bewirken. Zum einen wird die in axialer Richtung wirkende Federkraft F in größere, normal zu den Wirkflächen stehende Kräfte F_N umgesetzt. Durch diese Kräfte werden die Außenringe gedehnt und die Innenringe entsprechend gestaucht. Des weiteren bewegen sich die Ringe in axialer Richtung ineinander. Hieraus resultiert der zweite Effekt, der die Federcharakteristik entscheidend prägt. An den Wirkflächen entstehen große wegproportionale Reibkräfte:

$$F_R = \mu \cdot F_N \quad \text{mit} \quad F_N = f(s) \tag{5.39}$$

Die Federkennlinien sind bei Belastung und Entlastung unter Reibungseinfluss nicht identisch. Die Energie und somit die Fläche zwischen Federkennlinie und Abszisse ist für die Entlastung deutlich kleiner als für die Belastung der Feder. Die Differenz zwischen der bei Belastung gespeicherten Federarbeit und der bei Entlastung wieder abgegebenen Federarbeit ist die Dämpfungs- oder Reibungsarbeit W_D. Eine Ringfeder ist normalerweise so ausgelegt, dass alle Innenringe sich bei Erreichen einer bestimmten Kraft berühren. In dem Diagramm in Abb. 5.13. fällt der progressive Verlauf am Ende der Belastungskennlinie auf. Dieses Phänomen ist dadurch erklärbar, dass nicht alle Innenringe gleichzeitig in die Blockstellung gehen [Frie64]. Wenn einzelne Innenringe in axialer Richtung blockiert werden, leisten sie zur Federstauchung keinen Beitrag mehr. Somit nimmt der Federweg bei steigender Kraft weniger stark zu als vorher.

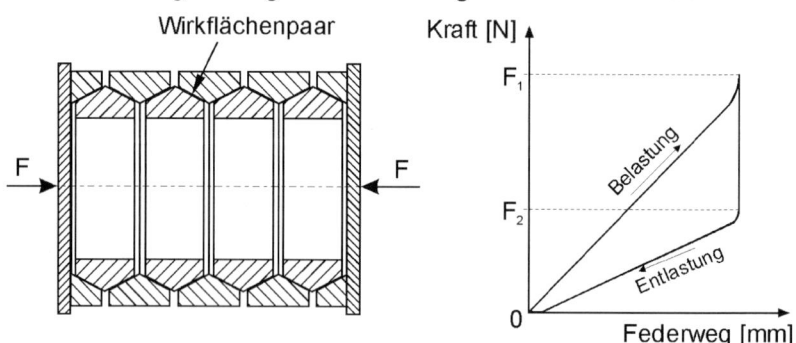

Abb. 5.13. Ringfeder mit Federkennlinie

Es sollen nun die an einem Ringfederelement wirkenden Kräfte herausgearbeitet werden. Hierzu wird Abb. 5.14. betrachtet, in der das Kräftegleichgewicht an der Wirkfläche eines Innenrings eingetragen ist. An der Wirkfläche des zugehörigen Außenrings sind die Kraftvektoren entsprechend in umgekehrter Richtung einzuzeichnen. In der Abbildung steht α für den halben Kegelwinkel. Fall 1 beschreibt die Verhältnisse unter Vernachlässigung der Reibung, wobei die axiale Federkraft mit F bezeichnet wird, (zur Modellbildung wird die in axialer Richtung wirkende Kraft F in zwei Kräfte à F/2 aufgeteilt). Zusammen mit der radial wirkenden Kraft F_{rad}, die aus der Verformung der Ringe herrührt, resultiert die Kraft F_{res}. In diesem Sonderfall steht F_{res} normal zur Wirkfläche [Frie64, Krei58]. In den beiden anderen Fällen wird die Reibung mit dem Reibungswinkel ρ berücksichtigt. Gleichung (5.40) gibt den Zusammenhang zwischen Reibungswinkel und Reibbeiwert μ wieder.

$$\rho = \arctan \mu \qquad (5.40)$$

In Fall 2 wird die Feder mit der Kraft F_1 belastet, die aufgrund der Reibungskraft F_R größer ist als die Kraft F aus Fall 1. Die Radialkraft kann nun wie folgt berechnet werden:

$$F_{rad} = \frac{F_1}{\tan(\alpha + \rho)} \qquad (5.41)$$

Wird die Feder jetzt entlastet (Fall 3), so sinkt die Federkraft schlagartig auf den Wert F_2 (s. Abb. 5.13. u. Abb. 5.14.), weil dann die Reibungskraft in Gegenrichtung wirkt. Es gilt:

$$F_2 = F_{rad} \cdot \tan(\alpha - \rho) = F_1 \cdot \frac{\tan(\alpha - \rho)}{\tan(\alpha + \rho)} \qquad (5.42)$$

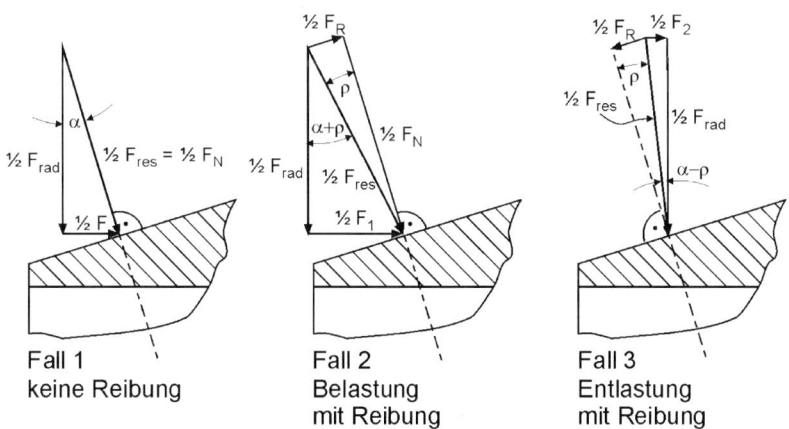

Fall 1
keine Reibung

Fall 2
Belastung
mit Reibung

Fall 3
Entlastung
mit Reibung

Abb. 5.14. Kräftegleichgewicht an der Wirkfläche eines Innenrings

Damit eine Rückfederung stattfinden kann, muss eine rückstellende Kraft vorhanden sein. In Abb. 5.14. (Fall 3) ist zu erkennen, dass die Kraft F_2 nur dann eine rückstellende Wirkung zeigt, wenn der halbe Kegelwinkel α größer ist als der

Reibungswinkel ρ. Um eine Selbsthemmung zu verhindern ist demnach Gleichung (5.43) zu beachten.

$$\alpha > \rho \quad \text{bzw.} \quad \alpha > \arctan\mu \qquad (5.43)$$

Sowohl in den Innenringen als auch in den Außenringen liegt ein dreiachsiger Spannungszustand vor (Tangential-, Radial- und Axialspannungen). Aus der Belastung an den Wirkflächen der Außenringe resultieren neben Druckspannungen in axialer und radialer Richtung Zugspannungen in Umfangsrichtung. Demgegenüber treten an den Innenringen in allen drei Richtungen Druckspannungen auf. Die Ringe können näherungsweise als dünnwandige zylindrische Rohre aufgefasst werden, solange folgende Beziehung zwischen dem inneren Radius r_i und dem äußeren Radius r_a der Ringe gilt [Frie64]:

$$\frac{r_a}{r_i} \leq 1{,}2 \qquad (5.44)$$

Demnach sind die Tangentialspannungen σ_T in guter Näherung mit den Gleichungen (5.45) und (5.46) zu ermitteln.

$$\sigma_{T,i} = -\frac{p \cdot r_m}{t_i} \qquad (5.45)$$

$$\sigma_{T,a} = +\frac{p \cdot r_m}{t_a} \qquad (5.46)$$

In den oben genannten Gleichungen steht p für die Pressung an den Wirkflächenpaaren, r_m für den mittleren Fügeradius der Wirkflächen und t für die Wanddicke der Ringe. Der Index a bezeichnet den äußeren und der Index i den inneren Ring. Die eigentliche Flächenpressung wird durch die normal zur Wirkfläche stehenden Kraft F_N hervorgerufen, wobei diese allerdings nicht der Pressung in den Gleichungen (5.45) und (5.46) entspricht. Aufgrund der näherungsweisen Betrachtung der konischen Ringe als zylindrische Rohre und der Tatsache, dass die Tangentialspannungen durch radiale Verformung der Ringe induziert werden, muss eine radial wirkende Kraft zur Erzeugung dieser Pressung herangezogen werden. An dieser Stelle wird demnach die konische Form der Ringe vernachlässigt und es werden stattdessen Ersatzringe zur Berechnung der Pressung eingeführt. Aus Abb. 5.15 geht die prinzipielle Vorgehensweise zur Berechnung der Tangentialspannungen hervor. Zuerst wird die Radialkraft F_{rad} berechnet, die für die radiale Verformung der Ringe und somit für die entstehenden Tangentialspannungen verantwortlich ist. In Abb. 5.15. ist F_{rad} gemäß der in Abb. 5.14. getroffenen Vereinbarung eingezeichnet. Diese Kraft ergibt sich für den Belastungsfall aus Abb.5.14 aus dem Zusammenhang, der in Gleichung (5.41) wiedergegeben ist. Danach erfolgt der Übergang zum Ersatzmodell. Nun lässt sich die Flächenpressung näherungsweise durch Gleichung (5.47) errechnen, wobei der mittlere Radius r_m als radiale Position des Wirkflächenpaares angenommen wird.

$$p = \frac{2 \cdot F_{rad}}{2 \cdot \pi \cdot r_m \cdot b} = \frac{F_1}{\pi \cdot r_m \cdot b \cdot \tan(\alpha + \rho)} \tag{5.47}$$

Unter Beachtung der Gleichungen (5.45) und (5.46) resultieren die Tangentialspannungen für Innenring und Außenring:

$$\sigma_{T,i} = -\frac{F_1}{\pi \cdot A_i \cdot \tan(\alpha + \rho)} \tag{5.48}$$

$$\sigma_{T,a} = +\frac{F_1}{\pi \cdot A_a \cdot \tan(\alpha + \rho)} \tag{5.49}$$

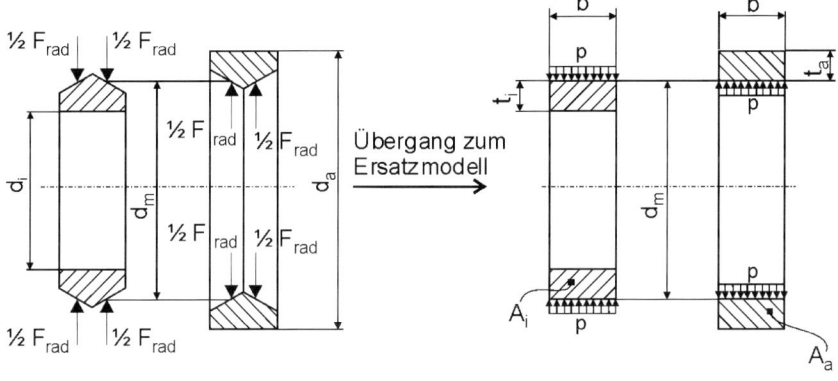

Berechnung von F_{rad} Berechnung von σ_T

Abb. 5.15. Ersatzmodell zur Berechnung der Tangentialspannungen

Durch die Aufweitung des Außenrings und die Stauchung des Innenrings können sich die Ringe unter Einwirkung der Axialkraft ineinander bewegen. An jedem Ringfederelement wird so der Teilfederweg s_0 zurückgelegt. Dieser lässt sich unter Berücksichtigung der Aufweitung des Außenrings Δr_a und der Stauchung des Innenrings Δr_i direkt aus der Geometrie der konischen Ringe ermitteln.

$$s_0 = \frac{\Delta r_a}{\tan \alpha} + \frac{\Delta r_i}{\tan \alpha} \tag{5.50}$$

Für die Aufweitung bzw. Stauchung sind bei rein elastischer Verformung folgende Zusammenhänge gültig, wobei E_a und E_i die Elastizitätsmodule der Werkstoffe für Außen- bzw. Innenring sind:

$$\Delta r_a = \frac{\sigma_{T,a} \cdot r_{m,a}}{E_a} \quad \text{mit: } \varepsilon_a = \frac{\Delta r_a}{r_{m,a}} \tag{5.51}$$

$$\Delta r_i = \frac{\sigma_{T,i} \cdot r_{m,i}}{E_i} \quad \text{mit: } \varepsilon_i = \frac{\Delta r_i}{r_{m,i}} \tag{5.52}$$

Demnach lässt sich der Federweg, der durch die Relativbewegung in einem Wirkflächenpaar entsteht, berechnen, also der Teilfederweg eines Ringfederelementes. Der gesamte Federweg einer Ringfeder mit n Federelementen ergibt sich aus der Summe der Einzelfederwege. Gleichung (5.53) gilt, wenn die Elastizitätsmodule für die Werkstoffe von Außen- und Innenring identisch sind. In der Praxis kann es auch zweckmäßig sein, unterschiedliche Materialien zu wählen [Krei58].

$$s = n \cdot \frac{\sigma_{T,a} \cdot r_{m,a} + \sigma_{T,i} \cdot r_{m,i}}{E \cdot \tan \alpha} \tag{5.53}$$

Die Federarbeit wird gemäß Gleichung (5.14) berechnet. Mit den Tangentialspannungen aus den Gleichungen (5.48) und (5.49) resultiert die Federarbeit bei Belastung:

$$W_1 = \eta_A \cdot \frac{\sigma_{T,a}^2 \cdot V_a + \sigma_{T,i}^2 \cdot V_i}{2 \cdot E} \tag{5.54}$$

Hieraus kann unter Berücksichtigung von Gleichung (5.42) direkt die abgegebene Federarbeit bei Entlastung bestimmt werden:

$$W_2 = W_1 \cdot \frac{\tan(\alpha - \rho)}{\tan(\alpha + \rho)} \tag{5.55}$$

Das Federvolumen ist bei n Ringfederelementen:

$$V = V_a + V_i = 2 \cdot \pi \cdot \frac{n}{2} \cdot \left(A_a \cdot r_{m,a} + A_i \cdot r_{m,i} \right) \tag{5.56}$$

Die Ringfeder nutzt das Werkstoffvolumen aufgrund der gleichmäßigen Spannungsverteilung ideal aus. Daher wäre ein Artnutzgrad von 1 zu erwarten. Allerdings wird aufgrund der Reibung mehr Arbeit aufgenommen, als durch reine elastische Federung möglich wäre. Deshalb ist der Artnutzgrad bei der Ringfeder größer als 1.

$$\eta_A = \frac{\tan(\alpha + \rho)}{\tan \alpha} \tag{5.57}$$

5.2.2.2 Anwendung

Aufgrund ihrer Dämpfungseigenschaften werden Ringfedern bei großen oder stoßartigen Belastungen eingesetzt, deren Stoßenergie gedämpft werden soll. Typischerweise werden bei Ringfedern etwa 2/3 der aufgenommenen Federarbeit in Dämpfungsarbeit umgewandelt. Ein klassischer Anwendungsfall sind Puffer für Eisenbahnwaggons, Prell- und Rammböcke [Krei58]. Des weiteren können Ringfedern zur elastischen Abstützung schwerer Aggregate und zur elastischen Aufhängung schwerer Hebezeuggeschirre eingesetzt werden.

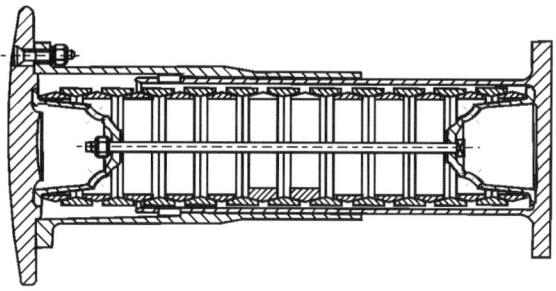

Abb. 5.16. Ringfeder als Puffer für Eisenbahnwaggons (Quelle: [Frie64])

5.2.3 Luftfedern

5.2.3.1 Eigenschaften

Eine Luftfeder ist eine Kompressionsfeder, deren elastisches Verhalten nicht in der elastischen Verformung eines Werkstoffes, sondern in der Kompressibilität eines Gases bei Drucksteigerung begründet ist. Die Luft ist in einem druckfesten Zylinder durch einen Kolben oder in einem leicht zusammendrückbaren Balg luftdicht eingeschlossen. Bei der Kolbenfeder bildet die Wirkfläche des Kolbens zusammen mit der angrenzenden Wirkfläche des Gases ein Wirkflächenpaar zur Krafteinleitung. Das zweite Wirkflächenpaar zur Einleitung der Kraft entsteht zwischen Luft und Zylinder. Bei konstanter Größe der Wirkflächen wird die Änderung der Federkraft durch Gleichung (5.58) beschrieben.

$$dF = A \cdot dp \qquad (5.58)$$

Luftfedern besitzen einen stark progressiven Kennlinienverlauf, wobei für die Zustandsänderung des Gases das polytrope Gesetz gültig ist. In Gleichung (5.59) ist p der absolute Druck und V das Gasvolumen.

$$p \cdot V^n = const. \qquad (5.59)$$

Bei niederfrequenten Belastungen kann ein Großteil der bei der Kompression entstehenden Wärme an die Umgebung abgegeben werden. Die Zustandsänderung kann somit näherungsweise als isotherm betrachtet werden. Demnach strebt der Polytropenexponent n für kleine Anregungsfrequenzen den Wert 1 an. Bei steigender Belastungsfrequenz kann weniger Wärme abgegeben werden, weshalb bei sehr hohen Frequenzen in guter Näherung von einer reversibel adiabaten Zustandsänderung ausgegangen werden kann, bei welcher der Polytropenexponent gleich dem Isentropenexponent κ zu setzen ist. Für Luft nimmt κ den Wert 1,4 an.

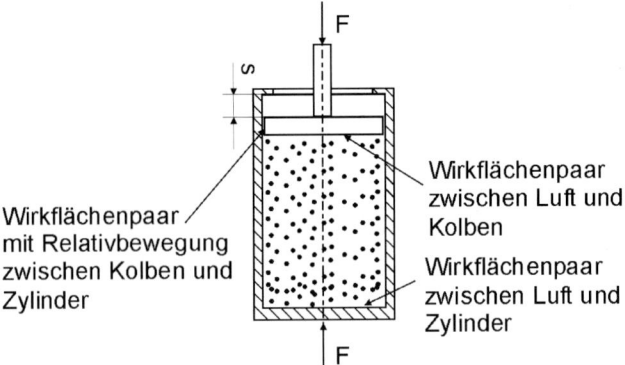

Abb. 5.17. Schematische Darstellung einer Kolbenfeder

In den folgenden Überlegungen werden die Größen des Ausgangszustandes der Gasfeder mit dem Index 0 versehen. Aus Gleichung (5.59) kann folgende Beziehung abgeleitet werden:

$$\frac{p}{p_0} = \left(\frac{V_0}{V}\right)^n \tag{5.60}$$

Um eine Kraft-Weg-Beziehung herzuleiten, ist von Gleichung (5.58) auszugehen. Daraus folgt im Falle einer im Ausgangszustand unbelasteten Feder ($F_0 = 0$):

$$F = \int_{p_0}^{p} A \cdot dp = A \cdot p_0 \cdot \left(\frac{p}{p_0} - 1\right) = A \cdot p_0 \cdot \left[\left(\frac{V_0}{V}\right)^n - 1\right] \tag{5.61}$$

Mit:

$$V_0 = A \cdot h \quad \text{und} \quad V = A \cdot (h - s) \tag{5.62}$$

Die Federkraft lässt sich demnach durch Gleichung (5.63) in Abhängigkeit des Federweges darstellen.

$$F = A \cdot p_0 \cdot \left(\frac{h}{(h-s)^n} - 1\right) \tag{5.63}$$

Die Federrate ist allgemein definiert durch Gleichung (5.1). Danach ergibt sich für die Federrate der Gasfeder unter Berücksichtigung des Zusammenhangs $dV = -A \cdot ds$:

$$c = \frac{dF}{ds} = \frac{A \cdot dp}{ds} = -\frac{A^2 \cdot dp}{dV} \qquad (5.64)$$

Mit Hilfe von Gl. (5.60) kann die differentielle Schreibweise aus Gl. (5.64) ersetzt werden durch:

$$\frac{dp}{dV} = -n \cdot \frac{p_0 \cdot V_0^n}{V^{n+1}} = -n \cdot p_0 \cdot \left(\frac{V_0}{V}\right)^n \cdot \frac{1}{V} = -n \cdot p \cdot \frac{1}{V} \qquad (5.65)$$

Dementsprechend beschreibt Gl. (5.66) den Zusammenhang zwischen Federrate und Druck sowie Volumen.

$$c = \frac{n \cdot p \cdot A^2}{V} \qquad (5.66)$$

Die Federarbeit der Gasfeder entspricht der Volumenänderungsarbeit. Der Ansatz hierfür lautet:

$$W = -\int_{V_0}^{V} p \cdot dV = -\int_{V_0}^{V} p_0 \cdot \left(\frac{V_0}{V}\right)^n \cdot dV \qquad (5.67)$$

Wird Gl. (5.67) für einen Polytropenexponenten der größer ist als 1 gelöst, wird die Federarbeit zu:

$$W = \frac{p_0 \cdot V_0}{n-1} \cdot \left[\left(\frac{V}{V_0}\right)^{1-n} - 1 \right] = \frac{p_0 \cdot V_0}{n-1} \cdot \left[\left(\frac{p}{p_0}\right)^{\frac{n-1}{n}} - 1 \right] \qquad (5.68)$$

Im Falle einer isothermen Zustandsänderung ($n=1$) lässt sich dagegen folgende Gleichung herleiten:

$$W = p_0 \cdot V_0 \cdot \ln\left(\frac{V_0}{V}\right) = p_0 \cdot V_0 \cdot \ln\left(\frac{p}{p_0}\right) \qquad (5.69)$$

Es muss an dieser Stelle darauf hingewiesen werden, dass die Federrate einer Luftfeder stark temperaturabhängig ist.

5.2.3.2 Anwendung

Luftfedern können aufgrund ihres relativ einfachen Aufbaus einerseits für weniger aufwendige Systeme eingesetzt werden, z.B. bei Schreibtischstühlen für die Höhen- und Neigungsverstellung. Die federnden Eigenschaften können hierbei als Komfortmerkmal genutzt werden. Anderseits bieten Luftfedern für komplexe Systeme die Möglichkeit, durch Kompressoren als Nebenaggregate über den anliegenden Druck die Federrate bedarfsgerecht zu variieren. Somit können z.B. Niveauregulierungen für Pkw- und Nkw-Fahrwerke realisiert werden, die unter anderem eine geschwindigkeits- und fahrbahnabhängige Fahrzeugaufbauhöhe ermöglichen. Hierfür können zusätzlich zu den bestehenden Stahlfedern Luftfedern eingesetzt werden, sogenannte teiltragende Systeme. Hierdurch werden bei Beladung - insbesondere bei weichen Aufbaufedern für hohen Fahrkomfort - große Federwege vermieden. Verzichtet man vollständig auf Stahlfedern können volltragende Systeme realisiert werden, wie sie auch für aktive Fahrwerke eingesetzt werden können. Aufgrund der aufgeführten Eigenschaften von Luftfedern bedingen solche Systeme jedoch einen entsprechenden Regelungsaufwand.

5.3   Biegebeanspruchte Federn

Bei den biegebeanspruchten Federn wird der Werkstoff nicht gleichmäßig belastet, da über dem Querschnitt ein inhomogener Spannungsverlauf entsteht. Somit ist allein aufgrund der Beanspruchungsart mit einem Artnutzwert kleiner 1 zu rechnen. Biegebeanspruchte Federn werden als Stäbe, Platten und Scheiben ausgeführt.

5.3.1 Blattfedern

5.3.1.1   Eigenschaften

Zur Modellbildung können einfache Blattfedern als eingespannte Balken unter Biegebelastung betrachtet werden. Dabei können unterschiedliche Lagerungen bzw. Einspannungen berücksichtigt werden, wie sie aus der technischen Mechanik bekannt sind (s. Kapitel 3) [Dub01].

Wird die Blattfeder als Balken mit konstanter Querschnittsfläche betrachtet (s. Abb. 5.18.), lässt sich die Spannung an der Randfaser, die zugleich die maximale Biegespannung ist, für eine beliebige Position x mit Gleichung (5.70) bestimmen.

$$\sigma_{b,R}\left(x\right) = \frac{6 \cdot F \cdot x}{b \cdot h^2} \tag{5.70}$$

Demnach nehmen die Randspannungen aufgrund des wachsenden Hebelarms zur Einspannstelle hin zu. Der Artnutzgrad wird also zusätzlich zur beanspruchungsbedingten Verkleinerung noch weiter verringert. Für Biegefedern mit konstantem Querschnitt liegt der Artnutzgrad bei 1/9. Um den Werkstoff besser zu nutzen, kann unter Betrachtung von Gleichung (5.70) sowohl die Breite *b* als auch die Höhe h der Blattfeder über der Länge variiert werden. In Abb. 5.19. werden hierzu exemplarisch eine Parabelfeder, eine Dreiecksfeder und eine Trapezfeder gezeigt. Es ist zu beachten, dass bei der Parabelfeder für die variable Höhe *h(x)* eine Wurzelfunktion gewählt wurde. Bei Betrachtung von Gleichung (5.70) erscheint dies auch zweckmäßig, da die Höhe quadratisch eingeht. Sowohl bei der Parabelfeder als auch bei der Dreiecksfeder wird eine über der Länge konstante Randspannung erreicht.

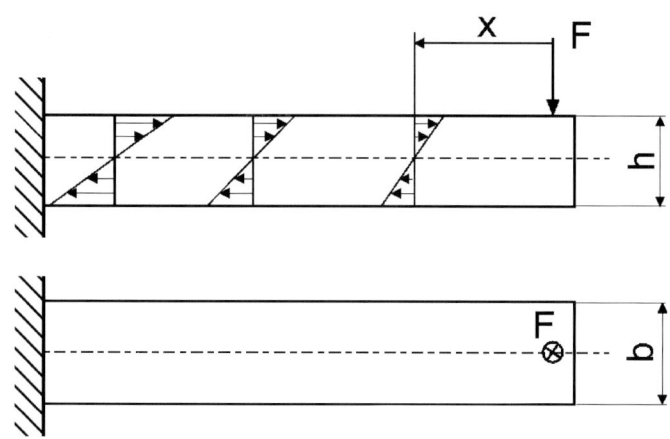

Abb. 5.18. Spannungen bei einseitig eingespannter Blattfeder mit konstantem Querschnitt

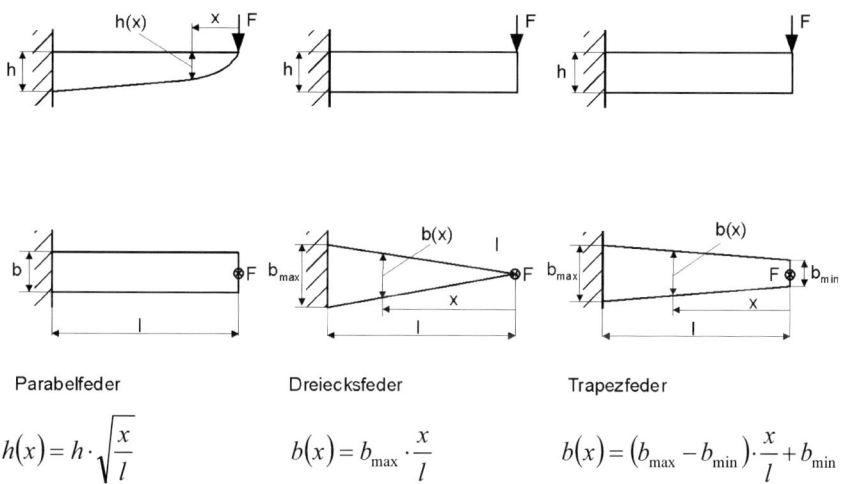

Parabelfeder   Dreiecksfeder   Trapezfeder

$$h(x) = h \cdot \sqrt{\frac{x}{l}} \qquad b(x) = b_{max} \cdot \frac{x}{l} \qquad b(x) = \left(b_{max} - b_{min}\right) \cdot \frac{x}{l} + b_{min}$$

Abb. 5.19. Biegefedern mit verbesserter Werkstoffausnutzung

Mit der Dreiecksfeder wird ein Artnutzgrad von 1/3 erreicht, wobei der Artnutzgrad der Trapezfeder abhängig vom Verhältnis λ im Bereich zwischen 1/3 und 1/9 liegt. Dabei gilt für λ der folgende Zusammenhang:

$$\lambda = \frac{b_{min}}{b_{max}} \tag{5.71}$$

Der maximale Federweg einer Dreiecks- bzw. Trapezfeder kann gemäß der theoretischen Biegelinie für einen Balken mit konstantem Querschnitt durch Multiplikation mit einem Einflussfaktor χ zur Berücksichtigung des veränderlichen Querschnitts berechnet werden. Hierzu stehen die Gleichung (5.72) und die Tabelle 5.7. zur Verfügung.

$$s = \frac{4 \cdot F \cdot l^3}{E \cdot b_{max} \cdot h^3} \cdot \chi \qquad (5.72)$$

Tabelle 5.7. Zusammenhang zwischen χ und dem Verhältnis λ [Dub01, Nie01]

λ	0	0,1	0,2	0,3	0,4	0,5	0,6	0,7	0,8	0,9	1,0
χ	1,5	1,39	1,32	1,25	1,2	1,16	1,12	1,09	1,05	1,03	1,0

Zur Bestimmung des Artnutzgrades wird auf Gleichung (5.14) zurückgegriffen. Hierin wird der Querschnitt als konstant über der Federlänge betrachtet. Somit wird das Federvolumen mit Hilfe einer mittleren Breite $\bar{b}$ berechnet.

$$\bar{b} = \frac{b_{max} + b_{min}}{2} = \frac{b_{max} \cdot (1 + \lambda)}{2} \qquad (5.73)$$

Wird nun Gleichung (5.14) mit Gleichung (5.9) verglichen, so ergibt sich folgende Beziehung:

$$\frac{1}{2} \cdot F_{max} \cdot s_{max} = \eta_A \cdot \frac{\sigma_{b,max}^2 \cdot l \cdot h \cdot b_{max} \cdot (1 + \lambda)}{4 \cdot E} \qquad (5.74)$$

Diese Vorgehensweise ist gültig, da eine lineare Federkennlinie vorliegt. Unter Berücksichtigung von Gleichung (5.70) und (5.72) resultiert der Artnutzgrad.

$$\eta_A = \frac{2}{9} \cdot \frac{\chi}{1 + \lambda} \qquad (5.75)$$

5.3.1.2   Übergang zu geschichteten Blattfedern

In der Praxis ist der Bauraum der Feder begrenzt. Aus diesem Grund werden häufig geschichtete Blattfedern eingesetzt. In Abb. 5.20. ist die modellhafte Entstehung einer geschichteten Blattfeder auf Grundlage einer Dreiecks- bzw. Trapez-Einblattfeder gezeigt. Die Einblatt-Feder wird gedanklich in Streifen der Breite b_B zerschnitten, die dann aufeinander geschichtet werden. Der Grundgedanke dabei ist, dass unter Vernachlässigung der Reibung für die geschichteten Federblätter die Berechnungsgrundlagen der Einblattfedern hinreichend genau gültig sind [Gro60, Nie01]. Da die Schichtung der einzelnen Federblätter als eine Parallelschaltung betrachtet werden kann und die Breite linear in das Flächenträgheitsmoment eingeht, ist diese Näherung bei Vernachlässigung der Reibung recht gut.

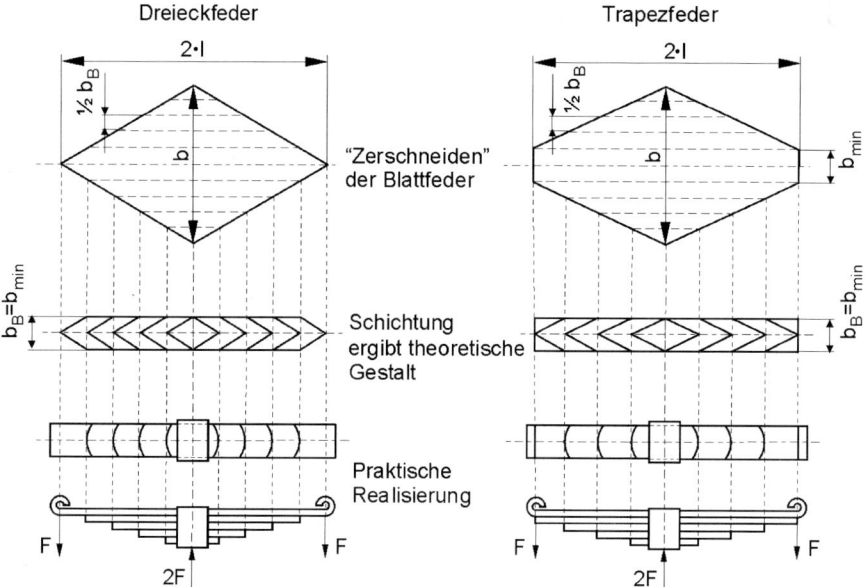

Abb. 5.20. Übergang zu geschichteten Blattfedern

Die Dreieckfeder läuft an ihrem Ende Spitz zu, was im realen Einsatz einer solchen Feder bei großen aufzunehmenden Kräften ungünstig ist. Besser ist die Form der Trapezfeder mit $b_{min} = b_B$ geeignet, da hier beim Übergang zur geschichteten Blattfeder ein an den Enden ungeschwächtes Federblatt entsteht (s. Abb. 5.20.). Bei sehr hohen Kräften kann b_{min} noch weiter vergrößert werden, so dass mehrere gleichlange ungeschwächte Federblätter übereinander liegen [Gro60].

Zwischen den Blattschichten entstehen Wirkflächenpaare, an welchen aufgrund der Relativbewegungen der Wirkflächen eines Wirkflächenpaares zueinander Reibkräfte wirken. Dementsprechend ist mit einem Kennlinienverlauf zu rechnen, bei dem die Belastungskennlinie steiler als die Entlastungskennlinie ist (vgl. Abschnitt 5.1). Die Dämpfungsarbeit, also die von Be- und Entlastungslinie eingeschlossene Fläche, kann unter Umständen zu einer erwünschten Schwingungsdämpfung führen. Jedoch kann die Reibung auch häufig unerwünschte Effekte hervorrufen.

5.3.1.3 Anwendung

Anwendung finden Blattfedern als Rast- oder Andrückfedern bei Schiebern, Ankern und Klinken in Gesperren sowie als Kontaktfedern in Schaltern. Früher wurden geschichtete Blattfedern häufig zur Abfederung von Straßen- und Schienenfahrzeugen eingesetzt, wobei die Reibungseffekte genutzt werden konnten. Allerdings können sich die Reibungskräfte an den Wirkflächenpaaren auch negativ auf den Fahrkomfort auswirken, da die Feder sich erst bei Überschreiten der Reibungskraft verformt. Treten Kräfte auf, die diesen Wert unterschreiten, werden sie direkt und unverändert auf das Fahrzeug übertragen [Gro60]

5.3.2 Gewundene Biegefedern

5.3.2.1 Eigenschaften

Gewundene Biegefedern existieren in Form von Spiralfedern, Rollfedern und zylindrischen Schraubendrehfedern. Gemäß [DINEN13906] T3 ist eine Drehfeder eine Feder, die einem Drehmoment um die Längsachse entgegenwirkt. Bei der Schraubendrehfeder handelt es sich um einen Draht, der um eine Achse gewickelt ist (s. Abb. 5.21.). In der Regel werden Schraubendrehfedern aus rundem Draht hergestellt. Spiralfedern besitzen dagegen meistens einen eckigen Drahtquerschnitt (s. Abb. 5.22.). Die Rollfeder stellt einen Spezialfall der Spiralfeder ohne Windungsabstand dar. Sie können so hergestellt werden, dass ihre Kennlinie nahezu über den gesamten Federweg horizontal verläuft. Wegen ihrer Kennlinie ist auch die Bezeichnung Migra-Federn (Migra = Minimaler Gradient) gängig [Kei64]. Sie bestehen aus einem flachen Federstahlband, das zu einer Rolle gewickelt wird. Anschließend wird diese Rolle auf einen möglichst reibungsfrei gelagerten Zylinder gesteckt. Es ist eine bestimmte Federkraft nötig, um das Federband abzuwickeln. Wird das Federband von dem ursprünglichen Zylinder auf einen Zylinder mit größerem Durchmesser aufgerollt, so entsteht ein Antriebsmotor (s. Abb. 5.23.)

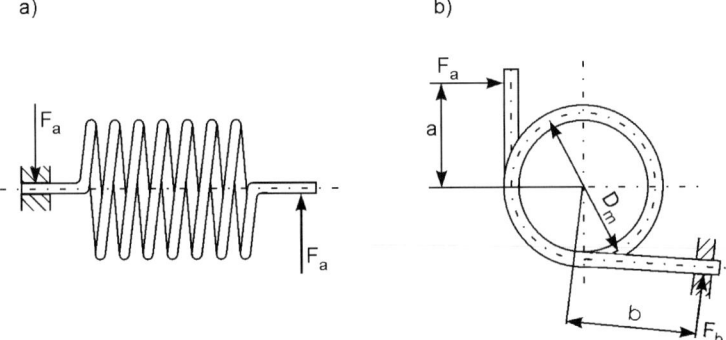

Abb. 5.21. Schraubendrehfedern; a) in Normalausführung; b) mit tangentialen Schenkeln

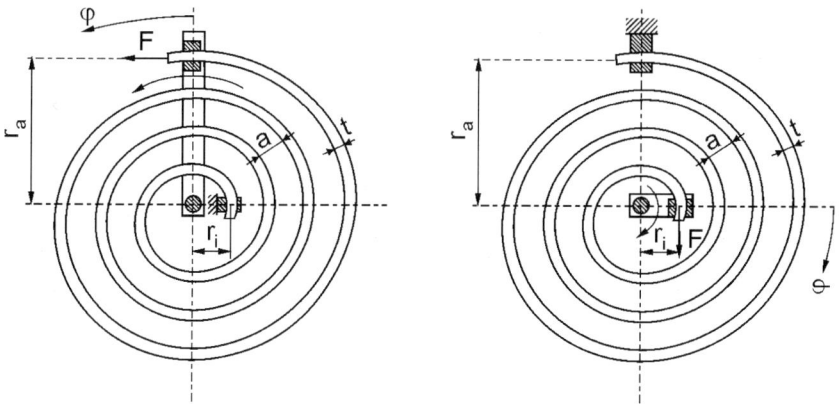

Abb. 5.22. Spiralfedern mit Windungszwischenraum a und fester Einspannung. Außenbetätigung (links) und Innenbetätigung (rechts)

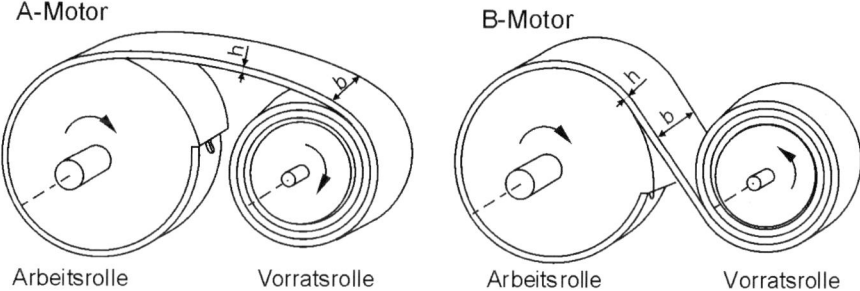

Abb. 5.23. Rollfedern mit zwei achsparallelen Federrollen. Links: Federband mit gleichsinniger Krümmung; Rechts: Federband mit gegensinniger Krümmung)

Die im Folgenden besprochenen Berechnungsgrundlagen gelten bei fester Einspannung und unter Vernachlässigung von Reibungseinflüssen. Es können also ausschließlich Federn mit Windungszwischenraum wiedergegeben werden. Bei der Spiralfeder sind diese Voraussetzungen nicht immer erfüllt. Spezielle Lösungsansätze für die Spiralfeder werden in [Gro60-2] und [Kei57] vorgeschlagen. Die an Schraubendreh- bzw. Spiralfeder wirkenden Kräfte erzeugen ein Torsionsmoment M_t, wodurch ein Biegemoment am Federdraht entsteht, aus dem sich mit dem äquatorialen Widerstandsmoment die maximal auftretende Biegespannung bestimmen lässt. Hierzu kann auf die Betrachtung eines Balkens zurückgegriffen werden, an dessen Ende ein Biegemoment wirkt. Auch der Verdrehwinkel (im Bogenmaß) kann in Abhängigkeit des Torsionsmomentes berechnet werden. Hierzu ist Gleichung (5.76) zu verwenden, die aus der technischen Mechanik zur Berechnung der Biegelinie eines einseitig eingespannten und auf der anderen Seite durch ein Moment belasteten Balkens bekannt ist.

$$\varphi = \frac{M_t \cdot l}{E \cdot I_{\text{äq}}} \qquad (5.76)$$

Die Federlänge der Schraubendrehfeder ergibt sich hinreichend genau aus dem mittleren Windungsdurchmesser D_m und der Anzahl der federnden Windungen n.

$$l = \pi \cdot D_m \cdot n \qquad (5.77)$$

Bei der Spiralfeder wird die Federlänge unter Voraussetzung eines konstanten Windungsabstandes a_w näherungsweise durch Gleichung (5.78) wiedergegeben. Die Federblattdicke wird hier mit t bezeichnet.

$$l \approx 2 \cdot \pi \cdot n \cdot \left(r_i + \frac{n}{2} \cdot \left[t + a_w \right] \right) \qquad (5.78)$$

Die Drehfederrate c_t lässt sich direkt aus Gleichung (5.76) bestimmen, da ein linearer Zusammenhang zwischen M_t und φ besteht.

$$c_t = \frac{dM_t}{d\varphi} = \frac{E \cdot I_{\text{äq}}}{l} \qquad (5.79)$$

Der Artnutzgrad ergibt sich aus einer Betrachtung der gespeicherten elastischen Energie W nach Gleichung (5.10) und anschließendem Vergleich mit der nach Gleichung (5.14) berechneten Arbeit.

$$W = \frac{1}{2} \cdot M_t \cdot \varphi = \eta_A \cdot \frac{\sigma_{b,max}^2 \cdot V}{2 \cdot E} \qquad (5.80)$$

Wird dieser Ansatz aufgelöst, so resultiert für die Spiralfeder mit rechteckigem Querschnitt ein Artnutzgrad von 1/3 und für die Schraubendrehfeder mit rundem Querschnitt ein Wert von 1/4.

Die bisherigen Betrachtungen berücksichtigen noch nicht die Spannungserhöhung an der Innenseite der Federn, die durch die Krümmung des Drahtes entsteht. Bei Spiralfedern kann diese Erhöhung in der Regel vernachlässigt werden, da das Verhältnis von mittlerem Federndurchmesser zur Banddicke sehr groß ist [Nie01]. Bei den Schraubendrehfedern ist zur Berücksichtigung dieser Spannungserhöhung ein Korrekturfaktor q gemäß [DINEN13906] T3 einzuführen. Er ist abhängig vom Wickelverhältnis w:

$$q = \frac{w + 0{,}07}{w - 0{,}75} \quad \text{mit} \quad w = \frac{D_m}{d} \qquad (5.81)$$

Die korrigierte Biegespannung wird dann wie folgt berechnet:

$$\sigma_{b,korr} = q \cdot \sigma_{b,max} \qquad (5.82)$$

Der Korrekturfaktor q muss bei einer dynamischen Beanspruchung auf jeden Fall berücksichtigt werden. Bei statisch beanspruchten Federn ist er bei Beanspruchung entgegen des Windungssinnes in die Berechnung einzubeziehen, da an der Innenseite der Feder durch den Windeprozess Zugeigenspannungen entstehen.

5.3.2.2 Anwendung

Spiralfedern mit Windungszwischenraum werden häufig als Rückstellfedern in Messgeräten eingesetzt. Die Spiralfedern ohne Windungszwischenraum und die Rollfedern werden aufgrund des guten Energiespeichervermögens vornehmlich als Aufzugs- oder Triebfedern in mechanischen Uhren, Laufwerken und Spielzeugen verwendet. Die Schraubendrehfedern finden als Scharnierfedern zum Anpressen und Rückziehen von Hebeln, Stempeln, Klinken, Deckeln oder Bügeln (Mausefallenfedern) Anwendung.

5.3.3 Tellerfedern

5.3.3.1 Eigenschaften

Tellerfedern sind Kreisringe mit rechteckigem radialen Querschnitt. Diese Ringe sind in axialer Richtung um die Höhe h_0 gestülpt, sodass eine Tellerform entsteht. Die Lasteinleitung erfolgt in axialer Richtung über die kreisringförmigen Wirkflächen an den Stellen I und III (s. Abb. 5.24).

In [DIN2093] werden die Tellerfedern in drei Gruppen eingeteilt. Gruppe 1 beinhaltet Tellerfedern deren Tellerdicke t kleiner ist als 1,25 mm. Sie werden kaltgeformt und an den Kanten nicht abgerundet. Tellerfedern mit einer Tellerdicke zwischen 1,25 und 6 mm sind Gruppe 2 zuzuordnen. Federn dieser Gruppe werden ebenfalls kaltgeformt, allerdings werden hier die Kanten am Innen- und am Außendurchmesser abgerundet. Die Federn der Gruppe 3 besitzen eine Tellerdicke zwischen 6 und 14 mm. Sie werden in der Regel warmgeformt und anschließend an den Wirkflächen (Position I und III in Abb. 5.24.) spanabhebend bearbeitet, um Auflageflächen zu erzeugen, die das Führungsverhalten dieser Tellerfedern verbessern und die Flächenpressung reduzieren.

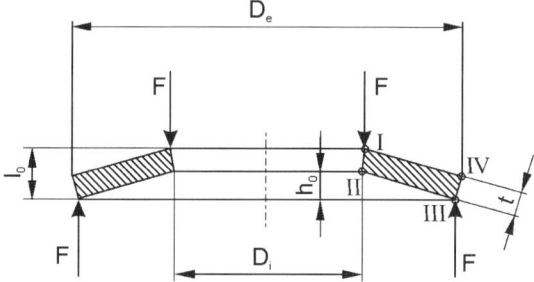

Abb. 5.24. Tellerfeder mit rechteckigem radialen Querschnitt und Krafteinleitung

Durch die axiale Krafteinleitung entsteht zum einen eine Zug- bzw. Druckbeanspruchung in Umfangsrichtung und zum andern ein Biegebeanspruchung in radialer Richtung. Die exakte Berechnung von Tellerfedern ist sehr kompliziert. Für eine näherungsweise Berechnung von Einzeltellerfedern ohne Auflageflächen sind die Näherungsgleichungen von Almen und László hinreichend genau [Alm36, Gro60]. In diesen Gleichungen steht v für die Querkontraktionszahl.

$$F = \frac{4 \cdot E}{1-v^2} \cdot \frac{t^4}{K_1 \cdot D_e^2} \cdot \frac{s}{t} \cdot \left[\left(\frac{h_0}{t} - \frac{s}{t} \right) \cdot \left(\frac{h_0}{t} - \frac{s}{2t} \right) + 1 \right] \tag{5.83}$$

K_1 ist ein Kennwert, der nach [DIN2092] in Abhängigkeit vom Durchmesserverhältnis δ berechnet werden kann. Das Durchmesserverhältnis ist das Verhältnis von Außendurchmesser D_e zu Innendurchmesser D_i.

$$K_1 = \frac{1}{\pi} \cdot \frac{\left(\frac{\delta-1}{\delta} \right)^2}{\frac{\delta+1}{\delta-1} - \frac{2}{\ln\delta}} \quad \text{mit} \quad \delta = \frac{D_e}{D_i} \tag{5.84}$$

Aus der in Gleichung (5.83) gegebenen Kraft-Weg-Beziehung ist sofort zu erkennen, dass die Tellerfeder im Allgemeinen keine lineare Kennlinie besitzt. Dies wird noch deutlicher, wenn die Federrate bestimmt wird, denn dann ist zu sehen, dass die Federrate eine Funktion des Federweges ist:

$$c = \frac{dF}{ds} = \frac{4 \cdot E}{1-v^2} \cdot \frac{t^3}{K_1 \cdot D_e^2} \cdot \left[\left(\frac{h_0}{t} \right)^2 - 3 \cdot \frac{h_0}{t} \cdot \frac{s}{t} + \frac{3}{2} \cdot \left(\frac{s}{t} \right)^2 + 1 \right] \tag{5.85}$$

Die Federarbeit einer Einzeltellerfeder, die aus der Ruhelage heraus beansprucht wird ist gemäß Gleichung (5.7) zu berechnen. Da es sich um eine nichtlineare Federkennlinie handelt, muss die Kraft über den Weg integriert werden.

$$W = \int_0^s F \cdot ds = \frac{2 \cdot E}{1-v^2} \cdot \frac{t^5}{K_1 \cdot D_e^2} \cdot \left(\frac{s}{t} \right)^2 \cdot \left[\left(\frac{h_0}{t} - \frac{s}{2t} \right)^2 + 1 \right] \tag{5.86}$$

Aus Gleichung (5.83) kann die Federkennlinie berechnet werden. In Abb. 5.25. sind berechnete Kennlinien für unterschiedliche Verhältnisse von der Stülphöhe h_0 zur Tellerdicke t dimensionslos dargestellt. Die betrachteten Kennlinien gelten für eine Zusammendrückung bis zur doppelten Stülphöhe, also über die Planlage der Tellerfeder hinaus. Die Kraft F_C ist die Federkraft, die theoretisch bei dem Federweg $s = h_0$ (Planlage) anliegt. Es ist zu erkennen, dass die Federkennlinie bei einem kleinen Verhältnis von h_0/t nahezu als linear betrachtet werden kann. Bei steigendem Federweg weicht sie zunehmend vom linearen Verlauf ab und es entstehen sogar Kennlinienabschnitte mit negativer Federrate. Die Tellerfeder ist die einzige Feder, mit der solche Kennlinienverläufe realisiert werden können.

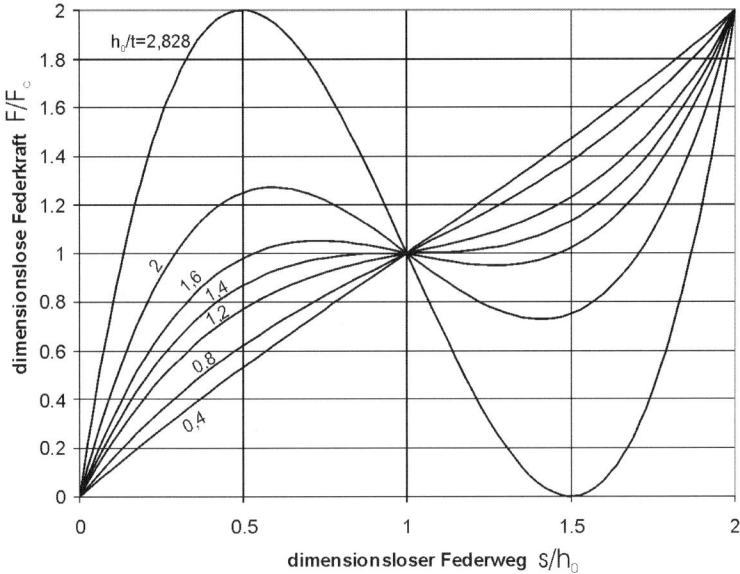

Abb. 5.25. Kennlinien von Tellerfedern unterschiedlicher Verhältnisse h_0/t

Tellerfedern, die durch zwei ebene Platten belastet werden bzw. Tellerfedern, die zu einer Säule geschichtet sind (s. Abb. 5.27.), können aufgrund der Randbedingungen nur bis zur Planlage gestaucht werden. Allerdings stimmen die wirklichen Kennlinien mit den berechneten nur für Stauchungen bis ca. 75% der Stülphöhe überein. Bei größeren Federwegen tritt ein Abwälzen der Einzeltellerfeder auf der Unterlage bzw. der Tellerfedern aufeinander auf. Dadurch wird der Abstand zwischen der Wirkfläche an der Position I und jener an Position III verkürzt. Dementsprechend sind die Tellerfedern in [DIN2092] nur für Federwege bis 75% der Stülphöhe genormt (s. Abb. 5.26.). Um auch Federwege bis zur Planlage oder sogar darüber hinaus zu realisieren sind geeignete konstruktive Maßnahmen zu treffen. So können beispielsweise Zwischenringe eingesetzt werden [Gro60].

Nach [DIN2093] können die rechnerischen Spannungen an den vier in Abb. 5.24. angegebenen Positionen ermittelt werden. An den Positionen I und IV treten Druckspannungen und an II und III Zugspannungen auf. In den Gleichungen sind zusätzlich zu dem bereits eingeführten Kennwert K_1 die Kennwerte K_2 und K_3 zu berücksichtigen. Gemäß [DIN2092] sind diese Kennwerte folgendermaßen definiert:

$$K_2 = \frac{6}{\pi} \cdot \frac{\frac{\delta-1}{\ln\delta} - 1}{\ln\delta} \quad \text{und} \quad K_3 = \frac{3}{\pi} \cdot \frac{\delta-1}{\ln\delta} \tag{5.87}$$

Für Einzeltellerfedern ohne Auflageflächen (Gruppe 1 und 2) können die Spannungen mit Hilfe der Gleichungen (5.88) bis (5.91) berechnet werden. Bei statischer Beanspruchung ist laut [DIN2092] die größte Spannung (Druckspannung an Position I) maßgebend, während bei schwingender Beanspruchung die Zugspannungen an den Positionen II und III maßgebend sind. Die genauen Dimensionierungsvorschriften sind [DIN2092] zu entnehmen.

$$\sigma_{\mathrm{I}} = -\frac{4 \cdot E}{1-v^2} \cdot \frac{t^2}{K_1 \cdot D_e^2} \cdot \frac{s}{t} \cdot \left[K_2 \cdot \left(\frac{h_0}{t} - \frac{s}{2t} \right) + K_3 \right] \tag{5.88}$$

$$\sigma_{\mathrm{II}} = -\frac{4 \cdot E}{1-v^2} \cdot \frac{t^2}{K_1 \cdot D_e^2} \cdot \frac{s}{t} \cdot \left[K_2 \cdot \left(\frac{h_0}{t} - \frac{s}{2t} \right) - K_3 \right] \tag{5.89}$$

$$\sigma_{\mathrm{III}} = -\frac{4 \cdot E}{1-v^2} \cdot \frac{t^2}{K_1 \cdot D_e^2} \cdot \frac{1}{\delta} \cdot \frac{s}{t} \cdot \left[\left(K_2 - 2 \cdot K_3 \right) \cdot \left(\frac{h_0}{t} - \frac{s}{2t} \right) - K_3 \right] \tag{5.90}$$

$$\sigma_{\mathrm{IV}} = -\frac{4 \cdot E}{1-v^2} \cdot \frac{t^2}{K_1 \cdot D_e^2} \cdot \frac{1}{\delta} \cdot \frac{s}{t} \cdot \left[\left(K_2 - 2 \cdot K_3 \right) \cdot \left(\frac{h_0}{t} - \frac{s}{2t} \right) + K_3 \right] \tag{5.91}$$

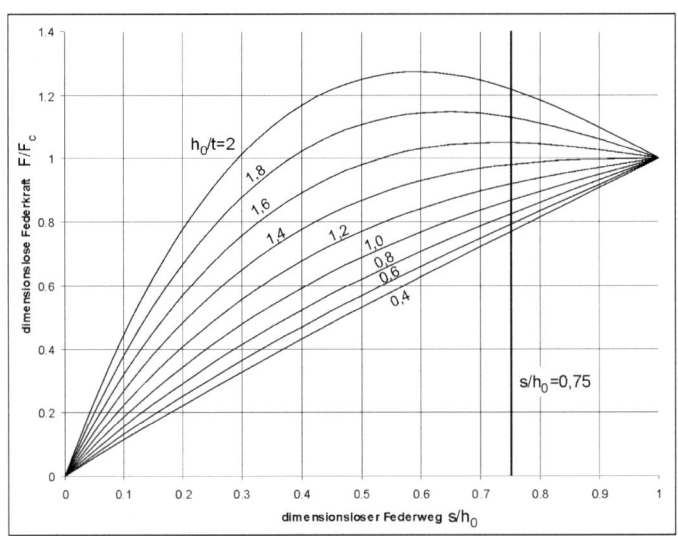

Abb. 5.26. Normierte Kennlinie von Einzeltellerfedern nach DIN 2092

5.3.3.2 *Übergang zu geschichteten Tellerfedern*

Tellerfedern können zu einem Federpaket oder einer Federsäule geschichtet werden (s. Abb. 5.27.). Federsäulen aus n wechselsinnig angeordneten Tellerfedern sind wie eine Reihenschaltung der n Einzelfedern zu behandeln, da an jeder dieser Federn die gleiche Kraft anliegt. Dahingegen handelt es sich bei einem Federpaket aus *n* gleichsinnig angeordneten Tellerfedern um eine Parallelschaltung, weil bei dieser Variante der Federweg für alle Einzelfedern gleich groß ist. Werden die durch die Schichtung erzeugten Wirkflächenpaare betrachtet, so ist bei den gleichsinnig angeordneten Tellerfedern mit einem deutlich größeren Reibungseinfluss zu rechnen als bei den wechselsinnig angeordneten. Durch den Reibungseinfluss ist die Federkennlinie bei Belastung steiler als die bei Entlastung (s. Abschnitt 5.1). Die zulässigen Kraftabweichungen zwischen Be- und Entlastungskennlinie von Federsäulen sind in [DIN2093] angegeben. Prinzipiell lässt sich durch wechselsinnige Anordnung von Tellerfedern ein größerer Federweg bei gleicher Kraft und durch gleichsinnige Anordnung eine größere Federkraft bei gleichem Federweg erreichen. Durch die wechselsinnige Schichtung von unterschiedlich dicken Tellerfedern bzw. von Federpaketen mit unterschiedlicher Anzahl an gleichsinnig geschichteten Federn können geknickte Kennlinien realisiert werden.

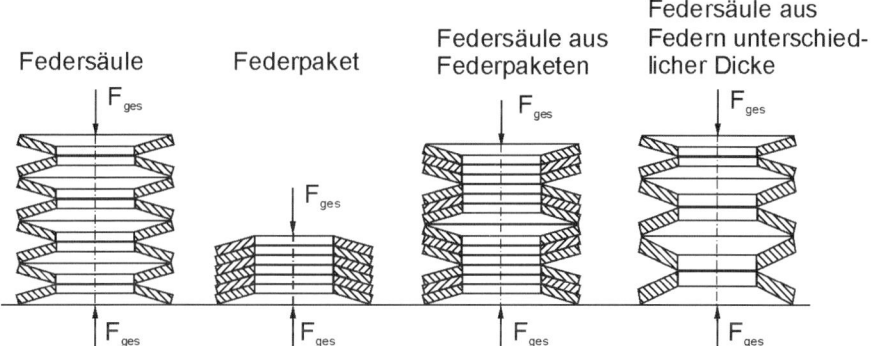

Abb. 5.27. Schichtung von einzelnen Tellerfedern zu Federpaketen bzw. Federsäulen

5.3.3.3 *Anwendung*

Tellerfedern finden sehr häufig Anwendung als Federelemente zum Anpressen der Reibkörper bei Reibungskupplungen und zum Ausgleich von Spiel und Fertigungstoleranzen bei Axiallagern. Der Vorteil der Tellerfedern liegt hier deutlich in der charakteristischen Kennlinie. Werden Tellerfedern mit einer stückweise konstanten Federkennlinie eingesetzt, so kann die Feder durch geeignete Gestaltung des Systems genau in diesem Kennlinienabschnitt betrieben werden, so dass auf den Reibkörper bzw. das Axiallager immer eine nahezu konstante Kraft ausgeübt wird. Eine weitere, sehr wichtige Anwendung, die in Abschnitt 5.6 näher betrachtet wird, ist die Kupplung von Kraftfahrzeugen. Auch dort wird der charakteristische Kennlinienverlauf ausgenutzt.

5.4   Torsionsbeanspruchte Federn

Die torsionsbeanspruchten Federn finden im Maschinenbau häufig Anwendung. Sie lassen sich in gerade und schraubenförmig gewundene Federn unterteilen.

5.4.1 Drehstabfedern

5.4.1.1   Eigenschaften

Drehstabfedern besitzen einen Kreis- oder einen Rechteckquerschnitt. Kreisrunde Drehstabfedern können sowohl mit einem Voll- als auch mit einem Hohlquerschnitt ausgeführt werden. Bei reiner Torsionsbeanspruchung durch ein Torsionsmoment M_t gilt für den Verdrehwinkel φ folgende Beziehung, aus der direkt die Federrate abgeleitet werden kann:

$$\varphi = \frac{M_t \cdot l}{G \cdot I_t} \tag{5.92}$$

$$c = \frac{dM_t}{d\varphi} = \frac{G \cdot I_t}{l} \tag{5.93}$$

Die Schubspannung in der Randfaser kann bekanntermaßen aus dem Torsionsmoment und dem Torsionswiderstandsmoment berechnet werden. Wird nun allgemein ein rundes Hohlprofil betrachtet, so sind Torsionsflächenmoment und Torsionswiderstandsmoment gemäß Gleichung (5.94) einzusetzen. In diesen Gleichungen steht d_i für den Innendurchmesser und d_a für den Außendurchmesser des Hohlprofils.

$$I_t = \frac{\pi \left(d_a^4 - d_i^4 \right)}{32} \quad \text{und} \quad W_t = \frac{\pi \left(d_a^4 - d_i^4 \right)}{16 \cdot d_a} \tag{5.94}$$

Sollen die hier angestellten allgemeinen Betrachtungen auf den speziellen Fall eines Vollprofils angewendet werden, so ist lediglich für den Innendurchmesser d_i der Wert 0 einzusetzen. Der Artnutzgrad der allgemeinen Drehstabfeder mit Hohlquerschnitt lässt sich direkt durch einen Vergleich von Gleichung (5.14) mit (5.10) ermitteln, da eine lineare Federkennlinie vorliegt. Als Ansatz zur Bestimmung des Artnutzgrades resultiert demnach folgende Beziehung:

$$\frac{1}{2} \cdot M_{t,max} \cdot \varphi_{max} = \eta_A \cdot \frac{\tau_{max}^2 \cdot V}{2 \cdot G} \quad \text{bzw.} \quad \eta_A = \frac{1}{2} \frac{M_{t,max} \cdot \varphi_{max} \cdot 2 \cdot G}{\tau_{max}^2 \cdot V} \tag{5.95}$$

Der Artnutzgrad ist somit für die Drehstabfeder folgendermaßen definiert:

$$\eta_A = \frac{d_a^2 + d_i^2}{2 \cdot d_a^2} \qquad (5.96)$$

Es wird deutlich, dass der Artnutzgrad für den Vollquerschnitt ($d_i = 0$) den Wert 1/2 annimmt und für kleine Wandstärken ($d_i \rightarrow d_a$) gegen den Wert 1 strebt. Dies ist auch anschaulich, wenn der lineare Spannungsverlauf über dem Stabquerschnitt betrachtet wird.

Um eine beidseitige Einspannung der runden Stabfedern technisch zu ermöglichen, existieren nach [DIN2091] genormte profilierte Stabenden (s. Abb. 5.28.). Die damit verbundene Querschnittsänderung des Stabes wird in Form von kreisförmigen Hohlkehlen ausgeführt, um unzulässige Kerbspannungen zu vermeiden. Weil sowohl das Torsionswiderstandsmoment als auch das Torsionsflächenmoment in diesen Bereichen zunehmen, kann die Länge l nicht als wirksame Länge betrachtet werden. Gemäß [DIN2091] ist die federnde Länge l_f mit Gleichung (5.97) zu ermitteln.

$$l_f = l - 2 \cdot (l_h - l_e) \quad \text{mit} \quad l_e = v \cdot l_h \qquad (5.97)$$

Der Hohlkehlenfaktor v ist der DIN 2091 zu entnehmen.

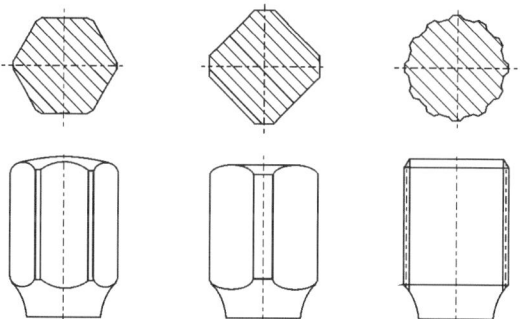

Abb. 5.28. Federenden nach [DIN2091]

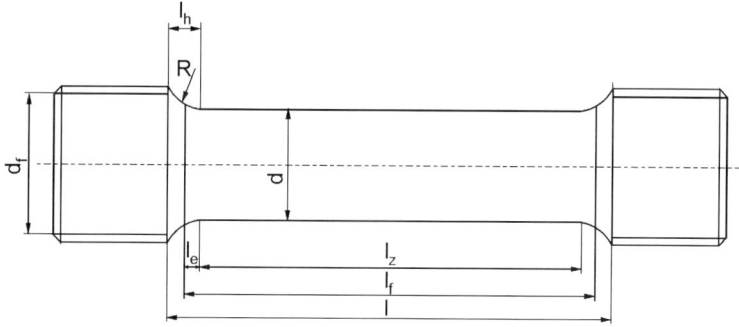

Abb. 5.29. Geometrische Merkmale einer Drehstabfeder [DIN2091]

Auch für eine Drehstabfeder mit Rechteckquerschnitt sind die Gleichungen (5.92) und (5.93) ohne Einschränkung gültig. Torsionsflächenmoment und Torsionswiderstandsmoment werden durch folgende Gleichungen beschrieben [Dub01]:

$$I_t = c_1 \cdot h \cdot b^3 \quad \text{und} \quad W_t = \frac{c_1}{c_2} \cdot h \cdot b^2 \tag{5.98}$$

Per Definition ist $h > b$. Die Konstanten c_1 und c_2 sind in Tabelle 5.8. für einige Fälle aufgelistet. Bei Drehstabfedern mit Rechteckquerschnitt tritt die maximale Spannung in der Mitte der großen Rechteckseite auf.

Tabelle 5.8. Konstanten für die Berechnung von I_t und W_t des rechteckigen Querschnittes [Dub01]

h/b	1	1,5	2	3	4	6	8	10	∞
c_1	0,141	0,196	0,229	0,263	0,281	0,298	0,307	0,312	0,333
c_2	0,675	0,852	0,928	0,977	0,990	0,997	0,999	1	1

Der Artnutzgrad wird auch bei einem rechteckigen Querschnitt nach dem Ansatz aus Gleichung (5.95) ermittelt. Es resultiert:

$$\eta_A = \frac{c_1}{c_2^2} \tag{5.99}$$

Der Artnutzgrad eines Rechteckquerschnitts ist also deutlich niedriger als der eines runden Querschnittes. Drehstabfedern mit rechteckigem Querschnitt können auch geschichtet angeordnet werden.

Um die Beanspruchbarkeit einer Drehstabfeder zu steigern, ist eine sehr gute Oberflächenqualität erforderlich. Risse können durch Schälen oder Schleifen entfernt werden. Um Kerbwirkung durch Korrosionsnarben zu vermeiden, ist die Feder vor Korrosion zu schützen. Des weiteren kann die Lebensdauer durch Druckeigenspannungen im oberflächennahen Bereich vergrößert werden, die durch Kugelstrahlen induziert werden können. Wird die Drehstabfeder im Betrieb nur in eine Richtung belastet, so kann ein günstiger Eigenspannungszustand durch Belastung in diese Richtung über die Streckgrenze hinaus erzeugt werden (s. Abschnitt 5.1).

5.4.1.2 Anwendung

Drehstabfedern finden hauptsächlich im Fahrzeugbau bei Achskonstruktionen Anwendung. Als ein häufig anzutreffendes Beispiel sind Stabilisatoren zu nennen.

5.4.2 Schraubenfedern

5.4.2.1 Eigenschaften

Schraubenfedern bestehen aus einem schraubenförmig mit einem Steigungswinkel α_w um einen Dorn gewickelten bzw. ohne Dorn mit Hilfe einer Windemaschine gewundenen Draht. Im folgenden sollen ausschließlich Drähte mit rundem Querschnitt betrachtet werden. Schraubenfedern werden hauptsächlich auf Torsion beansprucht. Es werden Schraubendruckfedern ([DINEN13906] T1) und Schraubenzugfedern ([DINEN13906] T2) unterschieden.

Der Steigungswinkel auf dem mittleren Wickelzylinder lässt sich durch Gleichung (5.100) bestimmen. Darin steht D_m für den mittleren Windungsdurchmesser, d für den Drahtdurchmesser und a_0 für den lichten Abstand zwischen den Windungen einer unbelasteten Feder.

$$\tan \alpha_w = \frac{a_0 + d}{\pi \cdot D_m} \qquad (5.100)$$

Bei zentrischer Belastung der Schraubenfeder durch eine axial wirkende Kraft F entstehen unterschiedliche Beanspruchungen im Federdraht. Die Kraft F ist der Federsteigung entsprechend in eine Komponente längs des Drahtes und eine Komponente quer zum Draht aufgeteilt. Die sich dabei entlang des Drahtes einstellenden Verhältnisse sind schematisch in Abb. 5.30. gezeigt.

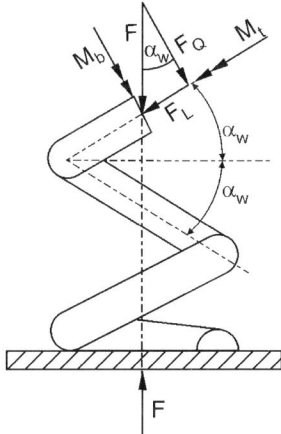

Abb. 5.30. Aufteilung einer axial wirkenden Kraft längs des Drahtes

Die Querkraft verursacht zum einen eine Torsionsbeanspruchung und zum andern eine Scherbeanspruchung. Durch die Längskraft resultiert neben einer Zug- bzw. Druckbeanspruchung eine Biegebeanspruchung. Bei kleinem Steigungswinkel sind die Biegebeanspruchung und die Zug- bzw. Druckbeanspruchung vernachlässigbar. Da es sich bei dem Federdraht um einen langen „schlanken" Stab handelt, ist die Scherbeanspruchung gegenüber der Torsionsbeanspruchung vernachlässigbar klein. Für die Torsionsbeanspruchung lässt sich für kleine Steigungswinkel näherungsweise der in Gleichung (5.101) gezeigte Ausdruck ableiten:

$$M_t = F_q \cdot \frac{D_m}{2} = F \cdot \cos\alpha_w \cdot \frac{D_m}{2} \approx F \cdot \frac{D_m}{2} \qquad (5.101)$$

Wird die Krümmung des Federdrahtes nicht berücksichtigt, so ergibt sich ein über den Drahtquerschnitt linearer Schubspannungsverlauf, dessen Maximalwert, die Randspannung, mit Gleichung (5.102) berechnet werden kann.

$$\tau_t = \frac{M_t}{W_t} \approx \frac{16}{2} \cdot \frac{F \cdot D_m}{\pi \cdot d^3} = \frac{8 \cdot F \cdot D_m}{\pi \cdot d^3} \qquad (5.102)$$

Durch die Krümmung des Drahtes entstehen an dem der Innenseite der Feder zugewandten Querschnittsrand höhere Schubspannungen als am äußeren Umfang (s. Abb. 5.31.). Die höhere Spannung an der Innenseite der Feder wird nach [DIN-NEN13906] T1 bzw. T2 durch Berücksichtigung eines Korrekturfaktors k berechnet. Dieser Korrekturfaktor kann in Abhängigkeit vom Wickelverhältnis w mit der Näherungsgleichung von Bergsträsser ermittelt werden:

$$k = \frac{w+0,5}{w-0,75} \quad \text{mit} \quad w = \frac{D_m}{d} \qquad (5.103)$$

Da hauptsächlich eine Beanspruchung durch Torsion vorliegt, kann die Schraubenfeder als eine gewundene Drehstabfeder betrachtet werden. Der axiale Federweg steht demnach ebenfalls direkt in Beziehung mit der Torsionsbeanspruchung und geht somit aus dem Verdrehwinkel des Drahtes hervor. Der Verdrehwinkel φ ist durch Gleichung (5.92) zu ermitteln, die bereits bei der Drehstabfeder verwendet wurde. Als Länge l wird die federnde Länge des Federdrahtes eingesetzt, die sich unter Vernachlässigung der Steigung näherungsweise aus Gleichung (5.104) ergibt. Hier ist n die Anzahl der federnden Windungen.

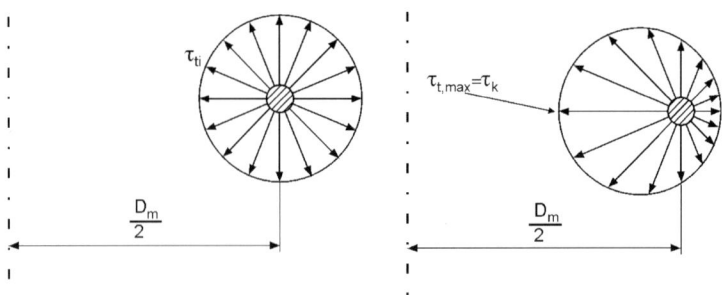

Vernachlässigung der Drahtkrümmung   Berücksichtigung der Drahtkrümmung

Abb. 5.31. Ungleichmäßige Spannungsverteilung auf dem Drahtquerschnittsrand einer Schraubenfeder

$$l_f \approx \pi \cdot D_m \cdot n \qquad (5.104)$$

Um abschließend vom Verdrehwinkel auf den axialen Federweg schließen zu können, erfolgt eine Multiplikation des Winkels mit dem mittleren Federradius.

$$s = \varphi \cdot \frac{D_m}{2} = \frac{M_t \cdot l_f}{G \cdot I_t} \cdot \frac{D_m}{2} \approx \frac{8 \cdot F \cdot D_m^3}{G \cdot d^4} \cdot n \qquad (5.105)$$

Als Beziehung zur Berechnung der Federrate kann unter der Voraussetzung einer linearen Federkennlinie Gleichung (5.106) hergeleitet werden:

$$c = \frac{F}{s} \approx \frac{G \cdot d^4}{8 \cdot D_m^3 \cdot n} \qquad (5.106)$$

Aus der Betrachtung der Schraubenfeder als gewundene Drehstabfeder ergibt sich ein Artnutzgrad von 1/2 für diese Federart. Hierzu kann das Federvolumen unter Vernachlässigung der Steigung mit Gleichung (5.107) berechnet werden.

$$V = \frac{\pi \cdot d^2}{4} \cdot \pi \cdot D_m \cdot n \qquad (5.107)$$

5.4.2.2 Zylindrische Schraubendruckfedern

Bei den zylindrischen Schraubendruckfedern werden warmgeformte nach [DIN2096] und kaltgeformte nach [DIN2095] unterschieden.

Die kaltgeformten Schraubendruckfedern werden hauptsächlich aus patentiert-gezogenen, ölschlussvergüteten oder nicht rostenden Federstahldrähten hergestellt. Der Draht wird im kalten Zustand zu einer Schraubenfeder gewunden. Die durch die Kaltverformung entstehenden Eigenspannungen werden nach dem Winden durch Spannungsarmglühen abgebaut. Kaltformgebung ist für Drahtdurchmesser bis etwa 17 mm und hinreichend großen Wickelverhältnissen geeignet. Federn mit größerem Drahtdurchmesser werden durch Warmformgebung hergestellt, wobei unter Umständen auch Federn mit kleineren Drahtdurchmessern warmgeformt werden. Für warmgeformte Schraubenfedern kommen vornehmlich warmgewalzte Stähle zum Einsatz, die vor dem Winden auf nahezu 900°C erhitzt werden [Mei97, Carl78]. Direkt im Anschluss an die Warmformgebung können die Federn vergütet werden. Hierzu werden sie in einem Ölbad abgeschreckt und anschließend angelassen [Mei97, Carl78, Sae96].

Die Wirkflächen für die Krafteinleitung werden durch die Federenden gebildet. Diese Wirkflächen sollten möglichst senkrecht zur Federachse stehen, so dass bei jeder Federstellung ein axiales Einfedern erreicht wird. Hierzu werden die Federenden angelegt und nach Möglichkeit angeschliffen. Bei Drahtdurchmessern $d < 1$ mm bzw. Wickelverhältnissen $w = D_m / d > 15$ kann auf das Anschleifen der Federenden verzichtet werden. Bei kaltgeformten Federn besteht ein Kontakt zwischen dem Drahtende und der nächsten Windung, während bei warmgeformten

Federn ein kleiner Abstand bleibt [Gro60]. Durch das Aufliegen des Drahtendes auf der nächsten Windung entsteht bei den kaltgeformten Federn ein weiteres Wirkflächenpaar, weshalb je Federende eine Windung nicht federt. Die Anzahl der federnden Windungen ergibt sich demnach gemäß [DINEN13906] aus folgender Gleichung:

$$n = n_{\mathrm{ges}} - 2 \qquad\qquad (5.108)$$

Bei den warmgeformten Federn entsteht bei Beginn der Belastung kein Wirkflächenpaar zwischen Drahtende und der nächsten Windung. Als nicht federnd wird hier 3/4 einer Endwindung betrachtet, nämlich der Bereich mit einer verminderten Steigung. Hieraus lässt sich die Anzahl der federnden Windungen gemäß [DINEN13906] berechnen:

$$n = n_{\mathrm{ges}} - 1{,}5 \qquad\qquad (5.109)$$

Die genaue Auslegung von Schraubendruckfedern bei statischer, quasistatischer und dynamischer Belastung wird in [DINEN13906] ausführlich behandelt und soll hier nicht näher erläutert werden. Dennoch wird im folgenden auf das theoretische Druckfederdiagramm und die Gefahr des Ausknickens von Schraubendruckfedern eingegangen.

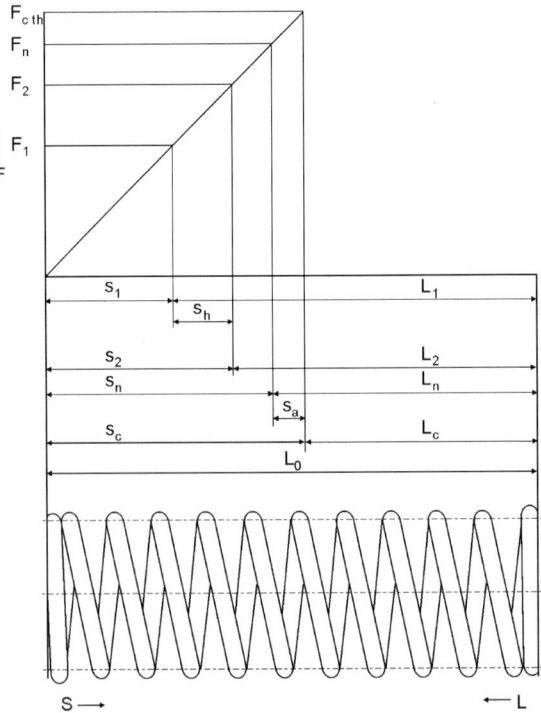

Abb. 5.32. Federdiagramm einer Schraubendruckfeder nach [DINEN13906]

5.4.2.3   Druckfederdiagramm

In Abb. 5.32. wird das theoretische Druckfederdiagramm gezeigt, wie es in [DINEN13906] T1 angegeben ist. In dieser Darstellung steht L_0 für die Länge der unbelasteten Feder. Wird die Feder so weit gestaucht, dass sich die Windungen gegenseitig berühren, ist die Blocklänge L_c erreicht. In diesem Zustand „blockiert" die Feder, da die Windungen nicht mehr federn können. Bei der Darstellung in Abb. 5.32. kann direkt der zugehörige Federweg s_c zum Erreichen der Blocklänge abgelesen werden. Die Blocklänge wird bei der theoretisch maximalen Federkraft $F_{c,th}$ erreicht. In der Praxis wird eine maximal zulässige Federkraft F_n definiert, bei deren Erreichen noch ein Mindestabstand s_a zwischen den Windungen verbleibt. Nach [DINEN13906] ist dieser Abstand folgendermaßen zu ermitteln:

Für kaltgeformte Federn:

$$s_a = n \cdot \left(0,0015 \cdot \frac{D_m^2}{d} + 0,1 \cdot d \right) \tag{5.110}$$

Für warmgeformte Federn:

$$s_a = 0,02 \cdot n \cdot \left(D_m + d \right) \tag{5.111}$$

Diese Werte gelten bei statischer bzw. quasistatischer Beanspruchung und sind für dynamische Beanspruchungen gemäß [DINEN13906] zu vergrößern. Die Berechnung der Blocklänge L_c hängt von der Gestaltung der Endwindungen ab und ist in [DINEN13906] beschrieben.

5.4.2.4   Gefahr des Knickens von Schraubendruckfedern

Unter bestimmten Randbedingungen können Schraubendruckfedern seitlich ausknicken. Auch bei mittiger Krafteinleitung an den Wirkflächen der Feder kann Knickgefahr bestehen. Hierbei spielt das Verhältnis von Federlänge L_0 zum mittleren Windungsdurchmesser D_m eine große Rolle, das auch als Schlankheitsgrad bezeichnet werden kann. Je größer dieses Verhältnis ist, desto eher neigt die Feder zum ausknicken. Zur Beurteilung der Knicksicherheit, wird der Schlankheitsgrad mit einem Lagerungsbeiwert ν gewichtet und anschließend der Knickfederweg s_k mit Hilfe von Gleichung (5.112)[1] berechnet. Die Lagerungsbeiwerte sind Abb. 5.33. zu entnehmen.

$$s_k = \frac{L_0}{2 \cdot \left(1 - G/E\right)} \cdot \left[1 - \sqrt{1 - \left[\frac{1 - G/E}{0,5 + G/E} \cdot \left(\frac{\pi \cdot D_m}{\nu \cdot L_0} \right)^2 \right]} \right] \tag{5.112}$$

---

[1] Anmerkung: DIN EN 13906-1 Ausgabe 2002 ist in dieser Formel fehlerhaft!

Die Feder ist knicksicher, wenn $s_k > s$ ist bzw. wenn in Gleichung (5.112) ein imaginärer Wurzelwert resultiert [DINEN13906]. Außerdem besteht die Möglichkeit, die Knicksicherheit anhand eines Diagramms zu beurteilen (s. Abb. 5.34.).

Nicht knicksichere Federn können in einer Hülse oder auf einem Dorn geführt werden. In einem solchen Fall existieren allerdings Wirkflächenpaare mit Relativbewegung zwischen Führung und Federkörper, wodurch Reibung entsteht, die einen Reibverschleiß bewirkt. Die Lebensdauer der Feder kann hierdurch signifikant herabgesetzt werden. Je nach Randbedingungen ist dementsprechend eine Unterteilung der Feder in hintereinander geschaltete Teilfedern vorzuziehen. Zwischen die einzelnen Federn werden geführte Zwischenteller geschaltet [Gro60].

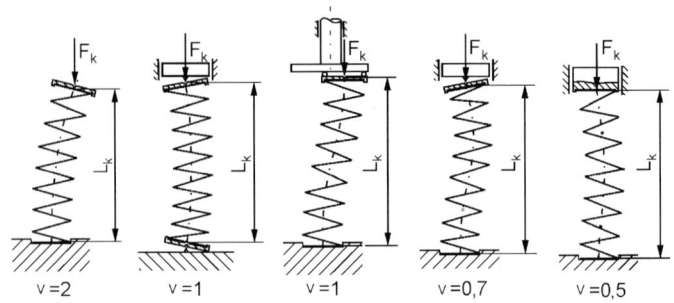

Abb. 5.33. Lagerungsbeiwerte nach [DINEN13906]

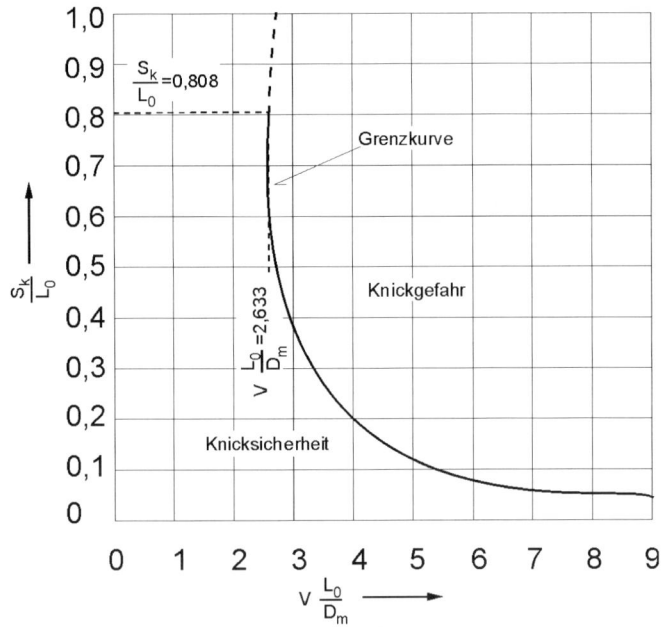

Abb. 5.34. Theoretische Knickgrenze von Federn nach [DINEN13906]

5.4.2.5 Querfederung

Unter Querfederung versteht man bei einer zwischen zwei parallelen Platten eingespannten Feder die Verschiebung in Querrichtung aufgrund einer Querkraft (s. Abb. 5.35.). Die Beanspruchung bei Querfederung soll hier nicht behandelt werden. Die Querfederrate c_Q lässt sich nach [DINEN13906] wie folgt berechnen:

$$c_Q = c \cdot \frac{\xi}{\xi - 1 + \dfrac{1/\lambda}{A}\sqrt{A \cdot B}\,\tan\left(\lambda \cdot \xi \cdot \sqrt{A \cdot B}\right)} \qquad (5.113)$$

$$\text{Mit:}\quad A = \frac{1}{2} + \frac{G}{E} \quad \text{und} \quad B = \frac{G}{E} + \frac{1 - \xi}{\xi} \qquad (5.114)$$

Darin sind:

$$\lambda = \frac{L_0}{D_m} \ \text{der Schlankheitsgrad} \qquad (5.115)$$

$$\xi = \frac{s}{L_0} \ \text{der bezogene Federweg} \qquad (5.116)$$

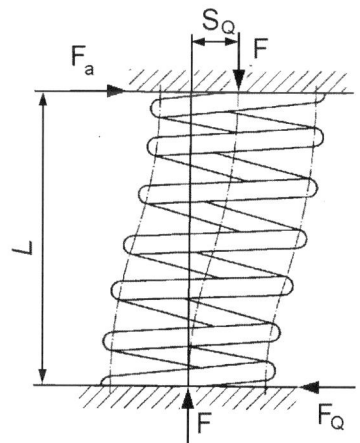

Abb. 5.35. Axial- und Querbelastung bei einer Schraubendruckfeder [DIN13906]

Die Schubspannung wird bei gleichzeitiger axialer Federung (gespannte Länge $L = L_0 - s$) und Querfederung zu:

$$\tau_t = \frac{8}{\pi \cdot d^3} \cdot \left[F \cdot \left(D_m + s_Q \right) + F_Q \cdot \left(L - d \right) \right] \qquad (5.117)$$

Die Bedingung für das Aufliegen der Federenden lautet nach [DIN13906] T 1:

$$F_Q \cdot \frac{L}{2} \le F \cdot \frac{D_m - s_Q}{2} \qquad (5.118)$$

5.4.2.6   Zylindrische Schraubenzugfedern

Zylindrische Schraubenzugfedern werden in der Regel ohne Windungssteigung um einen Dorn gewickelt. Auch bei den zylindrischen Schraubenzugfedern werden warmgeformte und kaltgeformte Federn unterschieden. Die kaltgeformten Schraubenzugfedern werden hauptsächlich aus patentiert-gezogenen oder öl-schlussvergüteten Federstahldrähten hergestellt. Der maximale Drahtdurchmesser für die Kaltumformung liegt bei 17 mm. Federn mit einem größeren Drahtdurch-messer werden warmgeformt. Warmgeformte Schraubenzugfedern werden aus gewalzten, nicht vergüteten Stäben warm gewickelt und anschließend vergütet. Im Gegensatz zu den kaltgeformten Schraubenzugfedern können warmgeformte nicht mit einer inneren Vorspannung hergestellt werden, da durch das Vergüten nach dem Wickeln die eingebrachte Vorspannung wieder abgebaut wird. Es entsteht sogar ein kleines Spiel zwischen den Windungen. Um bei kaltgeformten Schrau-benzugfedern eine Vorspannung einzubringen, werden die Windungen mit einer Pressung aneinandergewickelt.

Um die Kraft einleiten zu können, sind unterschiedliche Gestaltungen der Fe-derenden üblich. [DINEN13906] T 2 gibt einen Überblick über mögliche Varian-ten. So kann z.B. auf beiden Seiten der Feder die Endwindung um 90° in die Federachse hineingebogen werden, um eine Öse zur Krafteinleitung zu bilden. Des weiteren besteht die Möglichkeit, einen Haken oder einen Gewindebolzen bereits beim Windeprozess einzurollen. Außerdem kann die Schraubenform der Windung genutzt werden, um eine Lasche oder einen entsprechend gestalteten Stopfen mit integriertem Gewindebolzen einzuschrauben.

Die Anzahl der federnden Windungen ist bei gebogenen Ösen gleich der An-zahl der Gesamtwindungen. Wird das Element zur Krafteinleitung eingerollt oder eingeschraubt, so reduziert sich die Anzahl der federnden Windungen um die Windungszahl, die durch die bei der Gestaltung erzeugten Wirkflächenpaare am Federn gehindert wird.

Wie bereits bei den Schraubendruckfedern, soll auch hier nicht näher auf die Auslegung von Schraubenzugfedern bei statischer, quasistatischer sowie dynami-scher Beanspruchung eingegangen werden. Dies wird ausführlich in [DIN EN13906] T 2 behandelt. Im folgenden soll lediglich auf das theoretische Zugfe-derdiagramm eingegangen werden.

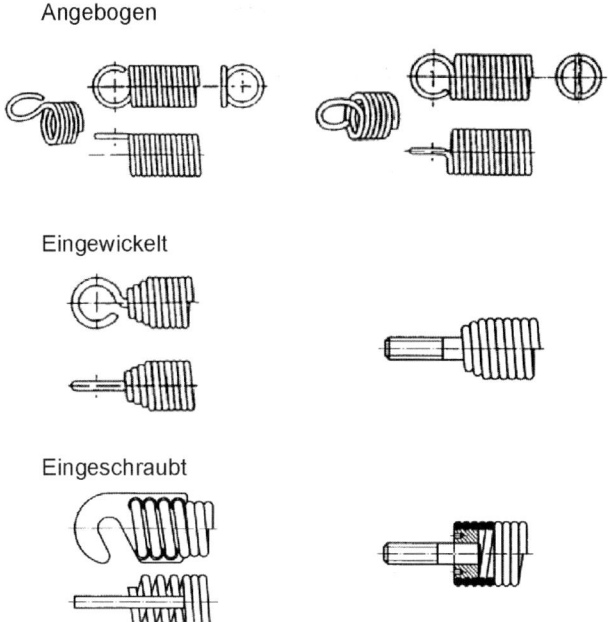

Abb. 5.36. Beispiele für Federenden bei Schraubenzugfedern nach [DINEN13906]

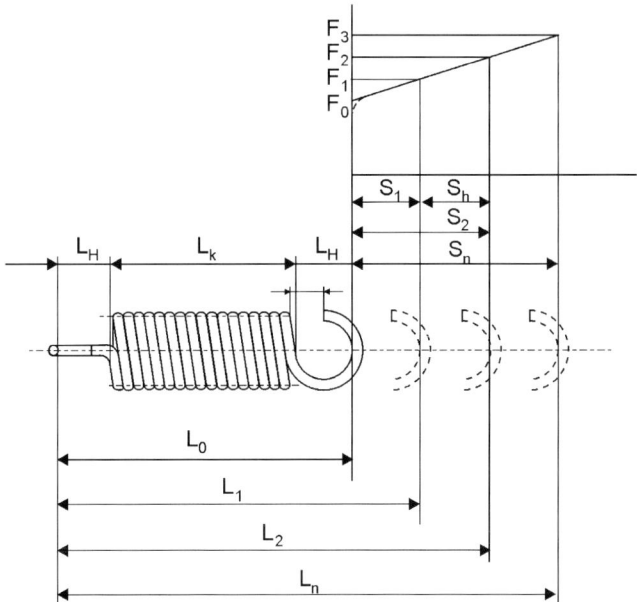

Abb. 5.37. Theoretisches Schraubenzugfederdiagramm nach [DINEN13906]

5.4.2.7   Zugfederdiagramm

In Abb. 5.37. ist das theoretische Zugfederdiagramm nach [DINEN13906] T 2 gezeigt. Aufgrund der bei kaltgeformten Schraubenzugfedern erreichbaren Vorspannung beginnt die Kennlinie bei einer Vorspannkraft F_0 und steigt bei zunehmendem Federweg linear an. Mit steigendem Federweg nimmt auch die Länge der Feder zu. Sie lässt sich für einen beliebigen Federweg s_i aus folgender Beziehung ermitteln:

$$L_i = L_K + 2 \cdot L_H + s_i \tag{5.119}$$

L_K ist die Federkörperlänge der unbelasteten Feder. Da die Windungen anliegen, kann L_K aus der Gesamtzahl der Windungen und dem Windungsdurchmesser berechnet werden. In [DINEN13906] T 2 ist folgender Zusammenhang angegeben:

$$L_K = \left(n_{ges} + 1\right) \cdot d \tag{5.120}$$

Unter Berücksichtigung der Vorspannkraft und des linearen Kennlinienverlaufes kann die Federrate der Schraubenzugfeder ermittelt werden:

$$c = \frac{F - F_0}{s} = \frac{G \cdot d^4}{8 \cdot D_m^3 \cdot n} \tag{5.121}$$

5.4.2.8   Anwendung

Schraubenfedern sind die im Maschinen- und Fahrzeugbau am häufigsten verwendeten Federn. Es existieren unzählige Anwendungen, in denen Schraubenfedern zum Einsatz kommen. Alleine im Kraftfahrzeug befinden sich Schraubenfedern im Federbein, als Ventilfedern im Motor, als Rückholfedern in Backenbremsen, als Dämpferfedern im Antriebsstrang und an noch vielen weiteren Stellen. Die Schraubenfeder zeigt sich für den Entwickler als besonders attraktiv, da mit ihr durch Parallel- bzw. Reihenschaltung nahezu jede beliebige Federcharakteristik erreicht werden kann. In Abschnitt 5.6 wird im Rahmen eines Konstruktionsbeispiels auf eine weitere Form der Schraubenfeder, die Bogenfeder, eingegangen.

5.5 Schubbeanspruchte Federn

5.5.1 Elastomerfedern

5.5.1.1 Eigenschaften

Elastomerfedern werden aus den in Abschnitt 5.1.5 vorgestellten Elastomeren hergestellt. Sie werden hauptsächlich auf Schub beansprucht, wobei auch Zug- und Druckbeanspruchungen möglich sind.

Druckbeanspruchte Gummifedern werden eingesetzt, um große Lasten bei hoher Steifigkeit aufzunehmen. In der Regel werden in die Druckflächen Metallplatten einvulkanisiert, die eine Querdehnung behindern. Somit kann eine hohe Steifigkeit in Druckrichtung bei gleichbleibender Schubsteifigkeit erreicht werden. Eine Berechnung des Elastizitätsmoduls nach der bekannten Beziehung würde bei einer Querkontraktionszahl von 0,5 auf den in Gleichung (5.122) gezeigten Zusammenhang führen.

$$E = 2(1 + v) \cdot G = 3 \cdot G \qquad (5.122)$$

Im oben beschriebenen Fall einer Querdehnungsbehinderung lässt sich der Elastizitätsmodul so allerdings nicht berechnen. Es wird ein Faktor eingeführt, der die Querdehnungsbehinderung berücksichtigt, um einen rechnerischen Elastizitätsmodul E_R zu ermitteln. E_R ist keine reine Materialkonstante, sondern hängt auch von der Geometrie der Feder ab. Der Formfaktor k hängt vom sogenannten Formkennwert k_f ab und wird experimentell ermittelt (s. Abb. 5.38.). Hierbei wird der Formkennwert durch das Verhältnis der druckbeanspruchten Fläche zur senkrecht dazu stehenden freien Oberfläche gebildet.

$$k_f = \frac{A_{\text{beansprucht}}}{A_{\text{frei}}} \qquad (5.123)$$

Der rechnerische Elastizitätsmodul wird dann gemäß Gleichung (5.124) berechnet und ist gültig für runde und näherungsweise runde Elastomerfedern im linearen Bereich [Gro60].

$$E_R = k \cdot G \qquad (5.124)$$

Mit E_R wird die Federrate c für eine runde Elastomerfeder zu:

$$c = \frac{4 \cdot E_R}{\pi \cdot d^2 \cdot h} \qquad (5.125)$$

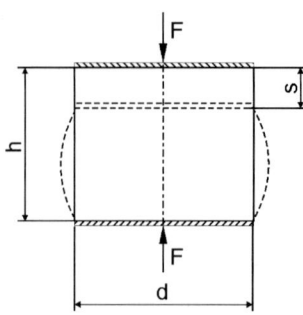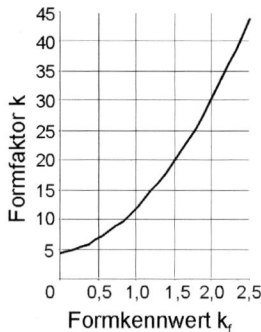

Abb. 5.38. Formfaktoren für druckbeanspruchte Elastomerfeder

Zugbeanspruchte Elastomerfedern werden nur zur elastischen Federung oder Schwingungsisolierung kleiner Massen eingesetzt. In der Regel sollte Zugbeanspruchung bei Elastomerfedern aber eher vermieden werden, da sehr große Einschnürungen und damit hohe Spannungen entstehen.

Die meisten Elastomerfedern werden auf Schub beansprucht. Die Abb. 5.39. zeigt eine Scheibenelastomerfeder mit einvulkanisierten Metallscheiben unter Parallelschub. Aus der bekannten Beziehung zwischen Schubspannung und Tangens des Verschiebungswinkels folgt die Federrate:

$$c = \frac{A \cdot G}{h} \tag{5.126}$$

In der Praxis wird eine solche Elastomerfeder häufig auf Druck vorgespannt. Die Federkennlinie wird dadurch allerdings kaum beeinflusst [Gro60].

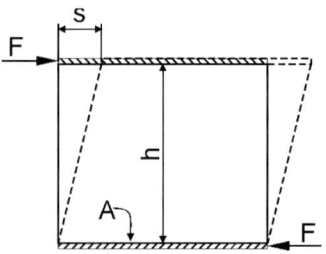

Abb. 5.39. Scheibenelastomerfeder unter Parallelschub

Eine weitere auf Schub beanspruchte Elastomerfederart stellt die auf Axialschub bzw. auf Drehschub beanspruchte Hülsenfeder dar. Auch hier wird wieder vom gleichen Schubspannungs-Verschiebungswinkel-Verhältnis wie oben ausgegangen. Allerdings muss die Veränderung der Schubfläche in Abhängigkeit des Radius berücksichtigt werden. Dementsprechend ist die Federrate für Axialschub:

$$c = \frac{2\pi \cdot h \cdot G}{\ln\left(\dfrac{d_a}{d_i}\right)} \tag{5.127}$$

Die Federrate bei Drehschubbeanspruchung wird zu:

$$c_d = \frac{\pi \cdot h \cdot G}{\dfrac{1}{d_i^2} - \dfrac{1}{d_a^2}} \tag{5.128}$$

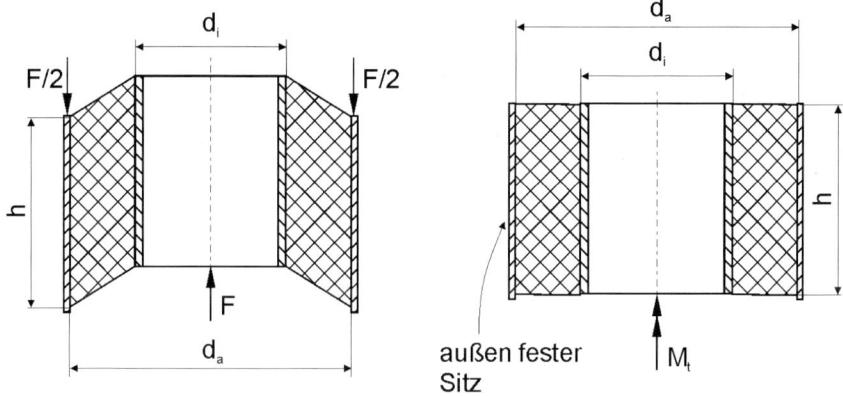

Abb. 5.40. Hülsenfeder unter Axialschub (links) und Drehschub (rechts)

In Abb. 5.41. wird eine Scheibenfeder unter Drehschub gezeigt. Für die Drehfederrate gilt:

$$c_d = \frac{\pi \cdot G \cdot \left(d_a^4 - d_i^3 \cdot d_a\right)}{24 \cdot t_a} \tag{5.129}$$

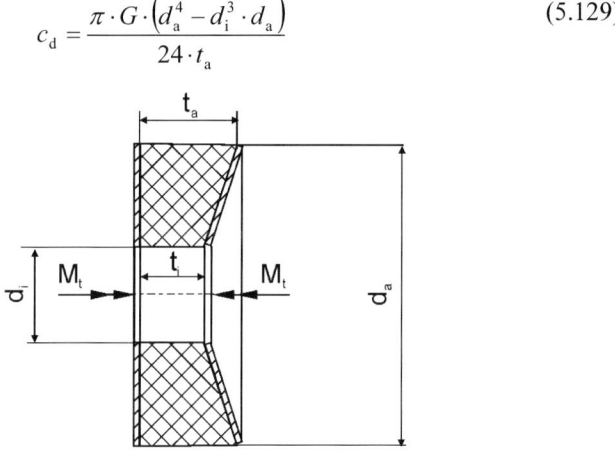

Abb. 5.41. Scheibenfeder unter Drehschub

Bei dynamischer Belastung von Elastomerfedern wird die Zeit, die zur Dehnung der Molekülknäuel zur Verfügung steht, mit steigender Frequenz kürzer. Dadurch erscheint das Elastomer steifer. Dementsprechend ist die Federrate mit dem dynamischen Überhöhungsfaktor k_d zu multiplizieren (s. Abschnitt 5.1.5), um die dynamische Federrate zu erhalten.

$$c_\mathrm{dyn} = k_\mathrm{d} \cdot c \tag{5.130}$$

5.5.1.2 Anwendung

Elastomerfedern können fast ausschließlich als einbaufertige Konstruktionselemente mit metallischen Befestigungsstellen bezogen werden, wobei die metallischen Komponenten durch Kleben oder Vulkanisieren mit der Elastomerkomponente verbunden sind. Diese Elemente werden für die Lagerung und Führung sowohl von Maschinen und Maschinenteilen als auch von Motoren, Stoßdämpfer und weiteren Komponenten im Kraftfahrzeugbau eingesetzt. Durch die besonderen Eigenschaften der Elastomere können gefederte Lagerungen und Führungen für die Dämpfung von Schwingungen und Stößen realisiert werden.

5.6 Konstruktion mit Federn

5.6.1 Auswahlkriterien und Vorgehensweise

Bei der Auswahl zur Erfüllung einer vorgegebenen Funktion geeigneter Federn sind zu Beginn die Randbedingungen genauestens zu klären und zu gewichten. Anschließend kann entschieden werden, welche Federart der gewünschten Funktion und den damit verbundenen Randbedingungen gerecht wird. Es muss ein geeigneter Werkstoff ausgewählt werden, der neben den geforderten mechanischen Eigenschaften auch eine ausreichende Beständigkeit gegen die vorliegenden Umwelteinflüsse besitzt (Korrosion, Temperatur, ...). Während der Auswahl von Federart und Werkstoff sind überschlägige Berechnungen erforderlich. Sind sowohl Federart als auch Federwerkstoff festgelegt, so kann eine genaue Dimensionierung der Feder erfolgen. Prinzipiell ist es ratsam, gleich zu Beginn des Entwicklungsprozesses den Federhersteller einzubeziehen, da ein hohes Maß an Erfahrung bei der Federauslegung unverzichtbar ist.

5.6.2 Anwendungsbeispiele

Im folgenden Abschnitt werden Anwendungsbeispiele für Federn anhand eines Beispielsystems vorgestellt. Als Beispielsystem wurde eine Kupplung mit Zweimassenschwungrad gewählt. Die Kupplung im Antriebsstrang eines Kraftfahrzeugs hat unter anderem die Aufgabe, eine trennbare Verbindung zwischen Antrieb (Motor) und Abtrieb (Getriebe) herzustellen und somit die Schaltung des

Energieflusses beim Anfahren und Gangwechsel zu ermöglichen. Bei Fahrzeuge mit Handschaltgetriebe wird diese Funktion reibschlüssig verwirklicht. Im Detail wird auf Kupplungen in Kapitel 14 (Band 2) eingegangen, deshalb soll an dieser Stelle der Schwerpunkt auf die Funktion der verwendeten Federn gelegt werden.

Tabelle 5.9. Kurze Zusammenfassung der gängigsten Federarten

Federart	Federrate	Theoretische Werkstoffbeanspruchung (statisch)	Artnutzgrad	Abschnitt.
Stabfeder	$c = \dfrac{A \cdot E}{l}$	$\sigma = \dfrac{F}{A}$	$\eta_A = 1$	5.3
Ringfeder	Stark reibungsabhängig	$\sigma = \pm \dfrac{F}{\pi \cdot A \cdot \tan(\alpha + \rho)}$	$\eta_A > 1$	5.3
Luftfeder	$c = \dfrac{n \cdot p \cdot A^2}{V}$			5.3
Blattfeder	$c = \dfrac{1}{\beta} \cdot \dfrac{E \cdot I_{äq}}{l^3}$	$\sigma_{b,max} = \alpha \cdot \dfrac{F \cdot l}{W_{äq}}$	$\dfrac{1}{9} < \eta_A < \dfrac{1}{3}$	5.4
Schraubendrehfeder	$c = \dfrac{E \cdot I_{äq}}{l}$	$\sigma_{b,max} = \dfrac{M_t}{W_{äq}}$	$\eta_A = \dfrac{1}{4}$ (runder Querschnitt)	5.4
Spiralfeder	$c = \dfrac{E \cdot I_{äq}}{l}$	$\sigma_{b,max} = \dfrac{M_t}{W_{äq}}$	$\eta_A = \dfrac{1}{3}$ (eckiger Querschnitt)	5.4
Tellerfeder	Stark abhängig von den geometrischen Verhältnissen		$\eta_A < \dfrac{1}{3}$	5.4
Drehstabfeder	$c = \dfrac{G \cdot I_t}{l}$	$\tau_{t,max} = \dfrac{M_t}{W_t}$	$\dfrac{1}{2} \leq \eta_A < 1$ (Vollquerschnitt bzw. Hohlquerschnitt)	5.5
Zylindrische Schraubenfeder	$c \approx \dfrac{G \cdot d^4}{8 \cdot D_m^3 \cdot n}$	$\tau_{t,max} \approx \dfrac{8 \cdot F \cdot D_m}{\pi \cdot d^3}$	$\eta_A = \dfrac{1}{2}$ (runder Querschnitt)	5.5

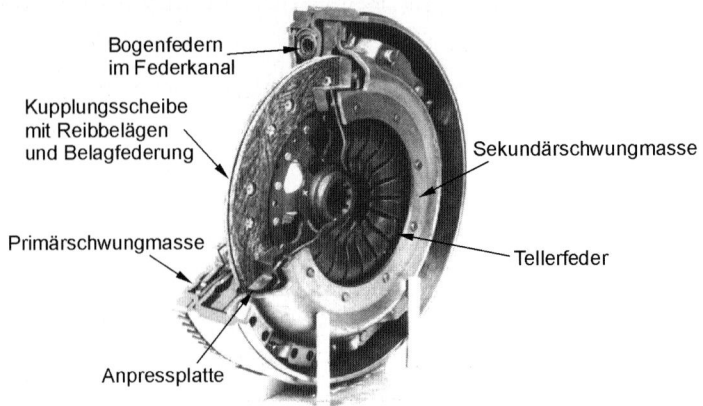

Bogenfedern
im Federkanal

Kupplungsscheibe
mit Reibbelägen
und Belagfederung

Sekundärschwungmasse

Primärschwungmasse

Tellerfeder

Anpressplatte

Abb. 5.42. Beispielsystem für unterschiedliche Feder-Anwendungen: Kupplung mit Zweimassenschwungrad (Firma LuK)

5.6.2.1   Tellerfeder an der Anpressplatte

Bei der in Abb. 5.42. gezeigten Kupplung wird die Anpressplatte auf den Reibbelag der Kupplungsscheibe gedrückt, wodurch ein Wirkflächenpaar mit Reibschluss entsteht. Ein weiteres Wirkflächenpaar entsteht zwischen dem zweiten Reibbelag der Kupplungsscheibe und der Sekundärschwungmasse. Die Anpresskraft muss groß genug sein, um die zur Momentenübertragung nötigen Reibkräfte zu erzeugen. Während des Schaltvorganges soll über die Kupplung kein Moment übertragen werden, das bedeutet, die Anpresskraft muss aufgehoben werden. Dadurch wird eine Relativbewegung zwischen Kupplungsscheibe und Anpressplatte ermöglicht, wobei die Wirkflächenpaare nicht sofort verschwinden, sondern zuerst zu Wirkflächenpaaren mit Relativbewegung werden. Dementsprechend verschleißen die Reibbeläge mit der Zeit und ihre Dicke nimmt folglich ab. Dennoch sollte die Anpresskraft über die Einsatzdauer der Kupplungsbeläge nahezu konstant sein. Bei der hier beschriebenen Problemstellung scheint der Einsatz einer Feder äußerst sinnvoll zu sein. Für diese Feder gelten folgende Randbedingungen:

- Definierte Anpresskraft realisieren
- Federkennlinie stark degressiv oder sogar stückweise horizontal

Eine Schraubenfeder mit linearer Kennlinie ist hier also weniger gut geeignet, da mit abnehmender Belagsdicke auch die Federkraft abnimmt. In Abschnitt 5.3 wurde eine Feder mit der hier geforderten Kennlinie vorgestellt - die Tellerfeder. Sie zeichnet sich durch einen bereichsweise flachen Kennlinienverlauf aus, bei dem die Kennlinie zum Teil sogar eine negative Steigung besitzt (s. Abb. 5.43.). Hierbei handelt es sich um eine geschlitzte Bauform der Tellerfeder, wodurch eine Anpassung der Federkennlinie ermöglicht wird. Aufgrund dieser Kennlinie ist die Tellerfeder im Hinblick auf den Belagsverschleiß und die resultierende Kraft bei

Betätigung der Kupplung sehr gut geeignet. Die Vorspannung der Feder wird so gewählt, dass der Punkt 1 auf der in Abb. 5.43. gezeigten Kraft-Weg-Kurve erreicht wird. Die Feder liefert nun die zur Momentenübertragung nötige Anpresskraft. Nimmt die Dicke der Reibbeläge im Laufe der Zeit ab, so bewegt sich der Betriebspunkt von Punkt 1 zu Punkt 2 auf der Kurve. Bis zum Erreichen von Punkt 2 bleibt demnach die Anpresskraft nahezu konstant.

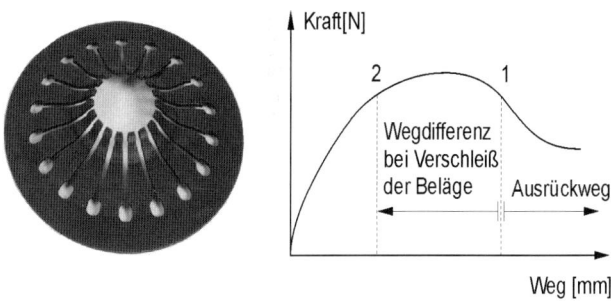

1 = Einbausituation
2 = Situation nach Verschleiß

Abb. 5.43. Tellerfeder und prinzipielle Federkennlinie

Zum Öffnen der Kupplung wird der Ausrücker gegen die Laschenenden am Innendurchmesser der Membranfeder gedrückt. Dadurch wird die Anpresskraft reduziert und die reibschlüssige Verbindung am Wirkflächenpaar zwischen Anpressplatte und Reibbelag wird gelöst. Die Tellerfeder liegt dabei an einem weiteren Abstützpunkt in der Anpressplatte auf, wodurch konstruktiv eine zusätzliche Kraftübersetzung erreicht wird.

5.6.2.2   Federelemente zwischen den Reibbelägen

Die Reibbeläge sind in der Regel an die Kupplungsscheibe genietet (s. Abb. 5.44.). Unebenheiten auf den Reibbelägen führen zu einer ungleichmäßigen Beanspruchung. Außerdem ist es für den Fahrkomfort wichtig, dass beim Schlie-ßen der Kupplung ein modulierbarer Aufbau der Anpresskraft erreicht werden kann. Beide Aufgabenstellungen führen zu einer Feder zwischen den Reibbelägen. Folgende Randbedingungen existieren:

- Kleiner axialer Bauraum
- Mitnehmerfunktion, d.h. Verbindung zwischen Kupplungsscheibe und Reibbelägen herstellen

Die Forderung nach kleinem axialen Bauraum führt auf eine biegebeanspruchte Feder. Auch die Mitnehmerfunktion lässt sich so gut realisieren. Abb. 5.44. zeigt eine mögliche Lösung. Gewellte Blechsegmente werden wechselsinnig aufeinander gelegt, also in Reihe geschaltet. Durch die unteren Bohrungen werden sie fest mit der Kupplungsscheibe verbunden. Auf den gewellten Flächen werden die Kupplungsbeläge aufgelegt und über einen sogenannten Belagniet befestigt.

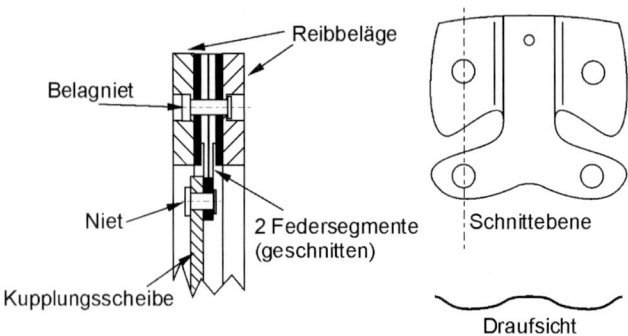

Abb. 5.44. Befestigung der Reibbeläge auf Federsegmenten (links) und mögliche Gestalt eines Federsegments (rechts)

5.6.2.3 Federn im Kupplungssystem zur Dämpfung von Schwingungen

Aufgrund der intermittierenden Arbeitsweise eines Verbrennungsmotors entstehen Schwingungen im Antriebsstrang von Fahrzeugen. Diese Schwingungen machen sich unter anderem durch Getriebegeräusche, Karosseriedröhnen und durch Ruckeln des Fahrzeugs negativ bemerkbar. Zusätzlich zu der bereits eingangs genannten Funktion ist demnach durch das Kupplungssystem eine Dämpfungs-funktion auszuüben [Alb91]. Gewünscht ist eine Tiefpassfilterung. Es ist demnach ein Feder-Masse-Dämpfer-System aufzubauen, in dem die Feder folgende Randbedingungen erfüllt:

- Niedrige Federrate, um eine niedrige Eckfrequenz zu erreichen
- Kopplung zweier relativ zueinander drehbaren Massen

Die benötigte Dämpfung kann durch Reibung erreicht werden. Eine Möglichkeit wäre, tangential angeordnete Schraubendruckfedern in die Kupplungsscheibe zu integrieren. Das Prinzip eines solchen Systems lässt sich anhand von Abb. 5.45. erklären. Die Reibbeläge sind an eine Mitnehmerscheibe genietet, die drehbar auf der Kupplungsnabe gelagert ist. Auf der selben Kupplungsnabe befindet sich die in tangentialer Richtung formschlüssig festgelegte Nabenscheibe. Beide Scheiben besitzen an ihrem Umfang mehrere Fenster, in die Schraubendruckfedern (sog. Kupplungsdämpferfedern) eingefügt werden können. Wird über die Reibbeläge ein Moment in das Kupplungssystem eingeleitet, so kann sich die Mitnehmer-scheibe relativ zur Nabenscheibe verdrehen. Die Kraftleitung von der Mitnehmer-scheibe in die Nabe erfolgt dabei durch die Schraubendruckfedern, die demnach die Verdrehsteifigkeit des Systems festlegen. Die Dämpfungsfunktion wird hauptsächlich durch Reibung an Wirkflächenpaaren mit Relativbewegung erfüllt. Solche Wirkflächenpaare können durch eingefügte Reibscheiben erzeugt werden.

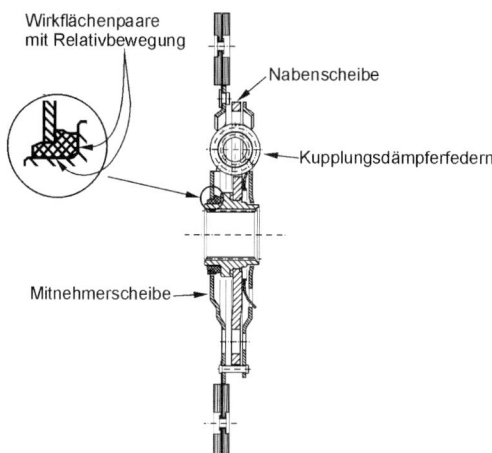

Abb. 5.45. Kupplung mit integrierten Torsionsdämpfern

Durch das sehr geringe zur Verfügung stehende Bauvolumen in den Kupplungs-scheiben können auf diese Weise nur relativ hohe Federraten und damit hohe Eckfrequenzen des Tiefpassfilters realisiert werden.

In Abschnitt 5.4 wurde besprochen, dass die Federrate einer Schraubendruckfe-der mit zunehmender federnder Länge bzw. zunehmender Anzahl federnder Windungen abnimmt. Um auch die Forderung nach niedrigen Federraten erfüllen zu können, ist es demnach naheliegend, die Feder weiter nach außen also auf einen größeren Durchmesser zu setzen, um sie länger machen zu können. Dabei wird sich allerdings die Kreisform der Kupplungsscheibe bemerkbar machen. Eine solche Schraubendruckfeder wird eine Bogenform aufweisen, weshalb sie auch Bogenfeder genannt wird.

Ein solches System existiert - das sogenannte Zweimassenschwungrad (ZMS). Beim ZMS kommen zwei Bogenfedern zum Einsatz, durch welche die Kraft von der Primär- in die Sekundärschwungmasse geleitet wird. Primär- und Sekundär-schwungmasse sind koaxial zueinander gelagert. Durch geeignete Wahl der Masseträgheiten und der Federraten kann eine deutliche Senkung der Resonanz-frequenz des Kupplungssystems erreicht werden, sodass ab einer Drehzahl von 1000 U/min im ganzen Fahrbereich eine sehr gute Filterung der Schwingungen erfolgt [Alb91].

Des weiteren besitzt das Zweimassenschwungrad ein charakteristisches Dämp-fungsverhalten, das fast ausschließlich durch Coulomb'sche Reibung bestimmt wird. Zum einen existiert eine drehzahl- und frequenzabhängige Dämpfung und zum anderen eine konstante Dämpfung, welche die sogenannte Grundhysterese hervorruft (s. Abb. 5.46). Diese Grundreibung setzt sich aus Dichtungsreibung, Lagerungsreibung und der Reibung an im System integrierten Reibscheiben zusammen. Wie in der Abbildung zu sehen ist, existiert im ZMS ein Verdrehspiel im Bereich des Nulldurchganges (horizontale Kennlinie).

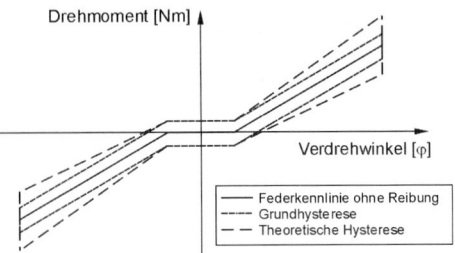

Abb. 5.46. Theoretische Kennlinie des ZMS

Die in Abb. 5.46. gezeigte verdrehwinkelabhängige theoretische Hysterese resultiert aus der Reibung an den Wirkflächenpaaren (WFP) zwischen den Bogenfederwindungen und der Federführungsschale (s. Abb. 5.47.). Aufgrund der Bogenform der Federn sind die Wirkungslinien der Federkräfte nicht identisch. Durch die Kraftumlenkung resultiert an jeder Windung eine radiale Kraftkomponente F_N mit der sich die Bogenfeder an der Federführungsschale abstützt. Dementsprechend entstehen Reibungskräfte F_R an den in Abb. 5.47. gezeigten Wirkflächenpaaren der Federwindungen mit der Schale. Die radiale Kraft F_N und damit auch die Reibungskraft F_R nehmen bei vorhandener Drehzahl aufgrund der Fliehkräfte weiter zu. In Abb. 5.48. wird eine gemessene Kennlinien eines Zweimassenschwungrades für unterschiedliche Verdrehwinkel bei gleicher Drehzahl gezeigt. Es ist zu erkennen, dass die Dämpfung aufgrund der Hysterese für große Verdrehwinkel sehr hoch ist. Die Hysterese entsteht durch Reibung bei Be- und Entlastung. Durch diese große Dämpfung können Ruckelschwingungen bei Lastwechsel gefiltert werden. Im Fahrbetrieb liegt eine Grundlast an, der eine periodische (schwellende) Last überlagert ist, wodurch typischerweise kleine Teilschleifen mit höherer Federrate durchlaufen werden. Die Dämpfung ist bei diesen Schleifen gering, was für die Schwingungsisolation im Fahrbetrieb äußerst günstig ist [Alb91].

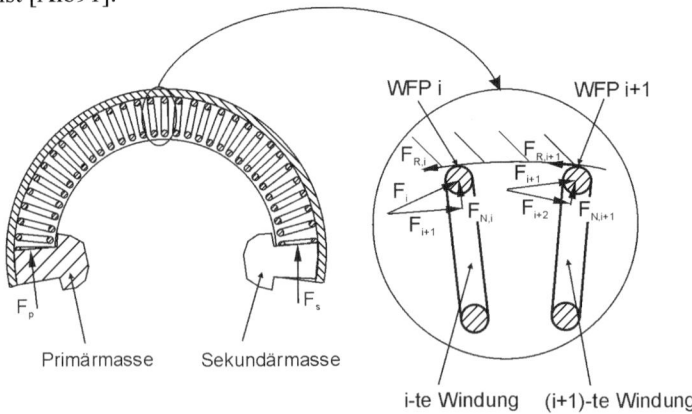

Abb. 5.47. Kräfte an den Bogenfederwindungen und an den Wirkflächenpaaren (WFP)

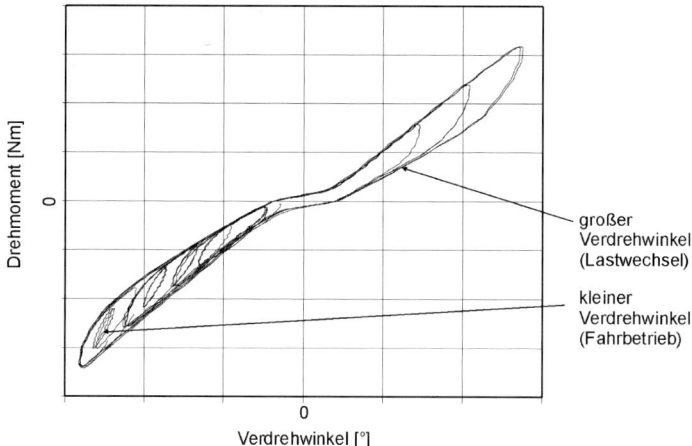

Abb. 5.48. Gemessene Kennlinien eines ZMS

5.7 Literatur

[Alb91]   Albers, A.: Das Zweimassenschwungrad der dritten Generation -
                 Optimierung der Komforteigenschaften von PKW-Antriebsstraengen.
                 Antriebstechnisches Kolloquium '91. Verlag TÜV Rheinland 1991

[Alb02]   Albers, A.; Matthiesen, S.: Konstruktionsmethodisches Grundmodell
                 zum Zusammenhang von Gestalt und Funktion technischer Systeme.
                 In: Konstruktion, Zeitschrift für Produktentwicklung. Band 54. Heft
                 7/8. Seite 55-60. Düsseldorf: Springer-VDI-Verlag GmbH & Co. KG
                 2002

[Alm36]   Almen, J.O.; László, A.: The Uniform-Section Disk Spring. Transac-
                 tions of the ASME. 58. Nr. RP-58-10. S. 305-314, 1936

[Bart94]   Barthold, G.; Rakoski, F.: Neue werkstoffkundliche Entwicklungen
                 beim Ventilfederstahl; DVM-Tag 1994 Bauteil 94; 4.-6. Mai 1994;
                 Berlin 1994

[Beck02]   Beck, T.; Lang, K.-H.; Löhe, D.: Ermüdungsverhalten hochfester
                 Stähle. DVM-Tag 2002 Federn im Fahrzeugbau; 24.-26. April 2002.
                 DVM-Bericht 669, 2002

[Blae94]   Bläsius, A.; Jakob, M.; Groß, S.: Neue Entwicklungen bei Federstäh-
                 len für Hochbeanspruchte Fahrzeugtragfedern. DVM-Tag 1994
                 Bauteil 94; 4.-6. Mai 1994; Berlin 1994

[Buß94]   Bußhardt, J.: Selbsteinstellende Feder-Dämpfer-Systeme für
                 Kraftfahrzeuge. Fortschritt-Berichte VDI. 12. Nr. 240. Düsseldorf:
                 VDI Verlag 1994

[Carl78]   Carlson, H.: Spring Designer's Handbook. New York: Marcel Dekker, Inc. 1978

[Cur81]   Curti, G.; Orlando, M.: Geschlitzte Tellerfedern - Spannungen und Verformungen. In: Draht 32. Nr. 11. S. 610-615, 1981

[Dec95]   Decker, K.-H.: Maschinenelemente. 12. Aufl. München, Wien: Carl Hanser Verlag 1995

[DIN1787]   DIN 1787: Kupfer, Halbzeug. Ausgabe 1973-01

[DIN2091]   DIN 2091: Drehstabfedern mit rundem Querschnitt - Berechnung und Konstruktion. Ausgabe 1981-06

[DIN2092]   DIN 2092: Tellerfedern - Berechnung. Ausgabe 1992-01

[DIN2093]   DIN 2093: Tellerfedern - Maße, Qualitätsanforderungen. Ausgabe 1992-01

[DIN2095]   DIN 2095: Zylindrische Schraubenfedern aus runden Drähten; Gütevorschriften für kaltgeformte Druckfedern. Ausgabe 1973-05

[DIN2096]   DIN 2096: Zylindrische Schraubendruckfedern aus runden Drähten und Stäben; Güteanforderungen für warmgeformte Druckfedern. Ausgabe 1981-11

[DIN2097]   DIN 2097: Zylindrische Schraubenfedern aus runden Drähten; Gütevorschriften für kaltgeformte Zugfedern. Ausgabe 1973-05

[DIN17221]   DIN 17221: Warmgewalzte Stähle für vergütbare Federn; Technische Lieferbedingungen. Ausgabe 1988-12

[DIN17224]   DIN 17224: Federdraht aus Federband und nichtrostenden Stählen; Technische Lieferbedingungen. Ausgabe 1982-02

[DIN17666]   DIN 17666: Niedriglegierte Kupfer-Knetlegierungen - Zusammensetzung. Ausgabe 1983-12

[DIN17741]   DIN 17741: Niedriglegierte Nickel-Knetlegierungen - Zusammensetzung. Ausgabe 2002-09

[DIN17753]   DIN 17753: Drähte aus Nickel und Nickel-Knetlegierungen - Eigenschaften. Ausgabe 2002-09

[DIN50601]   DIN 50601: Metallographische Prüfverfahren - Ermittlung der Ferrit- oder Austenitkorngrößen von Stahl und Eisenwerkstoffen. Ausgabe 1985-08

[DIN50602]   DIN 50602: Metallographische Prüfverfahren - Mikroskopische Prüfung von Edelstählen auf nichtmetallische Einschlüsse mit Bildreihen. Ausgabe 1985-09

[DIN53505]   DIN 53505: Prüfung von Kautschuk und Elastomeren - Härteprüfung nach Shore A und Shore D. Ausgabe 2000-08

[DINEN10052]   DIN EN 10052: Begriffe der Wärmebehandlung von Eisenwerkstoffen. Ausgabe 1994-01

[DINEN10132]   DIN EN 10132 Teil 1: Kaltband aus Stahl für eine Wärmebehand-
                 lung - Technische Lieferbedingungen: Allgemeines. Ausgabe 2000-
                 05

                 DIN EN 10132 Teil 4: Kaltband aus Stahl für eine Wärmebehand-
                 lung - Technische Lieferbedingungen - Teil 4: Federstähle und
                 andere Anwendungen. Ausgabe 2000-05

[DINEN10270]   DIN EN 10270 Teil 1: Stahldraht für Federn - Teil 1: Patentiert-
                 gezogener unlegierter Federstahldraht. Ausgabe 2001-12

                 DIN EN 10270 Teil 2: Stahldraht für Federn - Teil 2: Ölschlussver-
                 güteter Federstahldraht. Ausgabe 2001-12

                 DIN EN 10270 Teil 3: Stahldraht für Federn - Teil 3: Nichtrostender
                 Federstahldraht. Ausgabe 2001-08

[DINEN12166]   DIN EN 12166: Kupfer und Kupferlegierungen - Drähte zur
                 allgemeinen Verwendung. Ausgabe 1998-04

[DINEN13906]   DIN EN 13906 Teil 1: Zylindrische Schraubenfedern aus runden
                 Drähten und Stäben − Berechnung und Konstruktion - Teil 1:
                 Druckfedern. Ausgabe 2002-07

                 DIN EN 13906 Teil 2: Zylindrische Schraubenfedern aus runden
                 Drähten und Stäben − Berechnung und Konstruktion - Teil 2:
                 Zugfedern. Ausgabe 2002-07

                 DIN EN 13906 Teil 3: Zylindrische Schraubenfedern aus runden
                 Drähten und Stäben − Berechnung und Konstruktion - Teil 3:
                 Drehfedern. Ausgabe 2002-07

[DINEN1654]   DIN EN 1654: Kupfer- und Kupferlegierungen - Bänder für Federn
                 und Steckverbinder. Ausgabe 1998-03

[Dub01]   Dubbel: Taschenbuch für den Maschinenbau. 20. Aufl. Hrsg. Beitz,
                 W.; Grote, K.-H. Berlin, Heidelberg, New York: Springer-Verlag
                 2001

[Fel02]   Feller, F.; Jurr, R.; Ram, K.: Die Luftfeder, ein innovatives Feder-
                 element. DVM-Tag 2002 Federn im Fahrzeugbau; 24.-26. April
                 2002. DVM-Bericht 669, 2002

[Fis87]   Fischer, F; Vondracek, H.: Warmgeformte Federn - Konstruktion und
                 Fertigung. Hrsg. Hoesch Hohenlimburg AG. Bochum: Verlag W.
                 Stumpf KG 1987

[Fis02]   Fischer, F.; Plitzko, M.; Savaidis, G.; Wanke, K.: Fortschritte in der
                 Federntechnik. DVM-Tag 2002 Federn im Fahrzeugbau; 24.-26.
                 April 2002. DVM-Bericht 669, 2002

[Frie64]   Friedrichs, J.: Die Uerdinger Ringfeder (R). In: Draht 15. Nr. 8.
                 S. 539-542, 1964

[Goe69]   Göbel, E.F.: Gummifedern. 3.Aufl. Hrsg. Kollmann, K. Berlin,
                 Heidelberg, New York: Springer-Verlag 1969

[Goh91]   Gohl, W.: Elastomere - Dicht- und Konstruktionswerkstoffe. Hrsg. Prof. Dr.-Ing. W.J. Bartz. TAE Esslingen. Expert Verlag 1991

[Gro60]   Gross, S.: Konstruktionsbücher 3 - Berechnung und Gestaltung von Metallfedern. 3. Aufl. Hrsg. Prof. Dr.-Ing K. Kollmann. Berlin, Göttingen, Heidelberg: Springer-Verlag 1960

[Gro60-2]   Gross, S.: Zur Berechnung der Spiralfeder. In: Draht 11. Nr. 8. S. 455-458, 1960

[Hin90]   Hinrichs, R.: Gedämpfte Schwingungen vorgespannter Balken. Fortschritt-Berichte VDI. 11. Nr. 142. S.28-41. Düsseldorf: VDI-Verlag 1990

[Hor91]   Hornbogen, E.: Werkstoffe. 5. Aufl. Berlin, Heidelberg, New York: Springer-Verlag. 1991

[Horo79]   Horowitz, J.: Das „Shot-peening" Verfahren - Anforderungen an die Anlagentechnik. In: Metalloberfläche; Beschichten von Metall und Kunststoff 33. Nr. 3. S. 104-111 und Nr. 4. S. 146-153, 1979

[Ils02]   Ilschner, B.; Singer, R.F.: Werkstoffwissenschaften und Fertigungs-technik. 3. Aufl. Berlin, Heidelberg, New York: Springer-Verlag 2002

[Kei57]   Keitel, H.: Zur Berechnung ebener Spiralfedern mit rechteckigem Querschnitt. In: Draht 8. Nr. 8, S. 326-328, 1957

[Kei64]   Keitel, H.: Die Rollfeder - ein federndes Maschinenelement mit horizontaler Kennlinie. In: Draht 15. Nr. 8, S. 534-538, 1964

[Kel02]   Keller, M.: Auswahl von elastomeren Werkstoffen und Einsatz fähiger Herstellprozesse für Luftfedern im Hinblick auf eine hohe Nutzungsdauer. DVM-Tag 2002 Federn im Fahrzeugbau; 24.-26. April 2002. DVM-Bericht 669, 2002

[Koe92]   Köhler, G.; Rögnitz, H.: Maschinenteile - Teil 1. Hrsg. Prof. Dr.-Ing. J. Pokorny. Stuttgart: B.G. Teubner-Verlag 1992

[Krei58]   Kreissig, E.: Berechnung des Eisenbahnwagens. 4. Aufl. Köln-Lindenthal: Ernst Stauf Verlag 1958

[Lux00]   Lux, R.: Ganzheitliche Antriebsstrangentwicklung durch Integration von Simulation und Versuch. mkl Forschungsberichte. Band 1. Hrsg. Albers, A.. Institut für Maschinenkonstruktionslehre und Kraftfahr-zeugbau. Universität Karlsruhe (TH) 2000

[Mac85]   Macherauch, E.: Praktikum in Werkstoffkunde. 6. Aufl. Braun-schweig, Wiesbaden: Vieweg-Verlag 1985

[Mar94]   Martin, F.: Die Membranfeder in der Kraftfahrzeugkupplung. DVM-Tag 1994 Bauteil 94; 4.-6. Mai 1994; Berlin 1994

[Mat87]   Matschinsky, W.: Die Radführungen der Straßenfahrzeuge - Analyse, Synthese, Elasto-Kinematik. Hrsg.: Prof. Dr. Mitschke und Prof. Dr. Frederich. Köln: Verlag TÜV Rheinland GmbH 1987

[Mei97]   Meissner, M.; Schorcht, H.-J.: Metallfedern. Hrsg. Pahl, G. Berlin, Heidelberg, New York: Springer-Verlag 1997

[Nie01]   Niemann, G.; Winter, H.; Höhn B.-R.: Maschinenelemente. Band 1. 3. Aufl. Berlin, Heidelberg, New York: Springer-Verlag 2001

[Otz57]   Otzen, U.: Über das Setzen von Schraubenfedern. In: Draht 8. Nr. 2. S. 49-54 und Nr. 3. S. 90-96, 1957

[Past85]   Pastuchova, Ž. P.; Rachštadt, A.G.: Federlegierungen aus NE-Metallen. Wien, New York: Springer-Verlag 1985

[Rob59]   Roberts, J.A.: Spring Design and Calculations. 10th edition. Technical Research Laboratory Herbert Terry and Sons Limited 1959

[Rod98]   Rodenacker, W.G.; Claussen, U.: Maschinensystematik und Konstruktionsmethodik: Grundlagen und Entwicklung moderner Methoden. Berlin, Heidelberg, New York: Springer Verlag 1998

[Sae96]   Society of Automotive Engineers, Inc.: Spring Design Manual. Second Edition. Warrendale, PA (USA) 1996

[Sal02]   Salm, H.; Heiderich, T.: Konstruktion und Auslegung von Kupplungsdämpferfedern für Trocken- und Nasslaufende PKW-Kupplungen. DVM-Tag 2002 Federn im Fahrzeugbau; 24.-26. April 2002. DVM-Bericht 669, 2002

[Scho88]   Scholz, H.: Bänder aus Kupferlegierungen für Flachfedern. In: Draht 39. Nr. 10. S. 1030-1033, 1988

[Schr72]   Schremmer, G.: Die geschlitzte Tellerfeder. Konstruktion. 24. Nr. 6. S. 226-229, 1972

[Schu74]   Schumann, H.: Metallographie. 8. Aufl. Leipzig: VEB Deutscher Verlag für Grundstoffindustrie 1974

[Sik73]   Sikora, E.: Einfluss differenzierter Randentkohlungen auf die dynamische Haltbarkeit von Federwerkstoffen für Fahrzeuge. Dissertation. Fakultät für Bergbau, Hüttenwesen und Maschinenwesen der Technischen Universität Clausthal 1973

[Walz81]   Walz, K.: Geschlitzte Tellerfedern - Anmerkungen aus der Praxis. In: Draht 32. Nr. 11. S. 608-609, 1981

[Win85]   Winkelmann, S.; Harmuth, H.: Schaltbare Reibkupplungen. Hrsg. Prof. Dr.-Ing. G. Pahl. Berlin, Heidelberg, New York, Tokyo: Springer-Verlag 1985

[Wit96]   Wittenburg, J.: Schwingungslehre - Lineare Schwingungen, Theorie und Anwendungen. Berlin, Heidelberg, New York: Springer-Verlag 1996

Kapitel 6

Bernd Sauer

6 Schrauben und Schraubenverbindungen

Schraubenverbindungen gehören zu den meistverbreiteten Bauteilverbindungen zwischen Bauteilen. Wegen ihrer fertigungstechnischen (Herstellung und Montage) und betrieblichen (Sicherheit) Vorteile werden sie auch dort eingesetzt, wo eine lösbare Verbindung an sich nicht erforderlich wäre.

Das Funktionsprinzip der Schraube ist das des Keils, der auf einen Kernkörper aufgewickelt ist. Wie dieser wird die Schraube als Maschine bzw. Getriebe zur Bewegungsübertragung und - durch Kraftspeicherung (elastische Verspannung) und unter Reibung - als Befestigungsmittel verwendet. Eine weitere Anwendung von Schrauben liegt in der Nutzung der Schraube als Bewegungsgewinde oder auch als Messwerkzeug.

Da im Bereich von Gewinden und Schrauben die Normung und Vereinheitlichung eine besondere Rolle spielt und vom Anwender in jedem Fall zu beachten ist, sei noch einmal darauf hingewiesen, dass die in diesem Buch angeführten Normen nur beispielhaft genannt werden und keinesfalls den Anspruch auf Vollständigkeit und vor allem nicht auf Aktualität erfüllen können. Jeder anwendende Ingenieur hat die Pflicht sich über den aktuell gültigen Normenstand zu erkundigen und diesen in seine Arbeiten einzubeziehen.

6.1 Wirkprinzip der Schraube

Die Schraubenlinie ist eine räumliche Kurve, im einfachsten Fall eine auf einen Zylinder mit konstantem Radius r aufgewickelte Linie mit einem dem Drehwinkel ϑ proportionalen Fortschritt z in Achsrichtung, siehe Abb. 6.1. Sie ist rechtssteigend (rechtsgängig), wenn sich ein auf ihr bewegter Punkt beim Umlauf im Uhrzeigersinn axial vom Beobachter entfernt, sonst linkssteigend (linksgängig). Die formale Beschreibung lautet:

$$r = const$$
$$-\infty \leq \vartheta \leq +\infty$$
$$z = a \cdot \vartheta$$

(ϑ = Umfangswinkel im Bogenmaß; a = Steigung der Schraubenlinie)

Ein Umlauf wird als Gang bezeichnet, die Schraubenlinie steigt dabei um die Ganghöhe P. Daraus folgt:

$$z = \frac{P}{2\pi} \vartheta \qquad (6.1)$$

Erweitert mit dem Zylinderradius r und nach Einführung der Größen Umfang $U = 2\pi r$ sowie Umfangskoordinate $u = r\vartheta$, geht die Beziehung über in:

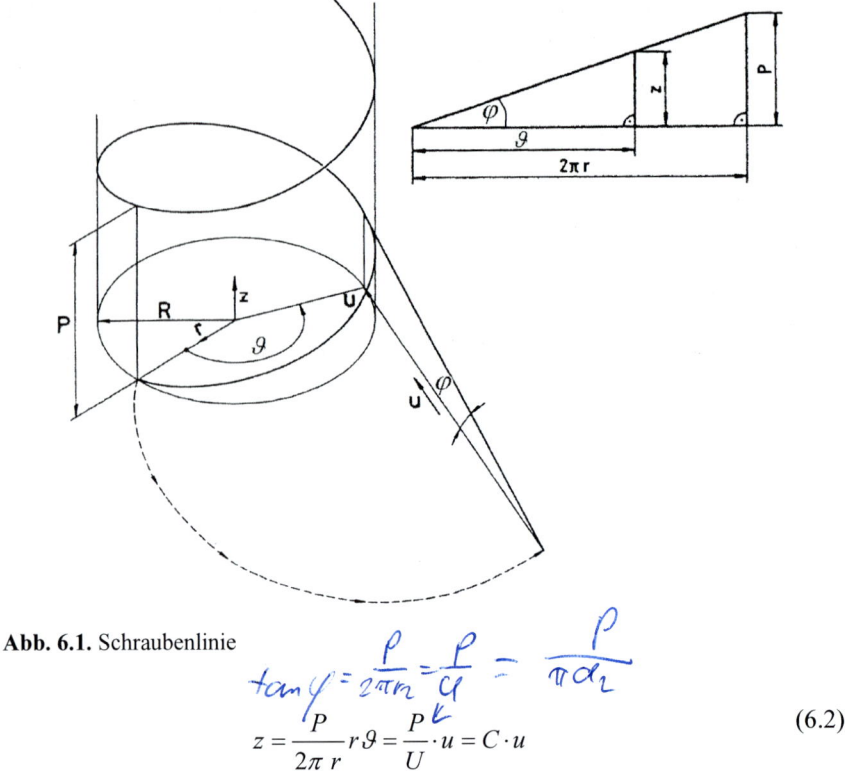

Abb. 6.1. Schraubenlinie

$$\tan\varphi = \frac{P}{2\pi r_2} = \frac{P}{U} = \frac{P}{\pi d_2}$$

$$z = \frac{P}{2\pi r}\, r\,\vartheta = \frac{P}{U}\cdot u = C\cdot u \tag{6.2}$$

Dies ist die Gleichung einer Geraden mit konstanter Steigung C unter dem Steigungswinkel $\varphi = arc\tan(P/U)$. Die Schraubenlinie beschreibt somit einen auf den Zylinder (mittlerer Zylinder mit dem Flankendurchmesser d_2 des Gewindes oder Radius r_2) aufgewickelten Keil, und so wie dieser eine Quer- in eine Längsbewegung oder umgekehrt überträgt, wandelt die Schraube zwischen einer Drehung und einer proportionalen Längsbewegung (sog. Schraubung). Danach ergeben sich die beiden Anwendungsfälle: Schraube als Maschine und Schraube als Verbindungselement.

1. Die Schraube als Maschine

Die Schraube dient als Maschine zur Übertragung einer Dreh- in eine Längsbewegung (seltener umgekehrt infolge des Reibungseinflusses). Je nach der vorherrschenden Aufgabe ist die Funktion unterteilbar in:

a) Stellfunktion: Die primäre Aufgabe ist die Bewegungswandlung mit hoher Genauigkeit, die Übertragung von Kräften tritt zurück. Beispiele sind Vorschubspindeln an Werkzeugmaschinen und Messzeugen oder Lenkspindeln in Fahrzeugen.

b) Arbeitsfunktion: Aufgabe ist die Momenten-Kraftwandlung. Beispiele dafür sind die Spindelpresse und der Wagenheber. Als eine Besonderheit kann man das Schneckengetriebe ansehen, bei dem die Schraube (Schnecke) mit einer als Rad (Schneckenrad) ausgebildeten Mutter zusammenarbeitet. Wesentlicher Gesichtspunkt bei der damit erreichbaren hohen Drehzahlwandlung ist die verlustarme Leistungsübertragung.

2. Die Schraube als Verbindungselement

Ihre Aufgabe ist das *lösbare Verbinden* von Bauteilen, indem eine Verbindungskraft (Vorspannkraft, Klemmkraft) durch Eindrehen des Schraubengewindes (Gewinde des Schraubenbolzens) in ein Innengewinde (Gewindebohrung, Mutter) erzeugt wird. Die Schraubenkraft bewirkt dabei eine elastische Verspannung der Fügeteile und des Schraubenbolzens und damit eine Kraftspeicherung. Die Gewindereibung verhindert das selbsttätige Lösen der Verschraubung (Selbsthemmung).

Gewindekräfte und -momente

Die Kraftverhältnisse in einer Schraubenverbindung lassen sich übersichtlich darstellen, wenn die Kräfte auf ein kleines Mutterelement konzentriert werden, das sich auf dem abgewickelten Bolzengewinde bewegt (Abb. 6.2.). Das Element wird durch die Schraubenkraft F_S belastet, die Umfangskraft F_U verschiebt es beim Anziehen keilaufwärts. Vom Gewindegang wirkt die Normalkraft F_N, die eine der Bewegung entgegengerichtete, in der Kontaktfläche liegende Reibkraft zur Folge hat:

$$F_R = F_N \cdot \mu = F_N \cdot \tan \rho \qquad (6.3)$$

Dabei sind:

μ = Reibungszahl
ρ = *arc* $\tan \mu$ = Reibungswinkel

Im Kräfteplan (Abb. 6.3.), der für die der Schraubenachse parallele Ebene aufgestellt wird, erscheint nur die Komponente

$$F_N' = F_N \cdot \cos(\alpha/2)$$

die mit der Reibkraft F_R den Reibwinkel ρ' einschließt. Der Spitzenwinkel α des Gewindes gilt für den Achsschnitt, jedoch ist die Abweichung davon im Normalschnitt wegen des kleinen Steigungswinkels φ vernachlässigbar (im Vergleich zur Streuung der Reibzahl). Exakt gilt:

$$\tan(\alpha_N/2) = \tan(\alpha/2) \cdot \cos \varphi$$

Die achsnormale Komponente der Gewindenormalkraft F_N bewirkt eine innere radiale Belastung der Mutter.

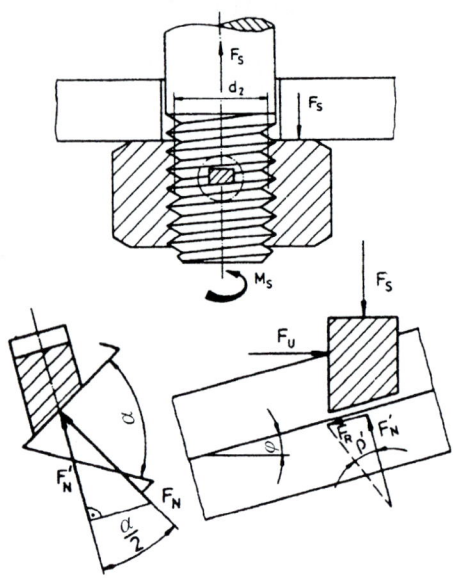

Abb. 6.2. Kräfte am Gewindegang

Durch Vergleich entsteht der scheinbare Reibwert μ' des Gewindes, für den folgende Beziehung gilt:

$$F_R / F_N' = \mu' = \tan \rho / \cos (\alpha / 2) = \mu / \cos (\alpha / 2) \qquad (6.4)$$

Dieser scheinbare Gewindereibwert μ' erweist sich somit als abhängig vom Neigungswinkel der Gewindeflanke. Bei Bewegungsschrauben wird man einen flachen Flankenwinkel anstreben (beim *Trapezgewinde* 15°, beim *Sägengewinde* 3°), um die Reibung niedrig zu halten. Da für Befestigungsschrauben große Reibung erwünscht ist, ist der Gewindeprofilwinkel mithin steiler auszuführen ($\alpha = 55°$; 60°). Aus dem Kräfteplan ergeben sich nach Abb. 6.3.a) beim Anziehen die Umfangskraft:

$$F_U = F_S \cdot \tan (\varphi + \rho') \qquad (6.5)$$

Da sie definitionsgemäß auf dem Flankendurchmesser d_2 angreift, entsteht das *Gewindeanzugsmoment*.

$$M_{GA} = 0{,}5\, F_S \cdot d_2 \cdot \tan (\varphi + \rho') \qquad (6.6)$$

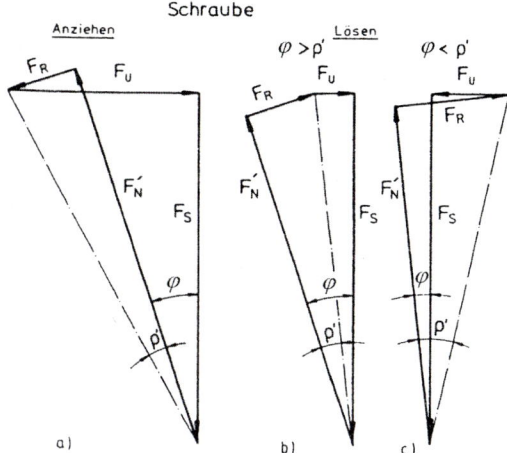

Abb. 6.3. Kräftepläne für Anziehen und Lösen eines Gewindes a) Anziehen; b) und c) Lösen

Beim Lösen der Schraubenverbindung kehren sich die Bewegungsrichtung und daher die Reibkraft F_R um (Abb. 6.3. b)). Der Kräfteplan führt zum *Gewindelösemoment*:

$$M_{GL} = 0{,}5\,F_S \cdot d_2 \cdot \tan(\varphi - \rho') \qquad (6.7)$$

Meistens werden die Gewinde mit Steigungswinkeln ausgeführt, die kleiner sind als der Reibungswinkel. Es gilt dann:

$$\varphi < \rho' \text{ (Selbsthemmung!)}$$

Dies führt in Gl. (6.7) zur formalen Umstellung:

$$M_{GL} = -0{,}5\,F_S \cdot d_2 \cdot \tan(\rho' - \varphi) \qquad (6.8)$$

und aus der Darstellung in Abb. 6.3.c) ist ersichtlich, dass beim Lösen der Schraubenverbindung die Umfangskraft $F_{U\,\text{Lösen}}$ und das Gewindemoment der Anzugsrichtung entgegen gerichtet sind. Zum Lösen der Verbindung ist ein Losdrehmoment erforderlich, weil noch so hohe Axialkräfte keine Schraubbewegung bewirken können. Diese Aussage gilt wegen der komplexen Zusammenhänge für dynamische Belastung in der Praxis nur bedingt. Diese als „Selbsthemmung" bezeichnete Eigenschaft ist wesentliche Voraussetzung für die Funktion der Befestigungsschrauben und der Hub- sowie Stellspindeln, die ihre Vorspannung oder Last nach Wegnahme des Schraubmoments halten müssen. Die Verwendung der Schraube als Maschine oder Getriebe wird dadurch eingeschränkt, denn die Reibung bedeutet einerseits Leistungsverlust (Dissipation). Andererseits ist die Umwandlung einer Axialkraft in ein Drehmoment nur sehr begrenzt oberhalb der Selbsthemmungsgrenze möglich.

Wirkungsgrad

Der Wirkungsgrad, das Verhältnis der Nutzenergie am Ausgang zur am System-
eingang aufgewendeten Arbeit, beträgt für die Umwandlung des Drehmoments in
Längskraft (Abb. 6.4.):

$$\eta_D = \frac{F_S \cdot P}{M_{GA} \cdot 2\pi} = \frac{\tan\varphi}{\tan(\varphi + \rho')} \quad (M_{GA} \rightarrow M_G) \tag{6.9}$$

Und für die Umwandlung der Längskraft in Drehmoment (Abb. 6.5.):

$$\eta_F = \frac{M_{GL} \cdot 2\pi}{F_S \cdot P} = \frac{\tan(\varphi - \rho')}{\tan\varphi} \quad (M_{GL} \rightarrow M_G) \tag{6.10}$$

Nach der Darstellung in Abb. 6.4. liegt der Wirkungsgrad η_D, bei der Wandlung
Drehmoment in Längskraft an der Selbsthemungsgrenze bei etwa 50%, für
Befestigungsschrauben bei üblichen Reibwerten $\mu = 0,1$ bis 0,15 deutlich unter
40%, da die Steigungswinkel z.B. des ISO-Regelgewindes im Bereich von 1,7° bis
4,0° liegen.

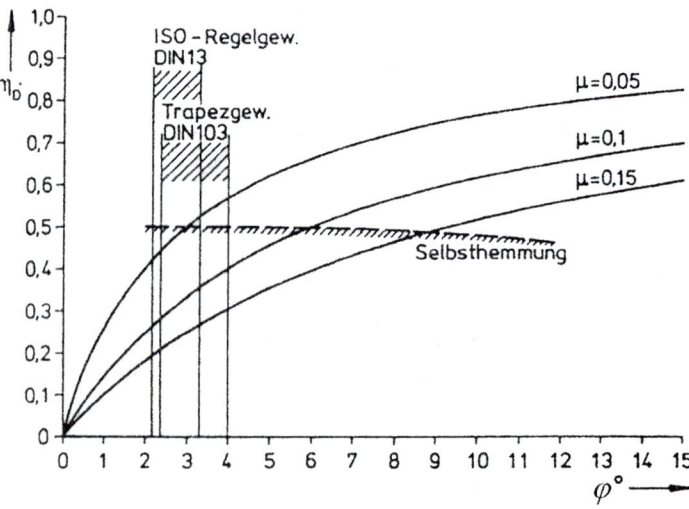

Abb. 6.4. Wirkungsgrad des Schraubtriebes bei der Wandlung Drehmoment in Längskraft

Zur gleichen Aussage führt eine Aufspaltung der Gl. (6.6). Das Additionstheorem
liefert:

$$\tan(\varphi + \rho') = \frac{\tan\varphi + \tan\rho'}{1 - \tan\varphi \tan\rho'}$$

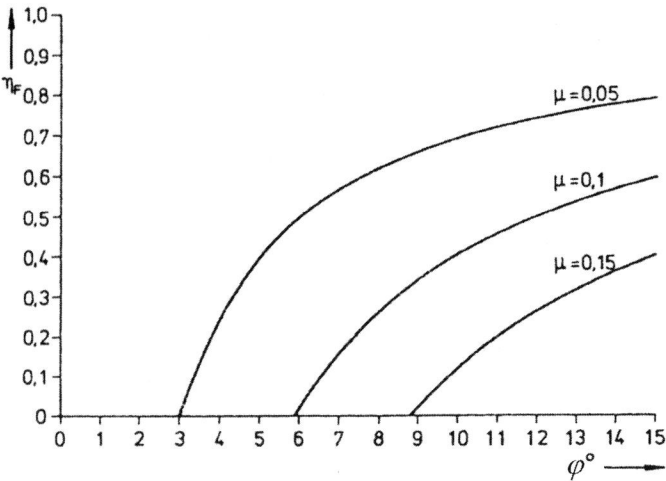

Abb. 6.5. Wirkungsgrad des Schraubtriebes bei der Wandlung Längskraft in Drehmoment

Bei der gezeigten Größe des Steigungswinkels φ gilt des weiteren mit genügender Genauigkeit:

$$\tan(\varphi + \rho') \cong \tan \varphi + \tan \rho'$$

Das Gewindeanzugsmoment M_{GA} zerfällt danach in die zwei Anteile Nutzmoment M_{GN}, das die Schraubenkraft F_{S} liefert, und Reibmoment M_{GR}; formal gilt:

$$M_{\mathrm{GA}} = M_{\mathrm{GN}} + M_{\mathrm{GR}}$$

$$M_{\mathrm{GA}} = 0{,}5\,F_{\mathrm{S}} \cdot d_2 \cdot \tan \varphi + 0{,}5\,F_{\mathrm{S}} \cdot d_2 \cdot \tan \rho' \qquad (6.11)$$

$$\text{mit} \quad M_{\mathrm{GN}} = 0{,}5 \cdot F_{\mathrm{S}} \cdot d_2 \cdot \tan \varphi$$
$$\text{und} \quad M_{\mathrm{GR}} = 0{,}5 \cdot F_{\mathrm{S}} \cdot d_2 \cdot \tan \rho'$$

Bei einem mittleren Steigungswinkel der Befestigungsschrauben und der Kraftspindeln von $\varphi = 2{,}5°$ und einem angenommenen Reibwert $\mu' \cong 0{,}12$ hat danach das Nutzmoment nur einen Anteil von 27% am Gewindeanzugsmoment, 73%, ungefähr das Dreifache, sind erforderlich, die Reibung zu überwinden.

Schraubtriebe zur Leistungsübertragung, etwa für Pressen, müssen mit Rücksicht auf den Wirkungsgrad mit Steigungswinkeln über 20°, besser um 30°, ausgeführt werden und zweckmäßigerweise sogar mehrgängig. Der Wirkungsgrad nach Gl. (6.9) hat sein Optimum bei einem Steigungswinkel $\varphi = (90° - \rho')/2$. Bei einem Reibwert $\mu' \cong 0{,}1$, d.h. einem Reibungswinkel $\rho' = 6°$ sind der optimale Steigungswinkel $\varphi_{\mathrm{opt}} = 47°$ und der Wirkungsgrad $\eta_{\mathrm{D}} = 0{,}81$.

Die Maschine für die Wandlung der Längs- in die Drehbewegung ist nur mit einem steilen Gewinde ausführbar, da ihre Funktionsgrenze bei der Selbsthemmung liegt. Bessere Wirkungsgrade bei kleineren Steigungswinkeln sind mit Kugelspindeln zu erreichen, bei denen die gleitende Reibung durch die um Größenordnungen kleinere Rollreibung ersetzt ist.

6.2 Gewindeformen, Schrauben, Muttern

Die technische Realisierung der Schraubenlinie sind die Gewinde nach [DIN202] und [DIN2244]. Ihr Profil entsteht, indem eine erzeugende Fläche längs der Schraubenlinie läuft. Die je nach der Flächenform unterschiedlichen Profilformen bewirken die Kraft- und die Reibungszustände bei der Übertragung der Schraubenkräfte, die eine bestimmte Zuordnung der Gewindeformen zum Einsatzfall erfordern, Tabelle 6.1.   Weitere Bezeichnungen ergeben sich aus folgenden Größen:

a) *Windungssinn.* Normal sind Rechtsgewinde, die selteneren Linksgewinde werden durch ein der Maßangabe nachgesetztes *L* gekennzeichnet.

b) Verhältnis *Steigungshöhe P zu Basisbreite b* der Erzeugenden. Ist dieses größer als 1, dann liegt ein offenes Gewinde vor, bei dem die Windung abgesetzt um den zylindrischen Kern läuft. Ausführung z.B. bei Blechschrauben und Kunststoffspritzteilen. Das Gewinde ist geschlossen, wenn die Basisbreite oder, bei mehrgängigen Gewinden, die Summe der Basisbreiten gleich der Steigungshöhe ist, Abb. 6.6.

c) *Gangzahl.* Mehrgängig sind Gewinde, bei denen mehrere (*n*) Gewindegänge gleicher Steigung gleichabständig umlaufen. Sie werden angewendet für Schnellverschlüsse und Stellaufgaben, da sie eine hohe Steigung und eine große Gewindefläche (Belastbarkeit) bei kleinen radialen Abmessungen ermöglichen. Bei diesen Gewinden ist zu unterscheiden zwischen der Steigung der Schraubenlinie P_h , und der Teilung P , dem achsenparallelen Abstand aufeinander folgender, gleichgerichteter Flanken. Es gilt: $P_\mathrm{h} = n \cdot P$.

Befestigungsgewinde sind immer, Lastgewinde überwiegend eingängig, Abb. 6.6. Bei eingängigem Gewinde ist $P_\mathrm{h} = P$, d.h. Steigung und Teilung sind gleich groß.

Tabelle 6.1. Gewindeformen

Erzeugende Fläche	Bezeichnung	Beschreibung	Normen (Beispiele)
Rechteck 	Flachgewinde	Früher häufig für Spindelpressen. Ohne technische Bedeutung, da ungenau in der Fertigung und bei Verschleiß nicht nachzuscheiden	

Tabelle 6.1. (Fortsetzung)

symm. Trapez 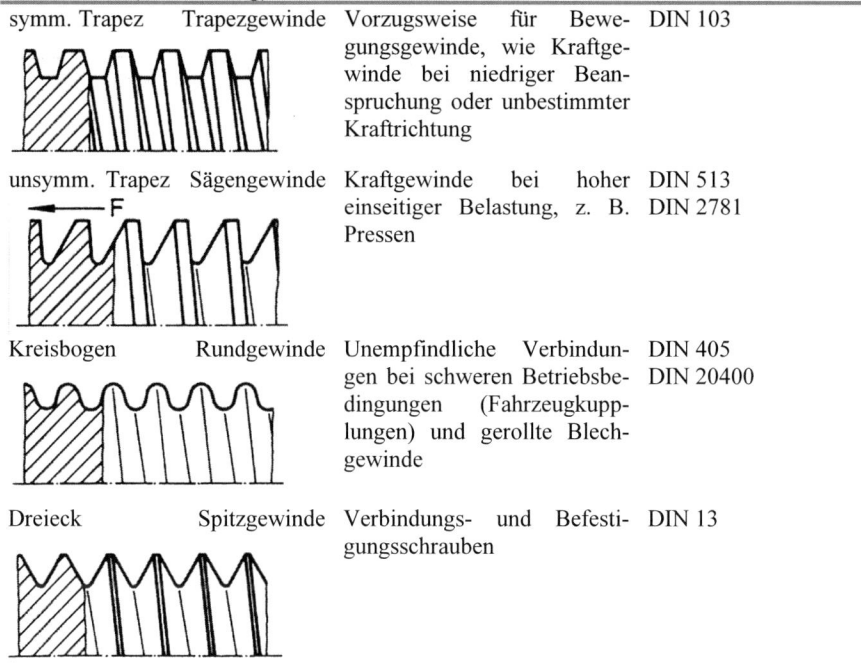	Trapezgewinde	Vorzugsweise für Bewegungsgewinde, wie Kraftgewinde bei niedriger Beanspruchung oder unbestimmter Kraftrichtung	DIN 103
unsymm. Trapez	Sägengewinde	Kraftgewinde bei hoher einseitiger Belastung, z. B. Pressen	DIN 513 DIN 2781
Kreisbogen	Rundgewinde	Unempfindliche Verbindungen bei schweren Betriebsbedingungen (Fahrzeugkupplungen) und gerollte Blechgewinde	DIN 405 DIN 20400
Dreieck	Spitzgewinde	Verbindungs- und Befestigungsschrauben	DIN 13

Zur weiteren Information: [DIN202]

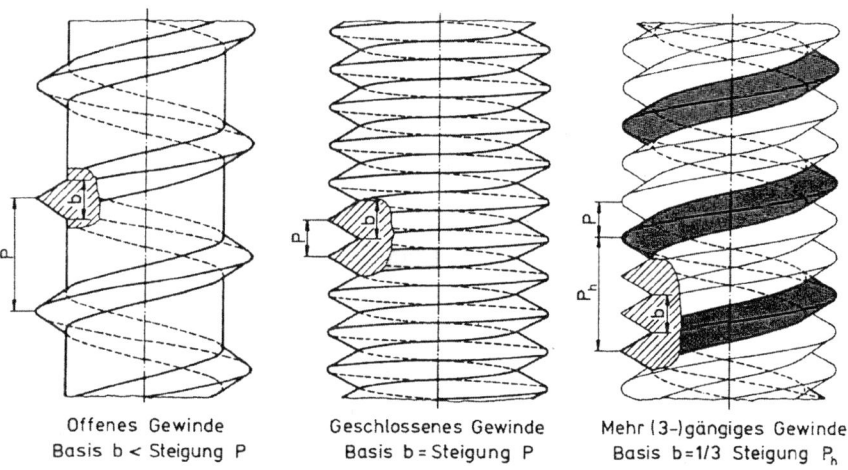

Offenes Gewinde   Geschlossenes Gewinde   Mehr (3-)gängiges Gewinde
Basis b < Steigung P   Basis b = Steigung P   Basis b = 1/3 Steigung P_h

Abb. 6.6. Offene und geschlossene Gewinde, ein- und mehrgängig

Maßbezeichnung der Gewinde

Am Beispiel des ISO-Spitzgewindes in Abb. 6.7. werden definiert:

d Außendurchmesser des Bolzengewindes, zugleich Nenndurchmesser. Der Außendurchmesser D des Muttergewindes ist beim ISO-Gewinde gleich groß, sonst um das doppelte Kopfspiel größer.

d_3 Kerndurchmesser, das ist der Durchmesser des inneren zylindrischen Schaftes. Der Kernquerschnitt $A_3 = \pi \cdot d_3^2 / 4$ wird zur Festigkeitsberechnung herangezogen. Der Innendurchmesser des Muttergewindes ist um das doppelte Kopfspiel größer.

d_2 Flankendurchmesser. Er bezeichnet den mittleren Zylinder, auf dem in Achsrichtung Gewindegang und -lücke gleich breit sind. Für diesen Durchmesser erfolgt die Angabe des mittleren Steigungswinkels φ, Abb. 6.1.

H_1 Tragtiefe, das ist die senkrecht zur Gewindeachse gemessene Breite der Flankenüberdeckung.

H Höhe des theoretischen Dreiecksprofils.

Es werden Befestigungsgewinde, Gewinde für Rohre, Fittings und Armaturen, Bewegungsgewinde und Sondergewinde für Spezialschrauben unterschieden.

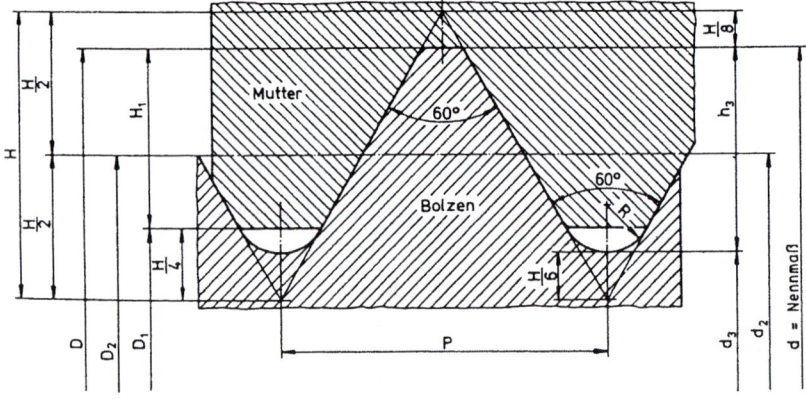

Abb. 6.7. Maßbezeichnungen an Gewinden nach [DIN13]

6.2.1 Befestigungsgewinde

Zu den Befestigungsgewinden gehören metrisches ISO-Spitzgewinde nach [DIN13], T 1, T 20, T 28, [DINISO261], [DINISO965], T 1, T 2, T 3 sowie [DIN14], T 1 bis T 4. Das Spitzgewinde hat einen Flanken- oder Öffnungswinkel von 60°, d.h. die Erzeugende ist das gleichseitige Dreieck. Der Bolzengewindegrund ist mit einem Radius $r = H / 6$ stark ausgerundet, um die Kerbwirkung herabzusetzen. Die Ausführung erfolgt in den Gütegraden fein (f), mittel (m) und grob (g).

a) Regelgewinde nach [DIN13], T 1.

Dieses Gewinde wird so benannt, weil es in der Regel allgemein anwendbar ist. Seine Belastbarkeit ist hoch wegen des günstigen Verhältnisses d/P = 5 bis 11. Als optimal gelten Werte im Bereich $8 \le d/P \le 9$.
Bezeichnung: M mit nachgesetztem Nenndurchmesser d; z.B. M5; M16; M24. Maße siehe Tabelle 6.2.

Tabelle 6.2. Metrisches ISO-Gewinde nach [DIN13], T1 (Auszug)

Gewinde-Nenn-durchmesser d = D			Steigung	Flanken-durch-messer	Kerndurchmesser		Gewindetiefe
Reihe 1	Reihe 2	Reihe 3	P	$d_2 = D_2$	d_3	D_1	H_1
3			0,5	2,675	2,387	2,459	0,271
	3,5		0,6	3,110	2,764	2,850	0,325
4			0,7	3,545	3,141	3,242	0,379
	4,5		0,75	4,013	3,580	3,688	0,406
5			0,8	4,480	4,019	4,134	0,433
6			1	5,350	4,773	4,917	0,541
		7	1	6,350	5,773	5,917	0,541
8			1,25	7,188	6,466	6,647	0,677
		9	1,25	8,188	7,466	7,647	0,677
10			1,5	9,026	8,160	8,376	0,812
		11	1,5	10,026	9,160	9,376	0,812
12			1,75	10,863	9,853	10,106	0,947
	14		2	12,701	11,546	11,835	1,083
16			2	14,701	13,546	13,835	1,083
	18		2,5	16,376	14,933	15,294	1,353
20			2,5	18,376	16,933	17,294	1,353
	22		2,5	20,376	18,933	19,294	1,353
24			3	22,051	20,319	20,752	1,624
	27		3	25,051	23,319	23,752	1,624
30			3,5	27,727	25,706	26,211	1,894
	33		3,5	30,727	28,706	29,211	1,894
36			4	33,402	31,093	31,670	2,165
	39		4	36,402	34,093	34,670	2,165
42			4,5	39,077	36,479	37,129	2,436
	45		4,5	42,077	39,479	40,129	2,436
48			5	44,752	41,866	42,587	2,706
	52		5	48,752	45,866	46,587	2,706
56			5,5	52,428	49,252	50,046	2,977
	60		5,5	56,428	53,252	54,046	2,977
64			6	60,103	56,639	57,505	3,248
	68		6	64,103	60,639	61,505	3,248

b) Feingewinde nach [DIN13], T 2 bis T 11 und T 21 bis T 26, [DINISO965], T 3.
   Feingewinde haben gegenüber den Regelgewinden kleinere Steigungen. Da eine große Vielzahl von Kombinationen möglich ist, sind Auswahlreihen zu beachten, innerhalb derer Reihe 1 vor Reihe 2 und diese vor Reihe 3 zu bevor-zugen ist. Bezeichnung: M mit nachgesetztem Produkt, Nenndurchmesser

d x Steigung P; z.B. M 12 x 1,25; M 16 x 1,5; M 24 x 1,5. Abmessungen siehe Tabelle 6.3.

Tabelle 6.3. Metrisches ISO-Feingewinde nach [DINISO261] (Auszug)

Nenndurch-messer d Reihe			Regel	Steigungen und Gewindemaße								
							fein			extra fein		
1	2	3	P	P	d_2	d_3	P	d_2	d_3	P	d_2	d_3
8			1,25				1	7,350	6,773	0,75	7,513	7,080
10			1,5	1 •)	9,350	8,773	1,25	9,188	8,466	0,75	9,'	9,'
12			1,75	1,5 •)	11,026	10,160	1,25	11,'	10,'	1	11,350	10,773
	14		2				1,5	13,026	12,160	1	13,'	12,'
		15								1	14,'	13,'
16			2				1,5	15,'	14,'	1	15,'	14,'
		17								1	16,'	15,'
	18		2,5	2 •)	16,701	15,546	1,5	17,'	16,'	1	17,'	16,'
20			2,5	2 •)	18,'	17,'	1,5	19,'	18,'	1	19,'	18,'
	22		2,5	2 •)	20,'	19,'	1,5	21,'	20,'	1	21,'	20,'
24			3				2	22,701	21,546	1,5	23,026	22,160
		25								1,5	24,'	23,'
	27		3				2	25,'	24,'	1,5	26,'	25,'
30			3,5				2	28,'	27,'	1,5	29,'	28,'
	33		3,5				2	31,'	30,'	1,5	32,'	31,'
		35								1,5	34,'	33,'
36			4	2 •)	34,'	33,'	3	34,051	32,319	1,5	35,'	34,'
	39		4	2 •)	37,'	36,'	3	37,'	35,'	1,5	38,'	37,'
		40								1,5	39,'	38,'
42			4,5	2 •)	40,'	39,'	3	40,'	38,'	1,5	41,'	40,'
	45		4,5	2 •)	43,'	42,'	3	43,'	41,'	1,5	44,'	43,'
48			5	2 •)	46,'	45,'	3	46,'	44,'	1,5	47,'	46,'
		50								1,5	49,'	48,'
	52		5	1,5 •)	51,026	50,160	3	50,'	48,'	2	50,701	49,546
		55		1,5 •)	54,'	53,'				2	53,'	52,'
56			5,5	1,5 •)	55,'	54,'	4.	53,402	51,093	2	54,'	53,'
	60		5,5	1,5 •)	59,'	58,'	4	57,'	55,'	2	58,'	57,'
64			6	1,5 •)	63,'	62,'	4	61,'	59,'	2	62,'	61,'
		65		1,5 •)	64,'	63,'				2	63,'	62,'
	68		6	1,5 •)	67,'	66,'	4	65,'	63,'	2	66,'	65,'
		70		1,5 •)	69,'	68,'						
72				1,5 •)	71,'	70,'						
		75		1,5 •)	74,'	73,'						
				fein 1			fein 2			extra fein		
		70								2	68,701	67,546
72				6	68,103	64,639	4	69,402	67,093	2	70,'	69,'
		75								2	73,'	72,'
	76			6	72,'	68,'	4	73,'	71,'	2	74,'	73,'
80				6	76,'	72,'	4	77,'	75,'	2	78,'	77,'
	85			6	81,'	77,'	4	82,'	80,'	2	83,'	82,'
90				6	86,'	82,'	4	87,'	85,'	2	88,'	87,'
	95			6	91,'	87,'	4	92,'	90,'	2	93,'	92,'
100				6	96,'	92,'	4	97,'	95,'	2	98,'	97,'

6.2.2 Gewinde für Rohre, Fittings und Armaturen

Rohre und Rohrverbindungen sowie damit verbundene Armaturen müssen druckdicht miteinander verschraubt werden. Hierzu werden folgende Gewindearten verwendet:

a) Metrisches Gewinde nach [DIN158].

Das Gewinde hat kegeliges Außengewinde (Kegel 1:16) und zylindrisches Innengewinde. Da das Gewinde nicht sicher selbstdichtend ist, sind daher zusätzliche Dichtmittel nötig. Bei niedrigen Drücken genügt eine Kurzausführung des Gewindes.

Bezeichnung: z.B. M 30 x 2 keg. DIN 158.

b) Whitworth-Rohrgewinde nach [DIN2999], T 1 und [DIN3858].

Das Gewinde hat kegeliges Außen- und zylindrisches Innengewinde. Sein theoretisches Gewindeprofil ist ein gleichschenkliges Dreieck mit einem Spitzenwinkel von 55°.

Die Verbindung ist druckdicht.

Bezeichnung: R mit nachgesetztem Nenndurchmesser (Innendurchmesser, gemessen in Zoll) des Normrohrs, auf dessen Außendurchmesser das Gewinde geschnitten wird; z.B. R 1/2" DIN 2999, T1.

c) Whitworth-Rohrgewinde nach [DIN2999], T1.

Das Gewinde hat zylindrische Außen- und Innengewinde. Es ist nicht selbstdichtend, verlangt also zusätzliche Dichtmittel, und nimmt lediglich axiale Kräfte auf.

Bezeichnung: R mit nachgesetztem Nenndurchmesser (Innendurchmesser, gemessen in Zoll) eines Normrohres, auf dessen Außendurchmesser das Gewinde geschnitten wird; z.B. R 3/4" DIN 2999.

Maße siehe Tabelle 6.4.

Tabelle 6.4. Whitworth-Rohrgewinde (siehe auch [DIN2999])

Gewinde-größe Zoll	Außen-durchmesser $d = D$	Flanken-durchmesser $d_2 = D_2$	Gewindemaße Kern-durchmesser $d_1 = D_1$	Steigung P	Gangzahl auf 1 Zoll z
R 1/2	13,157	12,301	11,445	1,337	19
R 3/8	16,662	15,806	14,950	1,337	19
R 1/2	20,955	19,793	18,631	1,814	14
R 3/4	26,441	25,279	24,117	1,814	14
R1	33,249	31,770	30,291	2,309	11
R 1 1/4	41,910	40,431	38,952	2,309	11
R 1 1/2	47,803	46,324	44,845	2,309	11
R 2	59,614	58,135	56,656	2,309	11

6.2.3 Bewegungsgewinde

Sie haben zwischen dem Schraubenbolzen und der Mutter eine geringere Reibung als die Befestigungsgewinde. Sie lassen sich in die Trapez- und die Sägengewinde unterteilen. Es ist anzumerken, dass auch das Flachgewinde ein Bewegungsgewinde ist. Es wird hier aber nicht näher behandelt, weil es nicht gebräuchlich und nicht genormt ist.

a) Trapezgewinde nach [DIN103], T 1 bis T 8 (Abb. 6.8.).

Die theoretische Grundform ist ein symmetrisches Trapez mit einem Öffnungswinkel von 30°. Das Gewinde hat ein Kopf- sowie ein Fußspiel und ist flankenzentriert. Bezeichnung: Eingängige Gewinde. *Tr d x P*, z.B. *Tr 40 x 7*; mehrgängige Gewinde: *Tr d x Ph P*, z.B. *Tr 40 x 14 P7* (2-gängiges Trapezgewinde). Maße siehe Tabelle 6.5.

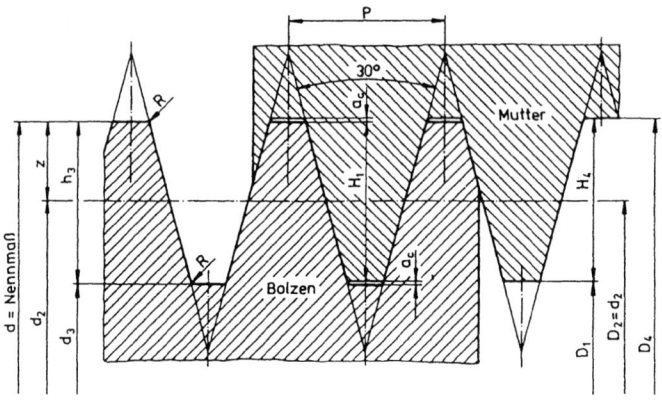

Abb. 6.8. Trapezgewinde nach [DIN103]

b) Sägengewinde nach [DIN513] und [DIN2781] (Abb. 6.9., Abb. 6.10.).

Das Profil des Sägengewindes nach DIN 513 ist ein unsymmetrisches Trapez mit einer Neigung von 3° gegen die Achsnormale auf der Lastseite und von 30° auf der Rückflanke. Der Gewindegrund ist kräftig ausgerundet. Die Gewindezentrierung erfolgt durch die Übergangspassung H10/h9 von Mutter-Kerndurchmesser und Bolzen-Außendurchmesser.

Bezeichnung: Eingängiges Gewinde: *Sd x P*, z.B. *S 40 x 7*; mehrgängiges Gewinde: *Sd x P_h P*, z.B. *S 50 x 24 P8* (3-gängiges Sägengewinde).

Das Sägengewinde nach [DIN2781] (z.B. für hydraulische Pressen) hat eine gerade Lastflanke und eine um 45° geneigte Profilrückflanke (Abb. 6.10.). Dadurch bleibt die Mutter von Radialkräften frei. Als Steigungsverhältnis wird $d / P \le 32$ empfohlen, das Gewinde ist somit ein Feingewinde. Zentrierung am Außendurchmesser durch die Passung H8/e8.

Bezeichnung: *S d x P* DIN 2781; z.B. *S 160 x 6* DIN 2781.

Tabelle 6.5. Trapezgewinde nach [DIN103] (Auszug)

Nenndurchmesser d Reihe 1	2	Steigungen der eingängigen Gewinde und Gewindemaße (Vorzug)								
		P	d_2	d_3	P	d_2	d_3	P	d_2	d_3
8					1,5	7,25	6,2			
	9				2	8,0	6,5	1,5	8,25	7,2
10					2	9,0	7,5	1,5	9,25	8,2
	11	3	9,5	7,5	2	10	8,5			
12					3	10,5	8,5	2	11,0	9,5
	14				3	12,5	10,5	2	13,0	11,5
16					4	14,0	11,5	2	15,0	13,5
	18				4	16,0	13,5	2	17,0	15,5
20					4	18,0	15,5	2	19,0	17,5
	22	8	18,0	13,0	5	19,5	16,5	3	20,5	18,5
24		8	20,0	15,0	5	21,5	18,5	3	22,5	20,5
	26	8	22,0	17,0	5	23,5	20,5	3	24,5	22,5
28		8	24,0	19,0	5	25,5	22,5	3	26,5	24,5
	30	10	25,0	19,0	6	27,0	23,0	3	28,5	26,5
32		10	27,0	21,0	6	29,0	25,0	3	30,5	28,5
	34	10	29,0	23,0	6	31,0	27,0	3	32,5	30,5
36		10	31,0	25,0	6	33,0	29,0	3	34,5	32,5
	38	10	33,0	27,0	7	34,5	30,0	3	36,5	34,5
40		10	35,0	29,0	7	36,5	32,0	3	38,5	36,5
	42	10	37,0	31,0	7	38,5	34,0	3	40,5	38,5
44		12	38,0	31,0	7	40,5	36,0	3	42,5	40,5
	46	12	40,0	33,0	8	42,0	37,0	3	44,5	42,5
48		12	42,0	35,0	8	44,0	39,0	3	46,5	44,5
	50	12	44,0	37,0	8	46,0	41,0	3	48,5	46,5
52		12	46,0	39,0	8	48,0	43,0	3	50,5	48,5
	55	14	48,0	39,0	9	50,5	45,0	3	53,5	51,5
60		14	53,0	44,0	9	55,5	50,0	3	58,5	56,5
	65	16	57,0	47,0	10	60,0	54,0	4	63,0	60,5
70		16	62,0	52,0	10	65,0	59,0	4	68,0	65,5
	75	16	67,0	57,0	10	70,0	64,0	4	73,0	70,5
80		16	72,0	62,0	10	75,0	69,0	4	78,0	75,5
	85	18	76,0	65,0	12	79,0	72,0	4	83,0	80,5
90		18	81,0	70,0	12	84,0	77,0	4	88,0	85,5
	95	18	36,0	75,0	12	89,0	82,0	4	93,0	90,5
100		20	90,0	78,0	12	94,0	87,0	4	98,0	95,5

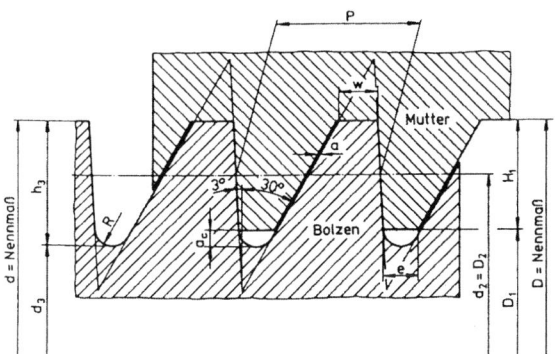

Abb. 6.9. Sägengewinde nach [DIN513]

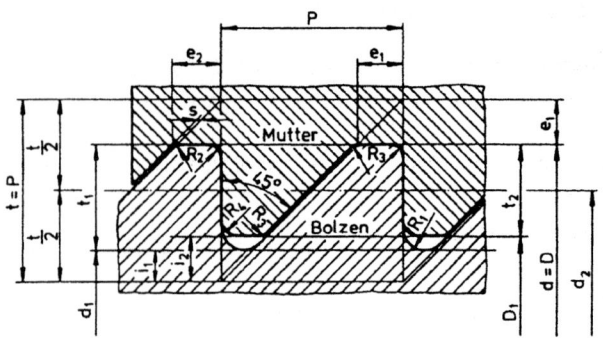

Abb. 6.10. Sägengewinde 45° nach [DIN2781]

6.2.4 Sondergewinde für Spezialschrauben (Auswahl)

Es gibt sehr viele Sonderausführungen für Gewinde, die in einer Auswahl in [DIN202] übersichtlich zusammengestellt sind.

a) Gewinde für Blechschrauben

Das Gewinde ist offen, das Profil dreieckig mit z.B. 60° Spitzenwinkel. Das Bolzengewinde formt sich sein Muttergewinde selbst, es entsteht eine sog. Presslochverschraubung im gedornten oder durchgezogenen Gewindeloch. Die Haltbarkeit der Verschraubung ist bei gebohrten oder gestanzten Löchern kleiner.

b) Gewinde für Holzschrauben

Holzschrauben haben offene Gewinde mit dreieckigem Profil. Die Schraube drückt ihr Gegengewinde, das Kernloch ist vorzubohren.

c) Rundgewinde z.B. nach [DIN405], T 1 und T 2

Es wird für Bewegungs- und Befestigungsschrauben angewendet, ist wenig empfindlich gegen Schmutz und hat einen geringen Verschleiß bei häufigem Lösen. Eine Sonderform des Rundgewindes ist das konische Rundgewinde als Dichtgewinde für Erdölsteigleitungen (API-Gewinde: American-Petroleum-Institute).

d) Gewinde für Wälzschraubtriebe

Sie sind nicht genormt, die Gewindeprofile, in denen die Wälzkörper - die Kugeln - laufen, haben eine Halbkreis- oder Spitzbogenform. Sie haben noch geringere Reibmomente als die Sägengewinde mit einem Flankenwinkel von 3°.

6.2.5 Befestigungsschrauben

Das An- bzw. Verschrauben ist das weitaus am häufigsten angewendete Verfahren für lösbare Bauteilverbindungen. Teilweise können die Bauteile selbst, mit Außen- und Innengewinde versehen werden. Vorzugsweise versteht man aber als Schraubenverbindung eine Anordnung, bei der die Bauteile mittels Schrauben miteinander verbunden sind. Diese Ausführung ist vergleichsweise einfach und in vielen Fällen kostengünstig, denn die Arbeitsvorgänge an den Werkstücken beschränken sich meist auf einfaches Bohren von Durchgangslöchern ohne hohe Anforderungen an die Maßtoleranzen, allenfalls noch auf Gewindebohren. Die Verbindung selbst wird mit dem qualitativ hochwertigen, aber durch die Massenproduktion billigen Normteil Schraube vorgenommen. Der Fügevorgang, die Montage, ist auch unter schwierigen Bedingungen zuverlässig möglich, und die Verbindung kann mit hoher Sicherheit gegen selbsttätiges Lösen ausgeführt werden.

Schrauben dürfen nur durch Längskräfte beansprucht werden, nur in Sonderfällen lässt man Scherbeanspruchungen des Schraubenschafts zu. Querkräfte zwischen den Bauteilen sind daher üblicherweise durch Reibkräfte in den Trennfugen zu übertragen, die durch genügend hohe Vorspannung der Schrauben (Flächenpressungen in den Trennfugen) bewirkt werden müssen.

Nach der Gestaltung unterscheidet man gemäß Abb. 6.11. Durchsteckverbindungen und Aufschraubverbindungen. Im ersten Fall wird die Schraubenkraft durch das Anziehen der Mutter erzeugt, im zweiten Fall befindet sich das Gegengewinde in einem Bauteil. Hier besteht nach häufig wiederholtem Fügen, besonders bei weniger festem Material (z.B. Aluminium oder Grauguss) die Gefahr, dass das Gewinde ausreißt. In diesen Fällen ist es günstiger eine Ausführung mit Stiftschraube und Mutter zu wählen.

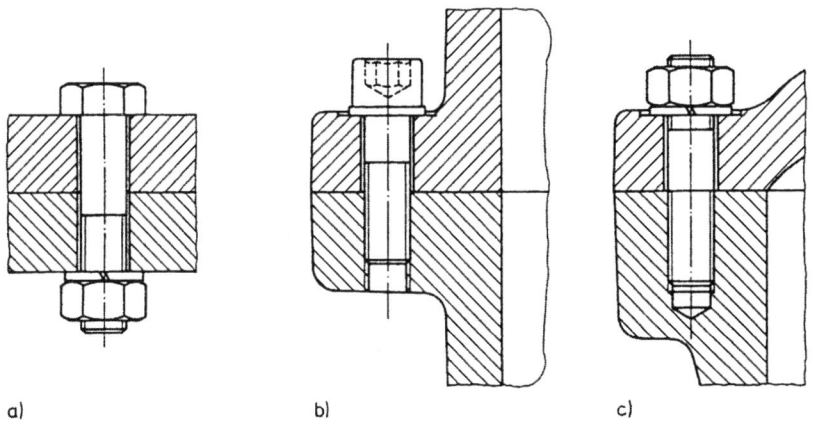

a)   b)   c)

Abb. 6.11. Schraubenverbindungen. a) Durchsteckverbindung; b) Aufschraubverbindung; c) Aufschraubverbindung mit Stiftschraube

Bei Schrauben lassen sich folgende Grundformen unterscheiden: Kopfschrauben, Stiftschrauben, Gewindestifte, Gewindestopfen und Schraubenbolzen. *Kopfschrauben* (Tabelle 6.6.) sind die am meisten angewendete Ausführung. Sie werden in Kopf, Schaft und Gewinde unterteilt.

Tabelle 6.6. Kopfschrauben

Bezeichnung	Ausführung	Nach Norm	Größe
Sechskantschrauben mit Schaft		DIN EN ISO 4014	M1,6 bis M160
Sechskantschrauben mit Schaft und metrischem Feingewinde		DIN EN ISO 8765	M8x1 bis M64x4
Sechskantschrauben mit Gewinde bis Kopf		DIN EN ISO 4017	M1,6 bis M64
Sechskantschrauben mit Gewinde bis Kopf und metrischem Feingewinde		DIN EN ISO 8676	M8x1 bis M64x4
Sechskantschrauben mit großen Schlüsselweiten		DIN 6914	M12 bis M36
Sechskantschrauben mit Zapfen und kleinem Sechskant		DIN 561	M6 bis M56
Sechskant-Passschrauben mit langem Gewinde-zapfen		DIN 609	M8 bis M52
Sechskantschrauben mit Sechskantmutter für Stahlkonstruktionen		DIN 7990	M12 bis M30
Zylinderschrauben mit Innensechskant		DIN EN ISO 4762	M1,6 bis M64
Zylinderschrauben mit Innensechskant – Niedriger Kopf, mit Schlüsselführung		DIN 6912	M4 bis M36
Zylinderschrauben mit Schlitz		DIN EN ISO 1207	M1,6 bis M10

Tabelle 6.6. (Fortsetzung)

Senkschrauben mit Schlitz (Einheitskopf)		DIN EN ISO 2009	M1,6 bis M10
Linsen-Senkschrauben mit Schlitz (Einheitskopf)		DIN EN ISO 2010	M1,6 bis M10
Flachkopfschrauben mit Kreuzschlitz Form H oder Form Z		DIN EN ISO 7045	M1,6 bis M10
Vierkantschrauben mit Kernansatz		DIN 479	M5 bis M24
Kreuzlochschrauben mit Schlitz		DIN 404	M2 bis M10

Der Kopf überträgt die Schraubenkraft auf die Bauteile und dient zum Aufbringen des Anzugsmoments durch außen oder innen angreifende Schlüssel. Nach seiner Gestalt wird unterschieden in z.B. Sechskant-, Vierkant-, Zylinder- und Senkkopfschrauben. Bei Zylinder- und Senkkopfschrauben wird weiter nach der Form der Werkzeugangriffsflächen (z.B. Schlitz, Kreuzschlitz, Innensechskant, XZN usw.) unterteilt.

Der Schaft hat überwiegend das gleiche Maß wie der Gewindenenndurchmesser. Wegen seiner verhältnismäßig groben Toleranzen ist eine Querbelastung (Scherbeanspruchung) in einer Mehrschraubenverbindung nicht zulässig. Tritt trotzdem eine Querbelastung auf, so sind Schrauben mit verstärkten, geschliffenen Schäften in entsprechend eng tolerierten Bohrungen (Passschraubenverbindung) erforderlich. Für hohe dynamische Belastung werden häufig Schrauben mit verjüngtem Schaft (Dünnschaftschrauben, auch als Dehnschrauben bezeichnet) eingesetzt. Ihre Bauformen sind keine Normteile, sie können für den Einsatzfall passend konstruiert werden (siehe jedoch [DIN2510]). Verbreitete Ausführungen haben Schaftdurchmesser $d_T = (0,9 \, bis \, 0,7) \cdot d_3$. Passbunde und Ansätze fixieren die Trennflächen und zentrieren die Schrauben in der Bohrung (Abb. 6.12.). Wichtiger aber ist ein gut gerundeter Übergang vom Schaft zum Kopf.

Die Oberflächengüte der Dehnschäfte braucht nicht besonders hoch zu sein, da nach Versuchen selbst bei technisch extremen Rauheiten von $R_t = 25 \, \mu m$ die Brüche auch im Gewinde auftraten.

Das Gewinde geht bei kleinen Gewindedurchmessern und bei kurzen Schrauben immer bis fast zum Kopf, sonst - außer z.B. bei der Ausführung nach [DIN-ENISO4018] oder [DINENISO8676] - überdeckt es nur einen bestimmten Klemmlängenbereich. Die Gewinde werden in drei Toleranzklassen fein (f), mittel (m) - das ist die übliche Ausführung - und grob (g) ausgeführt.

Stiftschrauben gemäß Tabelle 6.7. werden je nach dem Werkstoff des aufnehmenden Bauteiles mit unterschiedlich langen Einschraubenden geliefert ($l_E \cong 1\,d$ für St, [DIN938]; $l_E \cong 1,25\,d$ für Grauguss, [DIN939]; $l_E \cong 2\,d$ für Al, [DIN835]). Wichtig für die ordnungsgemäße Funktion ist, dass beim Lösen der Verschraubung die Mutter abgeschraubt wird. Dafür ist ein fester Sitz des Einschraubgewindes notwendig. Dies wird erreicht durch ein eng geschnittenes Sacklochgewinde, festes Einschrauben bis zum Gewindeende (Kerbgefahr) oder Festziehen mit einem Endzapfen gegen den Bohrungsgrund.

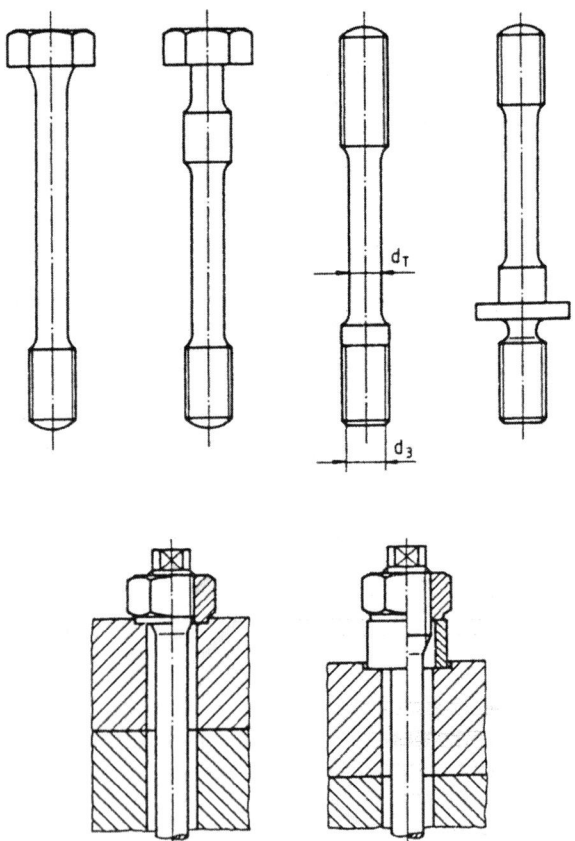

Abb. 6.12. Dünnschaftschrauben (Dehnschrauben); Formen und Einbaubeispiele nach [DIN2510]

Tabelle 6.7. Stiftschrauben

Bezeichnung	Ausführung	Nach Norm	Größe
Stiftschrauben - Einschraubende 1 d	St	DIN 938	M3 bis M52
Stiftschrauben - Einschraubende 1,25 d	GG	DIN 939	M4 bis M52
Stiftschrauben - Einschraubende 2 d	für Al	DIN 835	M4 bis M24
Stiftschrauben - Einschraubende 2,5 d	für WM	DIN 940	M4 bis M24

Gewindestifte gemäß Tabelle 6.8. haben auf der ganzen Länge Gewinde und sind mit einem Schlitz oder einem Innensechskant versehen. Sie werden hauptsächlich zur Sicherung der Lage von Teilen benutzt, z.B. von Stellringen, Rädern und Rollen auf Wellen usw. (Abb. 6.13.). Das Schraubenende kann als einfache Kegelkuppe [DINEN24766], mit einem Zapfen [DINEN27435] oder einer Spitze [DINEN27434] ausgeführt sein, die in eine Senkung oder eine Nut des Gegenstückes eingreifen, oder als Ringschneide [DINEN27436], die sich selbst ihre Aufnahme formt. Verwendet man die Gewindestifte zum Einstellen, so empfiehlt sich, die Lage durch eine Kontermutter (niedrige Sechskantmutter) zu fixieren.

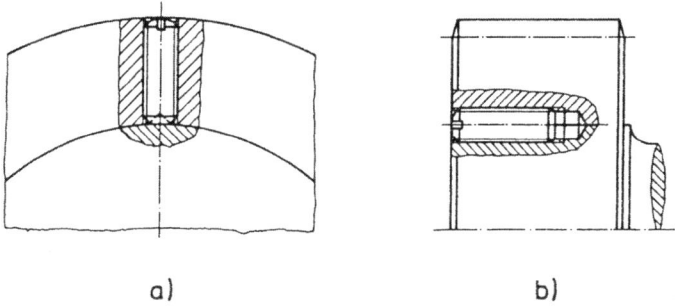

a)   b)

Abb. 6.13. Gewindestifte; a) mit Ringschneide nach [DINEN27436], radialer Einbau in einem Stellring; b) mit Kegelkuppe nach [DINEN24766], axialer Einbau zur Befestigung und Momentübertragung

Schraubenbolzen nach [DIN2509] bestehen aus einem glatten Schaft mit beidseitigem Gewindeende. Sie werden in Konstruktionen zum Verbinden von Teilen eingesetzt, die beidseitig unabhängig voneinander lösbar sein sollen. Nach dem Abschrauben der Mutter lässt sich das zugehörige Teil abziehen, ohne dass der Bolzen aus der Bohrung entfernt werden muss (z.B. günstig bei beengten Platzverhältnissen). In Abb. 6.14. wird eine Ausführung mit einem Dehnschaft gemäß [DIN2510], T3, gezeigt, die für Bauteile im Hochtemperaturbereich mit großen Temperaturdehnungen vorzusehen ist.

Tabelle 6.8. Gewindestifte

Bezeichnung	Ausführung	Nach Norm	Größe
Gewindestifte mit Schlitz und Kegel- kuppe		DIN EN 24766	M1,2 bis M12
Gewindestifte mit Schlitz und Spitze		DIN EN 27434	M1,2 bis M12
Gewindestifte mit Schlitz und Zapfen		DIN EN 27435	M1,6 bis M12
Gewindestifte mit Schlitz und Ringschneide		DIN EN 27436	M1,6 bis M12
Gewindestifte mit Innensechskant mit Kegelstumpf		DIN EN ISO 4026	M1,6 bis M24
Gewindestifte mit Innensechskant und abgeflachter Spitze		DIN EN ISO 4027	M1,6 bis M24
Gewindestifte mit Innensechskant und Zapfen		DIN EN ISO 4028	M1,6 bis M24
Gewindestifte mit Innensechskant und Ringschneide		DIN EN ISO 4029	M1,6 bis M24

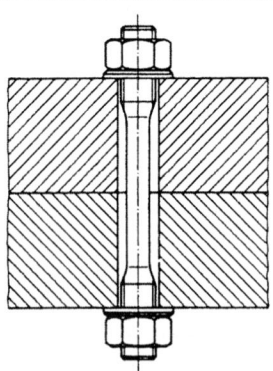

Abb. 6.14. Schraubenbolzen mit Dünnschaft gemäß [DIN2510]

6.2.6 Muttern und Zubehör

Muttern sind scheibenförmige Bauteile mit Innengewinde und außenliegenden Angriffsflächen für das Anziehwerkzeug. Die meist verbreiteten Formen sind die Sechskant- und die Vierkantmuttern, weitere Ausführungen sind Schlitzmuttern, Lochmuttern, Nutmuttern und, für einfache Klemmaufgaben, Rändelmuttern sowie Flügelmuttern. Für spezielle Anwendungen erhalten die Muttern besondere Formelemente, z.B. Schlitze oder geschlitzte Kronen für Splintsicherungen, massive oder blechgepresste Kappen zur Dichtung und zum Schutz, Flügel für Handbetätigung, Ösenringe usw. (Tabelle 6.9.).

Die Sechskantmutter ([DINENISO4032], Ausführung m und mg; [DINEN-ISO4034], Ausführung g) hat eine Mutterhöhe von m = 0,8 d und ist dadurch bei angepasster Werkstoffwahl sicher gegen Gewindeauszug bzw. -ausreißen. Die flache Mutter nach [DINENISO4035] mit einer Mutterhöhe m = (0,55 ... 0,6) d soll nur für einfaches Klemmen (Kontern) verwendet werden. Die Mutterecken sind mit 30° (15°) gefast, so dass die Auflagefläche einen Kreisring mit dem Außendurchmesser $D_K = 0,9 \cdot SW$ (SW = Schlüsselweite) bildet.

Für Blechkonstruktionen, die nur begrenzte Einschraubtiefe bieten, werden Anschweiß- ([DIN928] und [DIN929]) oder Annietmuttern ([DIN987]) verwendet. Speziell in der Automobil- und Konsumartikelindustrie haben sich in Dünnblechkonstruktionen auch steckbare oder punktschweißbare Blechmuttern bewährt. Das Muttergewinde wird durch ein ausgestanztes Loch und zwei hochgebogene Blechlappen gebildet. Diese stemmen sich beim Anziehen der Schraube in den Gewindegrund und bilden dadurch eine gute Sicherung gegen Lockern (Abb. 6.15.).

Um die Werkstückoberfläche zu schützen und die Auflagekraft der Schraube gleichmäßiger verteilt aufzubringen, werden Scheiben untergelegt (für Metall [DINENISO7089], [DINENISO7090] und [DINENISO7092]; für Holz [DIN436], [DIN440] und [DINENISO7093]). Speziell für Schraubenverbindungen von Normprofilen gibt es Vierkantscheiben ([DIN434] und [DIN435]), die mit der Neigung der Profilgurte (8% für U-Profile, 14% für I-Profile) ausgeführt sind und eine gerade Kopf- und Mutterauflage ermöglichen (Vermeidung einer Biegebeanspruchung des Schraubenschafts). Bei Stahlkonstruktionen werden im Allgemeinen Scheiben nach [DIN7989] verwendet.

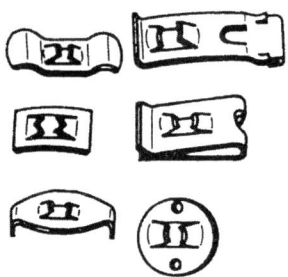

Abb. 6.15. Blechmuttern

Tabelle 6.9. Mutterformen

Bezeichnung	Ausführung	Normen	Größen
Sechskantmutter		DIN EN ISO 4032	M1,6 bis M64
Sechskantmutter mit metrischem Feingewin-de		DIN EN ISO 8673	M8x1 bis M64x4
Sechskantmutter, niedrige Form, mit Fase		DIN EN ISO 4035	M1,6 bis M64
Sechskantmutter, niedrige Form, mit metrischem Feingewin-de, mit Fase		DIN EN ISO 8675	M8x1 bis M64x4
Sechskantmutter mit Klemmteil		DIN EN ISO 7040	M3 bis M36
Sechskantmutter mit metrischem Feingewin-de, mit Klemmteil		DIN EN ISO 10512	M8x1 bis M36x3
Nutmutter mit metrischem Feingewinde		DIN 1804	M6x0,75 bis M200x3
Kronenmutter, mit metri-schem Regel- und Feingewinde		DIN 935-1	M4 bis M100x4
Sechskant-Hutmutter mit Klemmteil		DIN 986	M4 bis M20x1,5
Kreuzlochmutter		DIN 548	M2 bis M10
Schlitzmutter		DIN 546	M1 bis M20
Vierkantmutter		DIN 557	M5 bis M16
Sechskant-Schweißmutter		DIN 929	M3 bis M16

6.3 Herstellung und Werkstoffe

Die Herstellung von Schrauben erfolgt in spanender oder in spanloser Fertigung. Spanend geformte Teile werden meist aus Automatenstahl hergestellt, der jedoch durch die Legierungselemente Schwefel, Phosphor und Blei relativ spröde ist. Daher eignet er sich nur für Schrauben und Muttern der unteren Festigkeitsklassen (Festigkeits klasse 3.6 bis 6.8). Spanende Fertigung erfolgt nur noch bei kleinen Losgrößen oder zur Fertigbearbeitung vorgepresster Teile. Die spanlose Fertigung der Schrauben und Normteile erfolgt bei größeren Durchmessern (> M 24), großen Stauchverhältnissen und kleinen Losgrößen wegen der dann einfacheren Werkzeuge durch Warmumformung. In der Großserienfertigung und bei den kleinen bis mittleren Stauchverhältnissen der Normschraubenfertigung überwiegt bei weitem die Kaltumformung. Ausgangsmaterial sind Stangen und Drahtringe, die in Abschnitte zerteilt und in mehreren Fertigungsstufen auf einzelnen Maschinen oder zusammengefasst im sog. Boltmaker durch Stauchen und Reduzieren (Abb. 6.16.) zur Schraube umgeformt werden. Auch das Gewinde wird mit ebenen oder runden Walzwerkzeugen gerollt, die das Gewinde spiegelverkehrt eingearbeitet tragen. Durch die Umformung tritt eine Werkstoffverfestigung auf, d.h. die Schrauben haben eine erhöhte Streckgrenze und eine bessere Dauerfestigkeit bei allerdings verminderter Bruchdehnung. Dieser Festigkeitszuwachs kann erwünscht sein, in diesem Fall werden die Gewinde nach dem Vergüten gewalzt ("schlussgerollte" Gewinde). Ausgangsmaterial für die Mutterherstellung ist gleichfalls als Draht oder in Stäben angeliefertes Rundmaterial. Dieses wird zerteilt und in mehreren Umformstufen in die Sechskantform gestaucht. Das Kernloch wird ausgestanzt, das Muttergewinde dann spanabhebend mit einem Überlaufbohrer erzeugt.

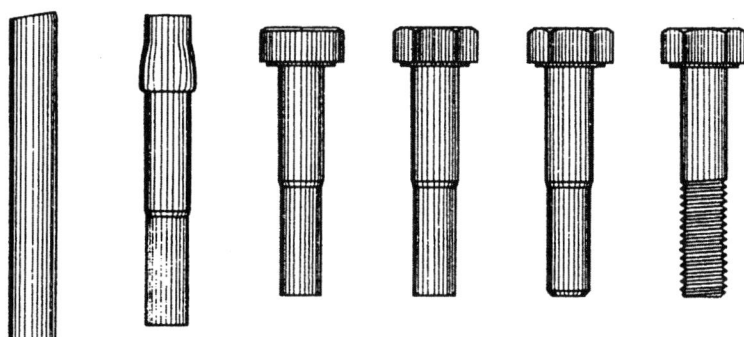

Abb. 6.16. Fertigungsstufen bei Schrauben: Anstauchen des Kopfes in mehreren Stufen, drücken den Schaftes für den Gewindebereich, Kopf fertig stauchen, rollen (eindrücken) des Gewindes

Je nach der Werkstoffart kann sich eine Wärmebehandlung anschließen, die in einem Schwingretortenofen oder in einem Band-Durchlaufofen kontinuierlich im

Durchlauf erfolgt. Schrauben mit niedrigem Streckgrenzenverhältnis bzw. hoher Dehnung (Festigkeitsklasse 4.6 und 5.6) werden geglüht. Schrauben ab der Festigkeitsklasse 8.8 müssen vergütet werden, desgleichen Muttern ab der Festigkeitsklassen 10. Zur Vermeidung der festigkeitsmindernden Randentkohlung werden die Öfen mit Schutzgas-Atmosphäre betrieben. Blechschrauben und selbstschneidende Schrauben werden einsatzvergütet, d.h. die Oberfläche wird mit Kohlenstoff oder Stickstoff durch Eindiffundieren angereichert, so dass nach dem Härten und gegebenenfalls Anlassen eine harte Oberfläche bei zähweichem Kern vorliegt.

Je nach dem Einsatzfall kann ein Korrosionsschutz erforderlich werden, wobei Korrosionsbeanspruchungen durch folgende Medien zu unterscheiden sind:

1. Atmosphäre, d.h. Luft mit verschiedener Feuchtigkeit und unterschiedlichen Gehalt an aggressiven Bestandteilen (z.B. SO_2, Salz)
2. Schwitzwasser (Kondensat)
3. Wasser, z.T. mit gelösten Salzen bzw. mit Ionen
4. Säuren verschiedener Art, Stärke und Konzentration
5. Laugen

Die Korrosion kann flächig abtragend wirken, durch Lokalelementbildung örtliche Zerstörung auslösen, als Spaltkorrosion und als Spannungsrisskorrosion auch selektiv auftreten.

Einfacher Korrosionsschutz ist durch Einbrennen von Öl (ca. 1 μm Schichtdicke) oder Aufbringen einer Phosphatschicht (Zink-, Mangan-, Misch-Eisenphosphat) zu erreichen. Besserer Schutz erfolgt durch galvanisch aufgebrachte Zink- und Cadmiumschichten mit Schichtdicken um 5 bis 15 μm im Gewinde (vgl. [DINENISO4042]) und Verstärkungen an den exponierten Stellen, wie z.B. Kopf und Schaftende. Der Korrosionsschutz ist unterschiedlich, je nach Belastungsart zu wählen. Ferner ist zu beachten, dass sich die Reibwerte deutlich ändern.

Beim galvanischen Verzinken von höherfesten Schrauben kann es durch Eindiffundieren von Wasserstoff zu einer gefährlichen Versprödung kommen. Hinweise zur Ausführung der Verzinkung und Minderung der H_2-Versprödung enthält [DINENISO4042].

6.3.1 Werkstoffe für Schrauben und Muttern

Der meist verwendete Werkstoff für Befestigungsschrauben, Muttern und Zubehör ist Stahl mit guter Zähigkeit, der trotz hoher Festigkeit und des komplizierten, dreidimensionalen Spannungszustands in der Verbindung ein hinreichendes Dehnungsvermögen aufweist, um den gefährlichen Sprödbruch zu vermeiden, überdies muss er gut kaltverformbar sein. Die Festigkeitseigenschaften sind in Festigkeitsklassen eingestuft, die wie ihre Prüfverfahren in [DINENISO898], T 1 (Schrauben), T 2 (Muttern) oder [DIN267], T 3 (Schrauben) und [DINEN20898] genormt sind. Deren Geltungsbereich erstreckt sich nur auf die normalen Anwendungsbedingungen der Normteile aus unlegierten oder niedrig legierten Stählen, die keine besonderen Anforderungen an Schweißbarkeit, Korrosionsbeständigkeit, Warmfestigkeit (Betriebstemperatur > 300°C) und Kaltzähigkeit (Betriebstemperatur < - 50°C) erfüllen müssen. Schrauben der Festigkeitsklassen 3.6 bis 6.8 werden aus Stählen ohne Wärmebehandlung gefertigt. Sie haben bei der Kaltumformung eine merkbare Festigkeitssteigerung erfahren. Für Schrauben mit Zugfestigkeitswerten R_m > 800 N/mm² (Festigkeitsklasse 8.8 und höher) sind vergütete, feinkörnige Edelbaustähle mit homogenem Vergütungsgefüge bis in den Kern erforderlich. Bei größeren Abmessungen muss man mit Rücksicht auf die Durchvergütung zu niedrig legierten Stählen übergehen.

Die Bezeichnung der Festigkeitsklassen erfolgt durch zwei durch einen Punkt getrennte Zahlen, z.B. 8.8. Die erste Zahl verschlüsselt die nominelle Zugfestigkeit R_m des Werkstoffes:

$$1.\ \text{Zahl} = \frac{R_m \left[\frac{N}{mm^2} \right]}{100}$$

Im Beispiel: $R_m = 8 \cdot 100\ N/mm^2 = 800\ N/mm^2$.
Die zweite Zahl steht für das Verhältnis der Werkstoffstreckgrenze R_e zur Zugfestigkeit R_m:

$$2.\ \text{Zahl} = \frac{R_e}{R_m} \cdot 10$$

Im Beispiel:

$$R_e = R_m / 10 \cdot 8 = 640\ N/mm^2$$

Für Muttern sind die Festigkeitsklassen, Werkstoffzuordnungen und Prüfverfahren mit dem gleichen Geltungsbereich wie für Schrauben festgelegt. Die Werkstoffzugfestigkeit R_m wird am vergüteten Prüfdorn bestimmt und, wie bei den Schrauben, in der ein- oder zweistelligen Kennzahl (5 bis 14) verschlüsselt:

$$\text{Zahl} = \text{Prüfspannung in } N/mm^2 / 100$$

Neben der Festigkeit ist die Bruchdehnung eine wichtige Kenngröße für Schrauben- und Mutterwerkstoffe. Naturgemäß sinkt die Bruchdehnung mit steigender Festigkeit. Für den Maschinenbau übliche Standardschrauben der Festigkeitsklasse 8.8 haben ca. 14% Bruchdehnung, hochfeste Schrauben der Klasse 12.9 nur noch 9%. Weitere Hinweise sind z.B. [DINENISO898] zu entnehmen.

Richtig ausgelegte Schraubenverbindungen entstehen durch die Paarung von Schrauben und (Normal-) Muttern mit gleicher Festigkeitskennzahl, d.h. diese können mit modernen Verfahren angezogen werden, und es besteht keine Gefahr des Abstreifens der Gewindegänge. Bei den Muttern muss darüber hinaus eine Unterscheidung in 3 Klassen beachtet werden:

1. Muttern mit voller Belastbarkeit, d.h. mit Mutterhöhen $m \geq 0{,}8$ d und Schlüsselweiten $SW \geq 1{,}45$ d. Hierfür gelten die zuvor erwähnten Festigkeitskennzah-
   len oder -klassen.
2. Muttern mit eingeschränkter Belastbarkeit, vorzugsweise mit reduzierter
   Mutterhöhe $0{,}5$ $d \leq m \leq 0{,}8$ d. Eine der Festigkeitskennzahl vorangesetzte Null
   weist darauf hin, dass die Gewindegänge vor dem Erreichen der werkstoffbedingten Festigkeit der Schraubenverbindung abscheren können (ausziehen).
3. Muttern für Schraubenverbindungen ohne festgelegte Belastbarkeit. Sie werden
   mit einer Ziffern-Buchstaben-Kombination bezeichnet, in der die Zahl 1/10 der
   Vickershärte angibt und H für „Härte" steht.

Werkstoffe der beschriebenen Art sind geeignet für Einsatzfälle unterhalb einer
Betriebstemperatur von 300°C. Für den anschließenden Temperaturbereich bis
700°C eignen sich warmfeste bzw. hochwarmfeste Werkstoffe nach [DIN-
EN10269]. Solche Werkstoffe bieten hohe Zeitdehngrenzen und Zeitstandfestig-
keiten sowie einen guten Relaxationswiderstand. Typische Werkstoffe sind:

$\leq 400°$C: 24 Cr Mo 5
$\leq 500°$C: 40 Cr Mo V 4 7
$\leq 600°$C: X 22 Cr Mo V 12 1
$\leq 700°$C: Ni Cr 20 Ti Al

Für Temperaturen unter $-50°$C sind kaltzähe Werkstoffe anzuwenden. Typische
Werkstoffe sind:

$\geq -70°$C: 26 Cr Mo 4;
$\geq -140°$C: 12 Ni 19;
$\geq -250°$C: X 12 Cr Ni 18 9.

Weitere Werkstoffe für Schrauben und Muttern sind Messing (z.B. Cu Zn 40
Pb 3), vornehmlich für Klemmen in der Elektrotechnik, und Thermoplaste,
vorzugsweise Polyamid. Letztere sind hervorragend korrosionsbeständig, jedoch
temperaturempfindlich und können durch Kriechen die Vorspannung verlieren, so
dass ihre Anwendung bei größeren Klemmkräften und Sicherheitsforderungen
nicht möglich ist.

Schrauben nach [DINENISO898] müssen mit einer dauerhaften Kennzeichnung der Festigkeitsklasse in Form der eingeprägten oder vorstehenden Festigkeitskennzahl und dem Herstellerzeichen versehen sein. Die Markierung soll
vorzugsweise am Kopf erfolgen, bei Sechskantschrauben auf der oberen Fläche,
bei Innensechskantschrauben auf dem Rand oder seitlich am Kopfzylinder. Für
Stiftschrauben erfolgt die Kennzeichnung ab der Festigkeitsklasse 8.8 auf der
Stirnfläche des Muttergewindes, bei Platzmangel durch ein quadratisches, diago-
nal oder quer geteiltes Symbol. Muttern erhalten ab der Festigkeitsklasse 8 die
Kennzeichen als eingeprägte Ziffern auf der Stirnfläche oder mit einem Ziffer-
blatt-Kode. Ein Punkt auf der Fase markiert die 12-Uhr-Stellung, und Striche
stehen für die Stundenzahl, die mit der Festigkeitskennzahl gleich ist. Für die
Festigkeitsklasse 10 beispielsweise befindet sich der Strich in der 10-Uhr-
Stellung.

6.3.2 Haltbarkeit von Schraubenverbindungen

Die Werkstoffbeanspruchung in einer belasteten Schraubenverbindung wird durch Kerbwirkungen im Schaft-Kopf-Übergang ($\alpha_k \cong 2{,}6$), im Gewindeauslauf ($\alpha_k \cong 3{,}2$), im freien Gewinde ($\alpha_k \cong 2{,}6$) und vor allem am Anfang der Einschraubzone (bei einer Druckmutter $\alpha_k \cong 4{,}6$) geprägt. Da sich mehrere Beanspruchungsarten überlagern und die Krafteinleitung im Einschraubbereich ungleichförmig erfolgt, bildet sich ein komplexer, mehrdimensionaler Spannungszustand aus, der sich in einer ausgeprägten Dehnungsbehinderung und dadurch verursachter, erhöhter Sprödigkeit des Bruches auswirkt. Die Tragfähigkeit der Schraubenverbindung führt daher, zurückgerechnet, zu deutlich anderen Festigkeitswerten als für den Werkstoff, und zwar mit unterschiedlicher Auswirkung, je nach dem Belastungsfall (statisch oder dynamisch) und dem dadurch bestimmten Bruchmechanismus.

Die für den Bruch der Schraubenverbindung maßgebliche höchste Beanspruchung liegt im Gewindegrund des Schraubenbolzens. Bei der Durchleitung der Schraubenkraft entstehen auf den Gewindeflanken Pressungen mit ungleicher Verteilung sowohl in radialer Richtung als auch längs des Gangs sowie eine kombinierte Biege-Schubbeanspruchung in den Gewindeprofilen. Diese bildet sich zudem unterschiedlich aus für das Bolzen- und das Muttergewinde wegen der unterschiedlichen Beanspruchungsart der Körper dieser Elemente. Der Schraubenbolzen ist auf Zug beansprucht, wie dem Kraftfluss in (Abb. 6.17.) einsichtig zu entnehmen ist. Seine Dehnung, die im Gewindebereich unmittelbar vor der Einschraubzone am größten ist, baut sich über die Einschraublänge ab. Dies erfolgt real kontinuierlich längs des umlaufenden Gewindeganges, doch schon dieses wird modellhaft durch eine Reihenanordnung von „Einzelgewindegängen" mit gestuften Lastanteilen ersetzt. Die Mutter ist durch die Auflagekraft auf Druck beansprucht, und zwar mit höchster Last und daher größter Stauchung gerade am Gewindeeinlauf. Die so entstandenen Formdifferenzen zwischen dem Schrauben- und dem Muttergewinde müssen von den Gewindeprofilen der einzelnen Gänge nachgiebig aufgenommen werden und bewirken eine stark ungleichförmige Verteilung der Betriebslast auf die einzelnen Gewindegänge (Abb. 6.18.).

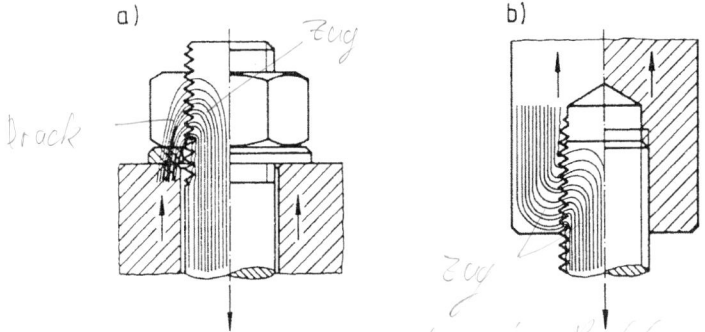

Abb. 6.17. Kraftfluss im Gewinde; a) bei einer Durchgangsschraube mit einer Druckmutter; b) bei einer Stiftschraube, ohne Klemmung in der Trennfuge

Bei noch elastischer Beanspruchung trägt der erste Einschraubgang etwa 35 bis 40% der Schraubenkraft. Etwas günstigere Verhältnisse herrschen im Einschraubgewinde einer Stiftschraube, da im Falle der in Abb. 6.17. gezeichneten Zugbelastung auch das Bauteilgewinde Zugdehnung erfährt. Die höchste Belastung erfährt der letzte, am tiefsten eingeschraubte Gewindegang. Man beachte aber den Sonderfall wenn das Gegenstück, wie es häufig der Fall ist, klemmend aufgeschraubt wird, kehrt sich der Kraftfluss um, und die Verhältnisse werden denen in einer normalen Mutter fast gleich.

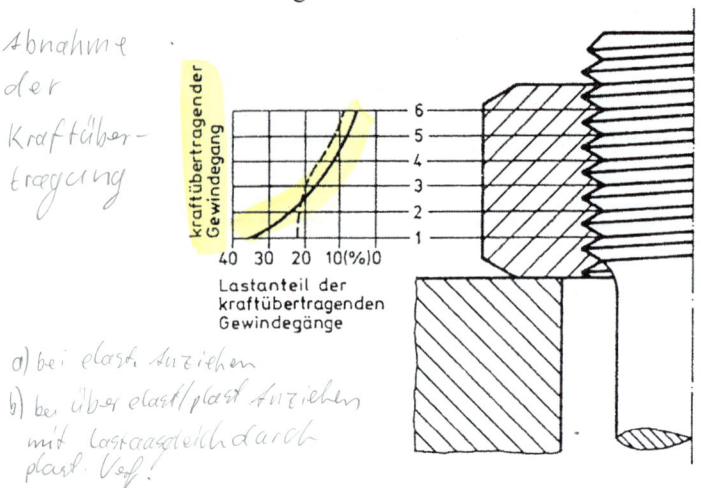

Abb. 6.18. Lastverteilung im Gewinde für die einzelnen Gänge; durchgezogenen Linie: bei elastischem Anziehen; gestrichelte Linie: bei überelastischem Anziehen mit Lastausgleich durch plastische Verformung

Fasst man die beschriebenen Einflüsse zusammen, d.h. die Pressung, die Biege-Schubbeanspruchung im Gewindeprofil, deren ungleicher Übergang in die zug- oder druckbeanspruchten Grundkörper, die ungleichförmige Lastverteilung und die Kerbwirkung, dann wird verständlich, dass eine zutreffende Bestimmung der tatsächlichen Werkstoffanstrengung an der gefährdeten Stelle im Gewindekerbgrund nicht möglich ist. Zu berücksichtigen ist dabei, dass die denkbaren Rechenmodelle auch angesichts der wirklichen Geometrien nur eine grobe Annäherung der tatsächlichen Verhältnisse ermöglichen. Die Haltbarkeit der Schraubenverbindung wird überdies durch weitere Mechanismen geprägt, z.B. die Lastart, die starke Umlagerung der Spannungsverhältnisse bei Fließvorgängen und schließlich die Versagensart der schwächsten Stelle, d.h. der Bruch im Bolzen oder das Abscheren oder Ausreißen des Gewindes. Die Berechnung zur Dimensionierung einer Schraubenverbindung beruht daher auf Festigkeitswerten, die in Versuchen an vollständigen Schraubenverbindungen gewonnen wurden (Gestalt- oder Bauteilfestigkeit) und somit alle genannten Einflüsse integral enthalten.

6.3.2.1   Zügige Belastung von Gewinde und Schaft

Eine durch eine statische Zugkraft (dazu zählen auch noch bis zu 1000 Lastspiele) belastete Schraubenverbindung bricht trotz aller Kerbeinflüsse immer im kleinsten Querschnitt. Dieser ist bei der normalen Schaftschraube der Gewindekern, bei der Dünnschaftschraube der Schaft.

Bei genügend zähem Werkstoff der Schraube werden örtliche Überspannungen durch Fließen ausgeglichen, so dass die rechnerische Bruchspannung (berechnet als Nennspannung) immer über der Werkstoffzugfestigkeit R_m liegt. Auch der Fließbeginn ist nie niedriger als die Werkstoffstreckgrenze R_e bzw. die Dehngrenze $R_{p0,2}$. Daher werden diese Werkstoffkennwerte zur Dimensionierung verwendet.

Unter Zuglastbeanspruchung hat ein Gewindebolzen sogar eine um 10% höhere Tragfähigkeit gegenüber einem glatten Stab mit dem Gewindekerndurchmesser d_3. Dieser Zuwachs ist auf den mehrachsigen Spannungszustand im gekerbten Bauteil zurückzuführen. Die ungleichförmige Spannungsverteilung verhindert plastische Verformung, auch wenn örtlich begrenzt die Streckgrenze schon erreicht ist. Erst wenn unter weiterer Laststeigerung die Werkstoffanstrengung in größeren Bereichen an diese Grenze kommt, setzt durchgängiges Fließen ein, das dann auch Zonen erfasst, die, selbst nicht kraftübertragend, an den eigentlichen Lastbereich angrenzen. Dieses Übergreifen erzeugt eine Stützwirkung, die sich nach außen als scheinbare Erhöhung der Werkstofffestigkeit darstellt. Die praktische Auswirkung ist eine schrägliegende, dem Gewindegang folgende oder in Stufen abgesetzte Bruchfläche des Zuglastbruchs im Gewinde.

Diese gestaltbedingt erhöhte Tragfähigkeit des Gewindes wird durch das Einführen eines größeren Bezugsquerschnitts erfasst, um die Werkstofffestigkeit zur Dimensionierung verwenden zu können. Dieser beträgt:

$$\text{Spannungsquerschnitt } A_S = d_S^2 \pi / 4 \qquad (6.12)$$

mit $d_S = (d_2 + d_3)/2$.   [handschriftlich: d_2 = Flankendurchmesser d_3 = Kerndurchmesser]

Anmerkung

Sinnvoller wäre hier der Bezug auf den realen Kernquerschnitt A_3 und Einführen einer gewindeformabhängigen Stützziffer n_χ, denn die Berechnungen auf Torsionsbeanspruchung und Dauerfestigkeit erfolgen mit dem Kerndurchmesser d_3. Für Regelgewinde ist A_S ca. 6% größer als der Kernquerschnitt A_3. Damit gelten für die Schraube unter statischer Zugbelastung folgende Größen:

Kraft an der Fließgrenze (0,2%-Dehngrenze):

$$F_{0,2} = R_e \cdot A_S (= R_{p0,2} \cdot A_S) \qquad (6.13)$$

Bruchlast an der Zugfestigkeit:

$$F_{Sm} = R_m \cdot A_S \qquad (6.14)$$

Bei Dünnschaftschrauben (Schaftdurchmesser $d_T \leq 0,9 \cdot d_3$) tritt der Bruch im Schaft auf, und zwar ist er identisch einem Bruch in einem glatten Stab. Hierbei gelten folgende Größen:

Kraft an der Fließgrenze (0,2%-Dehngrenze):

$$F_{0,2} = R_e \cdot A_T \quad (= R_{p0,2} \cdot A_T) \tag{6.15}$$

Bruchlast an der Zugfestigkeit:

$$F_{Sm} = R_m \cdot A_T \tag{6.16}$$

mit $A_T = \pi \cdot d_T^2 / 4$.

6.3.2.2 Auszugsfestigkeit der Gewinde

Die im vorigen Abschnitt beschriebene Grenze der Haltbarkeit einer Schraubenverbindung als Bruch im kleinsten Querschnitt des Schraubenbolzens hatte als stillschweigende Voraussetzung eine hinreichende Einschraubtiefe des Gewindes, damit die Haltbarkeit der ineinandergreifenden Gewindegänge von Schraube und Mutter größer ist als die des Schraubenbolzens. Die Komplexität des Spannungsfeldes im durch Druck, Schub und Biegung beanspruchten Gewindegang wurde bereits erwähnt. Nächst dem Bolzenquerschnitt ist das Gewindeprofil gefährdet. Die Beanspruchung erreicht hier, ausgehend von der Spannungsüberhöhung im Gewindegrund (Kerbwirkung), schnell Werte in der Größe der Festigkeit des Werkstoffes.

Bei steigender Last oder bei überelastischem Anziehen der Mutter treten plastische Verformungen in den Gewindegängen auf, die in Richtung eines Lastausgleichs auf die einzelnen Gewindegänge wirken (Abb. 6.18.). Dennoch bleibt durch die überlagerten Kerb- und die Biegezusatzspannungen die größte Beanspruchung im 1. Gewindegang.

Bei zu kleiner tragender Gewindelänge setzt sich unter fortlaufend steigender Last die plastische Verformung der Gewindezone weiter durch. Die einzelnen Gewindegänge werden dabei ungefähr gleichmäßig belastet, bis - je nach den Festigkeitsverhältnissen - das Muttergewinde ausgezogen oder das Bolzengewinde abgestreift wird. Gemäß der Darstellung von Ausreißversuchen in Abb. 6.19. steigt die Tragfähigkeit der Schraubenverbindung daher proportional mit der Mutterhöhe m, bis bei der „kritischen" Mutterhöhe m_{Kr} das verschraubte Gewinde und der Schraubenbolzen gleich haltbar sind. Bei noch größerer Mutterhöhe m reißt stets der Schraubenbolzen in der vorher beschriebenen Art. Als zweiter Parameter erscheint in Abb. 6.19. die Festigkeit des Mutterwerkstoffes. Wenngleich die Darstellung für konkrete Werkstoffe gewonnen wurde, so gilt das Ergebnis auch für andere Werkstoffpaarungen, solange das Verhältnis der Festigkeitswerte für die Schrauben- und die Mutternwerkstoffe gleich ist. Die kritische Mutterhöhe bei gleichen Werkstoffen liegt bei etwa $m \approx 0,6 \cdot d$, mithin genügend unterhalb der Höhe für Normmuttern nach [DINENISO4032]. Daher gilt als Regel:

In einer Schraubenverbindung sollen Schraube und Mutter mit gleicher Festig-keitskennzahl (Festigkeitsklasse) gepaart werden.

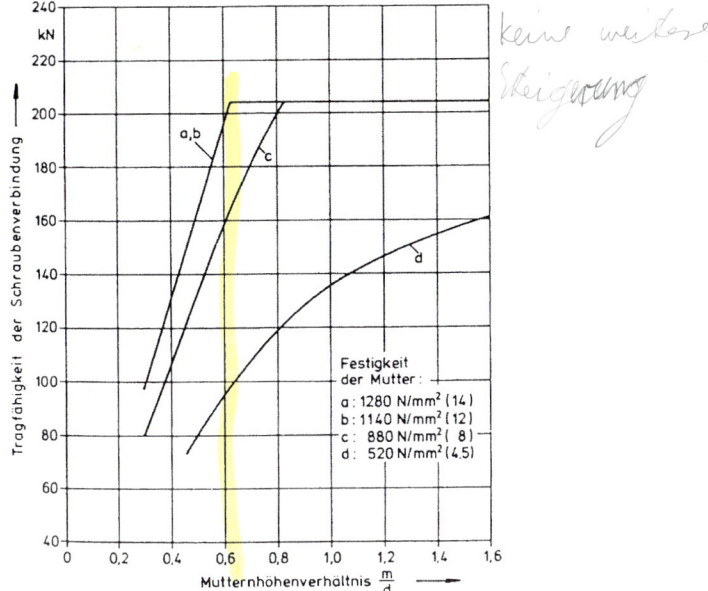

Abb. 6.19. Haltbarkeit von Schraubenverbindungen mit unterschiedlichen Mutterhöhen, nach [Illg01]

Tabelle 6.10. Mindest-Einschraubtiefe l_e für Regelgewinde bei statischer Zugbelastung (bei dynamischer Belastung l_e um ca. 20% erhöhen), angelehnt an [Illg01]

Bauteilwerkstoff mit geschnittenem Muttergewinde	R_m in N/mm²	Empfohlene Mindesteinschraubtiefe ohne Ansenkungen für Schraubenfestigkeitsklassen				
		8.8 Gewindefeinheit d/P		10.9		12.9
		6 bis 9 Regel-gewinde	10 bis 13 Fein-gewinde	6 bis 9 Regel-gewinde	10 bis 13 Fein-gewinde	6 bis 9 Regel-gewinde
S235	> 360	1,0 d	1,25 d	1,25 d	1,4 d	1,4-2,1 d
S355	> 500	0,9 d	1,0 d	1,0-1,6 d	1,2 d	1,2-1,8 d
C45V 34CrMo4V 42CrMo4V	> 800	0,8 d	0,8 d	0,9-1,1 d	0,9 d	1,0-1,2 d
GJL	> 220	1,0-1,3 d	1,25 d	1,2-1,6 d	1,4 d	1,4-1,8 d
Al99,5 AlMgSiF32 AlCuMg1F40 1	> 180 > 330 > 550	2,0-2,5 d 2,0 d 1,0 d	1,4 d	1,4 d	1,6 d	
GmgAl9Zn1	> 230	1,5-2,0 d	1,4 d	1,4 d	1,6 d	

Feingewinde erfordern aufgrund der höheren Tragfähigkeit der Schraube auch eine größere Mutterhöhe als bei Regelgewinden.

Die empfohlenen Einschraublängen für Sacklochgewinde sind durchweg größer als die Mutterhöhen. Einmal ist die größere Werkstoffvielfalt zu beachten, unter anderem die herstellungsbedingte Inhomogenität z.B. der Gusswerkstoffe, zum anderen soll man angesichts des gegenüber einer Mutter vielfach höheren Wertes eines Bauteiles größere Verformungen des Gewindes vermeiden (Tabelle 6.10.).

6.3.2.3   Dauerfestigkeit der Gewindeverbindung

Zeitlich veränderliche, axial wirkende Betriebskräfte erzeugen in der vorgespannten Schraube einen Spannungszustand:

$$\sigma = \sigma_m + \sigma_a(t) \tag{6.17}$$

In diesem Spannungszustand wird einer zeitlich konstanten Mittelspannung σ_m eine zeitlich veränderliche Ausschlagsspannung oder Dauerschwingbeanspruchung σ_a folgender Größe überlagert:

$$\sigma_a = \frac{F_{SAo} - F_{SAu}}{2A_3} \tag{6.18}$$

F_{SAo} ist der obere Grenzwert einer wechselnden axialen Schraubenzusatzkraft und F_{SAu} der entsprechende untere Grenzwert. Bis zu Schwingspiel- oder Lastwechselzahlen von etwa N = 1000 ist kein Unterschied gegenüber einmaliger Belastung feststellbar, d.h. die Dimensionierung kann wie für den statischen Fall erfolgen. Wachsende Schwingspielzahlen bewirken jedoch, sobald an den Stellen der maximalen Spannungsspitzen die dem Werkstoff eigentümliche Beanspruchungsgrenze überschritten wird, das Entstehen von Mikrorissen aus Risskeimen und ihr Anwachsen bis zum Dauerbruch. Obgleich die Kerbwirkungszahl β_k d.h. die Formzahl α_k abgeschwächt mit der Stützziffer n_χ (vgl. Kapitel 3), an den genannten Stellen stark unterschiedliche Werte annimmt, so tritt doch die höchste Beanspruchung im ersten Gewindegang außerhalb der (Druck-) Mutter auf. Hier kommt es also bei Überlast zum Dauerbruch.

Anders als bei zügiger Beanspruchung, bei der eine Kerbe durch die Stützwirkung der vom Fließen mit erfassten Kerbschattenzonen einen Anstieg der Tragfähigkeit bewirkt, wird bei dynamischer Belastung immer eine deutliche Minderung der Festigkeit gegenüber dem am glatten Stab gemessenen Wert beobachtet. Die Stützwirkung der kerbnahen Zonen beschränkt sich auf eine Minderung der Formzahl α_k. Als weitere Einflussgröße ist die mit ansteigender Festigkeit wachsende Kerbempfindlichkeit der Werkstoffe zu beachten.

Zusammengefasst findet man die Kerbwirkung im gefährdeten Querschnitt so ausgeprägt, dass bei Schraubenverbindungen aus Schrauben und Muttern normaler Fertigung und homogener Festigkeit des Werkstoffes die Dauerfestigkeit σ_A gemäß Abb. 6.20.

5-10.

– nur ca. 10% der Festigkeit, bei zügiger Beanspruchung, erreicht
– unabhängig ist von der Größe der Mittelspannung σ_m ist und
– für Festigkeitsklassen ≥ 6.8 nahezu unabhängig ist von der Festigkeitsklasse ist.

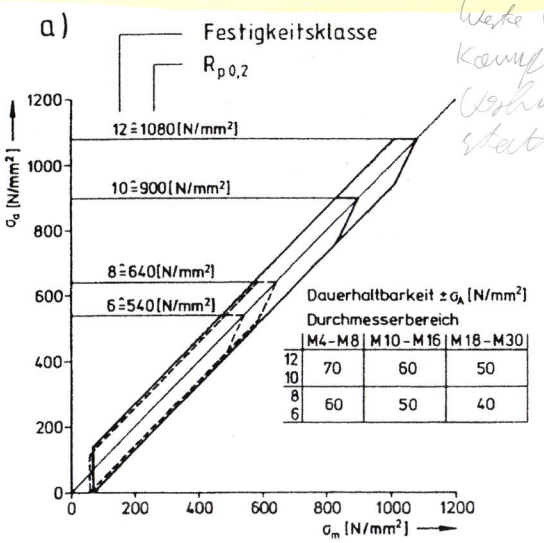

Werte werden mit
kompletter Schrauben
Verbindung gewonnen
statt mit Probe

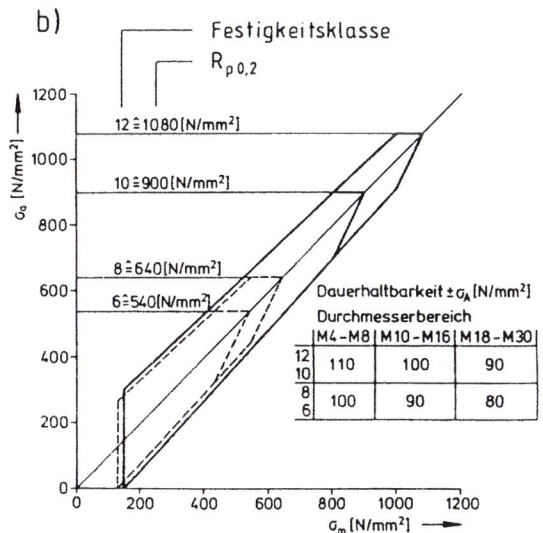

Abb. 6.20. Smith-Dauerfestigkeitsbilder für a) schlussvergütete Schrauben; b) schlussgerollte Schrauben; jeweils mit Normmutter

Die Vermeidung eines Dauerbruchschadens nur durch die Verwendung einer Schraube höherer Festigkeit ist infolgedessen nicht möglich. Die Dauerhaltbarkeit oder -festigkeit einer Schraubenverbindung erweist sich dem gemäß als Bauteilfestigkeit, deren versuchstechnisch gewonnene Werte durch die Vielzahl von Einflussfaktoren eine erhebliche Streuung zeigen. In Abb. 6.21. sind Anhaltwerte der zulässigen Dauerfestigkeitsamplitude σ_A abgeleitet aus [VDI2230], Ausgabe 1986 für schlussvergütete und schlussgewalzte Schrauben dargestellt. Da die bislang aus Versuchen ermittelten Werten starke Streuungen aufweisen [Illg01], sollte der Konstrukteur eher niedrige Werte unterstellen.

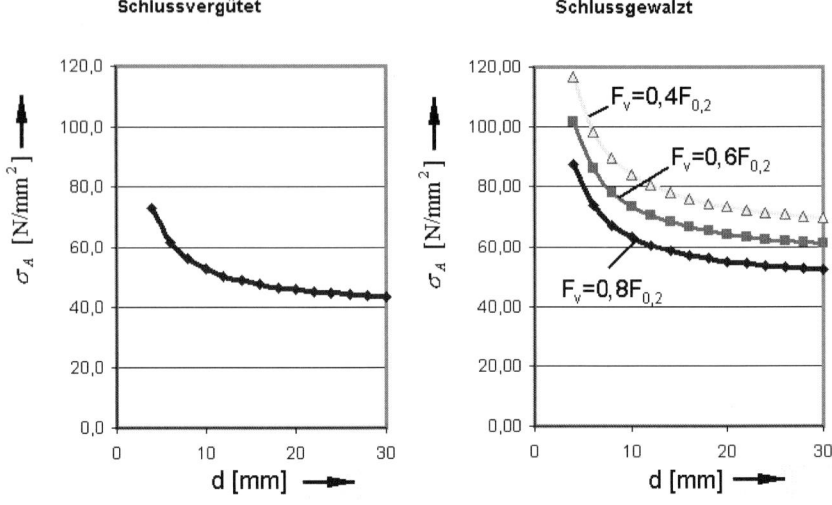

Abb. 6.21. Dauerhaltbarkeit von Schrauben der Festigkeitsklassen 8.8 bis 12.9 in Abhängigkeit vom Gewindenenndurchmesser (Anhaltswerte!)

Die Haltbarkeit oder Festigkeit unter Schwingbeanspruchung ist mit den bekannten Maßnahmen zur Minderung von Kerbeinflüssen zu steigern. Eine unmittelbare Verbesserung der Schwing- oder Wechselfestigkeit wird durch Kaltverfestigung der Gewindegänge erreicht, wobei der Werkstoff verfestigt und gleichzeitig ein Druck-Eigenspannungszustand aufgebaut wird, der eine Zugbeanspruchung mindert. Die Dauerhaltbarkeit oder Dauerfestigkeit der nach dem Vergüten kaltgerollten Gewinde („schlussgerollt") ist rund doppelt so hoch wie die der schlussvergüteten Ausführung, allerdings sinkt die Ausschlagfestigkeit σ_A (Spannungsausschlag) mit steigender Mittelspannung, d.h. mit zunehmender Vorspannkraft F_V. Diese Art der Schraubenherstellung ist wegen der höheren Umformkräfte und dem gemäß geringeren Haltbarkeit der Gewindewalzwerkzeuge wesentlich teurer. Günstiger ist es - besonders bei größeren Durchmessern und festeren Werkstoffen -, vorprofilierte Gewinde nach dem Vergüten nachzurollen.

Ihre Dauerfestigkeit erreicht so etwa 80% der Steigerung, die sich bei voller Profilierung ergibt. Konstruktive Maßnahmen am Gewinde (z.B. andere Profilformen, größere Ausrundung) oder an den Anschlussteilen sind sehr wirkungsvoll um die hohen örtlichen Zusatzspannungen zu reduzieren. Dadurch wird die Wechsel- oder Schwingfestigkeit indirekt erhöht.

6.3.2.4   Flächenpressung an Kopf- und Mutterauflagefläche

In der Auflagefläche zwischen den Schraubenköpfen und Muttern und den verspannten Teilen darf unter der Wirkung der maximalen Schraubenkraft die Flächenpressung p die Quetschgrenze oder Grenzflächenpressung p_G nicht überschreiten, da sonst das Kriechen (zeitabhängiges plastisches Verformen) zum unkontrollierbaren Abbau der Verspannung führen würde. Die Flächen- oder Auflagepressung p lässt sich in folgender Weise ermitteln:

$$p = \frac{F_{S\,max}}{A_p} \leq p_G \qquad (6.19)$$

$$A_p = (D_K^2 - D_C^2)\pi / 4 = \text{Auflagefläche} \qquad (6.20)$$

$D_K = 0{,}9 \cdot SW = \text{Auflagedurchmesser}$

$D_C = \text{Innendurchmesser der Auflage (Lochsenkung beachten!)}$

Werte für die zulässige Flächenpressung bzw. die Grenzflächenpressung sind in Tabelle 6.11. zusammengestellt.

Tabelle 6.11. Zulässige Flächenpressung in Kopf- und Mutterauflageflächen, nach [VDI2230], Ausgabe 2001

Werkstoff-gruppe	Werkstoffkurzname	Werkstoff Nr.	$R_{p0,2\,min}$ N/mm^2	Grenzfl.-Pressung p_G N/mm^2
Baustähle	S235JRG1	1.0036	230	490
	S355JO	1.0553	355	760
Vergütungs-stähle	34CrMo4	1.7720	800	870
	16MnCr5	1.7131	850	900
Gusseisen	GJL-250	0.6020	R_m=250	900
	GJS-400-15	0.7040	250	700
Al-Knet-legierung	AlMgSi1F28	3.2315.62	200	230
	AlZnMgCu1,5	3.4365.71	470	410
Magnesium-legierung	GD-AZ91 (MgAl9Zn1)	3.5812	150	180

6.4   Dimensionierung und Berechnung

Zur Berechnung von Schraubenverbindungen wird besonders auf die VDI-Richtlinie 2230 [VDI2230] verwiesen, in der das wichtigste Schrifttum zusammengestellt ist. Neben der aktuellen Ausgabe der VDI 2230 sei auch die lange Zeit genutzte Ausgabe von 1986 erwähnt. Aufgrund der gewachsenen Komplexität in der neuen Ausgabe der VDI2230 und teilweise noch ausstehender Bestätigung durch die Praxis wird im Rahmen dieses Kapitels teilweise auch noch auf die alte und bewährte Ausgabe von 1986 verwiesen.

Neben dieser für den Maschinenbau wichtigsten Richtlinie für die Berechnung und Gestaltung von Schraubenverbindungen sind in speziellen Anwendungsfeldern, wie z.B. im Stahlbau, im Druckbehälterbau und bei Flanschverbindungen jeweils spezielle Richtlinien zu berücksichtigen, die der Anwender aktuell beschaffen muss und die deshalb auch hier nicht zitiert werden sollen.

6.4.1 Berechnungsgrundlagen und Modellbildung

Die Berechnung einer Schraubenverbindung beruht auf dem physikalischen Modell, dass Schraube und verschraubte Bauteile sich unter einer Krafteinwirkung elastisch verformen. Die Schraubenverbindung ist danach ein federnd verspanntes System aus der Schraube und den auf den Begriff „Hülse" (oder auch als Platte bezeichnet) reduzierten, umgebenden Bauteilen, in das äußere Betriebskräfte und gegebenenfalls Verformungen, z.B. durch Setzen, Kriechen oder thermische Ausdehnung, eingeleitet werden. Unter deren Einwirkung darf sich einerseits der Bauteilverbund nicht lösen (die Mindestklemmkraft, d.h. der Reibungsschluss bzw. die Dichtungsfunktion müssen erhalten bleiben), andererseits dürfen die zusätzlichen Beanspruchungen, vornehmlich die der Schraube, nicht zum überschreiten der Bauteilfestigkeit führen. Es sei schon hier darauf verwiesen, dass zur Dimensionierung der Schraubenverbindung die Kräfte möglichst genau bekannt sein müssen, da dieses und nicht etwa die Genauigkeit des Rechenganges die Verlässlichkeit der Auslegung begründet. Andererseits muss man sich darüber klar sein, dass die während des Betriebes in den Bauteilen wirkenden Kräfte schwierig zu bestimmen sind, sei es wegen der Unzulänglichkeiten bei der Lastgrößenermittlung, der fehlenden Kenntnis des Wirkorts, der Verteilung auf Wirkrichtungen (Zug, Schub, Biegung) oder der Rückwirkungen der konstruktiven Gestaltung der verschraubten Bauteile.

Auf die Schraubenverbindung wirken nach Abb. 6.22. folgende äußere Belastungen:

1. die Axialkraft F_A, bewirkt durch axial wirkende Betriebskräfte
2. die Querkraft F_Q aus Querzug an den verspannten Teilen
3. das Biegemoment M_B, hervorgerufen durch ein eingeleitetes Biegemoment oder einen außermittigen Kraftangriff
4. das Torsionsmoment M_T in den verschraubten Teilen

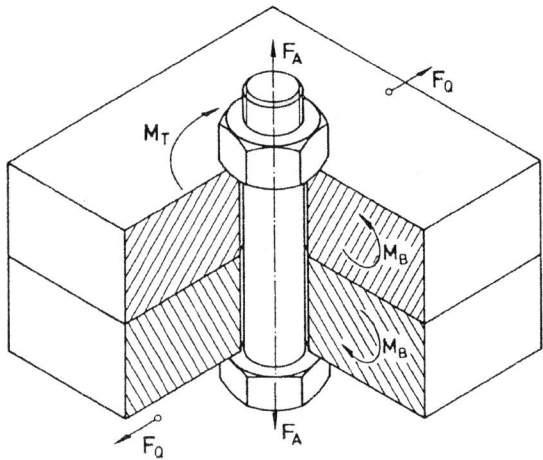

Abb. 6.22. Belastungen (Kräfte und Momente) auf eine Schraubenverbindung

Die Lastarten sind unterschiedlich wirksam hinsichtlich der Beanspruchung der Schraube. Danach werden die Verbindungen in solche mit „Schraube im Nebenschluss" und solche mit „Schraube im Hauptschluss" unterschieden. Beiden Verbindungen ist gemeinsam, dass bei der Montage durch das Anziehen der Schraube eine Vorspannkraft in der Verbindung hergestellt wird, welche die Bauteile elastisch verformt (Längung der Schraube und Verkürzung (Stauchung) der Hülse) und in den Fugen aufeinander presst. Betriebskräfte, die senkrecht zur Schraubenachse wirken, also Querkräfte F_Q oder Umfangskräfte aus den Torsionsmomenten M_T werden durch Reibung in den Bauteilfugen übertragen. Sie verändern wegen der unterschiedlichen Wirkrichtungen den Verspannungszustand nicht. Mithin bleibt die Beanspruchung der Schraube durch die Betriebskräfte unbeeinflusst. Die Schraube liegt also im Nebenschluss zur Betriebskraft.

Betriebslasten als Axialkräfte F_A und Biegemomente M_B wirken in Längsrichtung der Schraubenachse und damit in der Verformungsrichtung der Vorspannung F_V. Das elastisch federnde System stellt sich auf einen neuen Gleichgewichtszustand ein mit z.B. veränderter Pressung in den Fugen. Die Betriebskräfte werden durch die Schraube geleitet, wobei sich deren Beanspruchung ändert. Die Schraube liegt also im Hauptschluss zur Betriebskraft.

Nach der Verbindungsgeometrie wird gemäß [VDI2230] folgende Unterteilung vorgenommen:

1. Einschraubenverbindungen
2. Mehrschraubenverbindungen

Einschraubenverbindungen nach Abb. 6.23. lassen sich zurückführen auf die zylindrische Schraubenverbindung und die Balkenverbindung. *Mehrschraubenverbindungen* nach Abb. 6.24. treten in einer Ebene als Balkenverbindung, flächig

und symmetrisch, speziell rotationssymmetrisch an der Kreisplatte, dem Rohrflansch mit Dichtring, dem (Wellen-) Flansch mit ebener Auflage oder auch bei
rechteckigem Anschluss auf. Die tatsächlichen, aufwendig gestalteten Mehrschraubenverbindungen lassen sich zweckmäßig auf diese gezeigten Geometrien
zurückführen, die dann auch der Berechnung zugänglich sind.

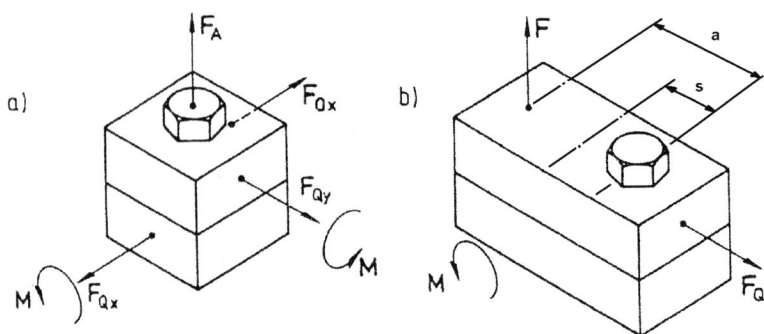

Abb. 6.23. Einschraubenverbindung nach [VDI2230], a) zylindrische Schraubenverbindung; b) Balkenverbindung

Die *zylindrische Einschraubenverbindung* ist ein bevorzugter Grenzfall. Sie
kann als Ausschnitt aus einer unendlichen und biegesteifen Mehrschraubenverbin-
dung betrachtet werden und ist daher, mit den erforderlichen Restriktionen, als
Vergleichsfall für die oben genannten Geometrien brauchbar. Zur genaueren
Betrachtung wird auf die [VDI2230] verwiesen. Typische Anwendungsfälle sind
z.B. Zylinderkopfverschraubungen sowie Deckel- und Gehäuseverschraubungen.
In diesen Fällen ist der Kraftangriff mittig ($a = 0$) und die Exzentrizität der
Schraubenachse von der Schwerpunktsachse der Anschlussfläche gleich Null
($s = 0$).

Bei *Balkenverbindungen* mit meist gegebenen Exzentrizitäten sowohl des
Kraftangriffes ($a \neq 0$) wie der Schraubenachse ($s \neq 0$) tritt eine zusätzliche
Biegeverformung auf, d.h. die Verbindung kann aufklaffen. Die Berechnung
erfolgt in diesem Fall mit Hilfe der elastischen Linie, wonach die Klemmkraftex-
zentrizität berechnet wird. Hinweise zur Berechnung komplex beanspruchter
Schraubenverbindungen sind [Dub01] und / oder [VDI2230] zu entnehmen. Die
grundlegenden Betrachtungen in dieser Abhandlung beschränken sich auf zentrisch verspannte und zentrisch belastete Verbindungen.

6.4.2 Die vorgespannte Einschraubenverbindung

Voraussetzung für ihre Berechnung sind die Parallelität der Schraubenachse zur
Trennflächennormalen und das elastische Verhalten der Bauteile. Plastische
Verformungen werden nur für den mikrogeometrischen Bereich als Setzkraftver-
lust zugelassen. Ferner sei die Exzentrizität der Schraubenlage gleich Null. Damit

liegt das klassische 2-Federn-Modell vor, bei dem die Verteilung der Kräfte auf die Bauteile durch die jeweiligen Nachgiebigkeitsgrößen bewirkt wird.

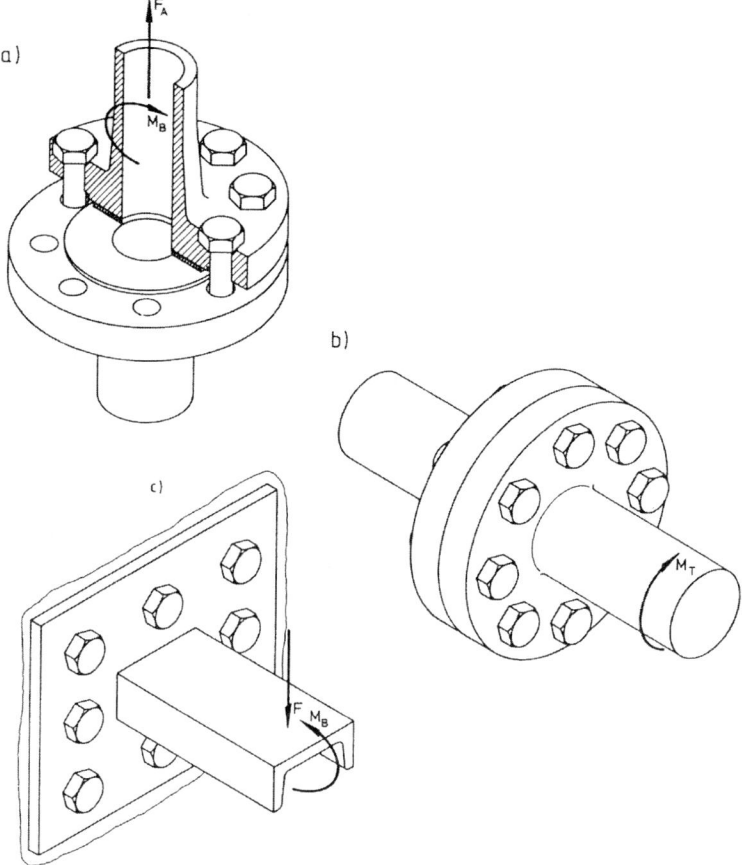

Abb. 6.24. Mehrschraubenverbindung. a) Rohrflansch; b) Flanschkupplung; c) Tragplatte

6.4.2.1 Die Nachgiebigkeit der Bauteile

Die Nachgiebigkeiten der einzelnen Elemente einer Schraubenverbindung sind zur maßstäblichen Darstellung des Verspannungsdiagrammes getrennt zu berechnen.

Elastische Nachgiebigkeit der Schraube

Ein zylindrischer Körper mit dem Querschnitt A, der wirksamen Länge l und aus einem Werkstoff mit dem Elastizitätsmodul E erfährt bei der Belastung durch eine Kraft F die Verlängerung oder Längenänderung:

$$f = \frac{F \cdot l}{E \cdot A}$$ (6.21)

Die auf die Kraft F bezogene Verlängerung heißt elastische Nachgiebigkeit. Sie beträgt:

pra Ersatzfeder

$$\delta = \frac{f}{F} = \frac{l}{E \cdot A} \text{ mit } \delta = \frac{1}{c} \text{ und } c = \text{Federsteifigkeit}$$ (6.22)

Eine Schraube besteht aus einer Anzahl elastischer Elemente, die mit guter Annäherung auf zylindrische (Ersatz-) Körper zurückzuführen sind. Für das Einzelelement i der Länge l_i und der Querschnittsfläche A_i gilt mit dem Elastizitätsmodul E_S des Schraubenwerkstoffes gemäß Gl. (6.22) die Beziehung:

$$\delta_i = \frac{l_i}{E_S \cdot A_i}$$

Für die Nachgiebigkeit der Schraube gilt wegen der Hintereinanderschaltung dieser Einzelelemente die Bestimmungsgleichung:

$$\delta_S = \sum_{i=1}^{n} \delta_i + \delta_K + \delta_{GM}$$ (6.23)

Die Aufteilung ist in Abb. 6.25. gezeigt, wobei für den Schaft die geometrischen Querschnitte A_1 sowie A_2 und für das Gewinde außerhalb der Mutter der Kernquerschnitt A_3 gelten.

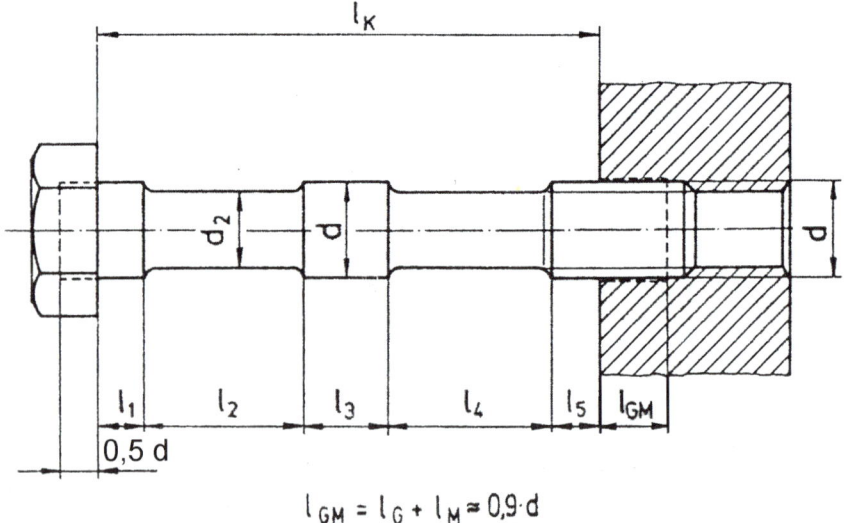

$$l_{GM} = l_G + l_M \approx 0{,}9 \cdot d$$

Abb. 6.25. Elastische Ersatzeinzelkörper einer Dünnschaftschraube (Dehnschraube)

Die Nachgiebigkeit δ_K des Kopfes wird auf Grund vieler Versuche durch einen Zylinder mit dem Nenndurchmesser d und der Länge $0,5 \cdot d$ für Sechskantschrauben und für Zylinderschrauben mit Innenkraftangriff mit $0,4 \cdot d$ erfasst, d.h. es gilt die Beziehung:

$$\delta_K = \frac{0,5 \cdot d}{E_S \cdot A_N} \quad \text{bzw.} \quad \delta_K = \frac{0,4 \cdot d}{E_S \cdot A_N} \quad \text{(Zylinderschr.)} \tag{6.24}$$

Mit A_N = Nennquerschnitt:

$$A_N = A_1 = \frac{\pi \cdot d^2}{4}$$

Die Nachgiebigkeit im Einschraubbereich ist:

$$\delta_{GM} = \delta_G + \delta_M$$

Sie setzt sich aus der Nachgiebigkeit δ_G des eingeschraubten Schraubengewindekerns und der Mutterverschiebung δ_M (axiale Relativbewegung zwischen der Schraube und der Mutter infolge elastischer und plastischer Biege- und Druckverformung der Schrauben- und der Muttergewindezähne) zusammen. Diese lassen sich in folgender Weise ermitteln:

$$\delta_G = \frac{l_G}{E_S \cdot A_3} \tag{6.25}$$

Mit $l_G = 0,5 \cdot d$

und $A_3 = \dfrac{\pi \cdot d_3^2}{4}$ = Gewindekernquerschnitt ist:

$$\delta_M = \frac{l_M}{E_S \cdot A_N} \tag{6.26}$$

Dabei ist $l_M = 0,4 \cdot d$ (Anmerkung: Faktor 0,4 gilt für Durchsteckverbindungen, für Einschraubverbindungen wird als Faktor 0,33 eingesetzt) und

$A_N = A_1 = \dfrac{\pi \cdot d^2}{4}$ = Nennquerschnitt.

Für die Nachgiebigkeit des nicht eingeschraubten Gewindeteils der Länge l_5 gilt:

$$\delta_5 = \frac{l_5}{E_S \cdot A_3} \tag{6.27}$$

Mit $A_3 = \dfrac{\pi \cdot d_3^2}{4}$ = Gewindekernquerschnitt

und l_5 = Gewindeschaftlänge außerhalb des Muttergewindes.

Elastische Nachgiebigkeit der verspannten Teile

Auch für die gedrückten Teile wird ein linear-elastisches Verhalten angenommen und dementsprechend als Nachgiebigkeit mit der Klemmlänge l_K der Ausdruck formuliert:

$$\delta_p = \frac{l_K}{E_p \cdot A_p} \qquad (6.28)$$

Schwierigkeiten bereitet die Ermittlung der Querschnittsfläche A_p. Solange das verspannte Teil als Hülse ausgebildet ist, mit einem Durchmesser etwa gleich dem Kopfauflagedurchmesser d_w ($\approx 0{,}9 \cdot$Schlüsselweite), kann eine homogene Druckspannungsverteilung im Hülsenquerschnitt A_H angenommen und für die Fläche $A_p = A_H$ gesetzt werden. Bei gepressten Platten verteilt sich die Druckspannung auf eine etwa spindel- oder doppelkegelförmige Zone gemäß Abb. 6.26. Hierfür wird zur Berechnung eine zylindrische „Ersatzhülse" gleicher Nachgiebigkeit definiert und in Gl. (6.28) eingeführt. Es gilt unter der Annahme gleicher Länge l_K für den Querschnitt:

Für einen „schlanken" Hülsenquerschnitt:

$$A_p = A_{ers} = \frac{\pi}{4}(D_A{}^2 - d_h{}^2) \qquad (6.29)$$

Dieser Ansatz kann erfahrungsgemäß bis zu einem Durchmesser D_A verwendet werden, der bis maximal 30% größer ist als der Kopfauflagedurchmesser d_w. Für einen mittleren Hülsenquerschnitt im Bereich $d_w \leq D_A \leq d_w + l_K$:

$$A_p = A_{ers} = \frac{\pi}{4}(d_w^2 - d_h^2) + \frac{\pi}{8} d_w \cdot (D_A - d_w) \cdot \left[\left(\sqrt[3]{\frac{l_K \cdot d_w}{D_A^2}} + 1 \right)^2 - 1 \right] \qquad (6.30)$$

Und für eine weit um die Schraube ausgedehnte Platte ($d_w + l_K \leq D_A$) wird A_{ers} zu:

$$A_p = A_{ers} = \frac{\pi}{4}(d_w^2 - d_h^2) + \frac{\pi}{8} d_w \cdot l_K \left[\left(\sqrt[3]{\frac{l_K \cdot d_w}{(l_k + d_w)^2}} + 1 \right)^2 - 1 \right] \qquad (6.31)$$

In den Gleichungen (6.29), (6.30) und (6.31) sind d_w der Außendurchmesser der Kopf- oder Mutterauflage, d_h der Bohrungsdurchmesser oder Lochdurchmesser der verspannten Teile, l_K die Klemmlänge und A_{ers} die Ersatzfläche, d.h. die Querschnittsfläche eines Hohlzylinders mit der gleichen elastischen Nachgiebigkeit wie die der verspannten Teile. Diese Beschreibung entspricht [VDI2230], Ausgabe 1986, sowie [Dub01]. In [VDI2230], ab der Ausgabe 2001 wird eine noch weiter verbesserte Berechnung dargestellt, die noch komplexer ist und hier im Einzelnen nicht betrachtet werden kann.

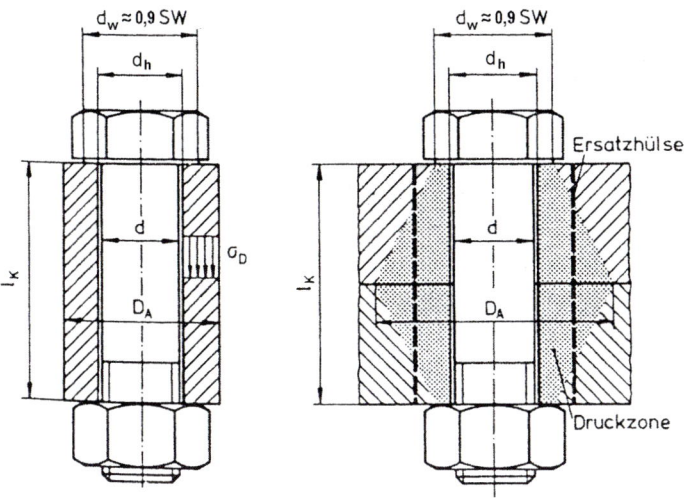

Abb. 6.26. Pressungs- oder Druckspannungsverteilung in den verspannten Teilen

Bei exzentrischem Kraftangriff und/oder exzentrischer Anordnung der Schrauben ändern sich die Verhältnisse deutlich durch den überlagerten Einfluss der Biegung.

Hierdurch entsteht eine in der Ebene ungleiche Pressungsverteilung, die im Trennfugenbereich einen ungleichen Anpressdruck erzeugt mit im Extremfall, bei Überlast, einseitigem Abheben (Klaffen) auf der Biegezugseite. Die Längsnachgiebigkeit exzentrisch verspannter Platten ist größer gegenüber dem zentrischen Fall. Die Berechnung mit Längs- und überlagerter Biegeverformung ist umfangreich und sollte nach [VDI2230] vorgenommen werden.

6.4.2.2 Der Vorspannungszustand

Unter der Belastung durch eine Zugkraft F_S erfährt die Schraube eine proportionale Verlängerung f_S, die im elastischen Bereich reversibel ist. In der Darstellung gemäß Abb. 6.27. ist der Zusammenhang linear. Erst beim Überschreiten der Werkstoffstreckgrenze R_e biegt die Kurve ab, eine Entlastung aus solchem Überlastfall zeigt, dass eine irreversible, plastische Restverformung f_{Spl} nachgeblieben ist.

In gleicher Weise werden die mit einer Druckkraft F_P belasteten Platten (Hülsen) zusammengedrückt, aber wegen der meist höheren Steifigkeit mit steilerer Kennlinie. In der Praxis ist der Kurvenverlauf bei kleinen Kräften wegen der noch unvollständigen Anpassung der gepressten Teile bzw. ihrer Oberflächen zunächst nicht linear. Dieser Einfluss darf vorerst vernachlässigt bleiben, er ist aber bei gepressten Dichtungen bedeutend.

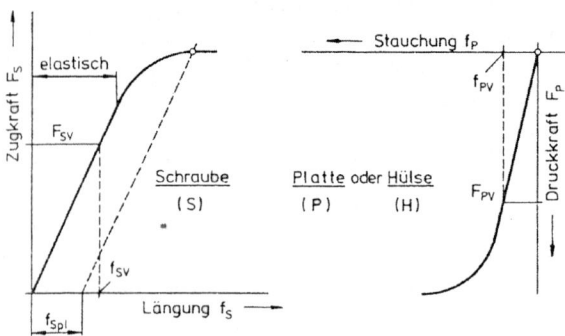

Abb. 6.27. Verformungen von Schraube (Schraubenbolzen) und Platte (Hülse) unter Längskrafteinwirkung

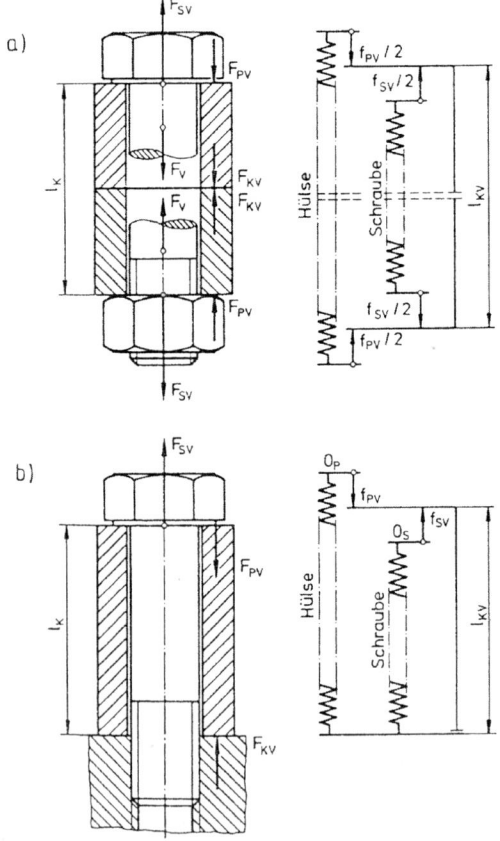

Abb. 6.28. Verspanntes Schraube-Hülsensystem. a) System 1, Klemmfuge mittig; b) System 2, Klemmfuge einseitig

Wird bei der Montage die Vorspannkraft $F_V = F_{SV} = F_{PV}$ aufgebracht, so nimmt das elastische System die in Abb. 6.28. a) und b) dargestellten, einander völlig gleichwertigen Vorspannungszustände ein. Schraube und Hülse sind als Federn zu verstehen. Unter der Zugwirkung von F_{SV} längt sich die Schraube um f_{SV} und durch die Druckkraft F_{PV} auf die Hülse wird diese um f_{PV} gestaucht auf die gemeinsame Vorspannklemmlänge l_{KV}. In der Trennfuge zwischen den Hülsen bzw. zwischen Hülse und Basis herrscht die Klemmkraft $F_{KV} = F_V$. Im Diagramm Abb. 6.29. entsteht das übliche Verspannungsschaubild, indem die Kennlinien der Schraube und der Hülse so angeordnet werden, dass $F_V = |F_{SV}| = |F_{PV}|$ wird, die Längenänderungen aber ihre Richtung behalten. Eine Erhöhung der Vorspannkraft von F_V auf F_V' lässt den Kreuzungspunkt auf der Schraubenkennlinie nach rechts oben wandern, die Hülsenkennlinie verschiebt sich parallel nach rechts.

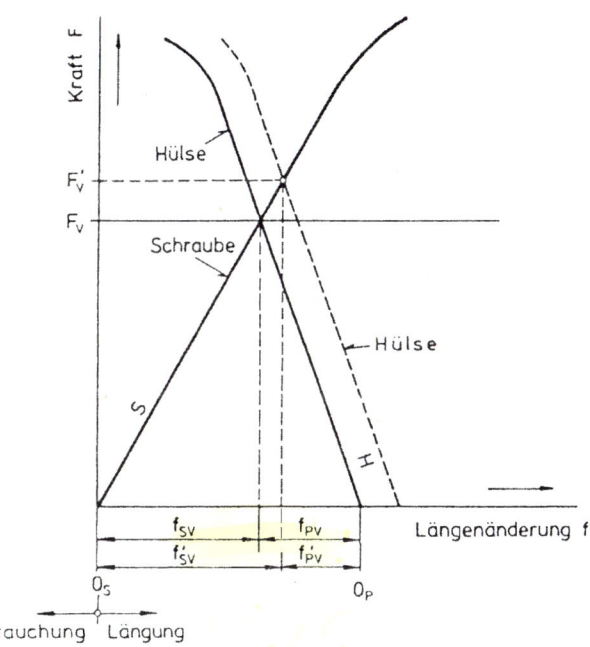

Abb. 6.29. Verspannungsschaubild des Schraube- Hülsensystems

Ein weiterer wichtiger Einfluss auf die Vorspannkraft ergibt sich daraus, dass es vergleichsweise große Streuungen bei der Montage der Schrauben gibt. Die Streuungen haben ihre Ursache in der Ungenauigkeit des Montagewerkzeuges und in der Streuung der Reibwerte im Gewinde und unter dem Schraubenkopf. Einzelheiten zur Montage werden in Abschnitt 6.5 behandelt. Die Streuung der Vorspannkraft infolge der Montage wird über den Anziehfaktor α_A bei Berechnungen berücksichtigt. α_A ist definiert als:

$$\alpha_A = \frac{F_{M\,max}}{F_{M\,min}} \tag{6.32}$$

Die Größe des Anziehfaktors hängt wesentlich von der Qualität des Werkzeuges ab. In Tabelle 6.12. wird ein Auszug von Richtwerten nach [VDI2230] wiedergegeben.

Tabelle 6.12. Richtwerte für den Anziehfaktor α_A, nach [VDI2230]

Anzieh-Faktor α_A	Streuung in % $\frac{\Delta F_M}{2 \cdot F_{Mm}} = \frac{\alpha_A - 1}{\alpha_A + 1}$	Anziehverfahren	Einstellverfahren	Bemerkungen
1,05 bis 1,2	±2% bis ±10%	Längungsgesteuertes Anziehen mit Ultraschall	Schalllaufzeit	Kalibrierung erforderlich
1,2 bis 1,4	±9% bis ±17%	Streckgrenzengesteuertes Anziehen	Vorgabe Drehmoment-Drehwinkel-koeffizienten	Vorspannkraftstreuung durch Materialstreuung der Streckgrenze. Auslegung erfolgt für $F_{M\,min}$
1,2 bis 1,6	±9% bis ±23%	Hydraulisches Anziehen	Einstellung über Längen- oder Druckmessung	siehe auch [VDI2230]
1,4 bis 1,6	±17% bis ±23%	Drehmomentgesteuertes Anziehen mit: Drehmomentschlüssel Drehschrauber mit Messung	Versuche zur Bestimmung des Sollmomentes am Originalteil mit z. B. Längenmessung der Schraube	siehe auch [VDI2230]
1,6 bis 2,5	±23% bis ±43%	Drehmomentgesteuertes Anziehen mit Drehmomentschlüssel oder Drehschrauber mit Messung	Sollanziehmoment aus Schätzung der Reibungszahlen ermittelt.	siehe auch [VDI2230]
2,5 bis 4,0	±43% bis ±60%	Anziehen mit Schlagschrauber oder Impulsschrauber	Einstellen über Ermittlung des Nachziehmomentes	Niedrigere Werte für große Zahl von Versuchen; siehe auch [VDI2230]

6.4.3 Die belastete Schraubenverbindung

Grundsätzlich können Schraubenverbindungen durch Kräfte belastet werden, die rechtwinklig zur Schraubenachse liegen (Querkraftübertragung), siehe Abb. 6.30. und Abb. 6.23., oder durch Kräfte in Richtung bzw. parallel zur Schraubenachse, wie in Abb. 6.23. durch die Kraft F bzw. F_A. Im erstgenannten Fall bewirkt die äußere Kraft keine direkte Kraftänderung in der Schraube. Im zweiten Fall ändert die äußere Kraft (Betriebskraft) die Spannkräfte der Schraube und damit auch die Beanspruchungen, so dass auch Dauerbrüche bei dynamisch angreifenden Kräften auftreten können.

6.4.3.1   Schraubenverbindung zur Querkraftübertragung

Querbelastete Schraubenverbindungen führt man einfach und zweckmäßig mit Durchsteckschrauben aus, die nicht an der Bohrungswand anliegen dürfen (Spiel zwischen Schaft und Bohrung). Die Betriebskräfte, Querkräfte F_Q oder Umfangskräfte F_U (am Teilkreis bei Drehmomentenübertragung) müssen „nur" durch den Reibschluss zwischen den Bauteilen übertragen werden. Die erforderliche Mindestklemmkraft einer Schraube ergibt sich (Abb. 6.30.) damit zu:

$$F_{\text{K erf}} = \frac{F_Q \cdot S_R}{\mu_0 \cdot i \cdot n} \tag{6.33}$$

bzw. bei zu übertragender Umfangskraft $F_U = 2 \cdot M_t / d$:

$$F_{\text{K erf}} = \frac{F_U \cdot S_R}{\mu_0 \cdot i \cdot n}$$

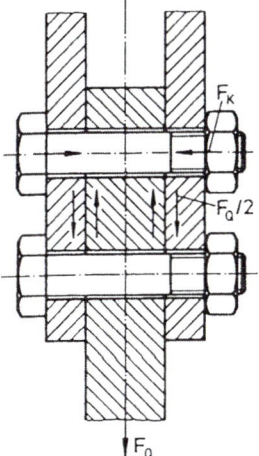

Abb. 6.30. Querbelastete Schraubenverbindung (Schraube im Nebenschluss)

Dabei sind:

μ_0 =   Ruhereibwert (Haftreibwert)
i =   Zahl der Reibflächenpaare (Schnittzahl)
n =   Zahl der Schrauben
S_R =   Sicherheit gegen Durchrutschen

Richtwerte für den Maschinenbau:

μ_0 =   0,1 bis 0,15 (Flächen glatt, nicht fettfrei)
S_R =   1,2 bis 1,3

Durch das sog. *Setzen* (vgl. Abschnitt 6.4.3.3) während des Betriebes geht die Vorspannkraft F_V um die Setzkraft F_Z zurück. Um die betriebliche Klemmkraft $F_{K\,erf}$ zu gewährleisten, müssen die Schrauben somit bei der Montage auf die Mindestvorspannkraft $F_{VM\,min}$ angezogen werden:

$$F_{VM\,min} = F_{K\,erf} + F_Z \qquad (6.34)$$

Hierbei ist der Anziehfaktor $\alpha_A = F_{VM\,max} / F_{VM\,min}$ zu beachten. Die Betriebskräfte, *statische oder dynamische*, bewirken in einer richtig ausgelegten und ausgeführten Querverbindung keine Veränderung der Schraubenkraft. Die Schraube wird nur durch die bei der Montage aufgebrachte Klemmkraft statisch auf Zug beansprucht. Sobald jedoch der Reibschluss zwischen den Bauteilen durchbrochen wird, z.B. infolge ungenügender Vorspannung oder zu hoher Betriebsbelastung, ist die Verbindung sehr gefährdet, besonders bei dynamischer Belastung. Die Bauteile führen darin Gleitbewegungen gegeneinander aus, durch die der Schraubenschaft Verformungen in der im Abb. 6.31. gezeigten Art erfährt. Bei kleinen Verschiebungen bleibt der Reibschluss an den Kopf- und den Mutterauflagen erhalten, die wechselnde Biegebelastung kann zum Biegedauerbruch des Schraubenbolzens führen. Bei größeren Verschiebeamplituden wird auch die Reibung an den Auflageflächen und im Gewinde überwunden, die Schraubenverbindung dreht sich dann selbsttätig los (siehe Abschnitt 6.6.3.1).

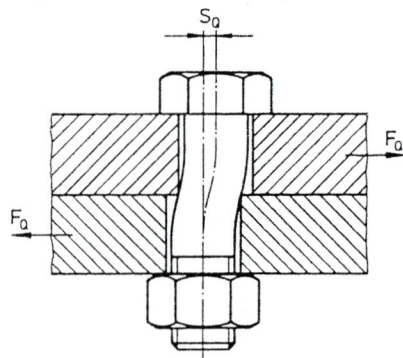

Abb. 6.31. Schraubenbolzenverformung bei gleitender Verbindung, d.h. zu kleiner Klemmkraft

Sind neben dynamischen Querkräften ggf. hohe Einzellasten (als Sonderlasten) zu tragen, so wird eine Schraubenverbindung ggf. mit Passschrauben oder Scherhülsen ergänzt. Solche Ausführungen mit Passschrauben oder Scherhülsen gemäß Abb. 6.32. sind jedoch teuer, da sowohl die Lochteilung als auch die Passung der Formteile in den Bohrungen eng toleriert sein müssen. Die Berechnung erfolgt dann wie bei Nietverbindungen auf Scherung im Schaftquerschnitt und Lochleibungsdruck oder Pressung in den Anlageflächen. Zur Übertragung hoher dynamischer Lasten ist ein hinreichend dimensionierter Kraftschluss unbedingt erforderlich, da durch mikroskopischen Schlupf in der Trennfuge Passungsrostbildung zum Versagen der Verbindung führen kann.

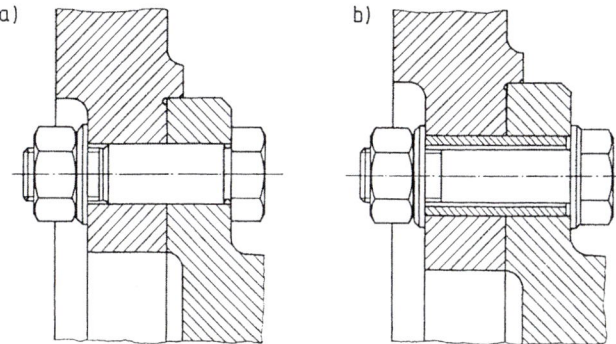

Abb. 6.32. Querbelastete, formschlüssige Schraubenverbindungen; a) mit Passschraube; b) mit Pass- oder Scherhülse und Durchsteckschraube. Der Flansch wird nicht oder nur lose zentriert, die Bauteile werden häufig in ihrer Lage (zur Wiedermontage) markiert

6.4.3.2 *Schraubenverbindung zur Längskraftübertragung*

Die durch äußere Lasten, Massenkräfte, Druckbelastung usw. erzeugte und in Schraubenlängsrichtung wirkende Betriebskraft F_A ruft im elastischen System eine Verformungsänderung hervor. Aus dem neuen elastischen Gleichgewichtszustand folgt, dass nur ein Teil der eingeleiteten Betriebskraft die Schraube zusätzlich belastet.

Während der Vorspannkraftzustand eine kraftgleiche Federschaltung zwischen Hülse und Schraube darstellt, liegt nun bei Längskraftbelastung eine weggleiche Federschaltung (auch Parallelschaltung genannt) von Schraube und Hülse vor!

Dies ist die Zusatzkraft F_{SA}, der Rest, die Kraft F_{PA}, wirkt entlastend auf die Hülse. Diese Aufteilung wird durch die einzelnen elastischen Wirkanteile vorgegeben und ist insofern schwierig zu bestimmen, als sich die dafür entscheidende Angabe über den Ort der Krafteinleitung nur grob abschätzen lässt. Tatsächlich wird die Betriebskraft F_A nicht örtlich konzentriert, sondern als Wirkung eines Spannungsfeldes aus den aufnehmenden Bauteilen auf die Hülse übertragen. Der Ort, an dem man die Kraft idealisiert punktförmig angreifend denken kann, hängt somit stark von den konstruktiven Gegebenheiten ab. In Abb. 6.33. ist die Angriffshöhe $n \cdot l_K$ mit $0 \leq n \leq 1$, bezogen auf die Klemmlänge l_K, für einen z.B. druckbelasteten Deckel in einfacher Näherung abgeschätzt. In [VDI2230] wird ein umfangreiches Verfahren vorgestellt, mit dem die Lasteinleitungshöhe genauer ermittelt werden kann. Gewissheit über die Höhe der Lasteinleitung $n \cdot l_K$ bekommt der Anwender nur, wenn Messungen der Schraubenkraft im Betrieb vorgenommen werden. Alternativ zu Messungen kann eine komplexere Berechung mit der Finite-Element-Methode eine genauere Aussage als nach [VDI2230] liefern.

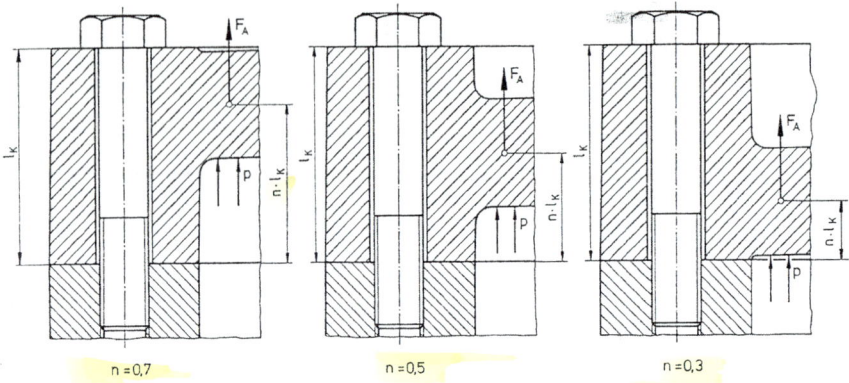

Abb. 6.33. Richtwerte für die Höhe der Krafteinleitung bezogen auf l_K nach [VDI2230-Ausgabe 1986] → hier kann Annahme getroffen werden

Das in Abb. 6.34. dargestellte verspannte System hat seine Gleichgewichtslage für den Vorspannungszustand in der Kopfauflageebene V. Leitet man an einem beliebigen Ort A in die Hülse die Zugkraft F_A (axiale Betriebskraft) ein, so längt sich die Schraube unter der Schraubenzusatzlast F_{SA}, der Kopfauflagepunkt rückt von der Ebene V um f_{SA} in die Lastgleichgewichtslage B. Der Lastangriffspunkt A liegt im Bauteil in der Höhe $n \cdot l_K$ und unterteilt die Hülse in die zwei Teilhülsen mit ihren jeweiligen Nachgiebigkeiten,

$$\delta_{p1} = n \cdot \delta_p \quad \text{und} \quad \delta_{p2} = (1-n) \cdot \delta_p \qquad (6.35)$$

wenn δ_p die gesamte elastische Nachgiebigkeit der verspannten Teile nach Gl. (6.28) ist.

Diese zwei Teile werden unter der Wirkung von F_A unterschiedlich verformt. Die Hülse 1, die durch die Vorspannkraft F_V um $f_{PV1} = n \cdot f_{PV}$ zusammengedrückt war, entspannt sich um die Verschiebung f_A des Lastangriffspunktes A. Damit ergibt sich für die Betriebsklemmkraft F_K der Wert

$$F_K = \frac{1}{\delta_{p1}}(f_{PV1} - f_A) = F_V - \frac{f_A}{n \cdot \delta_p} \qquad (6.36)$$

Die Hülse 2, die durch die Vorspannkraft F_V um $f_{PV2} = f_{PV} - f_{PV1}$ zusammengedrückt war, wird durch die Verschiebung des Lastangriffspunktes A um f_A weiter komprimiert, aber gleichzeitig um die Verschiebung f_{SA} des Kopfauflagepunktes entlastet.

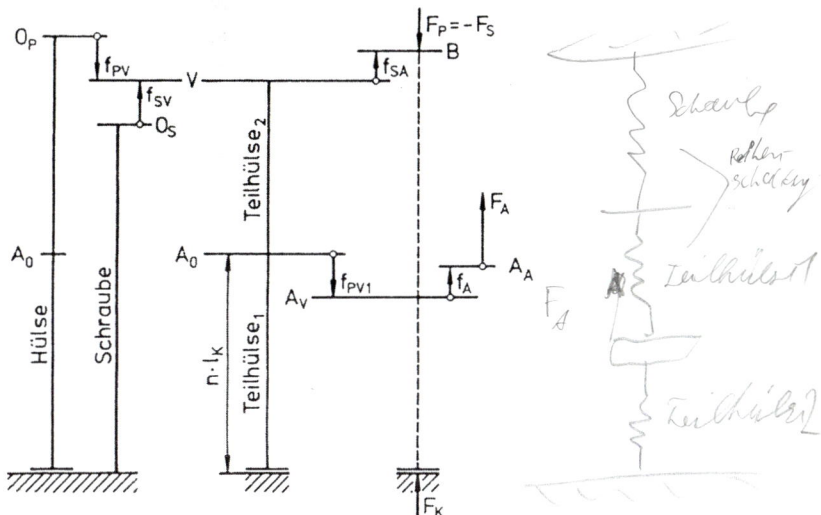

Abb. 6.34. Verspanntes Schraube-Hülsen-System 2 unter der Lasteinwirkung durch F_A

Die Betriebslast F_P lautet somit:

$$F_P = \left| F_S \right| = \frac{1}{\delta_{p2}}(f_{PV2} + f_A - f_{SA}) = F_V + \frac{f_A - f_{SA}}{(1-n)\cdot\delta_p} \qquad (6.37)$$

Aus dem Gleichgewicht der Kräfte in axialer Richtung folgt:

$$F_P = \left| F_S \right| = F_A + F_K \qquad (6.38)$$

Und daraus dann für die Verschiebung des Lastangriffspunktes A die Beziehung:

$$f_A = n\cdot f_{SA} + n\cdot(1-n)\cdot\delta_p\cdot F_A \qquad (6.39)$$

Die Schraubenkraft F_S hat sich somit durch die zusätzliche Verlängerung des Schraubenbolzens um f_{SA} erhöht auf den Wert:

$$F_S = F_V + \frac{f_{SA}}{\delta_S} = F_V + F_{SA} \qquad (6.40)$$

Nach kurzer Umrechnung ergibt sich aus den Gleichungen (6.36), (6.39) und (6.40) für die zusätzliche Schraubenlängung die Beziehung

$$f_{\mathrm{SA}} = n \cdot \frac{\delta_{\mathrm{S}} \cdot \delta_{\mathrm{P}}}{\delta_{\mathrm{S}} + \delta_{\mathrm{P}}} \cdot F_{\mathrm{A}} = n \cdot \delta_{\mathrm{S}} \cdot \phi_{\mathrm{K}} \cdot F_{\mathrm{A}} \qquad (6.41)$$

Die Schraubenzusatzkraft F_{SA}, d.h. jener Anteil der axial eingeleiteten Betriebskraft F_{A}, den die Schraube „spürt", hat die Größe (Abb. 6.35.)

$$F_{\mathrm{SA}} = F_{\mathrm{S}} - F_{\mathrm{V}} \qquad (6.42)$$

$$F_{\mathrm{SA}} = \frac{f_{\mathrm{SA}}}{\delta_{\mathrm{S}}} = n \cdot \frac{\delta_{\mathrm{P}}}{\delta_{\mathrm{S}} + \delta_{\mathrm{P}}} F_{\mathrm{A}} = n \cdot \phi_{\mathrm{K}} \cdot F_{\mathrm{A}} \qquad (6.43)$$

ϕ_{K} ist hierbei das sogenannte Kraftverhältnis für den nur theoretisch denkbaren Fall, dass die Betriebslast in der Kopfauflageebene angreift ($n = 1$). Es gilt somit für $n = 1$:

$$\phi_{\mathrm{K}} = \frac{\delta_{\mathrm{P}}}{\delta_{\mathrm{S}} + \delta_{\mathrm{P}}} = F_{\mathrm{SA1}} / F_{\mathrm{A}} \qquad (F_{\mathrm{SA1}} = F_{\mathrm{SA}}) \qquad (6.44)$$

Der übrige Teil der Betriebskraft F_{A} wird dadurch kompensiert, dass sich die Hülse um f_{SA} entspannt und dadurch ihre Vorspannung sinkt. Die Hülsenkraft hat somit die Größe

$$F_{\mathrm{PA}} = F_{\mathrm{A}} - F_{\mathrm{SA}} = F_{\mathrm{A}}(1 - n \cdot \phi_{\mathrm{K}}) \qquad (6.45)$$

Daraus folgt weiter, dass die Hülse, die im einen Teil ($H\,2$) belastet und im anderen Teil ($H\,1$) entlastet wurde, in ihrem Gesamtverhalten durch eine „scheinbare" Hülsennachgiebigkeit beschrieben werden kann, die sich in folgender Weise berechnen lässt:

$$\delta_{\mathrm{P}}^{*} = \frac{f_{\mathrm{SA}}}{F_{\mathrm{PA}}} = \delta_{\mathrm{S}} \cdot \frac{n \cdot \phi_{\mathrm{K}}}{1 - n \cdot \phi_{\mathrm{K}}} \qquad (6.46)$$

Die Klemmkraft F_{K} während des Betriebes hat nach Gl. (6.38) den Wert

$$F_{\mathrm{K}} = F_{\mathrm{S}} - F_{\mathrm{A}} = F_{\mathrm{V}} + F_{\mathrm{SA}} - F_{\mathrm{A}} = F_{\mathrm{V}} - F_{\mathrm{A}}(1 - n \cdot \phi_{\mathrm{K}}) \qquad (6.47)$$

In Abb. 6.35. werden die hergeleiteten Verhältnisse der Kräfte und der Verschiebungen im Verspannungsdiagramm für die Einleitung einer Betriebskraft F_{A} in ein System mit $n = 1$, d.h. Krafteinleitung in die Kopfauflagefläche gezeigt. Diese hat sich um f_{SA} verschoben, und die zwischen den Schrauben- und Hülsenkennlinien eingezeichnete Betriebskraft F_{A} belastet die Schraube zusätzlich nur mit dem Anteil F_{SA}. Der andere Anteil, die Kraft F_{PA}, dient zur Entlastung der Hülse. Durch die Betriebskraft hat sich der Gleichgewichtszustand um $f_{\mathrm{SA}} = f_{PA}$ (d. h. Weg – gleich) verschoben.

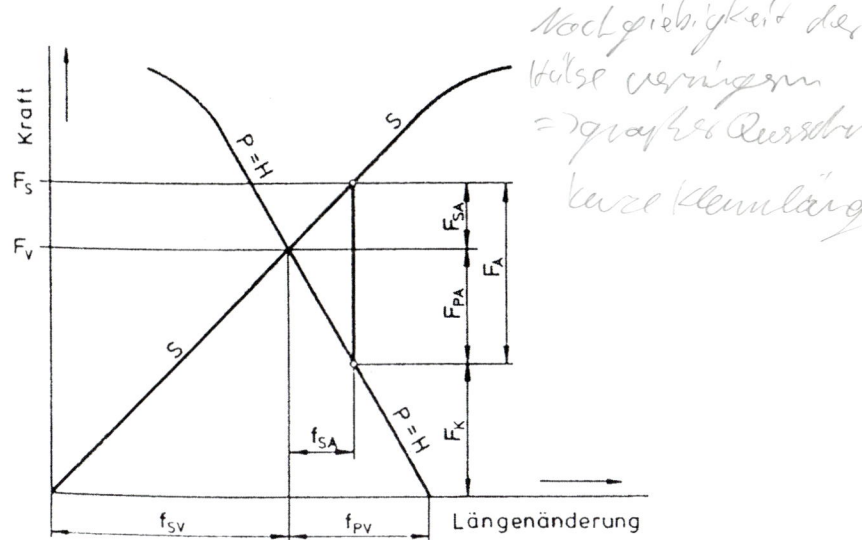

Nachgiebigkeit der Hülse verringern = größere Querschn, kurze Klemmlänge

Abb. 6.35. Verspannungsschaubild bei eingeleiteter Zugkraft F_A an der Stelle mit $n = 1$ ($n \cdot l_K = l_K$). S - S = Schraubenkennlinie; H - H = Hülsenkennlinie (P - P = Plattenkennlinie)

Nach Gl. (6.43) gibt es zwei Möglichkeiten, um den die Schraube zusätzlich beanspruchenden Lastanteil F_{SA} zu vermindern, nämlich die Verkleinerung von n und die Verkleinerung von ϕ_K. Das Kraftverhältnis wird ausgedrückt durch das Verhältnis der Nachgiebigkeiten:

$$\phi_K = \frac{\delta_P}{\delta_S + \delta_P} \qquad (6.48)$$

Danach ist es vorteilhaft, die verspannten Bauteile (Hülse) möglichst wenig nachgiebig, d.h. steif auszuführen, doch sind die Gestaltungsmöglichkeiten bei Platten nur begrenzt. Wirkungsvoller ist es, die Nachgiebigkeit δ_S der Schraube zu erhöhen, d.h. sie lang und mit vermindertem Schaftquerschnitt als Dünnschaftschraube auszuführen. Das Diagramm in Abb. 6.36. zeigt die durch die weichere oder flachere Schraubenkennlinie bewirkte Minderung der Schraubenzusatzkraft ($F'_{SA} < F_{SA}$), allerdings um den Preis größerer Dehnung ($f'_{SA} > f_{SA}$).

Die andere, wirkungsvollere Maßnahme liegt in der Senkung von n. Danach ist es besonders vorteilhaft, die Betriebslast F_A möglichst tief, d.h. nahe bei ($n \ll 1$) oder sogar in der Trennfuge ($n = 0$) einzuleiten. Wie die Gl. (6.46) zeigt, wird dadurch die Nachgiebigkeit der wirksamen Hülse vermindert, die Hülsenkennlinien werden mit sinkendem n also steiler bis zur Senkrechten bei $n = 0$. Das Verspannungsdiagramm in Abb. 6.37. zeigt, wie der Schraubenlastanteil F_{SA} sinkt und bei $n = 0$ sogar ganz verschwindet. Konstruktiv wird dies erreicht durch einen möglichst tief liegenden Anschluss des lasteinleitenden Deckels, Trägers usw. an den Flansch und sehr wirkungsvoll verstärkt, wenn einfache Rohrhülsen zusätzlich aufgesetzt werden. Dabei wird gleichzeitig die Schraube länger, also nachgiebiger. Allgemein ist zu sagen, dass die Dehnung des Systems dadurch kleiner wird.

Anmerkung:

Es ist zu beachten, dass sich im Verspannungsdiagramm für den Lastfall wegen des nach A verlagerten Angriffspunktes von F_A im Vergleich zum Verspannungsdiagramm unter der Vorspannung die Hülsenkennlinie ändert, die Schraubenkennlinie aber unverändert bleibt. Diese Darstellung baut auf der Verschiebung f_{SA} der Kontaktstelle Schraube/Hülse, d.h. der Kopfauflagefläche auf, und dort sind die Verhältnisse hinsichtlich der Schraube konstant.

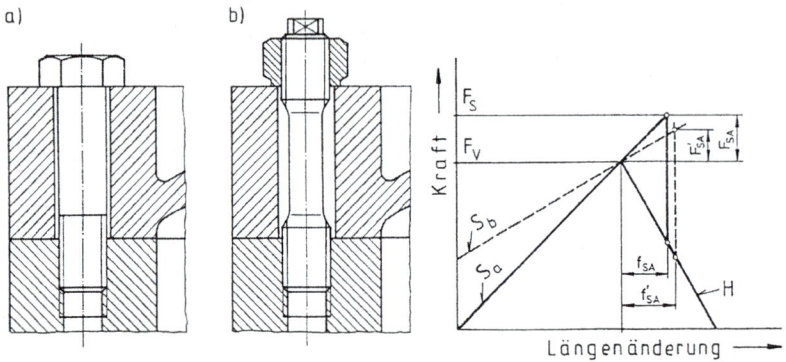

Abb. 6.36. Verspannungsschaubild einer Schraubenverbindung mit einer Schaftschraube a) und einer Dünnschaftschraube b)

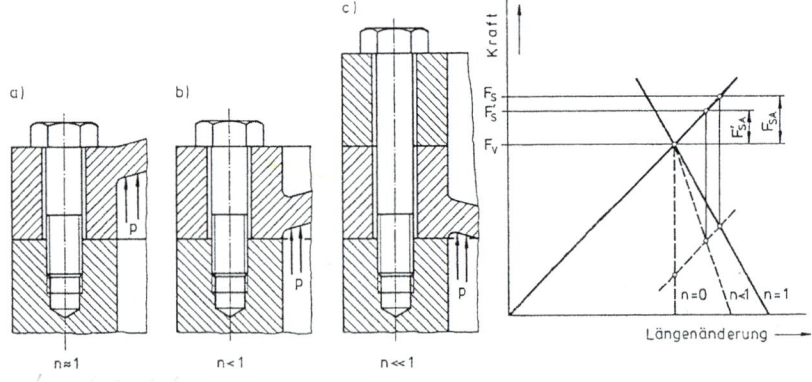

Abb. 6.37. Verminderung der zusätzlichen dynamischen Schraubenlast durch eine günstige Hülsengestaltung; a) Ungünstiger Deckelanschluß; b) günstiger Deckelanschluß; c) Verbesserung durch zusätzliche Aufsatzhülsen

In der Literatur werden häufig auch Darstellungen gezeigt, die zwischen dem Montagezustand F_V und dem Lastzustand derart unterscheidet, dass ab dem Vorspannpunkt die Schraubenkennlinie flacher, die Hülsenkennlinie steiler verläuft. Hierbei wird auf die Verschiebung f_A des Lastangriffspunktes bezogen.

Betriebskräfte auf das Schraubensystem treten außer der bislang betrachteten Zugkraft F_A auch als Druckkräfte und zudem in beiden Wirkrichtungen zeitlich veränderlich, d.h. schwellend und wechselnd auf. Eine zentrisch in die Schraubenauflage ($n = 1$) eingeleitete Druckkraft F_A belastet die Hülse zusätzlich und bewirkt eine negative Verschiebung $-f_{SA}$ im Verspannungsdiagramm Abb. 6.38. Die Aufteilung der Kraft in die Schrauben- und die Hülsenlastanteile ist identisch wie bei der Zugbelastung; die vorher abgeleiteten Formeln gelten weiterhin, wenn die Last mit negativem Vorzeichen eingeführt wird. Vollständig übertragbar sind auch die Aussagen zur Auswirkung des Lastangriffspunktes. Eine in der Teilebene ($n = 0$) eingeleitete Betriebskraft führt zu einer Schraubenzusatzkraft $F_{SA} = 0$.

Dynamische Betriebskräfte

Der Vorteil des elastisch verspannten Systems zeigt sich besonders bei der Belastung durch eine zeitlich veränderliche (dynamische) Betriebskraft. Durch den Entlastungseffekt der Hülse wird der dynamische Lastanteil klein, der die gewindegekerbte Schraube mit ihrer niedrigen Dauerfestigkeit belastet. Die Betriebskraft in Abb. 6.38. ist allgemein $F_A = F_{Am} \pm F_{Aw}$ und schwingt zwischen den Grenzen F_{Au} und F_{Ao}. Dies eingetragen in das Verspannungsdiagramm zeigt die zwischen den Punkten u und o veränderliche Schraubenlast F_S. Diese variiert zwischen $F_{Su} = F_V + F_{SAu}$ und $F_{So} = F_V + F_{SAo}$ Mit Gl. (6.43) ergeben sich für den unteren und den oberen Wert der Schraubenzusatzkraft die Beziehungen

$$F_{SAu} = n \cdot \phi_K \cdot F_{Au} \quad ; \quad F_{SAo} = n \cdot \phi_K \cdot F_{Ao}$$

und daraus dann die mittlere statische Schraubenzusatzkraft

$$F_{SAm} = n \cdot \phi_K \cdot F_{Am} = n \cdot \phi_K \cdot \frac{F_{Ao} + F_{Au}}{2} \qquad (6.49)$$

die zusätzliche Schraubenwechselkraft

$$F_{SAw} = n \cdot \phi_K \cdot F_{Aw} = n \cdot \phi_K \cdot \frac{F_{Ao} - F_{Au}}{2} \qquad (6.50)$$

die Schraubenkraft (Gesamtlast)

$$F_S = F_V + F_{SAm} \pm F_{SAw} \qquad (6.51)$$

Die Angaben und Gleichungen gelten gleichermaßen für den Fall einer eingeleiteten reinen Wechsellast, für den $F_{Am} = 0$ zu setzen ist. Aus Abb. 6.40. ist

$$\sigma_m = (F_V + F_{SAm}) / A_S$$

$$\sigma_{Shu} = \sigma_a \frac{F_{SAo} - F_{SAu}}{2 \cdot A_S} = n \phi_K \frac{F_{Ao} - F_{Au}}{2 \cdot A_S} \leq \sigma_A$$

σ_A Ausschlagfestigkeit aus Smith Diagr. für Sb

ersichtlich, dass gemäß den vorherigen Darstellungen die Schraube in der Druck-
phase entlastet wird.

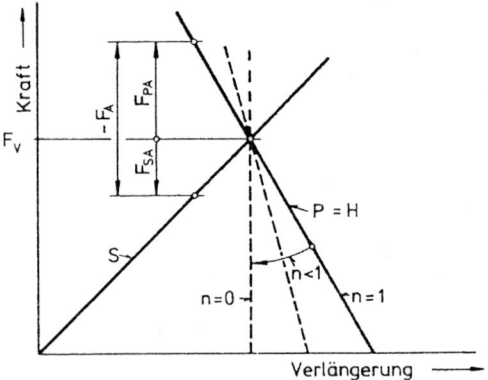

Abb. 6.38. Verspannungsschaubild mit eingeleiteter Betriebsdruckkraft $-F_A$

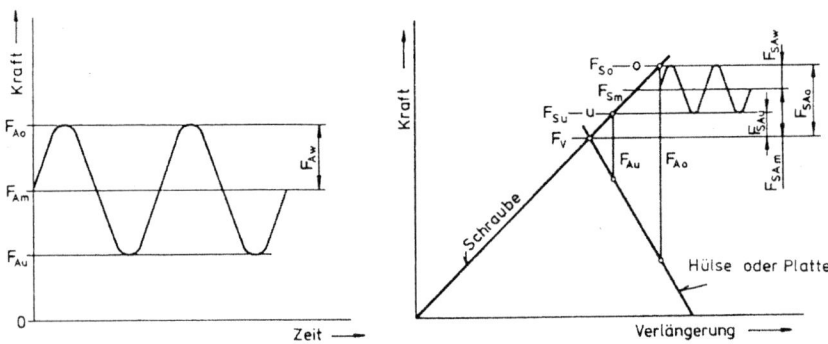

Abb. 6.39. Belastung einer vorgespannten Schraubenverbindung durch eine zeitlich veränderliche Last F_A

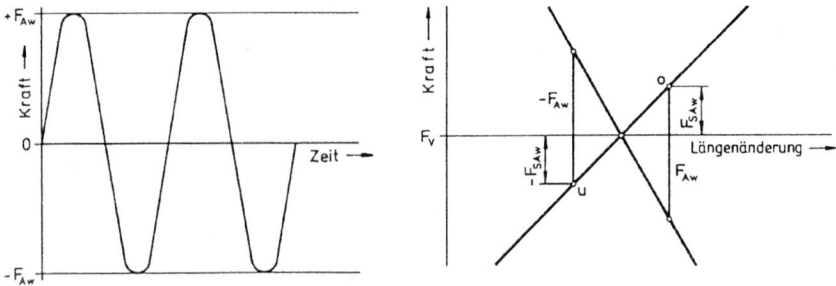

Abb. 6.40. Belastung einer vorgespannten Schraubenverbindung durch eine Wechsellast
F_{Aw}

6.4.3.3 Reales Verhalten verspannter Teile

Der bisher angenommene linear-elastische Kraft-Verformung-Zusammenhang für die verspannten Teile wird durch das innere Verhalten des Werkstoffes gut bestätigt. An den Kontaktflächen (Schraubenauflage und Trennfuge) treten jedoch durch den unvollkommenen Flächenschluss, verstärkt wenn Dichtungsmaterial eingelegt ist, Zusatzeffekte mit der Folge nichtlinearen Verhaltens auf.

Zu erklären ist dies mit einem durch die Oberflächenrauhigkeiten bewirkten, schlechten Flächenschluss bei Lastbeginn. Mit zunehmender Pressung werden die Rauhigkeiten zuerst elastisch, dann auch plastisch verformt, d.h. der Tragflächenanteil und die Steifigkeit nehmen zu. Dabei treten auch Querverschiebungen mit Reibung auf, woraus die Tieflage der Entlastungskurve folgt. Das gleiche Verhalten, aber mit höherem plastischem Restverformungsanteil, zeigen Dichtungen.

Im Verspannungsdiagramm Abb. 6.41. ist danach die Hülsenkennlinie nichtlinear. Das hat zur Folge, dass bei kleinen Vorspannkräften der auf die Schraube entfallende Lastanteil F_{SA} größer ist als bei hoher Vorspannung, und erklärt die Erscheinung, dass dynamisch beanspruchte Schraubenverbindungen beim Absinken der Vorspannung und beim Auftreten von Klaffen schnell zu Bruch gehen können.

Unter der Wirkung der in der Schraubenverbindung herrschenden Kräfte, verstärkt durch Mikrobewegungen, werden in den Kontaktflächen die Oberflächenrauhigkeiten nach dem Fügen auch schon bei Raumtemperatur plastisch verformt, d.h. die Oberflächen werden angeglichen. Dieser als Setzen bezeichnete Vorgang ist zeitabhängig und führt, zunächst schnell, mit fortschreitender Angleichung aber langsamer, zum Verlust an elastischem Spannweg f_Z (Abb. 6.42.) und damit zum Vorspannungsabbau um den Betrag

$$F_Z = \frac{f_Z \cdot \phi_K}{\delta_P} \tag{6.52}$$

mit $f_Z = f_{SZ} + f_{PZ}$.

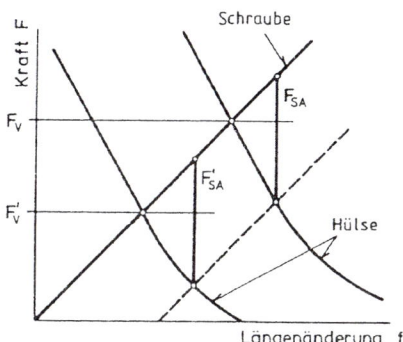

Abb. 6.41. Verspannungsschaubild mit nichtlinearen Kennlinien (z.B. Flansche mit Dichtung)

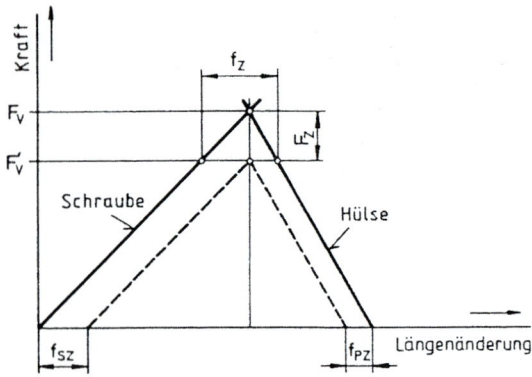

Abb. 6.42. Setzen einer Schraubenverbindung (Vorspannungsverlust)

Der Setzvorgang tritt in allen druckbelasteten Flächen auf, d.h. in den Gewindeflanken, den Kopf- und den Mutterauflageflächen und den Trennfugen. Es findet jedoch bereits bei der Montage ein weitgehendes Einebnen der Oberflächen statt, so dass die Setzbeträge kleiner sind, als nach den Rauheiten zu erwarten wäre. Für massive Schraubenverbindungen kann aus den in Tabelle 6.13. gezeigten Einzelsetzbeträgen ein Gesamtsetzbetrag f_Z für die Verbindung ermittelt werden.

Tabelle 6.13. Richtwerte für Setzbeträge bei verspannten kompakten Stahlbauteilen nach [VDI2230], Ausgabe 2001

Gemittelte Rautiefe R_z	Belastung	Richtwerte für Setzbeträge in µm		
		im Gewinde	je Kopf- oder Mutterauflage	je innere Trennfuge
< 10 µm	Zug / Druck	3	2,5	1,5
	Schub	3	3	2
10 < 40 µm	Zug / Druck	3	3	2
	Schub	3	4,5	2,5
40 < 160 µm	Zug / Druck	3	4	3
	Schub	3	6,5	3,5

Gleichfalls tritt ein Verlust an Vorspannkraft auf, wenn die Bauteile über ihre Streckgrenze hinaus belastet wurden. In Abb. 6.43. wird das Verspannungsschaubild einer Verbindung gezeigt, bei der die Schraube (wie üblich) bis kurz vor die Streckgrenze angezogen wurde. Die Betriebslast F_A belastet die Schraube aber bis in den Fließbereich hinein, d.h. sie erfährt eine plastische Verformung um f_{SF}. Die wirksame Vorspannkraft sinkt dadurch von F_V, auf F_V'. Bei weiterem Betrieb ist von diesem neuen Verspannungszustand auszugehen.

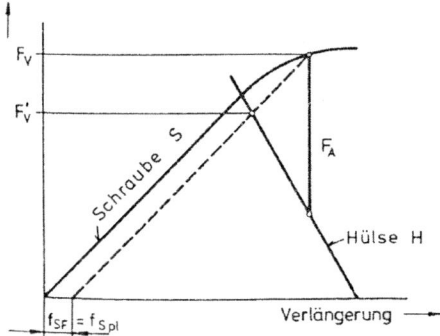

Abb. 6.43. Plastische Verformung der Schraube durch Überlast

6.4.4 Systematische Berechnung der Schraubenverbindung

Ziel der Berechnung der Schraubenverbindung ist nach der Festlegung der Verbindungsart und der Zahl der Schrauben, (die nach mehreren Gesichtspunkten ausgewählt werden müssen, wie Sicherheit, gleichmäßige Pressung bei Laschen und Dichtungen, Platzbedarf, Zugänglichkeit (Montage) usw.),

die *Dimensionierung* der Schraube so, dass sie festigkeitsmäßig den Belastungen durch Vorspannkräfte sowie statischen und dynamischen Betriebskräften genügt (festigkeitsgerecht), und

die *Gewährleistung der Funktion,* d.h. z.B. Aufrechterhalten einer genügend großen Mindestklemmkraft $F_{K\,erf}$ zwischen den verbundenen Bauelementen als hinreichende Kontaktkraft für einen Reibschluss oder z.B. eine Dichtungspressung.

Zu beachten ist, dass die Abmessungen der Gewinde und die Festigkeitsklassen in Stufen genormt sind. Die Dimensionierung kann daher nur innerhalb der so festgelegten Bereiche erfolgen und geschieht dann mit unterschiedlicher Ausnutzung der Tragfähigkeit. Dieser Hinweis relativiert die Richtwerte zur Streckgrenzenausnutzung usw. und gibt nochmals Anlass, die Wichtigkeit der genauen Kraftermittlung hervorzuheben. Die während des Betriebes wirkenden Kräfte sind kaum genau genug erfassbar, die zweite Unsicherheit liegt in der Ermittlung des elastischen Verhaltens der Bauteile mit der Lasteinleitungsstelle und des dadurch bestimmten Betriebslastanteils auf die Schraube, und schließlich sind die Reibwerte erheblich unsicher. Die hier angewandte Sorgfalt bei der Erfassung dieser Größen entscheidet über die Güte der Schraubenverbindung, nicht die Genauigkeit der Zahlenrechnung oder der Angabe der Tragfähigkeitskennwerte der Schrauben. Aufgrund dieser Unsicherheiten hat sich folgende Vorgehensweise durchgesetzt:

1. Abschätzen der Schraubenquerschnitte A_S bzw. A_T nach den gewünschten bzw. eingeleiteten maximalen Betriebskräften (Vordimensionierung)

2. Berechnung der Schraubenverbindung mit den Maßen aus 1., d.h. Ermittlung des elastischen Systems, der Vorspannkraft, der Lastgrößen usw.

3. eventuelle Korrektur der Abmessungen, der konstruktiven Anordnung, der Festigkeitsklassen für die Schraube und die Mutter und danach evtl. neue Durchrechnung nach 2.

Der erste Schritt erfolgt beispielsweise mit einem Arbeitsblatt aus [VDI2230], das in Tabelle 6.14. wiedergegeben ist. Tabelle 6.15. zeigt ein Anwendungsbeispiel dieser Vorgehensweise.

Tabelle 6.14. Teil 1, Abschätzen des Durchmessers von Schrauben, nach [VDI2230]

Arbeitsschritt	Erhöhen der Kraft um N Stufen	Vorgehen
A		In Spalte 1 von Tabelle 6.14. Teil 2 die zur der an der Verbindung angreifenden Kraft nächst höhere Kraft wählen
B		Die erforderliche Mindestvorspannkraft ergibt sich, indem von dieser Kraft um N Stufen weitergegangen wird
B1 F_Q $F_Q(t)$	N = 4	wenn mit $F_{Q\,max}$ zu entwerfen ist: für statische und dynamische Querkraft
B2 $F_A(t)$ $F_A(t)$	N = 2	wenn mit $F_{A\,max}$ zu entwerfen ist: Für dynamische und exzentrisch angreifende Axialkraft
$F_A(t)$ $F_A(t)$ F_A F_A	N = 1	für dynamisch und zentrisch oder statisch und exzentrisch angreifende Axialkraft

Tabelle 6.14. (Fortsetzung)

	N = 0	für statisch und zentrisch angreifende Axiallast
F_A (Abbildung)		
C		weitere Erhöhung der Kraftstufen infolge des Anziehverfahrens:
	N = 2	für Anziehen der Schraube mit einfachem Drehschrauber, der über Nachziehdrehmoment eingestellt wird.
	N = 1	für Anziehen mit Drehmomentschlüssel oder Präzisonsschrauber
	N = 0	für Anziehen über Winkelkontrolle in den überelastischen Bereich
D		in den Spalten 2, 3 und 4 ist die erforderliche Schraubenabmessung in mm abhängig von der Festigkeitsklasse abzulesen

Tabelle 6.14. Teil 2, Abschätzen des Durchmessers von Schrauben, nach [VDI2230]

Spalte 1	2	3	4
	Nenndurchmesser [mm]		
Kraft [N]	Festigkeitsklasse		
	12.9	10.9	8.8
250			
400			
630			
1000	3	3	3
1600	3	3	3
2500	3	3	4
4000	4	4	5
6300	4	5	6
10000	5	6	8
16000	6	8	10
25000	8	10	12
40000	10	12	14
63000	12	14	16
100000	16	18	20
160000	20	22	24
250000	24	27	30
400000	30	33	36
630000	36	39	

Tabelle 6.15. Beispiel zur Anwendung der Tabelle 6.14.

Aufgabe:	Vorgehen:	
Eine Verbindung wird dynamisch mit einer Querkraft von $F_{Q\,max} = 1200$ N belastet.	A	1600 N ist die nächst größere Kraft zu $F_{Q\,max}$ in Spalte 1
Es soll eine Schraube der Festigkeitsklasse 8.8 mit einem Drehmomentschlüssel montiert werden.	B	vier Stufen für dynamische Querkraft führt auf $F_{VM\,min} = 10000$ N
	C	eine Stufe für „Anziehen mit Drehmomentschlüssel" führt zu $F_{VM\,max} = 16000$ N
	D	Für $F_{VM\,max} = 16000$ N wird in Teil 2 Spalte 4 (Festigkeitsklasse 8.8) ermittelt: Schraubengröße M 10

Neben dieser vergleichsweise groben aber doch recht wirkungsvollen Methode zum Dimensionieren soll folgend gezeigt werden, welche Bemessungsgrößen in eine rechnerische Dimensionierung der Schraube eingehen.

In den meisten Fällen wird die Vorspannung durch die Gewindewirkung, d.h. durch Drehen der Mutter oder der Schraube, hergestellt. Dabei erfährt der Schraubenbolzen zusätzlich zur Zugbeanspruchung eine Torsionsbeanspruchung durch das Gewindeanzugsmoment M_{GA}. Wichtig ist zu beachten, dass die bei der Montage aufzubringende Vorspannkraft F_{VM} zum Ausgleich des Setzkraftverlustes F_Z und von Ungenauigkeiten des Montagevorganges (Anziehfaktor α_A) größer sein muss als die betrieblich minimal erforderliche Vorspannkraft $F_{VM\,min}$. Alle folgenden Überlegungen zur Dimensionierung beziehen sich daher auf diese Montagevorspannkraft F_{VM}.

Die Vorspannkraft der Schraube wird *immer* so hoch gewählt, dass der Schraubenwerkstoff bis kurz vor seine Dehngrenze ausgenutzt wird! Dies bedeutet, dass die zugehörige Gesamtanstrengung, die sich aus Zugspannung σ_{VM} und Torsionsspannung τ ergebende Vergleichsspannung σ_{Vv} zu ca. 90% der Streckgrenze erreicht wird.

$$\sigma_{Vv} \leq 0{,}9 \cdot R_{p0,2} \qquad (6.53)$$

Die Berechnung der Vorspannung ist sehr umfangreich und daher für die Dimensionierungsrechnung, speziell für den ersten Überschlag, wenig geeignet. In [VDI2230] ist ein Tabellenwerk enthalten, in dem Vorspannkräfte in Abhängigkeit verschiedener Reibwerte unter dem Kopf und im Gewinde angegeben werden. Dabei wird der Schraubenwerkstoff zu ca. 90% von $R_{p0,2}$ beansprucht. Die Berechnungsgrundlage dieser Tabellen wird folgend dargestellt.

Nach Gl. (6.6) ist das Gewindeanzugsmoment für die Montagevorspannkraft F_{VM} wenn μ_G die Reibungszahl im Gewinde ist zu bestimmen. Es belastet den kleinsten Schraubenquerschnitt A_0, der schon durch die Kraft F_{VM} auf Zug beansprucht wird, zusätzlich auf Torsion mit der Spannung $\tau_V = M_{GAM}/W_{t0}$.

$$M_{GA} = \frac{F_S \cdot d_2}{2} \cdot \left(\tan(\varphi) + \tan(\rho') \right) = \frac{F_{VM} \cdot d_2}{2} \cdot \left[\frac{P}{\pi \cdot d_2} + \frac{\mu_G}{\cos(\alpha/2)} \right] \tag{6.54}$$

Danach ist das Beanspruchungsverhältnis:

$$\frac{\tau_V}{\sigma_{VM}} = \frac{M_{GAM} \cdot A_o}{F_{VM} \cdot W_{to}} = \frac{2 d_2}{d_o} \left[\frac{P}{\pi \cdot d_2} + \mu_G / \cos(\alpha/2) \right] \tag{6.55}$$

und, nach der GE-Hypothese mit der Vergleichsspannung:

$$\sigma_v = \sqrt{\sigma^2 + 3\tau^2} \tag{6.56}$$

wird die Gesamtanstrengung (Vergleichsspannung):

$$\sigma_{Vv} = \sigma_{VM} \sqrt{1 + 3(\tau_V / \sigma_{VM})^2} \tag{6.57}$$

Für den kleinsten Querschnitt A_o bzw. für dessen Widerstandsmoment W_{to} gegen Torsion gelten folgende Werte:

Schaftschrauben:

$$d_o = d_S \text{ und } A_o = A_S = \frac{\pi \cdot d_S^2}{4} \text{ und } W_{to} = W_{tS} = \frac{\pi \cdot d_S^3}{16} \tag{6.58}$$

Dünnschaftschrauben:

$$d_o = d_T \text{ und } A_o = A_T = \frac{\pi \cdot d_T^2}{4} \text{ und } W_{to} = W_{tT} = \frac{\pi \cdot d_T^3}{16} \tag{6.59}$$

Die Montagevorspannkraft F_{VM} ergibt unter Berücksichtigung des Streckgrenzenausnutzungsfaktors v_{Vv} die zulässige Montagevorspannkraft $F_{V zul}$ zu:

$$F_{V zul} = \sigma_{VM} \cdot A_0 = \frac{v_{Vv} \cdot R_{p0,2} \cdot A_0}{\sqrt{1 + 3\left[\frac{2d_2}{d_o} \cdot \left(\frac{P}{\pi d_2} + \mu_G / \cos(\alpha/2) \right) \right]^2}} \tag{6.60}$$

Üblicherweise wird v_{Vv} mit dem Wert 0,9 (= 90% von $R_{p0,2}$) gewählt. Wird ein geringes plastisches Fließen bei der Montage zugelassen, wie in der neueren VDI 2230 vorgestellt, so kann mit einem modifizierten Torsionswiderstandmoment $W_{to} = \pi \cdot d_S^3 / 12$ gerechnet werden. Für den Zustand des gleichzeitigen Fließens durch Torsion und Zugspannung wird dieses modifizierte Widerstandsmoment angewendet und so die Schraubenkraft bei 100% von $R_{p0,2}$ berechnet. Von dem berechneten Wert werden dann üblicherweise 90% ausgenutzt. Die zulässige Montagevorspannkraft wird dann zu:

$$F_{\mathrm{V\,zul}} = \sigma_{\mathrm{VM}} \cdot A_0 = \frac{\nu_{\mathrm{Vv}} \cdot R_{\mathrm{p0,2}}}{\sqrt{1+3\left[\frac{2 \cdot d_2}{3 \cdot d_{\mathrm{o}}} \cdot \left(\frac{P}{\pi\, d_2} + \mu_{\mathrm{G}} / \cos(\alpha/2)\right)\right]^2}} \tag{6.61}$$

Für diese Bemessungskenngröße sind in [VDI2230] umfangreiche Tabellen für verschiedene Reibwerte an der Kopfauflage und im Gewinde wiedergegeben. Tabelle 6.16. und Tabelle 6.17. zeigen Auszüge aus [VDI2230].

Tabelle 6.16. Montagevorspannkräfte und Anziehdrehmomente für Schaftschrauben mit metrischem Regelgewinde, Auszug [VDI2230], Ausgabe 2001

Abm.	Fest.-klasse	Montagevorspannkräfte in kN für μ_G =				Anziehdrehmomente M_A in Nm für $\mu_G = \mu_K$ =			
		0,10	0,12	0,14	0,16	0,10	0,12	0,14	0,16
	8.8	10,4	10,2	9,9	9,6	9,0	10,1	11,3	12,3
M6	10.9	15,3	14,9	14,5	14,1	13,2	14,9	16,5	18,0
	12.9	17,9	17,5	17,0	16,5	15,4	17,4	19,3	21,1
	8.8	19,1	18,6	18,1	17,6	21,6	24,6	27,3	29,8
M8	10.9	28,0	27,3	26,6	25,8	31,8	36,1	40,1	43,8
	12.9	32,8	32,0	31,1	30,2	37,2	42,2	46,9	51,2
	8.8	30,3	29,6	28,8	27,9	43,0	48,0	54,0	59,0
M10	10.9	44,5	43,4	42,2	41,0	63,0	71,0	79,0	87,0
	12.9	52,1	50,8	49,4	48,0	73,0	83,0	93,0	101
	8.8	44,1	43,0	41,9	40,7	73,0	84,0	93,0	102
M12	10.9	64,8	63,2	61,5	59,8	108	123	137	149
	12.9	75,9	74,0	72,0	70,0	126	144	160	175
	8.8	60,6	59,1	57,5	55,9	117	133	148	162
M14	10.9	88,9	86,7	84,4	82,1	172	195	218	238
	12.9	104	101	98,8	96,0	201	229	255	279
	8.8	82,9	80,9	78,8	72,6	180	206	230	252
M16	10.9	121	118	115	112	264	302	338	370
	12.9	142	139	135	131	309	354	395	433
	8.8	134	130	127	123	363	415	464	509
M20	10.9	190	186	181	176	517	592	661	725
	12.9	223	217	212	206	605	692	773	848

Weitere Tabellen sind [VDI2230] zu entnehmen, wo ebenfalls für Feingewinde Werte zur Verfügung gestellt werden. Die Dimensionierung einer Schraube erfolgt üblicher Weise auf die Montagebeanspruchung, bei der als Gesamtanstrengung 90% der Streckgrenze zugelassen wird. Der zusätzlich auf die Schraube wirkende Betriebskraftanteil muss von den verbleibenden 10% zur Streckgrenze ertragen werden. Dabei ist zu beachten, dass durch Setzerscheinungen eine Reduzierung der Beanspruchung einhergeht und dass von der äußeren Betriebskraft nur ein gewisser Anteil zu tragen ist.

Tabelle 6.17. Montagevorspannkräfte und Anziehdrehmomente für Taillenschrauben mit $d_{\mathrm{T}} = 0{,}9 \cdot d_3$ metrischem Regelgewinde, Auszug [VDI2230], Ausgabe 2001

Abm.	Fest.-klasse	Montagevorspannkräfte in kN für $\mu_G =$				Anziehdrehmomente M_A in Nm für $\mu_G = \mu_K =$			
		0,10	0,12	0,14	0,16	0,10	0,12	0,14	0,16
	8.8	13,4	13,0	12,5	12,1	15,2	17,1	18,9	20,5
M8	10.9	19,7	19,1	18,4	17,8	22,3	25,2	27,8	30,1
	12,9	23,1	22,3	21,5	20,8	26,1	29,5	32,5	35,3
	8.8	21,5	20,8	20,1	19,4	30	34	38	41
M10	10.9	31,5	30,5	29,5	28,4	44,	50	55	60
	12.9	36,9	35,7	34,5	33,3	52	59	65	70
	8.8	60,1	58,3	56,5	54,6	131	148	165	179
M16	10.9	88,3	85,7	82,9	80,1	192	218	242	264
	12.9	103	100	97,0	93,8	225	255	283	308

6.4.4.1 *Querbelastete Schraubenverbindung*

Die Schrauben der querbelasteten Schraubenverbindungen erfahren keine betrieblichen Zusatzkräfte, sofern sie ausreichend dimensioniert sind und kein Rutschen in der Trennfuge auftritt. Die Federungseigenschaften des verspannten Systems können daher, mit gewisser Einschränkung hinsichtlich des Setzens, unbeachtet bleiben. Die Schraubenbeanspruchung erfolgt nur durch die als Klemmkraft wirkende Vorspannkraft. Zu beachten ist der im Abschnitt Montage noch ausführlicher beschriebene Effekt, dass die Montage mit vergleichsweise großer Ungenauigkeit erfolgt, die aus der Art des Montagewerkzeuges und der Streuung der Reibwerte kommt. Berücksichtigt wird dieser Effekt durch den Montageanziehfaktor α_{A}.

Berechnung

Die konstruktiven Gegebenheiten müssen für eine Berechnung weitgehend verfügbar sein. Für die folgende Diskussion an einem Beispiel werden (vgl. Abb. 6.30.) folgende Größen festgelegt:

- Zu übertragende Querkraft :   5000 N
- Werkstoff der zu verbindenden Teile: Stahl
- Zahl der Reibflächen: i = 2
- Schraubenart: Schaftschraube 8.8
- Zahl der Schrauben: j=2
- Klemmlänge: 40 mm
- Anziehfaktor (nach Tabelle 6.12.): $\alpha_{\mathrm{A}} = 1{,}6$

Vordimensionierung:

Zur Vordimensionierung kann entweder nach Tabelle 6.14. vorgegangen werden, wobei im vorliegenden Beispiel die Anzahl der Schrauben die zu übertragende Kraft halbiert und die Anzahl der Reibflächen nochmals die Kraft halbiert. Entsprechend ergibt sich für $F_Q = (5000/4)$ N = 1250 N als Schraubengröße 2 Stck. M10-8.8. Die zweite Möglichkeit besteht darin Gl. (6.33) mit $S_R = 1,25$ und $\mu_0 = 0,1$ anzuwenden, die erforderlich Klemmkraft ist dann 15.625 N. Wird dann weiterhin berücksichtigt, dass aufgrund des Anziehfaktors die Schraube größer dimensioniert werden muss, so ergibt sich:

$$F_{M\,max} = F_{M\,min} \cdot \alpha_A = 15.625 \text{ N} \cdot 1,6 = 25.000 \text{ N}$$

Nach Tabelle 6.16. und mit Berücksichtigung, dass zur Auswahl der Schraube immer aufgerundet werden muss, führt dies ebenfalls auf eine Schraube M10-8.8. Damit ist eine vorläufige Festlegung der Schraube getroffen.

Nachrechnung

Nachdem die Schraubengröße durch die Vordimensionierung bestimmt ist, erfolgt eine Nachrechnung. Hierzu sind folgende Schritte notwendig:

- Bestimmung der elastischen Nachgiebigkeiten der Schraube δ_S und der Bauteile δ_P (Abschnitt 6.4.2.1)
- Bestimmung des Setzbetrages f_Z nach Tabelle 6.13.
  im Beispiel: Rauheit der Oberflächen wird mit $R_Z = 25$ μm angesetzt, damit:

Gewinde	3,0 μm
Schraubenkopf	4,5 μm
Mutterauflage	4,5 μm
Trennfugen: 2	5,0 μm
Summe:	17,0 μm

- Bestimmung des Vorspannkraftverlustes durch Setzen nach Gl. (6.52), d.h. der Kraft F_Z :

$$F_Z = \frac{f_Z}{\delta_P + \delta_S}$$

- Überprüfung der Spannkraft für die Schraube; maximale Spannkraft nach Montage:

$$F_{sp\,max} = \alpha_A (F_{K\,erf} + F_Z) = F_{V\,M\,max}$$

Kontrolle minimale Spannkraft nach Montage und Setzen muss größer gleich der erforderlichen Klemmkraft sein:

$$F_{\text{sp min}} \geq F_{\text{K erf}} = \frac{F_{\text{VMmax}}}{\alpha_{\text{A}}} - F_{\text{Z}} = F_{\text{M min}} - F_{\text{Z}}$$

- Gegebenenfalls Bestimmung des Schraubenanzugsmomentes nach Gl. (6.54).

- Berechnung der Flächenpressung unter der Kopfauflage nach der Beziehung:

$$p = \frac{F_{\text{S max}}}{A_{\text{p}}} \leq p_{\text{G}}$$

Mit:

$A_{\text{p}} = (D_{\text{K}}^2 - D_{\text{C}}^2)\pi / 4 = $ Auflagefläche
$D_{\text{K}} = 0{,}9 \cdot SW = $ Auflagedurchmesser
$D_{\text{C}} = $ Innendurchmesser der Auflage (Lochsenkung beachten!)
$p_{\text{G}} = $ Grenzflächenpressung

- Bewertung des Ergebnisses:
Überprüfung der Schraubengröße und -anordnung sowie der Teilekonstruktion; Überprüfung von Sicherheitsaspekten, z.B.
- (innere) Sicherheit gegen Sprödbruch, Sicherung gegen Lockern und Lösen
- (äußere) Sicherheit der Montage (Zugänglichkeit, Gewährleistung der Spannkräfte) und Reparatur, Korrosionssicherheit

6.4.4.2 Längsbelastete Schraubenverbindung

Durch die in die Verbindung eingeleitete Betriebslast ändert sich der Verspannungszustand des Systems und damit die Belastung der im Hauptschluss liegenden Schraube. Schwerpunkt der Dimensionierungsrechnung ist die exakte Bestimmung des elastischen Systems (elastische Nachgiebigkeiten), besonders wenn dynamische Betriebskräfte wirken.

Zur Herleitung der Hauptdimensionierungsformel wird auf Abb. 6.44. verwiesen. Bei der Montage muss als Montagevorspannkraft mindestens

$$F_{\text{VM min}} = F_{\text{K erf}} + F_{\text{PA}} + F_{\text{Z}} \qquad (6.62)$$

aufgebracht werden, um nach dem Setzen (Vorspannkraftverlust F_{Z}) die betrieblich wirksame minimale Montagevorspannkraft

$$F_{\text{V min}} = F_{\text{K erf}} + F_{\text{PA}} \qquad (6.63)$$

und damit die Mindestklemmkraft $F_{\text{K erf}}$ zu gewährleisten. Durch die Montageunsicherheit ist eine Überhöhung zu erwarten, auf die die maximale Montagevorspannkraft zu dimensionieren ist:

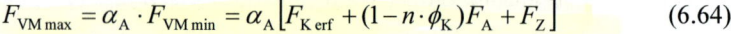

$$F_{VM\,max} = \alpha_A \cdot F_{VM\,min} = \alpha_A \left[F_{K\,erf} + (1 - n \cdot \phi_K) F_A + F_Z \right] \qquad (6.64)$$

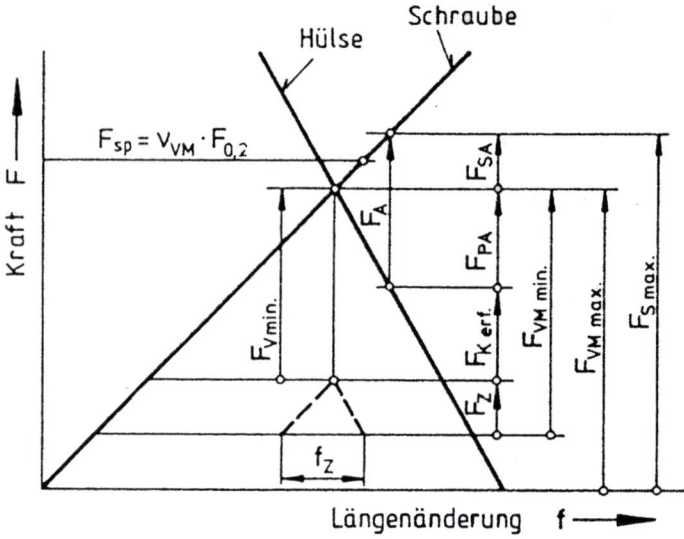

Abb. 6.44. Hauptdimensionierungsgrößen im Verspannungsschaubild einer längsbelasteten Schraubenverbindung

Dies ist die Hauptdimensionierungsformel nach [VDI2230]. In Gl. (6.64) ist ϕ_K jedoch noch unbekannt. Die Umstellung von Gl. (6.62) liefert die Beziehung für die minimale betrieblich wirksame Vorspannkraft:

$$F_{VM\,min} = F_Z + F_{K\,erf} + F_A - F_{SA} \qquad (6.65)$$

Und daraus mit den Gleichungen (6.64) und (6.61) auch die Beziehung für die maximale Vorspannkraft.

$$F_{VM\,max} = \alpha_A \cdot (F_Z + F_{K\,erf} + F_A) - \alpha_A \cdot F_{SA} \leq F_{V\,zul} \qquad (6.66)$$

Unter Berücksichtigung der Tatsache dass die Schraube mit $\sigma_{V\,v} \leq 0{,}9 \cdot R_{p0,2}$ für die Montage ausgelegt wird, verbleiben theoretisch bis zum Überschreiten der Streckgrenze nur 10% von $R_{p0,2}$, so dass für $F_{SA\,max}$ gilt:

$$F_{SA\,max} = (100\% - 90\%) \cdot R_{p0,2} \cdot A_S \qquad (6.67)$$

In der Praxis wird die zulässige Schraubenzusatzkraft F_{SA} bei statischen Belastungen im Allgemeinen höher sein, da unmittelbar nach der Montage Setzvorgänge wirksam sind und die Schraubenvorspannung mindern. Mit der Verringerung der Vorspannkraft vergrößert sich der Abstand zur Streckgrenze, so dass auch größere Betriebskräfte ohne Fließen der Schraube möglich sind. Dennoch sollte

bei der Montage immer die höchst mögliche und zulässige Vorspannkraft angestrebt werden, um ein mögliches Klaffen der Schraubenverbindung sicher zu
verhindern.

Berechnung

Die konstruktiven Gegebenheiten müssen für eine Berechnung schon weitgehend
verfügbar sein, für die folgende Diskussion werden folgende Größen festgelegt:

- Werkstoff der zu verbindenden Teile
- Schraubenart: Schaft- oder Dünnschaftschraube
- Klemmlänge: l_K
- Zahl der Schrauben: j
- Betriebskraft je Schraube: F_A ggf. $F_A = F_{Am} \pm F_{Aw}$
- Mindestklemmkraft: $F_{K\,erf}$
- Montagefaktor (Anziehfaktor): α_A (nach Tabelle 6.12.)

Vordimensionierung

Die Vordimensionierung erfolgt zweckmäßiger Weise nach dem in [VDI2230]
vorgestellten Verfahren, siehe Tabelle 6.14. Damit ist der Schraubennenndurch-
messer und die Festigkeitsklasse bestimmt.

Berechnung der Schraubenverbindung

- Berechnung der Flächenpressung unter der Kopfauflage nach der Beziehung

$$p = \frac{F_{sp}}{A_p} = \frac{F_{V\,zul}}{A_p} \le p_G \tag{6.68}$$

- Bestimmung des Wertes l_K / d

- Bestimmung der Nachgiebigkeiten und des Kraftverhältnisses ϕ_K :

$$\phi_K = \frac{\delta_P}{\delta_S + \delta_P} \tag{6.69}$$

- Abschätzung der Krafteinleitungshöhe n, (siehe Abb. 6.33.), (oder genauere
  Ermittlung nach [VDI2230]
- Bestimmung des Setzbetrages f_Z nach Tabelle 6.13. ;
- Bestimmung des Vorspannkraftverlustes durch Setzen nach Gl. (6.52), d.h. der
  Kraft F_Z :

$$F_Z = \frac{\phi_K}{\delta_P} \cdot f_Z \qquad (6.70)$$

- Überprüfung der maximalen Montagevorspannkraft nach der Beziehung:

$$F_{VM\,max} = \alpha_A \cdot (F_{K\,erf} + (1 - n \cdot \phi_K) \cdot F_{Am} + F_Z) \leq F_{V\,zul} \qquad (6.71)$$

- Überprüfung der auf die Schraube wirkenden mittleren Schraubenzusatzkraft gemäß Gl. (6.67) nach der Beziehung:

$$F_{S\,Am} = n \cdot \phi_K \cdot F_{Am} \leq (1 - v_{Vv}) \cdot R_{p0,2} \cdot A_S \qquad (6.72)$$

- Überprüfung der infolge der zusätzlichen Schraubenwechselkraft (Wechselbe- lastung der Schraube durch die Zusatzkraft F_{SA}) auftretenden dynamischen Beanspruchung gemäß Gl. (6.50) nach der Beziehung:

$$\sigma_{SAw} = \sigma_a = \frac{F_{SAo} - F_{SAu}}{2 \cdot A_3} = n \cdot \phi_K \frac{F_{Ao} - F_{Au}}{2 \cdot A_3} \leq \sigma_A \qquad (6.73)$$

Vergleich mit der zulässigen Dauerfestigkeitsamplitude σ_A nach Abschnitt 6.3.2.3, Abb. 6.20. und 6.21.

- Festlegung des Montageverfahrens, gegebenenfalls Bestimmung des Schrau- benanzugsmomentes wie im folgenden Abschnitt beschrieben.

- Berechnung der Montagevorspannkraft nach der Beziehung:

$$F_{VM\,min} = F_{VM\,max} / \alpha_A \qquad (6.74)$$

Bewertung des Ergebnisses

Überprüfung der Schraubengröße und -Anordnung sowie der Teilekonstruktion; Aufzeichnen des Verspannungsdiagramms nach Abb. 6.44.; Bewertung der Auslegung und der gewählten Größen;
Überprüfung von Sicherheitsaspekten, z.B.:
- (innere) Sicherheit gegen Stoßlast, Sprödbruch, Sicherung gegen Lockern und Lösen, Sicherung gegen Ausfallfolgeschäden
- (äußere) Sicherheit der Montage (Zugänglichkeit, Gewährleistung der Spann- werte) und Reparatur, Korrosionssicherheit

6.5 Montage der Schraubenverbindung

Die Montage muss wegen der Abhängigkeit der Schraubenlastgrößen vom Verspannungszustand gewährleisten, dass die erforderliche Vorspannkraft in der Schraubenverbindung möglichst exakt hergestellt wird. Bei den gebräuchlichen Anziehverfahren lässt sich die Vorspannkraft nicht direkt erfassen, sondern nur ableiten aus dem Drehmoment, dem Drehwinkel, der elastischen Verlängerung der Schraube oder dem Fließbeginn an der Streckgrenze. Je nach der Güte der Messwerterfassung und der Streuung von Einflussgrößen - hier vornehmlich der Reibungszahl - ist die Vorspannkraft mit einer dem Montageverfahren eigentümlichen Unsicherheit belastet. Die Streuung der Montagevorspannkraft zwischen den sich unter gleichen Bedingungen einstellenden Grenzwerten $F_{VM\,max}$ und $F_{VM\,min}$ wird durch den Anziehfaktor α_A ausgedrückt und erfordert eine Überdimensionierung der Schraubenverbindung.

Die Schraubenmontage ist prinzipiell nach zwei Verfahren möglich. Beim verbreiteten sog. „Anziehen" nutzt man die Eigenschaft der Schraube als Keilgetriebe, eine eingeleitete Drehung in eine Längsbewegung und dabei ein Drehmoment in eine Schraubenlängskraft umzusetzen. Beim sog. „Anspannen", das vornehmlich an Großverschraubungen, z.B. im Apparate- und Großmaschinenbau, Anwendung findet, werden die Vorspannkräfte bzw. die Verlängerung des Schraubenschaftes direkt axial aufgebracht; das Gewinde dient nur zum Fixieren.

6.5.1 Montage durch Anziehen

Um eine Schraube auf die Kraft F_S anzuziehen, ist zusätzlich zum Gewindeanzugsmoment M_{GA} nach Gl. (6.6) ein weiteres Moment aufzubringen, um die Reibung in der Kopf- bzw. der Mutterauflagefläche (mittlerer Reibdurchmesser D_{Km}) zu überwinden. Dieses hat folgende Größe:

$$M_K = F_S \cdot \mu_K \cdot \frac{D_{Km}}{2} = F_S \cdot \mu_K \cdot \frac{D_K + D_C}{4} \qquad (6.75)$$

mit D_K =   äußerer Durchmesser der Mutterauflagefläche

und D_C =   innerer Durchmesser der Mutterauflagefläche

Das Kopfanziehmoment ist von den Abmessungen des Kopfes bzw. der Mutter abhängig und daher unterschiedlich zwischen Normschrauben und Schrauben mit Sonderformen. Daraus ergibt sich das während der Montage (Montagevorspannkraft F_{VM}) aufzubringende Schraubenanzugsmoment:

$$M_{SAM} = M_{GAM} + M_{KAM} \qquad (6.76)$$

$$M_{SAM} = F_{VM}\left(\frac{d_2}{2}\cdot\tan(\varphi+\rho') + \mu_K \cdot \frac{D_K + D_C}{4}\right) \qquad (6.77)$$

Oder umgestellt:

$$\frac{M_{SAM}}{F_{VM}} = \underbrace{\frac{P}{2\pi}}_{1.\text{Term}} + \underbrace{\frac{d_2}{2}\cdot\frac{\mu_G}{\cos(\alpha/2)}}_{2.\text{Term}} + \underbrace{\mu_K \cdot \frac{D_K + D_C}{4}}_{3.\text{Term}} \qquad (6.78)$$

Mit überschlägigen Werten für Normschrauben mit Regelgewinde kann man die Anteile quantifizieren. Bei einer mittleren Reibungszahl im Gewinde und in der Kopf- bzw. Mutterauflagefläche von $\mu_G = \mu_K = 0{,}12$ entfallen auf das Nutzmoment (1. Term) 12%, auf die Gewindereibung (2. Term) 42% und auf die Kopfreibung (3. Term) 46% des Anzugsmomentes. Der Reibungsanteil von 88% verweist auf die relativ große Unsicherheit momentengesteuerter Anzugsverfahren, denn die unvermeidlichen Reibwertschwankungen wirken sich aus in einer starken Streuung der erreichbaren, betrieblich wirksamen Anzugskräfte zwischen $F_{VM\,max}$ und $F_{VM\,min}$. In Abb. 6.45. wird die Größe der zu erwartenden Reibwertstreuung, ermittelt an größeren Losen neuer Schrauben unter gleichartigen Schmierungs- und Einbaubedingungen gezeigt.

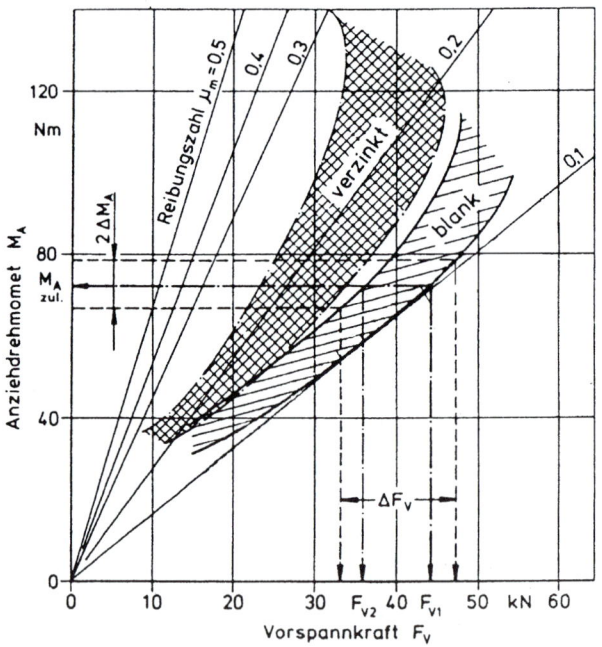

Abb. 6.45. Gewindereibwerte an neuen Schrauben, ungeschmiert

Da zudem die Messwerte nur mit begrenzter Genauigkeit erfasst werden können (Betriebseinflüsse, Ablesefehler, Grundgenauigkeit), ergibt sich die Größe des Anziehfaktors aus der Darstellung in Abb. 6.46.

$$\alpha_A = F_{VM\,max} / F_{VM\,min} \qquad (6.79)$$

Die Grenzen der erreichbaren Kraft sind die Paarungen der jeweiligen Extremwerte kleinste Kraft/größter Reibwert und umgekehrt. Die Rechnung hat mit dem niedrigsten Reibungsbeiwert zu erfolgen, denn damit wird die höchste Vorspannkraft $F_{VM\,max}$ in der Schraube erzeugt.

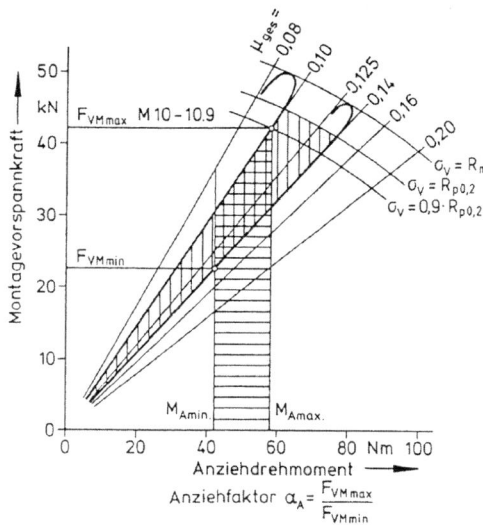

Abb. 6.46. Definition des Anziehfaktors α_A

6.5.1.1 Handmontage

Bei untergeordneten Schraubenverbindungen ist die Handmontage üblich und hinreichend. Ihre Güte beruht aber sehr auf der Erfahrung des Monteurs. In der Praxis zeigt sich, dass die Schraubengrößen M12 bis M16 der Festigkeitsklassen 5.6, 6.8 bzw. M8 bis M12 der Festigkeitsklassen 8.8, 10.9 tendenziell richtig angezogen werden. Kleinere Schrauben (<M10) werden meist eher überbeansprucht und größere (>M10) eher unterbeansprucht vorgespannt. Diese Angaben gelten für normale Schraubenschlüssel und Handkräfte. Hebelverlängerungen sind zu vermeiden. Die Angabe eines Anziehfaktors ist praktisch nicht möglich.

6.5.1.2 Drehmomentgesteuertes Anziehen

Die Schraubenmontage erfolgt mit handbetätigtem oder motorbetriebenem Werkzeug, bei dem das zum richtigen Anziehen erforderliche Drehmoment gemessen oder als Grenzwert eingestellt wird (z.B. durch Abschalten). Das erforderliche Drehmoment lässt sich unter Annahme mittlerer, durch Erfahrung bestätigter Reibwerte nach Gl. (6.77) berechnen. Als Ungenauigkeiten gehen dabei die Fehler in der Abschätzung des Reibwertes, die Streuung der Reibwerte (vgl. Abb. 6.45.), die Maßabweichungen und die Ungenauigkeit der Anziehwerkzeuge einschließlich der Ablese- und evtl. der Bedienungsfehler ein. Eine erhebliche Verbesserung, die bei wichtigen Verschraubungen und in der Serienmontage angeraten ist, wird durch Schraubversuche am Originalteil erreicht. Die erforderliche Größe des Anzugsmomentes kann dabei z.B. durch eine Verlängerungsmessung des Schraubenbolzens erfasst werden. Die Reibwertstreuung lässt sich bei hohen Anfangsreibwerten dadurch reduzieren, dass man den Anziehvorgang an einer Schraube mehrfach durchführt, denn durch das mehrmalige Aufbringen der Schraubenkräfte werden die ursprünglichen Oberflächenrauhigkeiten abgerieben bzw. plastisch deformiert, die Reibflächen mithin geglättet oder egalisiert, die Setzbeträge demzufolge verringert. Allerdings kann es auch zu gegenteiligen Erscheinungen kommen; bei glatten Oberflächen kann es zum „Fressen" der Oberflächen kommen, mit dem sich die Reibwerte erhöhen! Handbetätigte Drehmomentschlüssel sind anzeigend, d.h. das Drehmoment bewirkt die Verdreh- oder Biegeverformung eines Stabes, die mittels eines Zeigers auf einer Skala abzulesen ist (Abb. 6.47.). Motorbetriebene Geräte mit Elektro- oder Druckluftantrieb werden, da sie vorzugsweise in der Serienfertigung eingesetzt sind, auf Grenzmomente eingestellt. Das Messsignal kann eine Betriebsgröße sein, z.B. der Grenzwert des Stromes oder der Druck am Luftmotor (sog. Stillstandsschrauber). Bei Drehschraubern mit Kupplungsautomatik rastet eine Sperrkupplung beim eingestellten Moment aus. Die begrenzte Genauigkeit beider Prinzipien wird übertroffen durch Präzisionsdrehschrauber mit dynamischer, d.h. elektronischer Messung des Momentes an einer Abstützung, die ein sehr exaktes Abschalten bewirkt. Dennoch verbleiben erhebliche Einflüsse aus Reib- und Messwertstreuungen, so dass mit einer Streuung der Montagekraft bis zu ± 23% bei Prüfung am Originalteil und bis zu ± 43% bei geschätztem Reibwert zu rechnen ist (vgl. Tabelle 6.12)

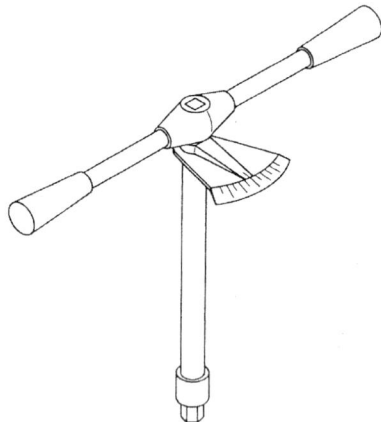

Abb. 6.47. Drehmomentschlüssel

6.5.1.3   Anziehen mit Verlängerungsmessung

Als Maß für die Schraubenkraft und damit zur Bestimmung der Vorspannkraft F_V wird die elastische Verlängerung der Schraube benutzt. Prinzipiell ist dieses die exakteste Messung und wird deshalb auch als Kontroll- und Einstellverfahren für andere Anziehverfahren benutzt. Die betriebspraktische Anwendung ist allerdings begrenzt, denn die Längenmessung unterliegt folgenden Schwierigkeiten:

- nur bei Durchsteckschraubenverbindungen mit guter Zugänglichkeit möglich
- kostenaufwendig, da die Messung einzeln mit genauesten Messzeugen erfolgen muss
- abhängig von der Temperatur
- erfordert exakte Messflächen, z.B. eingesetzte Kugeln
- erfordert große Sorgfalt bei der Messung der kleinen Längenänderungen. Diese liegen bei ca. 70% Streckgrenzenausnutzung für Schrauben der Festigkeitsklasse 6.8, 10.9 und 12.9 in der Größenordnung von 16, 30 und 36 µm je 10 mm Klemmlänge

Die Streuung der Vorspannkraft F_V dürfte daher um ca. ± 10% liegen [Illg02]. Bessere Werte sind möglich, wenn bei den Einstellmessungen sehr präzise vorgegangen wird.

6.5.1.4   Drehwinkelgesteuertes Anziehen

Dieses Verfahren ist eine indirekte Längenmessung über die Eigenschaft der Schraubenlinie, einen Längsvorschub z zur Erzeugung des Kontaktes und der Schraubenverlängerung als Drehwinkel ϑ abzubilden. Es werden nicht nur das Zusammendrücken der verspannten Teile, sondern zudem alle bis zum Fügekontakt eintretenden elastischen und plastischen Verformungen erfasst. Da diese unregelmäßig und nicht vorherbestimmbar sind, wird in der praktischen Ausführung zunächst ein Fügemoment zur satten Auflage der zu verspannenden Teile aufgebracht (z.B. ca. 20% des theoretischen Anzugsmomentes). Mit diesem muss zuverlässig der lineare Verlauf der Verformungskennlinie erreicht werden, erst von da an zählt der Nachziehwinkel auf den Montagewert. Die Bestimmung des Fügemomentes und des Nachziehwinkels erfolgt experimentell, kalibriert durch eine präzise Verlängerungsmessung und unter Berücksichtigung der Serienlosstreuung.

Die Genauigkeit der Vorspannkrafteinstellung wird dadurch sehr verbessert, dass die Schrauben bis in den überelastischen Bereich angezogen werden, wo sich Winkelfehler im nahezu horizontalen Verlauf der Verformungskennlinie wenig auswirken. Obgleich die Streckgrenze der Schrauben überschritten wird, bestehen keine Befürchtungen hinsichtlich der Dauerhaltbarkeit. Bei größeren Klemmlängen steigt diese, wie durch Versuche nachgewiesen, sogar beachtlich an, weil eine Vergleichmäßigung der Lastverteilung im Gewinde durch Fließen stattfindet.

Die Streuung der Montagevorspannkräfte F_{VM} in den Schrauben liegt bei exakter Vorbereitung verfahrensbedingt bei etwa $\pm$ 5%. Wenn die Schrauben aus verschiedenen Fertigungslosen stammen, kommt die Streuung der Werkstoffstreckgrenze hinzu, und die Abweichung der Vorspannkraft F_V steigt dann auf ca. $\pm$ 10 bis 12% an.

6.5.1.5 Streckgrenzengesteuertes Anziehverfahren

Dieses Anziehverfahren ist weitgehend reibwertunabhängig und, da bezogen auf die Streckgrenze der Schraube als Steuergröße, sehr genau hinsichtlich der Schraubentragfähigkeit. Aufgetragen über dem Drehwinkel steigen die Schraubenkraft und, bei gleichbleibendem Reibwert, das Anzugsdrehmoment weithin linear an. Diese Kurven flachen ab, sobald erste Fließerscheinungen auftreten (Streckgrenzenpunkt). Mit einer elektronischen Messeinrichtung werden Drehmoment und Drehwinkel fortlaufend gemessen und differenziert. Der Abfall des Differentialquotienten am Streckgrenzenpunkt auf einen festgelegten Bruchteil des vorherigen Höchstwertes im linearen Teil schaltet den Antrieb ab. Unregelmäßigkeiten zu Beginn des Anziehvorganges, die auf elastische und plastische Setzvorgänge bis zur satten Auflage der Teile zurückzuführen sind, überbrückt das System, indem es die Messung erst aufnimmt, nachdem ein Fügemoment überschritten wurde.

Die Genauigkeit des Anziehverfahrens wird hauptsächlich durch die Streuung der Werkstoffstreckgrenze R_e, bzw. der 0,2%-Dehngrenze $R_{p0,2}$ bestimmt. Einen gewissen Einfluss hat der Gewindereibwert μ_G, da er das Moment und damit die Torsionsbeanspruchung des Schraubenschaftes mit bestimmt. Die Torsionsspannung geht in die Gesamtanstrengung der Schraube ein, d.h. die Streckgrenze wird bei höheren Reibwerten schon mit niedrigeren Schraubenkräften erreicht. Die Streuung der Vorspannkräfte F_V liegt daher bei etwa $\pm$ 5 bis 12%.

Die Streckgrenze als Messwert bewirkt, dass die Vorspannkraft in der Verbindung immer den zulässigen Höchstwert erreicht. Dennoch lassen sich die Schrauben wiederverwenden, denn die plastische Verformung ist auf ca. 0,2% begrenzt und damit weit unter der Schädigungsgrenze der zähen bzw. duktilen Schraubenwerkstoffe.

Annmerkung

Zu den beiden letzten Abschnitten sei eine kritische Bemerkung angebracht. Die systematische Schraubenberechnung (Abschnitt 6.4.4) basiert auf der Schraubenkraft an der Streckgrenze $F_{0,2}$, gegenüber der die Betriebsbelastung $F_S = F_V + F_{SAm} \pm F_{SAw}$ mit einer bestimmten Sicherheit abgesetzt wird. Dies ist vielfach nur dadurch möglich, dass einerseits nach dem Anziehen der Schraube die Torsionsspannung schon nach kurzer Zeit abgebaut ist und sich auch infolge der Setzerscheinungen ein geringerer Betrag der Vorspannkraft einstellt. Damit steht für die Belastung der Verbindung aber eine deutlich größere „Reserve" zur Verfügung, als es mit einer einfachen Modellvorstellung, ohne „Plastizität" vorstellbar wäre. Das einfache Berechnungsmodell der systematischen Schraubenberechnung ist daher immer weiter entwickelt worden und die Ergebnisse sind teilweise schon in [VDI2230] umgesetzt. *Weiterhin ist zu beachten, dass hier nur der vergleichsweise einfache Fall der zentrisch verspannten und zentrisch belasteten Verbindung betrachtet wird, in der Praxis kommen in vielen Fällen Biegebeanspruchungen der Schraube hinzu, so dass die Betrachtung der überelastischen Beanspruchungen damit noch wichtiger wird. Für tiefer gehende Betrachtungen wird auf [VDI2230] verwiesen.*

6.5.1.6 Anziehen mit Schlagschraubern

Schlagschrauber mit Elektro- oder Druckluftmotorantrieb erzeugen in einem Schlagwerk Drehschläge. Diese Drehimpulse lassen sich kaum einem Anzugsmoment zuordnen, denn außer den Einflussgrößen aus der Schraubenverbindung werden bei diesem „dynamischen" oder stoßartigen Anziehen die Eigenschaften des Schlagwerkes und die Elastizitäten wirksam. Selbst nach Kontrolleinstellung am Originalteil beträgt die Streuung der Anzugswerte immer noch etwa ± 40%, die bei nur kleinen Veränderungen sogar auf ± 60% steigen kann. Dieses Anzugsverfahren ist daher für hochbeanspruchte Verbindungen nicht empfehlenswert.

6.5.2 Montage durch Anspannen

Bei Schraubenverbindungen mit Schrauben *größerer Abmessungen* ist die Montage nach den bisher beschriebenen Verfahren nur schwer möglich, weil die Drehmomente nur schwer abzustützen sind. Gleiches gilt z.B. für große Flanschverschraubungen, in denen überdies eine größere Schraubenzahl gleichmäßig angezogen werden muss. Die Montage erfolgt in solchen Fällen durch das Anspannen, d.h. die vormontierten Schrauben werden durch Erwärmen oder äußere Kräfte auf die Vorspanndehnungen verlängert. Die Muttern zieht man nur mit kleinem Fügemoment an, die Schraubenschäfte bleiben somit von Torsionsbelastung frei. Die erreichbare Genauigkeit der Vorspannkraft liegt, bedingt durch die unterschiedlichen Setzbeträge in den Teilfugen und im Gewinde, in der Größenordnung von mindestens ± 15 bis 30%, wenn keine Kontrollmaßnahmen erfolgen.

6.5.2.1 Montage durch Wärmedehnung

Die Schraubenbolzen werden vor der Montage erwärmt. Bei großen hohlgebohrten Bolzen erfolgt die Erwärmung durch eingeführte Heizpatronen sogar von innen. Die verspannten Teile (Hülse) bleiben kalt. Die thermische Verlängerung muss die Schraubenverlängerung f_{SV} und die Hülsenverkürzung f_{PV}, die zum Vorspannzustand gehören, und die Setzbeträge f_Z decken. Es muss also gelten:

$$\alpha_t \cdot l_K \cdot \Delta\theta = f_{SV} + f_{PV} + f_Z \qquad (6.80)$$

Dabei sind:

α_t = thermischer linearer Längenausdehnungskoeffizient;
$\Delta\theta$ = Temperaturdifferenz gegenüber der Umgebung (Hülsentemperatur)

Die Muttern werden nur auf ein leichtes Fügemoment angezogen, beim Abkühlen stellt sich der Vorspannzustand ein. Das Verfahren ist nur anwendbar, wenn die Beträge von f_{PV} und vor allem f_Z klein sind gegenüber f_{SV}, da sonst die Anwärmtemperatur zu hoch werden müsste. Typische Anwendung findet das Verfahren bei Turbinengehäusen mit dicken, starren Flanschen und glatter Trennfläche ohne Dichtung.

6.5.2.2 *Hydraulisches Anspannen*

Beim hydraulischen Spannen können große Vorspannkräfte aufgebracht werden, wobei die Vorspannung mit großer Genauigkeit bis nahe an die Streckgrenze des Schraubenwerkstoffes zu steigern ist. Damit verbunden ist der Vorteil, in einer Schraubenverbindung mehrere oder alle Schrauben gleichzeitig und, parallel beaufschlagt mit gleichem Druck, mit gleicher Kraft gleichmäßig anzuspannen. Typische Anwendungsfälle sind Flanschverschraubungen für Druckbehälter, Zylinderdeckelverschraubungen an Großmotoren und Pressen, vorgespannte Walzgerüste usw.

Zum Anziehen wird über die Schraubenverbindung eine durchbrochene Standhülse gesetzt, hierauf ein Hydraulikzylinder mit Hohlkolben (Abb. 6.48.). Eine zentrale Zugmutter fasst das überstehende Gewindeende des Bolzens und spannt gegen den Kolben. Bei Druckaufgabe auf den Zylinder werden die Schraube gelängt und der Flansch (Hülse) gepresst, so dass auch mit Dichtungen versehene Flansche montierbar sind. Die Mutter wird dann durch den Schlitz der Standhülse mit einem Fügemoment festgezogen, bei bestimmten Ausführungen mit vielen Stationen motorisch mittels Verzahnung.

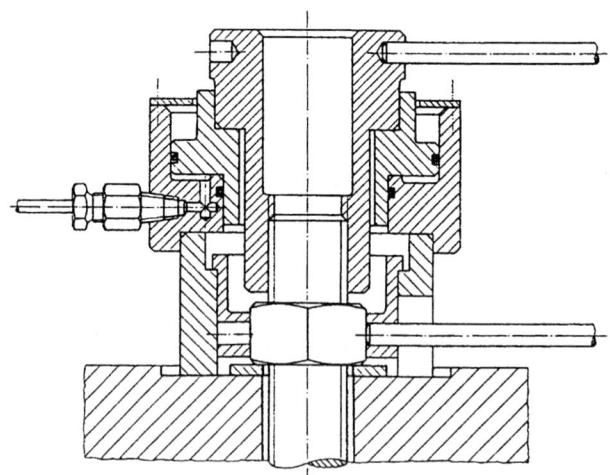

Abb. 6.48. Hydraulische Schraubenspannvorrichtung für große Schrauben nach SKF

Vorteilhaft sind das gleichmäßige Anspannen aller Schrauben, so dass eine gute Auflage gewährleistet ist, sowie das zentrische Einleiten der Kraft in die Einzelverbindung. Nachteilig ist, dass die Schrauben über die Vorspannkraft hinaus belastet werden müssen, da das Zurückfedern der verspannten Teile, wenn der Druck abgelassen wird, einen Verlust an Montagevorspannkraft bewirkt. Dieser liegt bei etwa 10 bis 20% und sollte vorher experimentell festgestellt werden. Handelsüblich sind Geräte für Schrauben von 14 bis 160 mm Durchmesser, bei Drücken bis 1700 bar für Kräfte bis ca. 7500 kN.

6.6 Gestaltung von Schraubenverbindungen

Die Funktion und die Sicherheit einer Schraubenverbindung hängen gleichermaßen von den konstruktiven Gegebenheiten wie von den Betriebsbedingungen ab, deren Einflüsse vorher z.t. schon angesprochen wurden. Mit einer beanspruchungsgerechten Gestaltung kann wesentlich auf die Tragfähigkeit und die Gewährleistung der Funktion über die Gebrauchsdauer einer Schraubenverbindung Einfluss genommen werden.

6.6.1 Anordnung von Schraubenverbindungen

Durch eine Reihe konstruktiver Maßnahmen, die teilweise schon weit außerhalb der Schraubenverbindung wirksam werden müssen, ist zu gewährleisten, dass die Schrauben (Schraubenbolzen) zur gegebenen Belastung keine Zusatzbeanspruchung erfahren und die Verbindungsstelle möglichst frei liegt zwecks einfacher, kostengünstiger Fertigung und sicherer Montage.

Die häufigste Zusatzbeanspruchung erfolgt aus einer überlagerten Biegung, wenn Krafteinleitung (Wirkrichtung der Kraft) und Schraubenachse nicht konzentrisch liegen. Die einfachste Maßnahme, die Schrauben in die Kraftlinien zu legen, ist jedoch nur selten anwendbar und wenn überhaupt, nicht immer hinreichend wegen der Bauteilverformung. Mögliche konstruktive Abhilfemaßnahmen sind in Abb. 6.49. und Abb. 6.50. gezeigt. Sie lassen sich auf zwei Prinzipien zurückführen:

- Erhöhung der Steifigkeit der Bauteile, um die Biegeverformung klein zu halten
- Schaffung günstiger Auflagebedingungen, um das ausgeleitete Moment als Kräftepaar mit kleinen Kräften darzustellen

Bei Flanschverbindungen ist das Stülpen der Flanschblätter und die eingeleitete Wölbverformung durch ebene Böden zu beachten. Hier sind genügende Flanschdicken vorzusehen. Andererseits wirkt die Wahl der Schraubenausführung, d.h. die Entscheidung bezüglich des Werkstoffes und danach für die Schraubengröße, auf die Verbindung zurück.

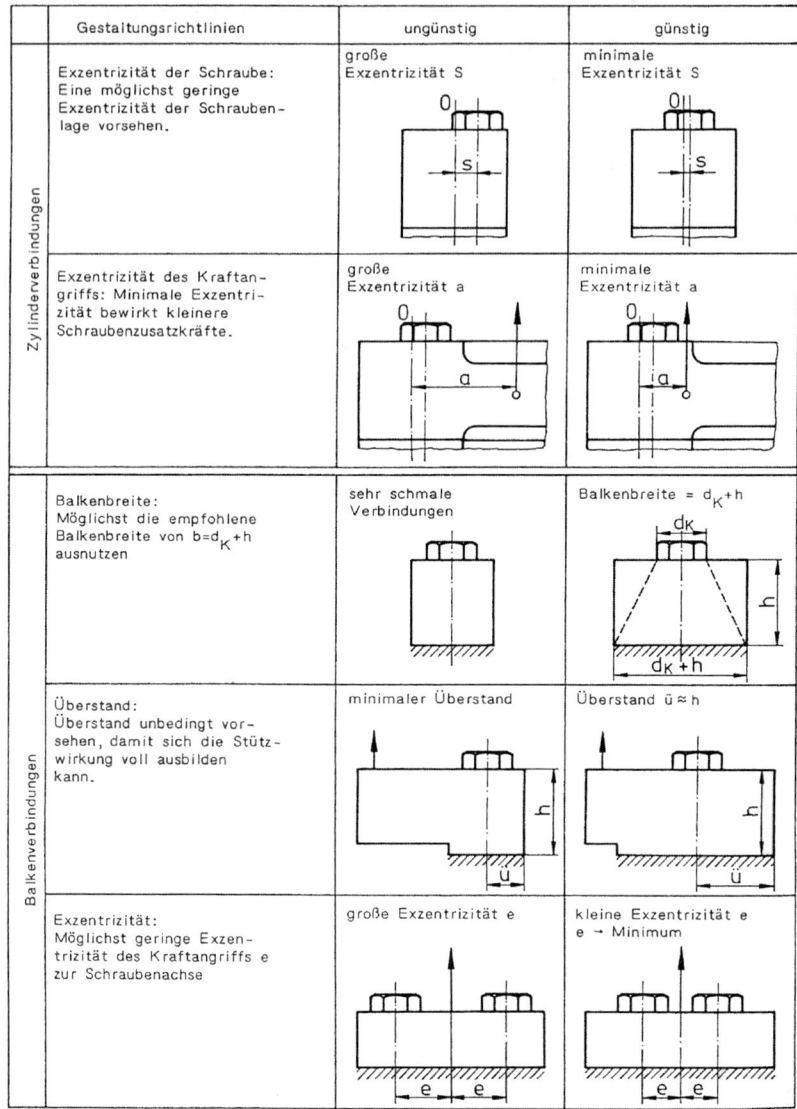

Abb. 6.49. Konstruktive Maßnahmen an Zylinder- und Balkenverbindungen, angelehnt an [VDI2230]

Wie in Abb. 6.51. verdeutlicht, vermindert sich mit dem Übergang vom Schraubenwerkstoff der Festigkeitsklasse 5.6 zum Schraubenwerkstoff der Festigkeitsklasse 10.9 nicht nur der Schraubendurchmesser. Die Abmessungen der gesamten Anschlusskonstruktion gehen wesentlich zurück, so dass die Konstruktion nicht nur leichter wird, sondern aus dem reduzierten Materialeinsatz auch Kostenersparnisse folgen. Vor allem rücken aber die Schrauben auf dem Teilkreis deutlich an die Krafteinleitungsstelle heran. Es vermindern sich die Stülpbeanspruchung der Flansche (Verkürzung des Hebelarmes) und infolgedessen die Zusatzbiegung der Schrauben. Diese konstruktive Ausführung ist auf Verbindungen von Apparatebauelementen beschränkt, sie findet ihre Grenzen dort, wo Normanschlüsse vorgeschrieben sind. Sie erfordert zudem Disziplin und sorgfältiges Arbeiten in den Instandhaltungsbetrieben, damit auch nach der Reparatur hier wieder hochfeste Schrauben eingesetzt werden.

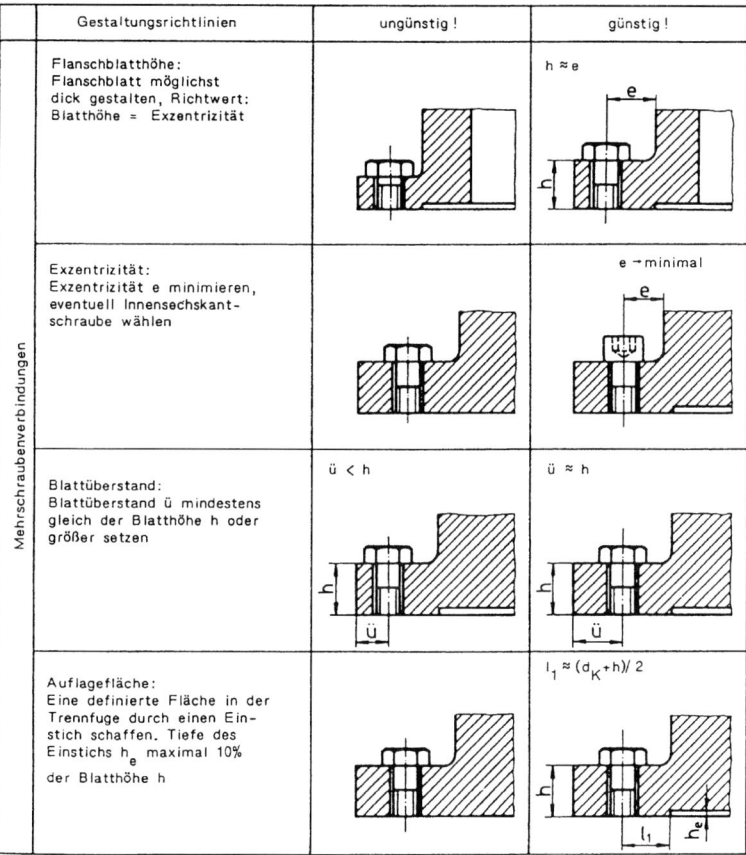

Abb. 6.50. Konstruktive Maßnahmen an Mehrschraubenverbindungen, aus [Dub01]

Ein weiteres Beispiel zum Einfluss der Schraubenausführung auf die Gestaltung der Bauteile findet sich in Abb. 6.52. Zur Montage müssen die Schrauben zugänglich sein, d.h. in der Nähe von Wänden oder bei Mehrfachverschraubungen ist der Platzbedarf für den Schraubenschlüsselangriff vorzusehen. Auch die axiale Zugänglichkeit und genügend Platz für den nötigen Schwenkwinkel des Schraubenschlüssels oder des Schraubwerkzeugs müssen im weiteren Raum des Bauteiles gewährleistet werden.

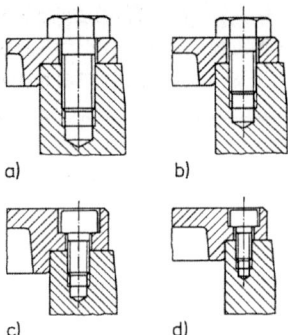

Abb. 6.51. Reduzierung der Bauteilabmessungen durch Verwendung hochfester Schrauben.
a) $M12 \times 25 - 5.6$; b) $M10 \times 20 - 6.8$; c) $M8 \times 15 - 8.8$; d) $M6 \times 12 - 10.9$

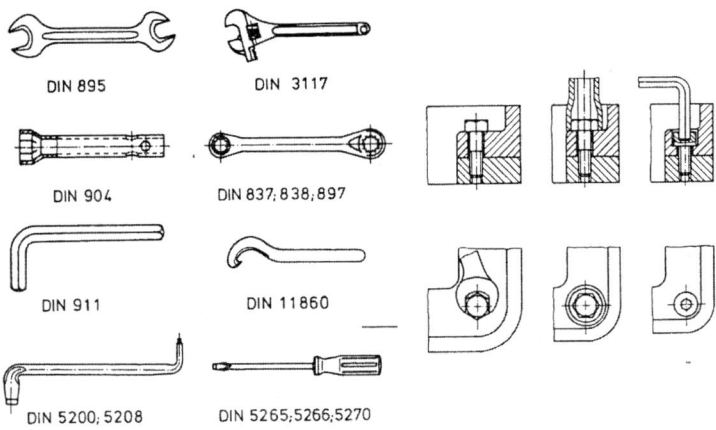

Abb. 6.52. Schraubenwerkzeug und Platzbedarf

Das Beispiel zeigt im Vergleich deutlich wie durch den Übergang zum raumsparenden Schlüsselangriff die Abmessungen des Bauteils und damit die bereits genannten verformungsbedingten Zusatzkräfte abnehmen.

Zusatzbeanspruchungen könnten Schrauben weiter durch die Geometrie des Einbauortes erfahren, z.B. eine Zusatzbiegung durch das Schiefstellen des Kopfes. Schraubenkopf- und Mutterauflagen müssen deshalb eben sein und senkrecht zur Durchgangsbohrung stehen. Bei Blechteilen ist die Oberfläche als Auflage hinreichend. Press- und Spritzgussteile haben meist schräge Flanken, die ebenso wie die in Form und Rauheit noch gröberen Oberflächen der Guss- und der Schmiedeteile eine spanende Erzeugung der Sitzflächen nötig machen. Die übliche Ausführung geht aus Abb. 6.53. hervor. Die Durchgangslöcher *a,* die je nach Maschinenart in den Reihen „fein" ($D_B = d + 6\%$, H 12), „mittel" ($D_B = d + 12\%$, H 13) oder „grob" ($D_B = d + 20\%$, H 14) ausgeführt sind, erhalten eine zylindrische Senkung *c*. Deren Durchmesser ist um etwa 35% größer als die Schlüsselweite des Sechskantkopfes und bietet daher reichlich Auflagefläche für Unterlegteile, wie z.B. Unterlegscheiben, Federscheiben, Zahnscheiben usw. Die Senkungstiefe ist beliebig, sie braucht aber nicht größer zu sein, als zur Herstellung einer ebenen, senkrecht zur Bohrungsachse stehenden Kreisfläche erforderlich ist.

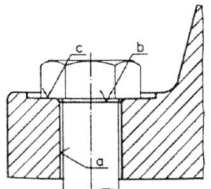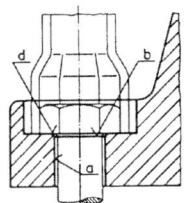

Abb. 6.53. Ausführung von Durchgangslöchern. a) Durchgangsloch b) 90°-Senkung, nur für Durchgangslöcher fein und (ab ⌀26) mittel ([DIN74], *T*3); c) Senkung *R* für Sechskantschrauben und -muttern ([DIN74], T3); d) Senkung für versenkte Anordnung von Sechskantschrauben und -muttern ([DIN74], T3)

Die meist verwendeten Unterlegteile sind Unterlegscheiben. Ihr Zweck ist der Schutz der Bauteiloberfläche, indem sie als Soll-Verschleißteil die hohe Reibung an der Mutterauflage beim Anziehen aufnehmen. Gleichzeitig verteilen sie die Auflagepressung, wenn auch nur in geringem Maße, doch hinreichend zum Schutz von GJL- und Al- Oberflächen. Sie gibt es vornehmlich in der Ausführung „mittel" nach [DINENISO7089, DINENISO7090] aus Stahl, für Schrauben ab der Festigkeitsklasse 8.8 aus Stahl gehärtet, und in der Ausführung „grob" nach [DIN-ENISO7091] mit größerem Lochdurchmesser. Neben weiteren siehe auch [DIN6916], Unterlegscheiben für HV-Verbindungen, und [DIN7989], Scheiben für Stahlkonstruktionen.

Eine Sonderform sind Vierkantscheiben nach [DIN434] ([DIN6918] bei HV-Verbindungen) für U-Profile und nach [DIN435] ([DIN6917], bei HV-Verbindungen) für I-Profile. Die Scheiben sind bei quadratischer Fläche im Querschnitt keilförmig mit 8% bzw. 14% Neigung und schaffen so auf den gleichermaßen geneigten Flanschflächen der Profile die ebene und zur Bohrungsachse senkrechte Auflagefläche für Schraubenkopf und Mutter (Abb. 6.54.).

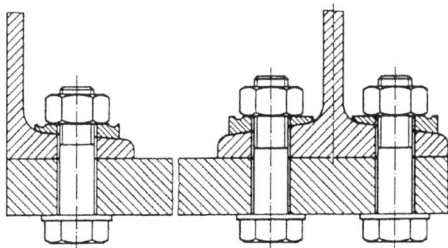

Abb. 6.54. Ausgleich-Unterlegscheiben nach [DIN434, DIN435] und *U*- und *I*-Profilen (nach [DIN6917, DIN6918] für HV-Verbindungen)

6.6.2 Gewährleistung und Erhöhung der Tragfähigkeit

In Schraubenverbindungen können oft unbeachtet Zusatzbeanspruchungen eingeleitet werden, welche die Haltbarkeit der Verbindung gefährden. Zudem sollte eine schon in der Gestaltung begründete Sicherheit der Art vorliegen, dass Überlasten nicht zum Zusammenbruch der Verbindung führen.

Drei Gesichtspunkte bestimmen die Konstruktion hochfester und sicherer Schraubenverbindungen:

- Erhöhung der Festigkeit, speziell der Dauerfestigkeit
- Reduktion der auf die Elemente wirkenden Kräfte
- Umlagerung von Spitzenspannungen

Die auf diese Ziele gerichteten Maßnahmen sind nicht universell, sondern unter technischen und wirtschaftlichen Aspekten je nach Art der Verbindung spezifisch anzubringen.

6.6.2.1   Erhöhung der Festigkeit

Der Übergang auf einen Werkstoff höherer Güte, z.B. von Festigkeitsklasse 5.6 auf 8.8, bietet einen nur vernachlässigbaren Zuwachs an Dauerfestigkeit, da, wie zuvor erläutert, der Anstieg der Werkstoffdauerfestigkeit durch die wachsende Kerbempfindlichkeit kompensiert wird. Es überwiegt die Eigenschaft der Bauteilfestigkeit, d.h. nur die indirekten Maßnahmen, die auf eine Minderung des Kerbeinflusses gerichtet sind, können eine Tragfähigkeitssteigerung bewirken. Dabei sind sowohl der Gewindebereich (verteilte Kerbwirkung) als auch der Gewinde-Schaft-Übergang (konzentrierte Kerbwirkung) zu beachten. Dennoch kann die Wahl einer höheren Schraubenfestigkeit sinnvoll sein, da mit der damit höheren Vorspannkraft mit größerer Sicherheit ein Klaffen der Verbindung, das bei dynamischer Belastung unmittelbar zum Dauerbruch führen würde, verhindert werden kann.

Die Stelle höchster Beanspruchung in der Schraube liegt im Gewindegrund. Eine Vergrößerung des Ausrundungsradius hat eine Minderung des Kerbfaktors zur Folge und müsste sich in einer Erhöhung der Dauerfestigkeit äußern. Modellrechnungen verweisen auf eine deutliche Überlegenheit des im Bolzengewindegrund stärker aufgerundeten ISO-Profils gegenüber dem alten DIN-Profil. Im Versuch ließ sich dieses nicht bestätigen, wahrscheinlich aus dem Grund, dass die Wirkung der über die Mutterhöhe ungleichmäßigen Lastverteilung überwiegt. In gleicher Weise ist gegenüber der theoretischen Aussage Skepsis angebracht, wegen der höheren Kerbempfindlichkeit der Feingewinde seien Normalgewinde bei dynamischer Last zu bevorzugen. Genauere Messungen haben nur bei Feingewinde-Verschraubungen aus hochfesten Werkstoffen eine Abnahme des ertragbaren Spannungsausschlages σ_A gezeigt (M 16 → M 16x1 bei der Festigkeitsklasse 12.9: -25%, bei der Festigkeitsklasse 8.8: -16%), bei anderen Werkstoffen aber eine Zunahme (bei der Festigkeitsklasse 4.5: +10%).

Eine deutliche Verbesserung der Dauerfestigkeit ergibt sich durch Kaltverfestigung, die im Werkstoff Druckeigenspannungen aufbaut, die als Druckvorspannungen der betriebsbedingten Zugbeanspruchung entgegenwirken (vgl. Abschnitt 6.3.2.3). Ein Nachrollen eigengefertigter Gewindeverbindungen ist daher empfehlenswert, denn der Gewinn an Dauerfestigkeit liegt über 40 bis 60%. Man beachte hierbei aber die Abhängigkeit von der Mittelspannung.

Eine weitere kritische Stelle stellt der Gewindeauslauf dar. Im Übergang vom gekerbten zum ungekerbten Bereich tritt nämlich die Mehrachsigkeit des Spannungsfeldes stärker hervor. Die Anordnung von Gewindeauslaufrillen mit dem Kerndurchmesser d_3 bzw. der Übergang auf gleichen Dünnschaft ergab einen Dauerfestigkeitsanstieg auf das 1,3-fache. Bei der $0,9 \cdot d_3$-Ausführung steigt die Festigkeit noch etwas an, jedoch sinkt wegen des dann kleineren Querschnittes die statische Haltbarkeit. Eine Kaltverfestigung der Auslaufrille ist hinsichtlich der Dauerfestigkeit positiv zu werten.

Die statische Festigkeit, speziell die Auszugsfestigkeit in Aufschraubverbindungen, kann für Gewinde in Bauteilen aus weicheren Werkstoffen problematisch werden. Häufigeres Lösen und Anziehen der Schrauben oder Überlasten der Schraube, aber auch unsorgfältige Montage, schädigen und zerstören das Innengewinde auch bei den vorgeschriebenen, größeren Einschraubtiefen z.B. in Grauguss oder Aluminium. Vorteilhaft ist dann die Verwendung von Gewindeeinsätzen. Die in Abb. 6.55. gezeigte Ausführung eines Ensat-Gewindeeinsatzes ist eine Buchse mit Innengewinde für die Schraube und selbstschneidendem Außengewinde. Er wird in ein im Durchmesser dem Werkstoff angepasstes, vorgebohrtes Loch eingedreht und kann zur Erstmontage oder zur Reparatur dienen. Die Auszugsfestigkeit liegt deutlich höher als die Streckgrenzenlast der Schrauben der Festigkeitsklasse 8.8. Die derart gewonnene höhere Tragfähigkeit ermöglicht somit wesentlich kleinere Schraubendurchmesser und Baumaße.

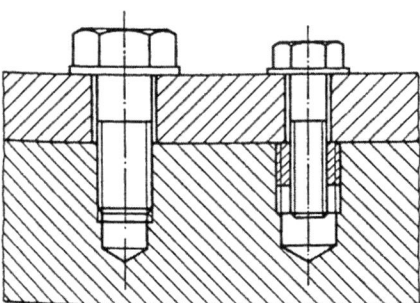

Abb. 6.55. Selbstschneidender Gewindeeinsatz (Fa. Kerbkonus)

6.6.2.2 Reduktion der Belastung

Im Abschnitt 6.4.3.2 wurden bereits die Folgerungen aus der Gleichung für die Schraubenzusatzkraft gezogen. Eine Verminderung des auf eine im Hauptschluss liegende Schraube entfallenden Lastanteiles F_{SA} der Betriebskraft F_A ist durch eine Veränderung der Nachgiebigkeiten im elastischen System (δ_S und δ_P) und durch eine Verlagerung des Krafteinleitungspunktes relativ zu den Schraubensitzflächen (n) möglich.

Die erste Maßnahme ist die Ausführung der Dünnschaftschraube. Sie erlaubt wegen des kleineren Schaftquerschnittes A_T nur geringere Vorspannkräfte, was durch die Ausführung aus Werkstoffen der höheren Festigkeitsklassen teilweise zu kompensieren ist.

Eine weitere Möglichkeit, die Vorspannkraft zu erhöhen, bietet die Entlastung des Schraubenschaftes vom Gewindemoment, beispielsweise durch Gegenhalten an einer vorgesehenen Schlüsselfläche. Da die Streckgrenze dann nur durch die Vorspannkraft ausgenutzt wird, ergibt sich ein Gewinn entsprechend dem Verhältnis Streckgrenzenausnutzungsfaktor ohne/mit Torsionsbeanspruchung um rd. 30%. Ein guter Kompromiss zwischen der statischen Haltbarkeit und dem durch die größere Nachgiebigkeit erzielten Dauerfestigkeitsgewinn der Schraubenverbindung ist das Durchmesserverhältnis $d_T / d_3 = 0,9$, doch werden auch Schrauben bis herunter zu $d_T / d_3 = 0,7$ ausgeführt. Die Wirksamkeit der Maßnahme zeigt sich durch folgende Vergleichswerte: die zulässige Vorspannkraft F_V sinkt von 100% bei der Normalschraube auf 80% bei der 0,9-Dünnschaftschraube und auf 50% bei der 0,7-Ausführung. Der auf die Schraube entfallende Betriebslastanteil F_{SA} beträgt bei der 0,9-Dünnschaftschraube noch 60%, bei der 0,7-Dünnschaftschraube nur noch rd. 38% des Wertes, den die Normalschraube aufnehmen muss. Da zudem die zulässige Betriebskraft F_A sinkt, erfolgt eine noch deutlichere Entlastung gegenüber der dynamischen Beanspruchung.

Aus dem allgemein größeren elastischen und gegebenenfalls plastischen Verformungsvermögen folgen weitere Anwendungsfälle, die sich konstruktiv vorteilhaft mit Dünnschaftschrauben lösen lassen. Beispiele dafür sind:

1. Thermisch beanspruchte Schraubenverbindungen, speziell solche, bei denen sich während der Anfahr- und der Abkühlvorgänge größere Wärmedehnungen und daraus zusätzliche Schraubenbeanspruchungen einstellen. Typisch sind Turbinenflanschverschraubungen (Abb. 6.56.), an denen während des Anfahrens in den Flanschen deutlich höhere, zudem quer zur Schraube unterschiedliche Temperaturen als in den Schraubenbolzen auftreten. An Flanschverbindungen des Apparatebaus sollen daher oberhalb von Betriebstemperaturen von 300°C oder Betriebsdrücken von 40 bar nur 0,9-Dünnschaftschrauben verwendet werden.

2. Schraubenverbindungen, in denen Biegebelastungen auf die Schrauben wirken können. Solche Biegungen können schon beim Anziehen auftreten, z.B. durch Verformungen der belasteten Teile oder durch nicht präzise Lage der Auflageflächen. Während des Betriebs treten Verformungen der Bauteile auf, die z.B. an Flanschen eine Schiefstellung der Flächen hervorrufen. Auch die - seltener auftretenden - Querverschiebungen der Bauteile werden eine Biegeverformung bewirken, die jedoch wegen des deutlich kleineren Trägheitsmomentes der Dünnschaftschraubenschäfte nur kleine Zusatzspannungen auslöst. Die Gefahr des Losdrehens und des Biegedauerbruches wird hierbei entschärft.

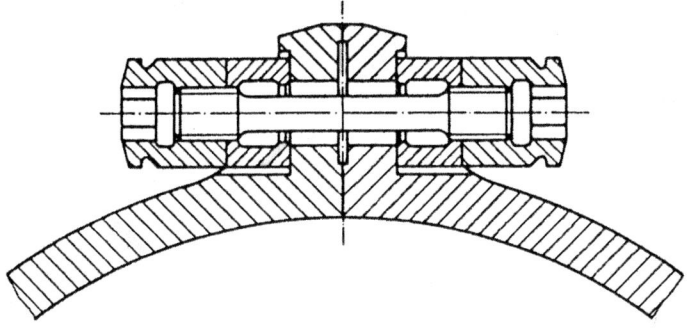

Abb. 6.56. Flanschverschraubung an einer Dampfturbine (Dünnschaftschraube)

Die andere Vorkehrung, die Schraubenbeanspruchung durch Betriebskräfte zu senken, ist, die Krafteinleitungsstelle entfernt von der Auflagefläche des Schraubenkopfs und der Mutter vorzusehen. Diese Maßnahme ist bei der Konstruktion speziell von Gussteilen einfach vorzusehen und gegenüber der Verwendung von Dünnschaftschrauben sogar noch wirksamer, da die Betriebsschraubenkraft F_{SA} proportional der Größe n sinkt. In Abb. 6.57. wird gezeigt, wie durch konstruktive Gestaltung eines Flanschanschlusses an einen Behälterdeckel und die damit verbundene einfache Umlagerung des Kraftangriffspunktes die Schraubenbetriebskraft auf ca. die Hälfte gemindert wurde. Noch günstiger wäre ein nach innen gewölbter Boden gewesen, da der hier gezeigte Boden durch seine Verformung unter dem Betriebsdruck eine gewisse Biegeverformung in den Flansch einleitet.

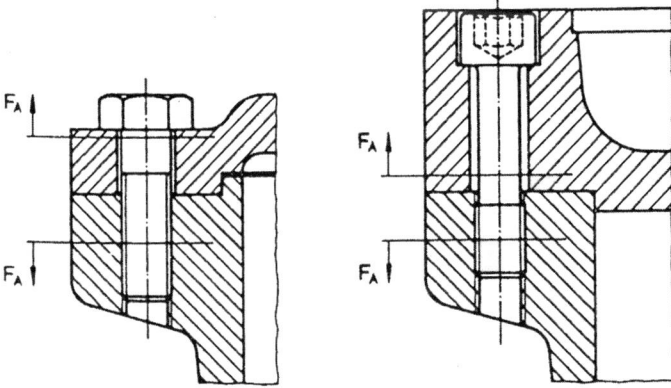

Abb. 6.57. Verminderung der Betriebsschraubenkraft durch Umgestaltung der Krafteinleitung in einen Deckelflansch

Eine andere konstruktive Möglichkeit, die Krafteinleitungshöhe n gegenüber der Klemmlänge zu verkleinern, bieten die Verlängerungshülsen nach Abb. 6.58.

Sie werden häufig im Apparatebau angewendet, da dort die wegen der großen Abmessungen vorherrschende Blech-Schweißkonstruktion nur eine begrenzte Gestaltungsfreiheit im obengenannten Sinne bietet.

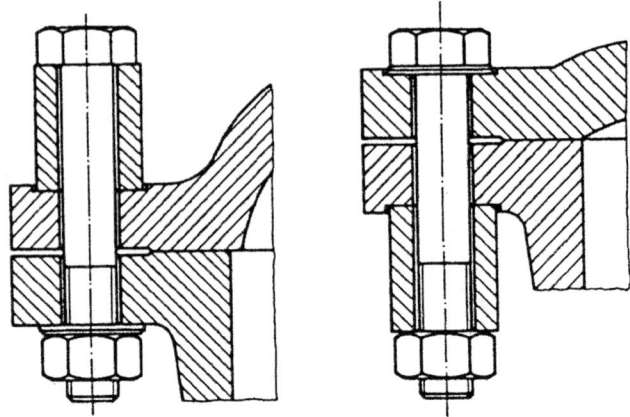

Abb. 6.58. Anwendung von Verlängerungshülsen, auch als „Dehnhülsen" bezeichnet

Richtmaße für Dehnhülsen sind:
- Innendurchmesser = Durchgangsloch mittel, angesenkt
- Außendurchmesser = (1,8 bis 2,0)-facher Gewindedurchmesser d

Die Anordnung der Hülsen kann stehend oder hängend bzw. mit beliebiger Aufteilung in Teilhülsen sein. Eine stärkere Elastizität der Aufsatzhülsen, gegebenenfalls zusätzlich mit Tellerfedern, mindert den Setzeinfluss und bietet einen Dehnungsausgleich bei thermischer Beanspruchung. Letzteres lässt sich auch durch Hülsenwerkstoffe mit anderen Ausdehnungskoeffizienten erreichen. Der Vergleich beider Maßnahmen mit ihren Vorteilen (+) und ihren Nachteilen (-) begründet spezifische Anwendungsfälle:

Dünnschaftschrauben
1. (+) Gleiche Klemmlänge wie bei der Normalschraube, raumsparender Einbau
2. (-) erheblich teurere Schraubenfertigung im Vergleich zur Normalschraube, da spanende Fertigung des Schaftes und der Übergänge Schaft/Kopf und Kopf/Gewinde erforderlich ist
3. (-) Zulässigkeit kleinerer Vorspannkräfte, gegebenenfalls Übergang zu Werkstoffen höherer Festigkeit
4. (+) starke Minderung des Schraubenkraftanteils durch Querschnittsreduzierung des Schaftes (siehe jedoch Punkt 3)
5. (+) Unempfindlichkeit gegen Biegung
6. (+) Ausgleich von Setzvorgängen und thermischen Ausdehnungen

Schrauben mit Verlängerungshülsen
1. (-) Größerer Raumbedarf
2. (+) Verwendung von (längeren) Normschrauben, Wirtschaftlichkeit; bei

zusätzlichen Hülsen ebenfalls einfache und billige Fertigung
3. (+) Zulässigkeit höherer Vorspannkräfte als bei Normalschrauben, daher gleiche Klemmkräfte usw.
4. (+) Möglichkeit der stärkeren Reduzierung des Schraubenkraftanteils gegenüber Dünnschaftschrauben durch einfache Verlängerung ($F_{SA} \sim 1/l_K$)
5. (+) starke Unempfindlichkeit gegen Biegung
6. (+) normales Anziehen bei Montage
7. (+) Ausgleich von Setzvorgängen und thermischen Ausdehnungen

In grober Abschätzung lässt sich feststellen, dass die Betriebseigenschaften einer 0,9-Dünnschaftschraube von einer Schrauben/Hülsenanordnung 2-facher Klemmlänge und die einer 0,7-Dünnschaftschraube von einer Schrauben/Hülsenanordnung 3-facher Klemmlänge übertroffen werden. Wenn der vergrößerte Einbauraum keine Rolle spielt, sollte man wegen der sehr viel höheren Vorspannkraft und der deutlichen Kostenvorteile die Schrauben/Hülsenanordnung (Verlängerungsbauweise) vorziehen.

6.6.2.3 *Umlagerung ungleicher Spannungsverteilung*

Die Dauerfestigkeit einer Schraubenverbindung wird entscheidend durch die ungleiche Spannungsverteilung im Gewinde bestimmt. Zwar sind weitere Kerbstellen gegeben, z.B. im Schaft/Kopf- und im Gewinde/Schaftübergang, doch treten sie in ihrer Wirksamkeit zurück. Zur Minderung des mehrachsigen Spannungszustandes, der einen Sprödbruch im ersten Gewindegang provoziert, findet man eine Reihe konstruktiver Vorschläge, die trotz nachgewiesener Steigerung der Dauerhaltbarkeit vor ihrer Anwendung einer kritischen Wertung bedürfen. Sie sind in Abb. 6.59. in der Reihenfolge steigender Haltbarkeit geordnet. Ihre Wirksamkeit wird mit dem Kraftflusslinienverlauf erläutert und den beiden Extremfällen Schraube/Mutter und zugbelastete Stiftschraube gegenübergestellt. Die im Beispiel a) scharfe Umlenkung der Kraftlinien verweist auf die hohe Beanspruchung des ersten eingeschraubten Gewindeganges.

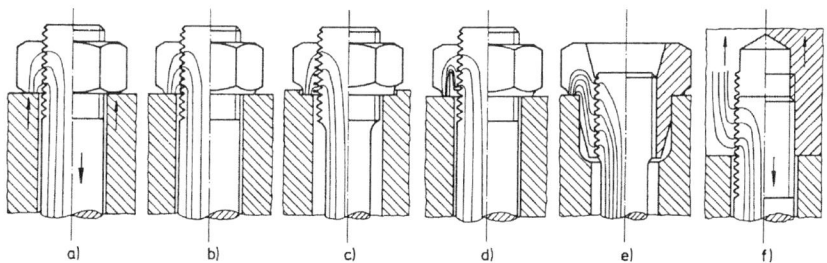

Abb. 6.59. Vergleichmäßigung der Gewindebelastung. a) normale Mutter; b) Muttergewinde kegelig ausgedreht; c) Mutter mit hinterdrehtem Gewinde; d) Mutter mit axialer Entlastungskerbe; e) Hängemutter; f) Stiftschraube unter Zuglast

In der Paarung des zuggedehnten Bolzens mit der druckverformten Mutter werden hier etwa 35 bis 40% der Schraubenkraft übertragen. Die Maßnahmen zur örtlichen Entlastung bzw. Vergleichmäßigung der Lastübertragung über der Mutternhöhe bestehen in:

- Wegnahme von Gewindehöhe, d.h. kegeliges Ausdrehen des Muttergewindes Beispiel b)
- Erhöhung der Elastizität der ersten Gewindegänge durch tieferes Ausdrehen des Gewindegrundes (Beispiel c)
- Anpassung der Dehnrichtungen, d.h. Aufnahme der Schraubenlast von einem zugbeanspruchten Mutterabschnitt (Beispiele d und e)

Auch folgende Maßnahmen bewirken eine Steigerung der Belastbarkeit:

- Aufnahme der Dehnung durch geometrische Formdifferenzen, d.h. die Steigung im Muttergewinde ist ca. 1 ‰ größer als die im Bolzengewinde
- verschiedene Werkstoffe für Mutter und Bolzen, z.B. Ti-St

Die Bewertung der Maßnahmen ist nach der Art der Schraubenverbindung zu differenzieren. Für normale Verbindungen, d.h. für solche mit Befestigungs-Normschrauben, ist in der technischen Anwendung keine der genannten Ausführungen praktikabel. Bei Muttern mit Entlastungskerbe oder mit kegelig ausgedrehtem Gewinde ist bei Montage und besonders bei Reparatur nicht immer gewährleistet, dass die vorgesehene Mutter wieder richtig herum aufgeschraubt oder auch durch eine Normmutter ersetzt wird. Letzteres gilt auch für Muttern aus anderen Werkstoffen. Die Ausführung der Gewinde größerer Steigung, sie liegt damit immer an der oberen Grenze der normalen Gewindetoleranz, ist praktisch kaum zu verwirklichen.

Wegen der genannten Nachteile bzw. Gefahren ist davon abzuraten, die beschriebenen Muttersonderformen als konstruktives Mittel zur Erhöhung der Schraubendauerfestigkeit einzusetzen. Preisgünstiger und sehr wirksam ist es, die Kraftverteilung durch plastisches Verformen des Gewindes (überelastisches Anziehen bei niedriger Mutterwerkstoff-Festigkeitsklasse) zu vergleichmäßigen. Eine weitere einfache Maßnahme entlastet den 1. Gewindegang durch Verformung der Mutter. Dazu wird die Durchgangsbohrung auf der Mutterseite (oder entsprechend die Unterlegscheibe) verstärkt angesenkt auf einen Durchmesser $D_C \cong 1,25\,d$. Schon bei der Montage, weiter unter der Wirkung der Betriebslast, stülpt die Mutter wegen der innen fehlenden Auflage um. Durch die kegelartige Verformung des Gewindebereiches wird der 1. Gang um rund 30% entlastet. Trotz der Verminderung der Mutterauflagefläche durch die Senkung nimmt der Höchstwert der über die Fläche ungleichförmigen Pressungsverteilung nicht zu, so dass keine weiteren Schutzmaßnahmen nötig sind.

Zugmuttern kommen nur für große Verschraubungen in Frage (z.B. Deckel, Zylinderköpfe, Verschlüsse), für die ohnehin meist eigene Schrauben gefertigt werden. Das hierbei verwendete Prinzip ist zum Abbau der Spannungsspitzen dann besonders wirksam, wenn die Dehnungen in den Schraubpartnern nicht nur gleichgerichtet, sondern zudem von möglichst gleicher Größe sind. Das Konzept gemäß Abb. 6.60. lässt noch eine deutlich ungleiche Lastverteilung erwarten, d.h. ungefähr 25% Lastanteil im 1. Gang. In den folgenden Entwicklungsstufen erkennt man im Verlauf der Mutter- und der Schraubbolzenform das für spannungsfreie Verbindungen bekannte Prinzip der Schäftung, in dem das Gewinde die Trennfuge bildet. Im wesentlichen ergibt sich daraus der konstruktive Hinweis, dass nicht allein eine Zugmutter genügt, sondern auch der Schraubenbolzen eine Übergangskontur erhalten muss.

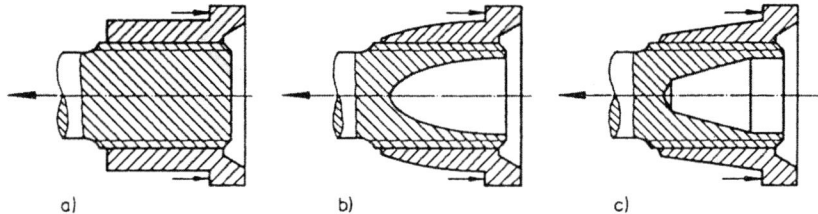

a)   b)   c)

Abb. 6.60. Optimierung der Form einer Zugmutter-Verschraubung. a) Konzept; b) kraftflussgerechte Lösung; c) fertigungsoptimierte Lösung

Bei der Gestaltung von Verbindungen mit Stiftschrauben sind die durchaus verschiedenen Betriebsfälle zu beachten, die völlig unterschiedliche Belastungen der Gewindezone verursachen. Der in Abb. 6.59. unter Beispiel f) gezeigte Fall der reinen Zugbelastung einer Stiftschraube kann beispielsweise an Flanschverbindungen auftreten. Bei einer Dichtung innerhalb des Schraubenkreises stehen die Flanschblätter außen um einen bestimmten Spalt entfernt, die Rohrkräfte werden großräumig ziehend eingeleitet. Schraubenbolzen und Flanschgewinde erfahren zwar beide Zugdehnung, die dennoch ungleiche Lastverteilung bewirkt eine Dauerbruchgefahr am Bolzenauslauf (Abb. 6.61.a). Abhilfe besteht darin, die Stiftschraube mit langem Gewinde durchzuschrauben oder von der Gegenseite mit Ausrundung anzusenken (Entlastungsbohrung). In vielen Anwendungsfällen liegen die verschraubten Teile aufeinander, die Kontaktpressung, z.B. Dichtungspressung, bewirkt im aufnehmenden Bauteil eine Druckbeanspruchung wie bei einer Mutter. Dementsprechend erfährt jetzt der 1. eingeschraubte Gewindegang den Höchstwert der ungleichförmigen Gewindebelastung. Diese vergleichmäßigt sich mit steigender Last, weil dabei die Fugenpressung sinkt und die Stauchung im Gewindebereich zurückgeht.

Dauerbruchgefahr besteht auch, wenn sich der letzte Gewindegang im Lochgewinde verklemmt (Abb. 6.61.d). Abhilfe, wodurch gleichzeitig die Biegebeanspruchung gemindert wird, bieten in diesem Fall Dünnschaftausführungen, die mit einem Zapfen als Losdrehsicherung gegen den Bohrungsgrund verklemmt werden. Querkräfte sollte man durch ein Passstück oder, besser und billiger, durch eine Scherhülse aufnehmen. Die Bundausführung (Abb. 6.61.g) bietet einen wirksamen Schutz des Gewindes gegen Biegebeanspruchung.

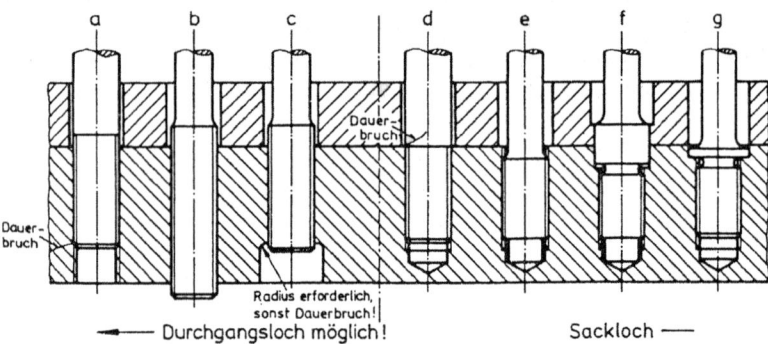

Abb. 6.61. Verschraubungen mit Stiftschrauben. a) Stiftschraube, nicht durchgeschraubt; b) Stiftschraube, durchgeschraubt; c) Stiftschraube mit Entlastungsbohrung; d) Stiftschraube mit verklemmtem letzten Gewindegang; e) Stiftschraube in Dünnschaftausführung; f) Stiftschraube mit Passstück; g) Stiftschraube mit Bund

6.6.3 Sicherung der Schraubenverbindungen

Eine richtig dimensionierte und zuverlässig montierte Schraubenverbindung braucht keine zusätzliche Schraubensicherung. Sowohl unter der Wirkung der Betriebskräfte bei Verbindungen im Hauptschluss (Belastung in Richtung der Schraubenachse) als auch bei den Anordnungen im Nebenschluss (reibschlüssige Übertragung von Querkräften) sind dann die Klemmkräfte in solcher Höhe garantiert, dass eine relative Bewegung der gefügten Bauteile durch axial oder quer zur Schraubenachse wirkende Kräfte und Momente verhindert wird. Tatsächlich sind die Verhältnisse in der Praxis weniger ideal, es treten deshalb unter dynamischer Schraubenbelastung zwei Versagensursachen durch den Verlust an Klemmkraft auf. Diese sind:

- „Lockern", d.h. Klemmkraftverlust durch Setzvorgänge
- „Losdrehen", d.h. Lösen bei erzwungenen Gleitbewegungen

Dabei ist Lockern nicht immer, aber meist die erste Versagensstufe, der, je nach Richtung und zeitlichem Verlauf der Krafteinwirkung, ein Zeitfestigkeitsbruch in der Schraube oder das selbsttätige Lösen der Verbindung folgt. Entsprechend dem unterschiedlichen physikalischen Geschehen müssen gegen Lockern und gegen Losdrehen Sicherungen von verschiedener Wirkungsweise angewendet werden, wobei die Grundaussage gilt, dass die beste Sicherung die konstruktiv richtig ausgeführte, einfache Schraubenverbindung ohne jegliche Zusatzelemente ist.

6.6.3.1 Lockern der Schraubenverbindung

Der Verlust an Vorspannkraft in einer Schraubenverbindung, das sogenannte Setzen, ist die Folge von zeitabhängigem Angleichen der Oberflächen sowie von

Kriechen, zeitabhängigem plastischen Verformen z.B. mitverschraubter Dichtungen, Farbschichten usw. Auch Lasteinwirkungen über die Streckgrenze der metallischen Werkstoffe hinaus führen zum Vorspannungsabbau. Für das mechanische Angleichen der Oberflächen sind als wichtigste Einflussgrößen zu beachten:

- Die Grenzflächenpressung an der Kopf- bzw. Mutterauflagefläche, die nicht zu niedrig sein soll, um ein plastisches Angleichen schon bei der Montage zu gewährleisten.
- Oberflächenzustand der Trennflächen, d.h. Härte, Rauheit, Ebenheit, Sauberkeit und Beschichtung. Da eine vollständige Auflage nicht möglich ist, geben weiche Oberflächen unter Spitzenpressungen plastisch nach, Oberflächenfehler wie Rauhigkeitsspitzen und Welligkeiten werden durch Mikrobewegungen abgetragen. Sehr gefährlich und im Einfluss kaum abzuschätzen sind Oberflächenschichten, z.B. Oxide, Rost und Schutzschichten. Erstere sind spröde und zerfallen unter Mikrobewegungen, dagegen werden Farbschichten unkontrollierbar zusammengepresst.
- Die Anzahl der Trennflächen.
- Fertigungstechnische Mängel, z.B. Winkelabweichungen der Flächen, Gewindeflankenfehler usw.

Für eine zuverlässige Verbindung sind daher solche mit möglichst kleiner Zahl von Trennflächen anzustreben. Die Flächen müssen sauber und eben sein, die Oberflächengüte muss mindestens geschlichtet, besser feingeschlichtet sein. Es wäre ein Trugschluss, die Reibwerte in einer querbelasteten Trennfuge durch größere Rauheit verbessern zu wollen. Der dann größere Setzbetrag mindert nämlich die Klemmkraft und damit die Reibkraft in stärkerem Maße, als an Reibwert zu gewinnen wäre.

Der durch das Setzen verursachte Vorspannungsverlust hat auf die Haltbarkeit einer längsbeanspruchten Verbindung, Schraube im Hauptschluss, zunächst keinen Einfluss. Sofern der aus der Betriebskraft F_A resultierende Kraftanteil F_{PA}, der die Platten entlastet, nicht größer als die Vorspannkraft F_V ist, d.h. eine Restklemmkraft F_K aufrechterhalten wird, bleibt der Schraubenlastanteil F_{SA} unverändert, wie aus den Ausführungen im Abschnitt 6.4.4.2 deutlich wird. Tatsächlich muss man gegenüber dem einfachen Modell der zylindrischen Einschraubenverbindung in den praktischen Fällen eher mit Verbindungen rechnen, die nichtlineare Kennlinien zeigen, was eine höhere Schraubenbelastung bewirkt (Abschnitt 6.4.3.3). Kritischer ist der Setzverlust bei querbelasteten Verbindungen zu werten. Dies drückt sich einmal darin aus, dass die Setzbeträge in den Fugen durch die andere Bewegungsrichtung unter Schubbeanspruchung tendenziell größer als bei Längskraftübertragung sind. Zum anderen kann der Vorgang selbst verstärkend ablaufen, d.h. die sinkende Klemmkraft erlaubt stärkere Bewegung und größeren Verschleiß usw., und an dessen Ende steht das gefürchtete Losdrehen. Zusammengefasst gilt:

Sicherungen gegen das Setzen bestehen darin, einerseits die Setzbeträge zu minimieren, andererseits, mittels hoher Nachgiebigkeit die Setzbeträge elastisch so aufzunehmen, dass hinterher eine noch genügend hohe Vorspannung erhalten bleibt. Gefährdet sind kurze Schrauben, da ihre elastische Verlängerung allenfalls in der Größenordnung der Setzbeträge liegt (ca. 13 μm für 2 Fugen). Konstruktive Maßnahmen sind:

a) bei den verspannten Teilen
   ▪ wenige Trennfugen
   ▪ glatte Trennfugen
   ▪ kein Mitverspannen plastischer oder quasielastischer, kriechfähiger Elemente oder Stoffe

b) bei den Schrauben
   ▪ Verwendung langer Schrauben und gegebenenfalls Kombination mit Hülsen, falls der Platz vorhanden ist
   ▪ Erhöhung der Klemmkräfte durch Schrauben höherer Festigkeit
   ▪ Verwendung von Schrauben bzw. Muttern mit angepresster, federnder Auflagescheibe (Abb. 6.62.)

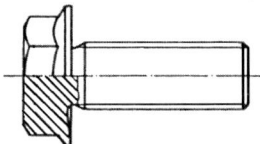

Abb. 6.62. Flanschkopfschraube

Das Setzen kann weiter durch mehrfaches Anziehen und Lösen während der Montage vermindert werden, da durch die Reibung die Oberflächen in der Mutterauflage und im Gewinde plastisch eingeebnet werden. Die sicherste fertigungstechnische Maßnahme ist die, die Schrauben nach bestimmter Betriebszeit nachzuziehen (Inspektion). Von der Verwendung anderer Unterlegmittel ist abzuraten. Federringe nach früherer DIN 127, Federscheiben nach früherer DIN 137 o.ä. liegen schon bei Bruchteilen (ca. 5%) der erforderlichen Vorspannung auf Block und sind wegen der zusätzlichen Fugenflächen schlechter als nichts. Weiterhin sind Vorspannkraftminderungen durch Relaxation der verwendeten Materialien, durch Temperaturwechsel, oder auch durch das Anziehen benachbarter Schrauben zu erwarten.

6.6.3.2 *Losdrehen der Schraubenverbindung*

Eine weitere häufige Ursache für das Versagen einer Schraubenverbindung ist der Verlust der Vorspannung durch Losdrehen des Gewindes. Die Ursache dafür sind Relativbewegungen in den Reibflächen im Gewinde und unter der Mutter- bzw. der Kopfauflage, die z.B. durch elastische Verformungen oder eingeleitete Querbewegungen erzwungen werden.

In einer mit der Schraubenkraft F_S belasteten Schraube besteht gemäß umgestellter Gl.(6.77) Selbsthemmung, wenn das Gewindemoment $M_G = M_{GN} + M_{GR}$ (M_{GN} = Gewindenutzmoment; M_{GR} = Gewindereibmoment) und das Kopf- bzw. Mutterauflagereibmoment M_K im Gleichgewicht sind. Dem Gewindenutzmoment M_{GN} das die Schraube lösen will, wirken dann die Reibmomente im Gewinde (M_{GR}) und in der Kopf- bzw. der Mutterauflagefläche (M_K) entgegen. Somit gilt:

$$-M_{GN} = -F_S \cdot \frac{P}{2\pi} = M_{GR} + M_K = \tag{6.81}$$

$$F_S \cdot \frac{d_2}{2} \cdot \frac{\mu_G}{\cos(\alpha/2)} + F_S \cdot \mu_k \cdot \frac{D_K + D_C}{4}$$

Letztere sind, wie der Vergleich der bei Gl. Gl.(6.77) angegebenen Verhältniswerte zeigt, um ein Mehrfaches größer als M_{GN}, so dass sich im Normalfall selbst bei sehr gut geschmierten Flächen und dementsprechend niedrigen Reibwerten der Schraubenverbund nicht löst. Dieser Zustand ändert sich völlig, wenn in die Reibflächen Bewegungen eingeleitet werden, die nicht in Richtung der Umfangskräfte, sondern z.B. senkrecht dazu stehen. Da Reibkräfte gegen die Bewegungsrichtung wirken, klappen sie - vereinfacht dargestellt - in die aufgeprägte Richtung um, d.h. dem Gewindemoment steht kein Reibwiderstand mehr entgegen, und die „reibungsfreie" Schraubenverbindung dreht sich los.

Unter eingeleiteten Axialkräften entstehen durch die Spreizung an den Gewindeflanken elastische Querverformungen in der Mutter, d.h. die Verbindung „atmet". Durch den starken Abfall der gemessenen Losdrehmomente ließ sich nachweisen, dass dabei die zuvor genannte Reibhemmung deutlich abnimmt; ein selbsttätiges Losdrehen wurde unter dieser Belastungsart jedoch nicht erreicht.

Gefährdet sind querbelastete Schraubenverbindungen, sobald die Fügeteile bei nicht gewährleistetem Reibungsschluss Querbewegungen ausführen können. Solange noch Reibungsschluss an den Kopf- und den Mutterauflageflächen besteht, z.B. bei kleinen Verschiebungen, wird sich die Schraube durch Biegung verformen. Sie ist hierbei zwar durch Biegedauerbruch gefährdet, aber sie löst sich - auch ohne Sicherung - nicht selbsttätig. Oberhalb einer bestimmten „Grenzverschiebung" tritt jedoch Gleiten auch unter der Kopf- bzw. der Mutterauflage ein, und da in das Gewinde Quer- und Kippbewegungen eingeleitet werden, herrscht jetzt der zuvor angegebene „reibungsfreie" Zustand für das Gewinde. Die Schraube dreht sich los, und zwar nach verhältnismäßig kleiner Lastwechselzahl (N um 100).

Obgleich eine konsistente theoretische Begründung der Vorgänge noch fehlt, die Abhängigkeit des Losdrehens von den Parametern der Verbindung bisher nur phänomenologisch beschreibbar ist, bietet das umfangreiche Versuchsmaterial entscheidende Vergleichsmöglichkeiten für die Wirksamkeit der Losdrehsicherungen. Es wird dazu auf Tabelle 6.18. verwiesen. Das wesentliche Ergebnis ist, dass die Unterlegmittel, Federringe, Zahnscheiben usw. unwirksam sind; es ist vor ihrer Verwendung zu warnen. Untauglich, jedenfalls für hochbeanspruchte

Schraubenverbindungen ab der Festigkeitsklasse 8.8, sind auch Sicherungsbleche [DIN462, DIN5406]] und Kronenmuttern mit Splint [DIN935, DIN979]. In den Versuchen wurden die Bleche durch das lösende Gewindenutzmoment weggebogen, die Splinte abgeschert. In gleicher Weise können Drahtsicherungen reißen. So wie auch die sogenannten „selbstsichernden" Muttern und Schrauben mit Kunststoffringen oder -pfropfen oder radialer/axialer Gewindeverformung sind allenfalls als Verliersicherungen einzustufen. Als wirksame Losdrehsicherungen erwiesen sich folgende:

1. Ausreichend lange Schrauben ohne zusätzliche Sicherungselemente. Der Begriff „ausreichend" muss unter den Einflussgrößen Festigkeitsklasse, Reibungszahlen in Auflage und Gewinde, Spiel zwischen Durchgangsloch und Schaft sowie Schaftausführung (Normal-, Dünn-Ausführung) bewertet werden. Grober Richtwert für normale Schrauben ab der Festigkeitsklasse 8.8 ist $l_K \geq 6\,d$.
2. Schrauben und Muttern mit Verriegelungszähnen an tellerförmigen Auflageflächen (Auch firmenspezifisch als „Rippschrauben" oder Sperrzahnschrauben bezeichnet, Form ähnlich Abb. 6.62.)
3. Klebstoffe, die im Gewinde Stoffschluss erzeugen. Diese Klebstoffe lassen sich flüssig aufbringen oder werden mikroverkapselt in Gewindebeschichtungen geliefert. Beschichtete Schrauben sind zweifach wieder verwendbar. Die Temperaturgrenze liegt bei ca. 120°C, mit Sonderklebstoffen bei bis zu ca. 180°C.

Tabelle 6.18.   Einteilung von Sicherungselemente nach Funktion und Wirksamkeit, angelehnt an [VDI2230], Ausgabe 2001

Ursache des Lösens	Einteilung der Elemente nach		Beispiel
	Funktion	Wirkprinzip	
Lockern durch Setzen und/oder Relaxation	Teilweise Kompensation von Setz- und Relaxations- verlusten	Mitverspannte federnde Elemente	Tellerfedern Spannscheiben DIN 6796 u. 6908 Kombischeiben DIN 6900 Kombimuttern
Losdrehen durch Aufhebung der Selbsthemmung	Verliersiche- rung	Formschluss	Kronenmuttern DIN 935 Schrauben mit Splintloch DIN 962 Drahtsicherung
		Klemmen	Ganzmetallmuttern mit Klemmteil Muttern mit Kunststoffeinsatz[*]) Schrauben mit Kunststofffbeschich- tung im Gewinde[*]) Gewindefurchende Schrauben
	Losdrehsiche- rung	Mikroform- schluss	Sperrzahnschrauben Sperrzahnmuttern Sperrkantscheiben
		Kleben	Mikroverkapselte Klebstoffe[*]) Flüssigklebstoffe[*])

*)Temperaturabhängigkeit beachten

Eine sehr wirksamste Losdrehsicherung ist der indirekt wirkende Formschluss querbeanspruchter Verbindungen wie er in (Abb. 6.32) gezeigt wird, da er die als Ursache für den Lösevorgang erkannte Querbewegung unterbindet. Die Auslegung erfolgt dann zwar mit sehr hoher Redundanz, auch liegen die Fertigungskosten höher. Man sollte aber den zusätzlichen Aufwand für zwei Scherhülsen oder Stifte im Vergleich zu den Reparatur- und Folgekosten einer durch Losdrehen zerstörten Schraubenverbindung sehen.

6.7 Bewegungsschrauben

Bewegungsschrauben werden nach der Definition in Abschnitt 6.1 für Stell- und Arbeitsfunktionen genutzt. Aus dieser unterschiedlichen Aufgabenzuweisung folgen spezifische Anforderungen sowohl hinsichtlich der Gestaltung der Elemente, ihrer Lagerung und der Gewindegestaltung, als auch ihrer Beanspruchungsart und -größe, Kraft- und Momentaufnahme, Werkstoffbeanspruchung, Lastfall usw. und schließlich der Tribologie.

6.7.1 Bauformen

Bewegungsschrauben für beide Funktionen werden meist nicht als selbständige Triebe ausgeführt. Sie sind, da sie die Funktion der Maschine wesentlich bestimmen, in diese integriert, z.B. als Vorschubspindeln in Werkzeugmaschinen, Schließspindeln der Ventile oder Kraftspindeln der Pressen. Für Bewegungsaufgaben in Transporteinrichtungen, Arbeitsmaschinen verschiedenster Art, Handhabungs- und Fertigungseinrichtungen (Vorrichtungen, Roboter) werden meist selbständige Triebe verwendet. Diese als Spindelhubgetriebe bezeichneten Einheiten bestehen aus der Spindel und dem Mutter-Getriebekasten mit Anflanschmöglichkeit für den Antrieb.

Für die Spindeln kommt überwiegend das Trapezgewinde nach [DIN103] zur Anwendung, das bei Präzisionsspindeln auch geschliffen wird. Es eignet sich gleichermaßen für Stell- und Krafttriebe und ist in eingängiger Ausführung selbsthemmend, d.h. für Positionierungen gut geeignet. Schnellere Vorschübe und die Längs-Drehübertragung sind möglich mit mehrgängiger Ausführung. Das Sägengewinde nach [DIN2781] ist als Kraftgewinde in Pressen verbreitet, denn seine druckseitig geraden Flanken ergeben kleinere Reibwerte. Spindelwerkstoffe sind meist S275 oder S355 (DIN EN 10025) und bei gehärteten Spindeln Einsatzstahl.

Die Ausführung der Muttern erfolgt überwiegend in Form von Buchsen, die mit Bunden oder Flanschen axial befestigt werden. Werkstoffe sind Bronzen, Gusseisen und Kunststoffe. Wesentlich sind gute Verschleiß- und Fresssicherheit der Gleitpaarung angesichts der meist nur schlechten Schmierung durch Fett. Besonders gute Notlaufeigenschaften haben Sintermetallmuttern, die bei mit Graphit oder MoS_2 verfülltem Sinterwerkstoff sogar trocken laufen dürfen.

Nachteilig bei den Gleitpaarungen ist die relativ hohe Reibung, die im Dauerbetrieb zu Schwierigkeiten wegen der Wärmeentwicklung führt. Bei teueren Ausführungen an Werkzeugmaschinen wurden auch hydrostatische Schmierungen bzw. Lagerungen ausgeführt, d.h. die Muttern mit druckölgespeisten Taschen oder Nuten in den Flanken versehen. Eine deutliche Minderung der Reibung wird in den Kugelgewindetrieben erreicht. Spindeln und Muttern sind mit halbkreis- oder spitzbogenförmigen, gehärteten Schraubennuten versehen, in denen Kugeln die Lastübertragung vornehmen. Nach dem Durchlauf durch das Gewinde werden die Kugeln durch innere bzw. äußere Umlenkkanäle an den Gewindeanfang zurückgeführt (Abb. 6.63.). Die Vorteile dieser Kugelgewindetriebe sind:

- Höhere Positioniergenauigkeit über die Lebensdauer, da niedrigerer Verschleiß
- Deutlich niedrigere Reibung, d.h. Selbsthemmungsgrenze unter 1° Steigungswinkel, Gewindewirkungsgrad über 80% bei einem Steigungswinkel $\alpha = 2\,°$;
- Niedrige Erwärmung
- Kein Stick-Slip-Effekt, d.h. keine Reibschwingungen

Da keine Selbsthemmung mehr vorhanden ist, müssen äußere Bremsen für das Positionieren vorgesehen werden. Die Berechnung erfolgt wie bei Wälzlagern.

Eine andere Möglichkeit, niedrige Reibung durch Rollbewegung zu erreichen, zeigt das Rollgewindeprinzip, bei dem Gewinderollen zwischen Spindel und Außenmutter angeordnet sind und wie ein Planetensatz umlaufen. Diese Bauart ist als Spindelhubgetriebe für sehr große Lasten geeignet und wird auch als Planetenrollentrieb bezeichnet, (Abb. 6.64.).

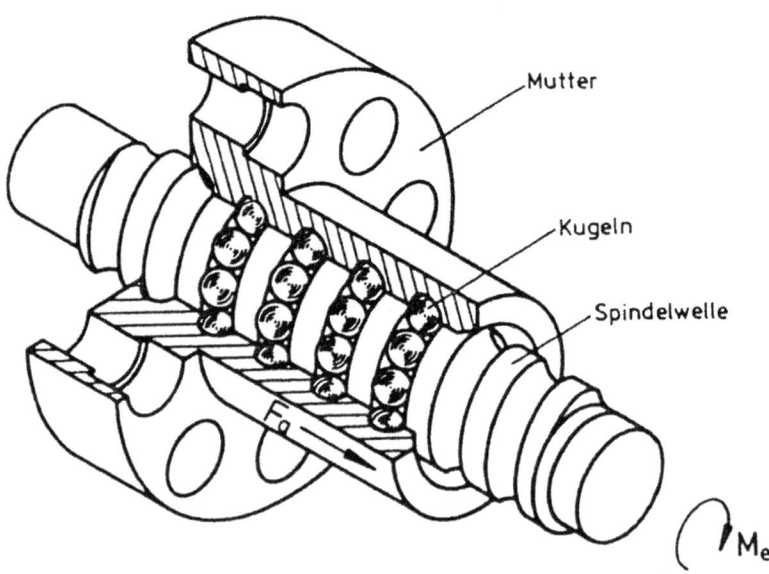

Abb. 6.63. Prinzip der Kugelumlaufspindel, Kugelgewindetrieb

a)

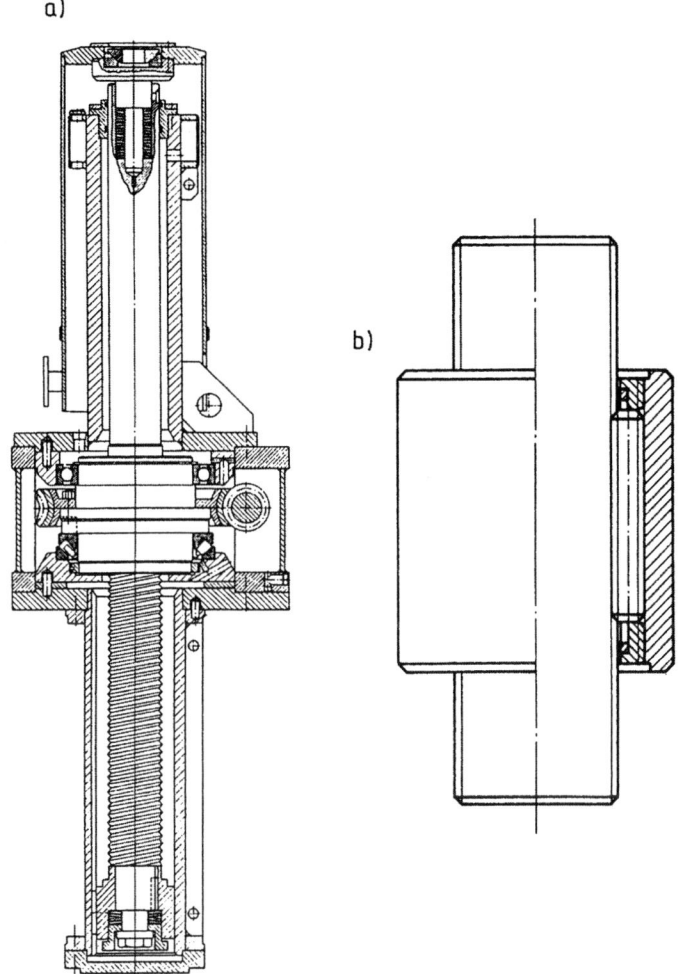

b)

Abb. 6.64. Spindelhubgetriebe (Rollgewindetrieb nach SKF). a) Konstruktion im Schnitt; b) Funktionsprinzip

6.7.2 Berechnung

Berechnung der Kräfte, Momente usw.

Sie erfolgt nach den in Abschnitt 6.1 zusammengestellten Gesetzmäßigkeiten.

Berechnung des Gewindes

Eine Festigkeitsberechnung des Gewindes, d.h. die Berechnung auf Abscheren der Gewindegänge, ist nicht erforderlich. Die Gewindeberechnung erfolgt nur auf

Flankenpressung. Dazu wird angenommen, dass sich die Längskraft als gleichmäßige Pressung auf die projizierte Gewindefläche verteilt. Mit einem Traganteil k der Fläche ($1 \geq k \geq 0,75$) wird mit der zulässigen Pressung p_{zul} die Tragkraft pro Gang:

$$F_p = k \cdot \pi \cdot d_2 \cdot H_1 \cdot p_{zul} \qquad (6.82)$$

(H_1 = Tragtiefe, d_2 = Flankendurchmesser)

Die notwendige Mutterhöhe m für die Aufnahme der Schraubenlast F_S, ergibt sich dadurch mit der Teilung P zu:

$$m = \frac{F_S}{F_p} \cdot P \qquad (6.83)$$

Die zulässige Pressung p_{zul} ist kein Werkstoffwert, sondern eine Erfahrungsgröße, die hauptsächlich durch die Größe des Gleitverschleißes bestimmt wird. Die Richtwerte der Tabelle 6.19. dürfen daher bis zum Zweifachen überschritten werden, wenn folgende Betriebsumstände vorliegen:

- Seltene Betätigung
- Langsame Stellbewegung
- Hinreichende Schmierung
- Höchstlast nur über einen kurzen Schraubenweg wirkend
- Verschleiß zulässig und in Grenzen funktionstechnisch akzeptabel

Tabelle 6.19. Erfahrungswerte für zulässige Flächenpressung bei Bewegungsgewinden

Werkstoffpaarung		p_{zul}
Spindel	Mutter	N/mm^2
Stahl	Stahl	8
	Grauguss	2...5...7
	Bronze	7.....10
	Kunststoffe	2 (bis 30 m / min)
		5 (bis 10 m / min)
		10...15 (seltene Bewegung)
Stahl gehärtet	Bronze	15

Berechnung der Klemmkraft

Die Berechnung der Spindel erfolgt in der ersten Stufe als längsbelasteter, schlanker Stab. Bei Druckbeanspruchung ist eine Rechnung auf Knicksicherheit (elastisches oder plastisches Knicken) anzuschließen (siehe Kapitel 3) mit folgenden Knicksicherheitswerten:

$$S_K = 2,6 \text{ bis } 6 \text{ bei } \lambda \geq 90 \text{ (Euler-Knickung)};$$
$$S_K = 1,7 \text{ bis } 4 \text{ bei } \lambda < 90 \text{ (Tetmajer-Knickung)}.$$

6.8 Anhang

Schrauben und Gewinde werden über eine Vielzahl von Normen definiert. Die Normung hat in den letzten Jahren zu einer Verschiebung von früheren DIN zu DIN EN bzw. zu DIN EN ISO Normen geführt. Folgend wird eine Gegenüberstellung der aktuellen Normen mit früheren Ausgaben wiedergegeben.

Tabelle 6.20. Gegenüberstellung von ersetzten und neuen Normen

neue bzw. ergänzte Norm	Stichwort / Titel	frühere Norm, teilweise noch gültig
DIN EN 20898	Mech. Eigensch. Muttern, Prüfkräfte	DIN 267 T4
DIN EN 24766	Gewindestifte	DIN 551
DIN EN 27434	Gewindestifte	DIN 553
DIN EN 27435	Gewindestifte	DIN 417
DIN EN 27436	Gewindestifte	DIN 438
DIN EN ISO 898	Mech. Eigenschaften Verbindungselemente	DIN ISO 898-1
DIN EN ISO4014	Sechskantschrauben	DIN 931, DIN EN 24014, DIN EN 24015
DIN EN ISO 4017	Sechskantschrauben mit Gewinde bis Kopf	DIN 933
DIN EN ISO 4018	Sechskantschrauben, Gew. bis Kopf	DIN 558, DIN EN 24018
DIN EN ISO 4026	Gewindestifte	DIN 913
DIN EN ISO 4027	Gewindestifte	DIN 914
DIN EN ISO 4028	Gewindestifte	DIN 915
DIN EN ISO 4029	Gewindestifte	DIN 916
DIN EN ISO 4032	Sechskantmuttern	DIN ISO 4032, DIN EN 24032,
DIN EN ISO 4034	Sechskantmuttern	DIN 555, DIN EN 24034
DIN EN ISO 4035	Sechskantmuttern, niedrige Form, mit Fase	DIN 439, DIN EN 24035,
DIN EN ISO 4036	Sechskantmuttern, niedrige Form, ohne Fase	DIN 439
DIN EN ISO 4042	Verbindungselemente, galvanische Überzüge	DIN 267 T 9
DIN EN ISO 4762	Zylinderschrauben mit Innensechskant	DIN 912
DIN EN ISO 7089	Flache Scheiben	DIN 125 T1 u. T2
DIN EN ISO 7090	Flache Scheiben, mit Fase	DIN 125 T1 u. T2
DIN EN ISO 7091	Flache Scheiben	DIN 126
DIN EN ISO 7092	Flache Scheiben, kleine Reihe	DIN 433
DIN EN ISO 7093	Flache Scheiben, große Reihe	DIN 9021
DIN EN ISO 8673	Sechskantmuttern, Feingewinde	DIN EN 28673
DIN EN ISO 8676	Sechskantschrauben, Feingwinde bis Kopf	DIN 961, DIN EN 28676
DIN EN ISO 8765	Sechskantschrauben mit Schaft und metrischem Feingewinde	DIN 960
DIN EN ISO 10511	Sechskantmuttern mit Klemmteil	DIN 985
DIN ISO 68	Metrische ISO Gewinde	DIN 13 T19
DIN ISO 261	Metrische ISO Gewinde	DIN 13 T12 u. T13

Tabelle 6.20. Gegenüberstellung von ersetzten und neuen Normen (Fortsetzung)

neue bzw. ergänzte Norm	Stichwort / Titel	frühere Norm, teilweise noch gültig
DIN ISO 965	ISO Gewinde, Toleranzen	DIN 13 T 13, T 14, T 15, T 27
ISO 898	Mechanische Eigenschaften, Muttern, Prüfkräfte	DIN ISO 898 T2

6.9 Literatur

[DIN13]   DIN 13-1, Ausgabe:1999-11. Metrisches ISO-Gewinde allgemeiner Anwendung, - Teil 1: Nennmaße für Regelgewinde; Gewinde-Nenndurchmesser von 1 mm bis 68 mm

DIN 13-2, Ausgabe:1999-11. Metrisches ISO-Gewinde allgemeiner Anwendung; - Teil 2: Nennmaße für Feingewinde mit Steigungen 0,2 mm, 0,25 mm und 0,35 mm; Gewinde-Nenndurchmesser von 1 mm bis 50 mm

DIN 13-3, Ausgabe:1999-11. Metrisches ISO-Gewinde allgemeiner Anwendung; - Teil 3: Nennmaße für Feingewinde mit Steigungen 0,5 mm; Gewinde-Nenndurchmesser von 3,5 mm bis 90

DIN 13-4, Ausgabe:1999-11. Metrisches ISO-Gewinde allgemeiner Anwendung; - Teil 4: Nennmaße für Feingewinde mit Steigungen 0,75 mm; Gewinde-Nenndurchmesser von 5 mm bis 110 mm

DIN 13-5, Ausgabe:1999-11. Metrisches ISO-Gewinde allgemeiner Anwendung; - Teil 5: Nennmaße für Feingewinde mit Steigungen 1 mm und 1,25 mm; Gewinde-Nenndurchmesser von 7,5 mm bis 200 mm

DIN 13-6, Ausgabe:1999-11. Metrisches ISO-Gewinde allgemeiner Anwendung; - Teil 6: Nennmaße für Feingewinde mit Steigungen 1,5 mm; Gewinde-Nenndurchmesser von 12 mm bis 300 mm

DIN 13-7, Ausgabe:1999-11. Metrisches ISO-Gewinde allgemeiner Anwendung; - Teil 7: Nennmaße für Feingewinde mit Steigung 2 mm; Gewinde-Nenndurchmesser von 17 mm bis 300 mm

DIN 13-8, Ausgabe:1999-11. Metrisches ISO-Gewinde allgemeiner Anwendung; - Teil 8: Nennmaße für Feingewinde mit Steigungen 3 mm; Gewinde-Nenndurchmesser von 28 mm bis 300

DIN 13-9, Ausgabe:1999-11. Metrisches ISO-Gewinde allgemeiner Anwendung; - Teil 9: Nennmaße für Feingewinde mit Steigungen 4 mm; Gewinde-Nenndurchmesser von 40 mm bis 300

DIN 13-10, Ausgabe:1999-11. Metrisches ISO-Gewinde allgemeiner Anwendung; - Teil 10: Nennmaße für Feingewinde mit Steigungen 6 mm; Gewinde-Nenndurchmesser von 70 mm bis 500

DIN 13-11, Ausgabe:1999-11. Metrisches ISO-Gewinde allgemeiner Anwendung; - Teil 11: Nennmaße für Feingewinde mit Steigungen 8 mm; Gewinde-Nenndurchmesser von 130 mm bis 1000

DIN 13-20, Ausgabe:2000-08. Metrisches ISO-Gewinde allgemeiner Anwendung; - Teil 20: Grenzmaße für Regelgewinde mit bevorzugten Toleranzklassen; Gewinde-Nenndurchmesser von 1 mm bis 68 mm

DIN 13-21, Ausgabe:1983-10. Metrisches ISO-Gewinde; Grenzmaße für Feingewinde von 1 bis 24,5 mm Nenndurchmesser mit gebräuchlichen Toleranzfeldern

DIN 13-22, Ausgabe:1983-10. Metrisches ISO-Gewinde; Grenzmaße für Feingewinde von 25 bis 52 mm Nenndurchmesser mit gebräuchlichen Toleranzfeldern

DIN 13, T 23, Ausgabe:1983-10. Metrisches ISO-Gewinde; Grenzmaße für Feingewinde von 53 bis 110 mm Nenndurchmesser mit gebräuchlichen Toleranzfeldern

DIN 13-24, Ausgabe:1983-10. Metrisches ISO-Gewinde; Grenzmaße für Feingewinde von 112 bis 180 mm Nenndurchmesser mit gebräuchlichen Toleranzfeldern

DIN 13-25, Ausgabe:1983-10. Metrisches ISO-Gewinde; Grenzmaße für Feingewinde von 182 bis 250 mm Nenndurchmesser mit gebräuchlichen Toleranzfeldern

DIN 13, T 26, Ausgabe:1983-10. Metrisches ISO-Gewinde; Grenzmaße für Feingewinde von 252 bis 1000 mm Nenndurchmesser mit gebräuchlichen Toleranzfeldern

DIN 13-28, Ausgabe:1975-09. Metrisches ISO-Gewinde; Regel- und Feingewinde von 1 bis 250 mm Gewindedurchmesser, Kernquerschnitte, Spannungsquerschnitte und Steigungswinkel

[DIN14]   DIN 14-1, Ausgabe:1987-02. Metrisches ISO-Gewinde; Gewinde unter 1 mm Nenndurchmesser; Grundprofil

DIN 14-2, Ausgabe:1987-02. Metrisches ISO-Gewinde unter 1 mm Durchmesser, Nennmaße

DIN 14-3., Ausgabe:1987-02. Metrisches ISO-Gewinde unter 1 mm Durchmesser, Toleranzen

DIN 14-4, Ausgabe:1987-02. Metrisches ISO-Gewinde; Gewinde unter 1 mm Durchmesser, Grenzmaße

[DIN74]   DIN 74, Ausgabe:2003-04. Senkungen für Senkschrauben, ausgenommen Senkschrauben mit Köpfen

[DIN103]   DIN 103-1, Ausgabe:1977-04. Metrisches ISO-Trapezgewinde;
                Gewindeprofile

                DIN 103-2, Ausgabe:1977-04. Metrisches ISO-Trapezgewinde;
                Gewindereihen

                DIN 103-3, Ausgabe:1977-04. Metrisches ISO-Trapezgewinde;
                Abmaße und Toleranzen für Trapezgewinde allgemeiner Anwen-
                dung

                DIN 103-4, Ausgabe:1977-04. Metrisches ISO-Trapezgewinde;
                Nennmaße

                DIN 103-5, Ausgabe:1972-10. Metrisches ISO-Trapezgewinde;
                Grenzmaße für Muttergewinde von 8 bis 100 mm Nenndurchmesser

                DIN 103-6, Ausgabe:1972-10. Metrisches ISO-Trapezgewinde;
                Grenzmaße für Muttergewinde von 105 bis 300 mm Nenndurchmes-
                ser

                DIN 103-7, Ausgabe:1972-10. Metrisches ISO-Trapezgewinde;
                Grenzmaße für Bolzengewinde von 8 bis 100 mm Nenndurchmesser

                DIN 103-8, Ausgabe:1972-10. Metrisches ISO-Trapezgewinde;
                Grenzmaße für Bolzengewinde von 105 bis 300 mm Nenndurchmes-
                ser

[DIN158]   DIN 158, Ausgabe:1997-06. Metrisches kegeliges Außengewinde
                mit zugehörigem zylindrischen Innengewinde, - Teil 1: Nennmaße,
                Grenzabmaße, Grenzmaße und Prüfung

[DIN202]   DIN 202. Ausgabe:1999-11. Gewinde; Übersicht

[DIN267]   DIN 267-3, August 1983. Mechanische Verbindungselemente;
                Technische Lieferbedingungen; Festigkeitsklassen für Schrauben aus
                unlegierten oder legierten Stählen; Umstellung der Festigkeitsklas-
                sen

[DIN404]   DIN 404, Ausgabe:1986-09. Kreuzlochschrauben

[DIN405]   DIN 405, Ausgabe:1997-11. Rundgewinde allgemeiner Anwen-
                dung;- Teil 1: Gewindeprofile, Nennmaße

                DIN 405. Ausgabe:1997-11. Rundgewinde allgemeiner Anwen-
                dung;- Teil 2: Abmaße und Toleranzen

[DIN434]   DIN 434, Ausgabe:2000-04. Scheiben, vierkant, keilförmig für U-
                Träger

[DIN435]   DIN 435, Ausgabe:2000-01. Scheiben, vierkant, keilförmig für I-
                Träger

[DIN436]   DIN 436, Ausgabe:1990-05. Scheiben, vierkant, vorwiegend für
                Holzkonstruktionen

[DIN440]   DIN 440, Ausgabe:2001-03. Scheiben mit Vierkantloch, vorwiegend
                für Holzkonstruktionen

[DIN462]   DIN 462, Ausgabe:1973-09. Werkzeugmaschinen; Sicherungsbleche
                  mit Innennase, für Nutmuttern nach DIN 1804

[DIN479]   DIN 479, Ausgabe:1985-02. Vierkantschrauben mit Kernansatz

[DIN513]   DIN 513-1, Ausgabe:1985-04. Metrisches Sägengewinde; Gewinde-
                  profile

                  DIN 513-2, Ausgabe:1985-04. Metrisches Sägengewinde; Gewinde-
                  reihen

                  DIN 513-3, Ausgabe:1985-04. Metrisches Sägengewinde; Abmaße
                  und Toleranzen

[DIN546]   DIN 546, Ausgabe:1986-09. Schlitzmuttern

[DIN548]   Norm-Entwurf) DIN 548, Ausgabe:2004-05.Kreuzlochmuttern

                  DIN 548, Ausgabe:1986-09. Kreuzlochmuttern

[DIN557]   DIN 557, Ausgabe:1994-01. Vierkantmuttern; Produktklasse C

[DIN561]   DIN 561, Ausgabe:1995-02. Sechskantschrauben mit Zapfen und
                  kleinem Sechskant

[DIN609]   DIN 609, Ausgabe:1995-02. Sechskant-Passschrauben mit langem
                  Gewindezapfen

[DIN835]   DIN 835, Ausgabe:1995-02. Stiftschrauben - Einschraubende 2d

[DIN928]   DIN 928, Ausgabe:2000-01. Vierkant-Schweißmuttern

[DIN929]   DIN 929, Ausgabe:2000-01. Sechskant-Schweißmuttern

[DIN931]   DIN 931-2, Ausgabe:1987-09. Sechskantschrauben mit Schaft;
                  Gewinde M 42 bis M 160 x 6, Produktklasse B

[DIN935]   DIN 935-1, Ausgabe:2000-10 Kronenmuttern - Teil 1: Metrisches
                  Regel- und Feingewinde; Produktklassen A und B

                  DIN 935-3, Ausgabe:2000-10. Kronenmuttern - Teil 3: Metrisches
                  Regelgewinde; Produktklasse C

[DIN938]   DIN 938, Ausgabe:1995-02. Stiftschrauben; Einschraubende $\cong$ 1,0d

[DIN939]   DIN 939, Ausgabe:1995-02. Stiftschrauben; Einschraubende $\cong$
                  1,25d

[DIN940]   DIN 940, Ausgabe:1995-02. Stiftschrauben - Einschraubende 2,5 d

[DIN962]   DIN 962, Ausgabe:2001-11. Schrauben und Muttern - Bezeich-
                  nungsangaben, Formen und Ausführungen

[DIN979]   DIN 979, Ausgabe:2000-10 Niedrige Kronenmuttern - Metrisches
                  Regel- und Feingewinde - Produktklassen A und B

[DIN986]   DIN 986, Ausgabe:2000-10. Sechskant-Hutmuttern, mit Klemmteil,
                  mit nichtmetallischem Einsatz

[DIN987]   DIN 987, Ausgabe:1960-10. Annietmuttern mit Stahlkern, selbstsichernd

[DIN1804]   DIN 1804, Ausgabe:1971-03. Nutmuttern; Metrisches ISO-Feingewinde

[DIN2244]   DIN 2244, Ausgabe:2002-05. Gewinde - Begriffe und Bestimmungsgrößen für zylindrische Gewinde

[DIN2509]   DIN 2509, Ausgabe:1986-09. Schraubenbolzen

[DIN2510]   DIN 2510-1, Ausgabe:1974-09. Schraubenverbindungen mit Dehnschaft, Übersicht, Anwendungsbereich und Einbaubeispiele

                    DIN 2510-1, Beiblatt, Ausgabe:1974-09. Schraubenverbindungen mit Dehnschaft; Übersicht, Anwendungsbereich und Einbaubeispiele, Studien zur Berechnung der Schraubenverbindungen

                    DIN 2510-2, Ausgabe:1971-08. Schraubenverbindungen mit Dehnschaft; Metrisches Gewinde mit großem Spiel, Nennmaße und Grenzmaße

                    DIN 2510-3, Ausgabe:1971-08. Schraubenverbindungen mit Dehnschaft; Schraubenbolzen

[DIN2781]   DIN 2781, Ausgabe:1990-09. Werkzeugmaschinen; Sägengewinde 45°, eingängig, für hydraulische Pressen

[DIN2999]   DIN 2999-1, Ausgabe:1983-07. Whitworth-Rohrgewinde für Gewinderohre und Fittings; Zylindrisches Innengewinde und kegeliges Außengewinde; Gewindemaße

[DIN3858]   DIN 3858, Ausgabe:1988-01. Whitworth-Rohrgewinde für Rohrverschraubungen; Zylindrisches Innengewinde und kegeliges Außengewinde für Rohrverschraubungen

[DIN5406]   DIN 5406, Ausgabe:1993-02. Wälzlager; Muttersicherungen; Sicherungsblech, Sicherungsbügel

[DIN6796]   DIN 6796, Ausgabe:1987-10 Spannscheiben für Schraubenverbindungen

[DIN6900]   DIN 6900-5, Ausgabe:1990-12. Kombi-Schrauben mit Regelgewinde mit Spannscheibe

[DIN6908]   DIN 6908, Ausgabe:1995-08. Spannscheiben für Kombi-Schrauben

[DIN6912]   DIN 6912, Ausgabe:2002-12. Zylinderschrauben mit Innensechskant - Niedriger Kopf, mit Schlüsselführung

[DIN6914]   DIN 6914, Ausgabe:1989-10. Sechskantmuttern mit großen Schlüsselweiten; HV-Schrauben in Stahlkonstruktionen

[DIN6916]   DIN 6916, Ausgabe:1989-10. Scheiben, rund, für HV-Schrauben in Stahlkonstruktionen

[DIN6917]   DIN 6917, Ausgabe:1989-10. Scheiben, vierkant, keilförmig, für HV-Schrauben an I-Profilen in Stahlkonstruktionen

[DIN6918]	DIN 6918, Ausgabe:1990-04. Scheiben, vierkant, keilförmig, für HV- Schrauben an U-Profilen in Stahlkonstruktionen
[DIN7989]	DIN 7989, Ausgabe:2001-04. Scheiben für Stahlkonstruktionen
[DIN7990]	DIN 7990, Ausgabe:1999-12. Sechskantschrauben mit Sechskantmutter für Stahlkonstruktionen
[DIN20400]	DIN 20400, Ausgabe:1990-01. Rundgewinde für den Bergbau; Gewinde mit großer Tragtiefe
[DINEN10025]	DIN EN 10025, Ausgabe:1994-03. Warmgewalzte Erzeugnisse aus unlegierten Baustählen; Technische Lieferbedingungen (enthält Änderung A1:1993); Deutsche Fassung EN 10025:1990
[DINEN10269]	DIN EN 10269, Ausgabe:1999-11. Stähle und Nickellegierungen für Befestigungselemente für den Einsatz bei erhöhten und/oder tiefen Temp.; Deutsche Fassung EN 10269: 1999
[DINEN20898]	DIN EN 20898-2, Ausgabe:1994-02. Mechanische Eigenschaften von Verbindungselementen; Teil 2: Muttern mit festgelegten Prüfkräften; Regelgewinde (ISO 898-2:1992); Deutsche Fassung EN 20898-2:1993
[DINEN24766]	DIN EN 24766, Ausgabe:1992-10. Gewindestifte mit Schlitz und Kegelkuppe (ISO 4766:1983); Deutsche Fassung EN 24766:1992
[DINEN27434]	DIN EN 27434, Ausgabe:1992-10. Gewindestifte mit Schlitz und Spitze
[DINEN27435]	DIN EN 27435, Ausgabe:1992-10. Gewindestifte mit Schlitz und Zapfen
[DINEN27436]	DIN EN 27436, Ausgabe:1992-10. Gewindestifte mit Schlitz und Ringschneide (ISO 7436:1983); Deutsche Fassung EN 27436:1992
[DINENISO898]	DIN EN ISO 898-1, Ausgabe:1999-11. Mechanische Eigenschaften von Verbindungselementen aus Kohlenstoffstahl und legiertem Stahl - Teil 1: Schrauben
	DIN EN ISO 898-5, Ausgabe:1998-10. Mechanische Eigenschaften von Verbindungselementen aus Kohlenstoffstahl und legiertem Stahl - Teil 5: Gewindestifte und ähnliche nicht auf Zug beanspruchte Verbindungselemente
[DINENISO1207]	DIN EN ISO 1207, Ausgabe:1994-10. Zylinderschrauben mit Schlitz - Produktklasse A (ISO 1207:1992); Deutsche Fassung EN ISO 1207:1994
[DINENISO2009]	DIN EN ISO 2009, Ausgabe:1994-10. Senkschrauben mit Schlitz (Einheitskopf) - Produktklasse A (ISO 2009:1994); Deutsche Fassung EN ISO 2009:1994
[DINENISO2010]	DIN EN ISO 2010, Ausgabe:1994-10. Linsen-Senkschrauben mit Schlitz (Einheitskopf) - Produktklasse A (ISO 2010:1994); Deutsche Fassung EN ISO 2010:1994

[DINENISO4014]   DIN EN ISO 4014, Ausgabe:2001-03. Sechskantschrauben mit Schaft - Produktklassen A und B

[DINENISO4017]   DIN EN ISO 4017, Ausgabe:2001-03. Sechskantschrauben mit Gewinde bis Kopf - Produktklassen A und B (ISO 4017:1999); Deutsche Fassung EN ISO 4017:2000

[DINENISO4018]   DIN EN ISO 4018, Ausgabe:2001-03 Sechskantschrauben mit Gewinde bis Kopf - Produktklasse C (ISO 4018:1999); Deutsche Fassung EN ISO 4018:2000

[DINENISO4026]   DIN EN ISO 4026, Ausgabe:2004-05. Gewindestifte mit Innensechskant mit Kegelstumpf (ISO 4026:2003); Deutsche Fassung EN ISO 4026:2003

[DINENISO4027]   DIN EN ISO 4027, Ausgabe:2004-05. Gewindestifte mit Innensechskant und abgeflachter Spitze (ISO 4027:2003); Deutsche Fassung EN ISO 4027:2003

[DINENISO4028]   DIN EN ISO 4028, Ausgabe:2004-05. Gewindestifte mit Innensechskant und Zapfen (ISO 4028:2003); Deutsche Fassung EN ISO 4028:2003

[DINENISO4029]   DIN EN ISO 4029, Ausgabe:2004-05. Gewindestifte mit Innensechskant und Ringschneide (ISO 4029:2003); Deutsche Fassung EN ISO 4029:2003

[DINENISO4032]   DIN EN ISO 4032, Ausgabe:2001-03. Sechskantmuttern, Typ 1 - Produktklassen A und B (ISO 4032:1999); Deutsche Fassung EN ISO 4032:2000

[DINENISO4034]   DIN EN ISO 4034, Ausgabe:2001-03. Sechskantmuttern - Produktklasse C

[DINENISO4035]   DIN EN ISO 4035, Ausgabe:2001-03. Sechskantmuttern, niedrige Form (mit Fase) - Produktklassen A und B (ISO 4035: 1999); Deutsche Fassung EN ISO 4035:2000

[DINENISO4036]   DIN EN ISO 4036, Ausgabe:2001-03. Sechskantmuttern niedrige Form (ohne Fase) - Produktklasse B (ISO 4036:1999); Deutsche Fassung EN ISO 4036:2000

[DINENISO4042]   DIN EN ISO 4042, Ausgabe:2001-01. Verbindungselemente - Galvanische Überzüge

[DINENISO4762]   DIN EN ISO 4762, Ausgabe:2004-06. Zylinderschrauben mit Innensechskant

[DINENISO7040]   DIN EN ISO 7040, Ausgabe:1998-02. Sechskantmuttern mit Klemmteil (mit nichtmetallischem Einsatz), Typ 1 - Festigkeitsklassen 5, 8 und 10 (ISO 7040:1997); Deutsche Fassung EN ISO 7040:1997

[DINENISO7045]   DIN EN ISO 7045, Ausgabe:1994-10. Flachkopfschrauben mit Kreuzschlitz Form H oder Form Z - Produktklasse A (ISO 7045:1994); Deutsche Fassung EN ISO 7045:1994

[DINENISO7089]   DIN EN ISO 7089, Ausgabe:2000-11. Flache Scheiben - Normale Reihe, Produktklasse A

[DINENISO7090]   DIN EN ISO 7090, Ausgabe:2000-11. Flache Scheiben mit Fase - Normale Reihe, Produktklasse A

[DINENISO7091]   DIN EN ISO 7091, Ausgabe:2000-11. Flache Scheiben - Normale Reihe, Produktklasse C (ISO 7091:2000); Deutsche Fassung EN ISO 7091:2000

[DINENISO7092]   DIN EN ISO 7092, Ausgabe:2000-11. Flache Scheiben - Kleine Reihe, Produktklasse A

[DINENISO7093]   DIN EN ISO 7093-1, Ausgabe:2000-11. Flache Scheiben - Große Reihe - Teil 1: Produktklasse A

DIN EN ISO 7093-2, Ausgabe:2000-11. Flache Scheiben - Große Reihe - Teil 2: Produktklasse C

[DINENISO8673]   DIN EN ISO 8673, Ausgabe:2001-03. Sechskantmuttern, Typ 1, mit metrischem Feingewinde - Produktklassen A und B (ISO 8673:1999); Deutsche Fassung EN ISO 8673:2000

[DINENISO8675]   DIN EN ISO 8675, Ausgabe:2001-03. Niedrige Sechskantmuttern (mit Fase) mit metrischem Feingewinde - Produktklassen A und B (ISO 8675:1999); Deutsche Fassung EN ISO 8675:2000

[DINENISO8676]   DIN EN ISO 8676, Ausgabe:2001-03. Sechskantschrauben mit Gewinde bis Kopf und metrischem Feingewinde - Produktklassen A und B

[DINENISO8765]   DIN EN ISO 8765, Ausgabe:2001-03. Sechskantschrauben mit Schaft und metrischem Feingewinde - Produktklassen A und B (ISO 8765:1999); Deutsche Fassung EN ISO 8765:2000

[DINENISO10511]   DIN EN ISO 10511, Ausgabe:1998-02. Sechskantmuttern mit Klemmteil - Niedrige Form

[DINENISO10512]   DIN EN ISO 10512, Ausgabe:1998-02. Sechskantmuttern mit Klemmteil (mit nichtmetallischem Einsatz), Typ 1, mit metrischem Feingewinde - Festigkeitsklassen 6, 8 und 10 (ISO 10512:1997); Deutsche Fassung EN ISO 10512:1997

[DINISO68]   DIN ISO 68-1. , Ausgabe:1999-11. Metrisches ISO-Gewinde allgemeiner Anwendung – Grundprofil; - Teil 1: Metrisches Gewinde

[DINISO261]   DIN ISO 261, Ausgabe:1999-11. Metrische ISO Gewinde allgemeine Anwendung – Übersicht (ISO 261:1998)

[DINISO262]   DIN ISO 262, Ausgabe:1999-11. Metrisches ISO-Gewinde allgemeiner Anwendung - Auswahlreihen für Schrauben, Bolzen und Muttern (ISO 262:1998)

[DINISO965]   DIN ISO965-1, Ausgabe:1999-11. Metrisches ISO-Gewinde allgemeiner Anwendung – Toleranzen; - Teil 1: Prinzipien und Grundlagen

DIN ISO 965-2, Ausgabe:1999-11. Metrisches ISO-Gewinde allgemeiner Anwendung – Toleranzen; - Teil 2: Grenzmaße für Außen- und Innengewinde allgemeiner Anwendung; Toleranzklasse mittel

DIN ISO 965-3, Ausgabe:1999-11. Metrisches ISO-Gewinde allgemeiner Anwendung - Toleranzen; - Teil 3: Grenzabmaße für Konstruktionsgewinde

[Dub01]   Dubbel, H.; Beitz, W.; Küttner, K.H. (Hrsg): Dubbel, Taschenbuch für den Maschinenbau. 20. Aufl. Berlin, Heidelberg, New York: Springer-Verlag 2001

[Illg01]   lllgner, K.H.; Esser, J. : Schrauben Vademecum. 9. Aufl. 2001, ISBN 3-935326-46-7, D-49565 Bramsche, Rasch Verlag

[ISO898]   ISO 898-2, Ausgabe:1992-11. Mechanische Eigenschaften von Verbindungselementen ; Muttern mit festgelegten Prüfkräften

[VDI2230]   VDI-Richtlinie 2230, Bl. 1, Juli 1986. Systematische Berechnung hochbeanspruchter Schraubenverbindungen; Zylindrische Ein-schraubenverbindung

VDI-Richtlinie 2230, Bl. 1, Oktober 2001. Systematische Berech-nung hochbeanspruchter Schraubenverbindungen; Zylindrische Einschraubenverbindung

VDI-Richtlinie 2230, Bl. 1, 2003. Systematische Berechnung hochbeanspruchter Schraubenverbindungen; Zylindrische Ein-schraubenverbindung

[Wie88]   Wiegand, H., Kloos, K.-H., Thomala, W.: Schraubenverbindungen. Springer-Verlag Berlin Heidelberg New York London Paris Tokyo 1988

Kapitel 7

Erhard Leidich

7 Achsen und Wellen

7.1 Funktion, Bauformen

Wellen und Achsen haben die Aufgabe, Kräfte bzw. Momente abzustützen bzw. zu leiten. Deshalb sind in Verbindung mit Wellen und Achsen immer Lager einzusetzen. Der Unterschied zwischen Achsen und Wellen ist funktionsbedingt.

Wellen haben die Aufgabe, ein nutzbares Drehmoment zu übertragen und gleichzeitig funktionsbedingte Kräfte aufzunehmen und über die Lager abzustützen. Sie sind stets drehbeweglich, müssen jedoch nicht immer umlaufen.

Achsen dienen ausschließlich zum Abstützen von Kräften. Sie können umlaufen oder stillstehen. Nutzmomente werden nicht übertragen. In der Praxis ist die Unterscheidung teilweise weniger streng. Beispiel: Triebachsen (Triebachsen von Fahrzeugen, bei denen ein Nutzmoment als Antriebsmoment zu den Rädern geleitet wird).

Die Abbildungen Abb. 7.1. bis Abb. 7.4. zeigen typische Bauformen von Achsen bzw. Wellen.

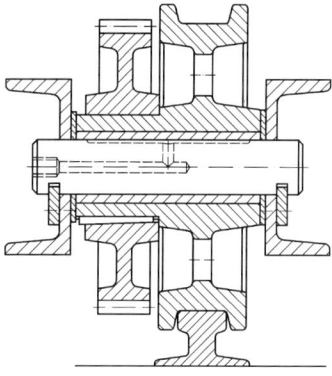

Abb. 7.1. Stillstehende Achse (Kranlaufrad)

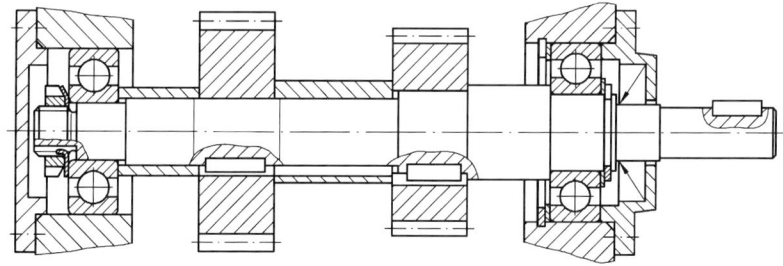

Abb. 7.2. Abgesetzte Welle (Getriebewelle mit Anbauteilen)

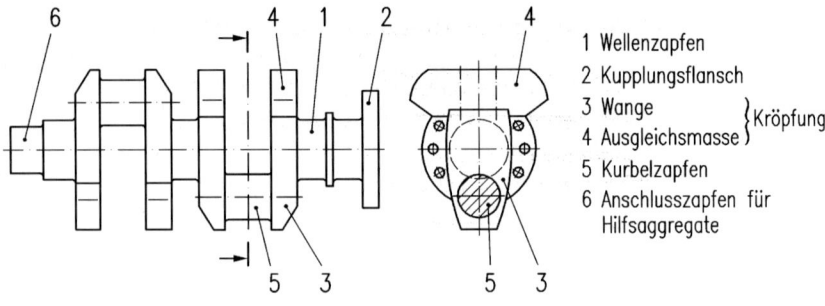

1 Wellenzapfen
2 Kupplungsflansch
3 Wange   } Kröpfung
4 Ausgleichsmasse }
5 Kurbelzapfen
6 Anschlusszapfen für
   Hilfsaggregate

Abb. 7.3. Gekröpfte Welle (Kurbelwelle)

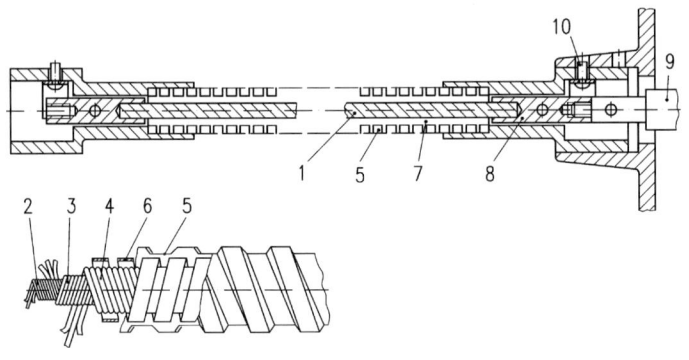

1 Wellenseele, aus mehreren
   Lagen gewundener Stahl-
   drähte (2,3,4); rotiert
5 Metallschutzschlauch,
   beweglich, nicht umlaufend
6 Flachstahleinlage zur Verstärkung von 5, nicht umlaufend

7 Fettfüllung
8 Wellenkupplung, gelötet
9 An- bzw. Abtriebswelle,
   starr
10 Sperrbolzen mit Klemm-
   feder für Handstück
   am Werkzeug

Abb. 7.4. Biegsame Welle

7.2   Berechnung von Wellen und Achsen

7.2.1 Belastungsgrößen und –verläufe

Für die Wellendimensionierung ist es notwendig, die angreifenden Kräfte und
Momente nach Größe und Wirkungsrichtung zu kennen. Das Einleiten von Kräften geschieht durch leistungsübertragende Bauteile (Zahnräder, Riemenscheiben
u.ä.).

Die Kräfte können sowohl quer zur Wellenachse (Radial- und Umfangskräfte)
als auch in axialer Richtung der Welle (Axialkräfte) wirken. Bis auf wenige
Ausnahmen wird der Kraftangriff punktförmig angenommen, wobei die Wir-

kungslinien der äußeren Kräfte durch die Mitten der Kraftangriffsflächen gelegt werden. Nur bei Krafteinleitung über relativ lange Naben erfolgt der Kraftansatz als Streckenlast. Wirkt eine Axialkraft parallel zur Wellenachse, ist das entstehende Biegemoment zu beachten.

Zur Wellenberechnung ist die räumliche Darstellung des Biegemomentenverlaufes an der Welle erforderlich. Am einfachsten ist es, diesen Verlauf in zwei senkrecht aufeinanderstehenden Ebenen zu bestimmen. Alle Kräfte, die nicht in diesen Ebenen liegen, sind so zu zerlegen, dass ihre Komponenten in den festgelegten Ebenen erfasst werden können. Für jeden beliebigen Wellenquerschnitt kann nun das resultierende Biegemoment berechnet werden. Abb. 7.5. zeigt eine Getriebewelle mit Kraftwirkungen von einem schrägverzahnten Stirnrad und einer Keilriemenscheibe mit den auftretenden Biegemomentenverläufen in der x-z-Ebene bzw. in der x-y-Ebene und dem Torsionsmomentenverlauf.

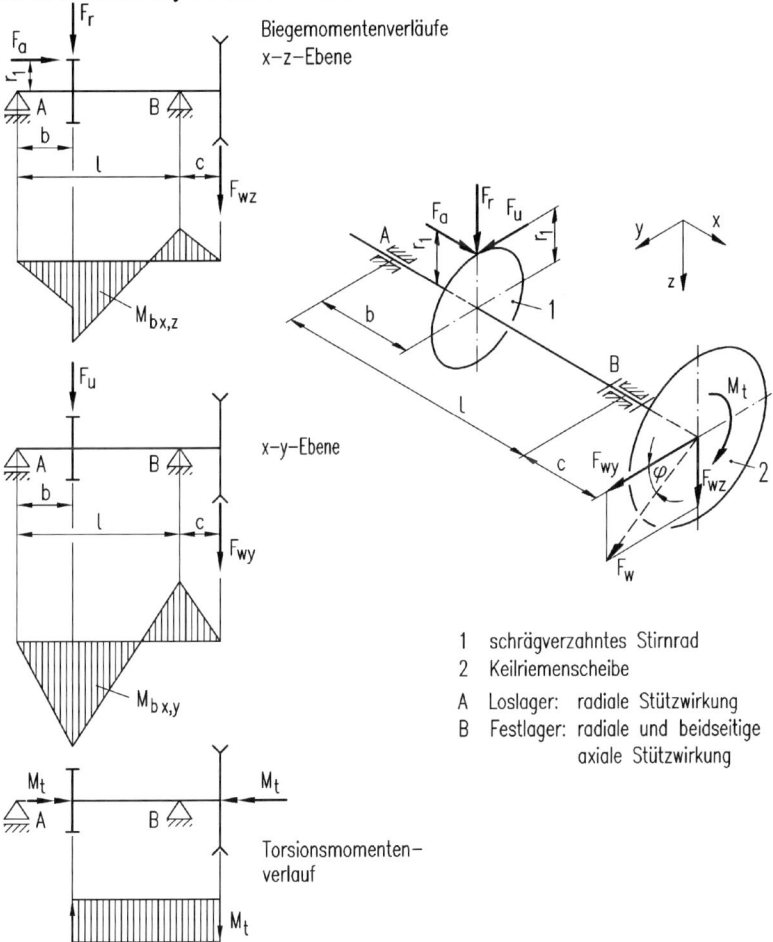

Abb. 7.5. Getriebewelle mit zugehörigen Belastungsgrößen und -verläufen (Längskraftverlauf infolge F_a wird vernachlässigt)

Der Momentenverlauf in einer Ebene lässt sich aus den Wirkungen der einzelnen Kräfte bzw. Biegemomente relativ einfach nach der Methode der Superposition aus den bekannten Fällen der typischen Einzelbelastungen (Abb. 7.6.) zusammensetzen. Für die richtige Addition der Einzelmomente ist es unbedingt erforderlich, die Vorzeichen zu beachten. Dazu werden die Biegemomentenflächen an der Zugseite angetragen. Die Biegemomentenflächen unterhalb der Wellenmitte sind positiv und oberhalb negativ definiert.

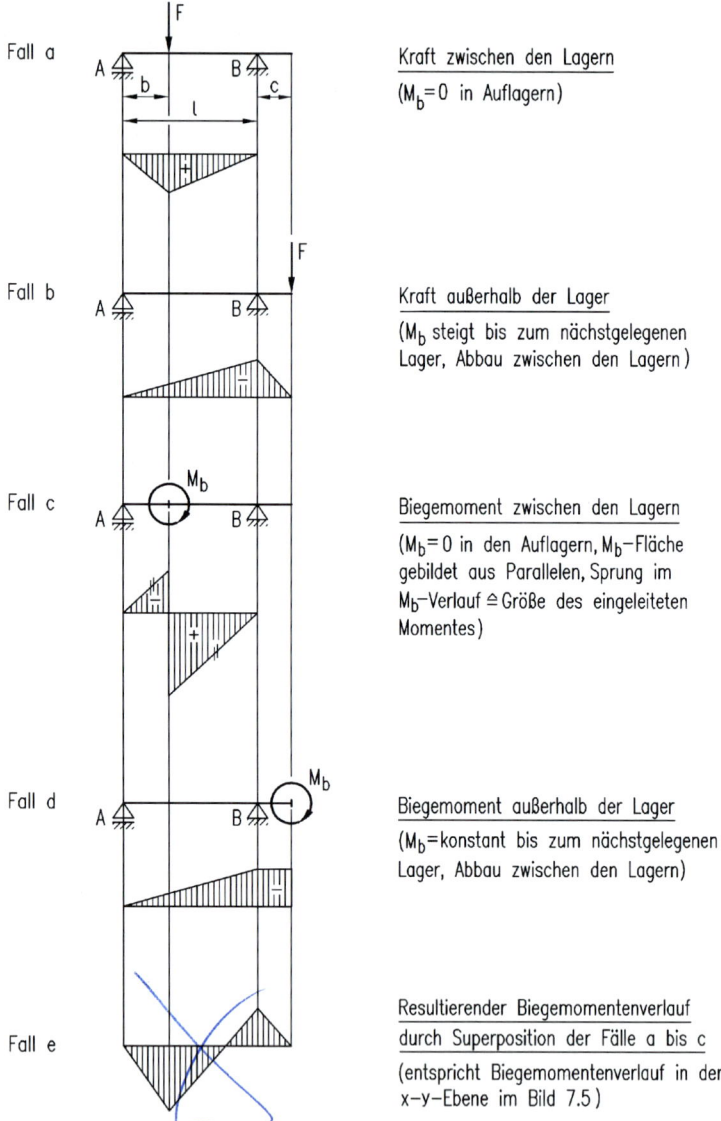

Abb. 7.6. Biegemomentverläufe aus typischen Einzelbelastungen

Für das resultierende Biegemoment gilt

$$M_{b\,res} = \sqrt{M_{b\,x,z}^2 + M_{b\,x,y}^2}$$

(7.1)

Neben der Angabe des Biegemomentenverlaufes an einer Welle gehört unbedingt der Verlauf des Torsionsmomentes (Drehmomentes) dazu, da sich nur aus beiden Verläufen die Beanspruchung eines Wellenquerschnittes richtig bestimmen lässt. Das Drehmoment wird näherungsweise in voller Größe in der Mitte des angetriebenen Elementes (M_t -Eingang) beginnend bis zur Mitte des abtreibenden Elementes (M_t -Ausgang) dargestellt. Der tatsächliche Aufbau des Drehmomentes über die Nabenbreite des aufgesetzten Elementes hängt von einer Reihe von Einflüssen ab, deren Erfassung kompliziert und für die Wellenberechnung nicht gerechtfertigt ist.

Die Größe des Drehmomentes bestimmt sich aus der Leistung und der Drehzahl:

$$M_t = \frac{P}{2 \cdot \pi \cdot n}$$

(7.2)

In der Praxis wird auch häufig die dimensionsbehaftete Gleichung verwendet:

$$M_t = 9,55 \cdot 10^3 \cdot \frac{P}{n}$$

(7.3)

mit

P	Leistung in kW
M_t	Drehmoment in Nm
n	Drehzahl in 1/min

7.2.2 Vordimensionierung

7.2.2.1 Problemstellung

Im Kapitel 3 wird gezeigt, dass für eine exakte Festigkeitsberechnung einer Welle Kenntnisse zu den angreifenden Kräften bzw. Momenten, zu den Abmessungen und zur Beschaffenheit der Kerbstellen erforderlich sind. In der Entwurfsphase sind aber nur die angreifenden Kräfte und Momente bekannt – Durchmesserwerte und Gestalt müssen erst ermittelt werden. Mit Hilfe einer Entwurfsrechnung wird ein Richtwert für den Wellen- bzw. Achsdurchmesser ($d_{üb}$) überschlägig bestimmt.

Der überschlägige Durchmesser $d_{üb}$ ist die Ausgangsgröße für den ersten Entwurf. Beim Festlegen des endgültigen Durchmessers sind jedoch die im Wellenquerschnitt anzuordnenden Profile von Längsnuten, Tiefen von Eindrehungen zur Aufnahme von Befestigungselementen u.ä. zu berücksichtigen (Abb. 7.7.). Die

Wahl der endgültigen Durchmesserwerte sollte unter Beachtung der Normmaße nach DIN 323 Teil 1 (vgl. Kapitel 2) erfolgen.

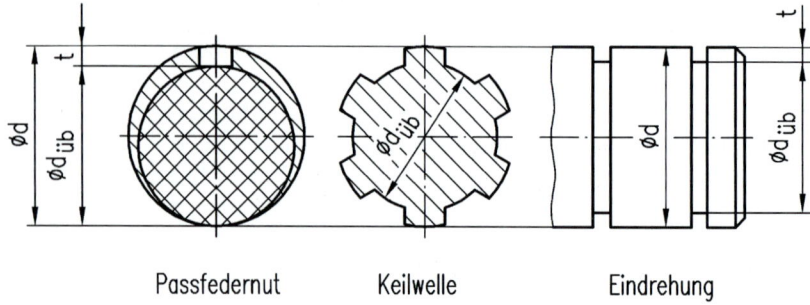

Passfedernut   Keilwelle   Eindrehung

d konstruktiv auszuführender Wellendurchmesser
$d_{\text{üb}}$ überschlägiger Wellendurchmesser
t Nuttiefe

Abb. 7.7. Überschlägige Wellendurchmesser

7.2.2.2   Ermittlung des überschlägigen Durchmessers

Die Ermittlung des überschlägigen Durchmessers erfolgt in der Regel auf der Grundlage der Festigkeit. Dazu werden für den jeweils vorliegenden Beanspruchungsfall überschlägige zulässige Spannungen $\sigma_{b\,\text{üb}}$ bzw. $\tau_{t\,\text{üb}}$ vorgegeben und die Beziehungen für den Spannungsnachweis nach dem Wellendurchmesser $d_{\text{üb}}$ aufgelöst. Die Werte $\sigma_{b\,\text{üb}}$ bzw. $\tau_{t\,\text{üb}}$ enthalten näherungsweise alle Faktoren, die die Gestaltfestigkeit beeinflussen (z.B. Kerbwirkung, Oberflächenfaktor, Größenfaktor). Bei reiner Torsionsbeanspruchung empfiehlt sich zur Berechnung die Torsionswechselfestigkeit $\tau_{t\,W}$, bei Biegung dagegen die Biegewechselfestigkeit $\sigma_{b\,W}$ des ausgewählten Werkstoffes.

Torsionsbeanspruchung (Wellen ohne Biegebelastung)

$$\tau_t = \frac{16 \cdot M_t}{\pi \cdot d^3} \leq \tau_{t\,\text{üb}} \tag{7.4}$$

Für M_t in Nm:

$$d_{\text{üb}} \geq \sqrt[3]{\frac{16 \cdot M_t}{\pi \cdot \tau_{t\,\text{üb}}} \cdot 10^3} \tag{7.5}$$

bzw.

$$d_{\text{üb}} \geq 17,2 \cdot \sqrt[3]{\frac{M_{\text{t}}}{\tau_{\text{t üb}}}} \qquad (7.6)$$

mit

$$\tau_{\text{t üb}} = 0,27\ldots0,47 \cdot \tau_{\text{t W}}$$

und

M_{t} Drehmoment in Nm

$\tau_{\text{t üb}}$ überschlägige zulässige Spannung in N/mm^2

Biegebeanspruchung (umlaufende Achsen)

$$\sigma_{\text{b}} = \frac{32 \cdot M_{\text{b}}}{\pi \cdot d^3} = \sigma_{\text{b üb}} \qquad (7.7)$$

$$d_{\text{üb}} \geq \sqrt[3]{\frac{32 \cdot M_{\text{b}}}{\pi \cdot \sigma_{\text{b üb}}}} \qquad (7.8)$$

bzw.

$$d_{\text{üb}} \geq 21,7 \cdot \sqrt[3]{\frac{M_{\text{b}}}{\sigma_{\text{b üb}}}} \qquad (7.9)$$

mit

$$\sigma_{\text{b üb}} = 0,15\ldots0,25 \cdot \sigma_{\text{b W}} \qquad (7.10)$$

und

$\sigma_{\text{b üb}}$ überschlägige zulässige Spannung in N/mm^2

M_{b} Biegemoment in Nm

Torsions- und Biegebeanspruchung (Wellen)

Es wird die Vergleichsspannung σ_{v} und somit ein Vergleichsmoment M_{v} gebildet und der Berechnungsansatz damit wie im Falle ausschließlicher Biegebeanspruchung durchgeführt.

$$\sigma_{\text{v}} = \sqrt{\sigma_{\text{b}}^2 + 3 \cdot \tau_{\text{t}}^2} = \sigma_{\text{b üb}} \qquad \sigma_{\text{v}} \text{ Vergleichsspannung} \qquad (7.11)$$

Durch Einführung der Definitionsgleichungen für die Spannungen

$$\frac{M_v}{W_b} = \sqrt{\frac{M_b^2}{W_b^2} + 3 \cdot \frac{M_t^2}{W_t^2}} \qquad M_v \quad \text{Vergleichsmoment} \tag{7.12}$$

und mit

$$W_t = 2 \cdot W_b \tag{7.13}$$

ergibt sich

$$M_v = W_b \cdot \sqrt{\frac{M_b^2}{W_b^2} + 3 \cdot \frac{M_t^2}{4W_b^2}} \tag{7.14}$$

$$M_v = \sqrt{M_b^2 + \frac{3}{4} \cdot M_t^2} \tag{7.15}$$

für M_v in Nm

$$d_{\text{üb}} \geq 21{,}7 \cdot \sqrt[3]{\frac{M_v}{\sigma_{\text{b üb}}}} \tag{7.16}$$

mit

$$\sigma_{\text{b üb}} = 0{,}15 \ldots 0{,}25 \cdot \sigma_{\text{b W}} \tag{7.17}$$

Bei Torsions- und Biegebeanspruchung wird häufig auch vereinfachend die Formel (7.5) angewendet. Dabei wird das maßgebliche Drehmoment eingesetzt, für den überschlägig zulässigen Werkstoffwert wird allerdings dann $\tau_{\text{t üb}}$ durch $\sigma_{\text{b üb}}$ ersetzt. $\left(\sigma_{\text{b üb}} \approx 0{,}1 \ldots 0{,}18 \cdot \sigma_{\text{b W}}\right)$. Hintergrund dieser Vereinfachung ist, dass die Größen von Biegemoment und Torsionsmoment in vielen Fällen proportional zueinander sind.

7.2.3 Festigkeitsberechnung

7.2.3.1 Grundsätzliches Vorgehen

Der Festigkeitsnachweis für Wellen und Achsen wird in Anwendung der im Kapitel 3 dargelegten Grundlagen als Sicherheitsnachweis nach [DIN743] geführt.

Allgemein treten bei Bau- und Vergütungsstählen im üblichen Verwendungsbereich vor einer bleibenden Bauteilverformung keine Anrisse und kein Gewaltbruch auf. Auch bei Wellen mit harter Randschicht (z.B. einsatzgehärteten Wellen) kommt es erst zu einer Bauteilverformung bevor der Anriss erfolgt. Es ist deshalb generell für die Maximalspannung der Nachweis der Sicherheit gegen bleibende Verformung als Grundnachweis zu führen (→ Nachweis der Sicherheit gegen Überschreiten der Fließgrenze). Die Beanspruchungszyklen an Wellen bzw.

Achsen werden durch die Mittelspannung und die Spannungsamplitude beschrieben (Abb. 7.8.). Es ist somit weiterhin für den Spannungsausschlag der Dauerfestigkeitsnachweis zu erbringen. Dabei wird die Gestaltfestigkeit für den Wellenquerschnitt aus der Wechselfestigkeit des glatten Probestabes unter Berücksichtigung eines Gesamteinflussfaktors bestimmt und mit der vorhandenen Spannungsamplitude verglichen (→ Nachweis der Sicherheit gegen Ermüdung).

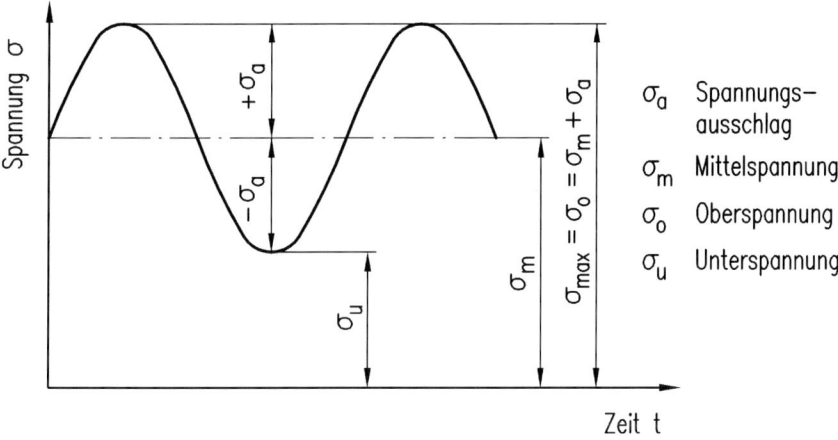

Abb. 7.8. Zeitlicher Verlauf der Spannung (allg. Fall)

Annahmen bzw. Anwendungsbereich

- Konstante Lastamplituden
- Dauerfestigkeitsnachweis (Grenzlastspielzahl $N_G = 10^7$)
- Einstufenbelastung
- Beim Bestimmen der Bauteil-Dauerfestigkeit ist der zu erwartende Überlastungsfall zu berücksichtigen. Die häufigsten bei Wellen auftretenden Überlastungen entsprechen dem Fall 1, d.h. σ_m = konstant (vgl. Kapitel 3). In diesem Fall bleibt die Mittelspannung bei Überlastung konstant, es vergrößert sich lediglich die Spannungsamplitude. Hinweis: Berechnung entsprechend Überlastungsfall 2 ($R = \sigma_u / \sigma_o$ = konstant) wird in [DIN 743] zusätzlich erläutert.
- Querkraft-Schubspannungen bleiben aufgrund des realen Schubspannungsverlaufes (Oberfläche schubfrei!) unberücksichtigt.
- Umlauf- und Flachbiegung werden nicht unterschieden
- Die Festigkeitskennwerte gelten, falls nicht anders angegeben, für Werkstoffproben mit dem Probendurchmesser (Bezugsdurchmesser). Sie werden für den realen Wellendurchmesser (max. 500 mm) umgerechnet.
- Temperaturbereich: - 40°C bis +150 °C
- Frequenzbereich: bis 100 Hz

7.2.3.2 Ablauf des Sicherheitsnachweises

- Nachweis der Sicherheit gegen Überschreiten der Fließgrenze (Abb. 7.9.)

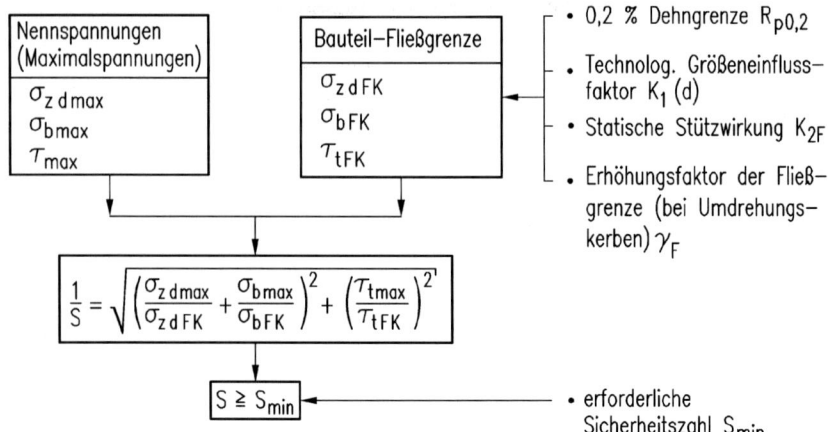

Abb. 7.9. Nachweis der Sicherheit gegen Überschreiten der Fließgrenze

Die maximalen Nennspannungen für die Beanspruchungen Zug bzw. Druck, Biegung und Torsion werden nach den bekannten Regeln der Technischen Mechanik berechnet.

Die Bauteilfließgrenzen sind für den betrachteten Wellenquerschnitt folgendermaßen zu bestimmen:

$$\sigma_{zd,bFK} = K_1(d) \cdot K_{2F} \cdot \gamma_F \cdot R_{p0,2} \tag{7.18}$$

$$\tau_{tFK} = K_1(d) \cdot K_{2F} \cdot \gamma_F \cdot R_{p0,2} / \sqrt{3} \tag{7.19}$$

Ist nur Biegung bzw. Zug/Druck oder Torsion vorhanden, so gilt

für Biegung:

$$S = \frac{\sigma_{bFK}}{\sigma_{b\,max}} \tag{7.20}$$

für Zug/Druck:

$$S = \frac{\sigma_{zdFK}}{\sigma_{zd\,max}} \tag{7.21}$$

für Torsion:

$$S = \frac{\tau_{tFK}}{\tau_{t\,max}} \tag{7.22}$$

• Nachweis der Sicherheit gegen Überschreiten der Dauerfestigkeit (Abb. 7.10.)

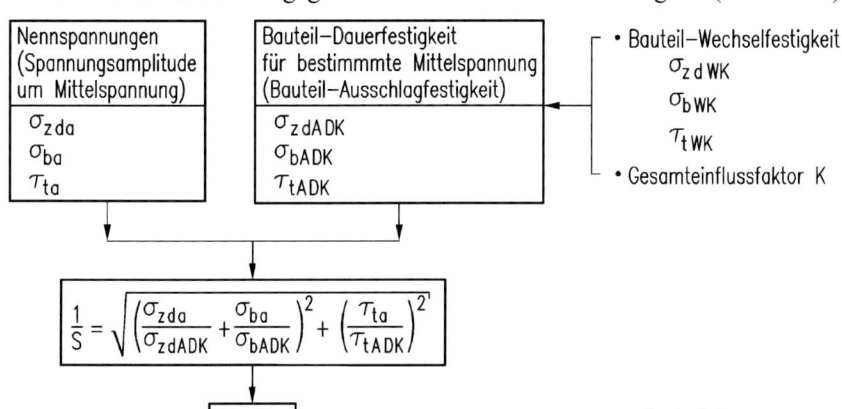

Abb. 7.10. Nachweis der Sicherheit gegen Überschreiten der Dauerfestigkeit

Die Nennspannungsamplituden (Ausschlagspannungen um die Mittelspannungen) für die Beanspruchungsarten Zug bzw. Druck, Biegung und Torsion werden nach den bekannten Regeln der Technischen Mechanik berechnet. Für jede vorliegende Beanspruchungsart wird die Bauteil-Dauerfestigkeit für die vorliegende Mittelspannung (Nennspannung) berechnet. Diese Gestaltfestigkeit (Ausschlagfestigkeit) des realen Wellenabschnittes stellt die dauernd ertragbare Amplitude für den vorliegenden Lastfall dar.

Die Berechnung wird für eine Normalspannungs-Beanspruchung gezeigt. Je nach Beanspruchungsart wäre im Index „b" für Biegung , „z" für Zug bzw. „d" für Druck zu ergänzen. Für Torsionsbeanspruchung ist in den mit (*) gekennzeichneten Gleichungen σ durch τ zu ersetzen.

Die Bauteil-Ausschlagfestigkeit σ_{ADK} errechnet sich gemäß Kapitel 3 folgendermaßen:

$$\sigma_{ADK} = \sigma_{WK} - \psi_{\sigma K} \cdot \sigma_{mv} \qquad (*) \qquad\qquad (7.23)$$

σ_{WK} Wechselfestigkeit des (gekerbten) Wellenabschnittes

         bei Zug, Druck: σ_{zdW}

         bei Biegung: σ_{bW}

Mittelspannungsempfindlichkeit:

$$\psi_{\sigma k} = \frac{\sigma_{WK}}{2 \cdot K_1(d) \cdot R_m - \sigma_{WK}} \qquad (*) \qquad\qquad (7.24)$$

Vergleichsmittelspannung:

$$\sigma_{mv} = \sqrt{\left(\sigma_{zdm} + \sigma_{bm}\right)^2 + 3\tau_{tm}^2} \tag{7.25}$$

$$\sigma_{WK} = \frac{\sigma_W \cdot K_1(d)}{K} \tag{7.26}$$

Gesamteinflussfaktor:

$$K = \left(\frac{\beta_K}{K_2(d)} + \frac{1}{K_{F\sigma}} - 1\right) \cdot \frac{1}{K_V} \tag{7.27}$$

Zur Bestimmung der einzelnen Faktoren in den angegebenen Gleichungen wird auf Abschnitt 3.3.4 verwiesen. Die Werkstoff-Festigkeitswerte sind Abschnitt 3.5 oder den entsprechenden Normen zu entnehmen.

7.3   Kontrolle der Verformungen

7.3.1 Formänderungen und deren Wirkung, zulässige Werte

Achsen und Wellen verformen sich unter den Betriebsbedingungen (Kraft- bzw. Momentenbelastung), wobei Formänderungen auftreten können, die die Funktion des Systems störend beeinflussen. So kann es zum Beispiel zu

– Kantenpressungen bzw. Zwangskräften in Lagern
– Eingriffsstörungen an Verzahnungen
– Anlaufen von Rädern und Scheiben bei Pumpen, Verdichtern und Turbinen kommen.

Deshalb ist zu kontrollieren, ob die Formänderungen in vertretbaren Grenzen liegen oder ob konstruktive Maßnahmen erforderlich sind, um sie zu verringern. Abb. 7.11. erläutert die Formänderungen an einer Welle und deren mögliche Auswirkungen.

Die zulässigen Werte für Formänderungen (Durchbiegung, Neigung, Drillung) sind durch die Funktion der Welle oder der aufgesetzten Bauteile bestimmt. In der Fachliteratur werden folgende Richtwerte für die zulässigen Verformungen an Wellen empfohlen:

– für Wellen allgemein als Maximalwert

$$f_{max} \approx 0,33\,\text{mm}/\text{m} \qquad \text{(bezogen auf Stützlänge)}$$
$$\delta_{max} \approx 0,25°/\text{m} \qquad \text{(bezogen auf Verdrilllänge)}$$

– für Wellen mit Zahnrad (an Eingriffsstelle)

$$f_{max} \approx 0,005 \cdot m_n$$

m_n Normalmodul

$$\tan\beta_{max} \approx 2 \cdot 10^{-4}$$

(ungehärtete Zahnräder)

$$\tan\beta_{max} \approx 1 \cdot 10^{-4}$$

(gehärtete Zahnräder)

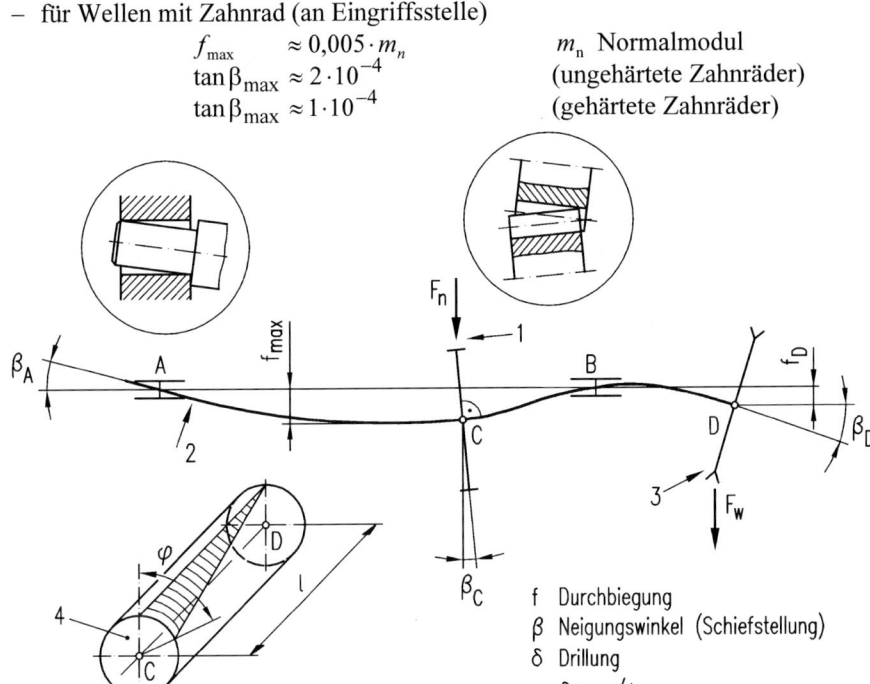

f Durchbiegung
β Neigungswinkel (Schiefstellung)
δ Drillung
$$\delta = \varphi / l$$

Abb. 7.11. Formänderungen an einer Welle und mögliche Auswirkungen
    1 Eingriffsstörungen mit Gegenrad
    2 Kantenpressung in Gleitlagern
    3 Schrägzug bei Zugmittelgetriebe
    4 Schlechte Qualität von Bearbeitungsflächen (Bearbeitungsmaschinen)

- Wellen ohne Führungsfunktion, Landmaschinen: $f_{zul}/l = 0,5 \cdot 10{-}3$

- Wellen im allgemeinen Maschinenbau: $f_{zul}/l = 0,3 \cdot 10{-}3$

- Wellen in Werkzeugmaschinen: $f_{zul}/l = 0,2 \cdot 10{-}3$

- Wellen von Elektromotoren: $f_{zul} < (0,2...0,3) \cdot$ Luftspalt

- Wellen von Drehstrommotoren bis zu mittlerer Leistung: $f_{zul} = 0,3...0,5$ mm

- Wellen von Fahrantrieben für Laufkräne, Portale, Ladebrücken: Abstand zwischen Lagern (in mm) $= (300...400) \cdot \sqrt{d}$ (d in mm)

– für Schneckenwellen (an Eingriffsstelle)

$$f_{max} \approx 0,001 \cdot d_m$$

d_m Mittenkreisdurchmesser der Schnecke

– für Gleitlager (an Lagerstelle)

$$\tan\beta_{max} \approx 10 \cdot 10^{-4} \qquad \text{(einstellbare Lager)}$$

$$\tan\beta_{max} \approx 3 \cdot 10^{-4} \qquad \text{(nicht einstellbare Lager)}$$

– für Wälzlager (an Lagerstelle)

(Radial-) Rillenkugellager	$\tan\beta_{max} \approx 10 \cdot 10^{-4}$
(Radial-) Zylinderrollenlager	$\tan\beta_{max} \approx 2 \cdot 10^{-4}$
(Radial-) Pendelrollenlager	$\beta_{max} \approx 2°$

– für Elektromotorenwellen (am Läufer)

$$f_{max} \approx 0{,}25 \cdot Sp \qquad \text{Sp Luftspalt zwischen Läufer}$$
$$\text{und Stator}$$

Werden die zulässigen Verformungswerte überschritten und können die Stützbreiten bzw. Verformungslängen nicht verkürzt werden, so kann Abhilfe nur durch Vergrößerung des Wellendurchmessers erfolgen. Die Verwendung eines Stahles mit höherer Festigkeit ist zur Verformungsreduzierung zwecklos, da für die Formänderung der Elastizitätsmodul verantwortlich ist und dieser Wert für alle Stahlsorten nahezu gleich ist.

7.3.2 Berechnung der Verformung infolge Biegebeanspruchung

Die Berechnung der Verformung infolge Biegung an der Welle geht von der Differentialgleichung der elastischen Linie (Abb. 7.12.) aus.

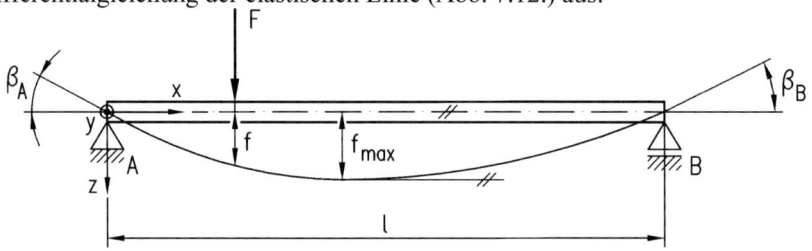

Abb. 7.12. Biegelinie

Aus der Differentialgleichung der Biegelinie

$$\frac{dx^2}{dz^2} = -\frac{M_{by}}{E \cdot I_y} \qquad (7.28)$$

M_{by}	Biegemoment um die y-Achse
E	Elastizitätsmodul

I_y äquatoriales Trägheitsmoment um die y-Achse (bei rotationssymmetrischen Wellen gilt: $I_y = I_z$)

folgt für eine Welle mit konstantem Querschnitt aus der ersten Ableitung für jeden beliebigen Punkt der Biegelinie die Neigung:

$$\tan \beta \approx \beta = \int_{x=0}^{1} \frac{M_{by}}{E \cdot I_y} \cdot dx \qquad (7.29)$$

bzw. bei konstantem E und I_y :

$$\tan \beta = \frac{1}{E \cdot I_y} \cdot \int_{x=0}^{1} M_{by} \cdot dx \qquad (7.30)$$

Aus der zweiten Ableitung ergibt sich die Durchbiegung f für jeden Punkt, d.h. die Biegelinie selbst:

$$f = \frac{1}{E \cdot I_y} \cdot \int_{x=0}^{1} M_{by} \cdot x \cdot dx \qquad (7.31)$$

In der Fachliteratur sind für die wichtigsten Belastungsfälle für konstante Querschnitte die Gleichungen der elastischen Linie (Biegelinie) zusammengestellt (siehe [Dub01] und Abschnitt 3.5.2). Damit können für die Verformung in <u>einer</u> Ebene

$$f, f_{max}, \beta_A \; und \; \beta_B \qquad (7.32)$$

errechnet werden.

Wirken die Belastungen in verschiedenen Ebenen, so werden die in zwei senkrecht zueinander stehenden Ebenen (x-z-Ebene, x-y-Ebene) ermittelten Durchbiegungen bzw. Neigungen zu resultierenden Werten zusammengefasst. Es ergeben sich für die betrachtete Stelle der Welle

$$f = f_{res} = \sqrt{f_y^2 + f_z^2} \qquad (7.33)$$

und

$$\tan \beta = \tan \beta_{res} = \sqrt{\tan \beta_y^2 + \tan \beta_z^2} \qquad (7.34)$$

Die in Abschnitt 3.5.2 aufgeführten Grundfälle können mit Hilfe des Prinzips der Superposition (vgl. hierzu Abschnitt 7.2) für umfangreiche Belastungen kombiniert angewendet werden.

Die voranstehend beschriebene Verformungsermittlung wird vom Konstrukteur in der Regel als Überschlagsrechnung angewendet. Für die exakte Bestimmung der Biegeverformungen an abgesetzten Wellen existieren moderne Berechnungsprogramme. Gleichermaßen kann ein grafisches Verfahren nach MOHR angewendet werden. Dieses Verfahren beruht auf der Ähnlichkeit der Differentialgleichung der Seilkurve eines vollkommen biegsamen Seiles bei Belastung durch eine stetige Last und der elastischen Linie. Hierbei ist zu beachten, dass beim Übergang zwischen Wellenabschnitten unterschiedlichen Durchmessers sich die Steifigkeit nicht sprungförmig ändert, sondern in einem Verlauf zunimmt, wie wenn der Wellendurchmesser längs eines 60°-Kegels wächst (Abb. 7.13.). Die dadurch größere Federung oder Elastizität kann modellhaft in der Weise berücksichtigt werden, dass die Länge l des dünneren Wellenabschnittes um $\Delta d / 4$ verlängert und der Abschnitt mit dem größeren Durchmesser entsprechend verkürzt wird.

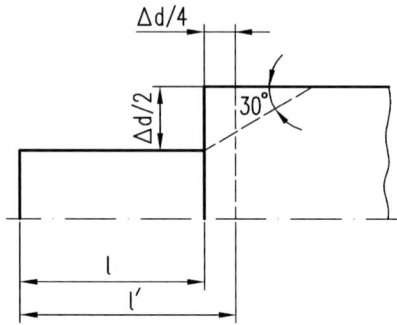

Abb. 7.13. Wirksamer Durchmesserübergang an Wellenabsätzen

Mit der Zunahme der Möglichkeiten der modernen Rechentechnik hat das grafische Verfahren nach Mohr an Bedeutung verloren. Deshalb wird hier auf weitere Erläuterungen verzichtet und im Bedarfsfalle auf die Fachliteratur verwiesen.

7.3.3 Berechnung der Verformung infolge Torsionsbeanspruchung

Der Verdrehwinkel φ (s. auch Abb. 7.11.) ist das Maß für die Formänderung durch ein Torsionsmoment. Es ist der Winkel, um den zwei Querschnitte im Abstand l verdreht werden. Es gilt

$$\varphi = \frac{180}{\pi} \cdot \frac{M_t \cdot l}{G \cdot I_p} \qquad (7.35)$$

mit dem Trägheitsmoment für den Kreisquerschnitt

$$I_p = \frac{\pi}{32} \cdot d^4 \qquad (7.36)$$

$$\varphi = \frac{180}{\pi} \cdot \frac{M_t \cdot l \cdot 32}{G \cdot \pi \cdot d^4} \qquad (7.37)$$

bzw. bei Beachtung der üblichen Dimensionen

M_t Drehmoment in Nm
l Länge in mm
G Gleit(Schub-) Modul in N/mm^2
I_p Polares Flächenträgheitsmoment in mm^4
d Durchmesser in mm
φ Verdrehwinkel in grd.

$$\varphi = 584 \cdot 10^3 \cdot \frac{M_t \cdot l}{G \cdot d^4} \qquad (7.38)$$

Wird der Verdrehwinkel auf eine bestimmte Wellenlänge bezogen, ergibt sich die Drillung ϑ

$$\vartheta = \frac{\varphi}{l} \qquad (7.39)$$

bzw. mit den o.a. Dimensionen

$$\vartheta = 10^3 \cdot \frac{\varphi}{l} \qquad (7.40)$$

(s. auch Abb. 7.11.).

Der Gesamt-Verdrehwinkel einer abgesetzten gestuften Welle mit unterschiedlicher Drehmomentenbeanspruchung kann als Summe der Drehwinkel der einzelnen Wellenabschnitte berechnet werden.

$$\varphi_{ges} = \frac{584 \cdot 10^3}{G} \cdot \sum_{i=1}^{n} \frac{M_{ti} \cdot l_i}{d_i^4} \qquad (7.41)$$

$i = 1...n$ Anzahl der Wellenabschnitte mit unterschiedlicher Beanspruchung

7.4 Dynamisches Verhalten der Wellen (und Achsen)

7.4.1 Schwingungen an Wellen

Eine nicht zu unterschätzende Betriebsstörung kann in Form von Schwingungen eintreten. Entsprechend der Erregung können Achsen Biegeschwingungen und Wellen Biege- und Torsionsschwingungen ausführen.

Stimmt die Frequenz der Erregerschwingungen mit der Eigenfrequenz überein, so liegt Resonanz vor. Die Drehzahl, bei der diese Resonanz auftritt, wird kritische Drehzahl genannt. Der Resonanzfall äußert sich in einem unruhigen Lauf, starken Geräuschen bzw. Rüttelschwingungen infolge Amplitudenvergrößerung und kann zu ernsthaften Schäden (Lagerschäden, Dauerbrüche an Wellen etc.) der Maschine führen.

Während die Biegeschwingungen durch Unwuchten erregt werden, entstehen Torsionsschwingungen durch zeitveränderliche Drehmomente.

Die Eigenfrequenz bzw. kritische Drehzahl der Biegeschwingung einer Welle lässt sich relativ genau bestimmen, da Wellen in der Regel weitgehend unbeeinflusst von den angrenzenden Bauteilen schwingen. Dabei bildet die Welle mit ihrer Biegesteifigkeit die Feder des „Feder-Masse-Systems" und die Wellenmasse oder die Masse von aufgesetzten Bauteilen die schwingende Masse. Anders ist es bei den Torsionsschwingungen. Bei einem Antriebssystem aus mehreren Massen erfolgt eine gegenseitige Beeinflussung der einzelnen Wellen. So weisen Antriebe mehrere torsionskritische Drehzahlen auf. Die Berechnung der torsionskritischen Drehzahlen und der damit verbundenen Amplitudenzunahme ist für Antriebssysteme kompliziert und aufwändig. Innerhalb einer Welle können Torsionsschwingungen nur dann auftreten, wenn mindestens 2 Drehmassen auf dieser Welle angeordnet sind. Die Welle wirkt dann als Torsionsfeder und wird in der Modellabbildung als masselos betrachtet. Die Drehfeder des Wellenstücks zwischen den Massen ist jedoch meist so groß, dass im Betriebsdrehzahlbereich diese Drehschwingungen in der Regel nicht wirksam werden. Im Allgemeinen spielen torsionskritische Drehzahlen nur bei den Systemen eine Rolle, bei denen eine stärkere Ungleichförmigkeit im Antrieb bzw. im Abtrieb besteht. (z.B.: Kolbenmaschinen). Wird die im Abschnitt 7.3.1 angegebene Drillung von $\vartheta \approx 0,25°/m$ eingehalten, so besteht für gerade Wellen kaum die Gefahr gefährlicher Drehschwingungen infolge von Resonanz.

7.4.2 Biegeschwingungen

Die Ableitung wird an einem Einmassensystem durchgeführt. Damit erkennbar wird, dass die Schwerkraft, die durch Anwendung eines Rechenvorteiles in die Endformel kommt, physikalisch keinen Einfluss hat, ist in Abb. 7.14. eine senkrechte Welle dargestellt. Die Welle selbst wird masselos angenommen. Auf ihr ist eine Masse m angeordnet, deren Massenschwerpunkt S die Exzentrizität e zur Rotationsachse der Welle aufweist. Derartige Exzentrizitäten werden als Unwucht bezeichnet und treten fertigungs- und konstruktionsbedingt (z.B. durch Nuten, Bohrungen, Fasen), aber auch durch Werkstoffinhomogenitäten, d.h. ungleiche Werkstoff- und damit Massenverteilung bezüglich der Rotationsachse, auf.

Mit Beginn der Drehbewegung baut sich eine Fliehkraft auf:

$$F_{ce} = m \cdot e \cdot \omega^2 \qquad (7.42)$$

Infolge dieser Kraft verformt sich die Welle, so dass der Massenschwerpunkt mit dem Radius

$$r = f + e \qquad (7.43)$$

rotiert. Die Welle verformt sich dabei an der Stelle der Masse um den Betrag f soweit, bis sich ein Gleichgewichtszustand zwischen der Fliehkraft

$$F_c = m \cdot (f + e) \cdot \omega^2 \qquad (7.44)$$

und der Rückfederkraft der Welle

$$F = c \cdot f \qquad (7.45)$$

einstellt. Dabei ist c die Federsteife der Welle.
Somit wird

$$c \cdot f = m \cdot (f + e) \cdot \omega^2 \qquad (7.46)$$

bzw. umgestellt nach f gilt

$$f = \frac{m \cdot e \cdot \omega^2}{c - m \cdot \omega^2} \qquad (7.47)$$

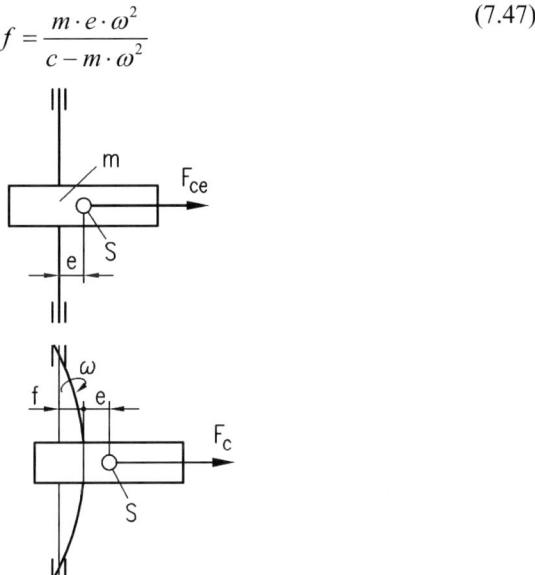

Abb. 7.14. Welle als Einmassensystem bei Biegung

Dieser Ausdruck wird dimensionslos, wenn man die Verformungen auf die Exzentrizität bezieht

$$\frac{f}{e} = \frac{m \cdot \omega^2}{c - m \cdot \omega^2} \qquad (7.48)$$

Aus der Beziehung ist erkennbar, dass die Verformung gegen Unendlich geht, wenn

$$c - m \cdot \omega^2 = 0 \qquad (7.49)$$

wird. Die Winkelgeschwindigkeit, welche diese Bedingung erfüllt, wird als kritische Winkelgeschwindigkeit ω_K bezeichnet. Es muss dann gelten:

$$\omega_K = \sqrt{\frac{c}{m}} \qquad (7.50)$$

Die in dieser Gleichung enthaltene Federsteife c ist der Quotient aus Kraft und Federweg. Diese Federsteife kann ermittelt werden aus einer beliebigen Kraft, welche an der Stelle des Massenschwerpunktes senkrecht zur Wellenachse wirkt, und der durch sie hervorgerufenen Verformung. Dabei bietet sich an, für diese beliebige Kraft des Gewicht G der aufgesetzten Masse und die dazugehörige Verformung f_G zu verwenden. Das ist vorteilhaft, weil dann für den Quotienten aus Gewicht G und Masse m die Erdbeschleunigung g gesetzt werden kann.

$$\omega_K = \sqrt{\frac{G}{f_G \cdot m}} = \sqrt{\frac{g}{f_G}} \qquad (7.51)$$

Für $g = 9{,}81$ m/s^2 und mit den üblichen Einheiten ergibt sich

$$\omega_K = \frac{99}{\sqrt{f_G}} \qquad (7.52)$$

mit

ω Kreisfrequenz in 1/s
g Erdbeschleunigung in m/s^2
f_G Durchsenkung infolge Eigengewicht G in mm

Wird die Winkelgeschwindigkeit durch die Drehzahl mit Hilfe der Beziehung

$$\omega = \frac{\pi \cdot n}{30} \qquad \frac{n}{1/\min} \qquad (7.53)$$

ersetzt, so folgt

$$n_K \approx 946 \cdot \frac{1}{\sqrt{f_G}} \qquad (7.54)$$

Diese Ableitung zeigt, dass sich die kritische Drehzahl einer Welle aus der Durchbiegung unter einem Massegewicht bestimmen lässt. Die Eigenmasse der Welle wird meist vernachlässigt, was berechtigt ist, wenn die aufgesetzte Masse mindestens eine Zehnerpotenz größer ist als die Eigenmasse der Welle.

Es ist jedoch notwendig zu beachten, dass die Ermittlung der kritischen Drehzahl aus der Biegung unter dem Gewicht lediglich aus einem Rechenvorteil resultiert und keinen physikalischen Zusammenhang darstellt. Das geht schon daraus hervor, dass die Ableitung an einer senkrecht stehenden Welle durchgeführt wurde, wo eine Durchbiegung unter dem Gewicht infolge Erdanziehung gar nicht auftreten kann.

Es ist weiterhin zu beachten, dass bei dieser Ableitung die Masse als Punktmasse betrachtet worden ist. Soll die aufgesetzte Masse in ihrer realen Scheibenform berücksichtigt werden – dies wäre bei Wellen wichtig, deren Betriebsdrehzahlen nahe an den kritischen Drehzahlen liegen – dann müssen die im Lehrgebiet Maschinendynamik erworbenen Kenntnisse angewendet werden.

Die Beziehung für die biegekritische Drehzahl zeigt, dass n_K von der statischen Durchbiegung der Welle infolge der Masse abhängt. Zusätzliche Kräfte (Zahnkräfte, Riemenzug u.ä.) haben keinen Einfluss.

Soll die Frage beantwortet werden, wie sich die Auslenkung f der Biegeschwingung mit der Drehzahl n verändert, so ist die Aussage am günstigsten relativ zur Exzentrizität zu treffen. Die o.g. Beziehung

$$\frac{f}{e} = \frac{m \cdot \omega^2}{c - m \cdot \omega^2} \qquad (7.55)$$

veranschaulicht Abb. 7.15., wobei die Drehzahl n bezogen auf die kritische Drehzahl n_K dargestellt ist und für f/e der absolute Betrag betrachtet wird.

$$\left|\frac{f}{e}\right| = \frac{m \cdot \dfrac{\omega^2}{\omega_K^2}}{\dfrac{c}{\omega_K^2} - m \cdot \dfrac{\omega^2}{\omega_K^2}} = \frac{m \cdot \dfrac{\omega^2}{\omega_K^2}}{m - m \cdot \dfrac{\omega^2}{\omega_K^2}} = \frac{\dfrac{\omega^2}{\omega_K^2}}{1 - \dfrac{\omega^2}{\omega_K^2}} \qquad \frac{\omega}{\omega_K} = \frac{n}{n_K} \qquad (7.56)$$

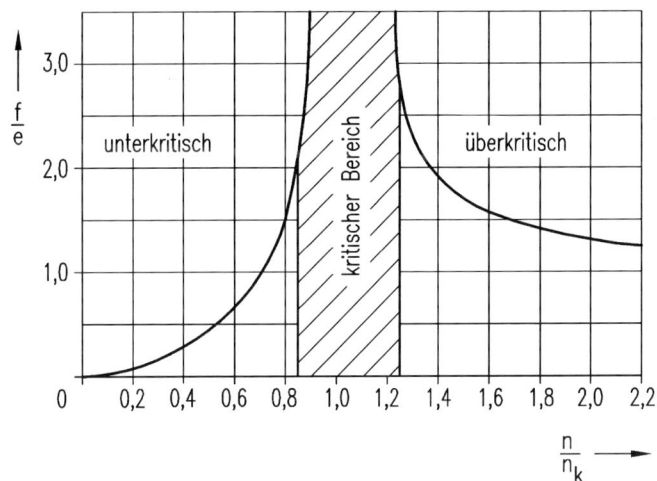

Abb. 7.15. Relative Amplitude der Biegeschwingung in Abhängigkeit des Drehzahlverhältnisses

Es ist zu sehen, dass bei der kritischen Drehzahl die Amplitude gegen ∞ geht. Wenn vorgeschrieben wird, dass die Amplitude

$$f \leq (2,5\ldots3) \cdot e \qquad (7.57)$$

werden soll, dann muss der Bereich $(0,85...1,25) \cdot n_K$ vermieden werden. Dieser Bereich ist als kritischer Bereich gekennzeichnet. Läuft die Welle bei niedrigeren Drehzahlen als n_K, so spricht man von einem unterkritischen Lauf, und oberhalb n_K von einem überkritischen.

Beim Betrieb im überkritischen Bereich muss darauf geachtet werden, dass der kritische Drehzahlbereich möglichst schnell durchfahren und der Betrieb in diesem Bereich mit Sicherheit vermieden wird. Dann bleibt die Auslenkung in ertragbaren Grenzen, da es eine Zeit dauert, bis sich Schwingungen auf ihren Größtwert aufschaukeln.

Aus Abb. 7.15. ist weiter zu ersehen, dass die Amplitude klein gehalten werden kann, wenn e möglichst klein, d.h. die Welle gut ausgewuchtet ist.

Bei mehreren auf einer Welle umlaufenden Massen kann die maßgebende Durchbiegung näherungsweise nach der Formel von DUNKERLEY berechnet werden.

$$n_K \approx 946 \cdot \frac{1}{\sqrt{f_G^*}} \quad \text{Dimensionen wie oben} \tag{7.58}$$

$$f_G^* = \frac{\sum_{i=1}^{n} f_{G_i}^2 \cdot G_i}{\sum_{i=1}^{n} \left| f_{G_i} \right| \cdot G_i} \tag{7.59}$$

f_{G_i} ist dabei die Durchbiegung an der Stelle des Gewichtes G_i, hervorgerufen durch das Einwirken sämtlicher n Gewichte G_1 bis G_n.

Da bei einem Mehrmassensystem so viele kritische Drehzahlen möglich sind, wie Massen vorhanden sind, ist die Richtung, in der man die Gewichte ansetzt, zu beachten. Es interessiert immer die niedrigste Eigenschwingung. Die niedrigste kritische Drehzahl erhält man, wenn f_G am größten wird. Dies ist der Fall, wenn die Kräfte in ihrer Richtung so angesetzt werden, dass die größte Durchbiegung auftritt. Man muss dazu alle Gewichte innerhalb der Lagerstellen in einer Richtung und außerhalb der Lager in der entgegengesetzten Richtung annehmen.

7.4.3 Drehschwingungen

Drehschwingungen werden z.B. durch periodische Drehmomentschwankungen erregt. Zur Ermittlung des Drehschwingungsverhaltens einer Welle mit aufgesetzten Massen (z.B. Zahnräder, Schwungmassen, Kupplungen) eignet sich der Zweimassenschwinger gemäß Abb. 7.16. Die Welle besitzt einen konstanten Durchmesser und sie erfährt keine Durchbiegung. Biegeschwingungen treten demnach nicht auf. Es wird nur die reine Drehbewegung untersucht.

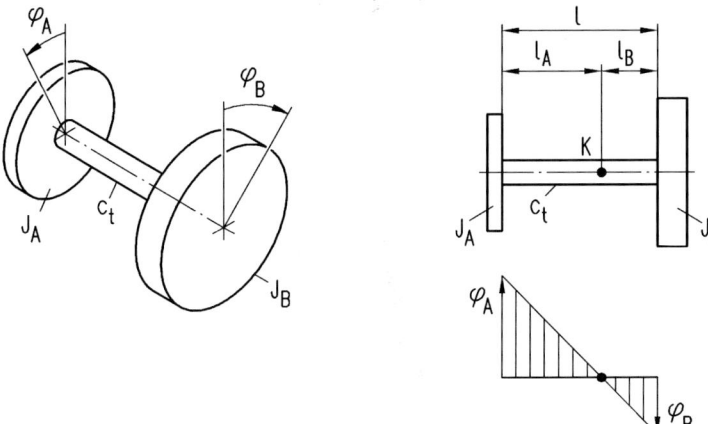

Abb. 7.16. Zwei-Massenschwinger

Werden die beiden Scheiben (Massen) mit den Massenträgheitsmomenten J_A und J_B gegeneinander verdreht, führt das System freie Drehschwingungen aus. Ein Punkt der Welle bleibt dabei in Ruhe; es ist der so genannte Schwingungsknoten K. Man kann diese Stelle als Einspannung ansehen und damit die Welle in zwei Einzelsysteme mit je einem Freiheitsgrad teilen. Die für jedes System gültige Differenzialgleichung lautet in der allgemeinen Schreibweise

$$J \frac{d^2\phi}{dt^2} + c_t \cdot \phi = 0 \qquad (7.60)$$

bzw.

$$\frac{d^2\phi}{dt^2} + \frac{c_t}{J} \cdot \phi = 0 \qquad c_t = \frac{G \cdot I_p}{l} \qquad (7.61)$$

Mit der Indizierung gemäß Abb. 7.16. erhält man die Eigenkreisfrequenzen für den linken und rechten Teil der Welle.

$$\omega_A = \sqrt{\frac{G \cdot I_p}{l_A \cdot J_A}} \ ; \quad \omega_B = \sqrt{\frac{G \cdot I_p}{l_B \cdot J_B}} \qquad (7.62)$$

Beide Teile müssen aber die gleiche Eigenfrequenz, also $\omega_A = \omega_B = \omega_0$ haben. Zur Eliminierung der Hilfsgrößen l_A und l_B ist es notwendig, eine Beziehung zwischen den Massenträgheitsmomenten und den Drehwinkeln herzustellen. Dies gelingt über den Drallsatz. Auf Grund der fehlenden äußeren Momente (s. Abb. 7.16.) muss der Drall für das System A gleich dem Drall für das System B sein (vgl. [Jür96]), $\dot{\varphi} = \omega$:

$$J_A \cdot \dot{\varphi}_A = J_B \cdot \dot{\varphi}_B \qquad (7.63)$$

Daraus folgt

$$\frac{\dot{\varphi}_A}{\dot{\varphi}_B} = \frac{J_B}{J_A} \qquad (7.64)$$

Bei konstantem Durchmesser der Welle gilt gemäß Abb. 7.16. (Strahlensatz)

$$\frac{\varphi_A}{\varphi_B} = \frac{l_A}{l_B} \quad und \quad \frac{\dot{\varphi}_A}{\dot{\varphi}_B} = \frac{l_A}{l_B} \qquad (7.65)$$

Nach einigen Umformungen erhält man

$$l_A = l \cdot \frac{J_B}{J_A + J_B} \qquad (7.66)$$

und unter Einbeziehung der Gleichung (7.62) sowie (7.66) schließlich:

$$\omega_0 = \sqrt{c_t \left(\frac{1}{J_A} + \frac{1}{J_B} \right)} = \sqrt{c_t \cdot \frac{J_A + J_B}{J_A \cdot J_B}} \quad \text{in 1/s} \qquad (7.67)$$

Für die torsionskritische Drehzahl folgt daraus

$$n_K = \frac{30}{\pi} \cdot \sqrt{c_t \cdot \frac{J_A + J_B}{J_A \cdot J_B}} \quad \text{in min}^{-1} \qquad (7.68)$$

mit

c_t Torsionssteifigkeit in Nm

J_A, J_B Massenträgheitsmomente in kgm^2

Besteht die Welle aus i-Abschnitten mit unterschiedlichen Durchmessern, berechnet sich die Gesamtfederkonstante gemäß den Gesetzmäßigkeiten einer Reihenschaltung zu

$$\frac{1}{c_t} = \sum_i \frac{1}{c_{ti}} \qquad (7.69)$$

Zur Berechnung von

- Wellensträngen, bestehend aus mehreren, durch Kupplungen verbundenen Wellen, die damit ein Schwingungssystem bilden und
- Getriebewellen, bei denen das Drehmoment mit einer Übersetzung von einer Welle auf eine andere übertragen wird,

müssen entsprechende (lineare) mechanische Ersatzsysteme definiert werden, wozu auf die entsprechende Fachliteratur (z.B. [Jür96]) verwiesen wird. Allgemein gilt, dass wegen der Unsicherheit der Berechnung der Abstand zwischen der

Haupterregenden (i.a. Drehfrequenz) und der Grundeigenfrequenz $> 20\%$ sein sollte.

7.4.4 Auswuchten

Schnelllaufende Rotationskörper (Richtwert $n \geq 1500\ \text{min}^{-1}$), d.h. Achsen, Wellen, Spindeln, Rotoren von Gas- und Dampfturbinen usw., müssen ausgewuchtet werden mit dem Ziel, den Schwerpunktabstand e zur Rotationsachse so gering wie möglich zu gestalten, bzw. die Hauptträgheitsachse des Rotors mit der Drehachse möglichst zur Deckung zu bringen. Die verbleibende Restunwucht sollte minimal sein, um die freien Fliehkräfte zu vermindern. Den Idealfall stellt der homogene Rotationskörper mit $e = 0$ dar, praktisch ist immer $e > 0$ (s. auch Abschnitt 7.4.2). Man unterscheidet statisches und dynamisches Auswuchten.

Statisches Auswuchten (Abb. 7.17.) wird für Rotationskörper mit einer aufgesetzten Masse und geringer Drehzahlen angewendet. („Scheiben" mit $l/d \leq 1$). Der auszuwuchtende Körper wird reibungsarm gelagert und durch Hinzufügen/Wegnahme von Massen m' solange langsam bewegt (gedreht), bis sich ein stabiler Gleichgewichtszustand einstellt, d.h.

$$m \cdot e - m' \cdot e' = 0 \qquad (7.70)$$

Aufgrund der Lagerreibung bleibt eine geringe Restunwucht erhalten.

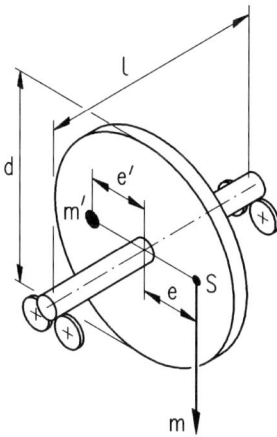

Abb. 7.17. Statisches Auswuchten

Dynamisches Auswuchten (Abb. 7.18.) ist vor allem dann erforderlich, wenn

– mehrere aufgesetzte Massen vorhanden sind (Schwerpunkte in verschiedenen Ebenen)
– hohe Betriebsdrehzahlen und
– hohe l/d-Werte vorliegen (in Sonderfällen auch bei l/d bis 1:8).

Der auszuwuchtende Körper wird in federbeweglichen, reibungsarm verschiebbaren Lagern aufgenommen und in Rotation versetzt (Auswuchtmaschine). Über die Lagerfederwege werden die durch die Schwerpunktabstände $e_1...e_3$ hervorgerufenen Unwuchten in zwei Ebenen drehzahlabhängig ermittelt und daraus die bei einem „starren" Körper notwendigen Ausgleichsgewichte berechnet. Diese können als Zusatzmassen platziert oder entsprechende Massen entfernt werden, damit das System im Gleichgewicht ist. Die entsprechende Anzeige erfolgt an der Maschine. Auch hier verbleibt verfahrensbedingt eine geringe Restunwucht, bedingt durch die Restexzentrizität. Bei langgestreckten Rotationskörpern, die elastische Durchbiegungen erfahren und mit hohen Drehzahlen betrieben werden, muss in mehr als zwei Ebenen ausgeglichen werden. Näheres ist der Fachliteratur (z.B. [Fed77], [Kel87]) zu entnehmen.

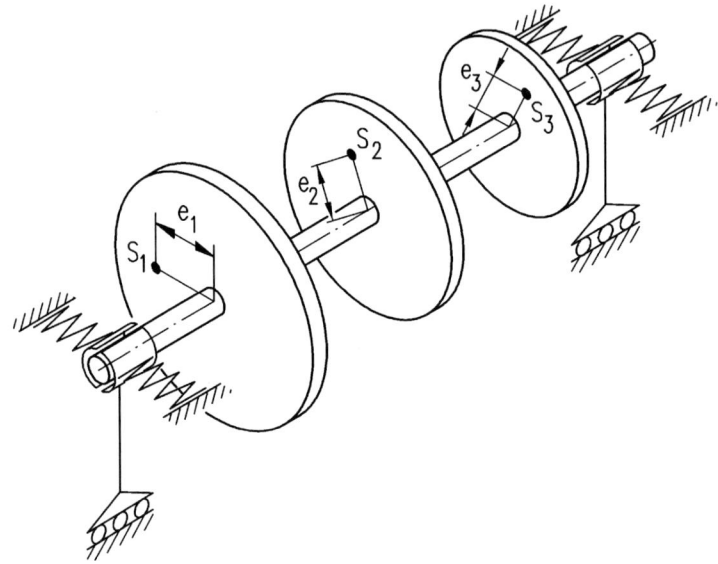

Abb. 7.18. Dynamisches Auswuchten

Die Restunwucht wird durch die Auswuchtgüte G beschrieben, die sich aus der Schwerpunktgeschwindigkeit v_s ableiten lässt.

$$v_s = e \cdot \omega = e \cdot 2 \cdot \pi \cdot f = e \cdot \pi \cdot n / 30 \qquad in\ mm/s \qquad (7.71)$$

Nach [DINISO1940] sind die in Tabelle 7.1. angeführten Gütegruppen festgelegt. Aus der Gütegruppe lässt sich die zulässige Schwerpunktexzentrizität und die zulässige Restunwucht U berechnen. Dies soll an einem Beispiel gezeigt werden. Für eine Rotormasse von $m = 500$ kg und $n = 6000$ min^{-1} Betriebsdrehzahl ergibt sich für die Gütegruppe G 2,5 $v_s = 2,5$ mm/s. Erfolgt die Auswuchtung an einem Radius von $R = 200$ mm gilt:

Tabelle 7.1. Gütegruppen für starre Rotoren

Gütegruppe	v_s in mm/s	Beispiele
G 40	> 16 bis 40	Autoräder, Felgen, Radsätze
G 16	> 6,3 bis 16	Gelenkwellen; Teile von Zerkleinerungs- und Landwirtsch.-Maschinen
G 6,3	> 2,5 bis 6,3	Gelenkwellen mit besonderen Anforderungen, Teile der Verfahrenstechnik, Zentrifugentrommeln, Schwungräder, Kreiselpumpen, Ventilatoren, Maschinenbau- und Werkzeugmaschinen-Teile, Elektromotoren-Anker ohne bes. Anforderungen
G 2,5	> 1 bis 2,5	Gas- und Dampfturbinen, Gebläse- und Turbinenläufer, Turbogeneratoren, Werkzeugmaschinen-Antriebe, mittlere und größere Elektromotoren-Anker mit besonderer Anforderung; Kleinmotorenanker, Pumpen mit Turbinenantrieb
G 1	> 0,4 bis 1,0	Strahltriebwerke, Schleifmaschinen-Antriebe, Magnetophon- und Phono-Antriebe, Kleinmotorenanker mit bes. Anforderungen
G 0,4	> 0,16 bis 0,4	Feinstschleifmaschinen-Anker, -Wellen und –Scheiben, Kreisel

$$e_{zul} = \frac{v_s}{\omega} = \frac{v_s}{2 \cdot \pi \cdot n} = \frac{2500 \, \mu m / s}{628 \, 1/s} = 3,98 \, \mu m \tag{7.72}$$

und

$$U_{zul} = m \cdot e_{zul} = 500000 \, g \cdot 0,00398 \, mm = 1990 \, gmm \tag{7.73}$$

Nach [Kel87] kann für starre Körper mit zwei Ausgleichsebenen je Ebene die Hälfte des betreffenden Richtwertes genutzt werden.

$$U_1 = U_2 = \frac{U_{zul}}{2} = 995 \, gmm \quad \text{Restunwucht pro Ebene} \tag{7.74}$$

und somit

$$m' = \frac{U_1}{R} = \frac{995 \, gmm}{200 \, mm} = 4,97 \, g \stackrel{\wedge}{=} \text{zulässiger Fehler} \tag{7.75}$$

Es ist zu erkennen, dass mit steigender Drehzahl (Beispiel Autoräder vs. Beispiel Dampf-/Gasturbinen oder Strahltriebwerke) bzw. erhöhten Anforderungen an die Laufruhe bzw. -genauigkeit (Beispiel Feinstschleifmaschinen) die zulässige Schwerpunktgeschwindigkeit sinkt. Das bedeutet, dass die verbleibende Restexzentrizität möglichst gering sein muss, was durch die Erhöhung der Auswuchtgenauigkeit erreicht werden kann.

7.5 Gestaltung von Achsen und Wellen

7.5.1 Allgemeines

Die Wellengestaltung muss neben der Realisierung eines günstigen Kraftflusses (Kerbwirkung) auch einer wirtschaftlichen Fertigung und Montage entsprechen. Welche Gesichtspunkte für die Konstruktion ausschlaggebend sind, hängt von den jeweiligen konkreten technischen Bedingungen bzw. Anforderungen an das Bauteil ab. So können Stützweiten, Lager, Anschlussmaße u.a. vorgegeben sein, in deren Abhängigkeit sich die geometrischen und technologischen Größen ergeben. Nachfolgend werden einige Gestaltungspunkte genannt.

- *Realisierung geringer Stützweiten*
  geringe Biegespannungen bzw. Verformungen

- *möglichst nur zweifache Lagerung*
  statisch bestimmtes System, einfache Berechnung der Lagerkräfte

- *zweiseitige Lagerung günstiger als einseitige*
  Bei einseitiger Lagerung (häufig auch fliegende Lagerung genannt) steigt die Beanspruchung und Verformung bei annähernd gleichen Abständen zwischen Krafteinleitungsstelle und Stützstelle auf das Doppelte (Abb. 7.19.). In einigen Anwendungsfällen ist die einseitige Lagerung allerdings nicht zu vermeiden (Abb. 7.20.); aber dann überstehender Wellenteil kurz halten.

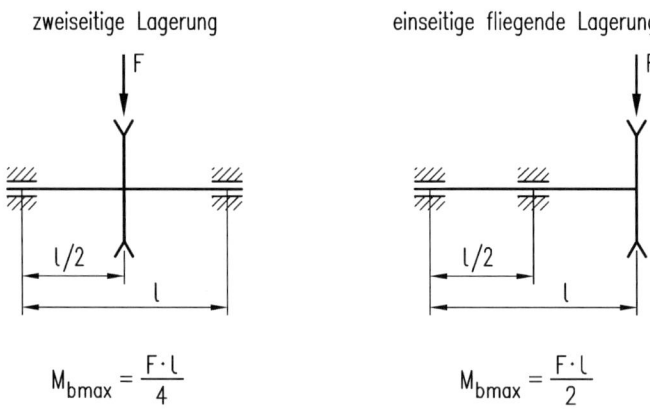

Abb. 7.19. Anordnung der Lagerstellen bei zweifacher Lagerung

- *ausreichende axiale Verschiebemöglichkeit der Welle in der Lagerung ermöglichen*
  Infolge von Temperaturänderungen im Betrieb und der damit verbundenen Längenänderungen treten u.U. Zwangskräfte an den Lagern auf. Deshalb muss eine ausreichende axiale Verschiebemöglichkeit bzw. ein genügend großes axiales Lagerspiel realisiert werden. Wellen werden zweckmäßigerweise in Fest-

Loslager-Anordnung oder in Stützlager-Anordnung (vgl. Kapitel Wälzlager) im Gehäuse gelagert.

– *verschiedene Durchmesser für die einzelnen Sitz- bzw. Laufflächen*
 Aus Montage- und Fertigungsgründen ist es meist zweckmäßig, die Wellen abzusetzen und für jeden Sitz oder jede Lauffläche einen anderen Durchmesser vorzusehen (Abb. 7.20.) Hierbei gilt allgemein:

   • für tolerierte Wellenabsätze genormte Durchmesser (Messzeug) (siehe Kapitel 2) wählen
   • nichttolerierte Durchmesser können auch ohne Berücksichtigung der Norm festgelegt werden, wenn dies kostengünstiger ist (Material, Bearbeitung)

– *Absätze, Nuten, Nabensitze* u.ä. so gestalten, dass Kerbwirkungszahl möglichst klein ist (vgl. hierzu auch Kapitel 3)

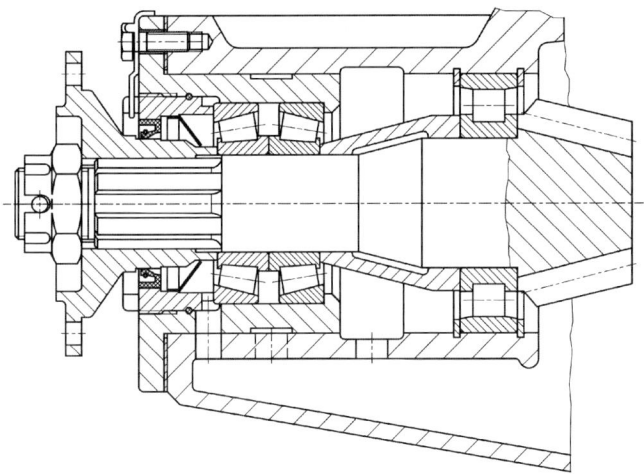

Abb. 7.20. Lagerung eines Kegelritzels in einem Kfz-Getriebe

7.5.2 Normen zu Gestaltungsdetails

– Freistiche nach [DIN509].
 Zum Schleifen von Wellenoberflächen bei Querschnittsänderungen sind Freistiche vorzusehen. Sie stellen den Werkzeugauslauf (Schleifscheibe) sicher und vermindern gleichzeitig die Kerbwirkung am Querschnittsübergang. Für die Zuordnung der Freistiche zu den Wellen-Durchmesserbereichen und für die Bemaßung der Freistiche etc. wird auf [DIN509] verwiesen. Abb. 7.21. zeigt zwei Anwendungsbeispiele.
– Sicherungsringe für Wellen nach [DIN471] bzw. für Bohrungen nach [DIN472] (Tabelle 7.2.). Sicherungsringe sind Halteringe zum Festlegen von Bauteilen, z.B. Wälzlagern, auf Wellen. Sie sind exzentrisch geformt, werden federnd in

Nuten eingesetzt und sind für das Übertragen von axialen Kräften (F_a) geeignet. Anordnung der Sicherungsringe nicht an Stellen, wo hohe Biegemomente wirken.

In Abb. 7.22. ist ein Einbaubeispiel dargestellt.

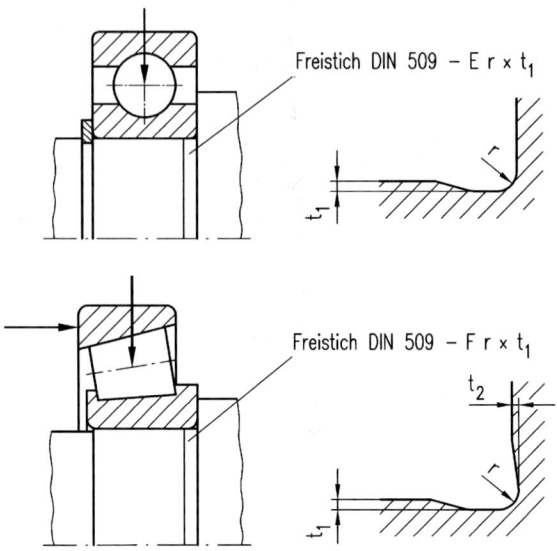

Freistich DIN 509 – E r x t_1

Freistich DIN 509 – F r x t_1

Abb. 7.21. Anwendungsbeispiele für Freistiche nach [DIN509]

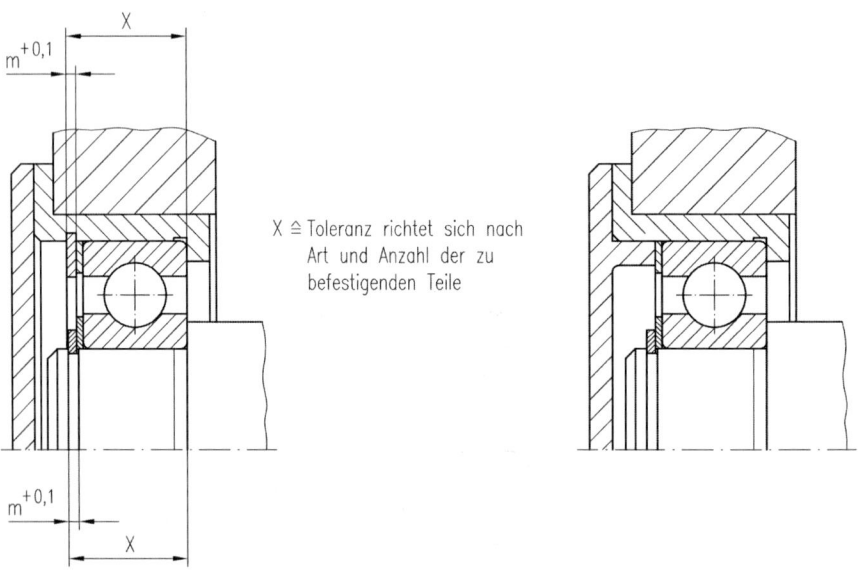

X $\cong$ Toleranz richtet sich nach Art und Anzahl der zu befestigenden Teile

Abb. 7.22. Einbaubeispiel für Sicherungsringe

Tabelle 7.2. Sicherungsringe für Wellen und Bohrungen

Sicherungsringe für Wellen (Auszug aus DIN 471)

Geometrie	d_1	Sicherungsring			Wellennut			$F_R{}^{2)}$ kN
		s	b	$d_4{}^{3)}$	d_2	n	$m^{1)}$	
	10	1,8		17,0	9,6	0,6		4,00
	12			19,0	11,5	0,8		5,00
	14	1,0	2,1	21,4	13,4	0,9		6,35
	15		2,2	22,6	14,3	1,1	1,1	6,90
	16			23,8	15,2			7,40
	17		2,3	25,0	16,2	1,2		8,00
	18		2,4	26,2	17,0			17,0
	20	1,2	2,6	28,4	19,0	1,5		17,1
	22		2,8	30,8	21,0		1,3	16,9
	25		3,0	34,2	23,9	1,7		16,2
	28		3,2	37,9	26,6			32,1
	30	1,5	3,5	40,5	28,6	2,1	1,6	32,1
	32		3,6	43,0	30,3	2,6		31,2
	35		3,9	46,8	33,0	3,0		30,8
	40		4,4	52,6	37,5			51,0
	42	1,75	4,5	55,7	39,5			50,0
	45		4,7	59,1	42,5	3,8	1,85	49,0
	48		5,0	62,5	45,5			49,4
	50		5,1	64,5	47,0			73,3
	52	2,0	5,2	66,7	49,0			73,1
	55		5,4	70,2	52,0		2,15	71,4
	60		5,8	75,6	57,0	4,5		69,2
	65		6,3	81,4	62,0			135,6
	70	2,5	6,6	87,0	67,0			134,2
	75		7,0	92,7	72,0		2,65	130,0
	80		7,4	98,1	76,5			128,4
	85	3,0	7,8	103,3	81,5	5,3		215,4
	100		9,0	120,2	96,5		3,15	206,4
	105	4,0	9,3	125,8	101,0			471,8
	110		9,6	131,2	106,0	6,0	4,15	457,0

1) Die Werte sind die erforderlichen Kleinstwerte

2) bei scharfkantiger Anlage

3) Einbauraum

Bezeichnung eines Sicherungsringes für $d_1 = 40$mm und $s = 1,75$mm:
Sicherungsring DIN 471–40x1,75

Sicherungsringe für Bohrungen (Auszug aus DIN 472)

Geometrie	d_1	Sicherungsring			Wellennut			$F_R{}^{2)}$ kN
		s	b	$d_4{}^{3)}$	d_2	n	$m^{1)}$	
	10		1,4	3,3	10,4	0,6		4,00
	13		1,8	5,4	13,6	0,9		4,20
	16	1,0	2,0	8,0	16,8	1,2	1,1	5,50
	19		2,2	10,4	20,0			6,80
	22		2,5	13,2	23,0	1,5		8,00
	24		2,6	14,8	25,2			13,9
	26		2,8	16,1	27,2	1,8		13,85
	28	1,2	2,9	17,9	29,4		1,3	13,3
	30		3,0	19,9	31,4	2,1		13,7
	32		3,2	20,6	33,7	2,6		13,8
	35	1,5	3,4	23,6	37,0	3,0	1,6	26,9
	40		3,9	27,8	42,5			44,6
	42	1,75	4,1	29,6	44,5	3,8	1,85	44,7
	47		4,4	33,5	49,5			43,5
	52		4,7	37,9	55,0			60,25
	55	2,0	5,0	40,7	58,0		2,15	60,3
	62		5,5	46,7	65,0	4,5		60,9
	68		6,1	51,6	72,0			121,5
	72	2,5	6,4	55,6	75,0		2,65	119,2
	75		6,6	58,6	78,0			118,0
	80		7,0	62,1	83,5			120,9
	85		7,2	66,9	88,5			201,4
	90	3,0	7,6	71,9	93,5	5,3	3,15	199,0
	95		8,1	76,5	98,5			195,0
	100		8,4	80,6	103,5			188,0
	110		9,0	88,2	114,0			415,0
	115		9,3	93,0	119,0			409,0
	120	4,0	9,7	96,9	124,0	6,0	4,15	396,0
	125		10,0	101,9	129,0			385,0
	130		10,2	106,9	134,0			374,0

Bezeichnung eines Sicherungsringes für $d_1 = 60$mm und $s = 2$mm:
Sicherungsring DIN 472-60x2

– Zentrierbohrungen nach [DINISO6411] (Tabelle **7.3.**).
Zentrierbohrungen dienen zum Spannen von Werkstücken zwischen Spitzen zum Zwecke der Bearbeitung (Abb. 7.23.). Die anzuwendende Größe der Zentrierbohrung (Nennmaß d_1) für eine Welle (Rohlingsdurchmesser D) wird nach [DINISO6411] festgelegt. Anhaltswert hierfür $D/d_1 \approx 6$.

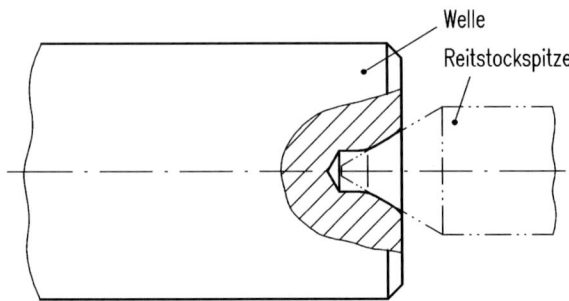

Abb. 7.23. Wellenende mit Reitstockspannung in Zentrierbohrung

Tabelle 7.3. Zentrierbohrungen 60° nach [DINISO6411]

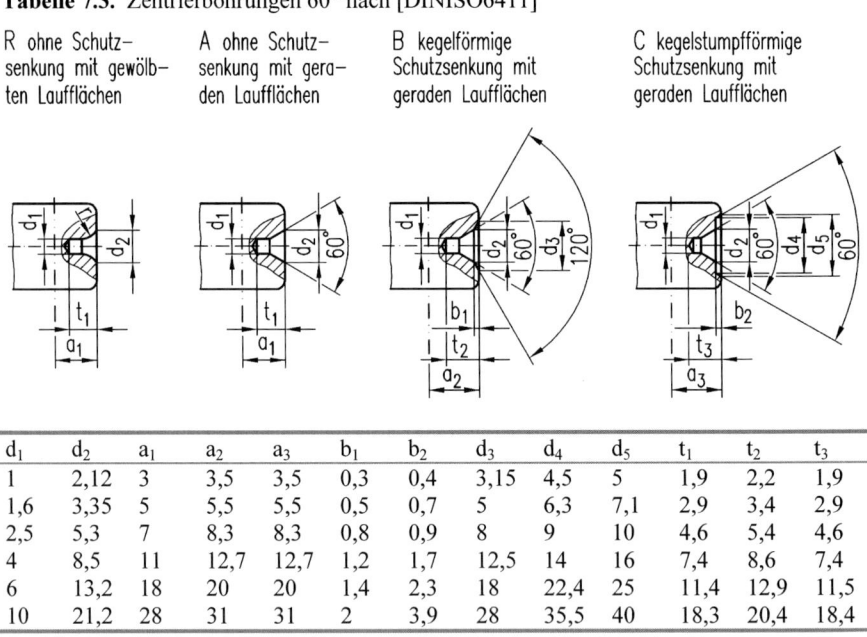

d_1	d_2	a_1	a_2	a_3	b_1	b_2	d_3	d_4	d_5	t_1	t_2	t_3
1	2,12	3	3,5	3,5	0,3	0,4	3,15	4,5	5	1,9	2,2	1,9
1,6	3,35	5	5,5	5,5	0,5	0,7	5	6,3	7,1	2,9	3,4	2,9
2,5	5,3	7	8,3	8,3	0,8	0,9	8	9	10	4,6	5,4	4,6
4	8,5	11	12,7	12,7	1,2	1,7	12,5	14	16	7,4	8,6	7,4
6	13,2	18	20	20	1,4	2,3	18	22,4	25	11,4	12,9	11,5
10	21,2	28	31	31	2	3,9	28	35,5	40	18,3	20,4	18,4

Bezeichnungsbeispiel: Zentrierbohrung DIN ISO 6411 A4x8,5
Form A, $d_1 = 4$, $d_2 = 8,5$

Die Form R findet Anwendung, wenn Schwierigkeiten durch Maßabweichungen am Innen- und Außenkegel beseitigt werden sollen. Muss die Zentrierbohrung vor der Fertigstellung des Werkstücks abgestochen werden, so ist die Form B bzw. C zu verwenden ($a_{1...3}$ Abstechmaß).

– Wellenenden (Tabelle 7.4.).

Zylindrische Wellenenden nach [DIN748] werden ohne und mit Wellenbund ausgeführt. Die Norm enthält neben den Abmessungen auch die mit dem jeweiligen Durchmesser übertragbaren Drehmomente.

Tabelle 7.4. Wellenenden

Zylindrische Wellenenden nach DIN 748
ohne Wellenbund

mit Wellenbund

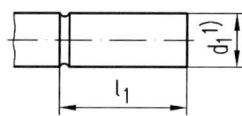

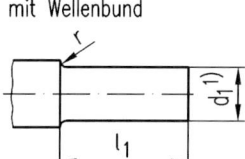

Kegelige Wellenenden mit Außengewinde
nach DIN 1448

Passfeder parallel zur Achse bis $d_1 = 220\,mm$,
ab $d_1 = 240\,mm$ parallel zum Kegelmantel

Kegelige Wellenenden mit Innengewinde
nach DIN 1449

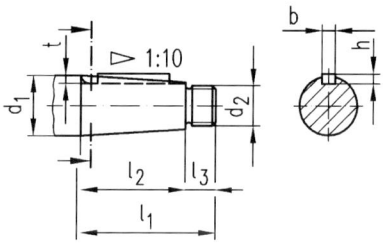

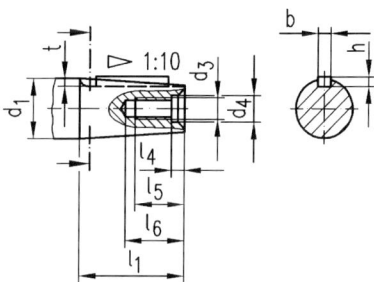

Tabelle 7.5. Abmessungen von Wellenenden nach [DIN748], [DIN1448] und [DIN1449] (Auswahl)

| d_1 | l_1 | | l_2 | | l_3 | l_4 | l_5 | l_6 | r | t | | bxh | d_2 | d_3 | d_4 |
1)	lang	kurz	lang	kurz				min	max	lang	kurz				
12	30	18	18	—		3,2	10	14		1,7	—	2x2		M 4	4,3
14										2,3	—	3x3	M 8 x 1		
16					12					2,5	2,2				
19	40	28	28	16		4	12,5	17	0,6	3,2	2,9	4x4	M 10 x 1,25	M 5	5,3
20	50	36	36	22	14	5	16	21		3,4	3,1		M 12 x 1,25	M 6	6,4
22															
24										3,9	3,6				
25	60	42	42	24	18	6	19	25	1	4,1	3,6	5x5	M 16 x 1,5	M 8	8,4
28															

Tabelle 7.5. (Fortsetzung)

d1															
30									4,5	3,9					
32	80	58	58	36	22	7,5	22	30					M 20 x 1,5	M 10	10,5
35									5	4,4		6x6			
38													M 24 x 2		
40						9,5	28	37,5				10x8		M 12	13
42	110	82	82	54	28				7,1	6,4					
45													M 30 x 2		
48						12	36	45				12x8		M 16	17
											1,6		M 36 x 3		

[1] Toleranzfeld k6 für d_1 bis 50 mm und m6 für d_1 = 55 ... 630 mm.
Bezeichnungsbeispiel für ein zylindrisches Wellenende mit dem Durchmesser d_1 = 50 mm und der Länge l_1 = 110 mm: Wellenende DIN 748-50x110

7.6 Literatur

[DIN471]   DIN 471 Sicherungsringe für Wellen. Berlin: Beuth Verlag 1981

[DIN472]   DIN 472 Sicherungsringe für Bohrungen. Berlin: Beuth Verlag 1981

[DIN509]   DIN 509 Freistiche-Formen, Maße. Berlin: Beuth Verlag 1998

[DIN743]   DIN 743 Tragfähigkeitsberechnung von Wellen und Achsen.
                Teil 1: Einführung, Grundlagen
                Teil 2: Formzahlen und Kerbwirkungszahlen
                Teil 3: Werkstoff- Festigkeitswerte. Berlin: Beuth Verlag 2000

[DIN748]   DIN 748 Zylindrische Wellenenden Blatt 1: Abmessungen, Nenn-
                drehmomente; Blatt 3: für elektrische Maschinen. Berlin: Beuth
                Verlag 1970/1975

[DIN1448]   DIN 1448 Kegelige Wellenenden mit Außengewinde; Bl. 1; Abmes-
                sungen. Berlin: Beuth Verlag 1970

[DIN1449]   DIN 1449 Kegelige Wellenenden mit Innengewinde; Abmessungen.
                Berlin: Beuth Verlag 1970

[DINISO1940]   DIN ISO 1940-1, Ausgabe 2004-04, Mechanische Schwingungen,
                Anforderungen an die Auswuchtgüte von Rotoren in konstantem
                (starrem) Zustand. Teil 1: Festlegung u. Nachprüfung der Unwucht-
                toleranz (ISO 1949-1:2003)

[DINISO6411]   DIN ISO 6411 Vereinfachte Darstellung von Zentrierbohrungen.
                Berlin: Beuth Verlag 1997

[Dre01]   Dresig, H.: Schwingungen mechanischer Antriebssysteme. Model-
               bildung, Berechnung, Analyse, Synthese. Berlin Heidelberg New
               York: Springer Verlag 2001

[Dub01]   Dubbel, H.; Beitz, W.; Grote, K.-H. (Hrsg): Dubbel, Taschenbuch für
               den Maschinenbau. 20. Aufl. Berlin, Heidelberg, New York, Sprin-
               ger-Verlag 2001

[Fed77]   Federn, K.: Auswuchttechnik; Band 1: Allgemeine Grundlagen,
               Meßverfahren und Richtlinien. Springer Verlag Berlin Heidelberg
               New York, 1977

[FKMR02]   FKM-Richtlinie: Rechnerischer Festigkeitsnachweis für Maschinen-
               bauteile. VDMA Verlag, 4. erweiterte Ausgabe 2002

[Jür96]   Jürgler, R.: Maschinendynamik – Lehrbuch mit Beispielen. VDI
               Verlag Düsseldorf, 1996

[Kel87]   Kellenberger, W.: Elastisches Wuchten. Springer Verlag Berlin
               Heidelberg New York, 1987

Kapitel 8

Jörg Feldhusen

8 Verbindungselemente und -verfahren

8.1 Grundlagen und Einführung

Verbindungselemente und die zugehörigen Verfahren zur Herstellung einer Verbindung dienen zur Herstellung von Konstruktionselementen und technischen Systemen durch zusammenfügen aus einzelnen Elementen bzw. Bauteilen. Die Verbindungselemente lassen sich gemäß Abb. 8.1. hinsichtlich des Wirkprinzips in Form-, Kraft- und Stoffschlussverbindungen sowie Verbindungen, bei denen Kraft- und Formschluss kombiniert in Anwendung sind, systematisch ordnen. Zur letzten Gruppe zählen z.B. die Niet- und die Schraubenverbindungen. Bei der Auswahl und insbesondere bei der Auslegung der Verbindungselemente ist zu beachten, dass es hierzu in vielen Branchen besondere Vorschriften gibt, die zu berücksichtigen sind, beispielsweise die AD-Blätter für den Druckkesselbau.

8.1.1 Einteilung der Verbindungselemente

Im Folgenden wird diese systematische Ordnung im Wesentlichen beibehalten. Die Nietverbindungen werden, obwohl sie Kräfte und Momente sowohl durch Lochleibung und Scherkräfte als auch durch Reibkräfte übertragen, in die Gruppe der formschlüssigen Elemente eingereiht. Die Schraubenverbindungen werden wegen ihres Form- und Kraftschlusses sowie ihrer besonderen Bedeutung in einem separaten Kapitel behandelt.

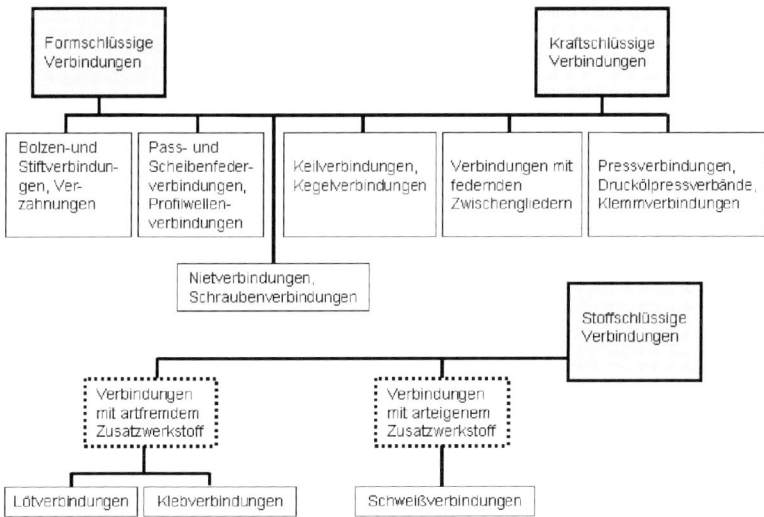

Abb. 8.1. Systematik der Verbindungen

8.1.2 Anwendungsgesichtspunkte von Verbindungselementen

Bei der Auswahl der Verbindung stellt die Lösbarkeit, bzw. Nicht-Lösbarkeit das entscheidende Kriterium dar. Eine Verbindung gilt als lösbar, wenn sie ohne Zerstörung der Verbindungselemente selbst oder der zu verbindenden Elemente demontiert werden kann. Weitere wichtige Auswahlkriterien beziehen sich auf den Einsatzfall der Verbindung. Hierzu gehören im Wesentlichen zwei Hauptkriterien. Das erste Hauptkriterium bildet der konkrete Einsatz mit seinen Randbedingungen wie:

– Zugänglichkeit der Verbindung
– wirkende Kräfte und Momente
– wirkende Schwingungen
– Häufigkeit der Demontage und Remontage
– geforderte Zusatzeigenschaften wie Dichtigkeit, thermische Isolation, usw.

Das zweite Hauptkriterium stellt die Fertigung mit ihren Rahmenbedingungen dar, wie:

– erforderliche Werkzeuge
– Fertigungsaufwand, z.B. Löcher für eine Schraubverbindung,
– Montagezeiten
– erforderliche Vorrichtungen, usw.

Das zweite Hauptkriterium schlägt sich in den Herstellkosten der Verbindung nieder.

8.1.3 Nichtlösbare Verbindungsverfahren

Sie dienen zum unlösbaren, d.h. ohne Zerstörung nicht lösbaren, Verbinden von Elementen mit Hilfe von Zusatzwerkstoffen, die arteigen oder artfremd in Bezug auf die Werkstoffe der zu verbindenden Elemente sein können. Zu ihnen werden die Kleb-, die Löt- und die Schweißverbindungen gezählt. Sie sind im Verhältnis zu ihrer Tragfähigkeit die leichtesten Verbindungen und werden vornehmlich dann eingesetzt, wenn Leichtbaukonstruktionen angestrebt werden. Die Hauptanwendungsgebiete sind daher der Flugzeug-, Fahrzeug-, Stahl- und Gerätebau.

8.2   Schweißen

Das Schweißen zählt im Maschinen- und Apparatebau zu den wichtigsten Fertigungsverfahren. Besonders im Bereich des Leichtbaus, d.h. bei der Herstellung gewichts-/steifigkeitsoptimierter Konstruktionen, in der Einzelfertigung und bei Reparatur- sowie Änderungsarbeiten ist das Schweißen von größter Bedeutung. Neben dem Vorteil der hohen Flexibilität von Schweißkonstruktion hinsichtlich ihrer Gestaltung besteht beim Schweißen grundsätzlich die Problematik der optimalen Struktur- und Schweißnahtgestaltung. Der Schweißprozess wird heute i.Allg. industriell sicher beherrscht, es darf aber nicht vergessen werden, dass er prinzipiell eine Umkehrung des Herstellungsprozesses der zu verbindenden Werkstoffe darstellt. Was beispielsweise bei der Stahlherstellung im Hochofen unter kontrollierten Bedingungen abläuft, kann während des Schweißvorgangs, z.B. im Freien, nur sehr bedingt gesteuert werden. Es besteht immer die Gefahr von Verunreinigungen oder Einschlüssen im Schweißgut. Deshalb müssen eine Reihe von Maßnahmen ergriffen werden, um Schweißverbindungen sicher ausführen zu können. In Abb. 8.2. sind die grundsätzlichen Überlegungen zur Ausführung einer Schweißkonstruktion abgebildet.

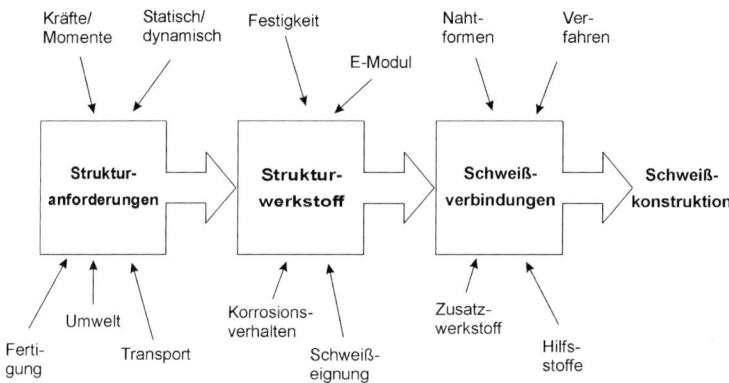

Abb. 8.2. Grundsätzliche Gesichtspunkte einer sicheren Schweißkonstruktion

Aus den genannten Gründen sind viele Einflussgrößen auf die Qualität einer Schweißkonstruktion durch Normung festgelegt. In Abb. 8.3. sind einige Normen zu den wichtigsten Einflussgrößen aufgeführt.

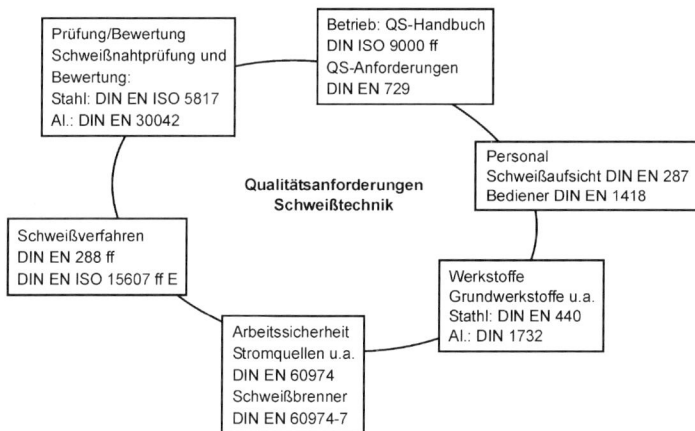

Abb. 8.3. Normen für die wichtigsten Einflussgrößen einer Schweißkonstruktion

8.2.1 Funktion und Aufgaben von Schweißverbindungen

Unter Schweißen wird nach [DINISO857] das Vereinigen von Werkstoffen oder das Beschichten eines Werkstückes unter Anwendung von Wärme und/oder von Kraft ohne oder mit Schweißzusatzwerkstoffen verstanden. Die Festigkeit der Schweißverbindungen wird durch die Kohäsionskräfte des Grund- und des Zusatzwerkstoffes gewährleistet. Bei Schweißkonstruktionen lassen sich folgende Vor- und Nachteile angeben:

Vorteile:

1. Leichtbauweise einfach zu realisieren.
2. Wirtschaftliche Herstellung von Bauteilen bei Kleinserien oder in der Einzelfertigung.
3. Wegfall von Modell- und Werkzeugkosten bei einfachen Schweißteilen.
4. Möglichkeit der nachträglichen Versteifung einer Konstruktion bei Belastungserhöhung.
5. Verwirklichung kleiner Wanddicken.
6. Fügen von Blechkonstruktionen, d.h. die Herstellung von großflächigen und/ oder großräumigen Konstruktionen z.B. für Kessel, Behälter und Schiffsrümpfe.
7. Herstellung von Verbundkonstruktionen durch die Verbindung von Blechen mit Profilen und Stahlguss- oder Schmiedeteilen.
8. Modularer Aufbau von Großkonstruktionen im Schiffsbau und Apparatebau für Groß- und Größtbehälter; Erstellung von Teilegruppen im Werk und Aufbau der Gesamtkonstruktion auf der Baustelle durch Montageschweißungen, -verschraubungen oder -nietungen an niedrig belasteten Stellen.
9. Wirtschaftliche Herstellung von Rohren kleiner Nennweite, z.B. längsnahtgeschweißte Rohre und auch großer Nennweite, wie z.B. Spiralrohre.

Nachteile:

1. Minderung der Festigkeit durch Schweißeigenspannungen. Eine Reduktion durch Spannungsarmglühen des geschweißten Bauteils ist möglich.
2. Gefügeänderungen in den Übergangszonen der Schweißnaht zum Grundwerkstoff. Hierdurch entstehen Werkstoffkerben.
3. Erhöhte Korrosionsanfälligkeit des Schweißnahtbereiches durch eine metallurgische Verschlechterung des Gefüges.
4. Verzug der Werkstücke durch Schrumpfen der Bauteile; Minimierung durch Festlegen der Reihenfolge der zu schweißenden Nähte im Schweißfolgeplan.
5. Sprödbruchgefahr infolge eines mehrachsigen Spannungszustandes. Dieser entsteht durch die Überlagerung von Schweißeigenspannungen und Belastungsspannungen; Minimierung durch Spannungsarmglühen des geschweißten Bauteils.

8.2.2 Schweißverfahren

Eine Verbindungsschweißung kann je nach

- der Gestaltung der Bauteile,
- der Art des Werkstoffes, bei der Auswahl ist die Schweißeignung für das Verfahren und der Anwendungszweck zu berücksichtigen,
- den verfügbaren schweißtechnischen Fertigungsmethoden und
- dem Ablauf des Schweißprozesses

ausgeführt werden. In Abb. 8.4. sind die wesentlichen Schweißverfahren nach [DINENISO4063] zusammengestellt.

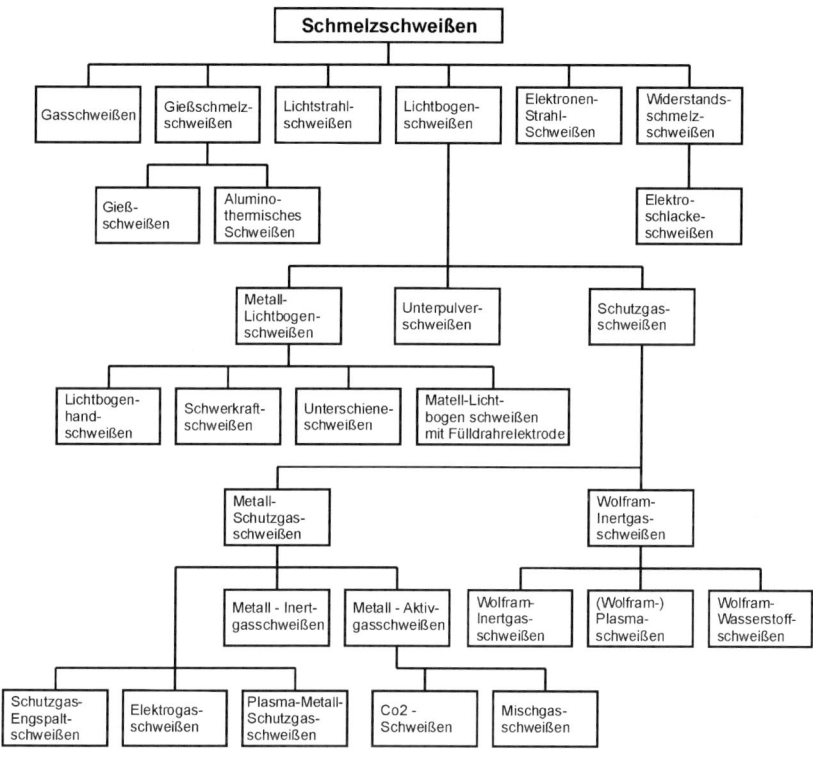

Abb. 8.4. Schmelzschweißverfahren, nach [DINENISO4063]

Beim *Schmelz-Verbindungsschweißen* erfolgt das Verbinden der Teile im Schmelzfluss der Werkstoffe. Dazu wird der Werkstoff örtlich begrenzt über die Schmelztemperatur erwärmt bis in den flüssigen Zustand. Dabei können Zusatzwerkstoffe mit eingeschmolzen werden. Als Energiequelle dient z.B. eine Gasflamme, Gasschmelzschweißen, der elektrische Lichtbogen, Lichtbogenschmelzschweißen, der elektrische Strom unter Nutzung des elektrischen Widerstandes, Widerstandsschmelzschweiße, der Lichtstrahl, Lichtstrahlschweißen, der Elektronenstrahl, Elektronenstrahlschweißen, der Laserstrahl aus kohärentem Licht, Laserstrahlschweißen und der Plasmastrahl, Plasmastrahlschweißen. Beim Gießschmelzschweißen wird die Energie durch das Gießen von flüssigem Schweißzusatzwerkstoff eingebracht. Die heute in der Industrie typischen Schweißverfahren sind die verschiedenen Formen des Schutzgasschweißens, siehe Abb. 8.4. Das Schmelz-Verbindungsschweißen dient im Wesentlichen zur Herstellung von Strukturen und Tragwerken, wie Maschinengerüsten, Fahrwerken für Fahrzeuge, Wagenkästen von Eisenbahnfahrzeugen usw.

Beim *Preß-Verbindungsschweißen* erfolgt das Verbinden der Teile unter Anwendung von Kraft bei örtlich begrenzter Erwärmung unterhalb der Schmelztemperatur. Der Werkstoff befindet sich im teigigen Zustand. Es kann ohne oder mit Schweißzusatz gearbeitet werden. Die Energiezufuhr zum Schmelzen der Werkstoffe kann auf unterschiedliche Arten erfolgen, auf die hier nicht näher eingegangen werden soll.

Nach dem Zweck einer Schweißung werden unterschieden:

1. Verbindungsschweißen
2. Auftragsschweißen

Und nach der Fertigungsart bzw. dem Grad der Mechanisierung bzw. Automatisierung werden die Schweißarten unterschieden in:

1. Handschweißen (manuelles Schweißen) m
2. Teilmechanisches Schweißen   t
3. Vollmechanisches Schweißen   v
4. Automatisches Schweißen   a

Das *Verbindungsschweißen* entsprechend [DINISO857] dient zum unlösbaren Verbinden von Teilen zu einer wirtschaftlichen Leichtbaukonstruktion zum Zwecke der Übertragung von Kräften und Momenten. Beim *Verbindungsschweißen* werden die Teile durch *Schweißnähte* am *Schweißstoß* zum *Schweißteil* zusammengefügt. Mehrere Schweißteile ergeben eine *Schweißgruppe* und mehrere Schweißgruppen eine *Schweißkonstruktion.*

Das *Auftragsschweißen* entsprechend [DINEN22553] und [DIN8522] dient zum Aufschweißen von Werkstoff auf ein Werkstück, dem Grundwerkstoff, zum Ergänzen bzw. Vergrößern des Volumens, das Auftragen oder zum Schutz gegen Korrosion, Plattieren bzw. gegen Verschleiß, Panzern.

Die Schweißverfahren werden üblicherweise mit Hilfe von Kurzzeichen gekennzeichnet ([DINISO857] und [DIN910]). So sind unter anderem folgende Kurzzeichen üblich:

G	Gasschweißen
UP	Unterpulverschweißen
ES	Elektroschlackeschweißen
WIG	Wolfram – Inertgas – Schweißen (meistens mit Argon)
MIG	Metall – Inertgas – Schweißen (meistens mit Argon)

MAG	Metall – Aktivgas – Schweißen (meisten mit CO_2)
E	Lichtbogenhandschweißen
US	Ultraschallschweißen
SG (CO_2)	Schutzgas – Lichtbogenschweißen mit CO_2
SG (H_2)	Schutzgas – Lichtbogenschweißen mit H_2

8.2.3 Schweißbarkeit der Werkstoffe

Die Möglichkeit zur Verarbeitung eines Werkstoffes durch Schweißen wird durch den Begriff der Schweißbarkeit ausgedrückt. Es werden gut schweißbare, bedingt schweißbare, schwer schweißbare und nicht schweißbare Werkstoffe unterschieden. Grundsätzlich ist aber der Einsatzfall zu beachten. Eine Verbindung, die prinzipiell für niedrige Beanspruchung gut geeignet und einfach herstellbar ist, kann für hohe Beanspruchungen u.U. durch hohen Fertigungsaufwand ertüchtigt werden. Nach [DIN8528] wird die Schweißbarkeit eines Werkstoffes in der Hauptsache von folgenden drei Einflussgrößen bestimmt:

1. Schweißeignung
2. Schweißmöglichkeit
3. Schweißsicherheit

Die *Schweißeignung* von Stahl wird durch dessen chemische Zusammensetzung sowie Erschmelzungs- und Vergießungsart (metallurgische und physikalische Eigenschaften) bestimmt. Es ist zu beachten, dass Anreicherungen (Seigerungen) von Schwefel, Phosphor, Stickstoff und Kohlenstoff durch die Gefahr der Aufhärtung das Schweißen erschweren. Silizium und Mangan sind in kleinen Mengen (Si < 0,5 %; Mn < 0,8 %) nicht nachteilig, beeinträchtigen jedoch in größeren Mengen die Schweißeignung. Kupfer (Cu), Nickel (Ni), Molybdän (Mo), Niob (Nb), Titan (Ti) und Vanadium (V) wirken sich in kleinen Mengen nicht oder sogar günstig auf das Schweißen aus.

8.2.3.1 *Unlegierte Stähle*

Die Schweißeignung wird durch den Kohlenstoffgehalt (C in Gew. %) bestimmt. Bei dem üblichen Reinheitsgrad der Stähle ist die Schweißeignung als gegeben anzusehen, wenn der Kohlenstoffgehalt unterhalb von 0,22 % (max. 0,25 %) liegt. Für C > 0,22 % ist die Schweißeignung sehr stark von der Dicke der zu verschweißenden Werkstücke abhängig. Wird z.B. die Blechdicke größer, so wird die Wärmeabfuhr aus dem Schweißbereich stärker, die Abkühlungsgeschwindigkeit größer und somit die Härte in der Übergangszone der Schweißnaht (Aufhärtung durch Martensitbildung) größer. Durch ein Vorwärmen der zu verschweißenden Bauteile lässt sich diese Aufhärtung im Schweißnahtbereich weitgehend vermeiden. Ferner können eine günstige konstruktive Gestaltung der Schweißstelle, ein geeignetes Schweißverfahren und ein geeigneter Schweißzusatzwerkstoff zur Vermeidung der Aufhärtung bei größeren C-Gehalten und wachsender Werkstoffdicke nützlich sein.

8.2.3.2   Niedriglegierte Stähle

Bei niedriglegierten Stählen wird der für die Schweißeignung wichtige Aufhärtungseffekt aller Legierungsbestandteile durch das Kohlenstoff-Äquivalent EC berücksichtigt, das in folgender Weise ermittelt wird [Mewe78, Schl83]:

$$EC = C + \frac{Mn}{6} + \frac{Cr}{5} + \frac{Ni}{15} + \frac{Mo}{4} + \frac{Cu}{13} + \frac{P}{2} \qquad (8.1)$$

Die Legierungsbestandteile sind in dieser Gleichung in Gewichtsprozent einzusetzen. Für Werkstückdicken bis zu 20 mm gilt bezüglich der Schweißbarkeit:

$EC \leq 0{,}40\,\%$ $\rightarrow$ gute Schweißbarkeit

$0{,}40\,\% < EC \leq 0{,}60\,\%$ $\rightarrow$ bedingte Schweißbarkeit; Vorwärmung meistens erforderlich;

$EC > 0{,}60\,\%$ $\rightarrow$ schwierige Schweißbarkeit; Vorwärmung, günstige konstruktive Gestaltung und Auswahl eines geeigneten Schweißverfahrens erforderlich.

Bei größeren Blechdicken ist schon bei einem $EC \leq 0{,}40\,\%$ eine Vorwärmung der Werkstücke auf $t_V = 200$ bis $250°C$ vorzunehmen.

8.2.3.3   Hochlegierte Stähle

Die Schweißeignung dieser Stähle wird vor allem durch ihre chemische Zusammensetzung bestimmt und kann nicht mehr durch das Kohlenstoff-Äquivalent EC gekennzeichnet werden. Da die Wärmeeinbringung beim Schweißen dieser Stähle wegen der Gefahr der Aufhärtung begrenzt ist, wird fast nur das Lichtbogenschmelzschweißen angewendet. Das Gasschmelzschweißen kommt somit nicht in Frage. Hochlegierte ferritische Chromstähle (rost-, säure-, hitze- und zunderbeständige Stähle) werden mit gleichartigen Elektroden oder austenitischen CrNi-Elektroden verschweißt.

Hochlegierte austenitische CrNi- und Mn-Stähle sind im Allgemeinen gut schweißbar. Die kohlenstoffarmen CrNi-Stähle gewährleisten beim Schweißen mit gleichartigem Zusatzwerkstoff mit den Legierungsbestandteilen Niob (Nb), Tantal (Ta) und Titan (Ti) als Karbidbildner hochfeste korrosionsbeständige Schweißverbindungen. Im Bereich der Feinkornbaustähle stehen mittlerweile auch vergleichsweise hochfeste Stähle (z.B. S 960 QL) mit Bruchfestigkeiten von mehr als 900 N/mm^2 zur Verfügung.

8.2.3.4   Schweißeignung der Stahlsorten

Austenitische Cr-Ni-Stähle: Es besteht die Gefahr der Chromcarbidbildung im Schweißgut und in der Wärme-Einfluss-Zone (WEZ). Durch diese Art der Bindung des Chromanteils im Werkstoff wird die Korrosionsbeständigkeit herabgesetzt. Bei Verunreinigung mit P und S besteht die Gefahr der Heißrissbildung.

Durch den Mo- und Cr-Anteil besteht die Gefahr der Seigerungsneigung, also einer ungleichmäßigen Verteilung der Legierungselemente. Dadurch kommt es ebenfalls zur Korrosionsanfälligkeit.

Ferritische Cr-Stähle: Der Werkstoff hat schlechte Zähigkeitseigenschaften aufgrund seiner kfz-Gitterstruktur. In der WEZ zusätzlicher Anstieg der Rissneigung. In der WEZ kann es zu Chromkarbidausscheidungen kommen, wenn nicht gebundener Kohlenstoff vorhanden ist. Auch dies erhöht die Gefahr der Rissbildung.

Martensitische Cr-Stähle: Je nach Kohlenstoffgehalt sind diese Stähle extrem schlecht schweißgeeignet. Durch Anlassen verringert sich die Korrosionsbeständigkeit.

8.2.3.5   *Eisen-Kohlenstoff-Gusswerkstoffe*

Gusseisen mit Lamellengraphit (GJL) oder mit Kugelgraphit (GJS) lässt sich wegen des im Gefüge vorhandenen Graphits nur sehr schwer schweißen. Reparaturschweißungen werden mit umhüllten erzsauren Stahlelektroden, Reinnickel und Monelmetall, NiCu-Legierung, als Gasschmelz- und Lichtbogenschmelzschweißungen nach einem Vorwärmen ausgeführt.

Weißer Temperguss (GTW) ist schweißbar, und schwarzer Temperguss (GTS) ist ähnlich wie Gusseisen nur unter Verwendung besonderer Elektroden und spezieller Schweißverfahren zu schweißen.

Unlegierter und legierter Stahlguss lässt sich ähnlich wie dickwandige Stahlbauteile der entsprechenden chemischen Zusammensetzung schweißen. Die Schweißeignung von GS-38 und GS-45 ist gut und die von GS-52, GS-60 und GS-70 weniger gut oder sogar sehr schlecht.

8.2.3.6   *Leicht- und Schwermetall-Legierungen*

Aluminium und Aluminiumlegierungen sind im Allgemeinen gut schweißbar. Wegen der Oxidationsneigung und der hochschmelzenden Oxide wird meistens autogen mit Flussmitteln oder elektrisch mit Schutzgas (WIG) geschweißt. Reinaluminium hat die beste Schweißeignung. Mit zunehmendem Gehalt an Legierungsbestandteilen nimmt die Schweißeignung jedoch ab, weil sich intermetallische Verbindungen bilden, die zur Versprödung führen. Bei den aushärtbaren Aluminiumlegierungen (z.B. AlCuMg, AlCuNi, AlMgSi), die alle schweißbar sind, ist konstruktiv zu berücksichtigen, dass ihre durch Aushärten bewirkte hohe Festigkeit im Schweißnahtbereich nach dem Schweißvorgang wieder auf die Festigkeit des weichgeglühten Zustandes zurückgeht.

Kupfer und Kupferlegierungen sind mit dem Lichtbogenschmelzschweißverfahren (WIG = Wolfram-Inert-Gas) und dem Gasschmelzschweißverfahren gut schweißbar, wenn sie frei von z.B. Sauerstoff, bzw. arm an Beimengungen, z.B. Schwefel, Blei und Eisen, sind.

Messing ist wegen der niedrigeren Wärmeleitfähigkeit und der geringeren Spannungsrissempfindlichkeit im Allgemeinen sogar besser zu schweißen als Kupfer. Eine Steigerung des Zinkgehaltes verschlechtert allerdings die Schweißeignung. Als Schweißverfahren sind das Gasschmelzschweißen, das Schutzgasschweißen (WIG) und das Abbrennstumpfschweißen zu bevorzugen.

Bronzen sind durchweg schwieriger zu schweißen als Messing, wobei gilt, dass Zinnbronzen besser schweißbar sind als Aluminiumbronzen. Im Regelfall werden bei Bronzen WIG-Schweißungen ausgeführt.

Nickel und Nickellegierungen sind ähnlich wie Kupfer nur dann gut schweißbar, wenn sie frei von Beimengungen sind.

Titan, Molybdän und Wolfram sind nur bedingt bis schwer schweißbar. Als Schweißverfahren sind bei ihnen das Elektronenstrahlschweißen, das WIG- und das MIG-Schweißen möglich.

8.2.3.7 Kunststoffe

Bei den Kunststoffen sind eigentlich nur die Thermoplaste gut schweißbar. Während die Polyvinylchloride (PVC), die Polyäthylene (PE) und die Polymethylmethacrylate (PMMA) gut schweißbar sind, sind die Polyamide (PA) und die Polystyrole (PS) weniger gut schweißbar. Für das Schweißen dieser Thermoplaste, insbesondere als dünnwandige Teile und Folien, werden spezielle Kunststoffschweißverfahren, z.B. das Warmgas-, Heizelement- und Hochfrequenzschweißen angewendet.

Die *Schweißsicherheit* wird durch die Konstruktion aufgrund der Gestaltung der Schweißbaugruppe festgelegt. Wegen der oben beschriebenen negativen Einflüsse einer Schweißung auf die Festigkeit eines Bauteils gilt grundsätzlich der Satz: „die beste Schweißnaht ist diejenige, die nicht vorhanden ist". Bei der konstruktiven Gestaltung spielt der Kraftfluss im Bauteil eine wesentliche Rolle. Eine Schweißnaht sollte möglichst nicht in hoch beanspruchten Werkstoffbereichen liegen. Einen weiteren Einfluss stellt die Werkstückdicke dar. Durch sie werden die resultierenden Eigenspannungen und der Schweißverzug beeinflusst. Steifigkeitsunterschiede, durch z.B. unterschiedliche Werkstückdicken der zu verbindenden Teile, wirken sich negativ aus. Außerdem ist die Kerbempfindlichkeit des Werkstoffes zu berücksichtigen sowie die Art und Höhe der Beanspruchung, die Beanspruchungsgeschwindigkeit und der Spannungszustand, insbesondere bei mehrachsigen Spannungszuständen.

Es ist besonders darauf zu achten, dass sich hochbeanspruchte Schweißkonstruktionen plastisch verformen können und nicht durch verformungslose Brüche zerstört werden. Es gilt bei Schweißkonstruktionen also die Regel: „weich konstruieren". Die Sprödbruchneigung nimmt von Feinkornbaustahl (Al beruhigt) über den beruhigt zum unberuhigt vergossenen Stahl zu. Für Schweißkonstruktionen sollten sinnvoller Weise Sprödbruch unempfindliche Stähle ausgewählt werden.

Bei stark kaltverformten Werkstücken ist die Gefahr der Versprödung und Alterung besonders bei anschließendem Schweißen im Bereich der kaltverformten Zonen sehr groß. Aus diesem Grund sind in der [DIN18800] Grenzwerte für das Verhältnis von Biegeradius und Blechdicke für unterschiedliche Blechdicken und Stahlgütegruppen festgelegt, die bei der Kaltverformung vor dem Schweißen nicht überschritten werden dürfen. Sind größere Kaltverformungen nicht zu umgehen, so ist ein Sicherheitsabstand für die Schweißnaht von der Stelle der Kaltverformung einzuhalten, der größer als das Dreifache der Wanddicke des Werkstückes im Bereich der Schweißnaht ist.

Die *Schweißmöglichkeit* beschreibt die Fähigkeit der Fertigungsstätte die durch die konstruktive Gestaltung und die schweißtechnischen Werkstoffeigenschaften vorgegebenen fertigungstechnischen Anforderungen umsetzen zu können. Sie wird also im Wesentlichen durch die schweißtechnischen Fertigungseinrichtungen eines Betriebes und die Qualifikation der Schweißer bestimmt. Diese sind vor der Konstruktion einer Schweißbaugruppe zu klären. Gegebenenfalls muss eine schweißtechnisch weniger anspruchvolle Konstruktionsweise gewählt werden. Insbesondere die Lage, die Position in der eine Schweißnaht hergestellt wird, beeinflusst die Qualität der Schweißnaht. Die günstigsten Positionen sind die Wannen- (PA, [ISO6947]) und die Horizontal-Vertikal-Lage (PB, [ISO6947]). Mit Hilfe von [ISO6947] können die geforderten Positionen bei der Herstellung einer Schweißnaht einfach beschrieben werden, siehe Abb. 8.5.

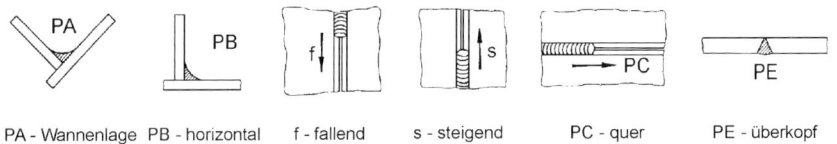

PA - Wannenlage   PB - horizontal   f - fallend   s - steigend   PC - quer   PE - überkopf

Abb. 8.5. Beispiele von Schweißpositionen nach [Niem01]

8.2.3.8 Schweißspannungen und -schrumpfungen

Durch die Wärmezufuhr während des Schweißvorgangs und das anschließende Abkühlen werden im geschweißten Bauteil Schrumpfungen und Spannungen hervorgerufen, die bereits bei der Gestaltung und der Spannungsnachprüfung einer Schweißkonstruktion zu berücksichtigen sind. Schrumpfungen und Schweißspannungen haben dabei gegenläufige Tendenz. So treten z.B. bei völlig freier Ausgleichsmöglichkeit die größten Verwerfungen und die kleinsten Schweißeigenspannungen auf. In Abb. 8.6. sind die möglichen Richtungen von Schrumpfungen einer Schweißnaht prinzipiell dargestellt.

Eine Behinderung des Ausgleichs kann durch eine zu steife Einspannung der Teile oder durch die beim Schweißen nicht so stark erwärmten angrenzenden Werkstoffzonen erfolgen. Die Abb. 8.6. zeigt ebenfalls den Einfluss der Bauteildicke auf die Eigenspannungen und resultierenden Verformungen.

Bei einer Stumpfnaht können die Längs- und die Querschrumpfung einige Millimeter und die Winkelschrumpfung einige Winkelgrade betragen, Abb. 8.7. Das Schweißverfahren, die Werkstückdicke, der Nahtaufbau, die Steifigkeit der Werkstücke und die Einspannverhältnisse bestimmen im Wesentlichen die Größe der Schrumpfung. Bei dünnen Blechen sind der Verformungs- und der Spannungszustand zweiachsig und bei dickeren Blechen ($s \geq 12$ mm) dreiachsig. Da die Berechnung der Schweißeigenspannungen bis heute nur für einfache Bauteile durchzuführen ist, ist die wirkliche Beanspruchung einer Schweißkonstruktion beim Einwirken der äußeren Belastung (Kräfte und Momente) nicht exakt voraus-zusagen. Gerade das Schweißen von dickeren Querschnitten (s $\geq$ 12 mm) führt wegen des dreiachsigen Spannungszustandes mit starker Fließbehinderung und der zusätzlich versprödenden Wirkung der Gefügeumwandlung und Aufhärtung im Bereich der Schweißnaht zu einer starken Herabsetzung der statischen und der dynamischen Belastbarkeit.

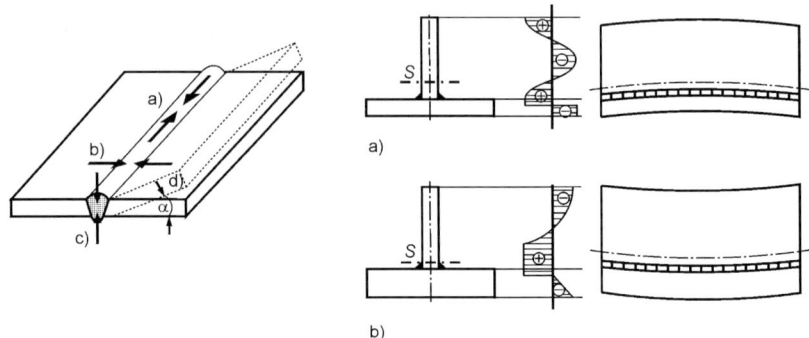

Abb. 8.6. Richtungen von Schweißschrumpfungen: **a**: Längsschrumpfungen, **b**: Quer-schrumpfungen, **c**: Dickenschrumpfungen, **d**: Winkelschrumpfungen

Querschrumpfung			Winkelschrumpfung		
Nahtquerschnitt	Schweißverfahren und Nahtaufbau	Querschrumpf. in mm	Nahtquerschnitt	Schweißverfahren und Nahtaufbau	Winkelschrumpf. α
	Lichtbogenschweißen Mantelelektrode, 2 Lagen	1,0	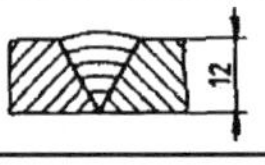	Lichtbogenschweißen Mantelelektrode, 5 Lagen	3,5°
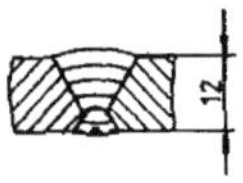	Lichtbogenschweißen Mantelelektrode, 5 Lagen Wurzel ausgefugt, 2 Wurzellagen	1,8	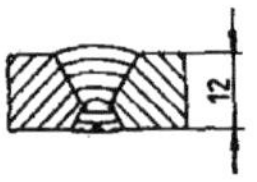	Lichtbogenschweißen Mantelelektrode, 5 Lagen Wurzel ausgefugt, 3 Wurzellagen	0°
	Gasschweißen nach rechts	2,3		Lichtbogenschweißen Mantelelektrode 8 breite Lagen	7°
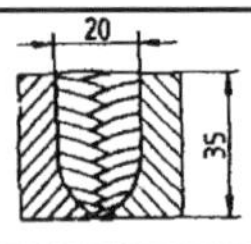	Lichtbogenschweißen Mantelelektrode, 20 Lagen ohne rückseitige Schweißung	3,2		Lichtbogenschweißen Mantelelektrode, 22 schmale Raupen	13°

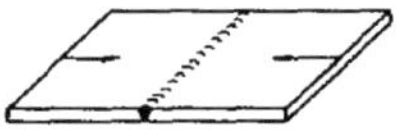

Abb. 8.7. Quer- und Winkelschrumpfungen bei Stumpfnähten

Durch Verwendung von zähen Stählen, durch eine besondere Anordnung, Auswahl, Ausbildung und Reihenfolge der Schweißnähte können die Schweißeigenspannungen verringert werden. Bereits vorhandene Schweißeigenspannungen lassen sich durch ein plastisches Strecken der kalten Naht, z.B. durch Abhämmern, oder durch ein gezieltes Vibrieren der geschweißten Konstruktion etwas abbauen. Sehr wirksam lassen sich Schweißeigenspannungen durch Spannungsarmglühen abbauen, z.B. mit 550 bis 600°C bei unlegierten Stählen. Auch das zur metallurgischen Gefügeverbesserung manchmal durchgeführte Normal- und Rekristallisationsglühen dient zum Abbau der Schweißeigenspannungen.

8.2.4 Schweißstöße und Schweißnahtvorbereitung

Die zu verschweißenden Werkstücke werden am Schweißstoß stoffschlüssig miteinander verbunden. Je nach ihrer geometrischen Anordnung zueinander werden verschiedene Schweißstöße unterschieden. Die Abb. 8.8. zeigt zwei Beispiele.

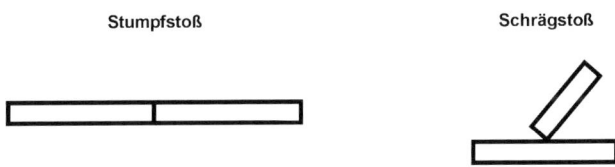

Abb. 8.8. Beispiele für Stoßarten von Schweißverbindungen

Die vor dem Schweißen am Schweißstoß gebildete Fuge muss bei Bauteilen mit einer Dicke s > 3 mm vorbereitet werden. Diese Fugenvorbereitung ist von der Art des Grundwerkstoffes, der Bauteildicke, dem Schweißverfahren, der Zugänglichkeit der Schweißnaht und der Schweißposition abhängig. Sie ist für die einzelnen Schweißstöße und Schweißverfahren in [DIN2559], [DINEN29692], [DIN8552], [DINENISO9692] genormt. In Abb. 8.9. und Abb. 8.10. sind die unterschiedlichen Fugenformen zur Schweißnahtvorbereitung nach [DINEN22553] zusammengestellt.

Bei Stumpfstoß-Schweißverbindungen werden dünne Bleche (s ≤ 3 mm) ohne Fugenvorbereitung, Bleche mit einer Dicke 3 mm < s ≤ 20 mm einseitig und Bleche mit 12 mm < s ≤ 40 mm beidseitig vorbereitet miteinander verschweißt. Bei T-Stoß-Schweißverbindungen ist bei den stirnseitig anstoßenden Blechen im Dickenbereich 3 mm < s ≤ 16 mm eine einseitige und im Bereich s > 16 mm eine beidseitige Nahtvorbereitung erforderlich. Diese kann durchgehend bis zur Blechmitte vorgenommen werden, sie kann aber auch nur teilweise die Blechdicke erfassen, so dass noch eine schmale parallele Fuge wie bei einer I-Naht stehen bleibt.

Die im Maschinen- und Apparatebau am häufigsten vorkommenden Schweißnahtformen sind in Anlehnung an [DINEN22553] in der Abb. 8.11. ausschnittsweise dargestellt. Grundsätzlich ist zu beachten, dass in Abhängigkeit von der Stoßform und der Blechdicke der Bauteile unterschiedliche Nahtvorbereitungen vorzusehen sind.

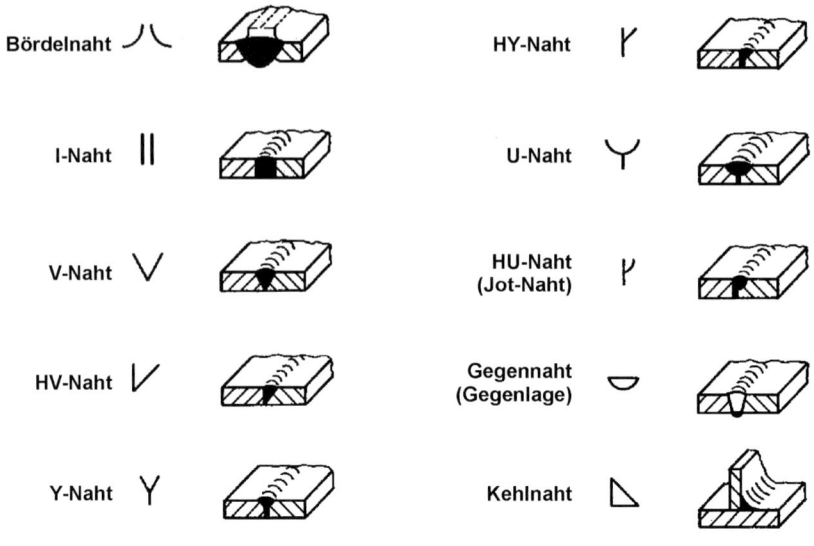

Abb. 8.9. Nahtformen nach [DINEN22553] T 1

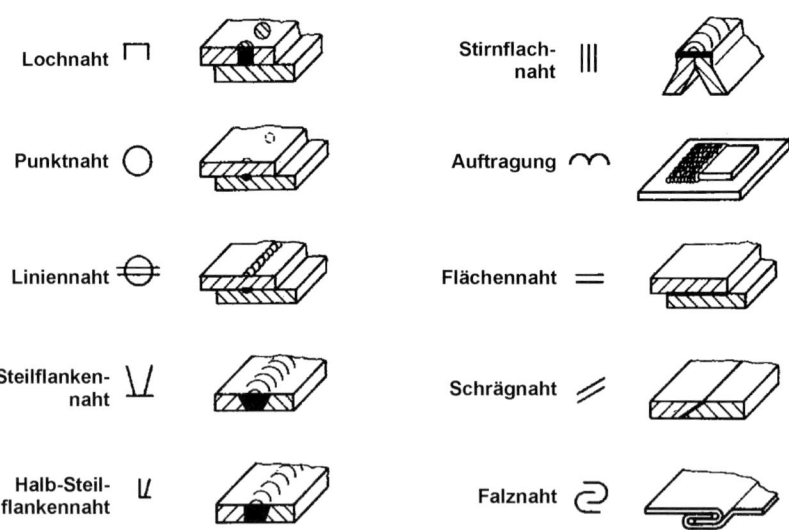

Abb. 8.10. Nahtformen nach [DINEN22553] T 2

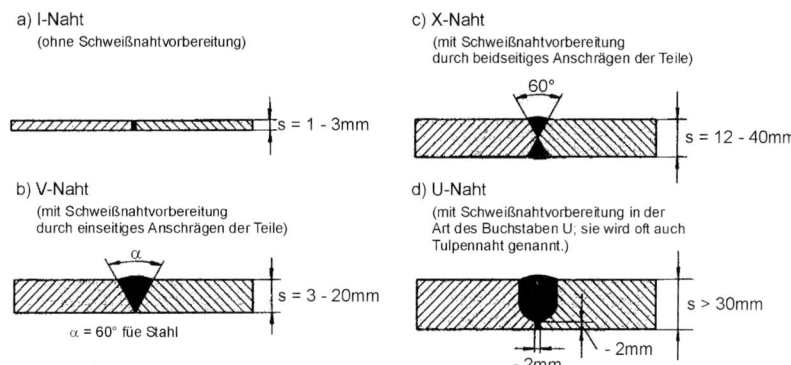

Abb. 8.11. Schweißnahtformen für Stumpfnähte nach [DINEN22553]

In Abb. 8.12. ist beispielhaft die vollständige Bemaßung einer Schweißnaht wiedergegeben. Bei dieser genauen Kennzeichnung einer Schweißnaht auf einer technischen Zeichnung sind neben dem Schweißnahtzeichen und den Zusatzzeichen auch die Schweißnahtdicke und -länge, das Schweißverfahren, die Schweißnahtgüte, die Schweißposition sowie Zusatz- und Hilfsstoffe angegeben. Im Regelfall erfolgt diese Kennzeichnung in der Ansicht der Schweißnaht in einer genau fixierten Anordnung und Reihenfolge. Diese umfangreichen Angaben sind aber nur bei entsprechend anspruchsvollen Schweißnähten erforderlich. Sonst kommt die Grundausstattung zur Anwendung bei der lediglich Angaben zur Nahtform, der Nahtdicke, ihrer Lage und Länge gemacht werden.

Abb. 8.12. Vollständige Bemaßung einer Schweißnaht

Auch im Schnitt eines Bauteils wird die symbolische Darstellung angewendet. Die bildliche Nahtform wird dabei entsprechend [DINEN22553] beschrieben, siehe Abb. 8.9. und Abb. 8.10. In Abb. 8.13. ist ein Beispiel für eine Bemaßung in Grundausstattung wiedergegeben.

Bei der Darstellung muss klar erkennbar sein, auf welcher Seite die Deck- oder die Wurzellage angeordnet ist. Soll die Decklage dem Betrachter zu- und die Wurzellage dem Betrachter abgewendet sein oder umgekehrt, so wird das Naht-Sinnbild über oder unter der Bezugslinie zur durchgezogenen Nahtlinie eingetragen, die gestrichelte Linie gibt die Lage der Gegenseite an. In Abb. 8.14. ist ein Beispiel zur Eintragung des Nahtsymbols auf der Bezugslinie wiedergegeben.

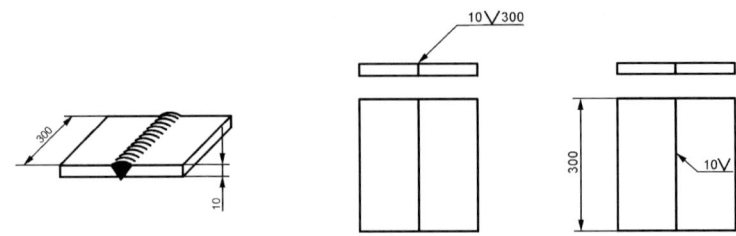

Abb. 8.13. Bemaßung einer Stumpfnaht in Grundausstattung

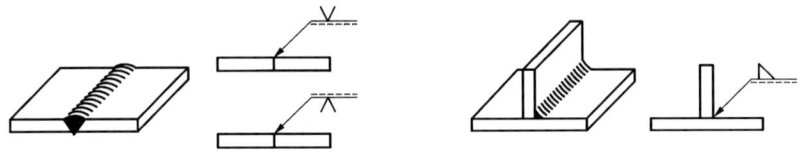

Abb. 8.14. Beispiel einer Eintragung des Nahtsymbols auf der Bezugslinie

8.2.5 Schweißnahtgüte, Gütesicherung

Das Dauerschwingfestigkeitsverhalten einer Schweißverbindung wird durch die Art und die Güte der Schweißnaht in großem Umfang bestimmt. Aus diesem Grund sind in [DINEN719], [DINEN729], sowie [DINEN25817] allgemeine Grundsätze für die Sicherung der Güte von Schweißarbeiten an metallischen Werkstoffen zusammengefasst. Dabei werden die Anforderungen an einen Betrieb mit schweißtechnischer Fertigung, die Anforderungen an eine Schweißverbindung, die Bewertungsgruppen für Stumpf- und Kehlnähte und das Prüfen der Schweißverbindungen behandelt.

Die Anforderungen an die Schweißverbindungen erfassen erstens die Ausführung, d.h. die Merkmale für den äußeren und den inneren Befund, sowie zweitens die konstruktiv- und werkstoffbedingten Eigenschaften, z.B. Formänderungswiderstand, Formänderungsvermögen, Dichtheit gegen Flüssigkeiten und Gase sowie der Korrosionswiderstand. Diese Anforderungen sind nach den Merkmalen der Ausführung abgestuft und in Bewertungsgruppen eingeteilt. Für *Stumpfnähte* gibt es die vier Bewertungsgruppen AS, BS, CS und DS und für *Kehlnähte* die drei Bewertungsgruppen AK, BK und CK. Die Bewertungsgruppe A lässt nur kleine Fehler zu, z.B. Naht- und Wurzelüberhöhungen, Wurzel- und Einbrandkerben, und erfordert einen entsprechend hohen Prüfaufwand. Auch die Gruppe B erfordert noch eine sehr hochwertige Naht, während Gruppe C schon größere Fehler toleriert. Die spezielle Bedeutung dieser Bewertungsgruppen ist in [DIN-EN25817] angegeben. Bei der Festlegung der Bewertungsgruppe für eine Schweißnaht sind u.a. die Beanspruchung, der Werkstoff, das Betriebsverhalten und die Fertigung zu berücksichtigen.

8.2.6 Gestalt und Bauarten von Schweißkonstruktionen

Zu Beginn dieses Abschnitts steht eine Aussage, die auf den ersten Blick im Widerspruch zum Kapitel steht: „Die beste Schweißnaht ist diejenige, die nicht vorhanden ist". Eine Schweißkonstruktion wird gewählt, weil man auf andere Art nicht in der Lage ist, die Struktur, z.B. eine Kranbrücke, auf andere Weise zu fertigen. Ein Bauteil wird also aus herstellungstechnischen oder Kostengründen in mehrere zerlegt, die durch Schweißnähte verbunden werden. Jede Schweißnaht stellt also eine Störung im Material- und Kraftfluss dar und sollte deshalb vermieden werden. Im Folgenden werden die grundsätzlichen Gestaltungsregeln dargestellt. Grundsätzlich ist bei der Gestaltung zu unterscheiden, ob die Schweißbaugruppe statisch oder dynamisch beansprucht wird. Bei dynamischer Beanspruchung gelten prinzipiell andere Gestaltungsregeln. So beanspruchte Konstruktionen sind gekennzeichnet durch sanfte Querschnittübergänge, Ausrundungsradien und Schweißnähte die nicht in Zonen hoher Spannung und/oder Verformung liegen.

Seigerungszonen

Grundsätzlich ist bei Verwendung von unberuhigt vergossenen Stählen darauf zu achten, dass die Schweißnaht von möglichen Seigerungszonen mit Phosphor- und Schwefelanreicherungen so weit entfernt ist, dass kein Schweißen in diesem Bereich erfolgt, da sonst Riss- oder Sprödbruchgefahr besteht.

Stellen höchster Beanspruchung

Schweißnähte sollen nicht an Stellen höchster Beanspruchung vorgesehen werden, da dort die Gefahr der zusätzlichen Einwirkung von Schweißeigenspannungen und der Spannungserhöhung durch Kerben besonders groß ist.

Nahtmenge

Schweißkonstruktionen sind durch Verwendung von Walz-, Biege- und Abkantprofilen, sowie von Schmiede- und Stahlgussteilen so zu gestalten, dass möglichst geringe Nahtmengen zustande kommen. Dadurch wird die Wärmebelastung beim Schweißen nicht zu groß und die Schrumpfungen und Schweißeigenspannungen werden klein gehalten. Lange und dünne Nähte sind also kurzen und dicken Nähten vorzuziehen. Aus der Gegenüberstellung zweier Abdeckhauben gemäß Abb. 8.15. geht hervor, dass durch eine Verringerung der Anzahl der Einzelteile die Schweißnahtmenge stark herabgesetzt werden kann.

Anhäufung von Schweißnähten

Schweißteile sind wegen der Gefahr der Versprödung und der Rissbildung bei vorliegendem mehrachsigen Zugspannungszustand immer so zu gestalten, dass die

Anhäufung von Schweißnähten vermieden wird. Die Abb. 8.16. zeigt ein Beispiel mit sich kreuzenden Nähten.

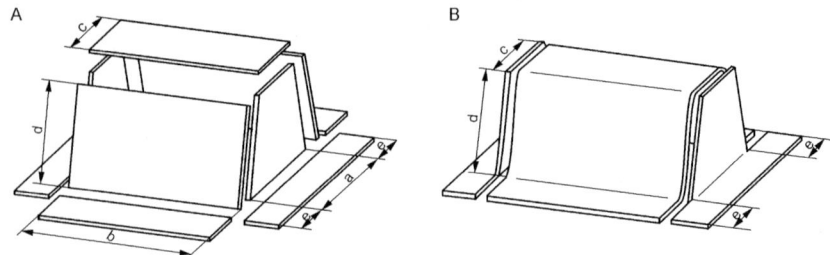

Abb. 8.15. Reduktion der Nahtlänge durch entsprechende Halbzeuggestaltung

Abb. 8.16. Vermeidung einer Nahtanhäufung bei sich kreuzenden Nähten

Querschnittsunstetigkeiten

Bei Schweißkonstruktionen sind Querschnittsunstetigkeiten, insbesondere bei dynamischer Beanspruchung möglichst zu vermeiden, siehe oben. Beim Verschweißen ungleich dicker Bleche ist eine bessere Gestaltfestigkeit dadurch zu erreichen, dass das dickere Blech zur Schweißnaht hin mindestens einseitig, noch besser aber beidseitig angeschrägt wird. Dynamisch am stärksten belastbar ist die Stumpfnaht bei ungleichen Blechdicken, wenn sie an ihrer Oberfläche blecheben spanabhebend bearbeitet wird. Zu diesem Zweck wird das dickere der Bleche zuerst auf die Dicke des dünneren Bleches angeschrägt und dann parallel auf einer Strecke von mindestens dreimal der Dicke des dünneren Bleches angearbeitet, siehe Abb. 8.17.

Steifigkeitssprünge

Bei den im Leichtbau sehr häufig zur Erhöhung der Biege- und Torsionssteifigkeit verwendeten dünnwandigen Kasten- und Rohrprofilen ist besonders darauf zu achten, dass keine großen Steifigkeitssprünge beim Übergang von geschlossenen zu offenen Profilen oder beim Anschluss anderer Profile entstehen.

Nahtarten

Bei dynamisch hochbeanspruchten Konstruktionen sollten wegen des günstigeren Kraftflusses und der gleichmäßigeren Spannungsverteilung im Schweißnahtbereich Stumpfnähte anderen Nahtarten vorgezogen werden. Die besonders bei Kehlnähten und bei K-Nähten auftretende gestaltbedingte Kerbwirkung führt zu einer Verringerung der Gestaltfestigkeit. Auch Ecknähte unterliegen bei dynamischer Beanspruchung einer größeren Dauerbruchgefahr, wenn sie hinsichtlich des Kraftflusses ungünstig gestaltet sind. Durch eine gute Naht- und Blechvorbereitung sowie eine exakte Lagezuordnung der Bleche unmittelbar vor dem Schweißen kann auch hier die gestaltbedingte Kerbwirkung wesentlich vermindert werden. In Abb. 8.18. werden allgemeine Gestaltungsregeln bei statischer Beanspruchung wiedergegeben.

	zu vermeiden	anzustreben
Um das Wölben dünner Platten zu vermeiden, ist das Einschweißen einer dicken Platte vielfach zweckmäßiger.		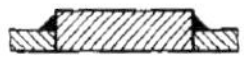
Aufgeschweißte Verstärkungen oder Bearbeitungsflächen sind mit Entlüftungsbohrungen und/oder unterbrochenen Schweißnähten zu versehen.	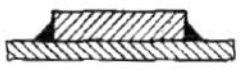	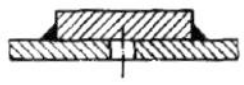
Schweißnähte in Querschnittsübergängen sind zu vermeiden.		
Die Anordnung von Stumpfnähten ermöglicht einen ungestörten Kraftfluss durch die Schweißnaht.		
Keilnähte sollten doppelt ausgeführt werden. Hohlkehlnähte sind aufgrund günstigerer Kerbwirkung bei dynamischer Belastung günstiger.	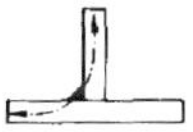	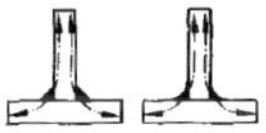

Abb. 8.17. Allgemeine Gestaltungsregeln 1 [PaBe03]

Zugänglichkeit der Nahtstelle

Schweißteile sind konstruktiv immer so zu gestalten, dass die Nähte leicht zugänglich und somit einfach auszuführen sind. Da die Geometrie am Stoß der zu verschweißenden Einzelteile die Nahtform und die Zugänglichkeit der Nahtstelle beeinflusst, sind im Schweißnahtbereich recht- und stumpfwinklige Flächenstöße den spitzwinkligen Stößen vorzuziehen. Zur einfacheren Durchführung einer Schweißung und zur Steigerung und Vergleichmäßigung der Güte der Naht ist beim Verschweißen von Teilen eine Lagefixierung durch eine Zentrierung, Führung oder Anschlagleisten zu verwirklichen. In der Einzelfertigung erfolgt dies meistens durch Vorbearbeitung der Teile, z.B. gedrehte Absätze oder gefräste Nuten und bei Serienfertigung durch kostengünstigere Schweißvorrichtungen sowie Anschlagleisten oder Winkelschienen.

	zu vermeiden	anzustreben
Nahtwurzeln sind in Zonen mit Zugspannung zu vermeiden.	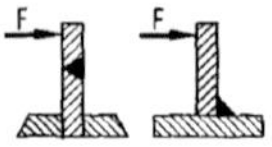	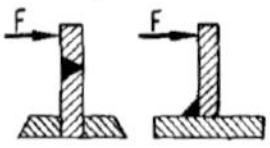
Das Anordnen von Schweißnähten wie bei Nietkonstruktionen erfordert zu viele Schweißnähte. Dicke Bleche werden beim Kastenprofil als Eckstöße		
Naben sind in Abhängigkeit ihrer Funktion einzuschweißen.	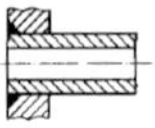	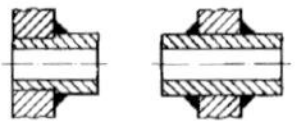
Rundstäbe sollten wegen eines zu kleinen Öffnungswinkels nicht an gerade Flächen angeschlossen werden.	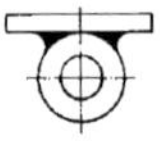	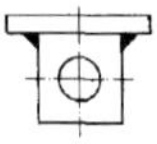
Nahtkreuzungen und Nahtanhäufungen sind durch das Aussparen der Rippe zu vermeiden.	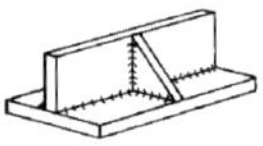	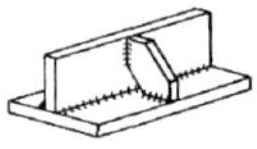
Spannungen in der Zugzone und damit die Einrissgefahr werden durch das T-Profil der Konsole verringert.	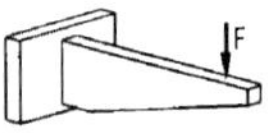	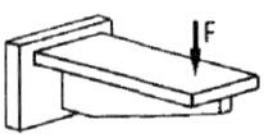
Abflächungen und Überstände von mindestens 2*Nahtdicke sind zur Vermeidung des Kantenabbrennens vorzusehen.	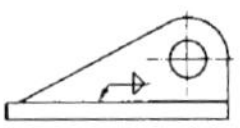	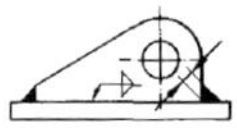

Abb. 8.18. Allgemeine Gestaltungsregeln 2

Wirtschaftliche Gestaltung

Neben der festigkeits- und steifigkeitsgerechten Gestaltung einer Schweißkonstruktion ist auch die Wirtschaftlichkeit der Gestaltung zu beachten, die durch eine brennschneidgerechte Ausführung der einzelnen Teilstücke mit möglichst gleicher Dicke sowie einer guten Materialausnutzung und durch die Verwendung von handelsüblichen Walzprofilen, Halbzeugen auch Schmiede- und Stahlgussteile sowie Blechen zu erreichen ist [Neum65, Neum90, Schl83, Merk379, Merk78, Merk358, Merk361]. Im Verlauf der Arbeiten zum Erstellen einer Schweißkonstruktion ist es sinnvoll sich den Fertigungsablauf immer wieder vor Augen zu halten, um Kosteneinflüsse zu erkennen. In Abb. 8.19. sind die Fertigungsoperationen bei der Herstellung einer Schweißbaugruppe wiedergegeben [Ehrl98].

Rohmaterial

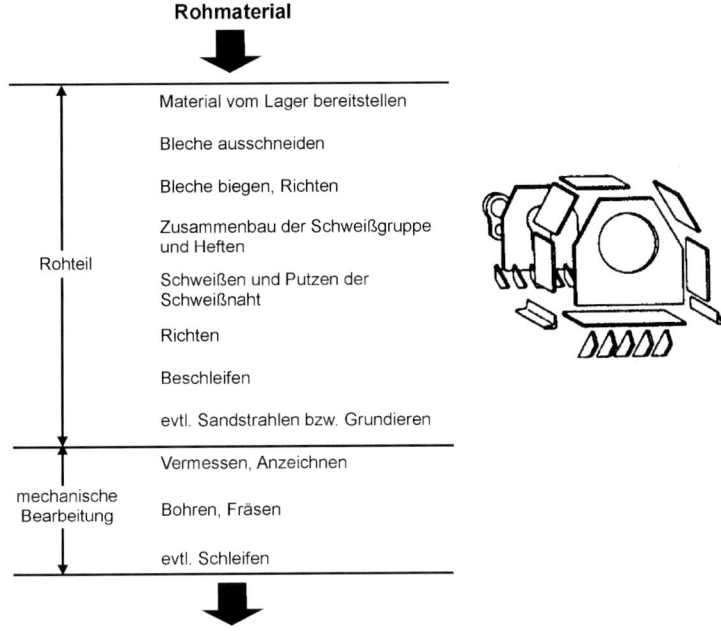

	Material vom Lager bereitstellen
	Bleche ausschneiden
	Bleche biegen, Richten
Rohteil	Zusammenbau der Schweißgruppe und Heften
	Schweißen und Putzen der Schweißnaht
	Richten
	Beschleifen
	evtl. Sandstrahlen bzw. Grundieren
mechanische Bearbeitung	Vermessen, Anzeichnen
	Bohren, Fräsen
	evtl. Schleifen

Einbaufertige Schweißbaugruppe

Abb. 8.19. Fertigungsoperationen bei der Herstellung einer geschweißten Baugruppe [Ehrl98]

Montagegerechte Gestaltung

Bei der Gestaltung von Schweißkonstruktionen ist auch deren späterer Einsatz zu berücksichtigen. So muss beispielsweise insbesondere bei geschweißten Stahlbauten an deren Transport auf dem Landweg und deren Montage an der Baustelle gedacht werden. Das bedeutet, es ist nicht sinnvoll die gesamte Konstruktion zu schweißen, sondern auch Fügestellen vorzusehen, die geschraubt werden. Bei der Konstruktion der geschraubten Fügestellen muss natürlich an die Zugänglichkeit der Schrauben zum Anziehen gedacht werden.

Sicherheitsgerechte Gestaltung

Bei der Gestaltung von Schweißverbindungen an Dampfkesseln, Behältern und Rohrleitungen sind besondere Sicherheitsvorschriften zu beachten. Beispiele für bewährte Ausführungsformen bei Nocken, Nippeln, Blockflanschen, Stutzen und Ausschnittverstärkungen, Mantelverbindungen, Rohrverbindungen und Verbindungen zwischen Rohrboden und Behältermantel sind in [DINEN1708] T1 zusammengestellt.

Bei Punkt-, Buckel- und Rollennahtschweißverbindungen ist wegen der geringen Kopfzugfestigkeit die Gestaltung so vorzunehmen, dass sie möglichst nur auf

Abscheren beansprucht werden. Im Einzelnen sind folgende Konstruktionsrichtlinien besonders zu beachten:

1. Einreihige einschnittige Schweißverbindungen weisen neben der Scherbeanspruchung einen hohen Anteil an Kopfzugbeanspruchung auf und sind daher - insbesondere bei Blechdicken > 2 mm - durch zweireihige einschnittige Verbindungen oder durch eine Laschenverbindung, zweischnittig, zu ersetzen, siehe Abb. 8.20.
2. Bei Punktschweißverbindungen zur Übertragung von Kräften dürfen nicht mehr als drei Teile übereinander verbunden werden.

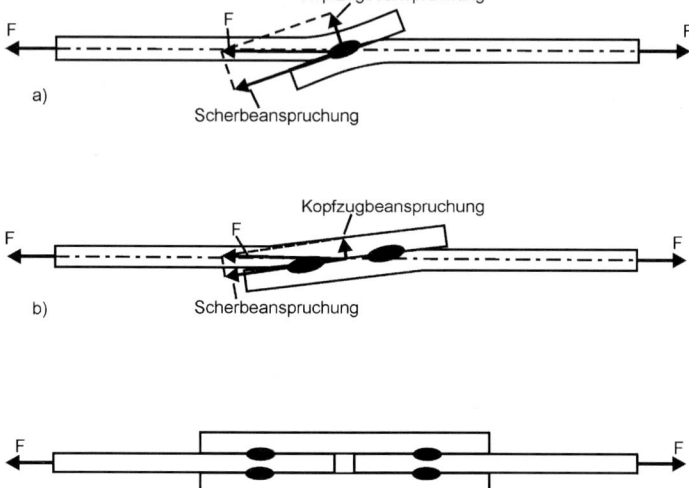

Abb. 8.20. Scher- und Kopfzugbeanspruchung bei Punktschweißverbindungen [Peit58]
  a) einreihige einschnittige Punktschweißung führt zu hohem Kopfzug
  b) zweireihige einschnittige Punktschweißverbindung führt zu verringertem Kopfzug
  c) zweireihige zweischnittige Punktschweißung ohne resultierendem Kopfzug

3. Die Gesamtdicke der zu verbindenden Teile darf nicht größer als 15 mm und die Dicke eines einzelnen Bleches nicht über 5 mm sein.
4. Das Dickenverhältnis der zu verschleißenden Bleche soll 1:3 nicht überschreiten.
5. Punktschweißnähte sind bei biegebeanspruchten Teilen zur Verringerung der Kopfzugbelastung immer in den Zugbereich zu legen.
6. Winkel, Laschen und Anschlussprofile sind an Bauteilen möglichst so anzupunkten, dass die Schweißstellen fast nur auf Schub beansprucht werden. Kopfzugbeanspruchung und Schälbeanspruchung sind durch eine besondere Gestaltung der Anschlussteile und eine zweckmäßige Anordnung der Schweißpunkte möglichst zu vermeiden.

7. Bei kastenförmigen Bauteilen, die aus geprägten Blechteilen hergestellt werden, sind aus Gründen der besseren Zugänglichkeit die Schweißnähte immer nach außen bzw. in die Schmalseite des Kastenprofils, und aus Gründen der geringeren Beanspruchung der Schweißnähte immer in den Bereich der neutralen Faser zu legen.

8.2.7 Berechnung von Schweißnähten

Kraft- und momentübertragende Schweißkonstruktionen erfordern einen vollständigen Festigkeitsnachweis. Dieser hat erstens die am stärksten belasteten, nicht geschweißten Bauteilquerschnitte, zweitens die Schweißnähte selbst und drittens die Anschlussquerschnitte (Einbrandzonen und stark wärmebeeinflußte Zonen) zu erfassen. Je nach dem, in welchem Anwendungsbereich (z.B. Maschinenbau, Stahl- oder Kranbau) der Festigkeitsnachweis verlangt wird, sind für die Schweißnähte unterschiedliche Berechnungsverfahren anzuwenden.

Die Dimensionierung der Schweißnähte erfolgt im Prinzip wie bei Bauteilen, d.h. es wird ein Festigkeitsnachweis durchgeführt, mit dem die festigkeitsgerechte Beanspruchung der Schweißnähte kontrolliert wird. Es handelt sich hier also um eine Nachrechnung der bereits konstruierten Schweißverbindung. Nur in Ausnahmefällen ist im Maschinenbau auch ein Steifigkeitsnachweis hinsichtlich der elastischen und plastischen Verformungen oder der Stabilität erforderlich.

Die Berechnungsformeln für die Schweißnahtquerschnitte sowie deren Flächenträgheits- und Widerstandsmomente sind für die drei genannten Anwendungsbereiche - von einigen Vereinfachungen abgesehen - gleich.

Zur Nachrechnung der Schweißnahtquerschnitte sind deren Flächenträgheits- und Widerstandmomente zu bestimmen. Die Berechnung erfolgt im Prinzip wie bei anderen Bauteilen auch. Um die Bauteildicke, hier also die Dicke der Schweißnähte zu bestimmen wird durch die Schweißnaht bzw. durch die gemeinsam tragenden Schweißnähte in Gedanken ein senkrechter Schnitt geführt und dieser dann in die Anschlussebene umgeklappt. Die entstehenden Schnittflächen sind nach Abzug der Endkrater das rechnerische Schweißnahtbild, aus dem die Querschnittswerte (z.B. Schweißnahtquerschnitt, Schweißnahtdicke, Schweißnahtlänge sowie Flächenträgheits- und Widerstandsmomente) ermittelt werden.

Schweißnahtquerschnitt

Die Schweißnahtquerschnittsfläche A_W (Längsschnittfläche) ist die Summe aller Produkte aus den Nahtdicken a_i und den Nahtlängen l_i, d.h. es gilt die Beziehung:

$$A_w = \sum_{i=1}^{n} (a_i \cdot l_i) \tag{8.2}$$

Schweißnahtdicke

Die für den Festigkeitsnachweis zu ermittelnde Schweißnahtdicke a ist bei Stumpfnähten immer gleich der minimalen Blechdicke. Bei Kehlnähten wird als Schweißnahtdicke die Höhe des einbeschreibbaren rechtwinkligen gleichschenkligen Dreiecks angenommen. Die Wölbkehlnaht hat somit die schlechteste und die Flachkehlnaht die beste volumenmäßige Nahtausnutzung. Wegen des günstigeren Kraftflusses ist die Hohlkehlnaht der Flach- und der Wölbkehlnaht vorzuziehen. Die Dicke der Kehlnaht darf 3 mm nicht unterschreiten und im Allgemeinen das 0,7-fache der Dicke des dünnsten Bleches nicht überschreiten ($3\,\text{mm} \leq a \leq 0{,}7 \cdot s_{\min}$). Werden Schweißverfahren angewendet, bei denen ein Schmelzen oder Einbrennen über den theoretischen Wurzelpunkt hinaus erfolgt, kann für die Schweißnahtdicke zusätzlich der halbe Mindesteinbrand angesetzt werden, in [Mewe78] sind genaue Angaben zu finden. Prinzipiell gilt:

- Bei Stumpfnähten zur Verbindung zweier Bleche: dünnere Blechdicke
- Bei Kehlnähten: Nahtdicke a
- Andere Stoßformen sind gesondert zu betrachten

Bei Punktschweißverbindungen ist zu beachten, dass der Durchmesser der Schweißpunkte nach Schlottmann [Schl83] wie folgt ermittelt wird:

$$d = 5 \cdot \sqrt{s} \qquad (8.3)$$

wobei s die Dicke des dünnsten der zu verbindenden Bleche ist. Für den Abstand t (t = Teilung) der Schweißpunkte wird bei stationärer Belastung ein Wert t (3 bis 6) d und bei dynamischer Belastung ein Wert t = 2 d empfohlen.

Schweißnahtlänge

Bei Stumpfnähten ist die rechnerische Nahtlänge gleich der Blechbreite b. Wegen der Anrissgefahr am Anfang und am Ende einer Schweißnaht wird von dieser rechnerischen Blechbreite die Anfangs- und die Endkraterlänge (jeweilige Länge = Schweißnahtdicke a) abgezogen, sofern nicht Auslaufbleche beim Ausführen. der Schweißnaht benutzt werden. Für die Schweißnahtlänge l gilt somit folgende Beziehung:

$$l = b - 2a \qquad (8.4)$$

Bei Kehlnähten, die rundum, d.h. ohne Unterbrechung um einen Querschnitt geschweißt werden, wird als Schweißnahtlänge l der Umfang U des Querschnitts eingesetzt. Die Schweißnaht der Dicke a wird dabei in die Anschlussebene umgeklappt und der Umfang längs der theoretischen Wurzellinie berechnet.

Bei mit Flankenkehlnähten ausgeführten Stab-, Laschen- und Knotenblechanschlüssen muss die Schweißnahtlänge l im Bereich

$$100a \geq 1l \geq 15a \qquad (8.5)$$

und bei Anschlüssen mit Flanken- und Stirnkehlnähten im Bereich:

$$100a \geq 1 \geq 10a$$

liegen. In diesen Fällen brauchen nach [DIN18800] die Endkrater nicht abg{
zu werden.

Schweißnähte, die wegen erschwerter Zugänglichkeit nicht einwandfrei ausgeführt werden können, sind im Festigkeitsnachweis als nichttragend anzunehmen
(z.B. Kehlnähte mit Kehlwinkel kleiner 60°, sofern nicht durch das angewendete
Schweißverfahren ein sicheres Erreichen des Wurzelpunktes gewährleistet ist).

Flächenträgheits- und Widerstandsmomente

Die Flächenträgheits- und Widerstandsmomente des Schweißnahtquerschnittes
werden nach den Gesetzen der Mechanik in der Weise berechnet, dass die
Schweißnähte der Dicke a - evtl. unter Abzug der Endkrater - in die Anschluss-
ebene geklappt werden, Abb. 8.21. Wegen der nicht immer exakt festliegenden
Einbrandtiefe wird besonders im Stahlbau nach [DIN18800] die theoretische
Wurzellinie als Schweißnaht-Schwerachse angenommen. Die Schweißnahtquerschnittsfläche ist somit in der theoretischen Wurzellinie konzentriert zu denken.
Bei der Anwendung des Steiner'schen Satzes ist daher zu beachten, dass im
Abstand des Schwerpunktes einer einzelnen Schweißnaht vom Gesamtschwerpunkt aller Schweißnähte ihre halbe Schweißnahtdicke nicht zu berücksichtigen
ist.

8.2.7.1 Schweißverbindungen im Maschinenbau

Zunächst werden die Nennspannungen für die Grundbeanspruchungsarten,
getrennt für die statischen und dynamischen Beanspruchungen und die Vergleichsnennspannung für zusammengesetzte Beanspruchung in den Schweißnähten ermittelt, um danach für statische oder dynamische Belastung den Festigkeitsnachweis mit Hilfe der für die Schweißnaht zulässigen Spannung zu führen.

Nennspannungen

Nennspannungen sind die in den Schweißnähten aufgrund der äußeren Belastungen, evtl. sogar unter Berücksichtigung besonderer Stoßfaktoren oder -zahlen nach
[Deck82, Mewe78], mit den Methoden und Gesetzen der Festigkeitslehre rein
rechnerisch zu ermittelnden Spannungen. Sie können gemäß Abb. 8.22.
[DIN18800] als Normal- und als Schubspannungen einzeln oder gleichzeitig
vorliegen und werden wie folgt berechnet:

Zug-, Druckbeanspruchung
a)   Normalspannung senkrecht zur Längsschnittfläche der Schweißnaht

$$\sigma_{z,d} = \frac{F_{z,d}}{A_w} \tag{8.7}$$

$F_{z,d}$ = Zug- Druckbelastung,
A_W = Schweißnahtfläche (Längsschnittfläche)

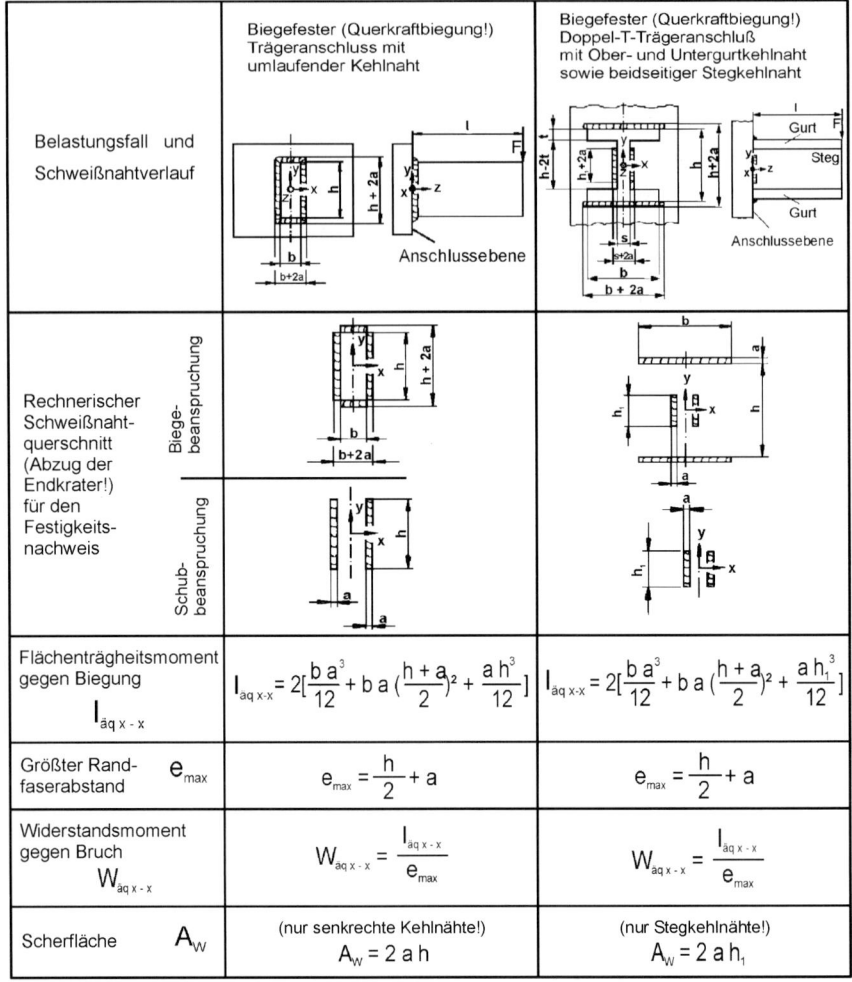

		Biegefester (Querkraftbiegung!) Trägeranschluss mit umlaufender Kehlnaht	Biegefester (Querkraftbiegung!) Doppel-T-Trägeranschluß mit Ober- und Untergurtkehlnaht sowie beidseitiger Stegkehlnaht
Belastungsfall und Schweißnahtverlauf			
Rechnerischer Schweißnaht-querschnitt (Abzug der Endkrater!) für den Festigkeits-nachweis	Biege-beanspruchung / Schub-beanspruchung		
Flächenträgheitsmoment gegen Biegung $I_{\text{äq } x-x}$		$I_{\text{äq }x-x} = 2[\dfrac{b\,a^3}{12} + b\,a\,(\dfrac{h+a}{2})^2 + \dfrac{a\,h^3}{12}]$	$I_{\text{äq }x-x} = 2[\dfrac{b\,a^3}{12} + b\,a\,(\dfrac{h+a}{2})^2 + \dfrac{a\,h_1^3}{12}]$
Größter Rand-faserabstand e_{max}		$e_{max} = \dfrac{h}{2} + a$	$e_{max} = \dfrac{h}{2} + a$
Widerstandsmoment gegen Bruch $W_{\text{äq }x-x}$		$W_{\text{äq }x-x} = \dfrac{I_{\text{äq }x-x}}{e_{max}}$	$W_{\text{äq }x-x} = \dfrac{I_{\text{äq }x-x}}{e_{max}}$
Scherfläche A_W		(nur senkrechte Kehlnähte!) $A_W = 2\,a\,h$	(nur Stegkehlnähte!) $A_W = 2\,a\,h_1$

Abb. 8.21. Berechnung von Schweißverbindungen unter Querkraftbiegung mit Aufführung der Flächenträgheitsmomente und Widerstandsmomente gegen Biegung

b) Normalspannung senkrecht zur Querschnittsfläche in Längsrichtung der Schweißnaht

$$\sigma_\| = \frac{F_{z,d}}{A_{w,q}} \tag{8.8}$$

A_{Wq} = Schweißnahtquerschnittsfläche quer zur Nahtlängsrichtung

Biegebeanspruchung

$$\left.\begin{array}{l} \sigma_{\mathrm{b}} = \dfrac{M_{\mathrm{b}}}{I_{\mathrm{äq,w}}} \cdot e \\[4mm] \sigma_{\mathrm{b,max}} = \dfrac{M_{\mathrm{b}}}{I_{\mathrm{äq,w}}} \cdot e_{\mathrm{max}} = \dfrac{M_{\mathrm{b}}}{W_{\mathrm{äq,w}}} \end{array}\right\} \qquad (8.9)$$

M_{b} = Biegemoment

$I_{\mathrm{äq,w}}$ = äquatoriales Flächenträgheitsmoment gegen Biegung der in die Anschlussebene geklappten Schweißnahtquerschnittfläche

$W_{\mathrm{äq,w}}$ = äquatoriales Widerstandsmoment gegen Biegung der in die Anschlussebene geklappten Schweißnahtquerschnittfläche

e = Abstand von der neutralen Faser

e_{max} = maximaler Randfaserabstand

Schubbeanspruchung

a) mittlere Schubspannung in der Längsschnittfläche der Schweißnaht in Querrichtung oder senkrecht zur Längsrichtung der Naht

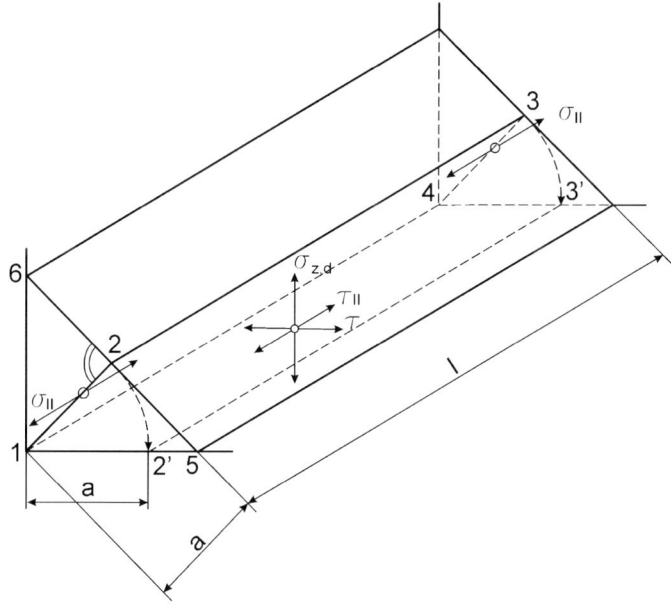

Abb. 8.22. Idealisierte Kehlnaht und mögliche Normal- sowie Schubspannungen

1 2′ 3′ 4 = Längsschnittfläche A_{W}

1 5 6 = Querschnittfläche $A_{\mathrm{W,q}}$

$$\tau = \frac{F_Q}{A_w} \qquad (8.10)$$

F_Q = Querkraft,
A_w = Schweißnahtfläche (Längsschnittfläche)

b) bei Querkraftbiegung in der Längsrichtung der Schweißnaht (Abb. 8.23.)

$$\tau_\parallel = \frac{F_Q \cdot S}{I_{äq} \cdot \sum a_i} \qquad (8.11)$$

S = statisches Moment der angeschlossenen Querschnittflächen
$I_{äq}$ = äquatoriales Flächenträgheitsmoment gegen Biegung des Gesamtquer-
         schnitts,
a_i = Schweißnahtdicke der Einzelnaht,
$\sum a_i$ = Summe der Schweißnahtdicken für die angeschlossenen Querschnitte

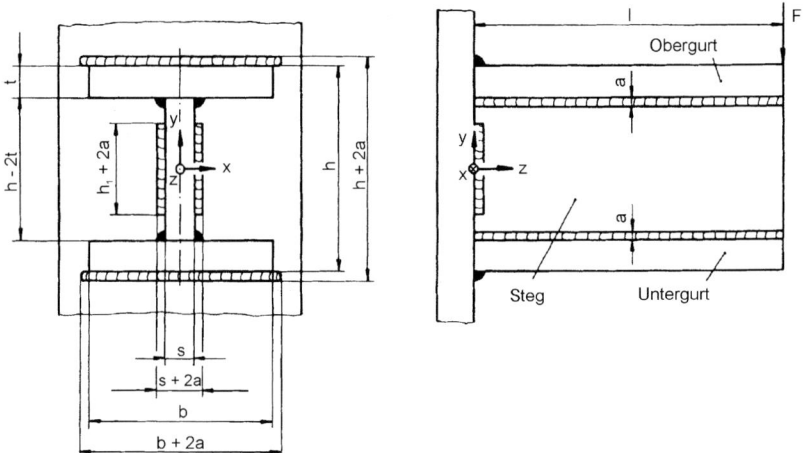

Abb. 8.23. Schubbeanspruchung durch Querkraftbiegung in der Längsrichtung der Schweißnaht bei einem geschweißten Biegeträger

Für $\tau_\parallel$ an der Stelle $y = \pm\frac{1}{2}(h - 2t)$ gelten folgende Größen:

$$F_Q = F \quad ; \qquad S = b \cdot t \cdot \left(\frac{h - t}{2}\right) \qquad (8.12)$$

$$I_{\text{äq}} = I_{\text{äq}_{x-x}} = \frac{1}{12}\left[b \cdot h^3 - (b-s)\cdot(h-2t)^3\right] \tag{8.13}$$

$$\sum a_i = 2a \quad (a = \text{Dicke der Kehlnaht Steg/Gurt!})$$

Torsionsbeanspruchung

$$\tau_t = \frac{M_t}{I_{t,w}} \cdot e \tag{8.14}$$

$$\tau_{t,\max} = \frac{M_t}{I_{t,w}} \cdot e_{\max} = \frac{M_t}{W_{t,w}}$$

M_t = Torsionsmoment

$I_{t,w}$ = Torsionsträgheitsmoment der in die Anschlussebene geklappten Schweißnahtquerschnittfläche,

$W_{t,w}$ = Torsionswiderstandsmoment der in die Anschlussebene geklappten Schweißnahtquerschnittfläche,

e = Abstand von der neutralen Faser,

$e_{\max}$ = maximaler Randfaserabstand

Vergleichsnennspannung

Die Berechnung der Vergleichsnennspannung σ_v aus den vorher ermittelten Normal- und Schubspannungen (Nennspannungen) erfolgt im Maschinenbau üblicherweise nach der Hypothese der größten Gestaltänderungsarbeit oder der Hypothese der größten Schubspannung.

Mangels bestehender Vorschriften und Normen werden für die Berechnung von Schweißteilen im Maschinenbau, insbesondere bei vorwiegend statischer Belastung, auch die Vergleichsnennspannung für geschweißte Stahlbauten gemäß [DIN4100] nach der folgender Beziehung berechnet:

$$\sigma_v = \sqrt{\sigma^2 + \sigma_\parallel^2 - \sigma \cdot \sigma_\parallel + \tau^2 + \tau_\parallel^2} \tag{8.15}$$

Und die Vergleichsnennspannung für geschweißte Krane und Stahltragwerke gemäß [DIN15018] wird nach folgender Beziehung berechnet, wobei der Faktor 2 in der Formel für Schweißnähte gilt, für Bauteilberechnungen ist der Faktor mit 3 anzusetzen:

$$\sigma_v = \sqrt{\bar{\sigma}^2 + \bar{\sigma}_\parallel^2 - \bar{\sigma} \cdot \bar{\sigma}_\parallel + 2 \cdot \left(\tau^2 + \tau_\parallel^2\right)} \tag{8.16}$$

In Gl. (8.17) sind $\bar{\sigma}$ und $\bar{\sigma}_\parallel$ die mit dem Verhältnis der zulässigen Bauteilspannung σ_{zul}, zur zulässigen Spannung in den Schweißnähten $\sigma_{w,\text{zul}}$, gewichteten Spannungen σ, und $\sigma_\parallel$. Es gilt somit:

$$\overline{\sigma} = \frac{\sigma_{zul}}{\sigma_{w,zul}} \cdot \sigma; \qquad \overline{\sigma}_{\parallel} = \frac{\sigma_{zul}}{\sigma_{w,zul}} \cdot \sigma_{\parallel} \qquad\qquad (8.17)$$

Je nachdem, ob σ bzw. $\sigma_{\parallel}$ eine Zugspannung oder eine Druckspannung ist, ist die zulässige Schweißnahtspannung $\sigma_{w,zul}$ als Zug- bzw. Druckspannung einzusetzen.

Die Schubspannungen werden im Stahl- und im Kranbau aufgrund der Schubfestigkeitserhöhung der Schweißnähte infolge der Fließbehinderung schwächer gewichtet als im Maschinenbau. In der [DIN4100] werden sogar Fälle genannt, bei denen die Berechnung der Vergleichsnennspannung ohne Berücksichtigung der Schubspannungen erfolgt. Bei geschweißten Biegeträgern wird bei den Schweißverbindungen zwischen dem Steg und dem Ober- bzw. dem Untergurt, sofern sie als Doppelkehlnaht oder HV-Naht mit Kehlnaht ausgeführt sind, fast immer die Normalspannung $\sigma_{\parallel}$ vernachlässigt.

Festigkeitsnachweis und zulässige Spannungen

Die Schweißnaht, bzw. die gemeinsam tragenden Schweißnähte werden beim Festigkeitsnachweis als separate Bauteile berücksichtigt, d.h. es werden die Vergleichsnennspannungen und die für die Schweißnähte zulässigen Spannungen einander gegenübergestellt. Eine Schweißnaht ist dann als ausreichend dimensioniert anzusehen, wenn die Vergleichsnennspannung kleiner ist als die für die Schweißnaht zulässige Spannung. Letztere ist vornehmlich von der zulässigen Festigkeit des Grundwerkstoffes bzw. des Schweißzusatzwerkstoffes abhängig, berücksichtigt aber auch besondere schweißtechnische Gesichtspunkte.

Die schweißtechnischen Gesichtspunkte berücksichtigen vor allem die unterschiedliche Güte der Schweißung, insbesondere diejenige der Schweißnahtausführung, die Schweißeigenspannungen, die Störungen des Kraftlinienverlaufs durch die Nahtformen und/oder Kerben, die unterschiedliche Tragfähigkeit der einzelnen Schweißnähte infolge ihrer unterschiedlichen Steifigkeit sowie die geringere Gestaltfestigkeit der ausgeführten Schweißkonstruktion gegenüber der Festigkeit von Probestäben. Dies wird auf der Zeichnung durch die Angabe der Bewertungsgruppe nach [DIN8563] T 3 berücksichtigt. Dazu sind den Bewertungsgruppen, also der Qualität der Ausführung einer Schweißnaht, Schwächungsfaktoren zugeordnet in Form des Faktors v_2, Tabelle 8.1. ,welcher die Nahtgüte berücksichtigt und des Faktors v_3, welcher die Umrechnung der aus der Zugprobe im Versuch gewonnenen Werte in andere Beanspruchungsformen wieder gibt, siehe Tabelle 8.2.

Tabelle 8.1. Nahtgütebeiwert v_2 für statische und dynamische Festigkeit nach [Niem01]

v_2	Bewertungsgruppe Stahl nach DIN8563 T3	Anforderung an Ausführung und Kontrolle
0,5	-	-
0,8	CS, CK	Sichtprüfung
0,9	BS, BK	Normalgüte stichprobenweise durchstrahlt, (wenig Poren und Schlackeeinschlüsse
1,0	AS, AK	Sondergüte ganz durchstrahlt (frei von Rissen, Binde- und Wurzelfehlern und Einschlüssen, alle beteiligten Schweißer gleichmäßig erfasst, mind. Nachgüte „bau" nach IIW Katalog

Tabelle 8.2. Beanspruchungsbeiwert v_3 für statische Festigkeit nach [Niem01]

Nahtform	Art der Beanspruchung	v_3 Stahl	v_3 Al Legierungen
Stumpfnähte	Zug	1,0	1,0
	Druck	1,0	1,0
	Biegung	1,0	1,0
	Schub, Torsion	0,8	0,65
Kehlnähte	jede Beanspruchung	0,8	0,65

Unter Berücksichtigung der Schweißnahtgüte, Faktor v_2, der Nahtform und der Beanspruchungsart v_3 sowie des Größeneinflusses $K_{d,p}$, kann dann die Festigkeit der Schweißverbindung in Abhängigkeit dieser Größen bestimmt werden. Für die *statische* Beanspruchung gilt:

Zug-Druck:
$$\sigma_{w,F,zd} = \sigma_\perp = v_2 \cdot v_3 \cdot K_{d,p} \cdot R_{p0,2} \tag{8.18}$$

Biegung:
$$\sigma_{w,F,b} = \sigma_\perp = v_2 \cdot v_3 \cdot K_{d,p} \cdot R_{p0,2} \tag{8.19}$$

Schub:
$$\tau_{w,F,s} = \tau_\perp, \quad \tau_\parallel = v_2 \cdot v_3 \cdot K_{d,p} \cdot R_{p0,2} \tag{8.20}$$

Torsion:
$$\tau_{w,F,t} = \tau_\parallel = v_2 \cdot v_3 \cdot K_{d,p} \cdot R_{p0,2} \tag{8.21}$$

Erläuterung: Index w für welded = geschweißt; $K_{d,p}$ (Größeneinflussfaktor) nach FKM-Richtlinie [FKM98], siehe Abb. 8.24.

Für alle Stahlwerkstoffe bis auf GJL

$- d_{eff} < d_{eff,N}^{~2)}$

$\qquad K_d = 1$ (3.54 A)

$- d_{eff,N} < d_{eff} < d_{eff,N,max}^{~2),3)}$

$$K_d = \frac{1 - 0{,}7686~a_d~\lg(d_{eff}/7{,}5mm)^{~1)}}{1 - 0{,}7686~a_d~\lg(d_{eff,N}/7{,}5mm)}$$ (3.54 B)

$- d_{eff} > d_{eff,max}^{~2),3)}$

$\qquad K_d = K_d(d_{eff,max})$ (3.54 C)

Für den Werkstoff GJL:

$- d_{eff} < 7{,}5mm$

$\qquad K_{d,m} = 1{,}207$ (3.55 A)

$- d_{eff} > 7{,}5mm$

$K_{d,m} = 1{,}027~(d_{eff}/7{,}5mm)^{-0{,}1922}$ (3.55 B)

Querschnittsform	d_{eff} [1]	d_{eff} [2]
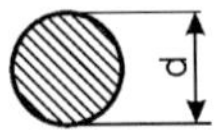 ⊘ d	d	d
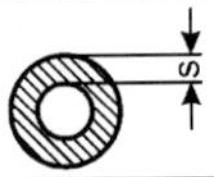 ⊙ s	2s	s
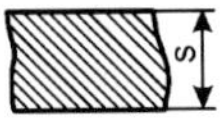 ▧ s	2s	s
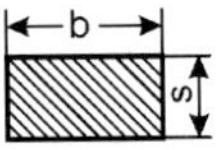 ▭ b, s	$\dfrac{2b-s}{b+s}$	s
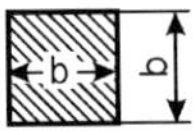 ▪ b, b	b	b

1) für Bauteile aus: vergütetem Vergütungsstahl, einsatzgehärtetem Einsatzstahl, Nitrierstahl (vergütet oder nitriert) und Vergütungsstahlguss

2) für Bauteile aus: unlegiertem Baustahl, Feinkornbaustahl, normalisiertem Vergütungsstahl, allgemeinem Stahlguss

Abb. 8.24. Technologische Größenfaktoren: $K_{d,m}$ (Zugfestigkeit) und $K_{d,p}$ (Fließgrenze) nach [FKM98]; Hinweis: für Schweißnähte werden die Größenfaktoren $K_{d,m}$, $K_{d,p}$ zu 1,0

Da bei Verwendung des richtigen Schweißzusatzwerkstoffes und bei sachgemäßer Anwendung des jeweils geeigneten Schweißverfahrens die Festigkeit der Schweißnaht und der Schweißübergangszone mindestens so hoch ist wie die des Grundwerkstoffes, bezieht sich der Festigkeitsnachweis für die Schweißnaht immer auf die Festigkeit des Grundwerkstoffes.

Statische Belastung

Für den Festigkeitsnachweis müssen dann die entsprechenden Sicherheiten bestimmt werden. Für den *statischen Fall* werden sie nach den Formeln (8.22) bis (8.25) für folgende Fälle bestimmt:

Zug-Druck: $$S_{w,F,zd} = \frac{\sigma_{w,F,zd}}{\sigma_{w,zd}}$$ (8.22)

Biegung: $$S_{w,F,b} = \frac{\sigma_{w,F,b}}{\sigma_{w,b}}$$ (8.23)

Schub:
$$S_{w,F,s} = \frac{\tau_{w,F,s}}{\tau_{w,s}}$$
(8.24)

Torsion:
$$S_{w,F,t} = \frac{\tau_{w,F,t}}{\tau_{w,t}}$$
(8.25)

Für die Sicherheitswerte ergeben sich die Größen für gut verformbare Stähle $S_{w,F\,min}$ von (1,2)...(1,5)...(2,0) (Mittelwert 1,7). Für hochfeste, weniger gut als S355 verformbare Stähle sind um etwa den Faktor 1,1 bis 1,2 höhere Sicherheitswerte anzusetzen [Niem01].

Dynamische Belastung

Das unterschiedliche Schädigungsverhalten bei dynamischer Beanspruchung wird in diesem Fall durch den Nahtbeiwert, Faktor v_1, Siehe Abb. 8.25., statt des Beanspruchungsbeiwerts für den statischen Fall, Faktor v_3 berücksichtigt. Der Faktor v_3 entfällt also, bzw. wird für die Betrachtung der dynamischen Beanspruchung zu 1 gesetzt.

Zusätzlich muss auch bei der Betrachtung der dynamischen Beanspruchung der Nahtgütebeiwert, Faktor v_2, der Schweißnaht (Tabelle 8.1.) berücksichtigt werden. Die Sicherheit der *dynamisch beanspruchten* Schweißverbindung ergibt sich nach den Formeln:

Zug-Druck:
$$S_{w,D,zd} = \frac{\sigma_{w,A,zd}}{\sigma_{w,a,zd}}$$
(8.26)

Biegung:
$$S_{w,D,b} = \frac{\sigma_{w,A,b}}{\sigma_{w,a,b}}$$
(8.27)

Schub:
$$S_{w,D,s} = \frac{\tau_{w,A,s}}{\tau_{w,a,s}}$$
(8.28)

Torsion:
$$S_{w,D,t} = \frac{\tau_{w,A,t}}{\tau_{w,a,t}}$$
(8.29)

Stumpfstoß

Bezeichnung	Volles Blech	V - Naht	V - Naht wurzel-verschweißt	V - Naht bearbeitet	X - Naht	V - Schräg-naht
Nahtbild		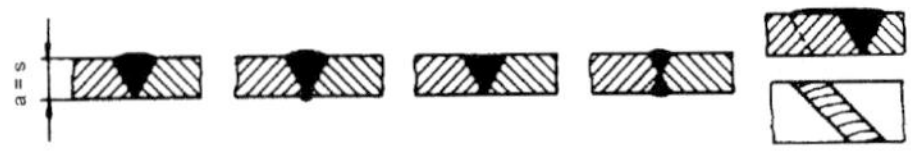				
v_1 Zug-Druck	1,00	0,50	0,70	0,92	0,70	0,80
Biegung	1,20	0,60	0,84	1,10	0,84	0,98
Schub	0,80	0,42	0,56	0,73	0,56	0,65

T - Stoß

Bezeichnung	Doppel-Wölb-naht	Flach-Naht	Hohl-Naht	Flach-Naht	HV - Naht wurzel-verschweißt mit Kehlnaht	K - Naht mit Doppel-kehlnaht	X-Naht
Nahtdicke	2a	2a	2a	a	s	s	s
Nahtbild	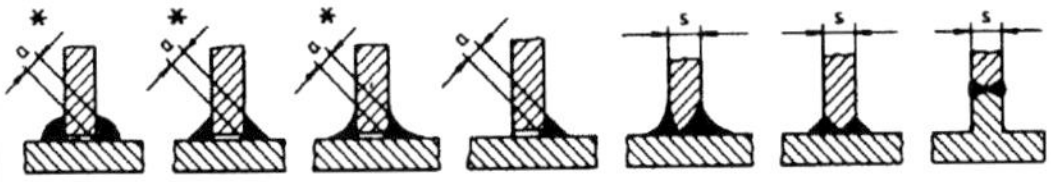						
v_1 Zug - Druck	0,32	0,35	0,41	0,22	0,63	0,56	0,70
Biegung	0,69	0,70	0,87	0,11	0,80	0,80	0,84
Schub	0,32	0,35	0,41	0,22	0,50	0,45	0,56

Eckstoß

Bezeichnung	Flach-naht	Doppel-Flachnaht	Eck-Stumpfnaht	Eck-Stumpfnaht	Eck-X - Naht
Nahtdicke	a	2a	s	s	2a
Nahtbild	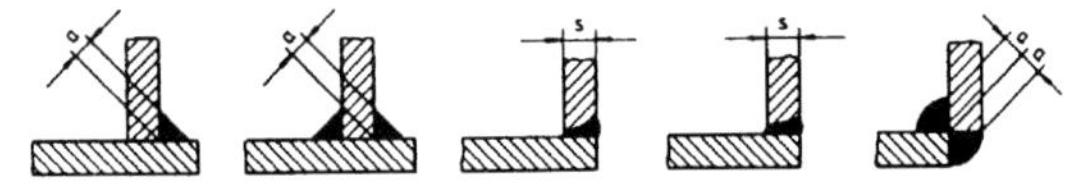				
v_1 Zug - Druck	0,22	0,30	0,45	0,60	0,35
Biegung	0,11	0,60	0,55	0,75	0,70
Schub	0,22	0,30	0,37	0,50	035

* auch für

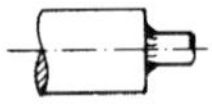

Abb. 8.25. Nahtbeiwert v_1 bei dynamischer Belastung

Die Sicherheit gegen Dauerbruch $S_{w,Dmin}$ liegt dabei zwischen den Werten 1,5...2,0...3,0. Der Mittelwert liegt im Fall der dynamischen Beanspruchung bei 2,5, bei statischer Beanspruchung liegt dieser bei 1,7. Der untere Wert von 1,5 darf nur bei bekannten und eindeutigen Verhältnissen angesetzt werden.

Bei einem mehrachsigen Spannungszustand wird die in der Schweißnaht vorhandene Vergleichsnennspannung σ_v z.B. mit der Hypothese der größten Gestaltänderungsarbeit Gl. (8.13) bzw. mit der Hypothese der größten Schubspannung Gl. (8.14) ermittelt und mit der zulässigen Schweißspannung $\sigma_{w,zul}$ verglichen ($\sigma_v \leq \sigma_{w,zul}$). Ferner ist für die Schweißnähte nachzuweisen, dass die vorhandene Schubspannung τ kleiner ist als die zulässige ($\tau \leq \tau_{w,zul}$).

8.2.7.2   Schweißverbindungen im Stahlbau

Die bei der Berechnung von Schweißverbindungen im Maschinenbau dargestellte Vorgehensweise ist auch im Stahlbau üblich. Die Nennspannung bzw. die Vergleichsnennspannung σ_v darf die für die Schweißnaht zulässige Spannung $\sigma_{w,zul}$ nicht überschreiten. Ferner ist der Nachweis zu erbringen, dass auch die in der Schweißnaht auftretende resultierende oder zusammengesetzte Schubspannung allein die für die Naht zulässige Schubspannung $\tau_{w,zul}$ nicht übersteigt.

Die zulässigen Schweißnahtspannungen $\sigma_{w,zul}$ und $\tau_{w,zul}$ sind [DIN4100] für die Lastfälle H (Hauptlasten) und HZ (Haupt- und Zusatzlasten), die unterschiedlichen Nahtarten und die unterschiedlichen Beanspruchungen zu entnehmen. Ihnen liegt ein Sicherheitsfaktor gegen Fließen von $S_F = 1,5$ zu Grunde. Soll der Sicherheitsfaktor größer sein, so sind die zulässigen Schweißnahtspannungen im Verhältnis der Sicherheitsfaktoren zu vermindern.

8.2.7.3   Schweißverbindungen im Kranbau

Im Kranbau und beim Bau von Stahltragwerken werden bei mehrachsiger Beanspruchung gemäß [DIN15018] statische und dynamische Belastungen unterschieden.

Statische Belastung

Die Nennspannung bzw. die Vergleichsnennspannung des ebenen Spannungszustandes einer Schweißnaht nach Gl. (8.16) darf die jeweils zulässige Schweißnahtspannung nicht überschreiten. Die zur Ermittlung der Vergleichsnennspannung ebenfalls erforderlichen zulässigen Bauteilspannungen sind für die Baustähle S235JR und S355J2G3 in [DIN15018] angegeben.

Dynamische Belastung

Für den ebenen Spannungszustand in einer Schweißnaht mit zwei aufeinander senkrecht stehenden Normalspannungen σ_{wx} und σ_{wy} sowie einer Tangentialspannung τ_W wird auf Grund experimenteller Untersuchungen nach [DIN15018] folgender Betriebsfestigkeitsnachweis vorgeschrieben:

$$\left(\frac{\sigma_{wx}}{\sigma_{wxD,zul}}\right)^2 + \left(\frac{\sigma_{wy}}{\sigma_{wyD,zul}}\right)^2 - \frac{\sigma_{wx} \cdot \sigma_{wy}}{\left|\sigma_{wxD,zul}\right| \cdot \left|\sigma_{wyD,zul}\right|} + \tag{8.30}$$

$$+ \left(\frac{\tau_w}{\tau_{wD,zul}}\right)^2 \leq 1{,}1$$

In dieser Gleichung sind σ_{wx}, σ_{wy} bzw. τ_w die in der Schweißnaht auftretenden maximalen Normal- bzw. Tangentialspannungen, die sich aus einer Mittelspannung (σ_{wxm}; σ_{wym}; τ_{wm}) und einem Spannungsausschlag (σ_{wxa}; σ_{wya}; τ_{wa}) zusammensetzen. Sie sind somit Oberspannungen! Ebenso sind die für die Schweißnähte zulässigen Spannungen $\sigma_{wxD,zul}$, $\sigma_{wyD,zul}$ und $\tau_{wD,zul}$ Oberspannungen (Dauerschwingfestigkeit oder Dauerfestigkeit für Schwingspielzahlen $N > 2 \cdot 10^6$ bis 10^7 bei Stahl bzw. Zeitfestigkeit für Schwingspielzahlen $N < 2 \cdot 10^6$ bei Stahl). Die Tangentialspannung τ_w kann eine Einzelspannung oder auch eine resultierende Spannung sein.

Für jedes einzelne Spannungsverhältnis in Gl. (8.32) muss der Wert < 1 sein, und innerhalb der unterschiedlichen Spannungsverhältnisse müssen die Art der Beanspruchung sowie das Grenzspannungsverhältnis κ übereinstimmen. Das Grenzspannungsverhältnis κ charakterisiert die Dynamik des Belastungsfalles und ist für ein Spannungskollektiv in folgender Weise definiert:

$$\kappa = \frac{Unterspannung}{Oberspannung} \tag{8.31}$$

$$\kappa = \frac{Mittelspannung - Spannungsausschlag}{Mittelspannung + Spannungsausschlag} \tag{8.32}$$

Für $\kappa = 1$ bzw. $0{,}8 < \kappa < 1$ liegt der statische bzw. der quasistatische Belastungsfall und für $\kappa = -1$ der Fall der reinen Wechselbeanspruchung vor. Bei reiner Zugschwellbeanspruchung hat das Grenzspannungsverhältnis den Wert $\kappa = 0$.

Da für die Normalspannungen in der x- und in der y-Richtung und für die Tangentialspannung unterschiedliche κ-Werte berücksichtigt werden können, sind alle möglichen zusammengesetzten Belastungsfälle (dynamische und statische) erfassbar.

Die für die Schweißnähte zulässigen Oberspannungen sind abhängig vom Bauteilwerkstoff, von der Nahtform bzw. dem Verlauf der Kraftflusslinien (Kerbfall), von der Nahtgüte (Güte der Ausführung der Schweißnaht; Kerbwirkung), von den Schwingspielzahlen N der Belastung (Zahl der Lastwechsel), von der Art des Belastungs- oder Spannungskollektivs, von der Beanspruchungsart und dem Grenzspannungsverhältnis κ.

Der Einfluss der Schwingspielzahl N (N1 bis N4) und der Einfluss der Art des Belastungs- oder Spannungskollektivs S (S_0 bis S_3) werden in [DIN15018] durch die so genannten Beanspruchungsgruppen B1 bis B6 erfasst. Dabei bestimmen gemäß Tabelle 8.3. vier Schwingspielzahlbereiche (drei Zeitfestigkeitsbereiche N1 bis N3 und ein Dauerfestigkeitsbereich N4) und vier Spannungs- oder Belastungskollektive (S_0 bis S_3) sechs Beanspruchungsgruppen (B1 bis B6), die die unterschiedliche Schwere und Dauer der Belastung charakterisieren.

Tabelle 8.3. Beanspruchungsgruppe B_i in Abhängigkeit von den Spannungsspielbereichen N_i (Schwingspielzahlbereiche) und den Spannungs- oder Lastkollektiven S_i nach [DIN15018]

Spannungsspielbereich	N 1	N 2	N 3	N 4
Gesamte Anzahl der vorgesehenen Spannungsspiele N	über $2 \cdot 10^4$ bis $2 \cdot 10^5$ Gelegentliche nicht regelmäßige Benutzung mit langen Ruhezeiten	über $2 \cdot 10^5$ bis $6 \cdot 10^5$ Regelmäßige Benutzung bei unterbrochenem Betrieb	über $6 \cdot 10^5$ bis $2 \cdot 10^6$ Regelmäßige Benutzung im Dauerbetrieb	über $2 \cdot 10^6$ Regelmäßige Benutzung im angestrengten Dauerbetrieb
Spannungskollektiv	**Beanspruchungsgruppe**			
S_0 sehr leicht	B 1	B 2	B 3	B 4
S_1 leicht	B 2	B 3	B 4	B 5
S_2 mittel	B 3	B 4	B 5	B 6
S_3 schwer	B 4	B 5	B 6	B 6

Die Ziffer der Beanspruchungsgruppe wird mit zunehmender Schwingspielzahl und mit steigender Häufigkeit der Höchstbelastung größer.

Die vier Spannungskollektive S_0 bis S_3 kennzeichnen die relative Summenhäufigkeit, mit der eine bestimmte Oberspannung erreicht oder überschritten wird. Sie werden im Kranbau gemäß den in [DIN15018] zusammengestellten Beziehungen ermittelt. Im Maschinenbau kann entweder in gleicher Weise verfahren werden oder die Spannungskollektive können, wie folgt, vereinfacht dargestellt werden:

S_0 für Bauteile, die sehr selten der Höchstbelastung ausgesetzt sind;

S_1 für Bauteile, die in kleiner Häufigkeit der Höchstbelastung unterliegen;

S_2 für Bauteile, die in annähernd gleicher Häufigkeit der kleinsten, mittleren und größten Belastung unterliegen;

S_3 für Bauteile, die fast immer der Höchstbelastung unterliegen;

Der ungleichmäßige Verlauf der Kraftflusslinien in einer Schweißnaht, d.h. die Kerbwirkung einer Schweißnaht wird durch fünf Kerbfälle (K0 bis K4) berücksichtigt. Teile des Tabellenwerks aus [DIN15018] sind in Abb. 8.26. wiedergegeben. Diese berücksichtigen den Einfluss der unterschiedlichen Nahtformen und Belastungsarten auf die Festigkeit. In [DIN15018] finden sich alle Tabellen zur

Bestimmung der Kerbwirkung für eine sehr große Anzahl von praxisrelevanten Fällen. Vereinfacht gilt:

Kerbfall K0:   keine oder geringe Kerbwirkung;
Kerbfall K1:   mäßige Kerbwirkung;
Kerbfall K2:   mittlere Kerbwirkung;
Kerbfall K3:   starke Kerbwirkung;
Kerbfall K4:   besonders starke Kerbwirkung.

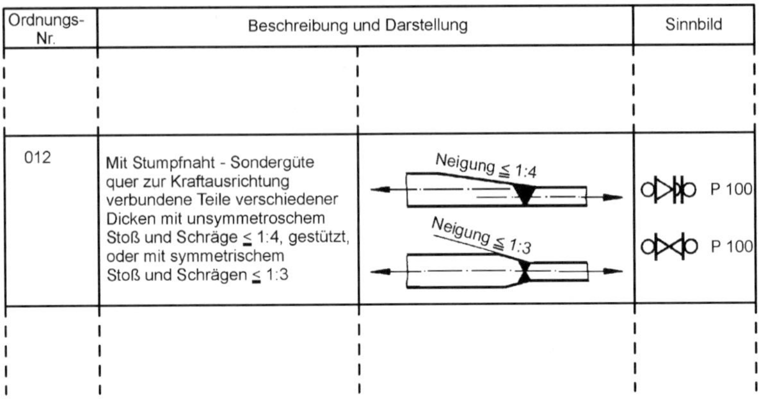

Ordnungs-Nr.	Beschreibung und Darstellung		Sinnbild
012	Mit Stumpfnaht - Sondergüte quer zur Kraftausrichtung verbundene Teile verschiedener Dicken mit unsymmetroschem Stoß und Schräge ≤ 1:4, gestützt, oder mit symmetrischem Stoß und Schrägen ≤ 1:3	Neigung ≤ 1:4 Neigung ≤ 1:3	P 100 P 100

Abb. 8.26. Beispiele für den Kerbfall K0, also geringste Kerbwirkung nach [DIN15018]

Die für geschweißte Bauteile beim Betriebsfestigkeitsnachweis zulässigen Normalspannungen sind für das Grenzspannungsverhältnis $\kappa = -1$ (Belastungsfall III = reine Wechselbeanspruchung) für die Baustähle S235JR und S355J2G3 in Abhängigkeit von der Beanspruchungsgruppe (B1 bis B6) und vom Kerbfall (K0 bis K4) in [DIN15018] und auszugsweise in Tabelle 8.4. angegeben.

Tabelle 8.4. Grundwerte der zulässigen Spannungen $\sigma_{wD,zul\,(\kappa=-1)}$ in N/mm² beim Betriebsfestigkeitsnachweis für geschweißte Bauteile unter einem Grenzspannungsverhältnis $\kappa = -1$ angelehnt an [DIN15018].

Stahlsorte:	S235JR			S355J2G3		
Kerbfall:	K0	K3	K4	K0	K3	K4
Beanspruchungsgruppe	zulässige Spannungen $\sigma_{wD,zul\,(\kappa=-1)}$					
B2	180	(180)	108	270	180	108
B5	119	64	38	119	64	38
B6	84	45	27	84	45	27

Mit zunehmender Schwing- oder Lastspielzahl und mit zunehmender Häufigkeit der Höchstbelastung, d.h. mit größer werdender Nummer der Beanspruchungsgruppe sowie mit steigender Kerbwirkung der Schweißnaht werden die zulässigen Oberspannungen kleiner. Auffällig ist, dass der höherfeste Stahl S355J2G3 bei hoher Beanspruchungsgruppe und / oder starker Kerbwirkung praktisch keine höheren dynamischen Festigkeitswerte aufweist! Die angegebenen

Werte für $\sigma_{\text{wD,zul}}$ (entweder $\sigma_{\text{wxD,zul}}$ in x-Richtung oder $\sigma_{\text{wyD,zul}}$ in y-Richtung) berücksichtigen eine Sicherheit gegen Dauerbruch von $S_D = 4/3$ und eine Überlebenswahrscheinlichkeit von 90%.

Unter Beachtung eines idealisierten Dauerfestigkeitsschaubildes (Smith-Diagramm) können nach [DIN15018], aus den zulässigen Dauerfestigkeiten bei einem Grenzspannungsverhältnis $\kappa = -1$ (zulässige Wechselfestigkeiten σ_{W}) die für geschweißte Bauteile zulässigen Oberspannungen für alle anderen Grenzspannungsverhältnisse berechnet werden. Dabei sind die Größen $\sigma_{\text{wD, zul}(\kappa=0), z}$ bzw. $\sigma_{\text{wD, zul}(\kappa=0), d}$ die zulässige Schwellfestigkeit σ_{Sch} bei reiner Zug- bzw. Druckbeanspruchung (Belastungsfall II) und R_{m} die Zugfestigkeit (Bruchfestigkeit) bei statischer Belastung. In [DIN15018] sind ferner zwei Bestimmungsgleichungen für die zulässige Tangentialspannung (Oberspannung) in Bauteilen und in Schweißnähten bei beliebigem Grenzspannungsverhältnis κ angegeben. Mit ihrer Hilfe kann aus der zulässigen Oberspannung eines beliebigen Belastungsfalles bei Normalbeanspruchung (Zugbeanspruchung) die zulässige Oberspannung des gleichen Belastungsfalles bei Tangentialbeanspruchung berechnet werden.

Bei einer zusammengesetzten Beanspruchung mit den Schweißnahtspannungen σ_{wx}, σ_{wy} und τ_{w} muss nach [DIN15018], falls der ungünstigste Fall nicht zu erkennen ist, der Festigkeitsnachweis getrennt für die maximal auftretenden Spannungen geführt werden. Hier liegt somit eine Analogie zu [DIN4100] vor, nach welcher der Festigkeitsnachweis für die Schubspannung ebenfalls separat zu erbringen ist.

8.2.7.4 Festigkeitsnachweis nach DV 952 und nach DV 804

Festigkeitsnachweis nach DV 952 für Fahrzeuge, Maschinen und Geräte und nach DV 804 für stählerne Eisenbahnbrücken
Für Schienenfahrzeuge gibt es spezielle Vorschriften und Normen die bei der Konstruktion und Fertigung dieser Produkte beachtet werden müssen. Die Deutsche Bahn, beispielsweise, hat eigene Dienstvorschriften (DV), in denen für die von ihr betriebenen Fahrzeuge, Maschinen und Geräte (DV 952) sowie für stählerne Eisenbahnbrücken (DV 804) spezielle Berechnungsgrundlagen für den Festigkeitsnachweis bei Schweißverbindungen vorgeschrieben sind. Da sie den Vorschriften in [DIN15018] für den Bau von Kranen und Stahltragwerken vergleichbar sind, wird in diesem Rahmen auf ihre Beschreibung verzichtet. Die Vorgaben für Schienenfahrzeuge für die Konstruktion, Werkstoffauswahl und Fertigungsgesichtspunkte finden sich in [DIN6700] T 1 bis T6.

8.2.7.5 Berechnung von Punktschweißverbindungen

Punktschweißverbindungen werden wie Nietverbindungen auf Scherung und Lochleibung berechnet. Im Gegensatz zur Berechnung von Nietverbindungen wird bei der Ermittlung der Lochleibung a, oder Flächenpressung p als Pressfläche der halbe Umfang multipliziert mit der dünnsten Blechdicke eingesetzt. Da sie wie Nietverbindungen mehrreihig und mehrschnittig ausgeführt sein können, müssen die entsprechenden Scher- und Pressflächen berücksichtigt werden. Vereinfachend werden sie als gleichmäßig belastet angesehen, es wird also von einem gleichgroßen Traganteil jedes Schweißpunktes ausgegangen.

Für die Scherspannung und die Lochleibung werden in der Praxis meistens die Werte $\tau_{zul} = 0{,}65 \cdot \sigma_{d,zul}$ und $\sigma_{l,zul} = 1{,}8 \cdot \sigma_{d,zul}$ bei einschnittigen Verbindungen bzw. $\sigma_{l,zul} = 2{,}5 \cdot \sigma_{d,zul}$ bei mehrschnittigen Verbindungen zugelassen, wenn $\sigma_{d,zul}$ die Druckfestigkeit des Werkstoffes ist.

8.3   Klebverbindungen

Unter Kleben wird im Allgemeinen das Verbinden gleicher oder verschiedenartiger Werkstoffe mit (nichtmetallischen) Klebwerkstoffen verstanden.

Kleben als eines der ältesten Fügeverfahren hat bereits frühe industrielle Anwendung durch Klebverbindungen mit Leimen und Kleistern aus modifizierten Naturstoffen bei der Holz-, Papier- und Textilverarbeitung erfahren. Ein Durchbruch im Sinne des konstruktiven Klebens nicht nur von Holz, sondern auch von Metallen gelang Anfang der vierziger Jahre des vorigen Jahrhunderts de Bruyne mit der Erfindung der polyvinylformal-modifizierten Phenolharz-Klebstoffe [Broc71]. Durch die rasante Entwicklung auf dem Gebiet der Kunstharze entstanden weitere Klebrohstoffe wie Acrylate, Epoxydharze, Polyurethane und Silikonharze, die heute in den unterschiedlichsten Anwendungsbereichen zum Verbinden eingesetzt werden. [Broc71, Kris70, Matt69, Matt38, Merk382, VDI76].

Nahezu alle Klebstoffarten durchlaufen beim Ausführen einer Verklebung einen Übergang vom flüssigen in den festen Zustand. Eine Ausnahme bilden Haftklebstoffe, welche im Grenzzustand zwischen Feststoff und Flüssigkeit eine permanente Klebrigkeit besitzen. Die viskosen Eigenschaften der Klebstoffe sind notwendig, damit es zwischen Klebstoff und Fügeteil zur Ausbildung der adhäsiven Nahkräfte, siehe nächsten Abschnitt, nach Benetzung der Fügeteiloberfläche kommen kann. Die Fähigkeit zur Benetzung ist deshalb ein notwendiges Kriterium für die Entstehung von Klebverbindungen.

Die Werkstoffeigenschaften nach der Verfestigung sind indes für die kohäsive Festigkeit der Klebverbindung verantwortlich. Je nach verwendetem Klebrohstoff erfolgt die Erstarrung und der Festigkeitsaufbau während des Verklebens durch physikalische Vorgänge (Trocknen, Abkühlen aus der Schmelze) oder durch chemische Reaktionen (Polyaddition, Polykondensation oder Polymerisation). Die Festigkeit einer Klebverbindung wird gemäß Abb. 8.27. durch die Haftfestigkeit des Klebstoffs an der Werkstoffoberfläche gewährleistet. Die Haftwirkung zwischen Bindemittel und Fügefläche entsteht dabei durch Adhäsion und die innere Festigkeit des Klebstoffs entsteht durch Bindekräfte zwischen den Klebermolekülen, Kohäsion.

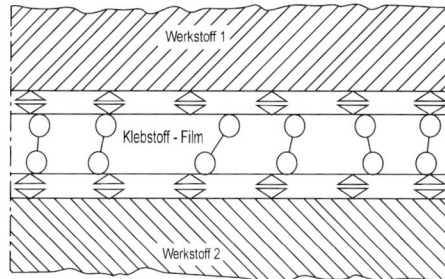

Abb. 8.27. Festigkeitsbestimmende Parameter der Klebverbindung

8.3.1 Adhäsion

Die Erzeugung eines polymeren Netzwerks durch chemische Reaktionen oder die Erstarrung einer Polymerschmelze reicht allein nicht aus, um das zu bewirken, was man in der Klebtechnik unter Adhäsion versteht. Die Kraftübertragung an der Grenzschicht zwischen Klebstoff und Fügeteil erfolgt über adhäsive Wechselwirkungen. Die unterschiedlichen Adhäsionskräfte besitzen nur eine sehr geringe Reichweite und können je nach Art der zu verbindenden Materialien in unterschiedlichen Anteilen zusammenwirken.

Adhäsion zwischen verschiedenen Stoffen kann also nur stattfinden, wenn die Stoffe nahe genug aneinander gelangen, damit die entsprechenden Kräfte wirksam werden können. Dazu ist es notwendig, dass sich zum Zeitpunkt der Verbindung einer der beiden Stoffe in einem niedrigviskosen Zustand befindet. Dadurch kann z.B. der Klebstoff auch in die Oberflächenrauheiten eindringen, wodurch nach dem Aushärten bei porösen Fügewerkstoffen eine mechanische Verklammerung ermöglicht wird. Die Höhe der so erreichbaren Bindungsenergien ist in Abb. 8.28. dargestellt:

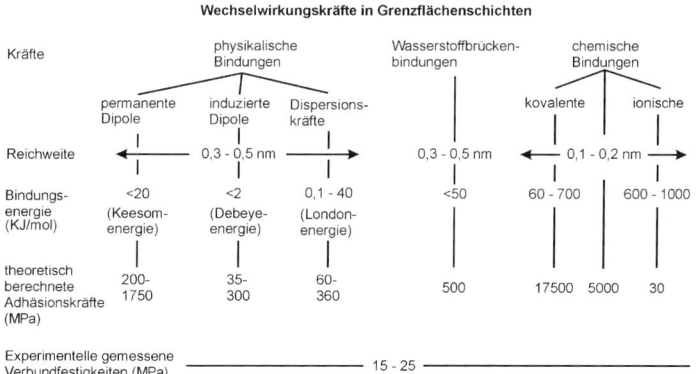

Abb. 8.28. Adhäsive Wechselwirkungskräfte

8.3.2 Kohäsion

Neben der Adhäsion ist die Kohäsion für die Festigkeit einer Klebverbindung verantwortlich. Unter Kohäsion versteht man die Wechselwirkung, die in der Klebschicht wirksam ist. Auch das Verhältnis von Adhäsion zu Kohäsion ist für eine gute Klebeverbindung von Bedeutung. Ist die Kohäsion wesentlich größer als die Adhäsion, so lässt sich der Klebstoff relativ leicht von der Klebfläche lösen. Bei umgekehrtem Verhältnis ist die Wahrscheinlichkeit sehr hoch, dass ein Versagen innerhalb der Klebfuge auftritt. Die besten Klebfestigkeiten erhält man also, wenn beide Kräfte, also Adhäsion und Kohäsion etwa gleich groß sind.

8.3.3 Oberflächeneigenschaften

Einer der wichtigsten Faktoren für eine gute Klebverbindung ist der Zustand der Fügeteiloberflächen. Sie müssen zunächst, wenn notwendig, von lose anhaftenden Verunreinigungen wie Fett, Öl, Staub oder Schmutz, Zunder, Rost, Farbresten usw. befreit werden, damit der Klebstoff Adhäsion mit den eigentlichen Fügeteiloberflächen ausbilden kann, wozu er sie vollständig benetzen muss, was z.B. Fett und Öl verhindern.

Dieses Säubern oder Reinigen kann mechanisch, z.B. durch Schmirgeln oder Strahlen oder chemisch durch Waschen mit alkalischen wässrigen Lösungen oder Lösemitteln oder beispielsweise durch Hochdruckwasserstrahlen geschehen. Anschließend kann man die gereinigten Oberflächen zusätzlich durch Aufrauen vergrößern oder chemisch durch Beizen oder Anodisieren, typisch für Aluminiumlegierungen, aktivieren. Im Karosserierohbau kann man heute aber bereits verölte Stahlbleche ohne jede Reinigung und Aktivierung hochfest kleben, weil hier speziell formulierte Klebstoffe eingesetzt werden, welche die Verunreinigungen verdrängen und aufnehmen können.

Wesentliche Voraussetzung für das Entstehen der Adhäsion ist die möglichst vollständige Benetzung der Fügeteiloberfläche durch den Klebstoff. Die Benetzbarkeit einer Oberfläche kann man anhand des Benetzungswinkels α, dem Winkel zwischen der Oberfläche und der Tangente an einen Flüssigkeits- bzw. Klebstofftropfen, Abb. 8.29., messen. Dieser Winkel stellt sich von alleine ein und hängt, vereinfacht ausgedrückt, von den Oberflächenspannungen oder exakter ausgedrückt, von den Oberflächenenergien der Flüssigkeit und der Festkörperoberfläche ab. Gute, für eine Klebung notwendige Benetzung wird nur erreicht, wenn die Oberflächenspannung des Festkörpers gleich oder größer ist, als die der Flüssigkeit (Klebstoff).

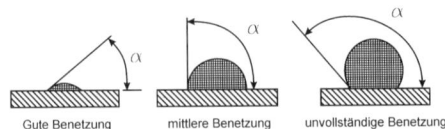

Gute Benetzung   mittlere Benetzung   unvollständige Benetzung

Abb. 8.29. Abhängigkeit der Oberflächenbenetzbarkeit vom Benetzungswinkel

Ist die Oberflächenspannung der zu verklebenden Bauteile zu gering, z.B. bei unpolaren Kunststoffen wie PTFE, PE oder PP oder durch fettige Verunreinigungen, empfiehlt sich die Anwendung einer geeigneten Oberfächenbehandlung welche die Oberflächenspannung der Fügeteiloberfläche erhöht oder die Verunreinigungen gründlich entfernt. Das folgende Diagramm, Abb. 8.30., gibt eine Übersicht gebräuchlicher Oberflächenbehandlungsverfahren in der Klebtechnik.

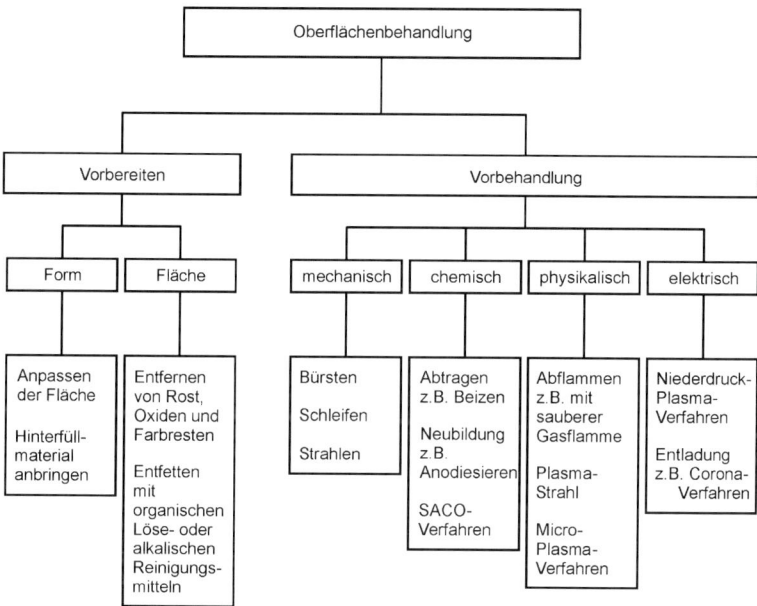

Abb. 8.30. Übersicht der Oberflächenbehandlung

Nach den teilweise aufwendigen Oberflächenvorbehandlungen haben die Fügeteile hohe Oberflächenenergien und gute Adhäsionseigenschaften, die auch eine starke Anziehung auf Teilchen in der Umgebung ausüben. Um die Anlagerung dieser Stoffe bzw. die Oxidation, die die Ergebnisse der Oberflächenvorbehandlung zunichte machen können, zu verhindern, kann vor dem Klebstoffauftrag eine Polymerschicht aufgebracht werden, welche zum einen die Adhäsion zu der behandelten Substratoberfläche gezielt herstellt und zum anderen auf das zu verwendende Klebstoffsystem abgestimmt ist. Speziell im Flugzeugbau ist der Einsatz dieser so genannten Primer ein fester Bestandteil des adhäsiven Fertigungsverfahrens [BMFT90].

Vorteile der Klebverbindungen

Glatte Oberflächen, kurze Fertigungszeiten, wenn die Aushärtezeiten nicht berücksichtigt werden und geringe Fertigungskosten, höhere statische und dynamische Beanspruchbarkeit, annähernd gleichmäßige Spannungsverteilung, kein Wärmeverzug, keine Beeinflussung des Gefüges durch Temperatureinfluss, keine Erhöhung der Korrosionsanfälligkeit, die Möglichkeit flächiger Verbindung, die Fügbarkeit unterschiedlicher Werkstoffe (Verbundkonstruktionen), die völlige Abdichtung gegen Flüssigkeiten und Gase, keine Spaltkorrosion bei voll ausgekleideten Fugen, keine Notwendigkeit von Passungen für die Fügestellen, gute Dämpfungs- und gute Isolationseigenschaften (elektrisch und wärmetechnisch) der Klebfuge. Dadurch oft verminderte Baugewichte bei verbesserten Bauteileigenschaften.

Nachteile der Klebverbindungen

Begrenzte Warmfestigkeit, die Temperaturgrenze für Normalkleber liegen bei 80° - 200°C und für Sonderklebstoffe bei maximal 450°C, die Notwendigkeit der sorgfältigen Ausführung der Klebung, z.B. die Haftgrundreinigung und -vorbereitung, lange Aushärtezeiten je nach Klebstoff-Zusammensetzung, zeitliche Änderung der Klebfugen-Festigkeit durch Alterungsvorgänge aufgrund atmosphärischer Einflüsse, Kriecherscheinungen in der Klebfuge bei Langzeitbelastung, begrenzte Anwendbarkeit bei Biege-, Schäl- und Zugbeanspruchung, nur bedingte Möglichkeit der zerstörungsfreien Qualitätsprüfung.

8.3.4 Klebstoffe

Für hochfeste Klebverbindungen werden heute vornehmlich hochwertige reaktive Klebstoffe auf Kunstharzbasis verwendet. Sie können nach der Anzahl der Komponenten und nach dem Auslösungsmechanismus für die Verfestigungsreaktion unterschieden werden.

Einkomponenten-Klebstoffe enthalten alle zur Härtung notwendigen Bestandteile und müssen vor dem Kleben nicht angemischt werden. Die Härtungsreaktion muss nach Klebstoffauftrag und Zusammenfügen z.B. durch Erwärmung ausgelöst werden. Der Härtungsvorgang kann auch durch UV-Strahlung, an den Fügeteilen vorhandene dünne Wasserschichten oder durch den Luftabschluss in der Klebfuge ausgelöst werden.

Bei Klebstoffen, die nach einem Polykondensationsprozess aushärten, z.B. Klebstoffe auf Phenolharzbasis, entsteht bei der Vernetzung Wasser. Übersteigt die Verarbeitungstemperatur den Siedepunkt von Wasser, muss dabei Druck aufgebracht werden, um die Entstehung von Blasen in der Klebfuge zu vermeiden. Klebstoffe, bei denen der Aushärteprozess oder das Vernetzen nach einer Polyaddition ohne Abspaltung eines Reaktionsproduktes erfolgt, z.B. Klebstoffe auf Epoxydharzbasis, ist kein Anpressdruck während der Aushärtung erforderlich. Allerdings muss Kontakt und Fixierung der Fügeflächen gewährleistet sein, da die ungehärteten Klebstoffe keine Kräfte übertragen können.

Zweikomponenten-Klebstoffe sind durch die Trennung von Harz und Härterkomponenten lagerstabil. Die Aushärtung beginnt nach dem Vermischen der Harz- und Härterkomponente ohne weitere spezielle Aushärtungsmechanismen.

Zweikomponenten-Klebstoffe haben im Allgemeinen lange Härtezeiten (6 bis 24 h), die aber durch kurzzeitige Erwärmung auf Temperaturen unter 180°C auf Minuten verkürzt werden können. [Broc71, Matt69b, Merk382].

Viele Klebstoffsysteme sind in unterschiedlichen Verarbeitungsformen (flüssig/pastös, als Folie oder Granulat) erhältlich, wodurch sich Vorteile für den jeweiligen Anwendungsfall und die Fertigungsbedingungen erreichen lassen. In Abb. 8.31. wird ein Überblick über die verschiedenen Verarbeitungsformen reaktiver Kleber gegeben. Sie haben gegenüber reaktiven Systemen den Vorteil, dass sie meistens physiologisch und ökologisch unbedenklich sind. Ihr Nachteil liegt in geringerer Festigkeit und Wärmebeständigkeit.

	2 Komponenten	1K - Temperatur	1K - Strahlung (UV)	1K - Feuchtigkeit	1K - anaerob
flüssig/ pastös	Epoxyd, Acrylat, Polyurethan, Polyester, 2K-Silikon, kalthärtende Phenol- und Resorcin-Holzleime	Heißhärtende 1K-Epoxydharz-Dicyandiamid-Systeme, Phenolharz-klebstoffe, Polyurethane mit blockierten Härtern	Acrylate, kationische Epoxyharze	1K PU Kleb-Dichtstoffe, RTV - Silikone, MS-Polymere, reaktive Hotmelts, Cyanacrylate	Methacrylate
Folie	Reaktive A/B - Klebebänder	Epoxyd-Klebfilme, Phenolharz-Filme, temperatur-vernetzende Klebebänder	UV - härtbare Klebfilme		
Granulat	Verkapselte Epoxydharze und Härter	festes Epoxyd Granulat			verkapselte Schrauben-sicherungs Klebstoffe

Abb. 8.31. Verarbeitungsformen reaktiver Klebstoffsysteme

Physikalisch härtende Klebstoffe sind dadurch gekennzeichnet, dass der Übergang des Klebstoffs vom niedrigviskosen und damit benetzungsfähigen Zustand in einen Festkörper nur durch physikalische Vorgänge wie Verdampfung, Erstarrung aus Schmelzen oder Diffusionsvorgänge geschieht, ohne dass sich seine polymeren Komponenten im chemischen Sinne verändern. Die Abb. 8.32. gibt einen Überblick über die Verarbeitungsformen physikalisch härtender Klebstoffsysteme.

Es existieren zwischen chemisch und physikalisch härtenden Klebstoffen auch Systeme, die sowohl physikalisch oft schnell vorhärten und später z.B. durch eindiffundierende Feuchtigkeit aus der Umgebung chemisch nachhärten. Man benutzt sie z.B. beim Einkleben von Windschutzscheiben in Kraftfahrzeugen. Sie erstarren durch Abkühlung sehr schnell und fixieren dadurch die Scheibe für die weiteren Produktionsschritte in ausreichendem Maße. Die Endfestigkeit erreichen diese Klebstoffe erst nach Stunden durch chemische Nachvernetzung. In Abb. 8.33. werden typischen Eigenschaften verschiedener Klebstoffsysteme wiedergegeben.

	Temperatur	Trocknung	permanent klebrig
flüssig/ pastös	Hotmelts z.B. auf Polyurethan-, Polyamid- oder EVA-Basis, Holmet-Klebstoffe	Lösungsmittel-klebstoffe, Dispersionen, wasserlösliche Leime	dispersions- und lösungsmittel-haltige Haftklebstoffe
Folie	Hotmelt-Filme		Klebebänder
Granulat	Schmelz-klebpulver		

Abb. 8.32. Verarbeitungsformen physikalisch härtender Klebstoffsysteme

Sehr gut: 1 Schlecht: 4	Verarbeitungs-bedingungen		Verträglichkeit mit Mensch und Umwelt bei der Verarbeitung	Festigkeit	Verformbarkeit	Alterungs-beständigkeit	Wärme-beständigkeit °C	Bemerkung
	Temperatur °C	Druck bar						
Haft-klebstoffe	10 - 20	> 1 - 5	1	4	1	1 - 2	bis 120	keine Fixierung notwendig, sofort belastbar
Kontakt-klebstoffe	10 - 20	ca. 1	3 - 4	3 - 4	1	2 - 3	bis 120	keine Fixierung notwendig, sofort belastbar
Dispersions-klebstoffe	10 - 20	ca. 1	2	3 - 4	1	3	bis 100	keine Fixierung notwendig, sofort belastbar
Schmelz-klebstoffe	> 100	Kontakt	1	3 - 4	1	2	bis 120	Stahlfügeteile ggfs. vorwärmen
Plastisole	> 150	0	3	3 - 4	1	2	bis 120	halten auf veröltem Stahl
Epoxidharz 2 - K	20	0	3 - 4	1 - 2	2	3	bis 80	oft lange Härtezeit, durch Erwärmung verkürzbar
Epoxidharz 1 - K	120	0	2 - 3	1	2	2	bis 150	oft lange Härtezeit (20min bis 1h)
Phenolharz 1 - K	150	8	2 - 3	1	3	1 - 2	bis 200	Wasserabspaltung bei Härtung
Polyurethan 2 - K	20	0	2 - 3	2 - 3	1	2 - 3	bis 80	Härtezeit ca. 3min bis 5h
Polyurethan 1 - K	80	Kontakt	1 - 2	3	1	2 - 3	bis 110	nachvernetzender Schmelzklebstoff
Silikonharz 1 - K	20	0	1 - 2	4	1	1	bis 200	spaltet bei Härtung Essigsäure ab
Cyanacrylat 1 - K	20	0	1 - 2	2	3 - 4	3	bis 80	vor Verätzungen schützen
Diacryls.-est. 1 - K	20	0	3 - 4	1 - 2	2	1 - 2	bis 100	sehr kurze Härtungszeit

Abb. 8.33. Typische Eigenschaften verschiedener Klebstoffsysteme

8.3.5 Gestaltung von Klebverbindungen

Bei der Gestaltung von Klebverbindungen muss man grundsätzlich in Betracht ziehen, dass im geklebten Bauteil ein Kunststoff die Kräfte übertragen muss und dass Kunststoffe sich hinsichtlich Festigkeit, Verformungseigenschaften und Temperaturbeständigkeit von Metallen oder hochfesten Keramiken und Faserverbundwerkstoffen deutlich unterscheiden und die genannten Eigenschaften auch zeit- bzw. geschwindigkeitsabhängig sind (Viskoelastizität). Bei der Gestaltung von Klebungen sind daher Grundkenntnisse über Kunststoffe außerordentlich hilfreich.

Eine Klebstelle zwischen hochfesten Fügeteilen soll daher möglichst auf Schub (Scherung) beansprucht werden. Dies bedeutet, dass die Fügefläche, d.h. die Klebfuge, vorwiegend in die Richtung der Beanspruchung gelegt werden muss. Eine Zugbeanspruchung und eine Beanspruchung, die ein Aufreißen oder Schälen der Klebfuge ergeben, sind zu vermeiden, weil dann die oft geringere Widerstandsfähigkeit des Klebstoffs das Gesamtverhalten der Verbindung negativ beeinflusst [Schli71]. In Abb. 8.34. sind die günstige Beanspruchung und die beiden ungünstigen, d.h. zu vermeidenden Beanspruchungen dargestellt.

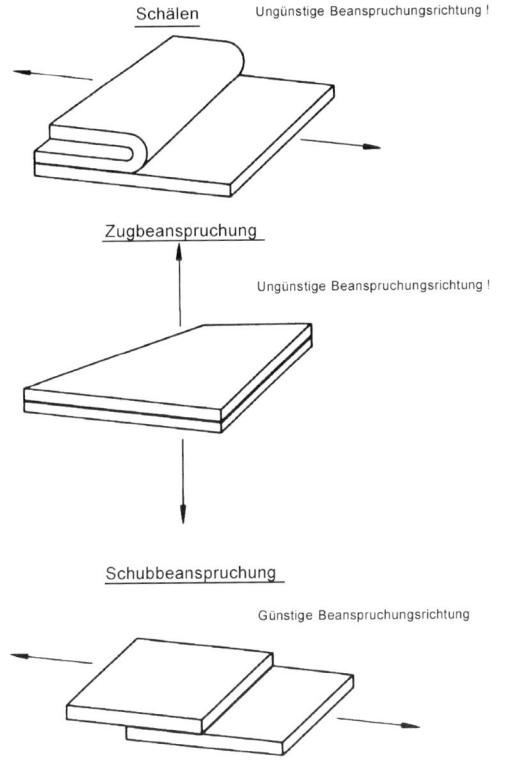

Abb. 8.34. Günstige und ungünstige Beanspruchungsarten von Klebverbindungen

Schälende Beanspruchungen am Ende von Klebverbunden lassen sich oftmals bereits durch einfache konstruktive Maßnahmen vermindern. Zugspannungen lassen sich entsprechend vermeiden, wenn die Fügepartner so angeordnet werden, dass die Hauptbelastungsrichtung die Klebefuge auf Druck beansprucht.

Zur Vermeidung bzw. Abschwächung der Schälbeanspruchung kann eine sogenannte „Schälsicherung" vorgesehen werden, die zum Beispiel durch eine Kombinationsverbindung (zusätzliches Nieten, Schrauben, Punktschweißen oder Falzen), eine Vergrößerung der Klebfläche oder eine Steifigkeitsänderung bewirken kann. Die Klebstelle selbst soll durchgehend und möglichst biegesteif sein.

Da die Bruchscherfestigkeit oder Bindefestigkeit des Klebstoffs in der Regel unter der Festigkeit der zu verbindenden metallischen Werkstoffe liegt, ist auf eine bauteilgerechte Lastübertragung durch große Klebflächen zu achten. Nur durch sie kann für die Klebverbindung die Tragfähigkeit der Metallteile erreicht werden. Im Allgemeinen liegt die Überlappungslänge $l_{\ddot{U}}$ der Klebverbindung im Bereich $10\,s \le l_{\ddot{U}} \le 15\,s$, wenn s die Blechdicke des dünnen Bleches ist [Mitt62].

Die ungünstigen Lösungen sind der Stumpfstoß mit der reinen Zugbeanspruchung des Klebers, die einfache Überlappung sowie die abgesetzte Überlappung, die durch die Querschnittsminderung (-halbierung) der verklebten Teile nur die halbe Tragfähigkeit ergibt. Die günstigen Lösungen sind die einfache und gedoppelte gefalzte Überlappung. Besonders günstig in festigkeitstechnischer Hinsicht ist die Doppellaschenverbindung mit von beiden Stirnseiten zum Stumpfstoß hin dicker werdenden Laschen. Sie ist aber fertigungstechnisch sehr aufwendig.In Abb. 8.35. sind einige ausgeführte Beispiele für versteifte Kasten- und Eck- oder Winkelprofile als Klebverbindungen dargestellt. Sie zeigen, wie sich konstruktiv bei nicht zu vermeidenden Schälbeanspruchungen deren Auswirkungen durch vergrößerte Klebflächen sowie durch Aussteifungen abschwächen lassen.

In diesem Zusammenhang sei nochmals auf die in der Praxis bewährte Kombination Kleben und Nieten, Durchsetzfügen, Schrauben oder Punktschweißen hingewiesen. Auch ein zusätzlicher Formschluss durch Falzen und Nuten kann zur Steigerung der Festigkeit einer Klebverbindung sinnvoll sein, Abb. 8.36.

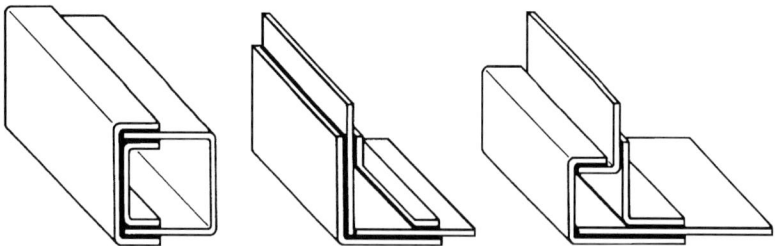

Abb. 8.35. Versteifte Kasten-, Eck- und Winkelprofile als Klebverbindungen

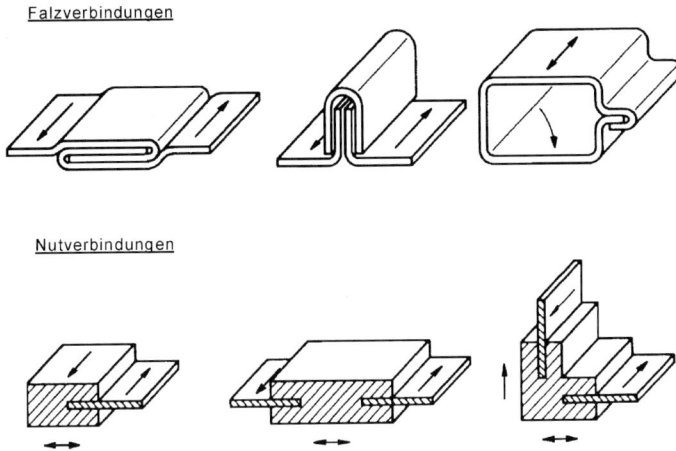

Abb. 8.36. Klebverbindungen als Falz- oder Nutverbindungen zur Vergrößerung der Klebfläche und zur Realisierung einer zusätzlichen Formschlusswirkung

Die Gestaltung von Rohrverbindungen wird wie bei ebenen Klebverbindungen unter dem Gesichtspunkt großer Klebflächen vorgenommen, Abb. 8.37. Besonders günstig sind Überlappungen durch Ineinanderstecken der Rohre oder durch Muffenstücke.

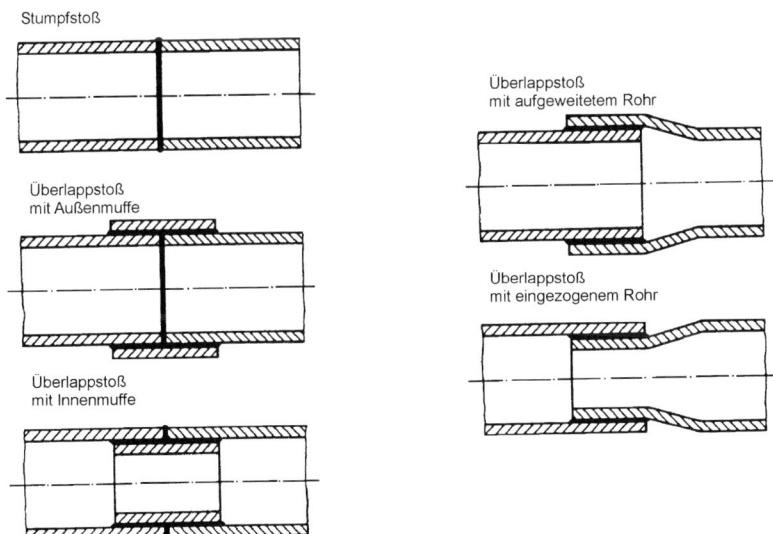

Abb. 8.37. Konstruktive Gestaltung von Rohrklebungen

Durch die moderne Klebtechnik wurden in den letzten Jahrzehnten zwei neue Bauweisen entwickelt, die Schicht- und Leichtkern-Bauweise genannt werden. Eine spezielle Art der Leichtkern-Bauweise ist die seit langem im Flugzeug- und heute auch im Nutzfahrzeugbau häufig eingesetzte Wabenkern- oder Sandwich-platten-Bauweise (honeycombs) mit zwei dünnen Außenplatten und dazwischen geklebten Kernwerkstoffen geringer Dichte (z.B. Holz oder Schaumstoff) oder wellenförmig profilierten und verschachtelten Bändern. Typische Vertreter derartiger Konstruktionen sind in den Abb. 8.38. und Abb. 8.39. zusammengestellt [Merk382].

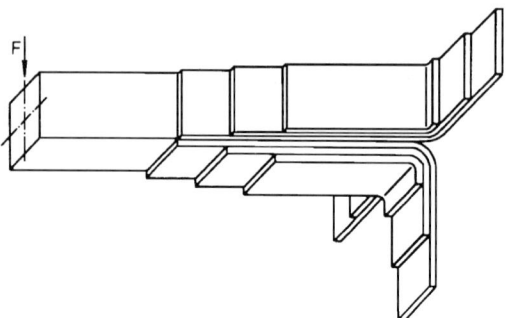

Abb. 8.38. Träger in Schichtbauweise als beanspruchungsgerechte (gleiche Beanspru-chung) und leichte Konstruktion

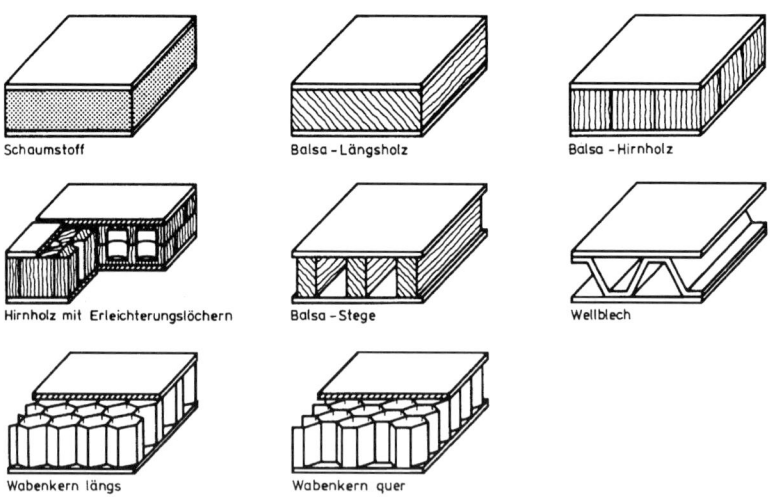

Abb. 8.39. Wabenkern- oder Sandwichplatten für Leichtbaukonstruktionen (honeycombs)

Von besonderer Bedeutung für die Gestaltung von Klebverbindungen ist die Berücksichtigung der geeigneten Klebfugendicken.

Bei der Auslegung hochbelasteter Klebverbindungen von Werkstoffen mit annähernd gleichem Wärmeausdehnungsverhalten hält man die Klebfugendicke möglichst klein, um eine hohe Festigkeit der Verbindung zu erreichen. Das Maximum der Tragfähigkeit einer Klebung mit hochfesten Strukturklebstoffen ist bei ebenen Fügeflächen mit Klebfilmdicken von 0,1 bis 0,2 mm zu erreichen. Bei gekrümmten Fügeflächen (z.B. bei Welle-Nabe-Verbindungen) liegt die optimale Klebfilmdicke sogar unter 0,1 mm.

Bei der Gestaltung von großflächigen Klebverbindungen und Werkstoffpaarungen mit unterschiedlichem Ausdehnungsverhalten setzt man zweckmäßig elastische Klebverbindungen mit Klebfugen im Bereich bis zu mehreren Millimetern ein. Die dabei zum Einsatz kommenden elastischen Klebstoffe sind aufgrund ihres Fließverhaltens im unausgehärteten Zustand in der Lage, Spalte zu überbrücken und ermöglichen dadurch höhere Bauteiltoleranzen als dies bei niedrigviskosen Klebstoffen möglich wäre.

8.3.6 Berechnung von Klebverbindungen

Eine genaue Berechnung von Klebverbindungen hinsichtlich ihrer Beanspruchbarkeit ist wegen der vielen zahlenmäßig schwer erfassbaren Einflüsse heute nur bedingt möglich. Zur näherungsweisen Berechnung wird die nach [DIN53283] im Zugversuch ermittelte Scherfestigkeit (Bruchscherfestigkeit) oder Klebfestigkeit τ_{aB} zugrunde gelegt [Degn75, Matt69b, Mitt62].

Für die in Abb. 8.40. gezeigte Klebverbindung unter der Längskraft F wird folgende Schubbeanspruchung ermittelt:

$$\tau_a = \frac{F}{b \cdot l_{ü}} \equiv \tau_{am} \tag{8.33}$$

Diese Schub- oder Scherspannung τ_a ist der Mittelwert (τ_{am}) der in der Klebfuge auftretenden Schubspannungen längs der Überlappungslänge $l_{ü}$.

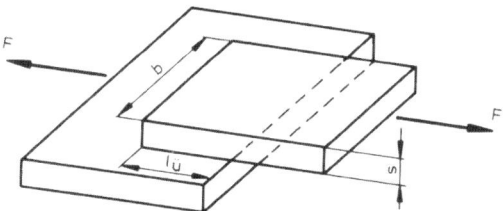

Abb. 8.40. Einfach überlappte Klebverbindung unter einer Längskraft

Durch die ungleichmäßige und gegenläufige Verformung der beiden gefügten Teile - sie werden von der Stelle der Krafteinleitung aus zunehmend durch den

Klebstoff entlastet - werden Teile mit kleiner Dehnung des einen Fügeteils mit Teilen mit großer Dehnung des anderen Fügeteils am Überlappungsende durch den Klebstoff überbrückt, wie auch in Abb. 8.41. zu erkennen ist. Dieser muss somit die Dehnungsunterschiede ausgleichen und unterliegt an den Überlappungsenden größeren Schubspannungen als in der Überlappungsmitte. In einer einfach überlappten Scherverbindung entsteht neben Schubspannungen aus der Exzentrizität der Lasteinleitung auch Biegemomente, das in der Klebschicht Normalspannungen erzeugt, Abb. 8.41.

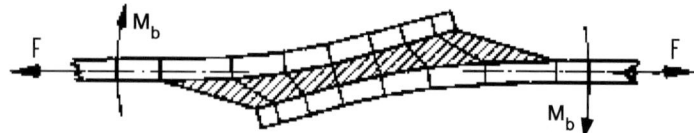

Abb. 8.41. Momente und Deformation dünner einschnittig überlappter Zugscherproben [Broc86a]

In [Matt69b] wird gezeigt, wie bei einfach überlappten Klebverbindungen die Schubspannungsverteilung längs der Überlappung ohne und mit Berücksichtigung des Biegeeinflusses ist. Sie ist in Abb. 8.42. für drei Überlappungslängen graphisch dargestellt. Ihr Verlauf wird gleichmäßiger, d.h. der Spannungsspitzenfaktor $C = \tau_{a.max} / \tau_{am}$ wird kleiner mit abnehmender Überlappungslänge $l_{ü}$

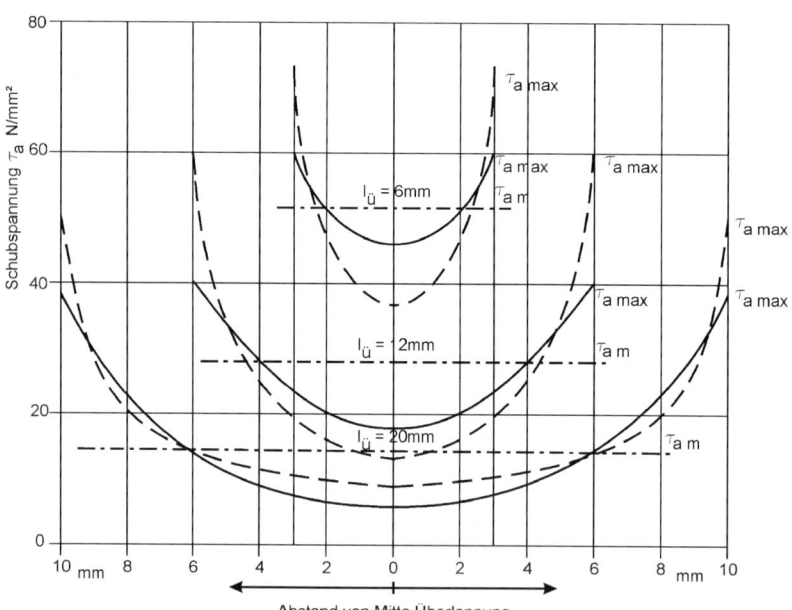

Abb. 8.42. Spannungsverteilung nach [Matt69b] bei einfach überlappter Klebverbindung; Überlappungslänge $l_{ü}$ = 6, 12, 20 mm

Die lange Zeit üblichen Berechnungen und Darstellungen der Schubspannungsverteilung in einfach überlappten Scherverbindungen basieren auf der vereinfachten Annahme eines quasielastischen Verformungsverhaltens der Klebstoffe, was bei den früher gebräuchlichen, relativ spröden Bindemitteln als gerechtfertigt angesehen werden kann. Die heute verfügbaren Klebstoffe enthalten aber gezielt zugesetzte plastifizierende Komponenten, die nun dafür sorgen, dass mit zunehmender Verformung der Schubmodul kleiner wird, Abb. 8.43. und der plastische Verformungsanteil (d.h. ohne Spannungserhöhung) zunimmt [Alth77].

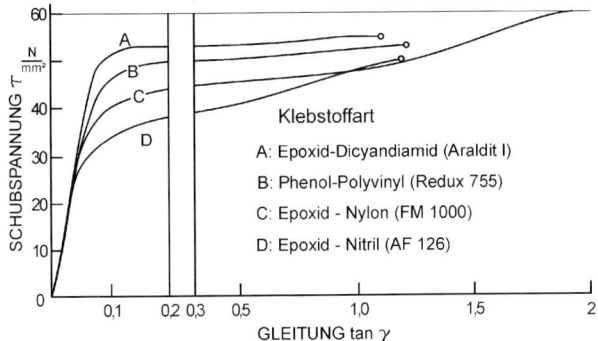

Abb. 8.43. Schubspannungs-Gleitungs-Kurven von spröden und plastifizierten warmbindenden Klebstoffen

Damit bauen sich an den Überlappungsenden nur kleinere Spannungsspitzen (ohne Rissbildung) auf und der mittlere Bereich der Fuge übernimmt einen größeren Teil der zu übertragenden Schubspannungen. Dies verdeutlicht Abb. 8.44. in welcher der quasielastisch gerechnete Spannungsverlauf (nach Goland-Reissner) mit einem real gerechneten und gemessenen verglichen werden kann [Alth77]:

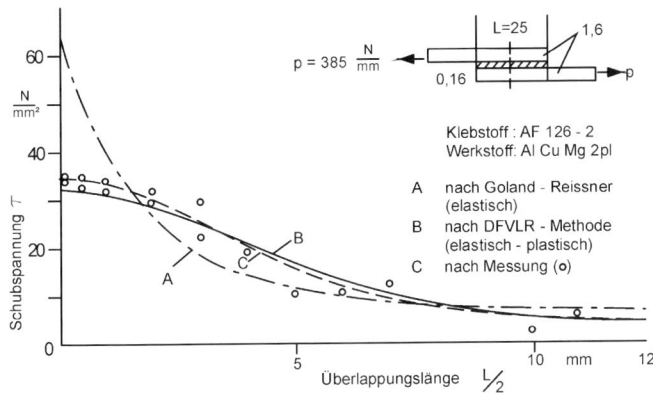

Abb. 8.44. Nach GOLAND-REISSNER elastisch gerechneter Spannungsverlauf über der halben Klebfugenlänge im Vergleich mit gemessenem und nach ALTHOF berechnetem Verlauf

Die tatsächliche Spannungsverteilung ist also sehr viel gleichmäßiger und kann sich durch viskoelastische Nachverformung unter Dauerlast, erhöhter Temperatur und unter dem Einfluss schwacher Quellvorgänge bei eindringender Feuchtigkeit noch weiter in Richtung eines homogenen Verlaufs verbessern.

Die vorhandene mittlere Schubspannung τ_{am} darf bei der Dimensionierung demzufolge höchstens gleich der zulässigen Schubspannung $\tau_{a,zul}$ sein, die aus der Bruchscherfestigkeit τ_{aB} unter Berücksichtigung einer Bruchsicherheit $S_B = 2....3$ ermittelt wird. Es muss somit folgende Festigkeitsbedingung erfüllt sein:

$$\tau_a \leq \tau_{a,zul} = \frac{\tau_{aB}}{S_B} \qquad (8.34)$$

Soll die Klebverbindung für die gleiche Belastung ausgelegt werden, die das dünnere Blech der Wanddicke s aufgrund seiner Zugfestigkeit R_m aufnehmen kann, so ist eine Überlappungslänge der folgenden Größe vorzusehen:

$$l_{ü} = \frac{s \cdot R_m}{\tau_{aB}} \qquad (8.35)$$

Bei einer Welle-Nabe-Verbindung gemäß Abb. 8.45. tritt in der Fügefläche bei der Übertragung eines Drehmomentes M_t folgende mittlere Schubspannung auf:

$$\tau_a = \frac{F_u}{\pi \cdot d \cdot b} = \frac{2M_t}{\pi \cdot d^2 \cdot b} \equiv \tau_{am} \qquad (8.36)$$

Soll die Klebverbindung dasselbe Drehmoment übertragen können wie die Welle mit einer Torsionsbruchfestigkeit τ_{tB}, (Torsionsfestigkeit), so muss die Breite b der Fügefläche den folgenden Wert aufweisen:

$$b = \frac{d}{8} \frac{\tau_{tB}}{\tau_{aB}} \qquad (8.37)$$

Wird bei der Welle die Torsionsfließgrenze τ_{tF} als Obergrenze der Beanspruchung zugelassen, so ist in der Beziehung für die Breite der Fügefläche τ_{tB} durch τ_{tF} zu ersetzen, siehe hierzu auch Kapitel 9.

Eine effektive Gestaltung und Dimensionierung von Klebverbindungen ohne übertriebene Abminderungsfaktoren setzt die Kenntnis des werkstoffmechanischen Verhaltens der Klebstoffe voraus.

[Eich60, Frey53, Matt69a, Matt69b, Matt63, Müll61, Wint61] versuchen, die tatsächlichen Beanspruchungsverhältnisse in Klebverbindungen besser zu erfassen und praxistaugliche Versagenskriterien aufzustellen.

Durch den Einsatz moderner Methoden und Werkzeuge der Finite Elemente-Analyse können die zu erwartenden Spannungs- und Verformungsverteilungen in der Klebverbindung zuverlässig vorhergesagt werden, sofern die relevanten Werkstoffparameter verfügbar sind. Dabei ist es zwingend erforderlich, das zeit-, verformungs- und temperaturabhängige Werkstoffverhalten der Klebstoffpolymere zu berücksichtigen.

Die Bestimmung von ersten Anhaltspunkten zum temperaturabhängigen mechanischen Verhalten der Klebstoffe ist mit Verfahren der so genannten dynamisch-mechanischen Analyse (DMA) möglich.

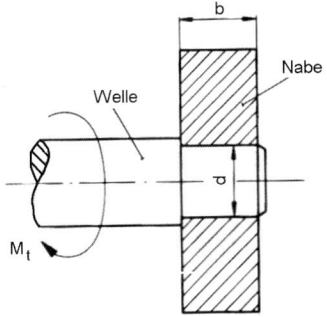

Abb. 8.45. Welle-Nabe-Verbindung als Klebverbindung

8.3.7 Langzeitverhalten

Die Beständigkeit und das Langzeitverhalten von Klebverbindungen ist besonders in Bereichen von Bedeutung, wo das Versagen der Klebung das Versagen der Gesamtstruktur einer Konstruktion bewirkt und damit Folgeschäden nach sich zieht. Für das Langzeitverhalten einer Klebverbindung sind folgende Faktoren bestimmend:

- Die Beständigkeit der Adhäsion unter dem Einfluss der zu erwartenden Umweltbedingungen
- Das zeitabhängige mechanische Verhalten unter statischen und dynamischen Lasten (sog. Kriechen bzw. Ermüdung)

Bei dynamischer Belastung sind auch für Klebverbindungen, ähnlich wie bei metallischen Werkstoffen, Wöhler-Diagramme und/oder Dauerfestigkeitsschaubilder experimentell zu ermitteln und in bekannter Weise bei der Dimensionierung auf Dauerfestigkeit unter Berücksichtigung der konstanten mittleren Beanspruchung und des wechselnden Spannungsausschlages zu beachten. Umfangreiche Versuche bei dynamischer Belastung haben gezeigt [Broc71, Schl83], dass für Klebverbindungen ebenfalls eine ausgeprägte Dauerfestigkeit bei $N = 5 \cdot 10^6$ bis 10^7 Schwingspielzahlen oder Lastwechseln existiert. Sie liegt bei sorgfältiger Ausführung der Klebverbindung in der Regel zwischen 20% bis 30% der statischen Festigkeit τ_{aB}.

Neben der Überlappungslänge $l_{\ddot{U}}$ hat auch die Frequenz f der Wechselbeanspruchung einen Einfluss auf den zulässigen Spannungsausschlag. Eine Vergrößerung der Überlappungslänge bewirkt eine Verkleinerung des zulässigen Spannungsausschlages bzw. bei gleichen Schubspannungswerten eine Verkürzung der

Lebensdauer. Eine Steigerung der Belastungsfrequenz wirkt sich positiv auf das Festigkeitsverhalten von Klebverbindungen aus. Bei gleichem Schubspannungsausschlag wird somit die zulässige Schwingspielzahl und damit die Lebensdauer einer Klebverbindung größer, wenn die Belastung hochfrequenter wird.

Das mechanische Langzeitverhalten von Klebverbindungen ist wegen der Kriech- und Relaxationsvorgänge der Kleber sehr zeitabhängig. In den meisten Fällen wird die Zerstörung einer Klebverbindung durch eine große Steigerung der Kriechverformung (ohne Laststeigerung) hervorgerufen. Der Streubereich der Zeitstandfestigkeit einer Klebverbindung ist in hohem Maß von den Umweltbedingungen (z.B. Temperatur, Feuchtigkeit, Strahlung) abhängig. Sie kann z.B. für eine Lebensdauer von 10^4 h im Bereich 60% bis 90% der Bruchscherfestigkeit τ_{aB} liegen.

Während das Alterungsverhalten der Klebstoffpolymere recht gut vorhersehbar ist und standardisierte Prüfverfahren zur Beurteilung des mechanischen Tragverhaltens zur Verfügung stehen, ist die Frage der Beständigkeit der Adhäsion aufgrund der Vielzahl der Schädigungsmechanismen oft nicht im voraus zu beantworten und bedarf deshalb im jeweiligen Anwendungsfall der gesonderten Überprüfung.

Wasser kann auf verschiedene Arten als elementares Wasser, Wasserdampf oder Wassermoleküle in der Polymermatrix zu einer Schädigung der Klebverbindung führen. Wasser tritt in Konkurrenz mit den Oberflächenwechselwirkungen, die für die Adhäsion des Klebstoffs auf der Substratoberfläche verantwortlich sind und kann zur Delamination einer Klebverbindung führen. Wasser kann auch gering vernetzte grenzschichtnahe Polymerzonen angreifen und zu einer Auflösung dieser so genannten „weak boundary layer" führen. Nicht zuletzt kann Wasser aufgrund des pH-Werts, der sich in der Klebefuge ausbildet, eine Auflösung der Oberflächenoxide bewirken und damit eine solvolytische Degradation der Klebverbindung verursachen.

In Gegenwart von Elektrolyten wie beispielsweise bei Salzwasserexposition spielt zudem die Korrosion der Fügeteile in der Grenzschicht bei der Frage der Beständigkeit eine entscheidende Rolle. Dabei kann die Klebverbindung durch kontinuierlich vom Rand fortschreitende Primärkorrosion in der Klebfuge zerstört werden. [Broc86b, Broc02a, Broc02b]

Durch geeignete Wahl der Oberflächenvorbehandlung und Paarung von Fügewerkstoff und Klebstofftyp kann die durch Wasser und Korrosion entstehende Schädigung jedoch weitgehend unterbunden werden. Beispielsweise finden sich in Flugzeugen und Kraftfahrzeugen heute Klebungen, die unter den schwierigsten Umweltbedingungen bei Lebensdauern von dreißig und mehr Jahren ohne Schäden zuverlässig funktionieren.

Zur Prüfung und Beurteilung von Festigkeit und Beständigkeit einer Klebverbindung stehen zahlreiche Prüfverfahren zur Auswahl. Die in der Prüfung verwendete Geometrie orientiert sich vorzugsweise an der Art der in der Anwendung des geklebten Bauteils auftretenden Belastungen.

Die gemessenen Festigkeitskennwerte sind stark temperaturabhängig und können sich durch Alterungsvorgänge und unter dem Einfluss schädlicher Klimaein-

wirkungen im Laufe der Zeit verändern. Die genormten Prüfverfahren für Klebverbindungen helfen bei der Wahl geeigneter Prüfmethoden und erleichtern
zudem die Abstimmung und Kommunikation zwischen Klebstoffhersteller und
Anwender.

8.4 Lötverbindungen

Unter Löten wird im Allgemeinen das Verbinden gleicher oder verschiedenartiger
metallischer Werkstoffe bei einer für den zugelegten metallischen Werkstoff - das
Lot - günstigen Arbeitstemperatur verstanden [DIN8505]. Diese muss dabei höher
sein als die Temperatur bei Schmelzbeginn des Lotes (Solidustemperatur), sie darf
jedoch unter oder auch über der Temperatur bei vollständiger Verflüssigung des
Lotes (Liquidustemperatur) liegen. Die Arbeitstemperatur muss so hoch sein, dass
im Bereich der Füge- oder Lötstelle die Werkstücke mit Lot benetzt werden, das
Lot sich hierbei gut ausbreitet und an den Werkstücken auch gut bindet. Sie muss
unter allen Umständen niedriger sein als die Schmelztemperatur der Werkstoffe
der zu verbindenden Werkstücke. Die Betriebstemperatur einer Lötverbindung
muss unter allen Umständen unterhalb der Schmelztemperatur des Lotes liegen
[Colb63, Lüde52, Merk237].

Löten ist ein Grenzflächenvorgang (Adhäsion, Diffusion) zwischen dem Lot
und den Fügeteilwerkstoffen. Die Festigkeit einer Lötverbindung wird durch die
Haftfestigkeit des Lotes an der Werkstoffoberfläche (Adhäsionskräfte) und die
innere Festigkeit des Lotes (Kohäsionskräfte) gewährleistet [Merk237, Scha57,
Zürn66].

Eisen, Stahl, Kupfer, Bronze, Messing, Zink, Platin, Gold und Silber lassen
sich sehr gut, Aluminium, Magnesium und deren Legierungen dagegen weniger
gut löten [Beck73, Colb54, Colb63, Lüde52, Merk237]. An ihrer Fügefläche
feuerversilberte Keramikbauteile können ebenfalls mit metallischen Teilen durch
Löten verbunden werden.

Grundsätzlich muss eine Lötverbindung in der Praxis folgende Funktionen -
einzeln oder in Kombination – erfüllen:

1. Ausreichende Festigkeit
2. vollkommene Dichtheit
3. gute Korrosionsbeständigkeit
4. gute elektrische und wärmetechnische Leitfähigkeit

Gegenüber dem Schweißen wird beim Löten weniger Wärme in die Bauteile
eingebracht. Damit ist auch nur sehr geringer Verzug der Bauteile zu erwarten.
Die Fügestelle muss nicht direkt zugänglich sein und es entsteht im Gegensatz zu
Nietverbindungen keine Kerbwirkung. Andererseits haben Lötverbindungen den
Nachteil geringerer Warmfestigkeit als z.B. Schweißverbindungen. Entsprechend
der Schmelztemperatur des Lotes werden Weich– und Hartlote und damit das
Weich - und das Hartlöten unterschieden.

Beim *Weichlöten* werden Lote mit einer Schmelztemperatur unterhalb 450 °C verwendet. Es wird für die Verbindung von Teilen aus Schwermetall (z.B. Eisen-, Kupfer-, Nickelwerkstoffe) und aus Leichtmetall (Aluminium und Aluminiumlegierungen) verwendet, die festigkeitsmäßig nicht sehr stark beansprucht werden und einer niedrigen Gebrauchs- oder Betriebstemperatur unterliegen. Anwendungsbeispiele sind elektrische Anschlüsse, Kraftfahrzeugkühler, Kleinbehälter (z.B. Weißblechbehälter, Konservendosen, Schalen), Kleinmaschinenteile und Geräteteile sowie Rohrverbindungen und -anschlüsse für Kalt- und Warmwasserversorgungssysteme.

Beim *Hartlöten* [Jaco52] kommen Lote zum Einsatz, deren Schmelztemperatur im Bereich von 450° bis 1100°C liegt. Hartlötverbindungen können festigkeitsmäßig fast so hoch wie Schweißverbindungen beansprucht werden und haben höhere Gebrauchstemperaturen als Weichlötverbindungen. Dauertemperaturen bis zu 250°C sind ohne Bedenken zu ertragen. Typische Anwendungsbeispiele sind Welle-Nabe-Verbindungen, Rohr-Flansch-Verbindungen, Behälter- oder Gefäß-Stutzen-Verbindungen, Rohrrahmen für Fahr- und Motorräder, Stahlleichtbauten, Maschinen- und Geräteteile. Hartgelötete Teile sind auch im Einsatzverfahren zu härten, weil der Schmelzpunkt der Hartlote oberhalb der Einsatztemperatur liegt.

8.4.1 Lote

In Tabelle 8.5. sind die wichtigsten Weich- und Hartlote, deren Arbeitstemperatur, Scher- oder Schubfestigkeit und Einsatzmöglichkeiten zusammengestellt. Es ist ersichtlich, dass die antimonarmen Zinn-Blei-Lote schon knapp über 200 °C und die silberhaltigen Lote erst bei Temperaturen um 800 °C zu verarbeiten sind. Die Scherfestigkeit der Lote auf Aluminiumbasis, die zum Weich- und Hartlöten von Aluminium oder Aluminiumlegierungen verwendet werden, ist in der Regel größer als die der Werkstoffe der Fügeteile.

Weichlote gibt es als so genannte Installations-Weichlote und Spezial-Weichlote. Sie basieren gemäß [DIN1707] und [DINENISO12224] auf Elementen, die eine niedrige Schmelztemperatur haben. Es sind dies vornehmlich Blei (Pb), Zinn (Sn), Antimon (Sb), Zink (Zn) und Cadmium (Cd). Die Lote gibt es somit als Blei-Zinnlote (z.B. L-Pb Sn 30 (Sb)), Zinn-Bleilote (z.B. L-Sn 50 Pb (Sb)), Zinn-Zinklote (z.B. L-Sn Zn 40), Blei-Zinn-Antimonlote (z.B. L-Pb Sn 35 Sb), Zinn-Antimonlote (z.B. L-Sn Pb 5), Cadmium-Zinklote (z.B. L-Cd Zn 20) und Zink-Cadmiumlote (z.B. L-Zn Cd 40).

Hartlote [DINEN1044] und [DIN8513] (Kupferbasislote, silberhaltige Lote, Aluminiumbasislote, nickelhaltige Lote) sind vornehmlich Messing-, Kupfer-, Silber- und Neusilberlote. Sie haben gemäß Tabelle 8.5. Scher- und Zugfestigkeiten, die in etwa denen von Baustahl entsprechen. Es gibt die universell einsetzbaren und niedrigschmelzenden Hartlote (Schmelzbereich 600° ÷ 820°C) mit einem Cadmiumgehalt bis zu 21%, die Hartlote für Kupferwerkstoffe, die cadmiumfreien Hartlote, die Hartlote für Aluminiumwerkstoffe, die palladiumhaltigen Hartlote für erhöhte Betriebstemperaturen, Hochtemperaturwerkstoffe sowie Werkstoffe mit einer großen Korrosionsbeständigkeit, die Hartlote zum Löten von Hartmetallen (z.B. Werkzeugschneiden), die Vakuumhartlote für Lötungen im Vakuum oder unter Schutzgas und die flussmittelumhüllten Hartlote für universelle und spezielle Anwendungen.

Tabelle 8.5. Beispiele für Weich- und Hartlote

	Beispiel	Arbeits-Temperatur	Scherfestig-keit (N/mm²)	Eignung für Werkstoff	Anwendung
WEICHLOTE Blei - Zink - Antimonlote	L - PbSn25Sb	225° ... 300°	15 ... 25	Stahl, Kupfer, Zinklegierung	Kühlerbau
Zinn - Bleilote	L - Sn50Pb(Sb)	215°	25 ... 35	Stahl, Kupfer, Zinklegierung	Verzinnung
Zinn - Bleilote mit Kupfer- oder Silberzusatz	L - Sn60PbAg	180° ... 215°	25 ... 35	Kupfer, Kupfer-legierung	Elektronik
Cadmium - Zinnlote	L - CdZn20	280°	40 ... 50	Aluminium, Alu-miniumlegierung	Reiblot, Ultra-schall - Lötung
HARTLOTE Messinglote	L - Ms60	900°	150 ... 250	Stahl, Nickellegie-rungen, Temperguß	Rohrleitungen
Sonderhartlote	L - CuP8	770°	150 ... 250	Stahl, Nickellegie-rungen, Temperguß	Spalt- und Fugen-lötung
Silberhaltige Lote	L - Ag25	780° ... 860°	150 ... 280	Stahl, Hartmetall	Optik, Feinmecha-nik, Werkzeuge
Aluminiumlote	L - AlSi12	590°	$> T_{aB}$ des Grundwerk-stoffes	Aluminium, Alu-miniumlegierung	Leichtbau, Fahrzeugbau

Bei der Auswahl des Lotes ist zur Vermeidung einer elektrolytischen Zerstörung der Lötstelle (Lokalelementbildung!) zu beachten, dass das Lot und die zu verlötenden Grundwerkstoffe in der elektrochemischen Spannungsreihe nicht zu weit auseinander liegen.

8.4.2 Vorbehandlung der Fügeflächen

Die Lötflächen müssen vor dem Löten sorgfältig gereinigt und geglättet werden. Die Rauhtiefe R_t soll möglichst im Bereich 10 bis 15 μm liegen. Feinst geschliffene und polierte Flächen sind wegen ihrer schlechten Benetzungsfähigkeit nicht besonders geeignet und deshalb leicht aufzurauhen. Beim Lötvorgang wird die Lötstelle in der Regel durch ein Flussmittel, [DINEN1045], metallisch blank gehalten. Die Flussmittel (z.B. Borax und andere Borverbindungen, Chloride, Fluoride, Silikate und Phosphate) beseitigen geringste Verunreinigungen und

Oxidschichten, schützen die Oberflächen vor erneuter Oxydation beim Lötvor-
gang und besitzen eine geringe Oberflächenspannung. Durch die letztgenannte
Eigenschaft wird die Benetzung der Lötflächen durch das Flussmittel verstärkt
und die Ausbreitung des Lotes begünstigt. Das Flussmittel soll nur eine begrenzte
Wirkungsdauer haben und sich während der Grenzflächenreaktion nicht mit dem
Lot vermischen. Die Wahl des Flussmittels richtet sich nach den zu verlötenden
Grundwerkstoffen, dem Lot, der Lötart (Hart- oder Weichlötung) und dem
Lötverfahren (z.B. Kolben-, Flammen-, Tauchlötung usw.).

8.4.3 Lötvorgang und Lötverfahren

Beim Löten selbst müssen das Lot und die zu verlötenden Teile an der Lötstelle
auf eine Temperatur (Arbeitstemperatur) gebracht werden, die höher als die
Solidustemperatur des Lotes ist. Dadurch fließt das Lot, benetzt die Lötflächen
und haftet am Grundwerkstoff der zu verlötenden Teile. Die zu verbindenden
Werkstücke müssen in einen so engen Kontakt zueinander gebracht werden, dass
ein sehr enger Spalt - ein Kapillarspalt - entsteht, in den das flüssige Lot durch den
Kapillareffekt gelangt. In der praktischen Ausführung lassen sich folgende
Lötverfahren unterscheiden.

1. Kolbenlöten

Dieses Verfahren ist nur für Weichlötungen geeignet und verlangt die Anwendung
eines Flussmittels. Es wird - abgesehen vom Löten elektrischer Kontakte - nur bei
der Einzelfertigung vorgesehen. Ein elektrisch oder gasbeheizter Kupferlötkolben
erwärmt die Fügefläche und schmilzt das Lot. Der Lötkolben wird meistens
manuell über die Lötfläche geführt.

2. Flammenlöten

Es ist für Weich- und Hartlötungen - vornehmlich in der Einzelfertigung - geeignet. Es erfolgt unter Verwendung einer Lötlampe (Benzin- oder Spiritus-Luft-
Gemisch) oder eines Brenners (z.B. Azetylen-Sauerstoff-Gemisch) und erfordert
den Einsatz eines Flussmittels.

3. Tauchlöten

Es lässt sich für Weich- und Hartlötungen und besonders in der Massenfertigung
anwenden. Die Flächen, die nicht als Füge- oder Lötflächen dienen, müssen durch
Pasten oder Lösungen so vorbehandelt sein, dass sie kein Lot binden. Die zu
verlötenden Teile werden anschließend in fixierter Lage in geschmolzenes Lot
getaucht. Die Lötstellen erwärmen sich, das Lot dringt in die Kapillarspalte ein
und verbindet beide Teile.

4. Ofenlöten

Dieses Verfahren ist für Weich- und Hartlötungen in der Einzel- und in der Serienfertigung geeignet. Das Lot wird dabei in Form von Blechstücken, Drahtringen oder Drahtstücken an die Fügestelle gelegt, und dann werden die gefügten Werkstücke in einem gas- oder elektrisch beheizten Muffelofen oder Durchlaufofen erwärmt. Das Lot schmilzt und dringt durch den Kapillareffekt in den Lötspalt. Die Ofenatmosphäre wird durch ein reduzierendes Schutzgas gegeben, wodurch auf ein Flussmittel für das Lot verzichtet werden kann.

5. Induktivlöten

Die Werkstücke werden an den Lötstellen mit Lot und mit Flussmittel versehen, gefügt und dann mittels einer Induktionsspule elektrisch erwärmt. Dieses Verfahren ist sehr zeitsparend und eignet sich besonders in der Serienfertigung.

6. Widerstandslöten

Die zu fügenden Werkstücke werden, nachdem das Lot zugelegt worden ist, an der Lötstelle in Zangen, Spannbacken oder in Widerstandslötmaschinen so erwärmt (Analogie zum Widerstandspressschweißen), dass das Lot schmilzt und die beiden Werkstücke benetzt sowie verbindet. Dieses Verfahren kann für Weich- und Hartlötungen in der Einzel- und besonders in der Serienfertigung eingesetzt werden.

7. Ultraschall-Löten

Die zum Erwärmen der Werkstücke und zum Schmelzen des Lotes erforderliche Energie wird durch Ultraschallschwingungen eingebracht. Die Bildung einer Oxidschicht an der Werkstück- und der Lotoberfläche wird vermieden, so dass auf Flussmittel verzichtet werden kann. Es eignet sich vornehmlich zum Löten von Leichtmetallen.

8. Blocklöten

Die zu verlötenden Werkstücke - meistens unterschiedlicher Dicke - werden auf einem großen erwärmten Metallblock so angewärmt, dass das Lot schmilzt. Dieses Verfahren ist in der Einzel- und in der Serienfertigung einsetzbar.

9. Salzbadlöten

Die Erwärmung der zu verlötenden Werkstücke erfolgt durch Eintauchen in ein Bad aus geschmolzenen Salzen, die gleichzeitig als Flussmittel dienen. Dieses Verfahren dient zum Löten von unlegiertem Stahl, Chromstahl, Kupfer, Messing und Aluminium. Es wird vornehmlich in der Serienfertigung angewendet.

10. Sonderlötverfahren

Zu diesen Lötverfahren zählen neben dem bereits erwähnten Ultraschall-Löten das Warmluft-Löten, das Elektronenstrahl-Löten und das Lichtstrahl-Löten. Die zum Erwärmen der Werkstücke und zum Schmelzen des Lotes erforderliche Energie wird dabei durch Warmluft (Gebläse mit elektrischer Heizung), einen Elektronen- strahl oder einen Lichtstrahl von Halogen- bzw. Gasentladungslampen berüh- rungslos auf die zu verbindenden Werkstücke übertragen. Die Lötstellen müssen vor dem Fügen mit Flussmittel behandelt worden sein. Diese Verfahren lassen sich in der Einzel- und in der Serienfertigung einsetzen.

8.4.4 Gestaltung von Lötverbindungen

Nach der Gestalt der Lötstelle lassen sich das Spalt-, Fugen- und Auftragslöten unterscheiden, die in folgender Weise charakterisiert werden:

1. Spaltlöten

Die zu verlötenden Werkstücke sind in einem kleinen und im Idealfall gleichwei- ten Abstand zueinander angeordnet. Die Spaltweite darf 0,25 mm nicht über- schreiten.

2. Fugenlöten

Die zu verlötenden Werkstücke haben einen parallelen Abstand zueinander, der größer als 0,5 mm ist. Auch nichtparallele Lötfugen (z.B. V- und X-förmige oder halb-V- und halb-X-förmig ausgebildete Fugen) oder kombiniert parallele und nichtparallele Lötfugen lassen sich durch das Fugenlöten erzielen. In der Praxis hat sich bei der Verwirklichung von nichtparallelen Lötfugen auch der Begriff „Schweißlöten" eingebürgert.

3. Auftragslöten

Beim Auftragslöten werden zur Verbesserung z.B. der Verschleißfestigkeit, Korrosionsbeständigkeit, elektrischen Leitfähigkeit, Wärmeleitung usw. höher- wertige Werkstoffe auf die gesamte Oberfläche oder auf größere Bereiche der Oberfläche eines Werkstückes durch Weich- oder Hartlöten aufgetragen.

4. Grundsätzliche Gestaltungsregeln

Grundsätzlich müssen Lötstellen so gestaltet werden, dass das Lot gut fließt und die Oberflächen der zu verbindenden Werkstücke gut benetzt werden [Corn67, Ditt77, Mezg39, Zimm68]. Zu weite Lötspalte oder Lötfugen sind ungünstig, weil ihre kapillare Saugwirkung auf das geschmolzene Lot zu schwach ist, und zu enge Spalten oder Fugen sind ebenfalls ungünstig, weil sie das Fließen des Flussmittels und des flüssigen Lotes sehr stark behindern. Als besonders kritisch sind Lötstellen anzusehen, bei denen, in Flussrichtung des Lotes gesehen, weite Spalte nach engen Spalten vorgesehen sind. Das Lot kann infolge des Kapillareffekts nicht mehr vom engen in den weiten Spalt fließen. Parallele und bezüglich der kapillaren Saugwirkung richtig gestaltete Spalte und Fugen sowie in Lotflussrichtung konstante Lötspaltdicken mit vor dem Löten an der weitesten Stelle platziertem Lot ergeben die besten Lötverbindungen.

Ähnlich wie Klebverbindungen sind Lötverbindungen nur dann optimal gestaltet, d.h. lötgerecht gestaltet, wenn im Lötspalt oder in der Lötfuge nur Schubspannungen auftreten. Dies hat zur Folge, dass Zug-, Biege- und Schälbeanspruchungen - besonders bei Weichlotverbindungen - in hohem Maße vermieden werden müssen.

Da die Weichlote und z.T. auch die Hartlote im Vergleich zu den Grundwerkstoffen der zu verlötenden Teile eine geringere Festigkeit haben, muss auf möglichst große Lötflächen geachtet werden. Stumpfnähte werden daher gegenüber Bördelnähten oder Überlappnähten selten ausgeführt. Selbst bei Blechen mit einer Dicke größer als 2 mm wird, siehe auch Klebeverbindungen, bei nicht zu starker Beanspruchung fast immer anstelle des Stumpfstoßes ein Schrägstoß bzw. eine Überlappverbindung vorgesehen [Beck73, Ditt77, VDI76, Zimm68]. Hinsichtlich der Festigkeit sind Überlappnähte ideal (gekröpft und ungekröpft), Laschennähte (kombiniert mit einer Stumpfnaht) und Falznähte mit einem zusätzlichen Formschluss der zu verlötenden Werkstücke, wie sie in Abb. 8.46. zusammengestellt sind. Bei den zuletzt genannten Falzverbindungen wird die Lötverbindung durch den Formschluss der Werkstücke sehr stark entlastet. Das Lot sorgt dabei fast nur für die Dichtheit der Lötfuge. Die Überlapplänge *l*, bei Blechverbindungen soll im Regelfall 3 bis 5mal so lang wie die Dicke *s* des dünnsten Bleches sein. Zu lange Überlappungen benötigen nicht nur mehr Lot, sondern bergen auch die Gefahr in sich, dass das Lot die Fuge nicht voll ausfüllt, was einen Festigkeitsverlust zur Folge hat [Beck73, Corn67, Zimm66].

Zum freien Austritt von Flussmittelresten und Gasen sind zur Vermeidung eines Überdruckes in der Lötfuge oder im Lötspalt - dieser Überdruck behindert den Fluss des Lotes und verschiebt die Teile relativ zueinander - in Lotflussrichtung kleine Entlastungsbohrungen vorzusehen.

Zur Erleichterung des Lotflusses sind auf den Oberflächen der zu verlötenden Teile quer zur Lotflussrichtung verlaufende Bearbeitungsriefen zu vermeiden. Ferner soll in Lotflussrichtung die Oberflächenrauhigkeit kleiner als 20 µm sein. Durch Rändeln, die Rändelkanten müssen in Lotflussrichtung liegen, Abflachen von Kanten in Lotflussrichtung oder Eindrehen von Gewinderillen in Lotflussrichtung wird der Lotfluss erleichtert.

8.4.5 Berechnung von Lötverbindungen

In der Praxis werden Lötverbindungen - insbesondere Weichlötverbindungen - in hohem Maße überdimensioniert und meistens auch nicht berechnet. In Zukunft wird für Lötverbindungen immer häufiger ein Festigkeitsnachweis mit ausreichender und gleicher Sicherheit für das gesamte Konstruktionselement gefordert. Er kann auf die gleiche Weise wie bei Klebverbindungen (Abschnitt 8.3.6) erbracht werden. Anstelle der Bruchscherfestigkeit T_{aB} der Kleber wird die Bruchscherfestigkeit der Lote und für die Bruchsicherheit S_B ebenfalls ein Wert größer 2 ($S_B = 2....3$) berücksichtigt. Bei statischer Belastung sind für die Bruchsicherheit die kleineren Werte ($S \approx 2$) und bei dynamischer Belastung die größeren Werte ($S_B = 2....3$) zu beachten.

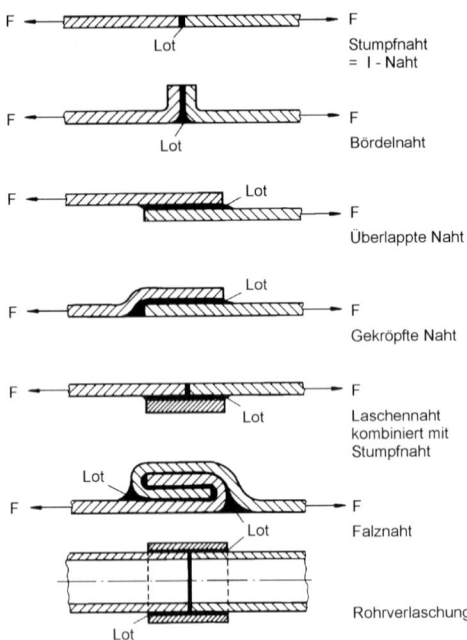

Abb. 8.46. Gestaltung von Lötverbindungen

Die Spalt- oder Fugenweite bzw. Dicke der Lotschicht beeinflusst sehr stark die Festigkeit einer Lötverbindung. Bei Weichlötverbindungen von Kupfer, Messing und Baustahl hat sich ein Festigkeitsmaximum bei einer Lotschichtdicke von 0,08 bis 0,10mm experimentell nachweisen lassen.

Bei dynamischer Beanspruchung haben Lötverbindungen wegen der vergleichsweise gleichmäßigen Spannungsverteilung über die gesamte Lötfläche ein gutes Festigkeitsverhalten. Speziell die Silberlotverbindungen haben nach [Schl83] eine Schubschwellfestigkeit τ_{aSch}, die bis zu 90% der Schubschwellfestigkeit des Grundwerkstoffes beträgt. Ihre Verdrehwechselfestigkeit τ_{tW} kann bis zu 80% der Gestaltverdrehwechselfestigkeit der aus dem Vollen gedrehten Probe sein.

Im Allgemeinen lassen sich mit einwandfrei ausgeführten Hartlötverbindungen bei dynamischer Beanspruchung nach [Stef72, Toch79] mindestens folgende Wechselfestigkeiten erzielen:

Schubwechselfestigkeit: τ_{aW} = 30 N/mm²

Verdrehwechselfestigkeit: τ_{tW} = 65 N/mm²

Biegewechselfestigkeit: σ_{bW} = 50 N/mm²

8.5 Nietverbindungen

Das Nieten dient zur Herstellung von unlösbaren, d.h. nur durch Zerstörung des Niets lösbaren Verbindungen. Beim Fügevorgang wird der Niet plastisch umgeformt und bildet eine formschlüssige Verbindung. Die Bauteile einer Verbindung können aus gleichen oder unterschiedlichen metallischen und nichtmetallischen Werkstoffen bestehen und müssen zum Einführen der Niete oder eines Niets mindestens von einer Seite zugänglich sein. Die Niete sind in ihren Abmessungen, ihrer Anordnung und ihrem Werkstoff den zu verbindenden Bauteilen anzupassen. Grundsätzlich sollten möglichst gleiche oder sich ähnlich verhaltende Werkstoffe verwendet werden, damit die Verbindung sich nicht durch ungleiche Wärmedehnungen der einzelnen Teile lockert oder durch elektrochemische Korrosion zerstört wird, weil die Werkstoffe in der elektrochemischen Spannungsreihe weit auseinander liegen. Hier ist die Potentialdifferenz zwischen den zu verbindenden Bauteilen und der Niete entscheidend.

Hinsichtlich der aus der Verwendung und konstruktiven Gestaltung resultierenden Hauptfunktion der Niete können folgende Nietverbindungen unterschieden werden:

1. Festigkeitsrelevante Verbindungen
2. dichtende Verbindungen
3. festigkeitsrelevante und dichtende Verbindungen

Bei *festigkeitsrelevanten Verbindungen* dienen die Niete der Kraftleitung innerhalb der gefügten Struktur. Man findet sie vornehmlich im Stahlhoch-, Kran-, Brücken-, Maschinen-, Fahrzeug- und Flugzeugbau sowie in der Feinwerktechnik.

Die *dichtenden Verbindungen* sind vorzugsweise im Apparate- und Behälterbau von Bedeutung, wenn Behälter, Silos, Wannen und Rohrleitungen, die keinen größeren Drücken ausgesetzt sind, aus Einzelteilen dicht zusammengebaut werden sollen.

Die *festigkeitsrelevanten Verbindungen* und gleichzeitig *dichtenden Verbindungen* werden im Druckbehälter- und Kesselbau gefordert, wo druckführende Apparate aus Einzelteilen druckdicht zusammengesetzt werden sollen. Es ist anzumerken, dass in diesem Bereich das Nieten fast vollständig durch das Schweißen verdrängt ist.

Vorteile von Nietverbindungen

Da es sich bei der Niettechnik um ein Kaltfügeverfahren handelt, ist naturgemäß keine starke Erwärmung der Bauteile und damit keine ungünstige Werkstoffbeeinflussung, (z.B. kein Verwerfen, kein Verziehen, keine Gefügeumwandlung, kein Aushärten und Versprödem sowie keine Neigung zur Sprödbruchbildung) vorhanden. Verbindungen ungleichartiger Werkstoffe sind möglich. Einfaches Herstellen im Betrieb und bei der Montage auf Baustellen. Möglichkeit des Lösens einer Verbindung durch Abschleifen oder Abmeißeln der Nietköpfe bzw. Ausbohren des Niets bei Blindniete.

Nachteile

Schwächung der Bauteile durch die Nietlöcher. Sie führen zu Kerbspannungen und bedingen größere Querschnitte und schwerere Konstruktionen. Keine Möglichkeit der Ausführung von Stumpfnähten. Dies bedingt Überlappung der Bauteile oder zusätzliche Verwendung von Laschen und als Folge davon schwerere Konstruktionen und ungünstigen Kraftfluss durch die Umlenkung der Kraftflusslinien. Weiterhin werden glatte Flächen durch die Nietköpfe gestört.

8.5.1 Nietwerkstoffe

Die Niete können aus Stahl, Kupfer, Kupfer-Zink-Legierungen, Aluminium, Aluminiumlegierungen und Kunststoffen hergestellt sein. Die bei den einzelnen Nietstählen vorliegenden Festigkeitskennwerte sind in [DIN 17111] festgelegt.

Die Werkstoffe für die Bauteile und die Niete sind für den Stahlhochbau in [DIN18800], für den Kranbau in [DIN15018], und für den Brückenbau in [DIN18800] hinsichtlich ihrer Zuordnung und der zulässigen Spannungen für die einzelnen Lastfälle festgelegt. Bei den Lastfällen werden die Fälle H sowie HZ, d.h. „Hauptlasten" sowie „Haupt- und Zusatzlasten" unterschieden. Werden nur die Hauptlasten berücksichtigt, dann dürfen nur die niedrigen Festigkeitskennwerte zugelassen werden.

Für die im Behälter- und Apparatebau üblicherweise verwendeten Kesselbleche und warmfesten Stähle werden Niete aus S235J2G3 oder S275JR verwendet. Im Leichtmetall-, Fahrzeug- und Flugzeugbau kommen als Nietwerkstoffe vornehmlich Aluminium-Legierungen zum Einsatz, die in [DIN4113] und in den einschlägigen Luftfahrt-Normen (LN) in Zuordnung zu den Bauteilwerkstoffen und hinsichtlich der zulässigen Spannungen für die einzelnen Lastfälle zusammengefasst sind.

Nahtformen

Da keine Stumpfnietung möglich ist, kommen nur die Überlappungs- und die Laschennietung zur Anwendung, wobei letztere zur Vermeidung von Biegespannungen meistens beidseitig ausgeführt wird, siehe Abb. 8.47.

Die Niete können ein-, zwei- und sogar mehrreihig angeordnet werden. Nach der Zahl der Scherflächen je Niet werden ferner ein-, zwei- und mehrschnittige Niete unterschieden. Bei Überlappungsnietung und einfacher Laschennietung sind die Niete einschnittig, bei Doppellaschennietung zweischnittig.

Wie im gesamten Maschinenbau üblich und notwendig, sind die jeweils für spezielle Anwendungen, z.B. Behälter- oder Flugzeugbau, geltenden Vorschriften und Normen bei der Konstruktion zu berücksichtigen.

Allgemeine konstruktive Gestaltungsregeln für Nietverbindungen

Für Nietteilungen und Randabstände der Nietlöcher sind bestimmte Mindest- und Höchstwerte einzuhalten. Speziell für den Stahlbau sind diese Werte in [DIN18800] und folgende und für Krane in [DIN15018] zu finden. Diese Mindestwerte sind wegen der Gefahr des Aufreißens und des Auseinanderklaffens der Bleche unbedingt einzuhalten. In Tabelle 8.6. sind Anhaltswerte für Nietabstände aufgeführt.

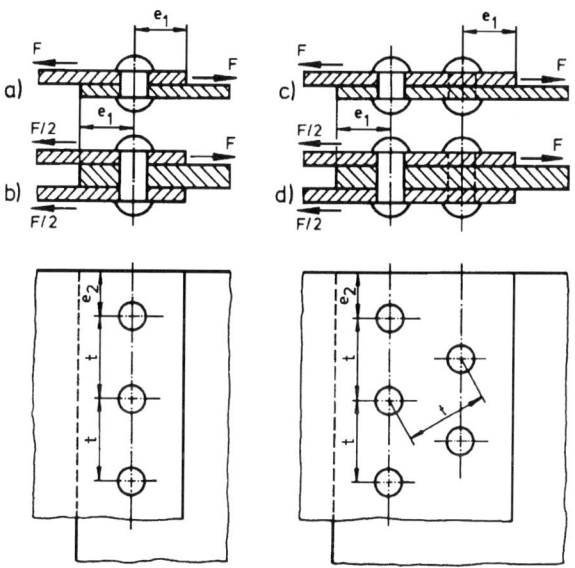

Abb. 8.47. Nahtformen, Teilung und Randabstände bei Überlappungsnietungen; a) einreihig, einschnittig, b) einreihig, zweischnittig, c) zweireihig, einschnittig, d) zweireihig, zweischnittig

Tabelle 8.6. Anhaltswerte für Teilung und Randabstände bei Nietverbindungen, angelehnt an [DIN15018]

Art der Mittenabstände von Nietlöchern	Mittenabstände der maximal (der kleinere Wert ist maßgebend)		Nietlöcher minimal
Endabstand in Kraftrichtung	4 d oder	8 t	2 d
Randabstand senkrecht zur Kraftrichtung	4 d oder	8 t	1,5 d
Abstand tragender Bauteile	6 d oder	12 t	3 d

t – Blechdicke; d – Nietdurchmesser

Grundsätzlich gilt auch hier die oben gemachte Aussage. Je nach Branche und Anwendungsfall gelten besondere Normen und Vorschriften, die eingehalten werden müssen. Die genaue Auswahl und Anordnung der Niete innerhalb der Struktur sollte bei hoch beanspruchten Strukturen zusammen mit dem Niethersteller erfolgen.

Zu beachten ist ferner, dass aufgrund der notwendigen Überdeckung, Laschen, von Bauteilen beim Nieten Steifigkeitssprünge in der Struktur entstehen können. Diese können, besonders bei dynamischer Beanspruchung, zu Rissen in der Struktur führen. Zur Vermeidung von Biegespannungen im Nietschaft bei außermittigem Lastangriff sollen Stöße und Anschlüsse, soweit als möglich, als Doppellaschennietungen ausgeführt werden. Bei Fachwerkkonstruktionen ist darauf zu achten, dass die Schwerelinien der Stäbe mit den Systemlinien, die sich in den Fachwerkknoten schneiden, und den Schwerelinien der Niete zusammenfallen. Mit letzteren ist natürlich nur dann eine Deckung zu erzielen, wenn symmetrische Profile verwendet werden. Die Anzahl der Niete beim Anschluss von Profilen soll nicht zu groß, aber mindestens zwei sein. Zwei Niete sind zur Vermeidung einer zu leichten Auslenkung eines Stabes, ein Niet wirkt wie ein Drehgelenk, unbedingt vorzusehen, und mehr als fünf Niete in einer Reihe sollen wegen der Gefahr der zu unterschiedlichen Kraftübertragung nicht ohne besondere konstruktive Vorkehrungen wie z.B. elastische Gestaltung der Knotenbleche und zusätzliche Beiwinkel [Köhl76] zur Anwendung kommen. Aus Gründen der wirtschaftlichen Fertigung erhalten Nietkonstruktionen zumindest in jeder Anschlussstelle - besser noch in allen Anschlussstellen - gleiche Nietlochdurchmesser.

8.5.2 Nietformen und Nietverfahren

Für die vielen Anforderungen der Praxis gibt es mittlerweile eine fast unüberschaubare Anzahl von Nietformen. Viele haben sich aus ursprünglichen Einzelanwendungen zu markgängigen und genormten Produkten entwickelt. Allerdings ist der größte Teil der Nietformen nicht genormt, sondern findet sich nur in den Katalogen der einschlägigen Hersteller. Häufig sind es aber gerade diese speziellen Nietformen, die durch eine Funktionsintegration eines Niets seine Anwendung besonders wirtschaftlich machen. Als Beispiel seien hier Blindniete mit Gewindezapfen zur Befestigung weiterer Bauteile erwähnt. Prinzipiell lassen sich aber alle Niete auf vier Grundformen zurückführen, siehe auch Abb. 8.48.:

- den Vollniet
- den Schließringbolzen, dieser wird in der Praxis auch mit dem Handelsnamen Huckbolt bezeichnet
- den Blindniet
- den Stanzniet

Bei der Auswahl einer Nietform ist neben der Hauptfunktion, festigkeitsrelevante Verbindung bzw. dichtende Verbindung, die Zugänglichkeit der Fügestelle entscheidend:

- Bei der Verwendung von Vollniete, Schließringbolzen und Stanzniete muss die *Fügestelle von beiden Seiten zugänglich* sein.
- Bei der Verwendung von Blindniete reicht es, wenn die *Fügestelle nur von einer Seite zugänglich* ist.

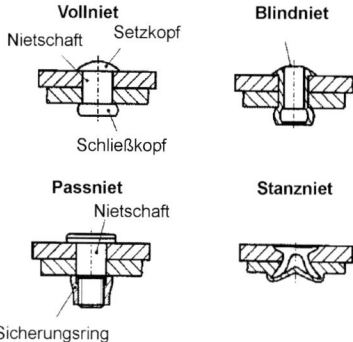

Abb. 8.48. Grundsätzliche Nietformen

Vollniet

Er stellt die älteste Nietform dar und ist auch heute noch im Stahl- und Flugzeugbau weit verbreitet. Der Vollniet wird hauptsächlich als festigkeitsrelevanter Niet eingesetzt. Jeder Niet besteht im unverarbeiteten, d.h. umgeschlagenen Zustand aus dem Setzkopf und dem Nietschaft, der zylindrisch oder leicht konisch ist und massiv oder hohl sein kann, siehe Abb. 8.49. Durch Stauchen (Schlagen) oder Pressen des über die zu vernietenden Bauteile hinausragenden Nietschaftes wird der Schließkopf geformt. Wie bereits oben erwähnt, gibt es auch beim Vollniet eine große Vielfalt von Niet- und Nietkopfformen, die z.T. genormt sind. Die Sonderformen werden insbesondere für den Leichtmetall-, Fahrzeug- und Flugzeugbau (z.B. Blindniete, Sprengniete, Kerbniete, Dornniete, Durchziehniete und zweiteilige Niete) eingesetzt.

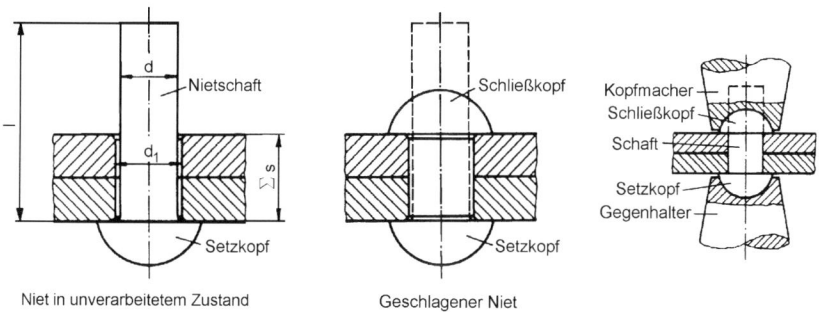

Abb. 8.49. Vollnietverbindung und Nietwerkzeug

Die Nietwerkzeuge sind Gegenhalter (unter dem Setzkopf), Handhammer oder Niethammer und Kopfmacher oder Döpper, bzw. Presslufthammer oder Nietmaschine, Abb. 8.49.

Die Nietlöcher sollen möglichst gebohrt und aufgerieben, aber nicht gestanzt werden. Sie sind ferner zu entgraten und anzusenken. Ihr Durchmesser d_1 ist immer größer auszuführen als der Durchmesser d des Niets. Bei Stahlnieten mit $d \geq 10$ mm ist dieser Durchmesserunterschied 1 mm und bei Leichtmetallnieten mit $d \geq 10$ mm nur 0,2 mm.

Fügevorgang von Vollniete

Beim Nieten von Vollniete werden folgende zwei Verfahren unterschieden:

1. Kaltnietung,
2. Warmnietung.

Kaltnietung

Stahlniete mit einem Durchmesser $d \leq 10$ mm, vereinzelt auch bis 16 mm, sowie alle Leichtmetall- und Kupferniete werden kalt verarbeitet. Bei kalt geschlagenen Nieten ist die Zusammenpressung der vernieteten Bauteile nur sehr schwach. Diese geringe Nietaxialkraft bewirkt daher nur eine kleine Reibkraft zwischen den Bauteilen. Die Kraftschlusswirkung ist daher zu vernachlässigen; die Übertragung der Kräfte erfolgt nur durch Formschluss. Die vernieteten Bauteile werden über die halbe Mantelfläche der Bohrungen auf Pressung oder Lochleibung und der einzelne Niet in seiner halben Mantelfläche auf Pressung oder Lochleibung und in der Schnittebene auf Scherung beansprucht, siehe Abschnitt 8.5.3.

Warmnietung

Stahlniete mit einem Durchmesser $d > 10$ mm werden üblicherweise warm verarbeitet, d.h. sie werden hellrot- bis weißglühend in das Nietloch gesetzt und dann geschlagen oder gepresst. Beim Erkalten schrumpft der Nietschaft in Längs- und in Querrichtung. Die Folge davon sind Zugspannungen in Längsrichtung des Nietschaftes und eine Durchmesserverkleinerung. Die beiden Nietköpfe pressen daher gegen die Bauteile, und der Nietschaft liegt nicht mehr an der Lochwandung an. Wird die Nietverbindung einer Kraft F ausgesetzt, die die beiden Bauteile gegeneinander verschieben möchte, so treten zwischen den Nietköpfen und den Bauteilen Reibkräfte auf, die dem gegenseitigen Gleiten der Bauteile entgegenwirken. Wird die äußere Belastung F so groß, dass die Reibkräfte ihr nicht mehr das Gleichgewicht halten können, dann verschieben sich die Bauteile gegeneinander, bis der Nietschaft an der Lochwandung der Bauteile zur Anlage kommt. Dadurch wird aus der Kraftschlussverbindung eine Formschlussverbindung wie bei den kalt geschlagenen Nietverbindungen. Bei Nietverbindungen, die einer dynamischen Beanspruchung ausgesetzt sind, werden zusätzlich zur Warmnietung immer ein bis zwei Niete kalt geschlagen.

Schließringbolzen

Beim Schließringbolzen handelt es sich um ein mehrteiliges Verbindungselement. Es besteht aus dem

- *Schließringbolzen* mit Nietkopf, dem glatten Schaft, dem Schließrillenteil mit groben Rundrillen ohne Steigung, der Sollbruchstelle und dem Zugteil mit Feinrillen ohne Steigung, Abb. 8.50., und dem
- *Schließring*, der vor der Montage außen und innen glatt ist und sich mit einer Spielpassung über den Schließringbolzen schieben lässt, Abb. 8.51.

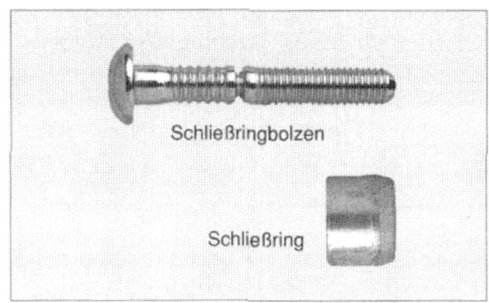

Abb. 8.50. Schließringbolzen und Schließring in unmontiertem Zustand

Auch hier gibt es in der Praxis eine Reihe unterschiedlicher, meistens nicht genormter Formen. Der Schließringbolzen ist geeignet, sehr hohe Kräfte zu erzeugen. Seine Funktion entspricht einer hydraulisch gespannten Schraubenverbindung. Die erreichten Festigkeitswerte entsprechen ungefähr der einer 8.8 Schraube mit gleichem Durchmesser.

Fügevorgang von Schließringbolzen

Die Fügestelle muss beim Schließringbolzen von beiden Seiten zugänglich sein., Abb. 8.51.

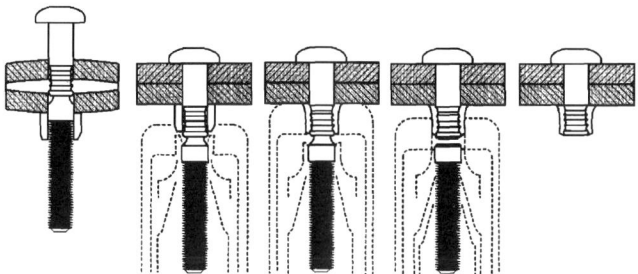

Abb. 8.51. Fügen eines Schließringbolzens

Blindniete

Der Blindniet ist heute eine sehr weit verbreitete Nietform. Dies ist in zwei wesentlichen Vorteilen begründet:

- Sowohl handwerklich, z.B. bei Reparaturnietungen, als auch automatisiert sehr leicht zu verarbeiten.
- Die Fügestelle muss nur von einer Seite zugänglich sein.

Außerdem gibt es Blindniete in den unterschiedlichsten Formen mit Zusatzelementen, wie Gewindestifte für sehr viele Anwendungsfälle. Die beiden wichtigsten Formen der Blindniete mit Senkkopf, bzw. mit Flachkopf sind in [DINENI-SO15982], bzw. [DINENISO15983] genormt. Der Aufbau beider Formen aus Nietdorn, Nietschaft und Niethülse ist in Abb. 8.52. wiedergeben.

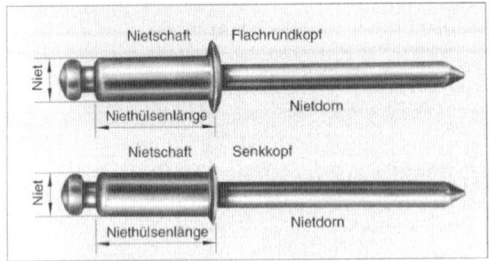

Abb. 8.52. Aufbau eines Blindniets

Fügevorgang von Blindnieten

Bei der Montage wird der Blindniet durch die Nietbohrung gesteckt. Das Innenteil des Nietwerkzeugs klemmt den Nietdorn fest und zieht in axiale Richtung. Die Reaktionskraft stützt sich über den Niederhalter auf dem Nietkopf ab. Die Axialkraft wird soweit gesteigert, bis der Nietdorn an der Sollbruchstelle abreißt, Abb. 8.53. Der axial in die Niethülse gezogene Kopf des Nietschafts spreizt die Niethülse radial auf.

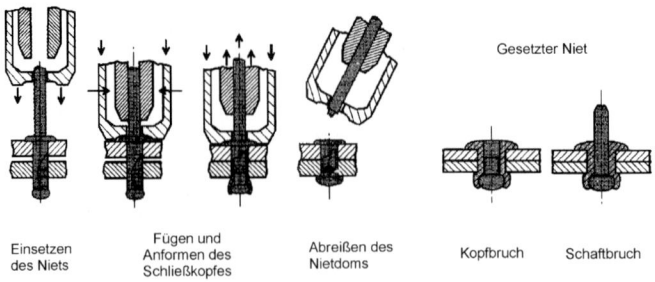

Abb. 8.53. Fügen eines Blindniets

Stanzniete

Stanzniete werden in der Großserienfertigung eingesetzt. Dies ist in dem Umstand begründet, dass für jeden Anwendungsfall die Nietverbindung speziell abgestimmt werden muss hinsichtlich Nietform, Fügekräfte, ertragbare Lasten usw. Außerdem sind spezielle Nietzangen erforderlich, die ähnlich eingesetzt werden wie die Schweißzangen beim Punktschweißen.

Beim Einsatz von Stanzniete muss die Fügestelle von beiden Seiten zugänglich sein. Es handelt sich um ein einteiliges Verbindungselement, ähnlich einem Vollniet. Das Nietloch wird beim Fügen erzeugt. Stanzniete gibt es in zwei Grundformen, dem *Vollniet* und dem *Halbholniet*, siehe Abb. 8.54. Den Fügevorgang von selbststanzenden Niete zeigt Abb. 8.55.

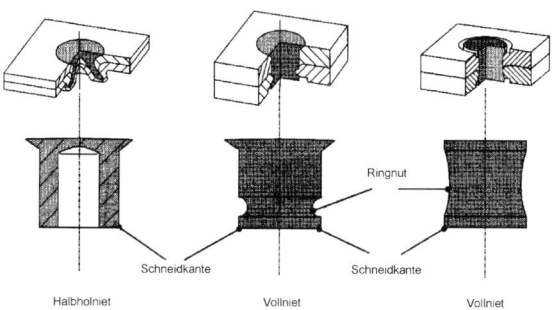

Abb. 8.54. Selbststanzende Niete

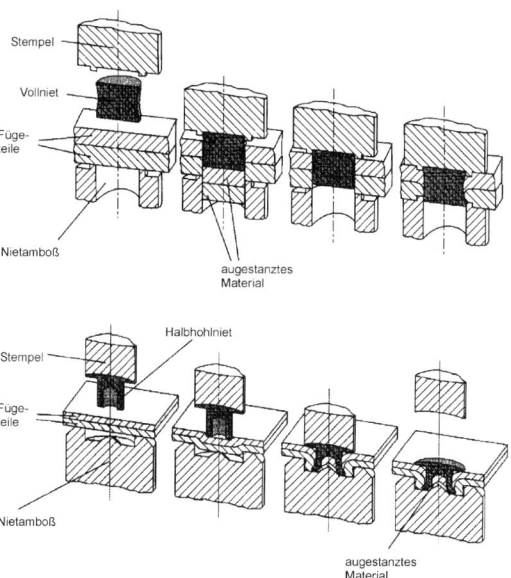

Abb. 8.55. Fügen selbststanzender Niete nach [Gran95]

8.5.3 Berechnung von Nietverbindungen

Vollnietverbindung

Bei der Nachrechnung von Nietverbindungen lässt sich der tatsächlich auftretende räumliche Spannungszustand nicht exakt erfassen. In den durch die Nietlöcher geschwächten Bauteilen werden die Spannungsspitzen an den Lochrändern vernachlässigt und für die Restquerschnitte ein gleichmäßiger Spannungsverlauf angenommen, siehe Abb. 8.56. Als Nietschaftdurchmesser beim geschlagenen Niet gilt der Nietlochdurchmesser d_1. Der wirkliche Verlauf der Flächenpressung oder der Lochleibung über die halbe Mantelfläche des geschlagenen Niets wird in axialer und in tangentialer Richtung vereinfacht gleichmäßig über die projizierte Zylindermantelfläche verteilt angenommen. In gleicher Weise wird der parabolische Verlauf der Scherspannungen im Nietschaftquerschnitt vernachlässigt und nur eine konstante mittlere Scherspannung berücksichtigt.

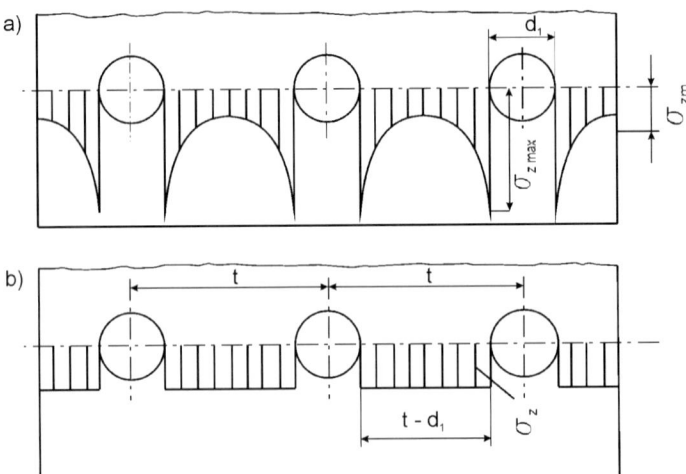

Abb. 8.56. Zugspannungen in einem durch Nietlöcher geschwächten Bauteil;
a) wirklicher Spannungsverlauf im gelochten Blech bei Zugbeanspruchung
b) idealisierter, d.h. gleichmäßiger Spannungsverlauf für die Berechnung

1. Flächenpressung oder Lochleibung, siehe Abb. 8.57.:

$$p = \sigma_1 = \frac{F}{n \cdot d_1 \cdot s} \le \sigma_{1,\text{zul}} \tag{8.38}$$

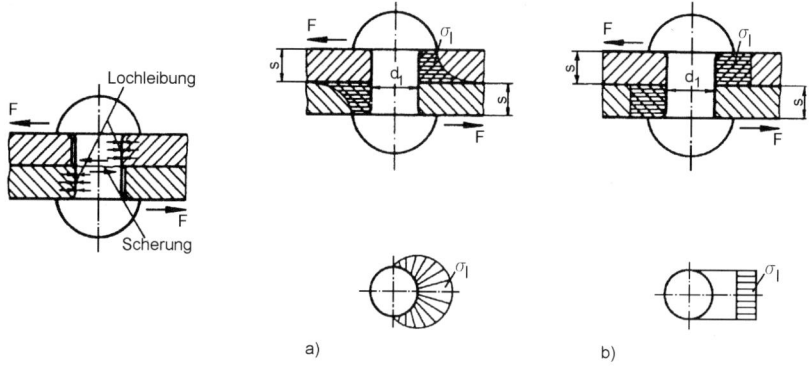

Abb. 8.57. Beanspruchung eines Niets auf Lochleibung, Flächenpressung, und Scherung;
a): wirklicher Verlauf des Lochleibungsdrucks;
b): vereinfachter Verlauf des Lochleibungsdrucks für die Berechnung.

n = Anzahl der Niete
d_1 = Nietlochdurchmesser
s = Minimalwert aus s_1 und s_2 (einschnittig)
  bzw. aus ($s_1 + s_2$) und s_2 (zweischnittig)
F = Zugkraft (gleichmäßig auf alle Niete verteilt)

Tabelle 8.7. gibt Anhaltswerte für die zulässige Lochleibung verschiedener Werkstoffe wieder.

2. Scherspannung, Abb. 8.57.:

$$\tau_a = \frac{4F}{m \cdot n \cdot \pi \cdot d_1^2} \le \tau_{a,zul} \tag{8.39}$$

m = Anzahl der Scher- oder Schnittflächen
d_1 = Nietlochdurchmesser
F = Zugkraft (gleichmäßig auf alle Niete und deren Scherflächen verteilt)

3. Biegespannungen, die sich ähnlich wie bei Klebverbindungen durch einschnittige Überlappnähte ergeben (s. auch Abb. 8.41. zum Vergleich) werden in der Praxis sehr oft vernachlässigt:

$$\sigma_b = \frac{M_b}{n \cdot W_{äq}} = \frac{F \cdot \dfrac{s}{2}}{n \cdot \dfrac{\pi \cdot d_1^3}{32}} = \frac{16 \cdot F \cdot s}{n \cdot \pi \cdot d_1^3} \le \sigma_{b,zul} \tag{8.40}$$

Tabelle 8.7. Zulässige Lochleibungsfestigkeit verschiedener Werkstoffe nach [Klei00]

Werkstoff	gültig für R_m [Mpa]	Lochleibungsfestigkeit $e/d = 1{,}5$	Lochleibungsfestigkeit $e/d = 2{,}0$
unlegierte Stähle	≤ 2000	$\sigma_{LB} = 1{,}35\ R_m$ $\sigma_{LF} = 1{,}30\ R_{p0,2}$	$\sigma_{LB} = 1{,}65\ R_m$ $\sigma_{LF} = 1{,}50\ R_{p0,2}$
	≤ 1400	$\sigma_{LB} = 1{,}50\ R_m$ $\sigma_{LF} = 1{,}40\ R_{p0,2}$	$\sigma_{LB} = 2{,}00\ R_m$ $\sigma_{LF} = 1{,}65\ R_{p0,2}$
legierte Stähle	> 1400	$\sigma_{LB} = 2100 + 0{,}56\ (R_m - 1400)$ $\sigma_{LF} = 1960 + 0{,}80\ (R_{p0,2} - 1400)$	$\sigma_{LB} = 2800 + 0{,}80\ (R_m - 1400)$ $\sigma_{LF} = 2310 + 0{,}60\ (R_{p0,2} - 1400)$
Titan-Legie-rungen	≤ 1200	$\sigma_{LB} = 1{,}40\ R_m$ $\sigma_{LF} = 1{,}35\ R_{p0,2}$	$\sigma_{LB} = 1{,}70\ R_m$ $\sigma_{LF} = 1{,}50\ R_{p0,2}$

Anm.: σ_{LB} Lochleibungs - Bruchfestigkeit

σ_{LF} Lochleibungs - Dehngrenze

Schließringbolzen

Wie oben erwähnt hat eine Schließringbolzenverbindung das gleiche Funktions-schema wie eine hoch vorgespannte Schraubenverbindung. Dementsprechend sollte die Verbindung auch so ausgelegt werden, dass der Schließringbolzen querkraftfrei ist. Da sich die Standardisierung dieser Verbindungstechnik noch im Aufbau befindet, ist es dringend erforderlich, die mindestens erreichbaren Vor-spannkräfte vom Hersteller garantiert zu bekommen. Diese Kräfte können dann als F_v, äquivalent zur Schraubenberechnung, angesetzt werden. Die bei der Schraubenverbindung anzusetzenden Verlustkräfte aufgrund von Setzerscheinun-gen können vernachlässigt werden. Dies ist in der Art des Fügevorgangs begrün-det.

Blindniete

Blindniete werden wie Vollniete gegen Lochleibung, bzw. Scherung ausgelegt. Die Festigkeitswerte der Niete sind im Einzelfall vom Hersteller zu erfragen. In [Gran94] ist ein Berechnungsverfahren angegeben, auf das hier nicht eingegangen wird.

Sicherheit gegen Ausreißen, Randbruch, F_K

Ein Problem bei einer Querbeanspruchung von Nietverbindungen ist das radiale Ausreißen der Niete aus dem Blech durch Aufreißen des Loches zum Blechrand hin, siehe Abb. 8.58.

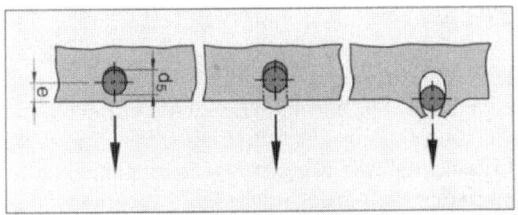

Abb. 8.58. Typische Versagensform bei zu geringem Randabstand der Niete

Deshalb muss bei entsprechender Beanspruchung die Sicherheit S_g der Verbindung gegen Randbruch überprüft werden, F_{BK} = Randbruchkraft:

$$F_K = \frac{F_{BK}}{S_g} \tag{8.41}$$

$$F_{BK} = 0{,}7 \cdot R_m \cdot t_2 \cdot e \tag{8.42}$$

e = Lochabstand vom Rand in mm, siehe Abb. 8.58.

t_2 = Blechdicke in mm

Eine generelle Feststellung zur Berechnung und Auslegung von Nietverbindungen sei hier noch gemacht. Die genannten einfachen Berechnungsansätze gelten nur, wenn die einschlägigen Regeln wie z.B. zu Loch- und Randabständen eingehalten werden. *Der Konstrukteur muss sich bewusst sein, dass es physikalisch keine gleichmäßige Lastverteilung an den Nieten geben wird*, siehe Abb. 8.59.

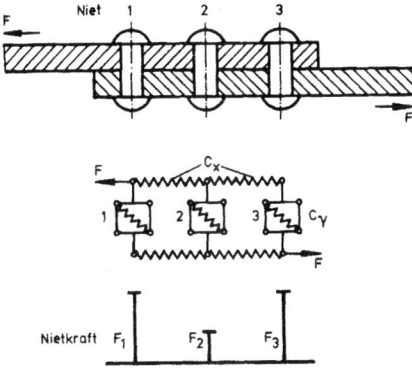

Abb. 8.59. Vereinfachtes Federmodell zur Lastverteilung an Nietverbindungen

Für die Ausnutzung von Nietverbindungen im Grenzbereich sind daher weitere Berechnungen (mit z. B. Finite-Element-Modellen) notwendig!

8.6   Weitere Elemente zum Kaltfügen von Bauteilen

Insbesondere in der Großserienfertigung kommen heute eine Reihe leistungsfähiger Verbindungstechniken zum Einsatz, die sehr gut automatisiert werden können.

8.6.1 Durchsetzfügen

Das Durchsetzfügen gehört nach [DIN8593] zum Fügen durch Umformen. Zwei Bauteile werden lokal so verformt, dass zwischen ihnen ein Formschluss und eine partielle Kaltverschweißung entstehen. Angewendet werden diese Verfahren bei Blechen aus Aluminium und Stahl bis ca. 3 mm. Es gibt zwei unterschiedliche Verfahren:

- Durchsetzfügen mit Schneidanteil
- Durchsetzfügen ohne Schneidanteil

Das Verfahren mit Schneidanteil erzeugt glatte Oberflächen, die Verbindung ist aber nicht dicht und nicht so gut für schwingende Beanspruchung geeignet. Beim Durchsetzfügen ohne Schneidanteil verhält es sich genau umgekehrt. In Abb. 8.60. sind je eine Verbindung mit und ohne Schneidanteil wiedergegeben. Die Verfahren sind bis heute nicht oder nur zum Teil genormt.

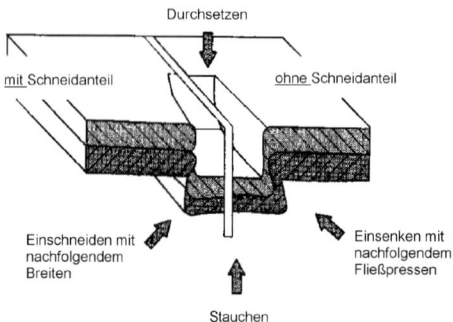

Abb. 8.60. Durchsetzfügen mit und ohne Schneidanteil, nach [Gran95].

Fügevorgang von Durchsetzfügeelementen

Der Fügevorgang wird mit Hilfe eines Stempels und einer Matritze durchgeführt. Dies erfolgt im Allgemeinen automatisiert. In der Praxis sind verschiedene Verfahren eingeführt, die z.T. mit geteilten Werkzeugen und mehrstufig arbeiten. In Abb. 8.61. sind die Werkzeuge einiger Verfahren wiedergegeben.

Auslegung von Durchsetzfügeverbindungen

Wie oben erwähnt liegen heute nur zum geringen Teil Normen für den Fertigungsprozess und die Abmessungen der Verbindungen vor. Ein Berechnungsgang
ist bisher nicht genormt. Da das Verfahren jeweils ganz speziell für den Anwendungsfall optimiert werden muss, müssen im Rahmen dieser Optimierung auch die
Festigkeitswerte ermittelt werden.

Grundsätzlich ist eine durch Durchsetzfügen erzeugte Verbindung vergleichbar
mit einer Punktschweißung. Allerdings übertrifft sie z.T. deutlich deren Festigkeitswerte, insbesondere das Durchsetzfügen ohne Schneidanteil bei dynamischer
Beanspruchung, siehe Abb. 8.62.

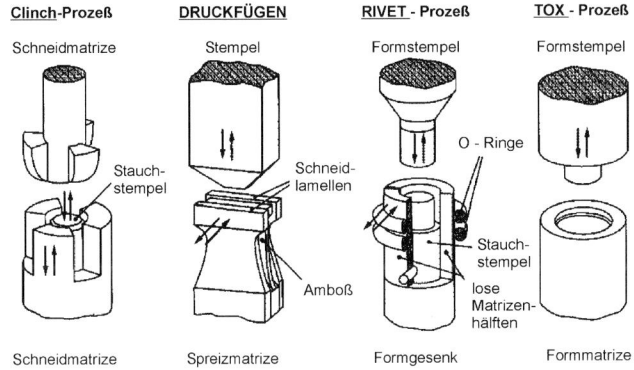

Abb. 8.61. Werkzeuge für das Durchsetzfügen.

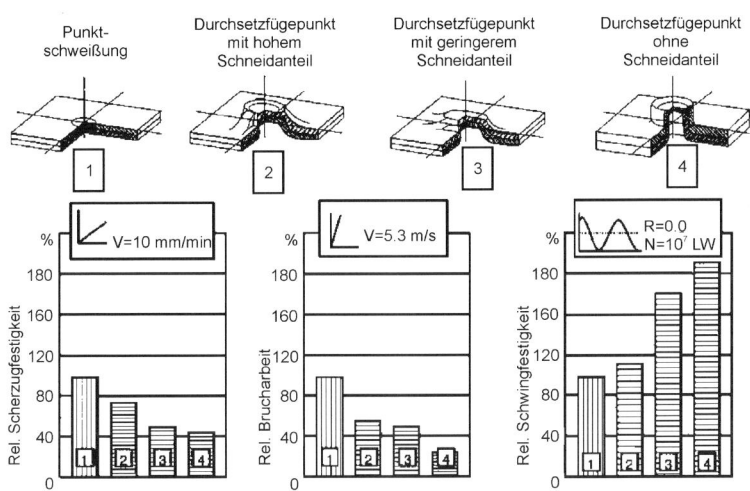

Abb. 8.62. Festigkeitsvergleich: Punktschweißen - Durchsetzfügen [Gran95]

8.6.2 Schnappverbindungen

Schnappverbindungen nutzen den Formschluss, um eine Verbindung herzustellen. Es gibt lösbare und nichtlösbare Verbindungstypen, Abb. 8.63. Eingesetzt werden diese Verbindungen meistens für, im Hinblick auf die Festigkeit, untergeordnete Aufgaben. Typisch ist ihre Anwendung auch bei Großserienprodukten. In diesem Fall werden sie meistens speziell für die Anwendung hergestellt.

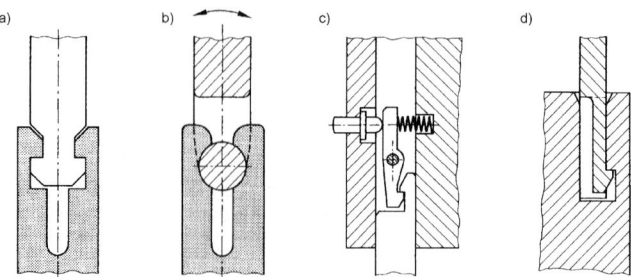

Abb. 8.63. Lösbare und nichtlösbare Schnappverbindungen nach [Baue91], a) nichtlösbare Verbindung, b) lös- und schwenkbare Verbindung, c) lösbare Verbindung, d) nichtlösbare Verbindung

Diese Verbindungstypen werden heute in sehr großer Zahl nicht genormt von vielen Herstellern als Katalogteile angeboten. In Abb. 8.64. ist ein kleiner Überblick unterschiedlicher Verbindungstypen wiedergegeben.

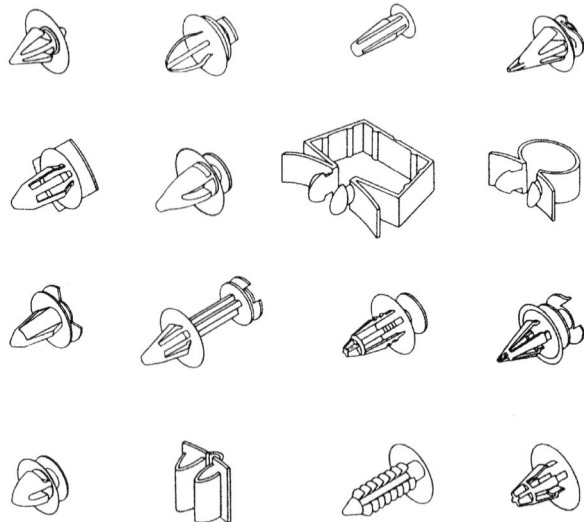

Abb. 8.64. Gestaltungsbeispiele von Schnappverbindern

8.7 Literatur

[Alth77]   Althof, W., Klinger, G. Neuman, G.; Schlothauer, J.: „Klimaeinfluß
                auf die Kennwerte des elasto-plastischen Verhaltens von Klebstoffen
                in Metallklebungen", DFVLR Deutsche Forschungs- und Versuchs-
                anstalt für Luft- und Raumfahrt, Institut für Strukturmechanik,
                Forschungsbericht 77-63, Braunschweig: 1977

[Baue91]   Bauer, C.O.: Handbuch der Verbindungstechnik. München, Wien:
                Hanser-Verlag 1991

[Beck73]   Beckert, M.; Neumann, A.: Grundlagen der Schweißtechnik - Löten.
                Berlin: VEB Verlag Technik 1973

[BMFT90]   BMFT-Verbundprojekt „Fertigungstechnologie Kleben"; Kennz. 02
                FT 47330 (1987 - 1990); siehe auch: Hennemann, O.D.; Brockmann,
                W.; Kollek. H.: Handbuch Fertigungstechnologie Kleben; Hanser-
                Verlag 1992

[Broc71]   Brockmann, W.: Grundlagen und Stand der Metallklebetechnik.
                Düsseldorf: VDI-Verlag 1971

[Broc86a]   Brockmann, W.; Fauner, G.: „Fügen durch Kleben" in Spur, „Hand-
                buch der Fertigungstechnik, Bd. 5, „Fügen, Handhaben, Montieren",
                München: Hanser-Verlag 1986, S. 475

[Broc86b]   Brockmann, W.; Hennemann, O.-D.; Kollek. H.; Matz. C.: Adhesion
                in bonded aluminium joints for aircraft construction; Int. J. Adhesion
                and Adhesives. 6 (1986)

[Broc02a]   Brockmann W.; Emrich S.: „Wie lange halten vorbehandelte Alumi-
                niumklebungen (Teil 1)" Adhäsion Kleben u. Dichten 46 (2002) 5. S.
                34 - 39

[Broc02b]   Brockmann W., Emrich S.: „Wie lange halten vorbehandelte Alumi-
                niumklebungen (Teil 2)" Adhäsion Kleben u. Dichten 46 (2002) 7-8.
                S. 36 - 41

[Colb54]   Colbus, J.: Probleme der Löttechnik. Schweißen und Schneiden 6,
                (1954), Nr. 7, S. 287-296

[Colb63]   Colbus, J.: Das Löten, Überblick und Entwicklungsstand. Mitteilun-
                gen der BEFA (1963), Nr. 11

[Corn67]   Cornelius, E.A.; Marlinghaus,J.: Gestaltung von Hartlötkonstruktio-
                nen hoher Festigkeit. Konstruktion 19 (1967), H. 8, S. 321-327

[Deck82]   Decker, K.H.: Maschinenelemente. Gestaltung und Berechnung. 8.
                Aufl. München, Wien: Hanser-Verlag 1982

[Degn75]   Degner, H.: Berechnung von Klebverbindungen. Schweißtechnik 25
                (1975), H. 3, S. 117-121

[DIN1707]   DIN 1707-100: Weichlote - Chemische Zusammensetzung und
                Lieferformen. Berlin: Beuth Verlag

[DIN1910]   DIN 1910-3: Schweißen; Schweißen von Kunststoffen, Verfahren. Berlin: Beuth Verlag

[DIN2559]   DIN 2559: Schweißnahtvorbereitung. -1: Richtlinien für Fugenformen, Schmelzschweißen von Stumpfstößen an Stahlrohren. -2: Anpassen der Innendurchmesser für Rundnähte an nahtlosen Rohren. -3: Anpassen der Innendurchmesser für Rundnähte an geschweißten Rohren. -4: Anpassen der Innendurchmesser für Rundnähte an nahtlosen Rohren aus nichtrostenden Stählen. Berlin: Beuth Verlag

[DIN4100]   DIN 4100: Geschweißte Stahlbauten mit vorwiegend ruhender Belastung; Berechnung und bauliche Durchbildung. Berlin: Beuth Verlag

[DIN4113]   DIN 4113: Aluminiumkonstruktionen unter vorwiegend ruhender Belastung. -1: Berechnung und bauliche Durchbildung. -2: Berechnung geschweißter Aluminiumkonstruktionen. Berlin: Beuth Verlag

[DIN6700]   DIN 6700-1 bis -6: Schweißen von Schienenfahrzeugen und -fahrzeugteilen. -1: Grundbegriffe, Grundregeln. -2: Bauteilklassen, Anerkennung der Schweißbetriebe, Konformitätsbewertung. -3: Konstruktionsvorgaben. -4: Ausführungsregeln. -5: Güteanforderungen. -6: Werkstoffe, Schweißzusätze, Schweißverfahren, schweißtechnische Planungsunterlagen. Berlin: Beuth Verlag

[DIN8505]   DIN 8505-1 bis -3: Löten. -1: Allgemeines, Begriffe. -2: Einteilung der Verfahren, Begriffe. -3: Einteilung der Verfahren nach Energieträgern, Verfahrensbeschreibungen. Berlin: Beuth Verlag

[DIN8513]   DIN 8513-3 und -5: Hartlote. -3: Silberhaltige Lote mit mindestens 20% Silber, Zusammensetzung, Verwendung, Technische Lieferbedingungen. -5: Nickelbasislote zum Hochtemperaturlöten, Zusammensetzung, Verwendung, Technische Lieferbedingungen. Berlin: Beuth Verlag

[DIN8522]   DIN 8522: Fertigungsverfahren der Autogentechnik; Übersicht. Berlin: Beuth Verlag

[DIN8528]   DIN 8528-1: Schweißbarkeit; metallische Werkstoffe, Begriffe. Berlin: Beuth Verlag

[DIN8552]   DIN 8552-3: Schweißnahtvorbereitung; Fugenform an Kupfer und Kupferlegierungen; Gasschmelzschweißen und Schutzgasschweißen. Berlin: Beuth Verlag

[DIN8563]   DIN 8563-3: Sicherung der Güte von Schweißarbeiten; Lichtbogenschweißverbindungen an Stahl; Schmelzschweißen; Richtlinie für Bewertungsgruppen für Unregelmäßigkeiten (Vorschlag für eine Europäische Norm). Berlin: Beuth Verlag

[DIN8593]   DIN 8593-5: Fertigungsverfahren Fügen - Teil 5: Fügen durch Umformen; Einordnung, Unterteilung, Begriffe. Berlin: Beuth Verlag

[DIN15018]   DIN 15018: Krane. -1: Grundsätze für Stahltragwerke; Berechnung. -2: Stahltragwerke; Grundsätze für die bauliche Durchbildung und Ausführung. -3: Grundsätze für Stahltragwerke; Berechnung von Fahrzeugkranen. Berlin: Beuth Verlag

[DIN17111]   DIN 17111: Kohlenstoffarme unlegierte Stähle für Schrauben, Muttern und Niete; Technische Lieferbedingungen. Berlin: Beuth Verlag

[DIN18800]   DIN 18800-1: Stahlbauten; Bemessung und Konstruktion/ Achtung: DIN 18800 Teil 1 vom März 1981 gilt noch bis zum Erscheinen einer EN-Norm über die Bemessung und Konstruktion von Stahlbauten. Berlin: Beuth Verlag

[DIN53283]   DIN 53283: Prüfung von Metallklebstoffen und Metallklebungen; Bestimmung der Klebfestigkeit von einschnittig überlappten Klebungen (Zugscherversuch). Berlin: Beuth Verlag

[DINEN719]   DIN EN 719: Schweißaufsicht - Aufgaben und Verantwortung; Deutsche Fassung EN 719: 1994. Berlin: Beuth Verlag

[DINEN729]   DIN EN 729-1 bis -4: Schweißtechnische Qualitätsanforderungen - Schmelzschweißen metallischer Werkstoffe. -1: Richtlinien zur Auswahl und Verwendung; Deutsche Fassung EN 729-1: 1994. -2: Umfassende Qualitätsanforderungen; Deutsche Fassung EN 729-2:1994. -3: Standard-Qualitätsanforderungen; Deutsche Fassung EN 729-3: 1994. -4: Elementar-Qualitätsanforderungen; Deutsche Fassung EN 729-4: 1994. Berlin: Beuth Verlag

[DINEN1044]   DIN EN 1044: Hartlöten - Lotzusätze; Deutsche Fassung EN 1044: 1999. Berlin: Beuth Verlag

[DINEN1045]   DIN EN 1045: Hartlöten - Flußmittel zum Hartlöten – Einteilung und technische Lieferbedingungen; Deutsche Fassung EN 1045: 1997. Berlin: Beuth Verlag GmbH

[DINEN1708]   DIN EN 1708-1: Schweißen - Verbindungselemente beim Schweißen von Stahl - Teil 1: Druckbeanspruchte Bauteile; Deutsche Fassung EN 1708-1: 1999. Berlin: Beuth Verlag

[DINEN22553]   DIN EN 22553: Schweiß- und Lötnähte - Symbolische Darstellung in Zeichnungen (ISO 2553: 1992); Deutsche Fassung EN 22553: 1994. Berlin: Beuth Verlag

[DINEN25817]   DIN EN 25817: Lichtbogenschweißverbindungen an Stahl; Richtlinie für die Bewertungsgruppen von Unregelmäßigkeiten (ISO 5817: 1992); Deutsche Fassung EN 25817: 1992. Berlin: Beuth Verlag

[DINEN29692]   DIN EN 29692: Lichtbogenhandschweißen, Schutzgasschweißen und Gasschweißen, Schweißnahtvorbereitung für Stahl (ISO 9692: 1992); Deutsche Fassung EN 29692: 1994. Berlin: Beuth Verlag

[DINENISO4063] DIN EN ISO 4063: Schweißen und verwandte Prozesse - Liste der Prozesse und Ordnungsnummern (ISO 4063: 1998); Deutsche Fassung EN ISO 4063: 2000. Berlin: Beuth Verlag

[DINENISO9692]   DIN EN ISO 9692-3: Schweißen und verwandte Prozesse - Empfehlungen für Fugenformen - Teil 3: Metall-Inertgasschweißen und
Wofram-Inertgasschweißen von Aluminium und Aluminium-
Legierungen (ISO 9692-3: 2001); Deutsche Fassung EN ISO 9692-3:
2001. Berlin: Beuth Verlag

[DINENISO12224]   DIN EN ISO 12224-1: Massive Lötdrähte und flußmittelgefüllte
Röhrenlote - Festlegungen und Prüfverfahren - Teil 1: Einteilung und
Anforderungen (ISO 12224-1: 1997); Deutsche Fassung EN ISO
12224-1: 1998. Berlin: Beuth Verlag

[DINENISO15982]   DIN EN ISO 15982: Offene Blindniete mit Sollbruchdorn und
Senkkopf - AIA/AIA (ISO 15982: 2002); Deutsche Fassung EN
15982: 2002. Berlin: Beuth Verlag

[DINENISO15983]   DIN EN ISO 15983: Offene Blindniete mit Sollbruchdorn und
Flachkopf - A2/A2 (ISO 15983: 2002); Deutsche Fassung EN ISO
15983: 2002. Berlin: Beuth Verlag

[DINISO857]   DIN ISO 857-1: Schweißen und verwandte Prozesse - Begriffe - Teil
1: Metallschweißprozesse (ISO 857-1: 1998). Berlin: Beuth Verlag

[Ditt77]   Dittmann, B.: Dimensionierung von Spaltlötverbindungen. Feingerä-
te-Tech. 26 (1977), H. 8, S. 357-362

[Ehrl98]   Ehrlenspiel, K.; Kiewert, A.; Lindemann, U.: Kostengünstig Entwickeln und Konstruieren. 2. Aufl. Berlin: Springer 1998

[Eich60]   Eichhorn, F.; Braig, W.: Festigkeitsverhalten von Metallklebverbindungen. Materialprüfung 2 (1960). Nr. 3, S. 79-87

[FKM98]   FKM-Richtlinie (1998) Rechnerischer Festigkeitsnachweis für
Maschinebauteile. 3. Aufl., Forschungskoratorium Maschinebau,
Frankfurt

[Frey53]   Frey, K.: Beiträge zur Frage der Bruchfestigkeit kunstharzverklebter
Metallverbindungen. Schweizer Archiv für angewandte Wissenschaft
und Technik 19 (1953), Nr. 2, S. 33-39

[Gran94]   Grand, J.: Blindniettechnik. Die Bibliothek der Technik, Bd. 97.
Landsberg: Verlag moderne Industrie 1994

[Gran95]   Grand, J.: Stanznieten und Durchsetzfügen. Die Bibliothek der
Technik, Bd. 115. Landsberg: Verlag moderne Industrie 1995

[Gran01]   Grand, J.: Schließringbolzensysteme. Die Bibliothek der Technik, Bd.
216. Landsberg: Verlag moderne Industrie 2001

[ISO6947]   ISO 6947: Schweißnähte; Arbeitspositionen; Begriffe und Winkel-
werte für Nahtneigung und Nahtdrehung (Überarbeitung von ISO
6947: 1980) / Korrigierte Fassung vom Mai 1993. Berlin: Beuth
Verlag GmbH

[Jaco52]   Jacobsmeyer, L.: Hartgelötete Verbindungen. Konstruktion 4 (1952),
H. 9, S. 291

[Klei00]   Klein, B.: Leichbau-Konstruktion. Braunschweig, Wiesbaden: Vieweg 2000

[Köhl76]   Köhler, G.; Rögnitz, H.: Maschinenteile, Teil 1. 5. Aufl. Stuttgart: Teubner 1976

[Kris70]   Krist, T.: Metallkleben. Würzburg: Vogel-Verlag 1970

[Lees84]   Lees, W.A.: „Adhesives in Engineering Design", Springer Verlag 1984, S. 48-55

[Lüde52]   Lüder, E.: Handbuch der Löttechnik. Berlin: VEB Verlag Technik 1952

[Matt63]   Matting, A.; Ulmer, K.: Grenzflächenreaktionen und Spannungsverteilung in Metallklebverbindungen. Kautschuk und Gummi 16 (1963), H. 4, S. 213-224; H. 5, S. 280-290; H. 6. S. 334-345; H. 7. S. 387-396

[Matt69a]   Matting, A.; Brockmann, W.: Stand und Entwicklungstendenzen der Metallklebetechnik. Der Stahlbau 38 (1969), S. 161-169

[Matt69b]   Matting, A.: Metallkleben. Berlin, Heidelberg, New York: Springer 1969

[Merk78]   Geschweißte gewichtsoptimierte I- und Kasten-Profile aus ST 32. Merkblatt der Beratungsstelle für Stahlverwendung. Düsseldorf 1978

[Merk237]   Hartlöten von Stahl. Merkblatt 237 der Beratungsstelle für Stahlverwendung, Düsseldorf 1973

[Merk358]   R-Träger. Merkblatt 358 der Beratungsstelle für Stahlverwendung. Düsseldorf 1974

[Merk361]   Wabenträger. Merkblatt 361 der Beratungsstelle für Stahlverwendung. Düsseldorf 1976

[Merk379]   Schweißgerechtes Konstruieren im Maschinenbau. Merkblatt 379 der Beratungsstelle für Stahlverwendung. Düsseldorf 1975

[Merk382]   Kleben von Stahl. Merkblatt 382, Stahl- Informations- Zentrum, 5. Aufl. Düsseldorf: 1998

[Mewe78]   Mewes, W.: Kleine Schweißkunde für Maschinenbauer. Düsseldorf: VDI-Verlag 1978

[Mezg39]   Mezger, W.: Gestalten von Hartlötstellen. Masch.Bau/Betrieb 18 (1939), H. 23/24, S. 575-578

[Mitt62]   Mittrop, F.: Metallklebverbindungen und ihr Festigkeitsverhalten bei verschiedenen Beanspruchungen, Schweißen und Schneiden 14 (1962), H. 9, S. 394-401

[Müll61]   Müller, H.: Statische Untersuchung von einfach überlappten Leichtmetall-Klebverbindungen. Fertigungstechnik und Betrieb 11 (1961). H. 1. S. 40-44

[Neum65]   Neumann, A.; Müller, R.; Krebs, J.; Fehr, H.P.: Grundlagen der Schweißtechnik, Gestaltung. Berlin: VEB Verlag Technik 1965

[Neum90]	Neumann, A.: Schweißtechnisches Handbuch, Teil 1 bis 3. Düsseldorf: DSV-Verlag 1990
[Niem01]	Niemann, G.; Winter, H.; Höhn, B.R.: Maschinenelemente. Bd. 1. Berlin, Heidelberg: Springer 2001
[Pahl03]	Pahl, G.; Beitz, W.; Feldhusen, J.; Grote, K.-H.: Konstruktionslehre. 5. Aufl. Berlin: Springer 2003
[Peit58]	Peiter, A.: Theoretische Spannungsanalyse an Schrumpfpassungen. Konstruktion 10 (1958), H. 10, S. 411-416
[Scha57]	Schatz, J.: Die metallurgischen Vorgänge zwischen Hartlot und Grundwerkstoffen und Folgerungen für die lötgerechte Konstruktion. Schweißen und Schneiden 9, (1957), H. 12, S. 522-530
[Schli71]	Schliekelmann, R.J.: „Metallkleben - Konstruktion und Fertigung in der Praxis", DVS Verlag 1971, S. 37
[Schl83]	Schlottmann, D.: Konstruktionslehre, Grundlagen. 2. Aufl. Wien, New York: Springer 1983
[Schu92]	Schulze, G.; Krafka, H.; Neumann, P.: Schweißtechnik. Düsseldorf: VDI-Verlag 1992
[Stef72]	Steffens, H.D.; Lange, H.: Zur Tragfähigkeit schwingend beanspruchter Hochtemperaturlötverbindungen. Z. f. Werkstofftechnik/J. of Materials Technology 3 (1972), Nr. 6, S. 296-301
[Toch79]	Tochtermann, W.; Bodenstein, F. Konstruktionselemente des Maschinenbaus, Teil 1. 9. Aufl. Berlin, Heidelberg: Springer 1979
[VDI76]	VDI-Berichte Nr. 258. Praxis des Metallklebens. Düsseldorf: VDI-Verlag 1976
[Wint61]	Winter, H.; Mecklenburg, H.: Bericht über Metallkleb-Forschungsarbeiten am Institut für Flugzeugbau der DLR Braunschweig. Industrieanzeiger (1961), H. 4, S. 364-371
[Zimm66]	Zimmermann, K.-F.: Erforderliche Überlappungslängen von auf Scherung beanspruchten Hartlötstellen. Schweißen und Schneiden 18 (1966), H.9, S. 467-471
[Zimm68]	Zimmermann, K.-F.: Hartlöten; Regeln für Konstruktion und Fertigung. Düsseldorf: Deutscher Verlag für Schweißtechnik
[Zürn66]	Zürn, H.; Nesse, T.: Die metallurgischen Vorgänge beim Weichlöten von Kupfer und Kupferlegierungen und das Festigkeitsverhalten der Lötverbindungen. Metall 20 (1966), H. 11, S. 1144-1151

Kapitel 9

Erhard Leidich

9 Welle-Nabe-Verbindungen

Welle-Nabe-Verbindungen (WNV) gehören mit den Wellen und Rädern zu den historisch ältesten Maschinenelementen. Die sehr unterschiedlichen technischen Anforderungen haben zu einer außerordentlich großen Vielfalt geführt. Ein geeignetes Hilfsmittel zur aufgabenspezifischen Auswahl sind Konstruktionskataloge, die speziell für Welle-Nabe-Verbindungen von Kollmann [Kol84] erstellt wurden. Die Konstruktionskataloge beinhalten aber bisher nur technische Auswahlkriterien. Die ebenfalls sehr wichtigen Kostenvergleiche fehlen und müssen daher vom Anwender eigenständig durchgeführt werden. Dabei sind die rasanten Fortschritte bei den Fertigungstechnologien zu berücksichtigen, die bisher scheinbar unwirtschaftliche Ausführungsformen stärker in den Vordergrund rücken (z.B. Polygonverbindungen). Eine diesbezügliche Entscheidungsunterstützung bieten die von Ehrlenspiel in Abhängigkeit von der Losgröße für Welle-Nabe-Verbindungen erstellten Relativkostendiagramme [Ehr90].

9.1 Funktion

Im Sinne der in der Konstruktionslehre üblichen Klassifizierung der Funktionen ist die Welle-Nabe-Verbindung der Funktion „Drehmoment Leiten" zuzuordnen. Entsprechend der stofflich-geometrischen Ausbildung der Verbindung erfolgt die Übertragung des Drehmomentes von der Welle auf die Nabe (oder umgekehrt) ohne weitere oder mit Hilfe von zusätzlich angeordneten Bauteilen. Die meisten in der Praxis eingesetzten Welle-Nabe-Verbindungen müssen auch Biegemomente aufnehmen. Diese resultieren vorrangig aus nicht fluchtenden Wellen und asymmetrischer Krafteinleitung. Die Übertragung des Biegemomentes von der Welle auf die Nabe erfolgt oberflächlich betrachtet rein formschlüssig. Neuere Untersuchungen zeigen jedoch, dass ein Teil des Biegemomentes auch reibschlüssig übertragen wird, was bei der Auslegung zwingend zu berücksichtigen ist.

Im Folgenden werden die Welle-Nabe-Verbindungen nach der *Schlussart* in dem oder den Wirkflächenpaar(en) gegliedert. Bei *formschlüssigen Verbindungen* werden die äußeren Lasten durch Normalkräfte in den Wirkflächenpaaren übertragen. Bei *reibschlüssigen Verbindungen* erfolgt dagegen die Übertragung der äußeren Kräfte mittels Reibungskräften, die in Tangentialebenen zu den zylindrischen und konischen Wirkflächen angreifen. Schließlich ist der *Stoffschluss* dadurch gekennzeichnet, dass - meist mittels Zusatzwerkstoff - eine unlösbare materielle Verbindung zwischen Welle und Nabe besteht.

9.2 Formschlüssige Welle-Nabe-Verbindungen

Die Einteilung der formschlüssigen Welle-Nabe-Verbindungen erfolgt im wesentlichen mit Hilfe von geometrischen Merkmalen. Wie Tabelle 9.1. zeigt, wird zwischen unmittelbarem und mittelbarem Formschluss unterschieden. Bei unmittelbarem Formschluss sind die Wirkflächenpaare von Welle und Nabe so gestaltet, dass sich darin die Normalkräfte ohne zusätzliche Übertragungsglieder aufbauen können. Dagegen werden bei mittelbarem Formschluss ein - gelegentlich auch mehrere - Übertragungsglieder zwischengeschaltet.

Formschlüssige Welle-Nabe-Verbindungen sind trotz ihrer eingeschränkten dynamischen Belastbarkeit wegen der einfachen Montage nach wie vor in der Praxis weit verbreitet. Im Gegensatz zu den reibschlüssigen Welle-Nabe-Verbindungen werden diese Verbindungen mit einer Spiel- oder Übergangspassung gefügt und sind somit nach der Montage weitgehend spannungsfrei. Ohne zusätzliche konstruktive Maßnahmen (z.B. axiale Anschläge oder Sicherungen) können sie daher im Wesentlichen nur Umfassungskräfte übertragen. Eine Ausnahme stellt der Querstift dar, der aber in der Praxis eher selten vorkommt.

Tabelle 9.1. Einteilung der formschlüssigen Welle-Nabe-Verbindungen, [Kol84]

Art des Formschlusses	Lage der Mitnehmer zur Wellenachse	Krümmung der Wirkflächen der Mitnehmer	Lage der Wirkflächen zur Symmetrie der Mitnehmer	Bezeichnung	Skizze
Unmittelbar	Parallel	Eben	Parallel	Keilwelle	
			Geneigt	Kerbzahnwelle	
		Zylindrisch	Geneigt	Evolventen-profilwelle	
			Senkrecht	Polygonprofil	
Mittelbar	Parallel	Eben	Parallel	Paßfeder	
		Kreiszylindrisch	Parallel	Längsstift	
	Senkrecht	Kreiszylindrisch	Parallel	Querstift	

9.2.1 Stift-Verbindungen

Stift-Verbindungen werden basierend auf der Anordnung des Wirkflächenpaares zur Achse der Welle senkrecht oder parallel unterschieden in Querstift- oder Längsstiftverbindungen. Die Stifte sind in unterschiedlichen Formen (z.B. zylindrisch, kegelig, massiv, hohl, geschlitzt und gekerbt) und Werkstoffen (Stähle, Nicht- Eisenmetalle und Kunststoffe) auf dem Markt und weitgehend auch genormt (Abb. 9.1.). Sie dienen z.B. zur Befestigung von Naben, Rädern und Ringen auf Achsen und Wellen, zur Halterung von Federn, Riegeln und Hebeln sowie zur Lagesicherung (z.B. Zentrierung) von Bauteilen. Insbesondere Querstiftverbindungen eignen sich aber nur zur Übertragung kleiner Drehmomente. Eine exakte Berechnung der Stiftverbindungen ist aufwändig und schwierig, da der Stift als elastisch gebetteter Träger unter örtlich veränderlicher Flächenlast aufgefasst werden muss. Um den Aufwand für die Praxis zu begrenzen, werden elementare Rechenmodelle verwendet und die dadurch bedingten Unsicherheiten in den zulässigen Spannungswerten berücksichtigt.

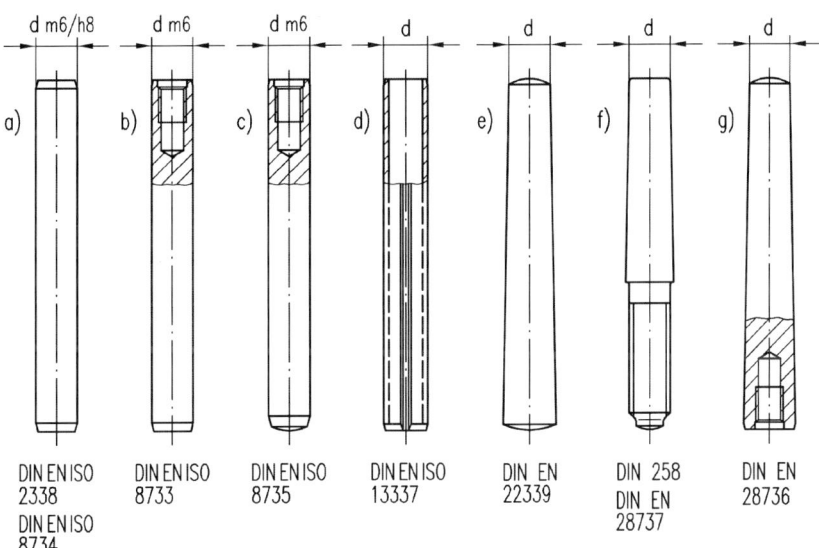

Abb. 9.1. Genormte Zylinder- und Kegelstifte, Zylinderstifte: **a** Zylinderstift m6, **b** Zylinderstift mit Innengewinde, **c** gehärteter Zylinderstift m6, **d** Spannstift; Kegelstifte mit Kegel 1:50, **e** Kegelstift, **f** Kegelstift mit Gewindezapfen, **g** Kegelstift mit Innengewinde

9.2.1.1 Querstiftverbindungen

Die Auslegung der Querstift-Verbindungen erfolgt nach dem in Abb. 9.2. gezeigten elementaren Modell. Demnach wird zwischen Welle und Stift ein dreieckförmiger und zwischen Nabe und Stift ein linearer Flächenpressungsverlauf angenommen. Daraus ergeben sich zur Berechnung der Flächenpressung folgende Gleichungen:

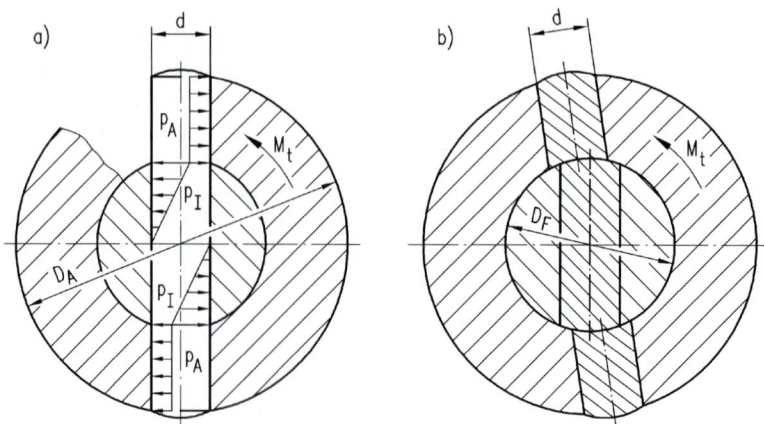

Abb. 9.2. Querstift unter Drehmoment, a) Flächenpressung in Welle und Nabe; b) Abscheren des Stiftes

$$p_{I\,max} = \frac{6 \cdot M_t}{D_F^2 \cdot d} \qquad (9.1)$$

und

$$p_A = \frac{4 \cdot M_t}{d \cdot (D_A + D_F) \cdot (D_A - D_F)} = \frac{4 \cdot M_t}{d \cdot (D_A^2 - D_F^2)} \qquad (9.2)$$

Darüber hinaus wird der Stift durch das Drehmoment auf Abscheren (Abb. 9.2.) beansprucht. Für die Schubspannung τ im gefährdeten Querschnitt gilt

$$\tau = \frac{4 \cdot M_t}{d^2 \cdot \pi \cdot D_F} \qquad (9.3)$$

Die zulässigen Spannungen werden im folgenden Abschnitt angegeben.

9.2.1.2 *Längsstiftverbindungen*

Längsstiftverbindungen sind in der Praxis bisher wenig verbreitet. Man findet sie allenfalls in Bereichen, wo nur wenig Bauraum für den Mitnehmer zur Verfügung steht, z.B. bei Extruderschnecken. Zu Passfederverbindungen vergleichbare Forschungsarbeiten existieren nicht. Allerdings hat Birkholz [Bir04] nachgewiesen, dass aufgrund der runden Form die Kerbspannungen deutlich kleiner als bei Passfederverbindungen sind. Trotzdem ist eine stärkere Marktdurchdringung derzeit nicht erkennbar.

Die Berechnung der Flächenpressung und der Schubspannung basiert auf dem in Abb. 9.3. dargestellten Rechenmodell.

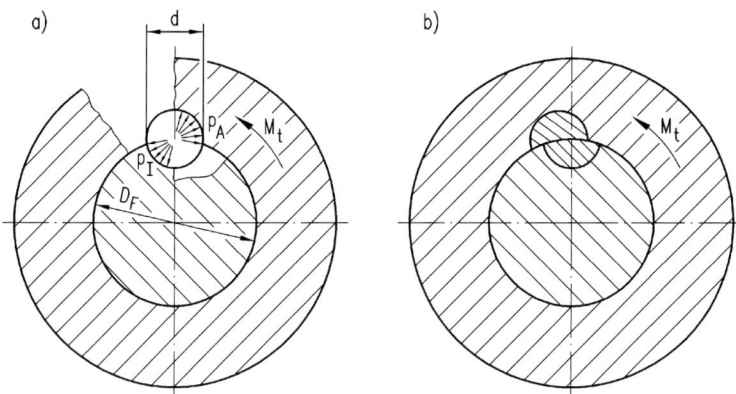

Abb. 9.3. Längsstiftverbindung unter Drehmoment; a) Flächenpressung in Welle und Nabe, b) Abscheren des Stifts

Durch das Drehmoment werden die Lochwandungen auf Flächenpressung beansprucht. Diese berechnet sich aus der in der Fuge wirkenden Umfangskraft und der Projektionsfläche der Lochwand ($0,5 \cdot d \cdot l$) wie folgt

$$p_{\mathrm{I}} = p_{\mathrm{A}} = p = \frac{4 \cdot M_{\mathrm{t}}}{d \cdot l \cdot D_{\mathrm{F}}} \qquad (9.4)$$

l = tragende Stiftlänge
Für die Schubspannung im gefährdeten Querschnitt gilt

$$\tau = \frac{2 \cdot M_{\mathrm{t}}}{d \cdot l \cdot D_{\mathrm{F}}} = \frac{p}{2} \qquad (9.5)$$

Tabelle 9.2. enthält die in [Dec98] empfohlenen Erfahrungswerte für die zulässigen Spannungen. Darüber hinaus gehende Empfehlungen sind in [NiWi01] enthalten.
Die Welle ist zusätzlich auf Gestaltfestigkeit nachzurechnen. Kerbwirkungszahlen für quergebohrte Wellen sind in [DIN743] enthalten. Für Längsstiftverbindungen sind keine Kerbwirkungszahlen bekannt.

9.2.2 Passfeder-Verbindungen

Passfederverbindungen sind wegen ihrer einfachen Montage und Demontage in der Praxis weit verbreitet. Das Zwischenglied Passfeder (PF) dient zur formschlüssigen Übertragung der aus dem Drehmoment resultierenden Umfangskräfte. Die Passfeder wird über eine Nut in die Welle eingepasst, wobei die Herstellung der Nut durch einen Finger- oder Scheibenfräser (Auslauf beachten) erfolgen kann. Die Nut in der Nabe weist einen rechteckförmigen Querschnitt auf und ist immer durchgehend (Abb. 9.4.).

Tabelle 9.2. Zulässige Beanspruchungen in N/mm^2 für Stift-Verbindungen (nach [Dec98])

Bauteilwerkstoff		Lastfall	Presssitz glatter Stifte		
neu	alt		p	σ_b	τ
S235 JR	St 37 - 2		98		
E 295	St 50 - 2		104		
GExxx[1]	GS		83		
EN-GJL-xxx[1]	GG	ruhend	68	190	80
CuSn, CuZn	CuSn, CuZn		40		
EANW2xxx[2]	AlCuMg		65		
ENAW4xxx[2]	AlSi		45		
S235 JR	St 37 - 2		72		
E 295	St 50 - 2		76		
GExxx[*)1]	GS		62		
EN-GJL-xxx[1]	GG	schwellend	52	145	60
CuSn, CuZn	CuSn, CuZn		29		
EANW2xxx[2]	AlCuMg		47		
ENAW4xxx[2]	AlSi		33		
S235 JR	St 37 - 2		36		
E 295	St 50 - 2		38		
GExxx[1]	GS		31		
EN-GJL-xxx[1]	GG	wechselnd	26	75	30
CuSn, CuZn	CuSn, CuZn		14		
EANW2xxx[2]	AlCuMg		23		
ENAW4xxx[2]	AlSi		16		

z.B. Streckgrenze[1], chemische Zusammensetzung kodiert[2]

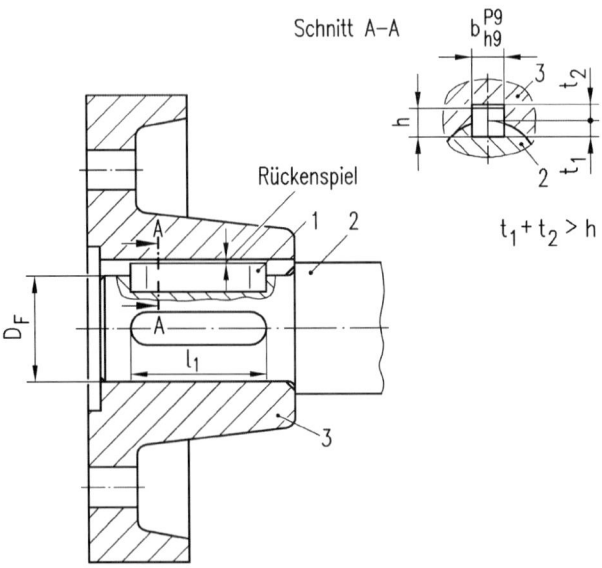

Abb. 9.4. Passfederverbindung: 1 Passfeder, 2 Welle, 3 Nabe

Zwischen dem Passfederrücken und dem Nutgrund der Nabe ist ein Spiel (Rückenspiel!) vorhanden. Die Flanken der Passfeder stehen mit der Welle und der Nabe in Kontakt, d.h. die Breite der Passfeder und die Breite der Nut in der Welle sowie in der Nabe müssen somit toleriert sein. Soll z.B. die Nabe auf der Welle verschoben werden können, so muss die Passfeder eine Gleitfeder und die Passung zwischen Passfeder und Nabennut eine Spielpassung sein.

Die Passfederformen sowie die Verknüpfung von Wellendurchmesser D_F und Passfederquerschnitt $b \cdot h$ sind in [DIN6885] festgelegt und in Abb. 9.5. sowie auszugsweise in Tabelle 9.3. zusammengestellt.

Tabelle 9.3. Abmessungen von Passfedern, Teil1, alle Angaben in mm

b x h	Für Wellendurchmesser		Hohe Form			Hohe Form für Werkzeugmaschinen	
	d		t_1	t_2		t_1	t_2
	über	bis		mit Rückenspiel	mit Übermaß		
2x2	6	8	1,2+0,1	1,0+0,1	0,5+0,1		
3x3	8	10	1,8+0,1	1,4+0,1	0,9+0,1		
4x4	10	12	2,5+0,1	1,8+0,1	1,2+0,1	3 +0,1	1,1+0,1
5x5	12	17	3,0+0,1	2,3+0,1	1,7+0,1	3,8+0,1	1,3+0,1
6x6	17	22	3,5+0,1	2,8+0,1	2,2+0,1	4,4+0,1	1,7+0,1
8x7	22	30	4,0+0,2	3,3+0,2	2,4+0,2	5,4+0,2	1,7+0,2
10x8	30	38	5,0+0,2	3,3+0,2	2,4+0,2	6 +0,2	2,1+0,2
12x8	38	44	5,0+0,2	3,3+0,2	2,4+0,2	6 +0,2	2,1+0,2
14x9	44	50	5,5+0,2	3,8+0,2	2,9+0,2	6,5+0,2	2,6+0,2
16x10	50	58	6,0+0,2	4,3+0,2	3,4+0,2	7,5+0,2	2,6+0,2
18x11	58	65	7,0+0,2	4,4+0,2	3,4+0,2	8 +0,2	3,1+0,2
20x12	65	75	7,5+0,2	4,9+0,2	3,9+0,2	8 +0,2	4,1+0,2
22x14	75	85	9,0+0,2	5,4+0,2	4,4+0,2	10 +0,2	4,1+0,2
25x14	85	95	9,0+0,2	5,4+0,2	4,4+0,2	10 +0,2	4,1+0,2
28x16	95	110	10,0+0,2	6,4+0,2	5,4+0,2	11 +0,2	5,1+0,2
32x18	110	130	11,0+0,2	7,4+0,2	6,4+0,2	13 +0,2	5,2+0,2
36x20	130	150	12,0+0,3	8,4+0,3	7,1+0,3	13,7+0,3	6,5+0,3
40x22	150	170	13,0+0,3	9,4+0,3	8,1+0,3	14 +0,3	8,2+0,3
45x25	170	200	15,0+0,3	10,4+0,3	9,1+0,3		
50x28	200	230	17,0+0,3	11,4+0,3	10,1+0,3		
56x32	230	260	20,0+0,3	12,4+0,3	11,1+0,3		
63x32	260	290	20,0+0,3	12,4+0,3	11,1+0,3		
70x36	290	330	22,0+0,3	14,4+0,3	13,1+0,3		
80x40	330	380	25,0+0,3	15,4+0,3	14,1+0,3		
90x45	380	440	28,0+0,3	17,4+0,3	16,1+0,3		
100x50	440	500	31,0+0,3	19.4+0,3	18,1+0,3		

Tabelle 9.3. Teil 2 (Fortsetzung)

b x h	Für Wellen-durchmesser		Niedrige Form		
	d		t_1	t_2	
				mit Rücken-spiel	mit Übermaß
	über	bis			
5x3	12	17	1,9+0,1	1,2+0,1	0,8+0,1
6x4	17	22	2,5+0,1	1,6+0,1	1,1+0,1
8x5	22	30	3,1+0,2	2 +0,1	1,4+0,1
10x6	30	38	3,7+0,2	2,4+0,1	1,8+0,1
12x6	38	44	3,9+0,2	2,2+0,1	1,6+0,1
14x6	44	50	4 +0,2	2,1+0,1	1,4+0,1
16x7	50	58	4,7+0,2	2,4+0,1	1,7+0,1
18x7	58	65	4,8+0,2	2,3+0,1	1,6+0,1
20x8	65	75	5,4+0,2	2,7+0,1	2 +0,1
22x9	75	85	6 +0,2	3,1+0,2	2,4+0,1
25x9	85	95	6,2+0,2	2,9+0,2	2,2+0,1
28x10	95	110	6,9+0,2	3,2+0,2	2,4+0,1
32x11	110	130	7,6+0,2	3,5+0,2	2,7+0,1
36x12	130	150	8,3+0,2	3,8+0,2	3 +0,1

bei festem Sitz: Wellennut b P9, Nabennut b P9
bei leichtem Sitz: Wellennut b J9, Nabennut b N9

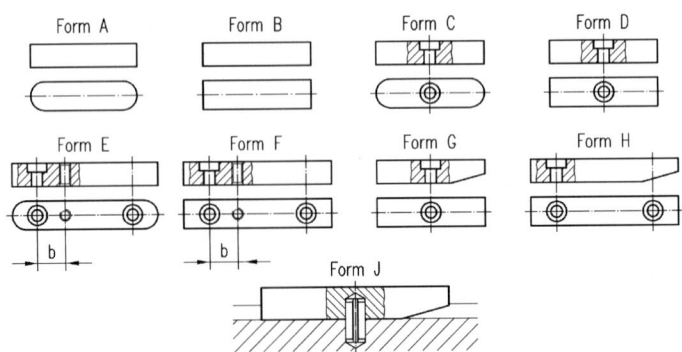

Form A rundstirnig ohne Halteschraube, Form B geradstirnig ohne Halteschraube, Form C rundstirnig für Halteschraube, Form D geradstirnig für Halteschraube, Form E rundstirnig für zwei Halteschrauben und eine oder zwei Abdrückschrauben ab 12 x 8, Form F geradstirnig für zwei Halteschrauben und eine oder zwei Abdrückschrauben, Form G geradstirnig mit Schrägung und für Halteschraube, Form H geradstirnig mit Schrägung und für zwei Halteschrauben, Form J geradstirnig mit Schrägung und für Spannhülse

Abb. 9.5. Unterschiedliche Passfederformen nach [DIN6885]

Passfederverbindungen eignen sich zur Übertragung kleinerer und mittlerer meist konstanter Drehmomente. Sie eignen sich nicht für stoßartige und wechselnde Drehmomente, weil diese ein Ausschlagen der Passfedernut bewirken können. Reibschlüssige Welle-Nabe-Verbindungen sind dafür besser geeignet.

Berechnung

Flächenpressung an den Kontaktstellen

Die Berechnung von Passfederverbindungen ist in DIN 6892 [DIN6892] genormt. Basierend auf umfangreichen Forschungsarbeiten [Old99] erfasst diese Norm erstmals die tatsächlichen Beanspruchungs- und Versagenskriterien. Der Festigkeitsnachweis kann, gemäß der Genauigkeit bzw. Zuverlässigkeit des Verfahrens, nach den drei Methoden A, B und C geführt werden.

Methode A:
Es handelt sich hierbei um einen experimentellen Festigkeitsnachweis am Bauteil unter Praxisbedingungen und/oder um eine umfassende rechnerische Beanspruchungsanalyse der kompletten Pressverbindung, bestehend aus Welle, Passfeder und Nabe.

Methode B:
Die Auslegung erfolgt aufgrund einer genaueren Berücksichtigung der auftretenden Flächenpressung. Außerdem wird ein Festigkeitsnachweis für die Welle nach dem Nennspannungskonzept geführt.

Methode C:
Überschlägige Berechnung der Flächenpressung und daraus resultierender Abschätzung für die Wellenbeanspruchung.

Methode C setzt eine konstante Flächenpressung entlang der Passfederlänge voraus. Für i möglichst gleichmäßig am Umfang angeordnete Passfedern folgt für das übertragbare Drehmoment.

$$M_\mathrm{t} = \frac{D_\mathrm{F}}{2} \cdot \left(h - t_1\right) \cdot l_\mathrm{tr} \cdot i \cdot \varphi \cdot p_\mathrm{zul} \tag{9.6}$$

l_tr : tragende Passfederlänge (ohne Rundungen), $l_\mathrm{tr} \leq 1{,}3 \cdot D_\mathrm{F}$

h, t_1 gemäß Abb. 9.4.

Da bei $i > 1$ ein auf Fertigungsabweichungen beruhendes ungleichmäßiges Tragen im Allgemeinen nicht zu vermeiden ist, wird dafür der Faktor φ eingeführt.

$\varphi = 1$ für $i = 1$

$\varphi = 0{,}75$ für $i > 1$

Es empfiehlt sich bei $i > 1$ stets einen weniger festen Werkstoff für die Federn zu verwenden, da dann schon durch geringes Fließen des Federwerkstoffes eine Vergleichmäßigung des Tragens eintritt. Die Anzahl der Passfedern sollte nicht größer als $i = 2$ sein, weil sonst die Beanspruchung der einzelnen Federn zu unterschiedlich ist. Lässt sich das Drehmoment nicht mit $i = 2$ Passfedern übertragen, dann muss eine andere formschlüssige Welle-Nabe-Verbindung (z.B. eine

Profilwellenverbindung, Abschnitt 9.2.3) vorgesehen werden. Die zulässige Flächenpressung beträgt:

$$p_{zul} = 0,9 \cdot R_{e\ min} \qquad (9.7)$$

$R_{e\ min}$ ist das Minimum der Streckgrenzen von Wellen-, Naben- und Passfederwerkstoff. Für Grauguss-Naben ist R_m anstelle von R_e zu verwenden.

Das Gleichung (9.6) zugrunde liegende Berechnungsmodell ist nur eine grobe Approximation der Beanspruchungen von Passfeder-Verbindungen. Durch die unterschiedlichen Steifigkeiten von Welle, Passfeder und Nabe liegt in Wirklichkeit ein sehr komplexes dreidimensionales Kontaktproblem vor, für das bis heute trotz Einsatz numerischer Berechnungsverfahren noch keine allgemeingültige Lösung ermittelt werden konnte.

Mit Hilfe theoretischer und spannungsoptischer Untersuchungen hat Militzer [Mil75] ein verbessertes Berechnungsverfahren entwickelt. Er vernachlässigt zwar ebenfalls die Reibung zwischen Welle und Nabenbohrung und setzt elastische Verformungen aller Elemente voraus. Wie Abb. 9.6. zeigt, entspricht die Lösung seines Rechenmodells deutlich besser den gemessenen Werten als Gl. (9.6). Die Streckenlast an der Passfederflanke weist infolge der gegenüber der Welle größeren Steifigkeit der Nabe am Welleneingang in die Nabe ein Maximum auf und nimmt mit zunehmender Entfernung von der Nabenkante ab. Militzer ermittelte bei den von ihm untersuchten Verbindungen eine um ca. 50% höhere max. Flächenpressung als mit dem elementaren Berechnungsmodell.

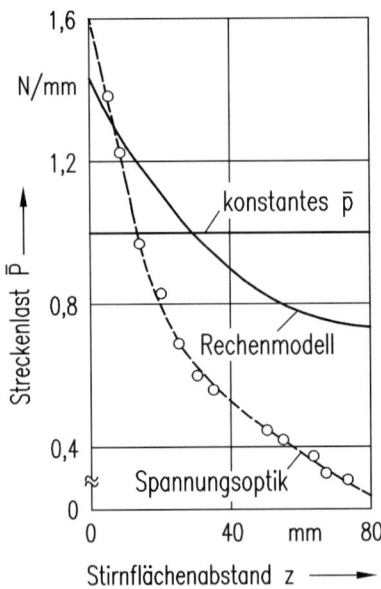

Abb. 9.6. Berechnete und spannungsoptisch gemessene Streckenlast an einer Passfeder-Verbindung A 14x 9 x 80 DIN 6885 (nach [Mil75])

In [DIN6892] (Methode B) wird die inhomogene Lastverteilung entlang der Passfederflanke durch einen Lastverteilungsfaktor berücksichtigt. Das Berechnungsverfahren nach dieser Methode kann hier aus Platzgründen nicht wiedergegeben werden. Als Gestaltungshinweis zeigt Abb. 9.7. drei Beispiele für Lastein- bzw. ableitung bei Passfederverbindungen mit von rechts nach links gleichmäßigerer Flankenpressung über der tragenden Passfederlänge. Anzustreben ist demnach die so genannte Momentendurchleitung gemäß Abb. 9.7. links.

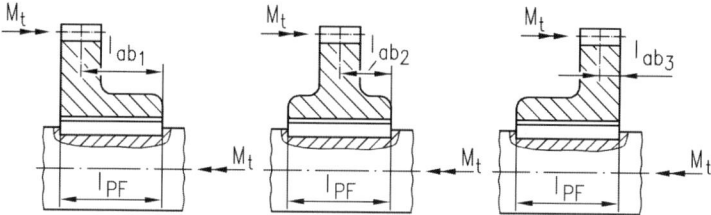

Abb. 9.7. Ein- bzw. Ableitung des Drehmomentes (nach [Mil75])

Gestaltfestigkeit
Nach Untersuchungen von [Old99] und [LeiF04] ist bei Passfederverbindungen mit schwellender Torsionsbelastung oder mit Umlaufbiegebelastung die Versagensursache Schwingungsverschleiß im Passfedernutendbereich. Dieser führt zu Anrissen an den kaltverschweißten Oberflächen der Nutwand (Abb. 9.8.).

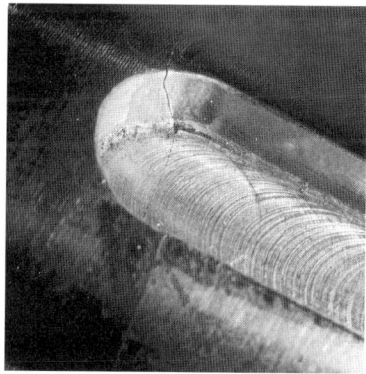

Abb. 9.8. Axiale Risslage (links) und Anrissbereich an der Nutwand (rechts) bei Umlaufbiegung und phasengleicher schwellender Torsion

Die Rissentstehung ist auf die zwischen Passfedernutwand und Passfeder auftretenden Mikrogleitbewegungen zurückzuführen, die in Verbindung mit den dort wirkenden Normalkräften bzw. Reibschubspannungen einen adhäsiv-abrasiven Schichtverschleiß bewirken.

Für den Gestaltfestigkeitsnachweis der Welle kann mit den in [DIN743] angegebenen Kerbwirkungszahlen gerechnet werden (Tabelle 9.4). Die Angaben beziehen sich auf schwellende Torsion und Umlaufbiegung.

Tabelle 9.4. Kerbwirkungszahlen $\beta_{\sigma,\tau}(d_{BK})$ für Passfederverbindungen mit Passfederform A (Auszug aus [DIN743])

Wellen- und Nabenform	$\sigma_B(d)\ in\ N/mm^2$								
	400	500	600	700	800	900	1000	1100	1200

$\beta_\sigma(d_{BK})$	$2,1^{1)}$	$2,3^{1)}$	$2,5^{1)}$	$2,6^{1)}$	$2,8^{1)}$	$2,9^{1)}$	$3,0^{1)}$	$3,1^{1)}$	$3,2^{1)}$

$$\beta_\sigma(d_{BK}) \approx 3,0 \cdot \left(\sigma_B(d)/\left(1000\,N/mm^2\right)\right)^{0,38}$$

$\beta_\tau(d_{BK})$	1,3	1,4	1,5	1,6	1,7	1,8	1,8	1,9	2,0

$$\beta_\tau(d_{BK}) \approx 0,56 \cdot \beta_\sigma(d_{BK}) + 0,1$$

Bei zwei Passfedern ist die Kerbwirkungszahl $\beta_{\sigma,\tau}$ mit dem Faktor 1,15 zu erhöhen (Minderung des Querschnittes):

$$\beta_{\sigma(2\,Passfedern)} = 1,15 \cdot \beta_\sigma$$

Zug:	$\sigma_n = 4 \cdot F / \left(\pi \cdot d^2\right)$	Bezugsdurchmesser $d_{BK} = 40\ mm$
Bie-gung:	$\sigma_n = 32 \cdot M_b / \left(\pi \cdot d^3\right)$	Einflussfaktor der Oberflächenrauheit: $K_{F\sigma} = 1$ oder $K_{F\tau} = 1$ Biege- oder Torsionsmoment wird auf die Nabe übertragen.
Torsion:	$\tau_n = 16 \cdot M_t / \left(\pi \cdot d^3\right)$	Die Kerbwirkungszahlen gelten für die Enden des Nabensitzes.

[1] Die angegebenen β_σ-Werte gelten für $\tau_{tm}/\sigma_{ba} = 0,5$. Es sind Richtwerte. Abhängig von der Passung, der Wärmebehandlung (z.B. einsatzgehärtete Welle) und den Abmessungen der Nabe können Abweichungen entstehen. Für $\tau_{tm}/\sigma_{ba} > 0,5$ sinken die Kerbwirkungszahlen. Bei reiner Umlaufbiegung sind dagegen Erhöhungen von β_σ um den Faktor 1,3 möglich.

Bezüglich weiterer Angaben zur Gestaltfestigkeit und zu Einflussfaktoren siehe [DIN6892] sowie [Old99] und [LeiF04]. Abschließend zu dieser Thematik ist noch darauf hinzuweisen, dass eine überlagerte Presspassung zwar die Montage und Demontage erschwert, die Gestaltfestigkeit aber positiv beeinflusst. Im günstigsten Fall wird die Gestaltfestigkeit einer Pressverbindung erreicht.

Gestaltung

Über die bereits oben diskutierte Kraftein- bzw. -ausleitung hinaus sind bei Passfederverbindungen weitere Gestaltungsmerkmale von Bedeutung.

a) Passfederform B (PF ohne Rundungen) günstiger als A

b) Scheibenfräsernut hat einen ähnlich positiven Einfluss auf die Kerbwirkungszahl wie Form B

c) Bei abgesetzten Wellen Nut bis in den Wellenabsatz ziehen (vgl. [DIN6892])

d) Einsatzhärten der Welle führt zu einer merklichen Reduzierung der Kerbwirkungszahlen. Die Dauerfestigkeit ist aber zumindest geringfügig größer als bei nicht gehärteten Wellen.

9.2.3 Profilwellenverbindungen

9.2.3.1 Keil- und Zahnwellenverbindungen

Diese Verbindungen sind den unmittelbaren Formschlussverbindungen zuzuordnen. Da beide Verbindungsarten ähnliche geometrische Formen aufweisen und auch gleichartig beansprucht werden, kann die festigkeitsmäßige Auslegung nach dem gleichen von Dietz [Die78] aufgestellten Verfahren erfolgen.

Bei den *Keilwellen* wird das Drehmoment über mehrere gerade, parallele Seitenflächen übertragen. Eine Keilform liegt nicht vor. Der Begriff *Keil* ist vielmehr abgeleitet aus der ehemaligen Bezeichnung „Keile ohne Anzug" für Passfedern. Im Prinzip handelt es sich bei Keilwellen-Verbindungen um Passfeder-Verbindungen mit mehreren Federn bzw. Mitnehmern. Die Mitnehmer sind symmetrisch angeordnet und grundsätzlich geradzahlig, wodurch eine einseitige Nabenmitnahme wie bei den Passfeder-Verbindungen vermieden wird. Im allgemeinen Maschinenbau werden die Keilwellenprofile nach [DINISO14] mit den Keilzahlen 6, 8 und 10 und [DIN5464] mit den Keilzahlen 10, 16 und 20 (Abb. 9.9.) eingesetzt, jeweils im Außendurchmesserbereich von 14 bis 125 mm.

Die Festigkeitsberechnung erfolgt in Analogie zu den Zahnwellen-Verbindungen entweder vereinfacht in Anlehnung an die Passfedernorm [DIN6892] oder nach den genaueren Ansätzen von Dietz, Schäfer und Wesolowski, wie sie in [DIN5466] wiedergegeben sind.

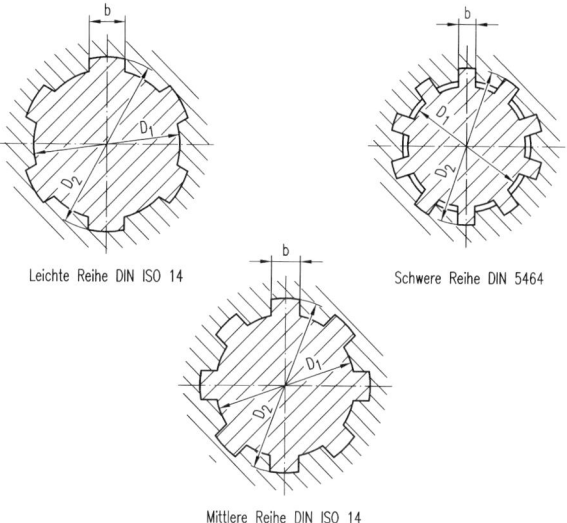

Abb. 9.9. Keilwellen-Verbindungen

Bezüglich der Zentrierung der Welle in der Nabe wird zwischen Innenzentrierung und Flankenzentrierung unterschieden (Abb. 9.10.).

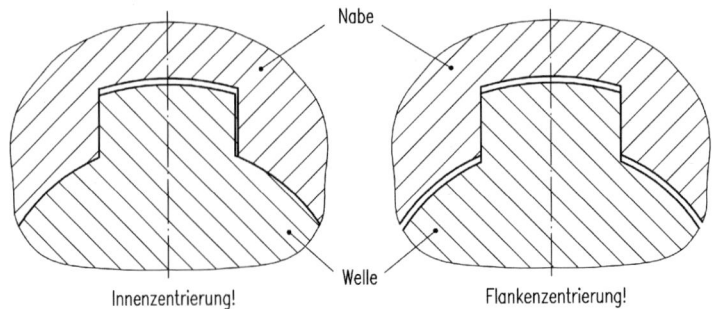

Abb. 9.10. Zentrierung bei Keilwellenverbindungen

Mit Innenzentrierung erreicht man einen guten Rundlauf. Sie wird daher vorzugsweise im Werkzeugmaschinenbau angewendet. Die Flankenzentrierung gewährleistet ein kleines Verdrehspiel und wird deshalb besonders für wechselnde und stoßartige Drehmomente vorgesehen. Die Passung kann bei diesen im Bereich Spielpassung (Laufsitz!) bis Übermaßpassung (Festsitz!) liegen. Eine häufige Anwendung der Keilwelle ist auch die Zapfwelle an Landmaschinen u.Ä., siehe dazu auch [ISO500].

Die Herstellung der Keilwellenprofile erfolgt bei Einzelfertigung durch Scheibenfräser, bei Serienfertigung die Nabenverzahnung durch Räumen oder Wälzstoßen, dagegen die Wellenverzahnung durch Wälzfräsen. Bei der Wellengestaltung ist zu beachten, dass sich gemäß Abb. 9.11. an die eigentliche Fräslänge eine Auslauflänge für den Fräser anschließt!

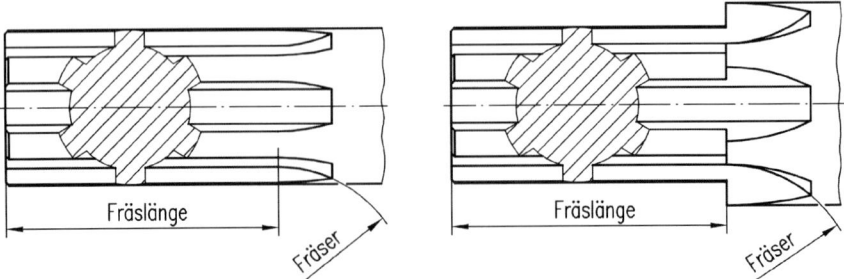

Abb. 9.11. Fräserauslauf bei Keilwellen

Zahnwellen-Verbindungen bestehen aus einer außenverzahnten Welle und einer innenverzahnten (negative Profilierung) Nabe. Nach der Geometrie der Verzahnung werden *Kerbzahnprofile* mit dreiecksförmigem Querschnitt der Zähne (siehe [DIN5481]) und *Evolventen-Zahnprofile* mit Evolventenkontur der Zähne unterschieden. Im Gegensatz zu den evolventischen Laufverzahnungen ist die Zahnwellen-Verbindung durch einen Flächenkontakt der Zahnflanken charakterisiert. Zahnwellen eignen sich auch zur Übertragung wechselnder und stoßartiger

Drehmomente, weil die Zahngrundausrundung eine kleinere Kerbwirkung bewirkt als bei Passfederverbindungen. Zahnwellen-Verbindungen sind nicht zum Ausgleich von Winkelfehlern vorgesehen, für diese Aufgabe ist die Bogenzahnkupplung geeignet.

Zahnwellen-Verbindungen mit Evolventenflanken sind in [DIN5480] und [ISO4156] genormt. Der Eingriffswinkel beträgt vorzugsweise 30° und die Zahnhöhe beträgt einmal Modul. Das Bezugsprofil für diese Zahnwellen ist in Abb. 9.12. dargestellt. Die daraus resultierenden Profile von Welle und Nabe zeigt Abb. 9.13.

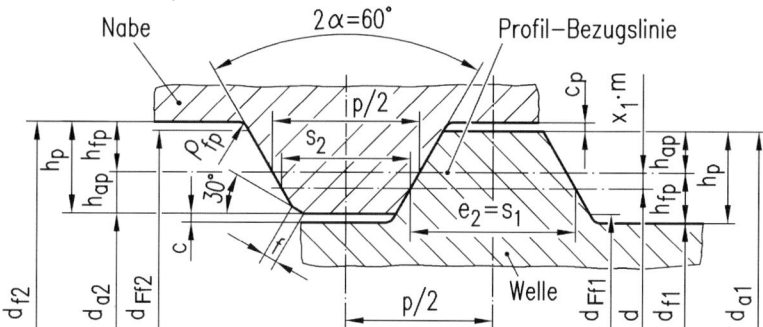

Abb. 9.12. Bezugsprofil für Zahnwellen mit Evolventenflanken (nach [DIN5480])

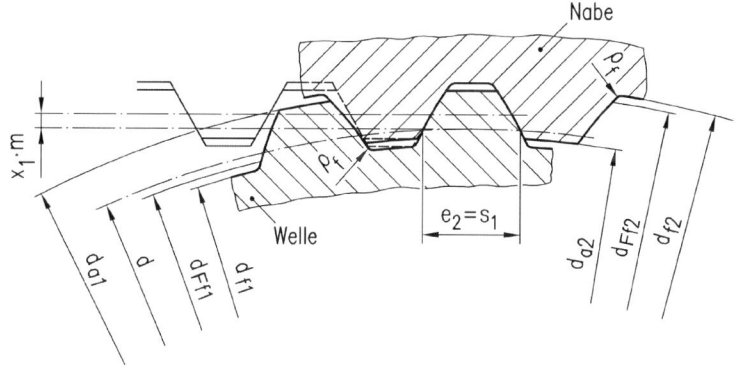

Abb. 9.13. Profilform von Welle und Nabe für Zahnwellen (nach [DIN5480])

Im Normalfall sind Welle und Nabe flankenzentriert. Die Zahnflanken dienen dann sowohl zur Mitnahme als auch zur Zentrierung, die allerdings hier weniger genau ist als bei der Passfederverbindung. Bei Innen- oder Außenzentrierung dient die Verzahnung nur zur Mitnahme. Durch die gleichzeitig vorhandene Flankenzentrierung kommt es zur Doppelpassung und ggf. Klemmen der Verbindung. Dies kann durch ein vergrößertes Flankenspiel vermieden werden, was aber bei Torsionswechselbeanspruchung zu Relativbewegungen zwischen Welle und Nabe und entsprechendem Verschleiß führt. Grundsätzlich sollten Torsionswechselbeanspruchungen und Querkräfte von Zahnwellen-Verbindungen fern gehalten werden. Der große Vorteil gegenüber reibschlüssigen Verbindungen besteht in der, durch den Formschluss, vergrößerten Drehmomentübertragungsfähigkeit auch bei geringen Nabenwandstärken. Dieser Effekt kann bei abnehmender Zentriereigenschaft durch Verkleinerung des Flankenwinkels noch verbessert werden. Gesteigerte Zentrierfähigkeit und Abweichungstoleranz, speziell bei Zahnwellen mit Presssitz, wird durch die Vergrößerung des Flankenwinkels hin zu 45°, bei gesteigerter Nabenbeanspruchung, erreicht.

In Tabelle 9.5. sind die in der Praxis am häufigsten ausgeführten Evolventenzahn-Verbindungen zusammengestellt. Die Bezeichnung der Verbindung besteht aus dem Bezugsdurchmesser d_B, dem Modul m und der Zähnezahl z sowie der Toleranzen. Es ist zu beachten, dass die Verzahnung der Nabe und der Welle separat angegeben werden. [DIN5480] enthält ein spezielles Toleranzsystem für Zahnwellenverbindungen. Die Toleranzen der Naben-Lückenweiten und der Wellen-Zahndicken werden in Analogie zum ISO-Passungssystem mit Groß- bzw. Kleinbuchstaben angegeben. Allerdings wird bei den Wellen die Qualitätszahl dem Toleranzfeld vorangestellt.

Tabelle 9.5. Abmessungen von Evolventenzahnprofilen nach [DIN5480]

Zahnwellen-Verbindungen mit Evolventenflanken (DIN 5480)

m = 0,8 mm		m = 1,25 mm		m = 2 mm		m = 3 mm		m = 5 mm		m = 8 mm	
d_B	z	d_B	z	d_B	z	d_B	z	d_B	z	d_B	z
6	6	17	12	35	16	55	17	85	16	160	18
7	7	18	13	37	17	60	18	90	16	170	20
8	8	20	14	38	18	65	20	95	18	180	21
9	10	22	16	40	18	70	22	100	18	190	22
10	11	25	18	42	20	75	24	105	20	200	24
12	13	28	21	45	21	80	25	110	21	210	25
14	16	30	22	47	22	85	27	120	22	220	26
15	17	32	24	48	22	90	28	130	24	240	28
16	18	35	26	50	24	95	30	140	26	250	30
17	20	37	28	55	26	100	32	150	28	260	31
18	21	38	29	60	28	105	34	160	30	280	34
20	23	40	30	65	31	110	35	170	32	300	36
22	26	42	32	70	34	120	38	180	34	320	38
25	30	45	34	75	36	130	42	190	36	340	41
28	34	47	36	80	38	140	45	200	38	360	44
30	36	48	37			150	48	210	40	380	46
32	38	50	38					220	42	400	48
								240	46	420	51
								250	48	440	54
								260	50	450	55
								280	54	460	56
										480	58
										500	61

Beispiel: Bezugsdurchmesser $d_{f2} = 40mm = d_B$
Modul m = 2 mm
Eingriffswinkel α = 30°
Zähnezahl z = 18
Flankenpassung: 9H/8f

Zahnnabe: DIN 5480 - N 40 x 2 x 30 x 18 x 9H
Zahnwelle: DIN 5480 - W 40 x 2 x 30 x 18 x 8f

Die *Herstellung* der Wellenverzahnung erfolgt meist im Abwälzverfahren, Zahnwellen im unteren Modulbereich lassen sich in der Großserienfertigung kostengünstig Kaltwalzen. Das Kaltwalzen wirkt sich günstig auf die Zahnfußfestigkeit aus. Man unterscheidet das Längs- und Querwalzen, siehe auch [DIN5480] T 16. Für die Herstellung der Nabenverzahnung eignet sich bei großen Stückzahlen das Räumen, ansonsten das Form- oder Wälzstoßen.

Tragfähigkeitsberechnung

Bei Zahn- und Keilwellen-Verbindungen ist wie bei den Passfederverbindungen die Flächenpressung ein wichtiges Dimensionierungskriterium. In Analogie zu [DIN6892] lautet die vereinfachte Gleichung für das übertragbare Drehmoment

$$M_t = \frac{D_m}{2} \cdot h_{tr} \cdot l_{tr} \cdot z \cdot \varphi \cdot p_{zul} \tag{9.8}$$

mit $\varphi = 0,5 \dots 0,75$ (die Hälfte bis drei Viertel der z Mitnehmer tragen), $D_m/2$ = mittlerer Radius der tragenden Flanke und h_{tr} aus den Normen.

In Wirklichkeit sind die Beanspruchungsverhältnisse in den Wirkflächen viel komplizierter, wie insbesondere Dietz [Die78] und Schäfer [Scha95] durch umfangreiche experimentelle und theoretische Untersuchungen an Zahnwellen-Verbindungen zeigen. Das daraus abgeleitete Verfahren gilt für flankenzentrierte Verbindungen mit Spiel- oder Übergangspassung und kann sinngemäß auf Keil-Wellenverbindungen übertragen werden. Neben der bereits erwähnten allgemeinen Grenze einer zulässigen Flächenpressung sind die Zahnfußfestigkeit (-> Zahnbruch, Wellenbruch jeweils als Gewalt- oder Dauerbruch) und die Verschleißfestigkeit (-> Tribokorrosion, Flankenabtrag) zu überprüfen. Entscheidenden Einfluss auf die Betriebssicherheit einer Zahnwellen-Verbindung hat der jeweils vorliegende Betriebszustand. Die Betriebszustände einer idealen Verbindung sind geprägt durch die Belastungskombination von Drehmoment M_t und Querkraft F_Q. Zur Beurteilung des Betriebszustandes dient u.a. der ideelle Radius

$$R_i = M_t / F_Q \tag{9.9}$$

Diese Größe gibt an, an welchem Hebelarm die Querkraft F_Q angreifen müsste, um das Drehmoment M_t zu erzeugen (Abb. 9.14.). Der Wirkwinkel α_w ist der Winkel zwischen Flankenrichtung und der Richtung der Umfangskomponente der Flankenkraft.

$$r_w = r_m \cdot \cos \alpha_w = \left(d_{a1} + \left| d_{a2} \right| \right) \cdot \cos \alpha_w / 4 \tag{9.10}$$

Bei Evolventen-Flanken entspricht der Wirkradius dem Grundkreisradius r_b.

$$r_w = r_b \tag{9.11}$$

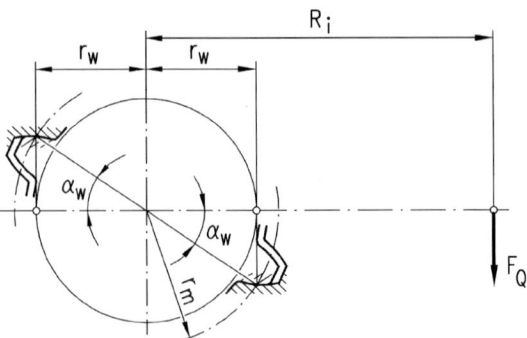

Kräftegleichgewicht am Beispiel einer starren Zahnwellenverbindung

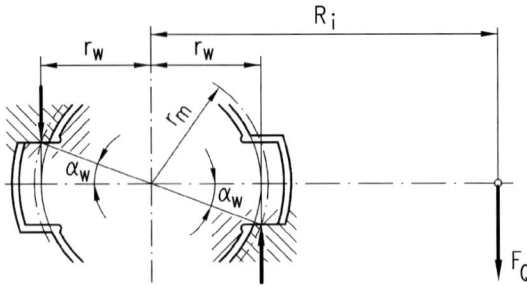

Abb. 9.14. Kräftegleichgewicht am Beispiel einer starren Zahnwellenverbindung (oben) und einer starren Keilwellenverbindung (unten)

Neben dem ideellen Radius R_i sind zur Beurteilung des Beanspruchungs- und Verschleißverhaltens das Spiel, die Geometrieabweichungen und das elastische Verhalten der Verbindung sowie die Reibungsbedingungen in den Wirkflächen von Interesse. Gilt $R_i < r_w$ so überwiegt der Einfluss der Querkraft, und beim Umlauf treten infolge des Flankenwechsels der Last große Relativbewegungen in der Verzahnung auf. Schäfer [Scha95] hat diesbezüglich umfangreiche Untersuchungen durchgeführt und festgestellt, dass Zahnwellen-Verbindungen im praktischen Einsatz immer einem Verschleiß unterliegen. Ursachen dafür sind Gleitbewegungen aufgrund elastischer Verformungen sowie Relativbewegungen, ausgelöst durch nahezu immer vorhandene Querkraftanteile, Verzahnungsabweichungen sowie Fluchtungsabweichungen bei den zu verbindenden Teilen. Die Relativbewegungen pro Umlauf wären nur durch eine zentrische Lagerung der Welle zu vermeiden, was aber praktisch kaum realisierbar ist. Verschleiß ist, wie Abb. 9.15. zeigt, demnach immer vorhanden; er kann lediglich durch Sekundärmaßnahmen (z.B. Schmierung, Beschichtungen) reduziert werden. Am wirkungsvollsten ist die Öldurchlaufschmierung, weil damit die Abriebpartikel sofort aus der Wirkzone gespült werden.

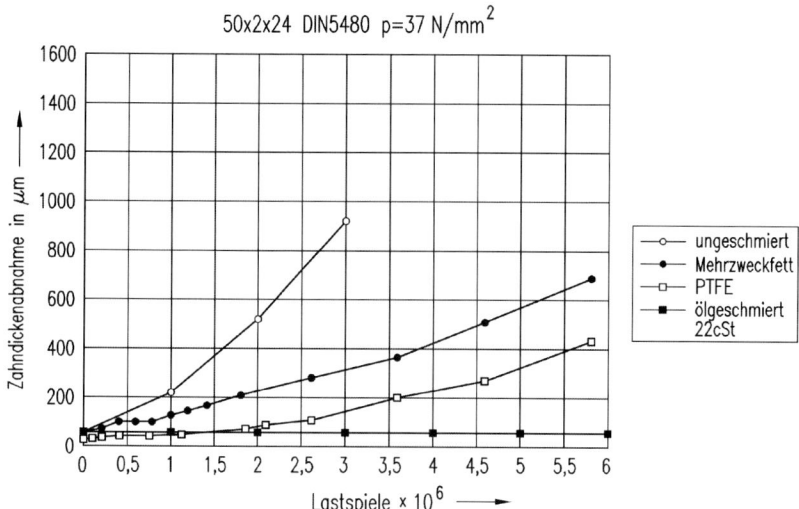

Abb. 9.15. Verschleißverhalten für unterschiedliche Schmierungen bei $R_i = 100\,\text{mm}$ [Scha95]

Burgtorf [Bur98] untersuchte Zahnwellen-Verbindungen mit Presssitz und stellte fest, dass ein Übermaß den Verschleiß zwar verringern, jedoch nicht verhindern kann. Unter Berücksichtigung der schwierigen Montage und möglicherweise irreversiblen Demontage sind daher solche Verbindungen nur für Sondereinsatzfälle zu empfehlen.

Zusammenfassend ist festzustellen, dass sich Keil- und Zahnwellen-Verbindungen für Schiebesitze mit vorwiegender Torsionsbelastung sehr gut eignen. Bei zusätzlicher Querkraftbelastung besteht die Gefahr des Zahnverschleißes mit der Folge, dass nur eine zeitfeste Auslegung möglich ist. Neben der hier erwähnten Literatur, speziell [DIN5466], ist für die Dimensionierung von Zahnwellen-Verbindungen [DIN743] maßgebend.

9.2.3.2 Polygonverbindungen

Polygonverbindungen gehören ebenfalls zur Gruppe der formschlüssigen Welle-Nabe-Verbindungen ohne Verbindungselemente. Die zur Drehmomentübertragung hauptsächlich notwendigen Normalkräfte sowie die Tangentialkräfte zwischen der Welle und der Nabe resultieren aus der Geometrie des Polygons. Zum Einsatz kommen heute zwei Polygonarten:

1. P3G nach [DIN32711]
   P3G bedeutet: Polygon mit drei „Ecken"; G steht für einen harmonischen Übergang der Flankengeometrie zur Ecke. Das Polygon hat Gleichdickcharakter, d.h. der Wellenaußendurchmesser ist an allen Stellen genau gleich (Abb. 9.16.)

2. P4C nach [DIN32712]

P4C bedeutet: Polygon mit vier „Ecken"; C steht für einen disharmonischen Übergang der Flankengeometrie zur Ecke. (Abb. 9.16.)

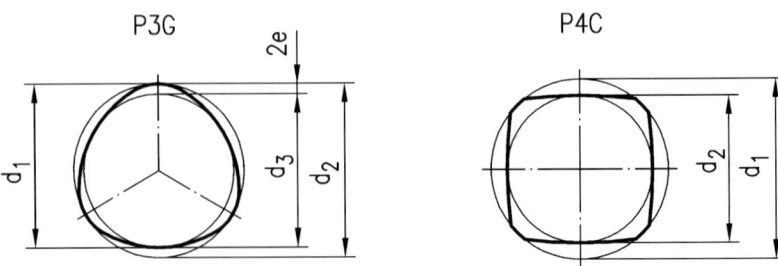

Abb. 9.16. Genormte P3G- und P4C Profile nach [DIN32711] und [DIN32712]

Die Polygon-Welle-Nabe-Verbindung besitzt im Vergleich mit anderen Verbindungen einige besondere Merkmale, auf die nachfolgend eingegangen wird:

- Gute Übertragung von stoßartigen Belastungen durch die passgenaue Formschlüssigkeit.
- Die Profile können mit CNC-Maschinen komplett geschliffen werden. Hiermit wird der frühere Nachteil, dass zur Fertigung Spezialmaschinen benötigt werden, aufgehoben.
- Die Welle und die Nabe zentrieren sich unter Torsion selbstständig, was eine höhere Laufruhe zur Folge hat.

Die P3G-Profile werden vorwiegend für Festsitze eingesetzt. Als Passung werden Übermaßpassungen bevorzugt, um die Relativbewegung der Teile zu verringen. Gegenüber den P3G-Profilen sind P4C-Profile für Axialverschiebung unter Drehmomentbelastung geeignet.

Geometrie der Polygonprofile

Die Geometrie der Polygonprofile sind ursprünglich aus Trochoiden entwickelt worden. Die Trochoiden werden durch schlupffreies Abrollen eines Kreises - Rollkreis genannt - auf einer Leitkurve erzeugt (s. z.B. [Bro91]). Der Rollkreis haftet hierbei im Wälzpunkt immer auf der Leitkurve, die ebenfalls ein Kreis - auch Grundkreis genannt - ist. Der Abstand zwischen dem Mittelpunkt des Rollkreises und dem Erzeugungspunkt M (Abb. 9.17.) wird als die Exzentrizität e definiert. Je nach den Durchmesserverhältnissen der Kreise und dem Ort des Erzeugungspunktes im Rollkreis ergeben sich unterschiedliche Kurven.

Die Trochoiden werden in zwei Hauptfamilien klassifiziert. Berührt der Rollkreis den Grundkreis von außen, so ergibt sich eine Epitrochoide. Rollt aber der Rollkreis im Grundkreis ab, so lässt sich eine Hypotrochoide erzeugen. Die Eckenzahl n der erzeugten Kurve wird Periodizität des Profils genannt. Sie lässt sich bestimmen durch:

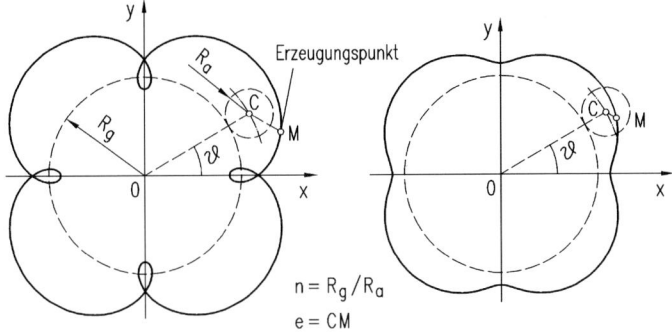

Abb. 9.17. Geometrische Erzeugung vom K4 -Profil [Bro91]

$$n = \frac{R_g}{R_a} \tag{9.12}$$

und muss aus technischen Gründen eine ganze Zahl sein. Hierbei bezeichnen R_g den Radius des Grundkreises und R_a den Radius des Rollkreises. Die genormten *Polygonprofile* werden wegen früherer fertigungsbedingter Probleme aus Epitrochoiden hergeleitet [DIN32711]. Die Geometrie dieser wird mit Hilfe der Parametergleichungen ermittelt:

$$x_P = \left[\frac{d_1}{2} - e\cos(n\alpha) \right] \cos\alpha - ne\sin(n\alpha)\sin\alpha \tag{9.13}$$

$$y_P = \left[\frac{d_1}{2} - e\cos(n\alpha) \right] \sin\alpha + ne\sin(n\alpha)\cos\alpha \tag{9.14}$$

Hierbei sind:

d_1 = Nenndurchmesser nach Abb. 9.16.

e = Exzentrizität des Polygonprofils

n = Eckenzahl des Profils (3 für P3G- und 4 für P4C-Profil)

α = Normalwinkel der Profilkontur, der Winkel zwischen der x-Achse und Kurvennormal, siehe auch Abb. 9.22.

Torsionsbelastete P3G-Profile

In Abb. 9.18. wird eine torsionsbelastete P3G-Polygonwelle dargestellt, wobei α die Drillung der Profilwelle bezeichnet und es gilt $\Delta = \delta / l$. Unter Anwendung von konformen Abbildungen auf der SAINT-VENANT'schen Formulierung des Torsionsproblems wird folgende maximale Torsionsspannung für die Polygonwelle ermittelt [Zia03]:

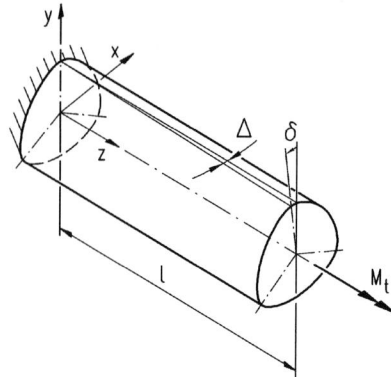

Abb. 9.18. Torsionsbelastete Profilwelle

$$\tau_{max} = \frac{2M_t}{\pi} \cdot \frac{144 - 240\varepsilon + 415\varepsilon^2}{R_m^3 (12 - 37\varepsilon)(11,3 + 48\varepsilon^2 + 13\varepsilon^3 + 59\varepsilon^4)} \tag{9.15}$$

wobei ein elastisches Verhalten des Werkstoffs vorausgesetzt wird.

$$R_m = d_1 / 2 \tag{9.16}$$

Vergleicht man die maximale Torsionsspannung mit der auftretenden Schubspannung auf der Mantelfläche einer mit dem gleichen Torsionsmoment belasteten *runden* Welle mit dem Radius R_m, so wird folgende Formzahl für P3G-Profilwellen als Funktion der bezogenen Exzentrizität $\varepsilon = e / R_m$ ermittelt.

$$\overline{\alpha}_{t,P3G} = \frac{144 - 240\varepsilon + 415\varepsilon^2}{(12 - 37\varepsilon)(11,3 + 48\varepsilon^2 + 13\varepsilon^3 + 59\varepsilon^4)} \tag{9.17}$$

Die bezogene Exzentrizität variiert für die nach [DIN32711] genormten P3G-Profile von 6,22% bei P3G-18 bis 9,0% bei P3G-100.

Spannungsgefälle in P3G-Profilen

Um die Kerbwirkungszahl $\beta_{\tau,P3G}$ für Dauerfestigkeitsberechnungen rechnerisch ermitteln zu können, kann man das bezogene Spannungsgefälle $\overline{G}_{\tau,P3G}$ (s. Abb. 9.19.) für torsionsbelastete P3G-Profilwellen theoretisch ermitteln (s. [Zia03]):

$$\overline{G}_{\tau,P3G} = \frac{47(1728 - 8208\varepsilon + 58788\varepsilon^2 - 41131\varepsilon^3)}{4R_m(12 - 37\varepsilon)^2(144 - 240\varepsilon + 415\varepsilon^2)} \tag{9.18}$$

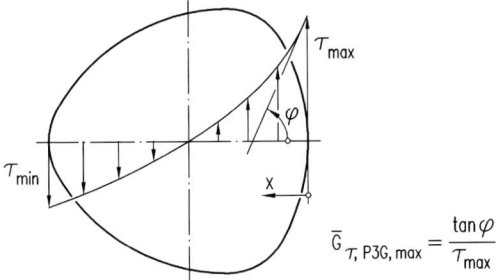

Abb. 9.19. Spannungsgefälle bei einem P3G-Profil

Mit Hilfe von $\overline{G}_{\tau,P3G}$ kann dann die Kerbwirkungszahl $\beta_{\tau,P3G}$ für torsionsbelastete P3G-Wellen, analog zum Kapitel 3 bzw. [DIN743] berechnet werden.

Polygonverbindungen unter stationärer Belastung

In Abb. 9.20. wird die Druckverteilung in einer P3G-WNV infolge einer Torsionsbelastung gezeigt.

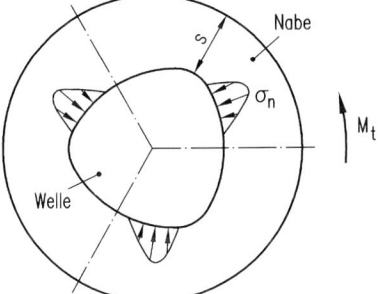

Abb. 9.20. Druckverteilung in der Fuge bei einer P3G-WNV infolge Torsionsbelastung (schematisch)

Die größte Flächenpressung in Polygonverbindungen kann näherungsweise mittels folgender Formel berechnet werden:

$$p = \frac{M_t}{l \cdot (c \cdot \pi \cdot d_r \cdot e_r + 0{,}05 \cdot d_r^2)} \leq p_{zul} \qquad (9.19)$$

Hierbei sind:

l = Tragende Nabenlänge
e_r = Rechnerische Exzentrizität, e für P3G- und $(d_1-d_2)/4$ für P4C-Profil
d_r = Rechnerischer Durchmesser, d_1 für P3G- und (d_2+2e_r) für P4C-Profil
c = 0,75 für P3G- und 1,0 für P4C-Profil
p_{zul} = Zulässige Pressung

Im allgemeinen gilt für die kleinste Nabenwanddicke s (siehe Abb. 9.20.):

$$s \approx k \cdot \sqrt{\frac{M_t}{l \cdot R_e}}$$

(9.20)

mit:

R_e = Streckgrenze des Nabenwerkstoffes

k = Beiwert nach Tabelle 9.6.

Tabelle 9.6. Werte für k

	$d_1 < 35$	$d_1 \geq 35$
P3G	1,44	1,20
P4C	0,70	0,70

Polygonverbindungen unter instationärer Belastung

In der Praxis hat sich gezeigt, dass die Versagensursache der Polygonverbindung unter instationärer Last Schwingungsverschleiß ist, welcher im Einlaufbereich der Welle in die Nabe auf Grund der Mikrogleitbewegungen zwischen beiden Körpern entsteht. Durch die Relativbewegungen kommt es zu Mikrorissen an der Oberfläche, welche sich unter weiterer Belastung in das Bauteil, normalerweise der Welle, hinein ausdehnen und zum Versagen führen (s. Abb. 9.21.).

Infolge der Torsionsbelastung bilden sich in einer Polygon-Welle-Nabe-Verbindung drei (P3G) bzw. vier (P4C) Kontaktzonen (Anlagebereiche genannt, Abb. 9.20.) auf der Fügefläche aus. Nur über diese Zonen können die Momente übertragen werden. Die Normalspannungen und die durch Reibung verursachten Schubspannungen bewirken die Übertragung der Momente zwischen Welle und Nabe, wobei der Anteil der erstgenannten Spannung erheblich größer ist (formschlüssige Übertragung).

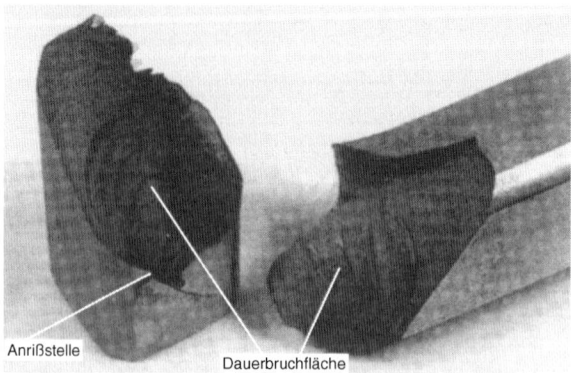

Abb. 9.21. Versagen einer P4C-Polygonwelle [Win01]

Entscheidend für die Höhe der Normalspannung ist der in Abb. 9.22. dargestellte Anlagewinkel und sein Maximum β_{max}.

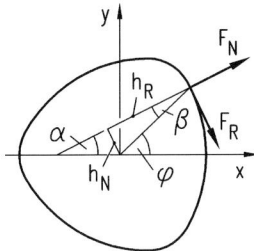

Abb. 9.22. Eingriffs- und Normalwinkel beim P3G-Profil

Bei größeren Anlagewinkeln können größere Drehmomente durch kleinere
Normalspannungen übertragen werden. Dies verursacht eine günstigere Beanspru-
chung der Verbindung. Die P4C-Verbindungen weisen im allgemeinen größere
Anlagewinkel als die P3G-Verbindungen auf und können deshalb höhere Torsi-
onsmomente unter einer günstigeren Beanspruchung ermöglichen. Ein zu großer
Anlagewinkel β_{max} hat andererseits zwei Nachteile zur Folge:

Er verursacht eine ungünstige Beanspruchung der Anlagebereiche unter Umlaufbiegung, und die bei dieser Verbindung erforderliche genaue Fertigung,
besonders der Nabe, ist sehr aufwändig.

Diese beiden Sachverhalte führen zur Reduzierung der Dauerfestigkeit der
Verbindung bei Umlaufbiegung. Die P3G-Verbindungen sind deshalb bei einer
großen Umlaufbiegung vorteilhaft (s. [Win01]).

Für Polygonprofile wird der Kerbwirkungsfaktor β_c näherungsweise gemäß
Tabelle 9.7. ermittelt.

Tabelle 9.7. Kerbwirkungsfaktoren für Polygonprofile [Win01]

	β_{ct} (Torsion)	β_{cb} (Biegung)
P3G	3,0	3,8
P4C	3,7	5,1

Hinweis: Der Index c dokumentiert, dass die Kerbwirkungszahlen den festigkeitsmindernden Einfluss der Reibbeanspruchung in den Kontaktstellen beinhalten! Abschließend folgen noch einige Empfehlungen für die Ausführungen von
Polygonverbindungen, die sich aus den Ergebnissen neuerer Forschungsarbeiten
auf diesem Gebiet ableiten:

• Die Schmierung der Verbindung kann nur dann als vorteilhaft erachtet werden,
  wenn sie dauerhaft wirksam ist und mögliche Verschleißprodukte nicht in der
  Trennfuge hält (Ölumlaufschmierung, keine Fettschmierung).

• Die Wahl eines möglichst großen Nabenaußendurchmessers führt zu einer
  höheren Belastbarkeit der Nabe ohne die Tragfähigkeit der Welle negativ zu
  beeinflussen.

- Eine Oberflächenbehandlung der Welle durch Nitrieren kann die Tragfähigkeit der Verbindung um bis zu 100% steigern.
- Eine große Verbindungslänge ($l/D \geq 1,0$) ist für die Tragfähigkeit bei Biegebelastung positiv zu bewerten, wird aber bei der Fertigung durch Schleifen von der maximal herstellbaren Nabenlänge begrenzt.
- Das Passmaß zwischen Welle und Nabe sollte möglichst eng, wenn möglich mit leichtem Übermaß gewählt werden, um eine gleichmäßige Lastübertragung über den gesamten Umfang des Profils zu gewährleisten. Damit geht der Vorteil der Verschiebbarkeit verloren.
- Ein Wellenabsatz bewirkt geringere Gleitwege, wodurch die Reibkorrosion und somit deren Auswirkungen gemindert werden.

9.3   Reibschlüssige Welle-Nabe-Verbindungen

Bei reibschlüssigen Welle-Nabe-Verbindungen erfolgt die Übertragung der äußeren Kräfte und Momente durch Reibkräfte, die sich in den Wirkflächenpaaren parallel zu diesen ausbilden. Damit Reibkräfte entstehen können, müssen senkrecht zu diesen Druckvorspannkräfte wirken. Unabhängig von der Bauform der reibschlüssigen Welle-Nabe-Verbindung werden die Vorspannkräfte zwangsweise durch Verformungen hervorgerufen, die den Teilen der Verbindung beim Zusammenbau aufgeprägt werden. Daraus resultieren im Allgemeinen elastische Spannungen (darunter auch die gewünschten Druckspannungen in den Wirkflächen) die wegen der fehlenden äußeren Kräfte auch als Eigenspannungen bezeichnet werden.

Tabelle 9.8. zeigt eine von Kollmann [Kol84] vorgeschlagene systematische Ordnung der reibschlüssigen Welle-Nabe-Verbindungen.

Das wesentlichste Unterscheidungsmerkmal ist die Art der Kraftübertragung, die unmittelbar von der Welle auf die Nabe (ein Wirkflächenpaar) oder mittelbar erfolgen kann. Bei mittelbarer Kraftübertragung sind zwischen Welle und Nabe noch zusätzliche Bauteile (z.B. Spannelemente) angeordnet, so dass diese Verbindungen mindestens zwei Wirkflächenpaare aufweisen. Die zwischengeschalteten Bauelemente können als Kaufteile bezogen werden und stehen in vielfältigen Bauformen zur Verfügung.

Da die meisten reibschlüssigen Welle-Nabe-Verbindungen keine lastabhängigen Druckvorspannungen erzeugen können, müssen diese so groß sein, dass die aus dem Coulombschen Reibungsgesetz

$$F_R = \mu \cdot F_N \qquad (9.21)$$

resultierende Reibkraft F_R immer größer als die maximale äußere Betriebskraft ist. Der Proportionalitätsfaktor zwischen der Reibkraft F_R und der Normalkraft F_N ist die Reibungszahl μ .

Tabelle 9.8. Einteilung der reibschlüssigen Welle-Nabe-Verbindungen [Kol84]

Art des Form-schlusses			
unmittelbar	Pressverband	Kegelpressverband	Klemmverbindung
mittelbar	Toleranzring	Keilverbindung	Doppelkegelspannsatz
mittelbar	Kegelspannring	Kegelspannsatz	Doppelkegel-spannsatz / Vierfachkegel-spannsatz
mittelbar	Sternscheibe	Wellspannsatz	Hydr. Hohlmantel-spannbuchse

Bei der Dimensionierung reibkraftschlüssiger Verbindungen wird sicherheitshalber immer die Gleitreibungszahl μ (Reibungszahl bei einer Relativbewegung der beiden gegeneinander gepressten Teile) berücksichtigt, weil sonst infolge ungleichmäßig verteilter Anpresskräfte oder infolge Schwingungen die Gefahr des Gleitens oder Durchrutschens gegeben ist. Nur wenn die Verbindung als Sicherheits- oder Überlastverbindung zur Begrenzung der Kräfte und Momente Verwendung findet, ist bei der Dimensionierung die größere Haftreibungszahl μ_H (Reibungszahl bei relativer Ruhe der beiden gegeneinander gepressten Teile) zu beachten.

Die Reibungszahl μ ist stark von der Art der gepaarten Werkstoffe, der Oberflächenbeschaffenheit (z.B. Rauhtiefe, Welligkeit), dem Oberflächenschmierzustand (z.B. trocken, d.h. ohne Schmiermittel, gefettet oder geölt) und der Relativgeschwindigkeit der gepaarten Teile (z.B. Haften und Gleiten oder Rutschen) abhängig. Treten Reibkräfte in unterschiedlichen Richtungen auf, wie dies z.B. bei der Längskeilverbindung der Fall ist (Reibkräfte in axialer Richtung bzw. in Richtung der Keilflächen und Reibkräfte in Umfangsrichtung, d.h. in einer zur axialen Richtung senkrechten Richtung), dann kann nicht in jeder Richtung die volle Reibungszahl μ ausgenützt werden. Welcher Anteil von μ in axialer Richtung (μ_{ax}) und welcher Anteil in Umfangsrichtung (μ_u) vorliegt, lässt sich näherungsweise mit Hilfe des Reibungskreises ermitteln, der in Abb. 9.23. dargestellt ist. In diesem Diagramm sind an den Koordinatenachsen die Reibungskräfte in Umfangs- und axialer Richtung angetragen. Der Radius des Reibungskreises entspricht dem Produkt Normalkraft x Reibungszahl bzw. $F_n \cdot \mu$.

Für alle Punkte auf dem Kreisumfang gilt:

$$F_n \cdot \mu = \sqrt{\left(F_n \cdot \mu_u\right)^2 + \left(F_n \cdot \mu_{ax}\right)^2} \qquad (9.22)$$

bzw.

$$\mu = \sqrt{\mu_u^2 + \mu_{ax}^2} \qquad (9.23)$$

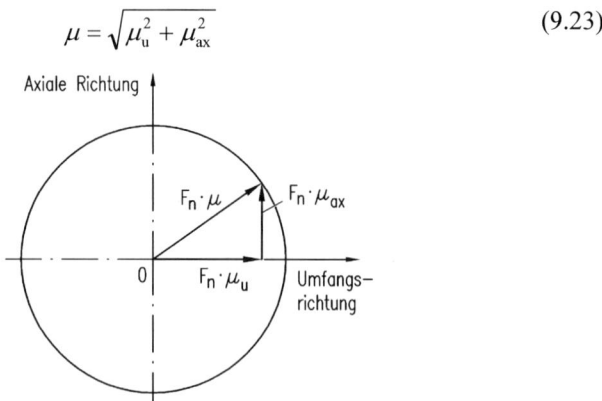

Abb. 9.23. Reibungskreis bei einem ebenen Reibproblem; (Umfangsrichtung und axiale Richtung!)

so dass mit der bekannten Reibungszahl μ und dem Verhältnis der Reibungszahlen μ_u / μ_{ax} diese einfach berechnet werden können. In den meisten praktischen Anwendungsfällen ist das Verhältnis der Reibungszahlen leider nicht bekannt und muss daher geschätzt oder experimentell bestimmt werden. Der Einfachheit halber können für beide Richtungen gleich große Reibungszahlen (d.h. $\mu_{ax} = \mu_u = 0{,}707 \cdot \mu$) angenommen werden. Demnach sind im zweidimensionalen Reibungsfall nur ungefähr 70% der Reibungszahl μ bei eindimensionaler Reibung nutzbar.

Eine ausführliche Abhandlung über Reibung und Reibungszahlen bei reibschlüssigen Welle-Nabe-Verbindungen findet man in Kollmann [Kol84]. Neben allgemeinen Grundlagen wird auch die Verfahrensweise zur Bestimmung der Reibungszahlen bei diesen Verbindungen erläutert. Da es im Allgemeinen nicht möglich ist die auftretende Normalkraft in den Wirkflächen experimentell zu bestimmen, wird die Reibkraft mit Hilfe des Fugendrucks p berechnet.

$$F_R = \mu \cdot A \cdot p \tag{9.24}$$

Die Reibungszahl μ resultiert schließlich aus der gemessenen Reibkraft F_R, der Wirkfläche A und dem berechneten oder mit Dehnungsmessstreifen ermittelten Fugendruck p. Wegen der zahlreichen Einflussparameter sind Schwankungsbreiten von $\pm$ 20% eher üblich. Als Stand der Technik werden derzeit die in [DIN7190] angegebenen Reibungszahlen angesehen. Tabelle 9.9. beinhaltet z.B. die auf der sicheren Seite liegenden Reibungszahlen von Längspressverbindungen (Innenteil aus X 210 CrW 12) für zügige Beanspruchung.

Tabelle 9.9. Reibungszahlen von Längspressverbindungen [DIN7190]

Werkstoffe			Reibungszahlen			
Bezeichnung neu		Bezeichnung alt	trocken		geschmiert	
	Nummer		μ_{ll}	μ_{rl}	μ_{ll}	μ_{rl}
E 335	1.0060	St 60-2	0,11	0,08	0,08	0,07
GE 300	1.0558	GS-60	0,11	0,08	0,08	0,07
S 235JRG2	1.0038	RSt37-2	0,10	0,09	0,07	0,06
EN-GJL-250	0.6025	GG-25	0,12	0,11	0,06	0,05
EN-GJS-600-3	0.7060	GGG-60	0,10	0,09	0,06	0,05
EN AB-44000 ff.		G-AlSi12(Cu)	0,07	0,06	0,05	0,04
CB495K	2.1176.01	G-CuPb10Sn (G-CuSn10Pb10)	0,07	0,06	-[1]	-[1]
TiAl6V4	3.7165.10	TiAl6V4	-[1]	-[1]	0,05	-[1]

[1] Haftbeiwerte nicht bekannt.
der erste Index steht für l: lösen bzw. r: rutschen
der zweite Index steht für Längsbewegung

Bei dynamischen Belastungen wurden in mehreren Untersuchungen Veränderungen der Reibungszahl festgestellt. Diese Thematik wird im nachfolgenden Kapitel behandelt.

9.3.1 Zylindrische Pressverbindungen

9.3.1.1 Grundlagen

Die meisten der in der Praxis vorkommenden Pressverbände lassen sich auf ein Berechnungsmodell zurückführen, bei dem zwei Hohlzylinder gleicher axialer Länge gefügt werden (Abb. 9.24.). Voraussetzung ist, dass beide Teile - wobei das innere auch voll sein kann - aus rein elastischen, homogenen und isotropen Werkstoffen bestehen und der Zusammenhang zwischen den Spannungen und Verzerrungen mit Hilfe des Hookeschen Gesetzes beschrieben werden kann.

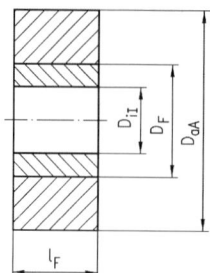

Definitionen:

$$Q_A = \frac{D_F}{D_{aA}}$$

$$Q_I = \frac{D_{iI}}{D_F}$$

Abb. 9.24. Berechnungsmodell

Obwohl aus funktionalen Gründen die Welle nahezu immer länger als die Nabe ist (Abb. 9.25.) hat es sich eingebürgert, Pressverbindungen nach der Theorie des ebenen Spannungszustandes zu berechnen. In den Randbereichen trifft dies sicher nicht zu. Die Abweichungen hinsichtlich des übertragbaren Drehmomentes sind aber so gering, dass sie praktisch vernachlässigt werden können.

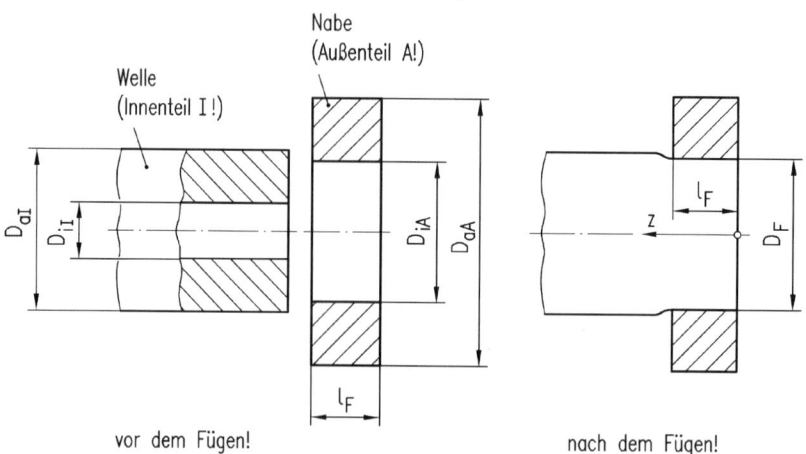

Abb. 9.25. Realer zylindrischer Pressverband

Zur Berechnung der Spannungen und Dehnungen werden Welle und Nabe als dickwandige Hohlzylinder (dickwandige Rohre!) aufgefasst, die unter Innen- bzw. Außendruck stehen! Für die weiteren Ableitungen ist es hilfreich, das in Abb. 9.26. gezeigte Volumenelement $r d\varphi \cdot dr \cdot dz$ im Hohlzylinder zu betrachten.

Mit den angetragenen Spannungen gilt für das Gleichgewicht der Kräfte in radialer Richtung:

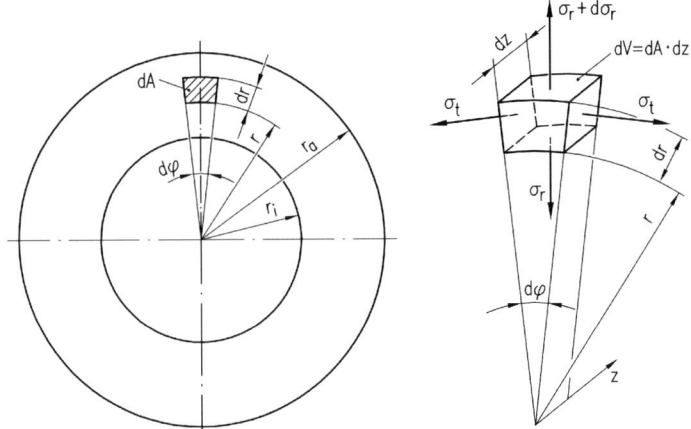

Abb. 9.26. Spannungen an einem Volumenelement

$$\left(\sigma_r + d\sigma_r\right) \cdot dz \cdot \left(r + dr\right) \cdot d\varphi - \sigma_r \cdot dz \cdot r \cdot d\varphi \qquad (9.25)$$

$$- 2\sigma_t \cdot dz \cdot dr \cdot \sin\frac{d\varphi}{2} = 0$$

Wegen $\sin d\varphi/2 \cong d\varphi/2$ $\left(d\varphi = \text{kleiner Winkel}\right)$ und unter Vernachlässigung der Glieder von einer Kleinheit höherer Ordnung ergibt sich daraus:

$$\sigma_r \cdot dr + r \cdot d\sigma_r - \sigma_t \cdot dr = 0 \qquad (9.26)$$

bzw.

$$\sigma_t = \frac{d}{dr}\left(r \cdot \sigma_r\right) \qquad (9.27)$$

Aus den radialen Verschiebungen u an der Stelle r bzw. $u + du$ an der Stelle $r + dr$ folgt für die Dehnung

a)   in radialer Richtung

$$\varepsilon_r = \frac{dr - u + u + du - dr}{dr} = \frac{u + du - u}{dr} = \frac{du}{dr} \qquad (9.28)$$

b)   in tangentialer Richtung

$$\varepsilon_t = \frac{(r+u)\cdot d\varphi - r\cdot d\varphi}{r\cdot d\varphi} = \frac{u}{r} \tag{9.29}$$

Ein Vergleich der beiden Beziehungen führt auf folgende Verknüpfung der Dehnungen:

$$\varepsilon_r = \frac{d}{dr}(r\cdot \varepsilon_t) \tag{9.30}$$

Unter Berücksichtigung des zweidimensionalen Spannungszustandes lassen sich die Dehnungen nach dem Hooke'schen Gesetz auch durch die Spannungen σ_r und σ_t ausdrücken:

$$\varepsilon_r = \frac{1}{E}(\sigma_r - v\sigma_t) \tag{9.31}$$

$$\varepsilon_t = \frac{1}{E}(\sigma_t - v\sigma_r) \tag{9.32}$$

Dabei sind:

$$E = \qquad \text{Elastizitätsmodul des Werkstoffes}$$
$$v = 1/m = \quad \text{Querkontraktionszahl des Werkstoffes}$$
$$m = \qquad \text{Poisson-Zahl des Werkstoffes}$$

Aus

$$\sigma_r - v\sigma_t = E\cdot \varepsilon_r = E\cdot \frac{d}{dr}(r\cdot \varepsilon_t) = \frac{d}{dr}\left[r\cdot(\sigma_t - v\sigma_r)\right] \tag{9.33}$$

folgt unter Beachtung von $\sigma_t = \frac{d}{dr}(r\cdot \sigma_r)$ für die Radialspannung σ_r die gewöhnliche Differentialgleichung zweiter Ordnung

$$\frac{d^2\sigma_r}{dr^2} + \frac{3}{r}\cdot \frac{d\sigma_r}{dr} = 0 \tag{9.34}$$

Mit dem Lösungsansatz

$$\sigma_r = C\cdot r^n \tag{9.35}$$

lassen sich die charakteristische Gleichung

$$n\cdot(n+2) = 0 \tag{9.36}$$

und damit die Werte $n_1 = 0$ und $n_2 = -2$ ermitteln.

Die allgemeine Lösung lautet somit

a)   für die Radialspannung:

$$\sigma_r = C_1 + \frac{C_2}{r^2} \tag{9.37}$$

b)   für die Tangentialspannung:

$$\sigma_t = C_1 - \frac{C_2}{r^2} \tag{9.38}$$

Diese allgemeinen Lösungen müssen über die noch offenen Integrationskonstanten C_1 und C_2 den Randbedingungen angepasst werden.

Für die Dehnung in axialer Richtung ergibt sich nach den bekannten Beziehungen der Mechanik [GoeH90, Sza77, Sza85] unter Beachtung der Werte für σ_r und σ_t folgende Größe:

$$\varepsilon_z = \frac{1}{E}\left(\sigma_z - v\sigma_r - v\sigma_t\right) = -\frac{v}{E}\left(\sigma_r + \sigma_t\right) = -\frac{2vC_1}{E} \quad \textit{für } \sigma_z = 0 \tag{9.39}$$

d.h. $\varepsilon_z = const.$

Die Dehnung ε_z in axialer Richtung ist somit über den ganzen Querschnitt konstant, d.h. die Querschnitte senkrecht zur Zylinderachse bleiben eben.

Hohlzylinder unter Innendruck p_i

Aus den Randbedingungen

$$\sigma_r = -p_i \text{ am Innenrand } r = r_i, \tag{9.40}$$

$$\sigma_r = 0 \quad \text{ am Außenrand } r = r_a$$

ergeben sich für die Integrationskonstanten folgende Werte.

$$C_1 = p_i \frac{r_i^2}{r_a^2 - r_i^2}; \quad C_2 = -p_i \frac{r_i^2 \cdot r_a^2}{r_a^2 - r_i^2} \tag{9.41}$$

Die Spannungsverläufe in der Wand werden mit folgenden Gleichungen beschrieben:
Radialspannung:

$$\sigma_r = -p_i \frac{Q_r^2 - Q^2}{1 - Q^2} \quad \text{(Druckspannung!)} \tag{9.42}$$

Tangentialspannung:

$$\sigma_t = p_i \frac{Q_r^2 + Q^2}{1 - Q^2} \text{(Zugspannung!)} \tag{9.43}$$

mit

$$Q_r = \frac{r_i}{r} = \frac{d_i}{d} \quad und \quad Q = \frac{r_i}{r_a} = \frac{d_i}{d_a} \tag{9.44}$$

Für die Vergrößerung Δd_i des Innendurchmessers d_i infolge der Innendruckbelastung p_i ergibt sich folgender Wert:

$$\Delta d_i = 2u_i = 2\varepsilon_{t,i} r_i = \varepsilon_{t,i} d_i \tag{9.45}$$

$$\Delta d_i = \frac{1}{E}\left(\sigma_{t,i} - v\sigma_{r,i}\right) d_i \tag{9.46}$$

$$\Delta d_i = \frac{p_i}{E} d_i \left(\frac{1+Q^2}{1-Q^2} + v\right) \tag{9.47}$$

Hohlzylinder unter Außendruck p_a

Aus den Randbedingungen

$$\sigma_r = 0 \quad am\ Innenrand\ r = r_i \tag{9.48}$$

$$\sigma_r = -p_a \quad am\ Außenrand\ r = r_a \tag{9.49}$$

ergeben sich für die Integrationskonstanten folgende Werte:

$$C_1 = -p_a \frac{r_a^2}{r_a^2 - r_i^2}; \quad C_2 = p_a \frac{r_i^2 \cdot r_a^2}{r_a^2 - r_i^2} \tag{9.50}$$

Die Spannungen an einer beliebigen Stelle r lassen sich somit nach folgenden Gleichungen ermitteln:
Radialspannung:

$$\sigma_r = -p_a \frac{1-Q_r^2}{1-Q^2} \text{ (Druckspannung!)} \tag{9.51}$$

Tangentialspannung:

$$\sigma_t = -p_a \frac{1+Q_r^2}{1-Q^2} \text{ (Druckspannung!)} \tag{9.52}$$

Für die Verkürzung oder Stauchung Δd_a des Außendurchmessers d_a infolge der Außendruckbelastung p_a ergibt sich folgender Wert:

$$\Delta d_a = 2u_a = 2\varepsilon_{t,a} r_a = \varepsilon_{t,a} d_a \tag{9.53}$$

$$\Delta d_a = \frac{1}{E}\left(\sigma_{t,a} - v\sigma_{r,a}\right) d_a \tag{9.54}$$

$$\Delta d_a = -\frac{p_a}{E} d_a \left(\frac{1+Q^2}{1-Q^2} - v\right) \tag{9.55}$$

9.3.1.2 Elastische Auslegung von Pressverbänden

Zur Berechnung einer Pressverbindung lassen sich die oben entwickelten Ergebnisse direkt übertragen, wenn man die Nabe in erster Näherung als Hohlzylinder unter dem Innendruck p_i und die Welle als Hohlzylinder ($D_{iI} \neq 0$) oder Vollzylinder ($D_{iI} = 0$) unter dem Außendruck p_a betrachtet. Da die Pressung in der Fügefläche (Stelle $r = r_F \cong r_{iA} \cong r_{aI}$) für die Nabe und die Welle dem Betrage nach gleich groß ist, d.h. $p_i = p_a = p$ ist, ergeben sich für die Spannungen und die Durchmesseränderungen folgende Zusammenhänge:

Nabe ($r_{iA} \leq r \leq r_{aA}$)

Radialspannung:

$$\sigma_{rA} = -p\frac{Q_{Ar}^2 - Q_A^2}{1 - Q_A^2} \text{ (Druckspannung!)} \tag{9.56}$$

Tangentialspannung:

$$\sigma_{tA} = p\frac{Q_{Ar}^2 + Q_A^2}{1 - Q_A^2} \text{ (Zugspannung!)} \tag{9.57}$$

Durchmesservergrößerung:

$$\Delta d_{iA} = \frac{p}{E_A} D_F \left(\frac{1 + Q_A^2}{1 - Q_A^2} + v_A\right) \tag{9.58}$$

Dabei sind:

$$Q_{Ar} = \frac{r_{iA}}{r} = \frac{r_F}{r} \tag{9.59}$$

$$Q_A = \frac{r_{iA}}{r_{aA}} = \frac{r_F}{r_{aA}} \tag{9.60}$$

$$D_{iA} = 2r_{iA} = D_F = 2r_F \qquad (9.61)$$

An den Nabenoberflächen liegen somit folgende Spannungen vor:

a)   Innenrand $r = r_{iA} = r_F$ $(Q_{Ar} = 1)$

$$\sigma_{riA} = -p \quad \text{(Druckspannung!)} \qquad (9.62)$$

$$\sigma_{tiA} = p \frac{1+Q_A^2}{1-Q_A^2} \text{(Zugspannung!)} \qquad (9.63)$$

b)   Außenrand $r = r_{aA} \left(Q_{Ar} = Q_A\right)$

$$\sigma_{raA} = 0 \qquad (9.64)$$

$$\sigma_{taA} = p \frac{2Q_A^2}{1-Q_A^2} = \sigma_{tiA} - p \text{ (Zugspannung!)} \qquad (9.65)$$

Hohlwelle $\left(r_{iI} \le r \le r_{aI}\right)$

Radialspannung:

$$\sigma_{rI} = -p \frac{1-Q_{Ir}^2}{1-Q_I^2} \text{(Druckspannung!)} \qquad (9.66)$$

Tangentialspannung:

$$\sigma_{tI} = -p \frac{1+Q_{Ir}^2}{1-Q_I^2} \text{(Druckspannung!)} \qquad (9.67)$$

Durchmesserverkürzung:

$$\Delta d_{aI} = -\frac{p}{E_I} D_F \left(\frac{1+Q_I^2}{1-Q_I^2} - \nu_I \right) \qquad (9.68)$$

Dabei sind:

$$Q_{Ir} = \frac{r_{iI}}{r} \qquad (9.69)$$

$$Q_I = \frac{r_{iI}}{r_{aI}} = \frac{r_{iI}}{r_F} \qquad (9.70)$$

$$D_{aI} = 2r_{aI} = D_F = 2r_F \qquad (9.71)$$

An den Wellenoberflächen liegen somit folgende Spannungen vor:

a)   Innenrand $r = r_{iI}$ $\left(Q_{Ir} = 1\right)$

$$\sigma_{riI} = 0 \tag{9.72}$$

$$\sigma_{tiI} = -p\frac{2}{1-Q_I^2} = \sigma_{taI} - p \text{ (Druckspannung!)} \tag{9.73}$$

b)   Außenrand $r = r_{aI} = r_F$ $\left(Q_{Ir} = Q_I\right)$

$$\sigma_{raI} = -p \text{ (Druckspannung!)} \tag{9.74}$$

$$\sigma_{taI} = -p\frac{1+Q_I^2}{1-Q_I^2} \text{ (Druckspannung!)} \tag{9.75}$$

Vollwelle $\left(r_{iI} = 0\right)$

Für den Sonderfall der Vollwelle lässt sich aus den Gleichungen für die Hohlwelle ableiten, dass die Radial- und die Tangentialspannung über den gesamten Querschnitt konstant sowie gleich groß sind und den Wert

$$\sigma_{rI} = \sigma_{tI} = -p \tag{9.76}$$

haben.

Der Verlauf der Spannungen in der Nabe und der Welle ist für eine Hohl- und eine Vollwellenpressverbindung in Abb. 9.27. graphisch dargestellt. Man sieht, dass bei der Nabe die größten Beanspruchungen am Innendurchmesser (= Fügedurchmesser) auftreten, der Betrag der Tangentialspannung an jedem beliebigen Radius r größer ist als der Betrag der Radialspannung, die Tangentialspannungen Zugspannungen und die Radialspannungen Druckspannungen sind. Am Innendurchmesser der Hohlwelle ist ebenfalls die Tangentialspannung die größte Spannung und zwar eine Druckspannung. Die Radialspannung ist eine Druckspannung und fällt vom Druck p am Außendurchmesser (= Fügedurchmesser!) parabolisch auf den Wert Null am Innendurchmesser ab. Bei der Vollwellenpressverbindung ist der qualitative Verlauf der Spannungen in der Nabe der gleiche wie bei der Hohlwellenverbindung.

In einem beliebigen Querschnitt des Berechnungsmodells nach Abb. 9.27. bilden sich die in Tabelle 9.10. aufgeführten elastischen Spannungen aus.

Die größten Spannungen treten demnach jeweils am Innendurchmesser der Nabe und der Hohlwelle auf, wobei im Allgemeinen der Innendurchmesser der Nabe die höchstbeanspruchte Stelle ist. Obwohl bei zähen Werkstoffen plastische Verformungen keineswegs schädlich sind, ist wegen der meist geforderten Wiedermontage eine elastisch/plastische Auslegung der Pressverbindung (vgl. [Kol84]) oftmals nicht möglich.

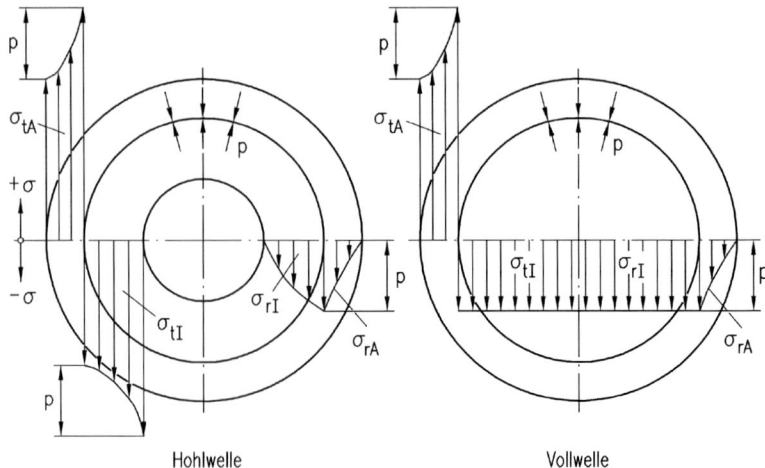

Abb. 9.27. Verlauf der Tangentialspannung σ_t und der Radialspannung σ_r bei einer Pressverbindung mit Hohlwelle und mit Vollwelle

Tabelle 9.10. Schrumpfspannungen im Pressverband

Außenteil (Nabe)	Hohlwelle	Vollwelle
$\sigma_{tiA} = p \cdot \dfrac{1+Q_A^2}{1-Q_A^2}$	$\sigma_{taI} = -p \cdot \dfrac{1+Q_I^2}{1-Q_I^2}$	$\sigma_{tI} = \sigma_{rI} = -p$
$\sigma_{taA} = p \cdot \dfrac{2 \cdot Q_A^2}{1-Q_A^2}$	$\sigma_{tiI} = -p \cdot \dfrac{2}{1-Q_I^2}$	
$\sigma_{riA} = -p$	$\sigma_{raI} = -p$	
$\sigma_{raA} = 0$	$\sigma_{riI} = 0$	

Größte zulässige Flächenpressung

Die Grenze der elastischen Beanspruchung ist dann erreicht, wenn am Innendurchmesser der Nabe (siehe oben) die Vergleichsspannung eine zulässige Spannung nicht überschreitet. Mit dieser oberen Grenze σ_{zul} für σ_v lässt sich somit die größte, gerade noch zulässige Flächenpressung p_{max} in der Fügefläche ermitteln.

Für die maximale Vergleichsspannung ergibt sich nach der Hypothese der größten Gestaltänderungsenergie (GEH) folgender Wert:

a)   ohne Berücksichtigung des Torsionsmomentes

$$\sigma_v = \sqrt{\frac{1}{2}\left[(\sigma_1 - \sigma_2)^2 + (\sigma_2 - \sigma_3)^2 + (\sigma_3 - \sigma_1)^2\right]} \qquad (9.77)$$

$$\sigma_v = p \cdot \sqrt{\left(\frac{1+Q_A^2}{1-Q_A^2}\right)^2 + 1 + \frac{1+Q_A^2}{1-Q_A^2}} \qquad (9.78)$$

$$\sigma_v = p \cdot \frac{\sqrt{3+Q_A^2}}{1-Q_A^2} \qquad (9.79)$$

für

$$\sigma_1 = \sigma_{tiA} = p \cdot \frac{1+Q_A^2}{1-Q_A^2}; \quad \sigma_2 = \sigma_z = 0 \quad und \quad \sigma_3 = \sigma_{riA} = -p \qquad (9.80)$$

b)   bei Berücksichtigung des Torsionsmomentes

$$\sigma_v = \sqrt{\sigma_x^2 + \sigma_y^2 - \sigma_x \sigma_y + 3\tau_{xy}^2} \qquad (9.81)$$

$$\sigma_v = p \cdot \sqrt{\left(\frac{1+Q_A^2}{1-Q_A^2}\right)^2 + 1 + \frac{1+Q_A^2}{1-Q_A^2} + 3\mu_u^2} \qquad (9.82)$$

für

$$\sigma_x = \sigma_{tiA} = p \cdot \frac{1+Q_A^2}{1-Q_A^2} \qquad (9.83)$$

$$\sigma_y = \sigma_{riA} = -p \qquad (9.84)$$

$$\tau_{xy} = \mu_u \cdot p = \text{Torsionsspannung (an der Rutschgrenze)} \qquad (9.85)$$

und

$$\mu_u = \text{Reibungszahl in Umfangsrichtung} \qquad (9.86)$$

Da in Gleichung (9.82) das Glied $3\mu_u^2$ klein ist gegenüber den drei anderen Gliedern, kann in guter Näherung mit der Vergleichsspannung ohne Berücksichtigung des Torsionsmomentes gerechnet werden. Mit $\sigma_v \leqq \sigma_{zul}$ darf die Flächenpressung p in der Fügefläche somit folgenden Größtwert nicht überschreiten:

$$p \leqq p_{max} = \frac{\sigma_{zul}}{\sqrt{\left(\frac{1+Q_A^2}{1-Q_A^2}\right)^2 + 1 + \frac{1+Q_A^2}{1-Q_A^2}}} = \frac{\sigma_{zul} \cdot \left(1-Q_A^2\right)}{\sqrt{3+Q_A^4}} \qquad (9.87)$$

Für die zulässige Spannung in der Nabe können folgende Werte eingeführt werden:

a)   zähe Werkstoffe:

$$\sigma_{zul} = \frac{R_e}{S_F} \; mit \; S_F = 1,0 \ldots 1,3 \; \text{(ausgeprägte Streckgrenze)} \tag{9.88}$$

$$\sigma_{zul} = \frac{R_{p0,2}}{S_F} \; mit \; S_F = 1,1 \div 1,3 \; \text{(keine ausgeprägte Streckgrenze)} \tag{9.89}$$

b)   Gusseisen:

$$\sigma_{zul} = \frac{R_m}{S_B} \; mit \; S_B = 2 \div 3 \tag{9.90}$$

Hinweis: Bei Werkstoffen, die keine ausgeprägte Streckgrenze aufweisen (z.B. 42 CrMo4), führt eine Beanspruchung bis $R_{p0,2}$ bereits zu einer bleibenden Dehnung des Nabeninnendurchmessers, die besonders bei größeren Durchmessern eine erhebliche Reduzierung des Übermaßes und damit des übertragbaren Drehmomentes bewirkt.

Kleinste erforderliche Flächenpressung

Die kleinste erforderliche Flächenpressung p_{min} ergibt sich aus dem zu übertragenden Drehmoment M_t und/oder der zu übertragenden Axialkraft F_{ax}, die beide unter Berücksichtigung einer Rutschsicherheit $S_R (S_R = 1,5 \ldots 3)$ von der Pressverbindung übertragen werden müssen. Wird in erster Näherung die Reibungszahl μ_u in Umfangsrichtung der Reibungszahl μ_l in axialer Richtung gleichgesetzt, d.h. ist $\mu_u \cong \mu_l \cong \mu$, so kann für die kleinste erforderliche Flächenpressung in der Fügefläche mit dem Durchmesser D_F und der Breite l_F folgender Wert ermittelt werden:

a)   zur Übertragung von F_{ax}

$$p_{min} = \frac{F_{ax} \cdot S_R}{\mu \cdot \pi \cdot D_F \cdot l_F} \qquad (\mu = \mu_l) \tag{9.91}$$

b)   zur Übertragung von M_t

$$p_{min} = \frac{2 \cdot M_t \cdot S_R}{\mu \cdot \pi \cdot D_F^2 \cdot l_F} = \frac{F_u \cdot S_R}{\mu \cdot \pi \cdot D_F^2 \cdot l_F} \qquad (\mu = \mu_u) \tag{9.92}$$

mit

$$F_u = \frac{2 \cdot M_t}{D_F} \tag{9.93}$$

(Für $S_R = 1$ gilt $F_R = F_{ax}$ und $M_{tR} = M_t$;
F_R : axiale Rutschkraft, M_{tR} : Rutschmoment)

c)   zur Übertragung von F_{ax} und M_t $\left(\mu = \mu_l \cdot \sqrt{2} = \mu_u \cdot \sqrt{2}\right)$

$$p_{min} = \frac{S_R}{\mu \cdot \pi \cdot D_F \cdot l_F} \cdot \sqrt{F_{ax}^2 + F_u^2} \qquad (9.94)$$

$$p_{min} = \frac{S_R}{\mu \cdot \pi \cdot D_F \cdot l_F} \cdot \sqrt{F_{ax}^2 + \frac{4 \cdot M_t^2}{D_F^2}} \qquad (9.95)$$

Berechnung der erforderlichen bzw. zulässigen Übermaße

Aus dem Fugendruck p_{min} ist das mindestens erforderliche Übermaß (Mindestübermaß) wie folgt zu berechnen. Für das wirksame Übermaß U_W gilt allgemein

$$U_W = \frac{p \cdot D_F}{E_I} \cdot \left(\frac{1 + Q_I^2}{1 - Q_I^2} - \nu_I + \frac{E_I}{E_A} \left(\frac{1 + Q_A^2}{1 - Q_A^2} + \nu_A \right) \right) \qquad (9.96)$$

und

$$U_W = U - G = U - 0,4 \cdot (R_{zA} + R_{zI}) \qquad (9.97)$$

G =   Glättung (der Oberflächen)
R_z =   größte Höhendifferenz des Profils (s. Kap. 2).

Mit $p = p_{min}$ und $U = U_W + G$ erhält man das Mindestübermaß; basierend darauf ist die erforderliche Passung auszuwählen. Mit dem daraus resultierendem Höchstübermaß ist schließlich zu kontrollieren, dass der maximal zulässige Fugendruck nach Gleichung (9.87) nicht überschritten wird.

9.3.1.3   Reale Beanspruchungen nach dem Fügen

In einer realen Pressverbindung mit ein- oder beidseitig überstehender Welle (vgl. Abb. 9.25.) bildet sich ein dreidimensionaler Spannungszustand aus. Die statischen Kennwerte werden davon nur wenig beeinflusst, wohl aber das dynamische Verhalten. Im Folgenden werden deshalb die Ursachen und Wirkungen des dreidimensionalen Spannungszustandes näher erläutert.

Bei der realen Pressverbindung macht die Flächenpressung auf der Wellenoberfläche einen Sprung vom Fugendruck σ_r in der Pressfuge auf Null außerhalb der Nabe. Für diesen singulären Punkt ist die genaue Berechnung der Spannungen mit Finiten Elementen nur eingeschränkt möglich. Der komplexe Spannungszustand in der Umgebung der Nabenkante lässt sich jedoch recht genau erfassen. In Abb.

9.28. werden für eine Pressverbindung mit beidseitig herausragenden Wellenenden und mit den Abmessungen

Nabenlänge l_F = Fugendurchmesser D_F

Nabendurchmesser $D_N = 2x$ Fugendurchmesser D_F

oben rechts im Bild die Spannungen in der Oberfläche der Welle und links unten die Spannungen in der Fugenfläche der Naben gezeigt. Der Abszissenwert z = 0 entspricht der Nabenkante. Alle mit * gekennzeichneten Spannungen sind auf den theoretischen Fugendruck p bezogen, alle axialen z-Koordinaten auf den Fugenradius $D_F/2$.

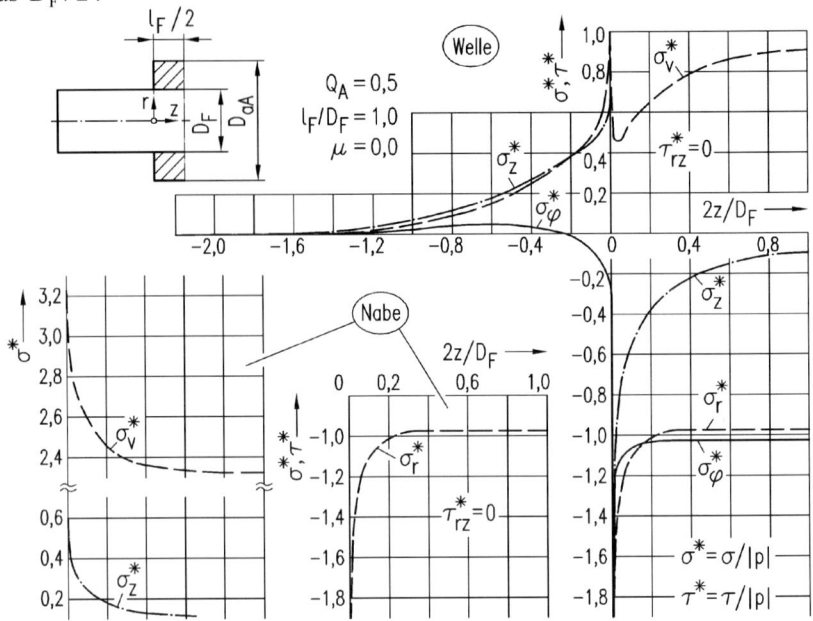

Abb. 9.28. Bezogene Spannungen in der Wellenoberfläche und der Fugenfläche der Nabe [Lei83].

Die Radialspannung σ_r und die Tangentialspannung $\sigma_\varphi \hat{=} \sigma_t$ der Welle sind im überwiegenden Teil der Pressfuge fast gleich groß und im Mittel gleich dem theoretischen Fugendruck $p \hat{=} p_F$. Im Bereich der Nabenkante erkennt man die Spitzen dieser beiden Druckspannungen. Unmittelbar vor der Nabenkante fällt die Radialspannung sprungartig auf Null ab, wodurch in der Wellenoberfläche eine Axialspannung σ_z hervorgerufen wird. Diese ist ebenfalls negativ und beginnt in der Mitte der Pressverbindung als kleine Druckspannung und wächst bis zur Nabenkante auf ein von σ_r abhängiges Maximum an. Dicht hinter der Nabenkante ist wegen des nahezu hydrostatischen Spannungszustandes die Vergleichsspannung (GEH) kleiner als der Fugendruck p ! Ein hoher Fugendruck im Bereich der Nabenkante ist deshalb nicht schädlich, zumal die negative Axialspannung einer

Rissentstehung entgegenwirkt. Außerhalb der Nabe sind die Tangentialspannung σ_t und die Axialspannung σ_z sprunghaft vermindert und gehen innerhalb einer Abklingstrecke von $-z \approx D_F$ ebenfalls gegen null. In der Nabe bildet sich wegen der gegenläufigen Vorzeichen der Radial- und Tangentialspannungen eine hohe, zur Nabenkante hin ansteigende Vergleichsspannung aus. An der Nabenkante wird daher früher Plastizieren einsetzen als im restlichen Teil der Fuge, was aber bei metallischen Werkstoffen keine negativen Auswirkungen hat. Schubspannungen treten bekanntlich in einer freien Wellenoberfläche wie wegen der für diese Rechnung getroffenen Annahme $\mu = 0$ auch in der Pressfuge nicht auf.

Zusammenfassend ist festzustellen, dass im Bereich der Nabenkante der reale Spannungsverlauf zwar erheblich vom Berechnungsmodell bzw. vom ebenen Spannungszustand abweicht. Für zähe Werkstoffe wirkt sich dies jedoch nicht negativ aus, da in Abhängigkeit von der Streckgrenze des Nabenwerkstoffes die Spannungsspitzen durch Plastizieren abgebaut werden. (vgl. [Lei83]). Bei spröden Werkstoffen (z.B. Keramik) sind Maßnahmen zur Druckentlastung allerdings zwingend notwendig. Die Berechnung des Rutschmomentes M_{tR} ist mit den in Abschnitt 9.3.1.2 abgeleiteten Formeln ausreichend genau. Man liegt damit auf der sicheren Seite, wie auch Abschnitt 9.3.1.4 zeigt.

9.3.1.4 *Pressverbindungen mit gestuftem Nabendurchmesser*

Die für einen ebenen, rotationssymmetrischen Spannungszustand erforderlichen Voraussetzungen (Welle und Nabe gleich lang, Nabenaußendurchmesser konst.) werden in der Praxis selten erfüllt.

Abb. 9.29. zeigt z.B. eine Nabe mit dreifach gestuftem Nabenaußendurchmesser. Die Berechnung des übertragbaren Drehmomentes

$$M_{tR} = \frac{\pi}{2} \cdot D_F^2 \cdot \mu_{ru} \cdot \int_0^l p(z)dz \qquad (9.98)$$

ist zwar über einen Ersatznabenaußendurchmesser möglich, dessen Bestimmung aber aufwändig. Wesentlich einfacher ist die Unterteilung des Pressverbandes in drei scheibenförmige Pressverbindungen konstanten Durchmessers mit den Längen l_{F1} bis l_{F3} und die Anwendung der in Abschnitt 9.3.1.2 abgeleiteten Berechnungsgleichungen. Diese Vorgehensweise wird vielfach auch *Scheibchenmethode* genannt. Das übertragbare Torsionsmoment bzw. die übertragbare Axialkraft resultiert aus der Summe der zulässigen Drehmomente (s. Gl. (9.92)) und Axialkräfte (s. GL. (9.91)) pro Scheibe:

$$Q_{Ai} = \frac{D_F}{D_{aAi}}; \quad M_{tR} = \sum_i M_{tRi}; \quad F_R = \sum_i F_{Ri} \qquad i = 1, 2, ..., n \qquad (9.99)$$

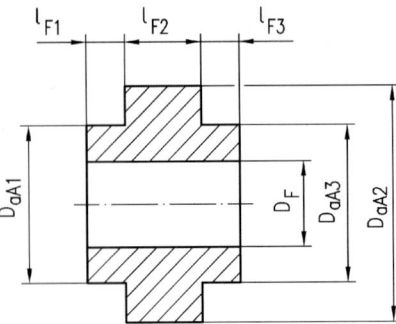

Abb. 9.29. Berechnungsmodell für PV mit gestufter Nabe

In Abb. 9.30. sind der nach der Scheibchenmethode (- - -) und der nach der Finite-Elemente-Methode (——) berechnete real auftretende Fugendruck gegenübergestellt. Die schraffierten Flächen stellen die Differenzen zwischen den beiden Kurven dar. Die Differenz der Flächen oberhalb und unterhalb der durchgezogenen Kurve ist im Allgemeinen nicht größer als 5%.

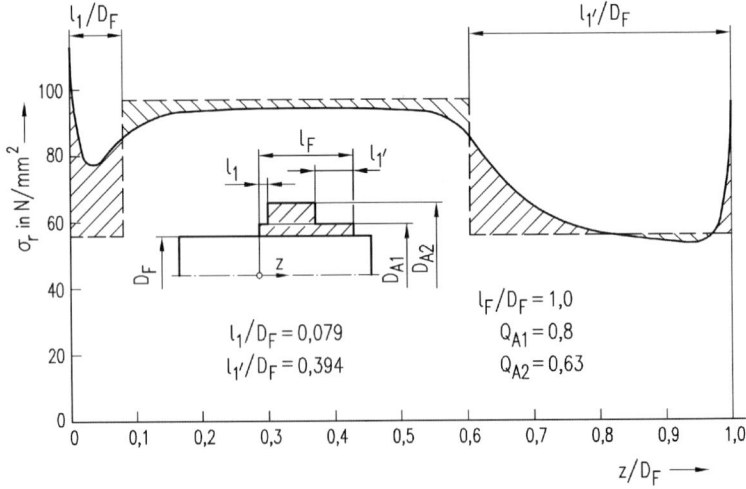

Abb. 9.30. Fugendruck in der Fügefläche einer Pressverbindung mit gestuften Nabenaußendurchmessern und Schema der Fugendruckberechnung mit Hilfe der Scheibchenmethode (—— numerisch berechnet, ----nach Abschnitt 9.3.1.2)

Eine weitere Möglichkeit zur Berechnung des übertragbaren Drehmomentes von Pressverbänden mit axial veränderlichem Nabenaußendurchmesser besteht durch die so genannte Energiemethode [Gro95]. Dieses Verfahren beruht auf der Forderung nach gleichem Drehmoment für den gestuften und einem äquivalenten Verband, was gleichbedeutend ist mit der Forderung nach gleich großer elastisch gespeicherter Energie. Dieser Zusammenhang kann zur Berechnung des äquivalenten Außendurchmessers $D_{Aäq}$ genutzt werden.

$$D_{A\ddot{a}q} = \frac{l}{\int_0^l \frac{1}{D_{aA}^2} \cdot dz} \qquad (9.100)$$

Für einen Pressverband mit Vollwelle und gleichen Werkstoffkonstanten für Nabe und Welle beträgt der äquivalente Fugendruck

$$p_{\ddot{a}q} = \frac{1-Q_{\ddot{a}q}^2}{2} \cdot E \cdot \xi \quad mit \quad Q_{\ddot{a}q} = \frac{D_F}{D_{A\ddot{a}q}} \; und \; \xi = \frac{U_W}{D_F} \qquad (9.101)$$

ξ = rel. Haftmaß
Das maximal übertragbare Drehmoment ergibt sich (bei $S_R = 1$) dann aus:

$$M_{tR} = \frac{\pi}{2} \cdot D_F^2 \cdot l_F \cdot \mu_{ru} \cdot p_{\ddot{a}q} \qquad (9.102)$$

9.3.1.5 Rotierende Pressverbindungen

Bei rotierenden Pressverbindungen bewirkt die Zentrifugalbeschleunigung eine radiale Aufweitung des Innen- und Außenteils. Diese Aufweitung ist i.A. an der Fügefläche für das Außenteil größer als für das Innenteil. Demnach sinkt mit zunehmender Drehzahl der Fugendruck und damit auch das übertragbare Drehmoment. Bei den meisten Pressverbindungen ist dieser Effekt praktisch zu vernachlässigen; jedoch nicht in der Textilmaschinenindustrie, wo die Drehzahl ein wichtiger Dimensionierungsparameter darstellt.

Im Folgenden soll deshalb auch für rein elastisch beanspruchte Pressverbindungen die Abnahme des Fugendruckes infolge der Zentrifugalbeschleunigung behandelt werden. Nach [DIN7190] sind für ein volles Innenteil ($Q_I = 0$) der Fugendruck in Abhängigkeit von der Drehzahl n und die Abhebeumfangsgeschwindigkeit u_{ab}, bei der der Fugendruck gerade den Wert null erreicht, zu berechnen. Kollmann [Kol84] behandelt dagegen den allgemeinen Fall einer Hohlwelle und lässt zugleich unterschiedliche Werkstoffe für das Innen- und Außenteil zu. Deshalb werden auch seine Ergebnisse (ohne Ableitungen) hier wiedergegeben.

Zwischen dem Fugendruck p_ω, der sich bei der Winkelgeschwindigkeit ω einstellt, und dem relativen Haftmaß ξ besteht folgende Beziehung:

$$\xi = \frac{1}{E_A} \left\{ \left[\frac{E_A}{E_I} \left(\frac{1+Q_I^2}{1-Q_I^2} - \nu_I \right) + \frac{1+Q_A^2}{1-Q_A^2} + \nu_A \right] p_\omega + \frac{K \cdot D_F^2 \cdot \omega^2 \cdot \rho_A}{16 \cdot Q_A^2} \right\} \qquad (9.103)$$

Dabei wird die Abkürzung

$$K = 3 + \nu_A + \left(1 - \nu_A\right) \cdot Q_A^2 - \frac{E_A \cdot \rho_I}{E_I \cdot \rho_A} \cdot Q_A^2 \cdot \left[1 - \nu_I + \left(3 + \nu_I\right) \cdot Q_I^2\right] \qquad (9.104)$$

verwendet.

Für die Abhebewinkelgeschwindigkeit gilt:

$$\omega_{ab} = \frac{4}{D_{aA}} \cdot \sqrt{\frac{E_A \cdot \xi}{K \cdot \rho_A}} \qquad (9.105)$$

Aus dem Fugendruck p im Stillstand berechnet sich schließlich der Fugendruck $p_\omega = f(\omega)$ zu

$$p_\omega = \left(1 - \left(\frac{\omega}{\omega_{ab}}\right)^2\right) \cdot p \qquad (9.106)$$

Damit eine Pressverbindung die in Abschnitt 9.1 beschriebenen Funktionen erfüllen kann, ist zwingend die Bedingung $p_\omega > 0$ zu erfüllen. Bei einer vorgegebenen Sicherheit S_R gegen Durchrutschen ist der bei Betriebsdrehzahl erforderliche Fugendruck $p_\omega \equiv p_{min}$ nach Gleichung (9.95) zu berechnen.

9.3.1.6   Gestaltung von Pressverbindungen

Die Gestaltung von Pressverbindungen muss einerseits eine sichere und möglichst einfache Montage gewährleisten. Darüber hinaus sind wegen der vorwiegend dynamischen Belastungen Maßnahmen zur Reduzierung der Kerbwirkung zu treffen. Deshalb wird im Folgenden zwischen den *allgemeinen Gestaltungsregeln* und den *Gestaltungsregeln für dynamisch beanspruchte Pressverbindungen* unterschieden (vgl. auch [DIN7190]).

Allgemeine Gestaltungsregeln

- Bei Pressverbindungen in Sacklöchern ist eine Entlüftungsbohrung vorzusehen (Abb. 9.31.).
- Zur eindeutigen axialen Positionierung sind Lagebegrenzungen konstruktiver oder fertigungstechnischer Art vorzusehen (z.B. Wellenschulter).
- Um große Momente übertragen zu können, soll möglichst ein volles Innenteil mit einem dickwandigen Außenteil ($Q_A \leq 0,5$) gepaart werden.
- Längspressverbindungen sind gemäß Abb. 9.32. zu gestalten. Scharfe Kanten und Übergänge sind zu vermeiden. Der Fasenwinkel φ soll höchstens 5° betragen.

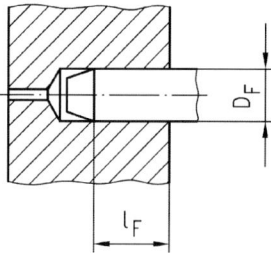

Abb. 9.31. Beispiel einer Entlüftungsbohrung in Sacklöchern

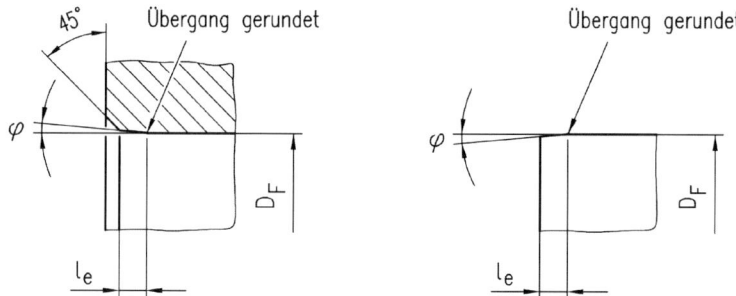

Abb. 9.32. Konstruktive Gestaltung von Längspressverbänden; l_e gemäß [DIN7190]

Gestaltungsregeln für dynamisch beanspruchte Pressverbindungen

Pressverbindungen werden im Betrieb vorwiegend durch Umlaufbiegung und schwellende Torsion beansprucht. Die schwingenden Momente können in der Fuge Gleitbewegungen, landläufig Schlupf genannt, hervorrufen ([Lei83], [Grop97]). Nach bekannten Untersuchungen des Reibdauerbruchs (z.B. [Krei76]) wird mit zunehmendem Schlupf die Dauerhaltbarkeit von reibschlüssig gepaarten Bauteilen vermindert. Da hoher Fugendruck - insbesondere im Bereich der Nabenkante - den Schlupf vermindert, sind alle gegenläufigen Maßnahmen zu vermeiden. So z.B. sollte im Einlaufbereich der Welle in die Nabe die Nabe *nicht* geschwächt werden (vgl. Abb. 9.33.).

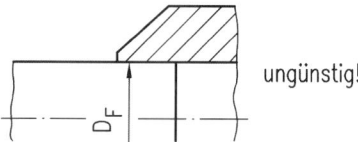

Abb. 9.33. Außenteil mit konischem Auslauf

Die optimale Gestaltung von vorherrschend biegebeanspruchten Pressverbindungen zeigt Abb. 9.34. Bei der abgesetzten Welle sollen folgende geometrischen Beziehungen in etwa eingehalten werden:

$$\frac{D_F}{D_W} \approx 1{,}1 \qquad \frac{r}{\left(D_F - D_W\right)} \approx 2 \qquad\qquad (9.107)$$

Sofern ein Absatz des Innenteils wegen der angrenzenden Bauteile nicht realisiert werden kann, kann auch eine Ausführung nach Abb. 9.35. gewählt werden. Für den Kerbradius gelten die analogen Verhältnisse zu Gleichung (9.107). Für den Überstand a gilt $a \geq 0$. Wird $a < 0$, nähert sich die Verbindung ab $a / D_F = 0{,}05$ wieder der Pressverbindung mit glatter Welle an, d.h. die höchst beanspruchte Stelle (potentieller Bruchort) wandert vom Übergangsradius in den Fugenbereich dicht hinter der Nabenkante.

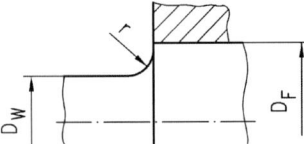

Abb. 9.34. Pressverbindung mit optimierter Gestaltfestigkeit

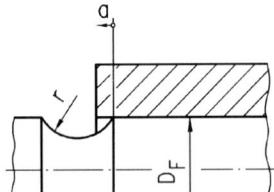

Abb. 9.35. Pressverbindung mit axialem Überstand ($a > 0$)

9.3.2 Kegelpressverbindungen

Kegelpressverbindungen weisen eine kegelige Wirkfläche für den Kraftschluss auf. Hinsichtlich der Berechnung besteht eine enge Verwandtschaft zu den zylindrischen Pressverbindungen, wobei ihr größter Vorteil darin besteht, dass sich durch Längsaufpressen ein beliebiges Übermaß einstellen lässt. Abkühlen der Welle bzw. Erwärmen der Nabe oder Längsaufpressen über eine lange Wegstrecke sind nicht notwendig. Bei nicht selbsthemmenden Kegelpressverbindungen wird die Nabe auf der Welle mittels einer Schraube axial verspannt, die nach der Montage beibehalten wird. Liegt dagegen die Verbindung im Selbsthemmungsbereich dann ist es möglich, die Fügekraft nach der Montage ohne Funktionsbeeinträchtigung zu entfernen. Weil selbsthemmende Kegelpressverbindungen in der Praxis häufig vorkommen, werden diese nachfolgend behandelt (Kegelverhältnis $C \leq 1{:}20$).

9.3.2.1 Auslegung von Kegelpressverbindungen

Die Mechanismen der Drehmoment- und Biegemomentübertragung sind vergleichbar mit denen bei Zylinderpressverbindungen. Streng genommen kann die Zylinderpressverbindung als Sonderfall der Kegelpressverbindung aufgefasst werden. Es hat sich aber eingebürgert, die Zylinderpressverbindungen in den Mittelpunkt der Betrachtungen zu stellen und darüber hinaus auf die Besonderheiten der kegeligen Wirkflächen einzugehen. So soll auch hier verfahren werden.

In Abb. 9.36. ist eine Kegelpressverbindung mit den nach [DIN254] bezeichneten geometrischen Kenngrößen dargestellt. Die Neigung des Kegels wird durch das Kegelverhältnis (Verjüngung) C angegeben.

$$C = 1 : \frac{l}{D-d} = 1 : \frac{1}{2}\cot\beta \qquad (9.108)$$

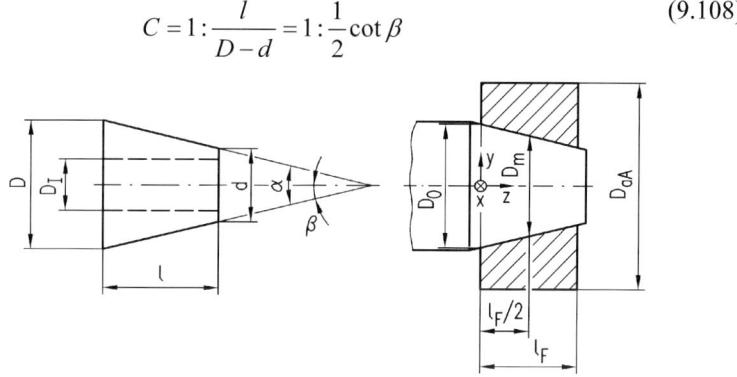

Abb. 9.36. Maße am Kegel gemäß [DIN254]

Der halbe Kegelwinkel wird nach [DIN254] als Einstellwinkel β bezeichnet. Wegen der immer auftretenden Fertigungsabweichungen müssen die unterschiedlichen Einstellwinkel von Innen- und Außenteil bei der Berechnung berücksichtigt werden. Je nachdem, ob der Einstellwinkel des Außenteils kleiner oder größer als der des Innenteils ist, liegt obere oder untere Anlage vor (Abb. 9.37.).

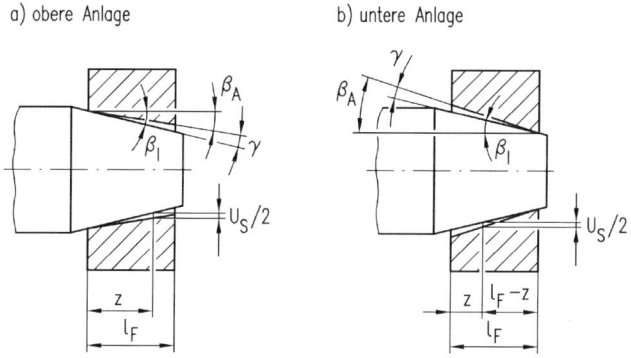

Abb. 9.37. Obere und untere Anlage einer Kegelpressverbindung [Schm73]

Für die Einstell-Winkelabweichung γ zwischen Nabe und Welle gilt:

$$\gamma = \beta_I - \beta_A \qquad (9.109)$$

Bei kleinen Winkelfehlern gilt bei oberer Anlage für den örtlichen Übermaßverlust die Näherung:

$$U_s(z) = 2 \cdot z \cdot \tan\gamma \qquad (9.110)$$

und bei unterer Anlage:

$$U_s(z) = 2 \cdot (l_F - z) \cdot \tan\gamma \qquad (9.111)$$

Durch Überlagerung des nominellen Übermaßes U_n

$$U_n = 2 \cdot a \cdot \tan\beta \qquad (9.112)$$

a = Aufschubweg

des Übermaßverlustes U_s infolge Winkelfehler γ und der Glättung G (s. Gl.9.97) ergibt sich das wirksame Übermaß:

$$U_w(z) = U_n - U_s(z) - G \qquad (9.113)$$

Für die obere Anlage gilt:

$$U_w(z) = 2 \cdot \left[a_w \cdot \tan\beta - z \cdot \tan\gamma \right] \qquad (9.114)$$

und für die untere Anlage entsprechend:

$$U_w(z) = 2 \cdot \left[a_w \cdot \tan\beta - (l_F - z) \cdot \tan\gamma \right] \qquad (9.115)$$

mit dem wirksamen Aufschubweg:

$$a_w = a - \frac{G}{2 \cdot \tan\beta} \qquad (9.116)$$

Der Einfachheit halber wird nachfolgend eine Kegelpressverbindung mit Vollwelle und gleichen Werkstoffkonstanten für Welle und Nabe betrachtet. Da nach Schmid [Schm73] und [Lei83] wegen der Kraftleitung Kegelpressverbindungen unbedingt mit oberer Anlage ausgeführt werden sollen, wird nur dieser Fall behandelt. Für das Außendurchmesserverhältnis der Nabe gilt:

$$Q_A(z) = \frac{D(z)}{D_{aA}} = \frac{D_o - 2 \cdot z \cdot \tan\beta}{D_{aA}} \qquad (9.117)$$

Für kleine Kegelwinkel, die im praxisrelevanten Bereich der Selbsthemmung immer vorliegen, ist folgende Vereinfachung zulässig,

$$Q_{A,m} = \frac{D_{Fm}}{D_{aA}} = \frac{D_o - l_F \cdot \tan\beta}{D_{aA}} \tag{9.118}$$

so dass für den mittleren Fugendruck folgt:

$$p_m = \frac{1 - Q_{A,m}^2}{2} \cdot E \cdot \xi_m \tag{9.119}$$

mit:

$$\xi_m = \frac{2}{D_{Fm}} \left(a_w \cdot \tan\beta - \frac{l_F}{2} \cdot \tan\gamma \right) \tag{9.120}$$

Die Tangentialspannung kann mit Hilfe des mittleren Fugendruckes analog Abschnitt 9.3.1.2 berechnet werden.

Maximal übertragbares Drehmoment

Die Kraftverhältnisse in einer selbsthemmenden drehmomentbelasteten Kegel-pressverbindung zeigt Abb. 9.38. Es ist der allgemeingültige Fall, bei dem die Reibungskraft $F_{r,res}$ eine beliebige Richtung hat, dargestellt. $F_{r,res}$ ist die vektorielle Summe der Komponenten in Längs- und Umfangsrichtung (F_{rl} und F_{ru}). Der Zusammenhang zwischen diesen Kräften, jeweils bezogen auf die zugehörige maximale Reibungskraft in Längsrichtung $F_{rl,max}$ ($\delta = 0°$) bzw. in Umfangsrichtung $F_{ru,max}$ $(\delta = 90°)$ stellt eine Ellipse dar.

$$\left(\frac{F_{rl}}{F_{rl,max}} \right)^2 + \left(\frac{F_{ru}}{F_{ru,max}} \right)^2 = 1 \tag{9.121}$$

Für die maximalen Reibungskräfte gelten folgende Beziehungen:

$$F_{rl,max} = \mu_{ll} \cdot F_n \tag{9.122}$$

$$F_{ru,max} = \mu_{lu} \cdot F_n \tag{9.123}$$

Die Reibungszahlen in Längs- und in Umfangsrichtung μ_{ll} und μ_{lu} können im Allgemeinen unterschiedlich sein.

Beim Grenzfall der Selbsthemmung ($\mu_{ll} = \tan\beta$) entspricht die Längskomponente der Reibungskraft F_{rl} der Längskomponente der Normalkraft F_n (Abb. 9.38.). Aus diesem Kräftegleichgewicht ($F_{rl}\cos\beta = F_n\sin\beta$) folgt die Bedingung:

$$F_{rl} = F_n \cdot \tan\beta \tag{9.124}$$

Durch Umstellen der Gleichung (9.121) und Ergänzen der Beziehungen nach Gleichung (9.124) ergibt sich die Reibungskraft in Umfangsrichtung zu:

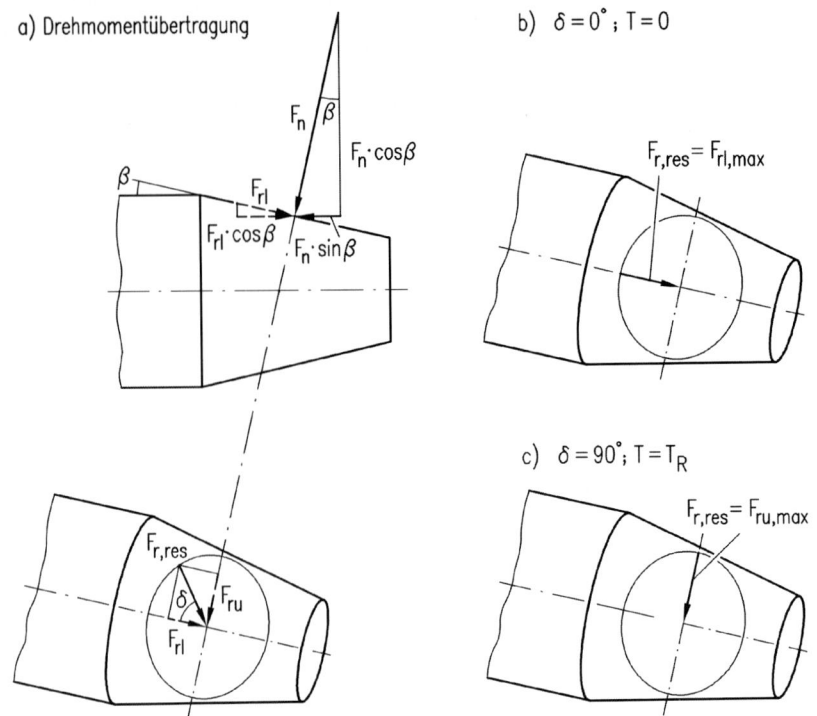

a) Drehmomentübertragung

F_n β

$F_n \cdot \cos\beta$

β

F_{rl}

$F_{rl} \cdot \cos\beta$ $F_n \cdot \sin\beta$

$F_{r,res}$

δ F_{ru}

F_{rl}

b) $\delta = 0°$; $T = 0$

$F_{r,res} = F_{rl,max}$

c) $\delta = 90°$; $T = T_R$

$F_{r,res} = F_{ru,max}$

Abb. 9.38. Darstellung der Kräfte, a) die bei der Drehmomentübertragung auf den Kegel wirken; b) nach dem Fügen; c) bei der maximalen Drehmomentübertragung [Schm73]

$$F_{ru} = F_n \cdot \mu_{lu} \cdot \sqrt{1 - \left(\frac{\tan\beta}{\mu_{ll}}\right)^2} \qquad (9.125)$$

Für das maximale Drehmoment der selbsthemmenden Kegelpressverbindung gilt dann:

$$M_{tR} = \frac{D_{Fm}}{2} \cdot F_{ru} \qquad (9.126)$$

Mit (9.125) und (9.132) wird hieraus:

$$M_{tR} = \frac{\pi}{2 \cdot \cos\beta} \cdot l_F \cdot D_{Fm}^2 \cdot p_m \cdot \mu_R \qquad (9.127)$$

Wobei μ_R von Schmid als scheinbare Reibungszahl bezeichnet wird [Schm73]. Sie beträgt:

$$\mu_{R} = \mu_{lu} \cdot \sqrt{1 - \left(\frac{\tan \beta}{\mu_{ll}}\right)^{2}} \tag{9.128}$$

Die scheinbare Reibungszahl μ_{R} hat nur einen realen positiven Wert, wenn die Kegelpressverbindung im Selbsthemmungsbereich liegt, d.h. die Reibungszahl in Längsrichtung die folgende Bedingung erfüllt:

$$\mu_{ll} \geq \tan \beta \tag{9.129}$$

9.3.2.2   Montage und Demontage von Kegelpressverbindungen

In Abb. 9.39. sind die in einer Kegel-Pressverbindung beim Fügen und Lösen auf die Welle wirkenden Kräfte dargestellt. Aus dem Kräftegleichgewicht beim Fügen ergibt sich die Fügekraft:

$$F_{f} = F_{n} \cdot \cos \beta \cdot (\mu_{f} + \tan \beta) \tag{9.130}$$

μ_{f} : Reibungszahl beim Fügen

Für die Lösekraft gilt entsprechend:

$$F_{l} = F_{n} \cdot \cos \beta \cdot (\mu_{ll} - \tan \beta) \tag{9.131}$$

wobei die Reibungszahlen beim Fügen und Lösen unterschiedlich sein können. Das Verhältnis der Lösekraft zur Fügekraft ist in Abb. 9.40. in Abhängigkeit vom Kegelwinkel dargestellt. Die resultierende Normalkraft F_{n} ergibt sich durch Integration des Fugendruckes entlang der Sitzfläche [Kol84] zu:

$$F_{n} = \frac{\pi}{\cos \beta} \cdot l_{F} \cdot D_{Fm} \cdot p_{m} \tag{9.132}$$

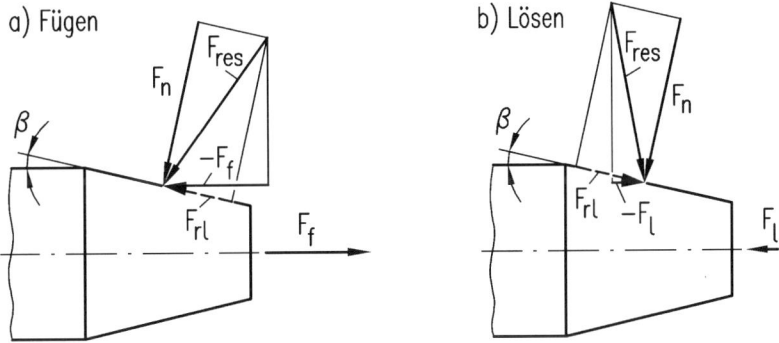

Abb. 9.39. Darstellung der Kräfte, die beim Fügen und Lösen auf den Kegel wirken

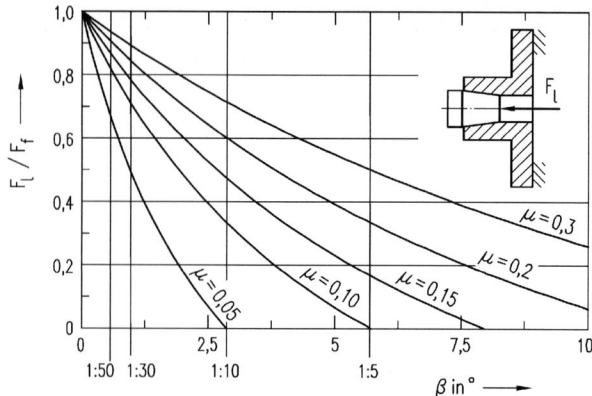

Abb. 9.40. Verhältnis zwischen Löse- und Fügekraft einer Kegelpressverbindung; $\mu_f = \mu_{ll} = \mu$ [LeSm00]

Beim Längsfügen von Pressverbindungen wird häufig ein charakteristisches Knackgeräusch wahrgenommen, was auf einen Wechsel zwischen Gleit- und Haftreibung schließen lässt. Dieser Effekt wird auch als Stick-Slip-Effekt bezeichnet [Czi92] und beruht auf der Geschwindigkeitsabhängigkeit der Reibungszahl. In technischen Systemen wird diese Abhängigkeit durch die Stribeck-Kurve beschrieben. Abb. 9.41. verdeutlicht den Einfluss der Fügegeschwindigkeit auf die Reibungszahl μ_f bzw. auf den Fügevorgang mit und ohne Stick-Slip-Effekt.

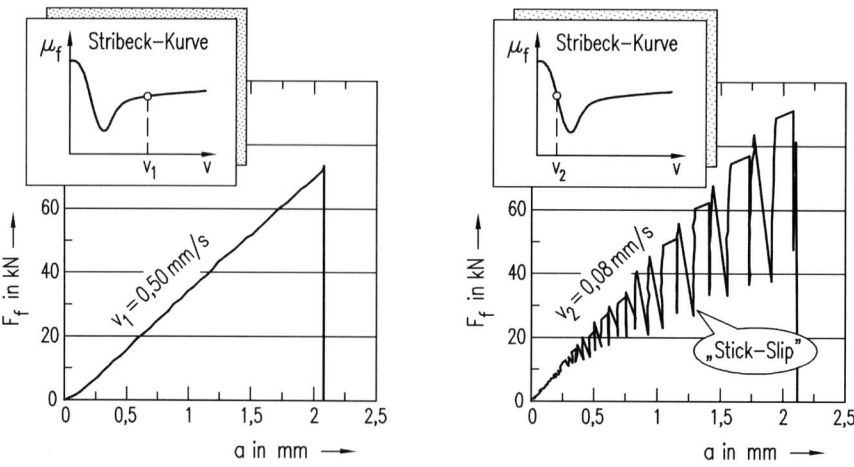

Abb. 9.41. Kraft-Weg-Diagramm beim Fügen einer Kegel-PV mit und ohne Stick-Slip-Effekt [Sme01]

Gerade bei Kegelpressverbindungen wirkt sich wegen des kleinen Aufschubweges der Stick-Slip-Effekt äußerst negativ aus. Beim kraftgesteuerten Fügen wird nämlich die Presse infolge des Kraftanstiegs in der Stick-Phase abgeschaltet, ohne den erforderlichen Aufschubweg erreicht zu haben. Ein Nachdrücken ist wegen der kleinen Wegstrecke kaum möglich bzw. nicht wirksam, so dass die Verbindung entweder demontiert werden muss oder im schlimmsten Fall Ausschuss ist. Die naheliegenste Abhilfemaßnahme ist zwar das weggesteuerte Fügen. Dabei können aber Einstellwinkelabweichungen ebenfalls zu gravierenden Fehlern führen.

Aus der Literatur sind bezüglich des Stick-Slip-Effektes folgende Erkenntnisse zu entnehmen:

- Stick-Slip-Verhalten tritt besonders dann auf, wenn die Haftreibungszahl wesentlich größer als die Gleitreibungszahl ist. Dies gilt vor allem beim Fügen mit Öl.
- Bei höheren Fügegeschwindigkeiten ($v \geq 0,5$ mm/s) verringert sich der Stick-Slip-Effekt.
- Verbindungen mit gehärteten Fügeflächen neigen eher zum Stick-Slip-Verhalten als solche mit weichen Fügeflächen.

Anstatt Öl bietet sich zur schmierenden Wirkung bei der Montage auch Klebstoff an. Der Vorteil besteht darin, dass nach dem Fügen der Kleber aushärtet und damit festigkeitssteigernd wirkt [Bär95].

9.3.2.3 Fügen und Lösen mit Druckmedium

Eine sehr viel günstigere, wenn auch teurere Möglichkeit des Fügens bietet die Hydraulik. Der Grundgedanke des Verfahrens besteht darin, Öl (für Demontage) oder Glyzerin (für Montage) mit hohem Druck zwischen die Fügeflächen eines Verbandes zu pressen. Dadurch bildet sich zwischen den Fügeflächen ein dünner Flüssigkeitsfilm aus, welcher die Reibung wesentlich vermindert. Öl wirkt sich bei der Montage dahingehend negativ aus, dass der Reibwert in der Fügefläche deutlich gemindert wird.

Kegelpressverbindungen können im Gegensatz zu Zylinderpressverbindungen mit diesem Verfahren auch montiert werden, so dass diese insbesondere bei großen Durchmessern bevorzugt werden. Wichtig zur störungsfreien Montage und Demontage ist die richtige Anordnung der Zuführbohrung(en). Die Bohrungen sind immer im Bereich des höchsten Fugendrucks anzuordnen (also im Bereich der größten Nabenwanddicke Abb. 9.42. Darüber hinaus ist sicherzustellen, dass die in die Fuge eintretende Flüssigkeit etwa gleichzeitig die beiden Nabenenden erreicht. Vorteilhaft für die axiale Ausbreitung der Flüssigkeit und besonders für den Rücklauf bei Entlastung des Zuführdruckes wirken sich eine spiralförmige Nut in der Wellenoberfläche Abb. 9.43. oder mehrere axiale Riefen aus. Die Enden der Vertiefungen müssen so angeordnet sein, dass diese bei drucklos aufgesteckter Nabe gerade überdeckt werden.

Der erforderliche Flüssigkeitsdruck zum Fügen und Lösen ist etwas größer, als der Fugendruck. In der Praxis sind Drücke bis 2500 bar und Kegelverhältnisse von 1:30 bis 1:50 üblich. Da sich hydraulisch beaufschlagte Verbände mit kegeliger Fügefläche schlagartig lösen, ist eine axiale Fangvorrichtung vorzusehen.

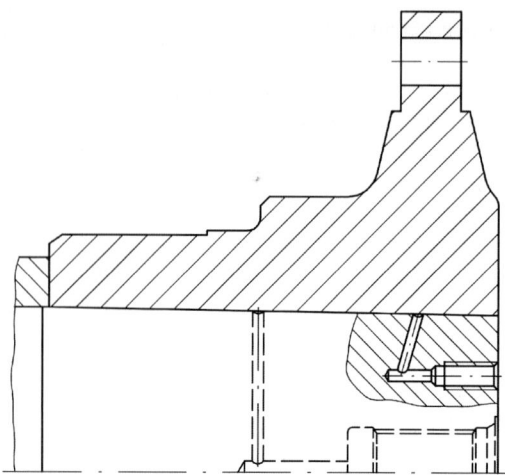

Abb. 9.42. Ölbohrungen in einem Kegelpressverband mit gestufter Nabe

Hinsichtlich der Zuführbohrungen ist zu beachten, dass diese zu einer (i.Allg. kleinen) Fugendruckreduzierung und zu einer örtlichen Spannungserhöhung (insbesondere im Bereich der Bohrerspitze) führen. Untersuchungen dazu wurden von Dietz [Die94] durchgeführt.

Bei Einsatzstählen müssen vor dem Härten die Bohrungen in der Nabe (Abb. 9.43.) unbedingt abgedeckt werden, da ansonsten bei dünnwandigen Naben und hohen Fugendrücken ($\xi > 1,5‰$) die Naben aufreißen können.

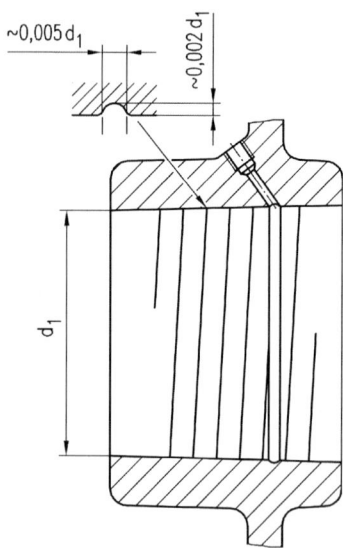

Abb. 9.43. Konischer Druckölverband mit schraubenförmiger Nut für Ölablauf (nach SKF)

9.3.3 Spannelementverbindungen

Spannelementverbindungen werden in den verschiedensten Bauformen am Markt angeboten. Sie werden i.d.R. zwischen Welle und Nabenbohrung angeordnet, so dass im Gegensatz zu den Pressverbindungen eine mittelbare Kraftübertragung vorliegt. Die Wirkmechanismen Keileffekt, Kniehebel und hydraulisches Druckmedium dienen zur Umsetzung der von außen aufgebrachten Montagekräfte in Normalkräfte. Dabei können auch Durchmessertoleranzen ausgeglichen werden. Darüber hinaus ermöglichen sie eine stufenlose axiale und winkelige Einstellung. Allerdings zentrieren viele Spannelemente nicht und benötigen deshalb eine zusätzliche Zentrierung von Welle und Nabe. Ein wichtiges Argument für den Einsatz von Spannelementen ist die einfache Montage und besonders auch Demontage. Voraussetzung dafür ist, dass die zwischen Welle und Nabe nicht zu vermeidenden Relativbewegungen bzw. der daraus resultierende Schwingungsverschleiß keine oder nur geringe Oberflächenschäden verursacht. Schröder [Schr91] ermittelt für ausgewählte Spannelemente die max. zulässigen Grenzbelastungen für Biegung und Torsion. Als Richtwert kann gelten, dass Umlaufbiegemomente bis zu 30% des maximal zulässigen Torsionsmomentes keine oder nur geringe Reibkorrosion erzeugen. Bei Überschreiten dieses Grenzwertes sind bauartspezifische Eigenschaften zu berücksichtigen.

Im Folgenden werden die konischen Spannelemente detailliert behandelt und darüber hinaus werden für einige weitere Bauformen deren besondere konstruktive Einsatzmöglichkeiten angegeben.

Konische Spannelemente

Konische Spannelemente sind geschlossene Ringe, die paarweise eingebaut werden. Der Außenring ist außen zylindrisch und innen konisch, der Innenring außen konisch und innen zylindrisch (Abb. 9.44.). Durch axial wirkende Schraubenkräfte werden die beiden Ringe gegeneinander verspannt. Der Außenring wird dadurch elastisch aufgeweitet und drückt mit seiner zylindrischen Außenfläche gegen die Mantelfläche der Nabenbohrung. Der Innenring wird elastisch gestaucht und drückt mit seiner zylindrischen Innenfläche gegen die Wellenoberfläche. Es liegen also drei Wirk- oder Fügeflächen (Nabe/Außenring, Außenring/Innenring und Innenring/Welle) vor, in denen Flächenpressungen auftreten.

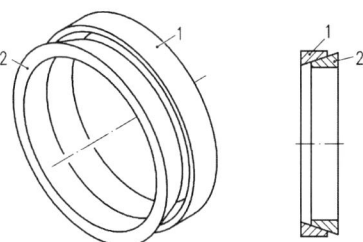

Abb. 9.44. Spannelementepaar; 1 Außenring, 2 Innenring

Das Spannen der Verbindung, d.h. das Einleiten der axialen Einpresskraft erfolgt gemäß Abb. 9.45. wellen- oder nabenseitig.

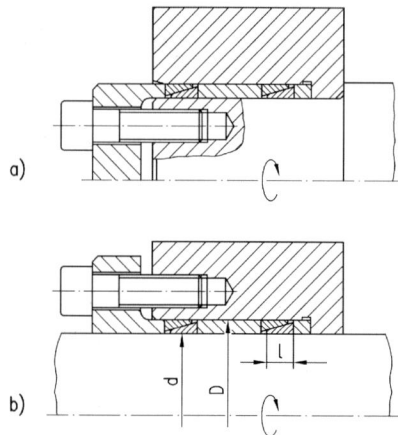

Abb. 9.45. Spannelementverbindung System Ringfeder, **a** wellenseitig verspannt; **b** nabenseitig verspannt

Bei der Montage ist zunächst zwischen Außenring und Nabe sowie zwischen Innenring und Welle ein radiales Spiel S vorhanden. Um eine Anlage an die zu verbindenden Teile zu erreichen, müssen sich die Ringe um die Summe dieser Spiele verformen. Als Richtwert für die erforderliche axiale Verspannkraft zur Spielüberwindung gilt für Spannelemente aus Stahl:

$$F_{ax,0} \approx 277000 \cdot l \cdot S \cdot \frac{D-d}{D+d} \qquad (9.133)$$

(alle Maße in mm, $F_{ax,0}$ in N)

Wird die axiale Verspannkraft über $F_{ax,0}$ hinaus gesteigert, gleiten die konischen Flächen aufeinander, woraus eine radiale Verformung der Ringe resultiert. Abb. 9.46. zeigt die in dieser Phase an den konischen Spannelementen wirkenden Kräfte (Ringe axial auseinander gerückt).

Mit dem Reibungswinkel $\tan \rho = \mu$ und der für Ring 1 geltenden Gleichgewichtsbedingung

$$F_v \cdot \tan(\rho + \beta) + F_v \cdot \tan \rho - F_{ax1} = 0 \qquad (9.134)$$

ergibt sich für die radiale Vorspannkraft:

$$F_v = \frac{F_{ax1}}{\tan(\rho + \beta) + \tan \rho} \qquad (9.135)$$

Mit der für Ring 2 analogen Gleichgewichtsbedingung folgt schließlich für die axiale Verspannkraft F_{ax2} :

$$F_{ax2} = \frac{\tan(\rho + \beta) - \tan\rho}{\tan(\rho + \beta) + \tan\rho} \cdot F_{ax1} \qquad (9.136)$$

Das von einer aus Außen- und Innenring bestehenden konischen Spannelement-verbindung übertragbare Drehmoment errechnet sich aus:

$$M_t = F_v \cdot \mu \cdot \frac{d}{2} \qquad (9.137)$$

und mit Gl (9.135) zu:

$$M_t = \frac{F_{ax1}}{\tan(\rho + \beta) + \tan\rho} \cdot \mu \cdot \frac{d}{2} \qquad (9.138)$$

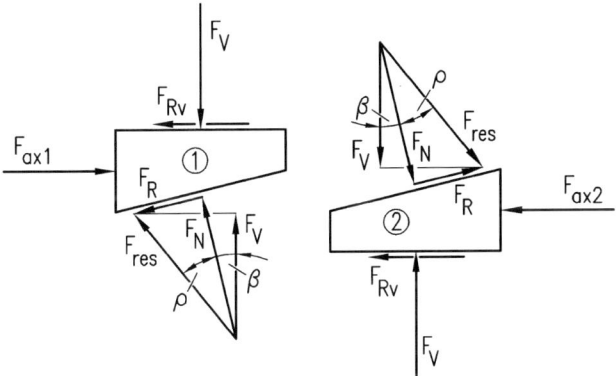

Abb. 9.46. Konische Spannelemente mit angreifenden Kräften (/Kol84/)

Hintereinanderschaltung von Elementen

Reicht für die Übertragung des Drehmomentes ein Spannelementepaar nicht aus, dann werden mehrere hintereinander geschaltet (Abb. 9.47.). Dabei ist zu beachten, dass wegen $F_{ax2} = q \cdot F_{ax1}$ und $q < 1$ (vgl. Gl. (9.136)) die in den Außenring eines Spannelementepaares eingeleitete Axialkraft durch die in den Wirkflächen angreifenden Reibungskräfte abgeschwächt und nicht in voller Größe in das nachfolgende Spannelementepaar als axiale Verspannkraft eingeleitet wird.

Dies bedeutet, dass das zweite und jedes folgende Spannelementepaar nur ein kleineres Drehmoment übertragen kann als das erste. Bei handelsüblichen Spann-ringen mit $\tan\beta = 0,3$ und $\mu = 0,12$ gilt für den Abminderungsfaktor:

$$q = \frac{\tan\beta}{2\mu + \tan\beta} \qquad (9.139)$$

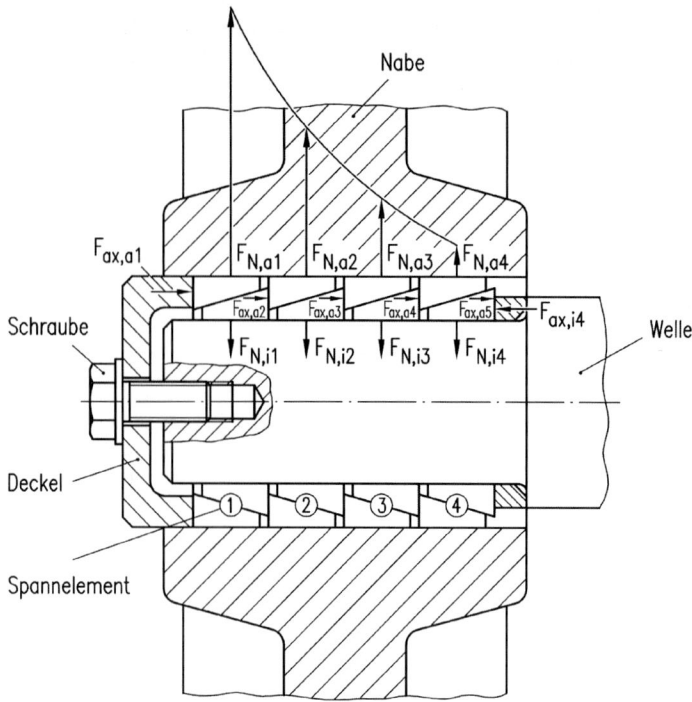

Abb. 9.47. Mehrfach-Spannelemente-Verbindung

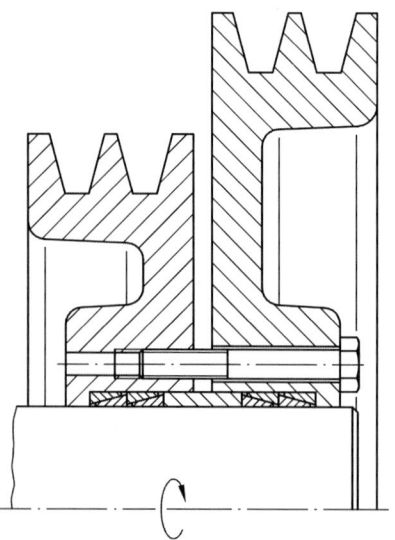

Abb. 9.48. Anwendungsbeispiel: Befestigung von zwei Keilriemenscheiben mit je zwei Spannelementepaaren

bzw. $q = 0{,}56$; d.h. pro Spannelementepaar sinkt das übertragbare Drehmoment um ca. die Hälfte. Zwei hintereinandergeschaltete Spannelementepaare übertragen also nur ein um 50% größeres Drehmoment als ein Paar. Es ist demnach nicht sinnvoll mehr als vier Spannelementepaare hintereinanderzuschalten.

In der Praxis erfolgt die Nachrechnung von einbaufertigen Spannelementen nach Tabellen der Hersteller (z.B. Ringfeder GmbH, Krefeld-Uerdingen und Ringspann GmbH, Bad-Homburg). Ein Anwendungsbeispiel zeigt Abb. 9.48.

Spannsätze

Gemäß Abb. 9.49. besteht ein Spannsatz System Ringfeder aus zwei Außenringen mit konischer Innenfläche, zwei Innenringen mit konischer Außenfläche und zwei Druckringen, die sowohl innen als auch außen konisch sind. Sie funktionieren in der Weise, dass beim axialen Zusammenziehen der beiden bezüglich der Konusflächen gegensinnig angeordneten Druckringe die Außenringe gedehnt und die Innenringe gestaucht werden. Dadurch werden diese gegen die Nabe bzw. gegen die Welle gepresst und übertragen Reibkräfte bzw. Reibmomente. Die Druckringe haben am Umfang gleichmäßig verteilt eine größere Anzahl von Bohrungen (ein Druckring ist mit Gewindebohrungen und der andere mit glatten Durchgangsbohrungen versehen), die das axiale Zusammenziehen der Druckringe und damit das Verspannen des gesamten Spannsatzes erlauben. Meistens werden dazu Zylinderschrauben der Festigkeitsklasse 10.9 mit Innensechskant nach [DINENISO4762] verwendet. Wegen der vielen Bohrungen ist kein konstanter Fugendruck entlang des Umfangs erreichbar. Die Hersteller berücksichtigen dies bei der Angabe der zul. Belastungen.

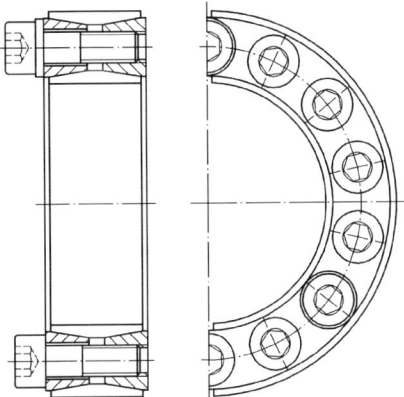

Abb. 9.49. Spannsatz System Ringfeder

Welle oder Nabe brauchen also nicht mit Gewindebohrungen für die Spannschrauben versehen zu werden. Spannsätze eignen sich besonders für schwere Konstruktionen, bei denen große statische und/oder dynamische Kräfte und Momente übertragen werden müssen. Sie gewährleisten ferner eine gute Rundlaufgenauigkeit, eine einfache Montage (i.d.R. mit Öl gemäß Herstellerangaben) und Demontage sowie eine genaue Einstellung in axialer und in Umfangsrichtung. Sie können als fertige Konstruktionselemente bezogen werden und müssen im einzelnen nicht mehr nachgerechnet werden, weil die Hersteller die übertragbaren Drehmomente in Abhängigkeit von der Schraubenanzahl und -größe, der Werkstoffkombination (Reibungskoeffizient) und dem Anziehmoment einer Schraube bereits festgelegt haben.

Neben dem Ringfeder-Spannsatz gibt es noch den Bikon- und den Dobikon-Spannsatz (Abb. 9.50.), das Doko-Spannelement (Abb. 9.51.), die Stüwe-Schrumpfscheibe (Abb. 9.52.) und die Bikon-Schrumpfscheibe (Abb. 9.53.). Allen diesen Spannsätzen oder -elementen liegt das gleiche Wirkprinzip, Kraftschluss über Reibflächen, zugrunde.

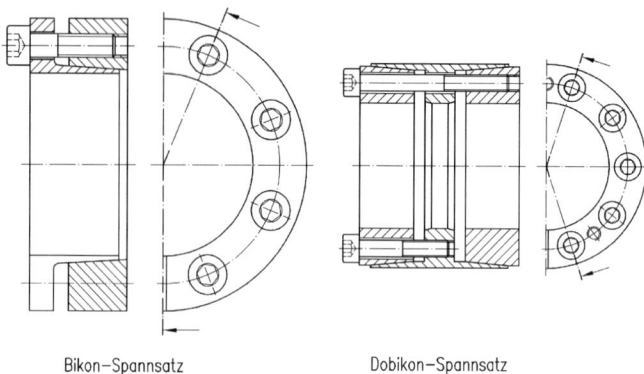

Bikon–Spannsatz   Dobikon–Spannsatz

Abb. 9.50. Bikon- und Dobikon-Spannsatz

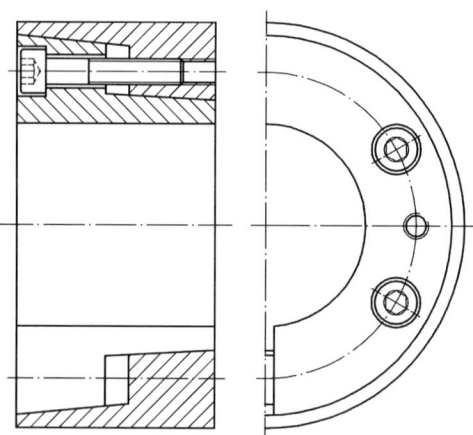

Abb. 9.51. Doko-Spannelement

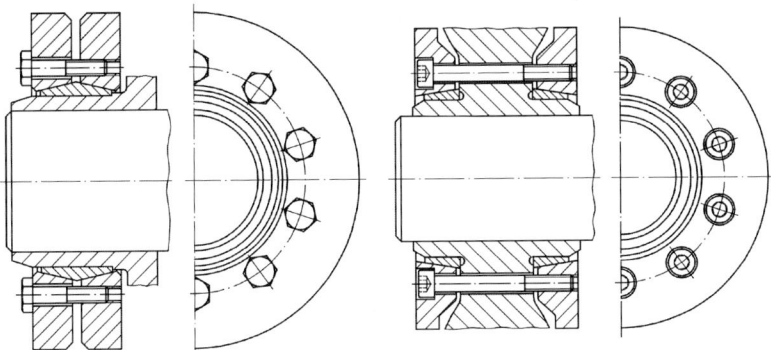

Abb. 9.52. Stüwe-Schrumpfscheibe

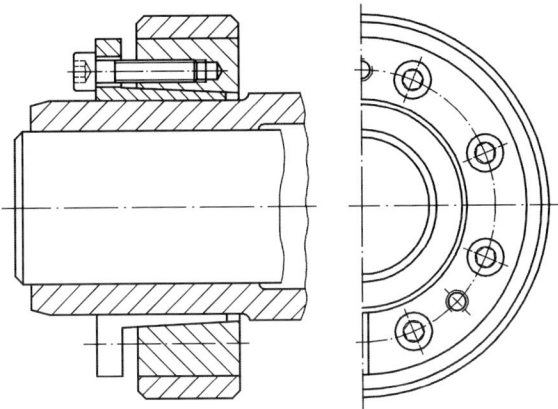

Abb. 9.53. Bikon-Schrumpfscheibe

Wellspannhülsen

Bekannt sind die Spieth-Wellspannhülsen (Abb. 9.54.) mit einer gewellten Querschnittsform im Axialschnitt, die durch wechselseitige äußere und innere radiale trapezförmige Ausnehmungen zustande kommt. Die verbleibenden zylindrischen Außen- und Innenflächen sind koaxial und so toleriert, dass sie sich im unbelasteten Zustand der Hülse in die Bohrung (Toleranzfeld H7) und über die Welle (Toleranzfeld h7) schieben lassen. Durch axiales Zusammendrücken der Druckhülse mittels auf dem Umfang symmetrisch eingeleiteter Axialdruckkräfte kommt eine rotationssymmetrische radiale Dehnung zustande, die den Außendurchmesser aufweitet und den Innendurchmesser verengt. Nach Überbrückung des radialen Spiels drückt die Druckhülse gegen die Welle und die Nabe. Die dabei auftretenden Normalkräfte erzeugen in Umfangsrichtung Reibkräfte. Diese Umfangskräfte müssen größer sein als die Umfangskräfte, die dem zu übertragenden Drehmoment entsprechen.

Das Spieth-Spannringelement gemäß Abb. 9.55. ist wie der Spannsatz System Ringfeder ein einbaufertiges Konstruktionselement, bestehend aus Spannhülse und Spannschrauben und wirkt in der gleichen Weise wie die Spieth-Druckhülse.

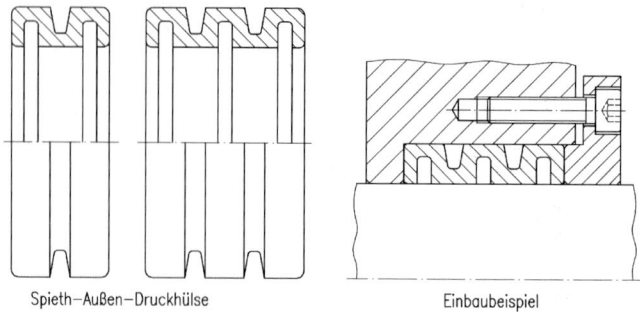

Spieth–Außen–Druckhülse   Einbaubeispiel

Abb. 9.54. Spieth-Wellspannhülsen und Einbaubeispiel

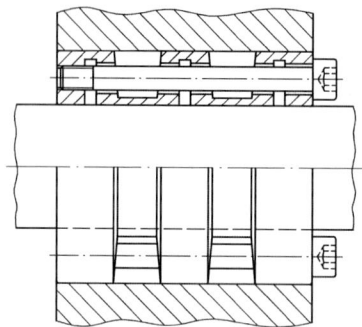

Abb. 9.55. Spieth-Spannringelement

Sternscheiben

Sternscheiben (Abb. 9.56.) sind dünnwandige, flachkegelige Ringscheiben, die abwechselnd vom äußeren oder inneren Rand her in radialer

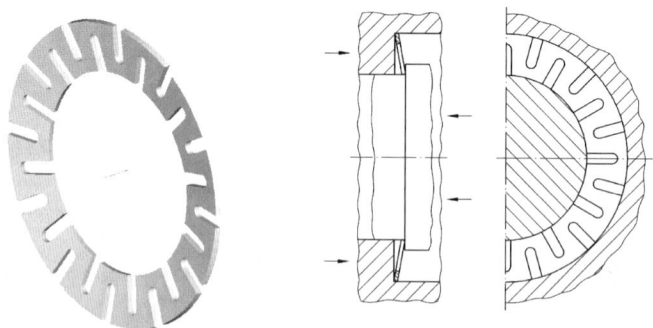

Abb. 9.56. Sternscheiben (nach Ringspann), Einbaubeispiel

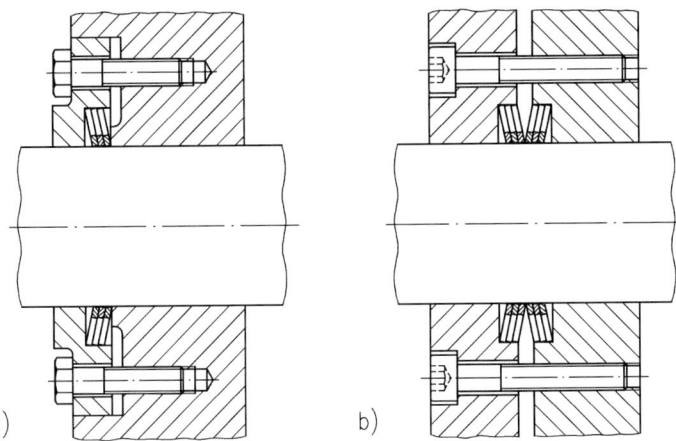

Abb. 9.57. Ringspannscheiben-Satz, **a** wellenseitig gespannt; **b** nabenseitig gespannt

Richtung über den größten Teil der Ringbreite geschlitzt sind. Sie haben somit die gleiche Form wie geschlitzte Tellerfedern und bestehen wie diese aus gehärtetem Federstahl. Bei einer axialen Druckkraftbelastung der Sternscheiben verkleinert sich ihr Innendurchmesser und vergrößert sich ihr Außendurchmesser. Werden sie gemäß Abb. 9.57. mit kleinem Spiel zwischen die Welle und einen axialen Einstich der Nabe gelegt und in axialer Richtung zusammengedrückt, so entstehen zwischen ihnen und der Welle sowie der Nabe radiale Anpresskräfte, die in Umfangsrichtung Reibkräfte bewirken. Das übertragbare Drehmoment hängt neben der Größe der axialen Kraft auch vom Federungsverhalten des Sternscheibenpaketes und vom Reibungskoeffizienten in den Reibflächen ab.

Toleranzringe

Toleranzringe sollen größere Toleranzen an zu führenden Teilen zulassen. Der Toleranzring System Star ist eine über den Umfang gewellte und nicht geschlossene Hülse aus dünnem Federstahl (Abb. 9.58.), die in eine Ringnut zwischen die Welle und die Nabe eingelegt wird (Abb. 9.59.). Die in axialer Richtung verlaufenden Wellen gehen nicht über die volle Breite des Ringes. Dadurch kann die Nabe (Außenteil) leicht an dem in der Ringnut der Welle (Innenteil) liegenden Toleranzring angeschnäbelt und über diesen geschoben werden. Durch die Elastizität des in radialer Richtung zusammengedrückten Toleranzringes entstehen an den Pressflächen Normalkräfte, die ihrerseits in Umfangsrichtung Reibkräfte bewirken und zur Übertragung eines Drehmomentes dienen. Höhere Reibungszahlen als üblich können mit einer reibungserhöhenden Beschichtung (z.B. Diamant) erzielt werden. Sehr häufig werden Toleranzringe zur Fixierung von Wälzlagern in Umfangsrichtung und bei kleinen Axialkräften auch in axialer Richtung verwendet.

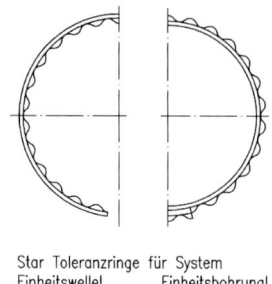

Star Toleranzringe für System
Einheitswelle!   Einheitsbohrung!

Abb. 9.58. Star Toleranzringe für System (Einheitswelle! Einheitsbohrung)

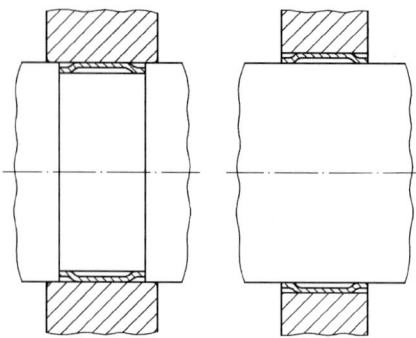

Star Toleranzringe System Einheitsbohrung
zentrierter Einbau!   freier Einbau!

Abb. 9.59. Star Toleranzringe System Einheitsbohrung (zentrierter Einbau, freier Einbau!)

Hydraulische Hohlmantelspannbüchsen

Die hydraulischen Hohlmantelspannbüchsen sind vielseitig einsetzbar, zeichnen sich durch einen einfachen Aufbau aus und gewährleisten eine gute Zentrierung von Welle und Nabe, d.h. einen guten Rundlauf. Nuten in Welle und Nabe entfallen, wodurch die Fertigungskosten niedrig sind und technologisch keine Spannungsüberhöhungen durch Kerbwirkung hervorgerufen werden. Ihre Montage und Demontage ist zudem einfach und billig.

Gemäß Abb. 9.60. bestehen diese Spannbuchsen aus einer doppelwandigen Buchse, einer Dichtung, einem Kolben, einem Druckring und mehreren am Umfang gleichmäßig angeordneten Spannschrauben. Durch das Anziehen der Spannschrauben wird ein in der doppelwandigen Buchse befindliches inkompressibles Druckmedium über den Druckring und den Kolben derart gepresst, dass die Mantelflächen der Spannbuchse über ihre ganze Länge nach innen auf die Welle und nach außen auf die Nabe gedrückt werden. Welle und Nabe werden so kraftschlüssig miteinander verbunden. Beim Einsatz dieser kraftschlüssigen Welle-Nabe-Verbindung ist jedoch zu beachten, dass wegen des Temperaturverhaltens des Druckmediums die Hohlmantelspannbüchsen nicht über 70°C eingesetzt werden dürfen. Die Spannbüchse und der Druckring sind aus gehärtetem Stahl hergestellt, und die Dichtung besteht aus Kunststoff. Die Spannbüchsen sind für folgende Toleranzfelder ausgelegt:

Wellen: h8 bis k6
Bohrungen: H7

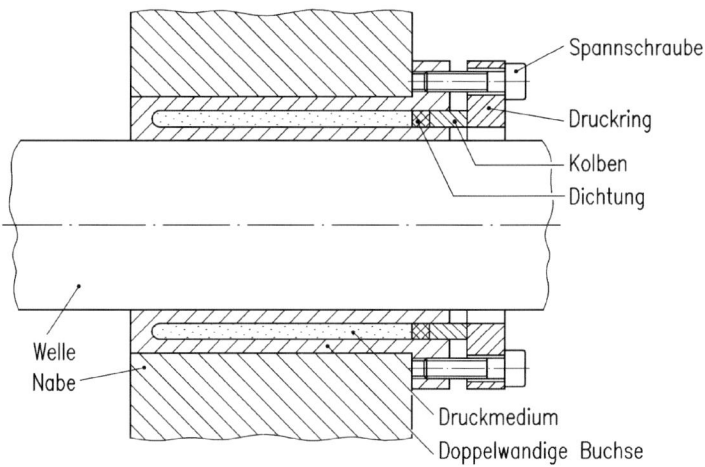

Abb. 9.60. Hydraulische Hohlmantelspannbüchse (nach Südtechnik)

9.3.4 Dauerfestigkeit von Pressverbindungen

Die weitaus meisten in der Praxis eingesetzten Pressverbindungen werden dynamisch beansprucht. Deshalb wird im folgenden die Vorgehensweise zur dauerfesten Auslegung metallischer Verbindungen erläutert, wobei aus Platzgründen nur die harmonisch schwingenden Beanspruchungen betrachtet werden. Der Festigkeitsnachweis wird gemäß [DIN743] und somit analog Kap. 3 geführt.

Da Welle-Nabe-Verbindungen nicht einfach als schwingend beanspruchte Bauteile, sondern als tribologische Systeme aufzufassen sind, spricht man im hier behandelten Kontext auch von der *Gestaltfestigkeit* der Verbindung. Die Gestaltfestigkeit ist nach [Kol84] die Dauerfestigkeit eines Bauteils beliebiger Gestaltung (Größe, Oberflächenbeschaffenheit, geometrische Form). Sie kann demnach keinesfalls an genormten Probestäben ermittelt werden , sondern es sind (statistisch abgesicherte) Versuche an Originalbauteilen (zweckmäßigerweise mit Standardabmessungen) erforderlich. Derartige Untersuchungen zur Ermittlung der Kerbwirkungszahlen wurden in jüngster Zeit vorwiegend an Passfeder- und Polygonverbindungen durchgeführt. Die für Pressverbindungen bekannten Kennwerte sind zwar älteren Datums, sie haben sich aber bereits in vielen Einsatzfällen bewährt. Kollmann hat in [Kol84] zahlreiche Versuchswerte ausgewertet und tabellarisch zusammengestellt. In [DIN743] wurden in leicht modifizierter

Form zwar die bereits in TGL 19340 enthaltenen Kerbwirkungszahlen übernommen. Unter Berücksichtigung der gerade bei zusammengesetzten Maschinenelementen nicht zu vermeidenden Streuungen sind aber alle Angaben als übereinstimmend zu bezeichnen. In Tabelle 9.11. sind für den Bezugsdurchmesser d_{BK} = 40 mm die Kerbwirkungszahlen in Abhängigkeit von der Bruchfestigkeit dargestellt.

Tabelle 9.11. Kerbwirkungszahlen für Pressverbände (Auszug aus [DIN 743]), a) glatte bzw. nicht abgesetzte Welle, b) abgesetzte Welle

Wellen- und Nabenform		$\sigma_B(d)$ in N/mm^2								
		400	500	600	700	800	900	1000	1100	1200
a)	$\beta_\sigma(d_{BK})$	1,8	2,0	2,2	2,3	2,5	2,6	2,7	2,8	2,9
		$\beta_\sigma(d_{BK}) \approx 2{,}7 \cdot (\sigma_B(d)/(1000\ \text{N/mm}^2))^{0{,}43}$								
	$\beta_\tau(d_{BK})$	1,2	1,3	1,4	1,5	1,6	1,7	1,8	1,8	1,9
		$\beta_\tau(d_{BK}) \approx 0{,}65 \cdot \beta_\sigma(d_{BK})$								

b)

Hinsichtlich des minimalen Gesamtvolumens der Welle im Bereich der Welle-Nabe-Verbindung sind die Abmessungen für maximale Übertragbarkeit $D_F/D_W \approx 1{,}1$ und $r/(D_F{-}D_W) \approx 2$. Der Presssitz beeinflusst die Kerbwirkung des Wellenübergangs nur wenig. Die Kerbwirkungszahl der Welle ist dann nach DIN 743 zu bestimmen, wobei der Berechnung ein um etwa 10% vergrößerter Wellenabsatz zugrunde zu legen ist.

Hinweis: Bei ungünstiger Gestaltung kann es zur gegenseitigen Beeinflussung der Kerbwirkung im Wellenübergang (Radius r) und Nabensitz kommen. Dieses kann bei sehr kleinen Unterschieden zwischen D_W und D_F und direkt am Nabensitzende liegenden Wellenübergängen eintreten. Bei kleinen rechnerischen Sicherheiten und großer Bedeutung der Anlage ist die Haltbarkeit der Welle dann gesondert zu überprüfen (z.B. mittels FEM oder experimentell)

Zug:
$$\sigma_n = 4 \cdot F/(\pi \cdot D^2)$$
Biegung:
$$\sigma_n = 32 \cdot M_b/(\pi \cdot D^3)$$
Torsion:
$$\tau_n = 16\ M_t/(\pi \cdot D^3)$$

Bezugsdurchmesser d_{BK} = 40 mm

Einflussfaktor der Oberflächenrauheit: $K_{F\sigma} = 1$ oder $K_{F\tau} = 1$

Biege- oder Torsionsmoment wird auf die Nabe übertragen $D \mathrel{\hat{=}} D_F$ oder D_W

Die Kerbwirkungszahlen gelten für die Enden des Nabensitzes

Die Angaben basieren auf Versuchswerten und beinhalten somit auch die Reibbeanspruchung im Einlaufbereich der Welle in die Nabe.[1]

Die Dimensionierung der Welle bzw. der Sicherheitsnachweis kann nun analog Kapitel 3 durchgeführt werden. Auf eine ausführliche Darstellung der Rechenschritte wird aus Platzgründen verzichtet. Vielmehr soll an einem Beispiel die

---

[1] In einigen Literaturstellen wird deshalb auch die Kerbwirkungszahl mit einem zusätzlichen Index c versehen. Aus Gründen der Vereinheitlichung wurde dieser Index in DIN 743 aber weggelassen.

gegenüber einer einfachen Kerbe abweichende Vorgehensweise und der Größeneinfluss verdeutlicht werden.

Beispiel: Pressverbindung mit glatter Welle

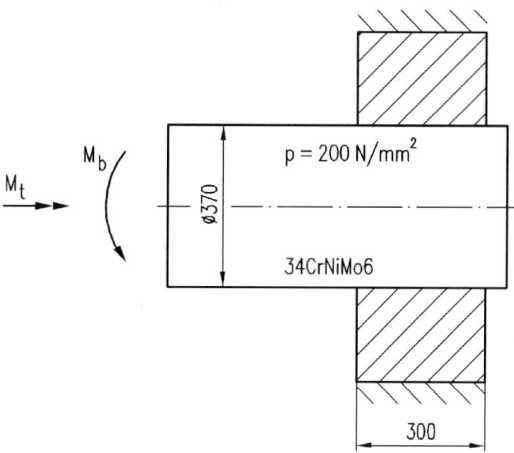

1. Belastung Welle

$$M_{bmax} = 3{,}87 \cdot 10^5 \, Nm \quad (umlaufend) \tag{9.140}$$

$$M_{t\,dyn} = M_{tm} \pm M_{ta} = 3{,}645 \cdot 10^5 \pm 3{,}645 \cdot 10^5 \, Nm \tag{9.141}$$

$$\sigma_b = \sigma_{ba} = 78 \, N/mm^2 \tag{9.142}$$

$$\tau_t = \tau_{tm} = \tau_{ta} = 36{,}7 \, N/mm^2 \tag{9.143}$$

2. Werkstoffkennwerte

$$\sigma_b = R_m = 1200 \, MPa \tag{9.144}$$

$$\sigma_s = R_{p0,2} = 1000 \, MPa \tag{9.145}$$

$$\sigma_{bw} = 600 \, MPa \tag{9.146}$$

$$\tau_{tw} = 360 \, MPa \tag{9.147}$$

3. Nachweis der Dauerfestigkeit, Biegung

$$\sigma_B(d) = K_1(d) \cdot \sigma_B(d_B) \tag{9.148}$$

$$\sigma_B(d) = \sigma_B(370mm) = 0,7 \cdot 1200 = 840 \; MPa \tag{9.149}$$

$$\llcorner \beta_\sigma(d_{BK}) = 2,55 \; \text{(aus Tabelle 9.11.)} \tag{9.150}$$

und aus Abb. 3.43:

$$K_3(d) = 0,92 \tag{9.151}$$

$$K_3(d_{BK}) = 0,962 \tag{9.152}$$

$$\beta_\sigma(d) = \beta_\sigma(d_{BK}) \frac{K_3(d_{BK})}{K_3(d)} = 2,55 \cdot \frac{0,962}{0,92} \tag{9.153}$$

$$\underline{\beta_\sigma(d) = 2,66} \tag{9.154}$$

gemäß Gl. (3.90)

$$K_\sigma = \left(\frac{\beta_\sigma(d)}{K_2(d)} + 1 - 1 \right) \cdot 1 \qquad K_2(d) = 0,8 \tag{9.155}$$

$$K_{F\sigma} = K_V = 1$$

$$K_\sigma = \frac{2,66}{0,8} \tag{9.156}$$

$$\underline{K_\sigma = 3,325} \tag{9.157}$$

$$\sigma_{bwk} = \frac{\sigma_{bw}(d_B) \cdot K_1(d)}{K_\sigma} = \frac{600 \cdot 0,7}{3,325} \tag{9.158}$$

$$\underline{\sigma_{bwk} = 126 \, N/mm^2} \tag{9.159}$$

4. Nachweis der Dauerfestigkeit, Torsion

$$\tau_{tw}(d) = K_1(d) \cdot \tau_t(d_B) \tag{9.160}$$

$$\tau_{tw}(d) = 0,7 \cdot 360 = 252 \, N/mm^2 \tag{9.161}$$

$$\llcorner \beta_\tau(d_{BK}) = 1{,}65 \ \text{(aus Tabelle 9.11.)} \tag{9.162}$$

$$\beta_\tau(d) = 1{,}65 \cdot \frac{0{,}962}{0{,}92} \tag{9.163}$$

$$\underline{\beta_\tau(d) = 1{,}72} \tag{9.164}$$

$$K_\tau = \left(\frac{\beta_\tau(d)}{K_2(d)} + 1 - 1 \right) \cdot 1 \tag{9.165}$$

$$K_\tau = \frac{1{,}72}{0{,}8} \tag{9.166}$$

$$\underline{K_\tau = 2{,}15} \tag{9.167}$$

$$\tau_{twk} = \frac{\tau_{tw}(d_B) \cdot K_1(d)}{K_\tau} = \frac{360 \cdot 0{,}7}{2{,}15} \tag{9.168}$$

$$\underline{\tau_{twk} = 117 \, N / mm^2} \tag{9.169}$$

5. Sicherheitsnachweis

$$\psi_{\tau k} = \frac{\tau_{twk}}{2 \cdot K_1(d) \cdot \sigma_B(d_B) - \tau_{twk}} = \frac{117}{2 \cdot 0{,}7 \cdot 1200 - 117} \tag{9.170}$$

$$\psi_{\tau k} = 0{,}0748 \tag{9.171}$$

$$\tau_{tADK} = \frac{\tau_{twk}}{1 + \psi_{\tau k} \cdot \dfrac{\tau_{mv}}{\tau_{ta}}} \qquad \frac{\tau_{mv}}{\tau_{ta}} = 1 \tag{9.172}$$

$$\tau_{tADK} = \frac{117}{1 + 0{,}0748 \cdot 1} \tag{9.173}$$

$$\underline{\tau_{tADK} = 109 \, N / mm^2} \tag{9.174}$$

$$\sigma_{bADK} = \sigma_{bwk} \quad weil \quad (\sigma_{bm} = 0) \tag{9.175}$$

$$ S = \cfrac{1}{\sqrt{\left(\cfrac{\sigma_{ba}}{\sigma_{bADk}}\right)^2 + \left(\cfrac{\tau_{ta}}{\tau_{tADk}}\right)^2}} = \cfrac{1}{\sqrt{\left(\cfrac{78}{126}\right)^2 + \left(\cfrac{36,7}{109}\right)^2}} \qquad (9.176) $$

$$ \underline{\underline{S = 1,42}} \qquad (9.177) $$

Die vorhandene Sicherheit gegen Dauerbruch ist mit $S = 1,42$ zwar nahe dem unteren in [DIN743] genannten Grenzwert. Bei gesicherten Lastannahmen und keiner unmittelbaren Personengefährdung ist der Wert aber zulässig.

Für weitergehende Betrachtungen, die insbesondere die Einbeziehung des Schlupfweges – der bei Pressverbindungen praktisch nicht zu vermeiden ist - in die Haftmaßberechnung bzw. die Vermeidung der Reibkorrosion betreffen, wird auf [Sme01] und [Lei03] verwiesen.

9.4 Stoffschlüssige Welle-Nabe-Verbindungen

Obwohl die Bedeutung der stoffschlüssigen WNV weit hinter den oben behandelten form- und kraftschlüssigen zurücksteht, können sie in Einzelfällen eine optimale Lösung darstellen. Kollmann [Kol84] unterscheidet die stoffschlüssigen Verbindungen durch den Bindungsmechanismus Adhäsion (Kleben) und Schmelzfluss (Kleben, Schweißen) sowie durch den Zusatzwerkstoff, der beim *Kleben* Kunststoff, beim *Schweißen* arteigen und beim *Löten* artfremd ist. Problematisch ist das Lösen der Verbindungen. Außer beim Kleben ist dies nur durch Zerstören möglich, wodurch die praktische Anwendbarkeit stark eingeschränkt ist. Infolge dessen werden im Weiteren das Kleben ausführlich und das Löten nur informativ behandelt. Das Schweißen ist praktisch bedeutungslos und allenfalls als Reparaturmaßnahme von Interesse.

9.4.1 Geklebte Welle-Nabe-Verbindungen

Die konstruktiven Möglichkeiten der Klebetechnik wurden anfänglich vor allem für die Verbund- und Leichtbauweise in der Luft- und Raumfahrttechnik genutzt. Auf Grund der Vorteile bezüglich Konstruktionsvereinfachung und Fertigungsautomatisierung sowie des Potentials hinsichtlich Funktionsintegration beispielsweise in der Automobil- und Zulieferindustrie, hat dieses Fügeverfahren eine bemerkenswerte Anwendungsbreite erlangt. Die Ausweitung der Anwendung über die ebenen überlappten Verbindungen hinaus zu den lastübertragenden Rundverbindungen ist der Entwicklung anaerob aushärtender, einkomponentiger Klebstoffsysteme zu verdanken. Diese Polymerisationsklebstoffe zeichnen sich durch gute Festigkeitseigenschaften, hohe Temperaturbeständigkeit und vor allem durch günstige Verarbeitungseigenschaften aus. Die Aushärtung findet in Abwesenheit von Sauerstoff statt. Die Klebstoffe bleiben also so lange in einem flüssigen (gut verarbeitbaren) Zustand, wie sie in Kontakt mit dem Sauerstoff der Luft stehen. Nach dem Fügen der Bauteile setzt durch den Sauerstoffabschluss in der Fuge und unter dem gleichzeitigen Einfluss von Metallionen aus den metallischen Fügeteilen in sehr kurzer Zeit die Polymerisationsreaktionen ein. Wegen der geringen erforderlichen Aktivierungsenergie geschieht dies bereits bei Raumtemperatur. Durch zusätzliche Temperatureinwirkung kann die Reaktion beschleunigt werden. Anaerobe Klebstoffsysteme zeichnen sich durch folgende Hauptmerkmale aus (Loctite, [Rom03]), die besonders für die Herstellung von Welle-Nabe-Verbindungen bedeutungsvoll sind.

- Aushärtung erfolgt erst nach dem Zusammenbau (keine Topfzeitbeschränkung)
- Aushärtung bei Raumtemperatur
- einfache Handhabung, hohe Automatisierungsfähigkeit (einkomponentig)
- sehr breiter Viskositätsbereich möglich
- ausgezeichnete Medienbeständigkeit
- sehr hohe Scherfestigkeit
- sehr gute Temperaturbeständigkeit
- gute Beständigkeit gegenüber Schwingungen

Vorbehandlung der Fügefläche

Prozesssicherheit beim Kleben setzt saubere Oberflächen voraus, d.h. die zu verklebenden Flächen müssen von Fett, Öl, Staub oder Schmutz, Zunder, Rost usw. befreit werden. In Ausnahmefällen, vor allem in Wälzlageranwendungen, können öltolerierende Klebstoffe eingesetzt werden. Beim Kleben von Stahl haben sich besonders Sandstrahlen und chemisch Entfetten (z.B. durch Aceton, Kohlenwasserstoffgemisch oder wässrige Lösungen) bewährt. Reinigungstücher (in Verbindung mit Lösungsmittel) dürfen nur einmal verwendet werden! Bei der Gestaltung der Arbeitsräume sind die einschlägigen Arbeitsschutzvorschriften zu beachten.

Tragfähigkeit, Festigkeitsnachweis, Gestaltung

Untersuchungen bei den Klebstoffherstellern und an Forschungsinstituten ([Ber89], [HaS92]) haben ergeben, dass bei WNV mit runden Wirkflächen höhere Tragfähigkeiten erreicht werden, wenn zwischen Welle und Nabe kein Spiel sondern ein (kleines) Übermaß vorliegt. (Abb. 9.61.).

Man spricht dann von schrumpfgeklebten oder auch hybridgeklebten Verbindungen. Das Übermaß wird entweder durch Erwärmen der Nabe (Querpressklebverbindung) oder durch Einpressen der Welle in die Bohrung mittels Axialkraft (Längspressverbindung) überwunden. In der Regel wird der Klebstoff auf die Welle aufgetragen, wobei allerdings beim Einpressen ein zu starkes Abstreifen verhindert werden muss. Günstig wirken sich Rauhtiefen von $R_z = 2 - 10 \, \mu m$ aus oder kegelige Fügeflächen. Die Einpressgeschwindigkeit muss ausreichend groß sein, damit die Aushärtung nicht bereits während des Fügens einsetzt. Als optimal kann eine Querpressklebverbindung mit einem Übermaß von etwa 0,2...0,6 ‰ angesehen werden, weil die erwärmte Nabe die Aushärtung begünstigt.

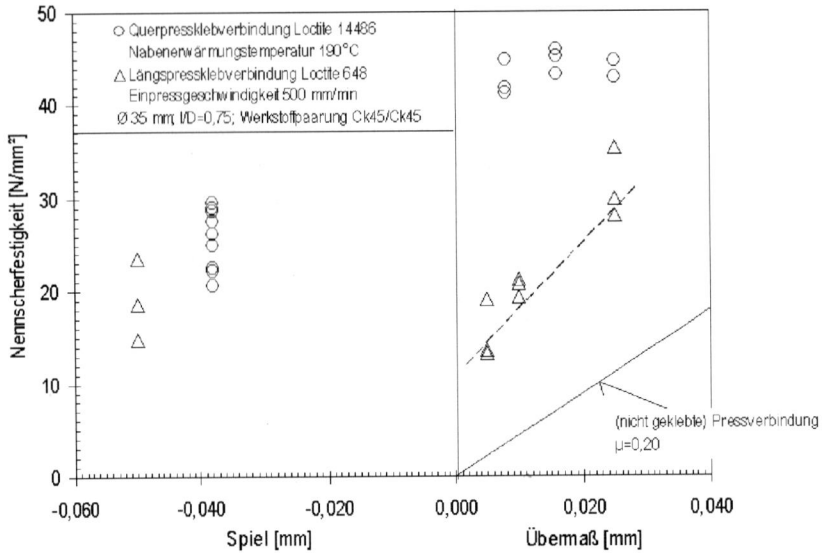

Abb. 9.61. Tragfähigkeitsverhalten einer Querpress (Torsionsbelastung)- und Längspress-klebverbindung (Axialbelastung); Ø35 mm; l/D=0,75; Werkstoffpaarung Ck45/Ck45 [Rom03]

Obwohl der Einfluss des Übermaßes auf die Tragfähigkeit noch nicht statistisch abgesichert ist, erlauben die bekannten Ergebnisse die Anwendung erheblich breiterer Fertigungstoleranzen als bei den gewöhnlichen Pressverbindungen.

Wegen der größeren praktischen Bedeutung beziehen sich die nachfolgenden Ausführungen vorwiegend auf Klebverbindungen mit Übermaß.

Trotz der ständigen Entwicklung von theoretischen Hilfsmitteln und umfangreicher Grundlagenuntersuchungen auf dem Gebiet der Klebetechnik in den letzten Dekaden, ist eine allgemeingültige Theorie für die umfassende Beschreibung der beim Kleben ablaufenden Vorgänge und des Tragverhaltens des entstehenden Werkstoffverbundes noch nicht möglich. Dies liegt an der Vielzahl der zu berücksichtigten Parameter und an deren schwieriger Bestimmung, besonders bei den hybriden Fügeverfahren. Die derzeit gebräuchlichen Berechnungsvorschriften beruhen im Sinne eines Nennspannungskonzeptes auf der Lastübertragung durch über die Klebefläche gleichmäßig verteilte Schubspannungen. Die übertragbare Axialkraft F_{ax} errechnet sich aus den geometrischen Grundparametern der Fügefläche D_F (Fugendurchmesser) und der Fugenlänge l_F zu:

$$F_{ax} = \pi \cdot D_F \cdot l_F \cdot \tau_{vn,zul} \tag{9.178}$$

und das übertragbare Drehmoment M_t analog zu:

$$M_t = \pi \cdot \frac{D_F^2 \cdot l_F}{2} \cdot \tau_{vn,zul} \tag{9.179}$$

wobei $\tau_{vn,zul}$ die für die Verbindung zulässige Nennscherfestigkeit unter Berücksichtigung der Art der Verbindung und der verschiedenen Einflussparameter der Anwendung (siehe Abb. 9.62.) durch so genannte Korrekturfaktoren kennzeichnet. Letztere dienen der Anpassung der im Druckscherversuch nach [ISO10123] ermittelten Druckscherfestigkeit τ_D an die tatsächlichen physikalischen Verhältnisse und Betriebsbedingungen. Das in der Praxis vor allem für die Entwurfsberechnung bewährte Konzept sieht eine multiplikative Verknüpfung der Korrektur- bzw. im Regelfall Abminderungsfaktoren f_i (i=1 bis n, wobei n die Anzahl der Einflussparameter ist) vor:

$$\tau_{vn,zul} = \left(f_0 \cdot \tau_D + f_p \cdot p \right) \cdot f_1 \cdot f_2 \cdots f_n \tag{9.180}$$

wobei p der effektive Fugendruck im Fall geklebter Übermaßverbindungen ist, [Rom03]. Der Faktor f_0 reflektiert den Einfluss der Verbindungsart und nimmt Werte zwischen 0,5 für Längspressklebverbindungen, 1,0 für geklebte Spielpassungen und 1,2 für Querpressklebverbindungen an. Der Druckspannungseinflussfaktor f_p ist ein werkstoffmechanischer Wert, der den Einfluss des Fugendrucks auf die Festigkeit des anaeroben Klebstoffs (analog einem Reibwert) widerspiegelt.

In [Loctite]- sind Diagramme zur Bestimmung der Korrekturfaktoren enthalten. Darüber hinaus werden beim Kauf der Klebstoffe entsprechende Datenblätter mitgeliefert.

Die Erfahrungen auch aus anderen Bereichen der Konstruktionspraxis zeigen, dass diese Vorgehensweise i.Allg. zu einer Überbewertung möglicher Wechselwirkungen führt, die gezielt aber nur mit erheblichem Aufwand entsprechend untersucht werden könnten. Die Schubfestigkeit τ_v liegt i.d.R. auf der sicheren Seite.

Die Basis des Auslegungskonzeptes bildet der Druckscherversuch nach ISO 10123, der der Ermittlung eines grundlegenden Festigkeitskennwertes (Druckscherfestigkeit τ_D) des verwendeten Klebstoffes dient. Darüber hinaus eignet sich dieser Versuch auch zur vergleichenden Untersuchung des Einflusses physikalisch-chemischer Parameter und der Umgebungsmedien. Die Auswirkungen dynamischer Belastungen auf die Tragfähigkeit werden jedoch auf für WNV üblichen Torsions- und Umlaufbiegeprüfständen untersucht.

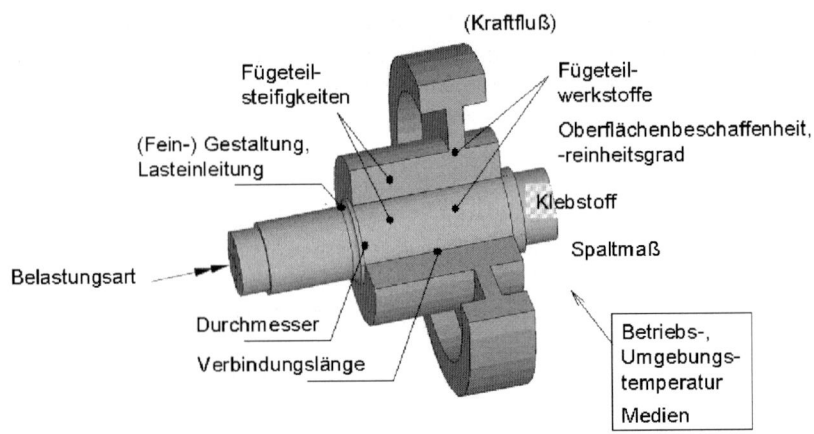

Abb. 9.62. Einflussfaktoren

Dynamische Beanspruchungen

Basierend auf umfangreichen dynamischen Untersuchungen (Wechseltorsion und Umlaufbiegung mit überlagerter statischer Torsion) ist die Minderung der statischen Festigkeit durch dynamische Lasten, gut berechenbar. Insbesondere Querpressklebverbindungen zeigen ein ausgezeichnetes Festigkeitsverhalten bei dynamischer Beanspruchung. Für den Fall der wechselnden Torsion bestätigen mehrere Untersuchungsergebnisse ([Gru87], [Ter96]) einen Korrekturfaktor von 0,6. Für ausschließlich geklebte Verbindungen liegt der entsprechende Faktor deutlich niedriger (bis ca. 0,2). Der Schadensmechanismus ist vergleichbar mit dem Reißverschlusseffekt. Die Zerstörung der Klebschicht beginnt an der Nabenkante und setzt sich ins Nabeninnere bis zum Totalversagen fort.

Abb. 9.63. zeigt vergleichsweise die ertragbaren Umlaufbiegespannungsamplituden von drei Probengeometrien. Alle Proben waren mit einem Torsionsmoment $M_t = 85\,\text{Nm}$ ($\tau_t = 16\,\text{N}/\text{mm}^2$) statisch vorbelastet. Man erkennt, dass die für geklebte Spielpassungen als torsionsoptimierte empfohlene Verbindung mit dünn auslaufender Nabe bei Übermaßverbindungen aufgrund des Fugendruckverlustes besonders niedrige ertragbare Spannungen aufweist. Darüber hinaus ist festzustellen, dass die bei den konventionellen PV bewährte Gestaltoptimierung (abgesetzte Welle) hier nicht in gleichem Maße wirksam ist. Zumindest bei hohen Lastwechselzahlen ist aber eine Verbesserung der Tragfähigkeit zu erreichen.

Wenig erforscht ist bisher das Langzeitverhalten von Klebverbindungen ($LW > 10^7$). Für Kunststoffe ist die Existenz einer echten Dauerfestigkeit wie bei den metallischen Werkstoffen im allgemeinen umstritten. Da die Neigung der Wöhlerkurven in Abb. 9.63. sehr flach ist, kann diese Unsicherheit durch entsprechende Sicherheitsfaktoren berücksichtigt werden. Obwohl anaerobe Klebstoffe im allgemeinen sehr gute Medien- und Temperaturbeständigkeit aufweisen, ist ihr

Einsatz unter den für den Getriebebau typischen Betriebsbedingungen (Ölumgebung, höhere Temperaturen) auch mit Unsicherheiten behaftet und muss mit Hilfe technischer Informationen oder Untersuchungsergebnisse abgesichert werden. Das sind sicherlich Gründe dafür, dass sich trotz der o.g. Vorteile das Kleben im Bereich der WNV noch nicht entscheidend durchgesetzt hat. Die weitere Entwicklung der Klebstoffe ist deshalb sorgfältig zu beobachten

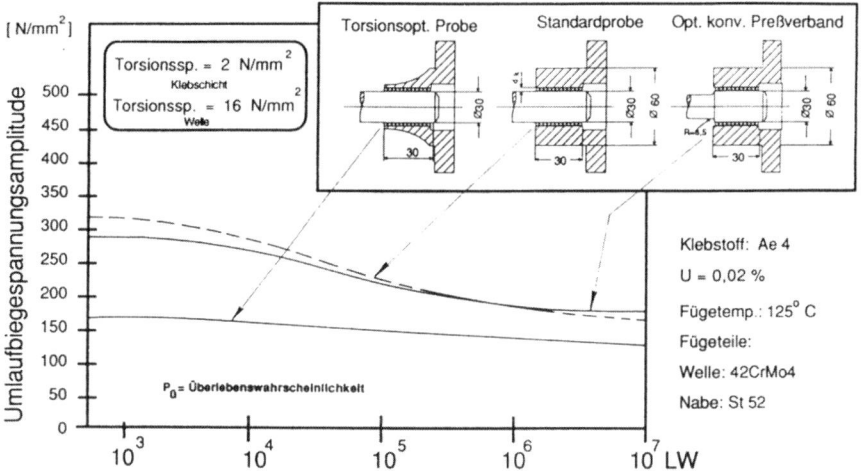

Abb. 9.63. Vergleich der Probengeometrien [HaS92]

9.4.2 Gelötete Welle-Nabe-Verbindungen

Insbesondere metallische Teile lassen sich stoffschlüssig durch Löten miteinander verbinden. Während diese Technologie im Allgemeinen Maschinenbau und auch in der Elektrotechnik vielfach angewendet wird, beschränkt sich das Löten von WNV bisher nur auf wenige Sondereinsatzfälle. In aktuellen Forschungsarbeiten wird derzeit an WNV aus dem Bereich der Antriebstechnik die Wirksamkeit des Lötens untersucht.

Löten ist ein Grenzflächenvorgang (Adhäsion, Diffusion!) zwischen dem Lot und den Fügeteilwerkstoffen. Die Festigkeit einer Lötverbindung wird durch die Haftfestigkeit des Lotes an der Werkstoffoberfläche (Adhäsionskräfte!) und die innere Festigkeit des Lotes (Kohäsionskräfte) gewährleistet. Unter Löten wird im Allgemeinen [DIN8505] das Verbinden gleicher oder verschiedenartiger metallischer Werkstoffe bei einer für den zugelegten metallischen Werkstoff - das Lot - günstigen Arbeitstemperatur verstanden. Diese muss dabei höher sein als die Temperatur bei Schmelzbeginn des Lotes (Solidustemperatur), sie darf jedoch unter oder auch über der Temperatur bei vollständiger Verflüssigung des Lotes (Liquidustemperatur) liegen. Die Arbeitstemperatur muss so hoch sein, dass im Bereich der Füge- oder Lötstelle die Werkstücke mit Lot benetzt werden, das Lot sich hierbei gut ausbreitet und an den Werkstücken auch gut bindet. Sie muss unter allen Umständen niedriger sein als die Schmelztemperatur der Werstoffe der zu verbindenden Werkstücke. Die Betriebstemperatur einer Lötverbindung muss deutlich unterhalb der Schmelztemperatur des Lotes liegen, weil sonst die Gefahr des Kriechens besteht.

Je nachdem ob die Arbeitstemperatur unter- oder oberhalb von 450°C liegt, wird zwischen Weich- und Hartlöten unterschieden. Aus Festigkeitsgründen kommt für die Herstellung von WNV nur das Hartlöten in Betracht. Die Lotauswahl ist in Abhängigkeit der zu lötenden Werkstoffe zu treffen und beruht oft auf umfangreichen Versuchsreihen. Die Erwärmung der zu verbindenden Teile erfolgt vorwiegend in einem Schutzgasofen oder durch elektrische Induktion.

Das übertragbare Drehmoment einer gelöteten WNV berechnet sich bei der vereinfachenden Annahme einer konstanten Schubspannung in der Lötschicht zu

$$M_{\mathrm{t}} = \frac{\pi}{2} \cdot l_{\mathrm{F}} \cdot D_{\mathrm{F}}^{2} \cdot \tau_{\mathrm{v}}$$

(9.181)

Wegen der geringen Einsatzhäufigkeit existieren für die Scherfestigkeit τ_{v} keine gesicherten Werte. Sie ist für den jeweiligen Einsatzfall experimentell zu ermitteln (vgl. auch Abschnitt 9.4.1)

Das Löten von Bronze mit Stahl oder Grauguss wird in [WieL02] untersucht. Ziel ist die automatisierte Herstellung von Schneckenrädern mit Bronzering. Günstig erweist sich hier eine kegelige Wirkfläche (Abb. 9.64.), weil damit der Lötspalt unabhängig von den Fertigungstoleranzen konstant gehalten werden kann.

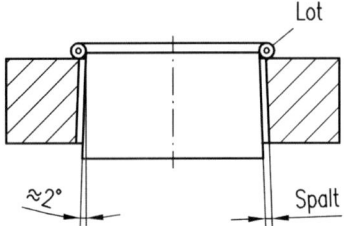

Abb. 9.64. Lötverbindung für induktive Erwärmung

Eine vielversprechende Verbindungsart stellen die so genannten Press-Presslötverbindungen dar. Bei diesen Verbindungen wird auf die Welle eine etwa 6 μm dünne Zn-Schicht aufgebracht. Gegenüber den elementaren PV sind zwei Unterschiede zu nennen:

- Der Reibungskoeffizient (Reibung und Stoffschluss) der Paarung Zn-St ist größer als bei der Paarung St-St.
- Die Festigkeit der Zwischenschicht ist geringer als die von Welle und Nabe aus Stahl. Bei einer Überlastung bildet sich der Riss folglich in der dünnen Schicht aus. Beschädigungen der Welle wurden nicht beobachtet [Lip03]. Bei dynamischen Belastungen können auf Grund der Relativbewegungen und der daraus resultierenden Wärmeentwicklung selbstheilende Effekte auftreten (Hochtrainieren des Reibungswertes).

Vorteile ergeben sich bei diesen Verbindungen bei engen Bauräumen und dünnwandigen Naben, weil trotz geringem Fugendruck bzw. kleinen Abmessungen relativ hohe Drehmomente übertragen werden können. Abschließend sei noch auf die Arbeiten von [Bee01] verwiesen, der multifunktionale Fügeverbindungen auf Basis der hier vorgestellten Technologie untersucht hat.

9.5 Literatur

[Bär95]   Bär, C.: Längspress- Klebverbindungen unter statischer und wechselnder Torsion. Dissertation, TU Dresden, Dresdner Fügetechnische Berichte, Band 1/1995

[Bee01]   Beetz, R.: Multifunktionale Fügeverbindungen – Konstruktive und technologische Untersuchungen. Dissertation, TU Dresden 2001

[Ber89]   Berg, M.: Zum Festigkeitsverhalten schrumpfgeklebter Welle-Nabe-Verbindungen unter Torsionsbelastung. Dissertation TH Darmstadt 1989

[Bir04]   Birkholz, H.: Auslegung von Längsstiftverbindungen mit mehreren Mitnehmerelementen unter Drehmomentbelastung. Dissertation TU Clausthal 2004

[Bro91]   Bronstein, I.N.; Semendjajew, K.A.: Taschenbuch der Mathematik. Thun und Frankfurt(Main): Verlag Harri Deutsch 1991

[Bur98]   Burgtorf, U.: Montage- und Betriebseigenschaften von Zahnwellen-Verbindungen mit Presssitz. Dissertation TU Clausthal 1998

[Czi92]   Czichos, H.; Habig, K.-H.: Tribologie Handbuch - Reibung und Verschleiß. Vieweg Verlag 1992

[Dec98]   Decker, K.-H.: Maschinenelemente - Gestaltung und Berechnung; Tabellen. München, Wien: Carl Hanser Verlag 1998

[Die78]   Dietz, P.: Die Berechnung von Zahn- und Keilwellenverbindungen. Büttelborn: Selbstverlag 1978

[DiGa98]   Dietz, P.; Garzke, M.: Statische und dynamische Beanspruchbarkeit von Zahnwellen-Verbindungen und elastischen und teilplastischen Werkstoffverhalten. DFG-Abschlussbericht, 1998; (downloadbar unter www.zahnwelle.de).

[Die94]   Dietz, P.; Tan, L.: Beanspruchungen und Übertragungsfähigkeit der geschwächten Welle-Nabe-Pressverbindung im elastischen und teilplastischen Bereich. FVA-Abschlussbericht Nr. 191, Heft 421, 1994

[DIN254]   DIN 254: Geometrische Produktspezifikation (GPS); Kegel. Berlin: Beuth Verlag 2000

[DIN743]	DIN 743: Tragfähigkeitsberechnung von Wellen und Achsen. Berlin: Beuth Verlag 2000,Teil 1: Einführung, Grundlagen, Teil 2: Formzahlen und Kerbwirkungszahlen, Teil 3: Werkstoff-Festigkeitswerte
[DIN5464]	DIN 5464: Keilwellen-Verbindungen mit geraden Flanken; schwere Reihe. Berlin: Beuth Verlag 1965
[DIN5466]	DIN 5466 Tragfähigkeitsberechnung von Zahn- und Keilwellen-Verbindungen, Teil 1, 2000, Teil 2 (Entwurf) 2002, Berlin: Beuth Verlag
[DIN5480]	DIN 5480: Zahnwellen-Verbindungen mit Evolventenflanken, Teil 1 bis Teil 16, Berlin: Beuth Verlag 1986/1991
[DIN5481]	DIN 5481: Kerbzahnnaben- und Kerbzahnwellen-Profile (Kerbverzahnungen), Blatt 1 bis Blatt 5. Berlin: Beuth Verlag 1955/1965
[DIN6885]	DIN 6885: Passfedern, Nuten (hohe Form); Blatt 1. Berlin: Beuth Verlag 1968
[DIN6892]	DIN 6892: Passfedern-Berechnung und Gestaltung, Berlin: Beuth Verlag 1998
[DIN7190]	DIN 7190: Pressverbände; Berechnungsgrundlagen und Gestaltungsregeln. Berlin: Beuth Verlag, 2001
[DIN8505]	DIN 8505: Löten Teil 1 bis Teil 3. Berlin: Beuth Verlag 1979/1983
[DIN32711]	DIN 32711 Antriebselemente Polygonprofile P3G. Berlin: Beuth Verlag 1979
[DIN32712]	DIN 32712 Antriebselemente Polygonprofile P4C. Berlin: Beuth Verlag 1979
[DINENISO4762]	DIN EN ISO 4762: Zylinderschrauben mit Innensechskant. Berlin: Beuth Verlag 1998
[DINISO14]	DIN ISO 14: Keilwellenverbindungen mit geraden Flanken und Innenzentrierung. Berlin: Beuth Verlag 1986
[Ehr90]	Ehrlenspiel, K.: Kostenanalyse von Welle-Nabe-Verbindungen in Zahnradgetrieben. FVA-Abschlussbericht Nr. 293, 1990
[GoeH90]	Göldner, H.; Holzweißig, F.: Leitfaden der technischen Mechanik. 11. Aufl. Leipzig: Fachbuchverlag 1990
[Gro95]	Groß, V.: Berechnungsverfahren zur Auslegung von Pressverbänden mit axial veränderlichem Nabenaußendurchmesser. Konstruktion 47 (1995), S. 74-78
[Grop97]	Gropp, H.: Übertragungsverhalten dynamisch belasteter Pressverbindungen und die Entwicklung einer neuen Generation von Pressverbindungen. Habilitation TU Chemnitz 1997
[Gru87]	Grunau, A.: Mechanisches Verhalten klebgeschrumpfter und geklebter Welle-Nabe-Verbindungen. Dissertation Uni-GH-Paderborn 1987

[HaS92]   Hahn, O.; Schuht, U.: Untersuchung des Festigkeitsverhaltens klebgeschrumpfter Welle-Nabe-Verbindungen bei Beanspruchung durch Umlaufbiegung und überlagerte statische Torsion. Studiengesellschaft Stahlanwendung e.V., Projekt 170, Abschlussbericht 1992

[ISO500]   ISO 500 Landwirtschaftliche Traktoren, Heckzapfwelle; Teil 1: Form 1, 2 und 3.

[ISO4156]   ISO 4156 Gerade zylindrische Evolventenverzahnung; metrischer Modul, Flankenpassung, Allgemeines.

[ISO10123]   ISO 10123: Adhesives-Determination of shear strength of anaerobic adhesives using pin-and collor specimens 1990

[Kol84]   Kolmann, F.G.: Welle-Nabe-Verbindungen. Konstruktionsbücher; Band 32, Berlin, Heidelberg: Springer-Verlag 1984

[Krei76]   Kreitner, L.: Die Auswirkung von Reibkorrosion und von Reibdauerbeanspruchung auf die Dauerhaltbarkeit zusammengesetzter Maschinenteile. FKM-Abschlussbericht, Heft 56, 1976

[Lei83]   Leidich, E.: Beanspruchung von Pressverbindungen im elastischen Bereich und Auslegung gegen Dauerbruch. Dissertation TH Darmstadt 1983

[Lei88]   Leidich, E.: Mikroschlupf und Dauerfestigkeit bei Pressverbänden. Antriebstechnik 27 (1988), Nr. 3, S. 53-58

[Lei03]   Leidich, E.: Einfluss des Schwingungsverschleißes auf die Tragfähigkeit von Welle-Nabe-Verbindungen. VDI-Bericht 1790 'Welle-Nabe-Verbindungen', 2003

[LeiF04]   Leidich, E.; Forbrig, F.: Einfluss der Fertigungsgenauigkeit auf die Beanspruchung von Passfederverbindungen. FVA-Abschlussbericht, Heft 768, 2004

[LeSm00]   Leidich, E.; Smetana, T.: Biegemomentbelastete Kegelpressverbindungen - Untersuchungen zur Gestaltung und Beanspruchung von selbsthemmenden Kegelpressverbindungen bei nichtaxialsymmetrischer Einzelkrafteinleitung. FVA-Abschlussbericht Nr.: 312, Heft 602, 2000

[Lip03]   Lipoth, I.: Momentübertragungsfähigkeit der Press-Presslöt-Verbindung unter Torsionsbelastung. Dissertation, TU Dresden 2003

[Loctite]   Loctite Worlwide Design Handbook - Sonderpublikation der Firma Henkel Loctite Deutschland GmbH

[Mil75]   Militzer, O.: Rechenmodell für die Auslegung von Wellen-Naben-Passfeder-Verbindungen. Dissertation TU Berlin 1975

[NiWi01]   Niemann, G.; Winter, H.; Höhn, B.-R.: Maschinenelemente, Band 1, 3. Aufl. Berlin: Springer-Verlag 2001

[Old99]   Oldendorf, U.: Lastübertragungsmechanismen und Dauerhaltbarkeit von Passfederverbindungen, Dissertation TU Darmstadt, Shaker Verlag 1999

[Rom03]   Romanos, G.: Technologie und Dimensionierung geklebter und
               hybridgeklebter Welle-Nabe-Verbindungen. VDI Berichte 1790,
               VDI Verlag 2003

[Scha95]   Schäfer, G.: Der Einfluss von Oberflächenbehandlungen auf das
               Verschleißverhalten flankenzentrierter Zahnwellenverbindungen mit
               Schiebesitz. Dissertation TU Clausthal 1995

[Schm73]   Schmid, E.: Drehmomentübertragung von Kegelpressverbindungen -
               Teil 1 und Teil 2. Antriebstechnik, Nr. 10 und Nr. 12, 1973, S. 275-
               281 (Teil 1), S. 355-361 (Teil 2)

[Schr91]   Schröder, C.: Spannelemente - Auslegung einer Welle-Nabe-
               Verbindung mittels ausgewählter Spannelemente für Wellen mit 70
               mm Durchmesser unter besonderer Berücksichtigung der Verschieb-
               barkeit und Lösbarkeit. FVA-Abschlussbericht, Heft 351, 1991

[Sme01]   Smetana, T.: Untersuchungen zum Übertragungsverhalten biegebe-
               lasteter Kegel- und Zylinderpressverbindungen. Dissertation   TU
               Chemnitz, Aachen: Shaker Verlag 2001

[Sza77]   Szabo, I.: Höhere Technische Mechanik, 5. Aufl. Berlin, Heidelberg,
               New York: Springer Verlag 1977

[Sza85]   Szabo, I.: Einführung in die Technische Mechanik. 8. Aufl. Berlin,
               Göttingen, Heidelberg: Springer Verlag 1985

[Ter96]   Tersch, H.: Grundlagen für die Dimensionierung von schrumpfge-
               klebten Welle-Nabe-Verbindungen. Fraunhofer-Institut für Betriebs-
               festigkeit (LBF), Darmstadt: Bericht FB -208, 1996

[Ter02]   Tersch, H.: Verbindungsmechanismen bei schrumpfgeklebten Welle-
               Nabe-Verbindungen. Antriebstechnik 41 (2002), Nr. 12, S. 41-44

[WieL02]   Wielage, B.; Leidich, E.: Löten von zweiteilig ausgeführten Schne-
               ckenrädern mit Grundkörpern aus Stahl oder Grauguss. Interner
               Bericht der Professuren Verbundwerkstoffe v. Konstruktionslehre,
               TU Chemnitz 2003

[Win01]   Winterfeld, J.: Einflüsse der Reibdauerbeanspruchung auf die
               Tragfähigkeit von P4C-Welle-Nabe-Verbindungen. Dissertation, TU
               Berlin 2001

[Zia97]   Ziaei, M.: Untersuchungen der Spannungen und Verschiebungen in
               P4C-Polygon-Welle-Nabe-Verbindungen mittels der Methode der
               Finiten Elemente. Dissertation, Technische Hochschule Darmstadt,
               Shaker Verlag, Aachen, 1997

[Zia03]   Ziaei, M.:Analytische Untersuchungen unrunder Profilfamilien und
               numerische Optimierung genormter Polygonprofile für Welle-
               Nabe-Verbindungen. Habilitation TU Chemnitz 2003

Autorenkurzbiographien

Dr.-Ing. Dr. h.c. Albert Albers (Kapitel 5, 13, 14)

Institut für Produktentwicklung IPEK, Universität Karlsruhe (TH).
1978-1987 Studium und Promotion an der Universität Hannover; 1986 – 1988 Wissenschaftlicher Assistent Uni Hannover, 1989-1990 Leiter der Entwicklungsgruppe Zweimassenschwungrad bei der LuK GmbH; 1990-1994 Leitung der Abteilungen Simulation, Versuch, Prototypenbau für alle Kupplungssysteme bei der LuK GmbH; 1994-1995 Entwicklungsleiter Kupplungssysteme und Torsionsschwingungsdämpfer bei der LuK GmbH; 1995-1996 Stellvertretendes Mitglied der Geschäftsleitung bei der LuK GmbH; seit 1996 Leiter des Instituts für Produktentwicklung IPEK der Universität Karlsruhe (TH).
Forschungsschwerpunkte: Antriebstechnik, Mechatronik, CAE-Optimierung, Produktentwicklung und Entwicklungsmethodik.

Dr.-Ing. Ludger Deters (Kapitel 2.4, 10, 11.2 ,16)

Lehrstuhl für Maschinenelemente und Tribologie, Institut für Maschinenkonstruktion, Otto-von-Guericke-Universität Magdeburg.
1970-1983 Studium und Promotion an der TU Clausthal, 1983-1987 Leiter der Entwicklung und Konstruktion von Turbomolekularpumpem bei der Leybold AG in Köln, 1987-1994 leitende Positionen in Entwicklung und Konstruktion von Textilmaschinen und von Automatisierungssystemen und -komponenten bei der Barmag AG in Remscheid, seit 1994 Professur für Maschinenelemente und Tribologie an der Otto-von-Guericke-Universität Magdeburg.
Forschungsgebiete: Tribologie, Gleitlager, Wälzlager, Rad/Schiene-Kontakt, Reibung und Verschleiß von Verbrennungsmotorkomponenten

Dr.-Ing. Jörg Feldhusen (Kapitel 1, 4, 8)

Institut für allgemeine Konstruktionstechnik des Maschinenbaus an der RWTH Aachen.
1977-1989 Studium und Promotion an der TU Berlin, 1989-1994 Hauptabteilungsleiter Elektronikkonstruktion der AEG Westinghouse Transportation Systems, 1994 – 1996 Leiter Konstruktion und Entwicklung der Duewag Schienenfahrzeuge AG, 1996 – 1999 Technischer Leiter der Siemensverkehrstechnik Light Rail, seit 1999 Professur für Konstruktionstechnik, Leiter des Instituts für allgemeine Konstruktionstechnik des Maschinenbaus an der RWTH Aachen.
Forschungsgebiete: Product-Life-Cycle-Management: Prozesse und Tools, Verbindungstechnik für hybride Strukturen, Konstruktionsmethodik.

Dr.- Ing. Erhard Leidich (Kapitel 2.1 bis 2.3, 7, 9)

Institut für Konstruktions- und Antriebstechnik, Technische Universität Chemnitz, Professur Konstruktionslehre.
1974 - 1983 Studium und Promotion an der TH Darmstadt, 1984 - 1985 stellvertr. Abteilungsleiter Turbogetriebe-Konstruktion, 1986 Assist. des techn. Geschäftsführers der Lenze GmbH Aerzen, 1987 - 1993 Hauptabteilungsleiter Entwicklung und Konstruktion der Lenze GmbH & Co KG Extertal, seit 1993 Leiter der Professur Konstruktionslehre an der TU Chemnitz.
Forschungsgebiete: Welle-Nabe-Verbindungen, Reibdauerbeanspruchung, Gleitlager, kostenorientierte Produktentwicklung, Betriebsfestigkeit.

Dr. Ing. habil. Heinz Linke (Kapitel 15)

Fachgebiet Maschinenelemente, Technische Universität Dresden.
1952 – 1955 Maschinenbaustudium an der Fachschule Schmalkalden; 1955 – 1970 Tätigkeit im VEB Strömungsmaschinen Pirna als Berechnungsingenieur, Gruppenleiter, stellv. Abteilungsleiter auf dem Gebiet Gasturbinen (Luftfahrt), Strömungsgetriebe, Schiffsgetriebe, stationäre Anlagen; 1957 – 1965 Fernstudium an der TU Dresden, Abschluss: Dipl.-Ing. Strömungstechnik; 1967 – 1970 außerplanmäßige Aspirantur an der TU Dresden, Promotion: Fachgebiet Antriebsdynamik; 1971 Beginn der Tätigkeit an der TU Dresden, Oberassistent, Dozent, ab 1979 Professor für Maschinenelemente, 1978 Habilitation, Fachgebiet Konstruktionstechnik / Maschinenelemente; Ab 2000, nach dem offiziellen Ausscheiden aus der TU Dresden aus Altersgründen, freier Mitarbeiter; Tätigkeiten in der Forschung und für die Industrie auf dem Gebiet Tragfähigkeit/Schadensursachen von Antrieben und Antriebselementen.
Forschungsgebiete: wiss. Arbeiten auf dem Gebiet Zahnradgetriebe, Tribotechnik.

Dr.-Ing. Gerhard Poll (Kapitel 11.1 und 11.3, 12, 17)

Institut für Maschinenelemente, Konstruktionstechnik und Tribologie der Leibniz Universität Hannover.
1972-1983 Studium und Promotion an der RWTH Aachen, 1984-1987 Technische Beratung Elektromaschinen und Bahnantriebe bei SKF Schweinfurt, 1987-1992 Projektleiter in den Abteilungen Wälzlagerdichtungen und Tribologie im SKF Forschungszentrum ERC in Nieuwegein, Niederlande, 1992 - 1996 Leiter Forschung und Entwicklung Wälzlagerdichtungen bei CR Industries in Elgin, Illinois, seit 1996 Leiter des Instituts für Maschinenelemente, Konstruktionstechnik und Tribologie der Leibniz Universität Hannover.
Forschungsgebiete: Tribologie, stufenlose Fahrzeuggetriebe, Wälzlager, Dichtungstechnik, Synchronisierungen, Dynamik von Zahnriementrieben.

Dr.-Ing. Bernd Sauer (Herausgeber, Kapitel 1, 3, 6)

Lehrstuhl für Maschinenelemente und Getriebetechnik, Technische Universität Kaiserslautern.

1976-1987 Studium und Promotion an der TU Berlin, 1988-1993 Leiter der Konstruktion von Bahnantrieben und Motoren bei der AEG Bahntechnik AG, 1993-1997 Hauptabteilungsleiter Berechnung und Vorlaufentwicklung bei AEG Schienenfahrzeuge GmbH, 1997-1998 Entwicklungsbereichsleiter für Fernverkehrstriebzüge bei Adtranz Deutschland GmbH, seit 1998 Inhaber des Lehrstuhls für Maschinenelemente und Getriebetechnik der Technischen Universität Kaiserslautern.

Forschungsgebiete: Tribologie, Wälzlager, Dichtungstechnik, Schraubenverbindungen, Dynamik von Maschinenelementen.

Dr.- Ing. habil. Jörg Wallaschek (Kapitel 18)

Institut für Dynamik und Schwingungen, der Leibniz Universität Hannover.

Studium und Promotion an der Technischen Hochschule Darmstadt, 1987 Promotion, 1991 Habilitation, 1991 – 1992 Daimler Benz AG, Fachreferatsleiter Schwingungsmechanik am Forschungsinstitut der AEG Frankfurt, seit 1992 Professor Universität Paderborn, Leiter des Lehrstuhles für Mechatronik und Dynamik, seit 2007 Leiter des Institutes für Dynamik und Schwingungen, Leibniz Universität Hannover.

Forschungsgebiete: Maschinendynamik, Piezoelektrische Aktoren, Mechatronische Systeme, Ultraschalltechnik, Rollkontakte

Sachverzeichnis

Printing: Krips bv, Meppel, The Netherlands
Binding: Stürtz, Würzburg, Germany